高等学校“十三五”规划教材

电子技术及其应用基础

孙晓艳　华旭奋　主编

化学工业出版社

·北京·

本着保证基础、加强集成、体现先进、联系实际、引导创新、便于教学的编写原则，本书内容共分两部分。第1部分为模拟电子技术篇，主要内容有常用半导体器件、单元电子电路放大电路基础、集成运算放大器、直流稳压电源。第2部分为数字电子技术篇，主要内容有组合逻辑电路、时序逻辑电路、模-数混合器件与电子系统。另外，为了加强EDA技术，增加了EDA技能训练——NI Multisim操作入门。全书参考学时48～120学时，教师可根据专业要求、学时数，以及学生层次的不同进行灵活处理。为了方便教师教学，每章有知识链接，并配套编写了练习册，将由化学工业出版社同时出版。

本书可供高等学校本科和高职高专电子信息、电气工程与自动化、机电类等不同专业和学时的学生选用，也可作为其他各专业的教材或教学参考书。

图书在版编目（CIP）数据

电子技术及其应用基础/孙晓艳，华旭奋主编．—北京：化学工业出版社，2018.1（2025.2重印）
高等学校“十三五”规划教材
ISBN 978-7-122-30869-6

Ⅰ.①电… Ⅱ.①孙…②华… Ⅲ.①电子技术-高等学校-教材 Ⅳ.①TN

中国版本图书馆CIP数据核字（2017）第261753号

责任编辑：王听讲　　文字编辑：张绪瑞
责任校对：王素芹　　装帧设计：韩　飞

出版发行：化学工业出版社（北京市东城区青年湖南街13号　邮政编码100011）
印　　装：涿州市般润文化传播有限公司
787mm×1092mm　1/16　印张22¾　字数612千字　2025年2月北京第1版第6次印刷

购书咨询：010-64518888　　售后服务：010-64518899
网　　址：http://www.cip.com.cn
凡购买本书，如有缺损质量问题，本社销售中心负责调换。

定　　价：46.00元

前　言

本书是探索和实践基于职业岗位要求、工作过程导向和理论实践一体化教学改革的实用型教材，力求体现理工类专业对电子技术理论知识的要求，密切结合集成电路等半导体器件在工程实际中的应用，突出电子技术的基本概念和分析方法，注意对学生分析问题、解决问题能力的培养，适当介绍与电子发展新技术相关的知识，便于学生分层教育、拓展知识，教学内容理论难度小，突出实用性和针对性。

为符合课程的特点并方便广大学习者，我们将教材内容分为两部分。第1部分为模拟电子技术篇，主要内容有：常用半导体器件、单元电子电路放大电路基础、集成运算放大器、直流稳压电源。第2部分为数字电子技术篇，主要内容有：组合逻辑电路、时序逻辑电路、模-数混合器件与电子系统。另外，为了加强EDA技术，增加了EDA技能训练——NI Multisim操作入门，这些内容几乎涵盖了电子技术的所有基础理论，可为学习者设计电子电路或电子系统提供丰富的专业知识。

本书部分章节配套了典型项目的仿真和实践制作，可引导学生在“教、学、做”一体的训练中，了解电子工艺基础知识、电子技术课程设计的方法，掌握常用电子仪器仪表的使用、电子产品制作的调试与检验工艺，学会电子线路仿真软件Multisim的使用，提高对电子线路故障的分析与处理能力。

本书内容可按照48～120学时安排，教师可根据不同的专业灵活安排学时。本书除附有大量工程案例外，还配套编写了练习册。练习册每章附有选择题、填空题、问答题等多种题型供学生练习。这些习题与教材内容紧密配合，深度适当，可安排学生课后练习，以检验对相关知识的掌握程度。

本书可作为高等院校电气、电子信息、计算机、机电一体化等专业的教材，同时也可供从事电子工程设计和研制工作的技术人员参考。我们将为使用本书的教师免费提供电子教案等教学资源，需要者可以到化学工业出版社教学资源网站http://www.cipedu.com.cn免费下载使用。

本书由无锡职业技术学院孙晓艳、华旭奋担任主编，赵勇、杨小平参编，其中，华旭奋编写了绪论、第1～3章，赵勇、杨小平编写了第4章，孙晓艳编写了第5～7章，杨小平编写了第8章。全书由赵翱东主审。

本书是无锡职业技术学院电子技术基础精品课程建设项目之一，在本书编写过程中，得到了学院领导、同学的大力支持，在此表示衷心的感谢。在编写的过程中，我们还参考了相关资料，在此也向这些资料的作者致谢。

限于水平和经验，加上时间仓促，书中难免有疏漏和不妥之处，敬请各位专家和读者提出宝贵意见。

编　者

目　录

模拟电子技术篇

数字电子技术篇

模拟电子技术篇

绪　论

0.1 电信号

0.1.1 信号

什么是信号？“信号”一词在人们的日常生活和社会活动中并不陌生，例如时钟报时、汽车喇叭的声音、交叉路口的红绿灯、战场上的信号弹、电子计算机内部，以及它和外围设备之间联络的电信号等，都是人们熟悉的信号。

信号是表示消息的物理量，如电信号可以通过幅度、频率、相位的变化来表示不同的消息。这种电信号有模拟信号和数字信号两类。按照实际用途区分，信号包括电视信号、广播信号、雷达信号、通信信号等。

信号是运载消息的工具，是消息的载体。从广义上讲，它包含光信号、声信号和电信号等。例如，古代人利用点燃烽火台而产生的滚滚狼烟，向远方军队传递敌人入侵的消息，这属于光信号；当我们说话时，声波传递到他人的耳朵，使他人了解我们的意图，这属于声信号；遨游太空的各种无线电波、四通八达的电话网中的电流等，都可以用来向远方表达各种消息，这属电信号。人们通过对光、声、电信号进行接收，才知道对方要表达的消息。

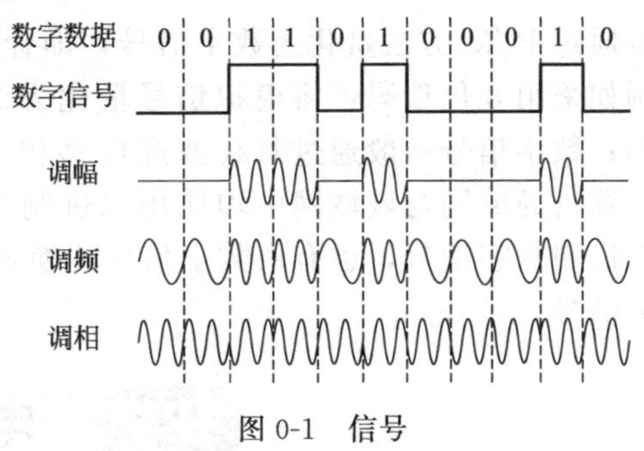

图 0-1　信号

对信号的分类方法很多，信号按数学关系、取值特征、能量功率、处理分析、所具有的时间函数特性、取值是否为实数等，可以分为确定性信号和非确定性信号（又称随机信号）、连续信号和离散信号（即模拟信号和数字信号）、能量信号和功率信号、时域信号和频域信号、时限信号和频限信号、实信号和复信号等。如图 0-1 所示。

0.1.2 模拟信号和数字信号

模拟信号是指信号波形模拟着信息的变化而变化，其主要特征是幅度是连续的，可取无限多个值；而在时间上则可连续，也可不连续。如图 0-2 所示，图（a）表示时间连续的信号，图（b）表示时间不连续的信号。

数字信号是指不仅在时间上是离散的，而且在幅度上也是离散的，只能取有限个数值的信号。如电报信号、脉冲编码调制（PCM，Pulse Code Modulation）信号等都属于数字信号。二进制信号就是一种数字信号，它是由“1”和“0”这两位数字的不同的组合来表示不同的信息。如图 0-3 所示。

人们依据在通信系统中传送的是模拟信号还是数字信号，把通信系统分成模拟通信系统和数字通信系统。如果送入传输系统的是模拟信号，则这种通信方式为模拟通信。如今所使

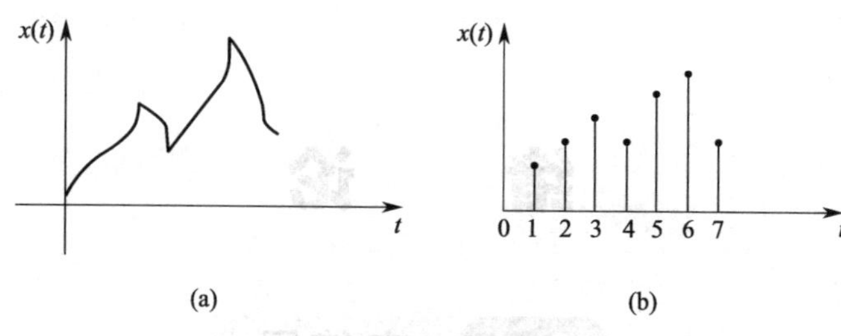

图 0-2　模拟信号

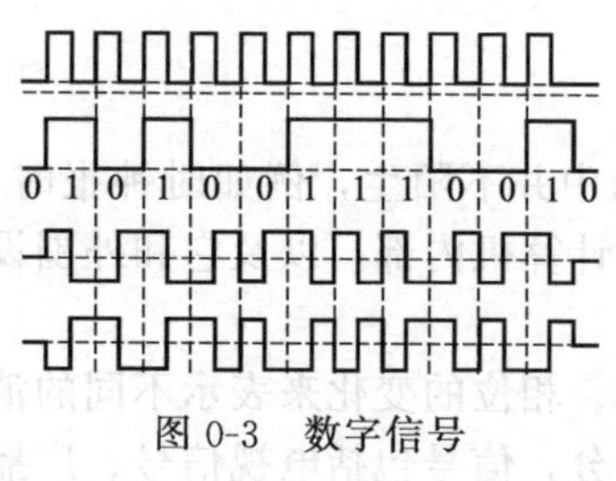

图 0-3　数字信号

用的大多数电话和广播、电视系统都是采用的模拟通信方式。

如果把模拟信号经过抽样、量化、编码后变换成数字信号后再进行传送，那么这种通信方式就是数字通信。

和模拟通信相比，数字通信虽然占用信道频带较宽，但它具有抗干扰能力强，无噪声积累，便于存储、处理和交换，保密性强，易于大规模集成，实现微型化等优点，正越来越得到广泛的应用。

模拟信号和数字信号之间可以相互转换：模拟信号一般通过 PCM 方法量化为数字信号，即让模拟信号的不同幅度分别对应不同的二进制值，例如采用 8 位编码可将模拟信号量化为 $2^8=256$ 个量级，实用中常采取 24 位或 30 位编码；数字信号一般通过对载波进行移相（phase shift）的方法转换为模拟信号。计算机、计算机局域网与城域网中均使用二进制数字信号，在计算机广域网中实际传送的则既有二进制数字信号，也有由数字信号转换而得的模拟信号。但是更具应用发展前景的是数字信号。

0.2　电子信息系统

电子信息系统可简称为电子系统，通常由电子元器件或部件组成的能够产生、传输或处理电信号及信息的客观实体组成，如通信系统、雷达系统、计算机系统、电子测量系统、自动控制系统等，它们都是能够完成某种任务的电子设备。一般把规模较小、功能单一的称为单元电路；把功能复杂，由若干个单元电路（功能块）组成规模较大的电子电路称为电子系统。电子系统一般包括输入/输出、信息处理和控制三大部分，可实现信号的处理、变换、控制或负载驱动。

图 0-4 所示为典型的电子系统示意图。系统首先采集信号，即进行信号的提取。通常，这些信号来源于测试各种物理量的传感器、接收器，或者来源于用于测试的信号发生器。对于实际系统，传感器或接收器所提供的信号的幅值往往很小，噪声很大，且易受干扰，有时甚至分不清什么是有用信号，什么是干扰或噪声。因此，在加工信号之前，需将其进行预处理。进行预处理时，要根据实际情况利用隔离、滤波、阻抗变换等各种手段将信号提取出来并进行放大。当信号足够大时，再进行信号的运算、转换、比较等不同的加工。最后，一般还要经过功率放大以驱动执行机构（负载）。若要进行数字化处理，则首先通过 A/D 转换电路将预处理后的模拟信号转换为数字信号，输入至计算机或其他数字系统，经处理后，再经过 A/D 转换电路将数字信号转换为模拟信号，以便于驱动负载。

若系统不经过数字化处理，则图 0-4 中的信号的预处理和信号的加工可合二为一，统称为信号的处理。

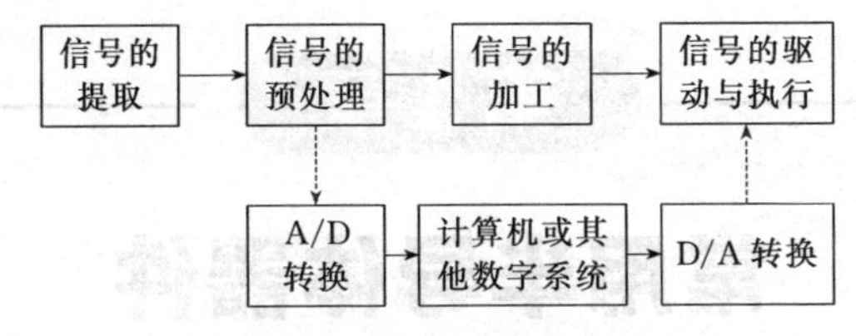

图 0-4　典型的电子系统

对模拟信号处理的电路称为模拟电路，对数字信号处理的电路称为数字电路。因此，图 0-4 所示电子系统是模拟-数字混合系统，信号的提取、预处理、处理、驱动由模拟电路组成，计算机或其他数字系统由数字电路组成，A/D、D/A 转换为模拟电路和数字电路的接口电路。

第1章

常用半导体器件

教学目标

认识半导体器件，熟悉半导体器件的概念和分类，熟悉半导体器件的特点及应用。

教学要求

能力目标	知识要点	能力目标	知识要点
熟悉半导体器件的概念和分类	认识半导体器件	熟悉各类半导体器件的特点及应用	了解各类半导体器件的特点
	熟悉半导体器件的分类		熟悉各类半导体器件的应用

导读

导体（conductor）指的是导电能力特别强的物质，例如银、铜、铝等金属。绝缘体（insulator）指导电能力非常差，几乎不导电的物质，例如陶瓷、胶木、空气。

引例

图 1-1 中的 3 个半导体器件有什么不同？它们的特性有何区别？分别运用于何种设计场合？设计相关电路时应注意哪些方面？这些问题都涉及半导体器件的类型、特征等问题。

图 1-1　半导体器件

1.1 半导体二极管及其应用电路

半导体二极管（semicon-ductor diode）、晶体管、场效应晶体管是电路中常用的半导体器件，PN 结（PN junction）是构成各种半导体器件的重要基础，本节首先讨论半导体的导电性和二极管的形成及其特点，接着介绍几种特殊二极管，最后介绍二极管的应用电路。

1.1.1 半导体基本知识

半导体（semiconductor）指导电能力介于导体和绝缘体之间的物质，例如锗、硅、硒、砷化镓等。

注意：导体与绝缘体均只是相对意义上的概念，像空气平时不导电，但在雷雨天气极有可能导电！

半导体有以下三大特性。

① 热敏特性：温度每升高 10℃，半导体的电阻率减小为原来的二分之一。利用热敏特性可制成热敏电阻等热敏元件。

② 光敏特性：一种硫化镉半导体，在没有光照时，电阻高达几十兆欧，受到光照时，电阻可降到几十千欧，相差上千倍。利用光敏特性，可制成光敏电阻、光电三极管等。

③ 杂敏特性：在硅中掺入亿分之一的硼，其导电能力增加两万倍以上。利用控制掺杂方法，制造不同类型的半导体器件如二极管、三极管等。

纯净的半导体（本征半导体，intrinsic semiconductor）掺入微量元素后就成为杂质半导体。由于掺入的杂质不同，杂质半导体可分为 N 型半导体（N-type semiconductor）和 P 型半导体（P-type semiconductor）。P 型和 N 型半导体的导电能力虽然较高，但并不能直接用来制造半导体器件。

PN 结是构成各种半导体的基础。PN 结是采用特定的制造工艺，使一块半导体的两边分别形成 N 型半导体和 P 型半导体，它们交界面就形成 PN 结。PN 结具有单向导电性（unilat-eral conductivity），即在 PN 结上加正向电压时，PN 结电阻很低，正向电流（forward current）较大，PN 结处于导通状态（turn-on state）；加反向电压时，PN 结电阻很高，反向电流很小，PN 结处于截止状态（cut-off state）。

1.1.2 半导体二极管

半导体二极管管芯是一个 PN 结。在管芯两侧半导体上分别引出电极引线，用管壳封装后制成二极管。由 P 型半导体引出的是正极（又称阳极），由 N 型半导体引出的是负极（又称阴极）。使用二极管时，极性不能接错（常在管壳上标明色点，表示该端为正极；或标以二极管符号，箭头表示正向电流的方向）。如图 1-2 所示为常见二极管的外形。

按二极管结构不同，可分为点接触型、面接触型和平面型三种。点接触型二极管 PN 结面积很小，结电容小，适用于高频（几百兆赫兹）、小电流（几十毫安以下）的场合，主要应用小功率整流、高频检波和开关电路，如图 1-3(a) 所示；面接触型二极管的 PN 结面积大，结电容也大，适用于低频（几十千赫兹以下）、大电流（几百毫安以上）场合，主要应用于整流，如图 1-3(b) 所示；平面型二极管：结面积可小、可大，小的工作频率高，大的结允许的电流大，如图 1-3(c) 所示。如图 1-3(d) 所示为

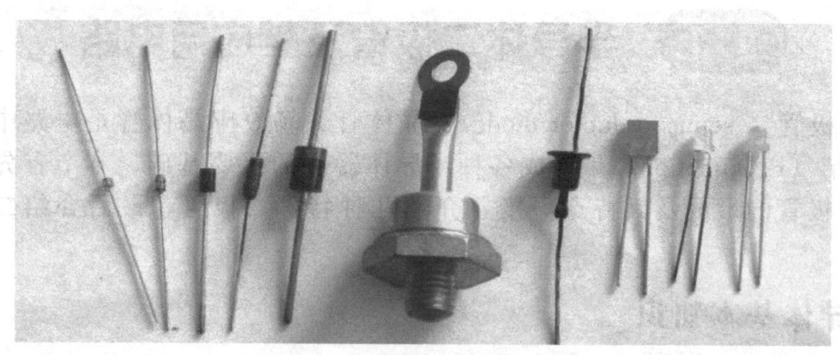

图 1-2　常见二极管的外形

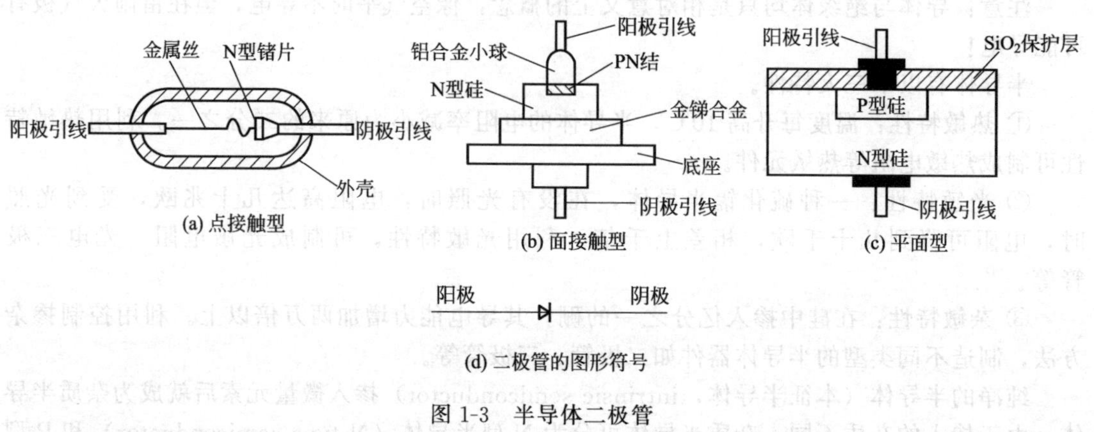

图 1-3　半导体二极管

二极管的图形符号。

1. 二极管的伏安特性

二极管的核心是PN结，因此它同样具有单向导电特性。常利用通过二极管的电流与加于二极管两端电压之间的关系绘制出伏安特性曲线，如图 1-4 所示为某硅二极管的伏安特性曲线。

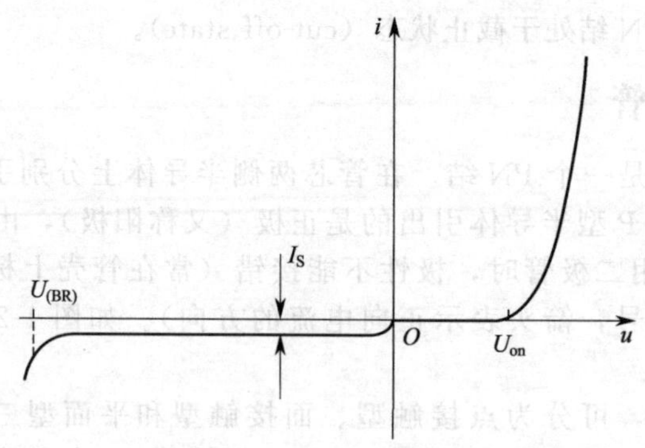

图 1-4　某硅二极管的伏安特性曲线

（1）正向特性

外加正向电压很小时，几乎没有电流通过二极管。正向电压超过某数值后，才有正向电流流过二极管，这一电压值称为死区电压，又称门坎电压。锗管死区电压 U_T 约为 0.1V，硅管的死区电压约为 0.5～0.7V。

当外加电压超过死区电压时，内电场被大大削弱，二极管导通，电阻大大减小，正向电流随电压增高而迅速增大。在正常使用电流范围内，二极管两端电压几乎维持恒定。在室温下，小功率锗管（正向导通电压）约为 0.2～0.3V，硅管约为 0.6～0.8V。

二极管正向导通时，正向压降很小，二极管相当于一个闭合的开关。如图 1-5 所示为二极管的正向导通电路。

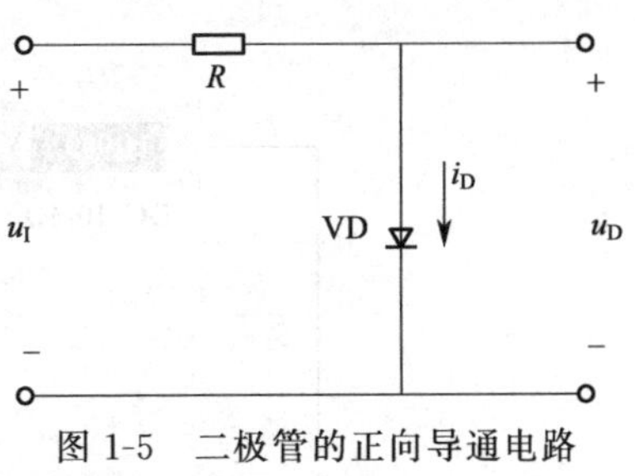

图 1-5　二极管的正向导通电路

二极管正向特性测试仿真电路如图 1-6 所示，通过虚拟直流电压表上可以看出二极管导通后其两端的电压基本维持在 0.6～0.7V 之间，电路中的电流等于电阻上的电流，$I=\frac{V_1-U_2}{R_1}=\frac{12-0.683}{1\times10^3}=11.317\text{mA}=0.011\text{A}$。

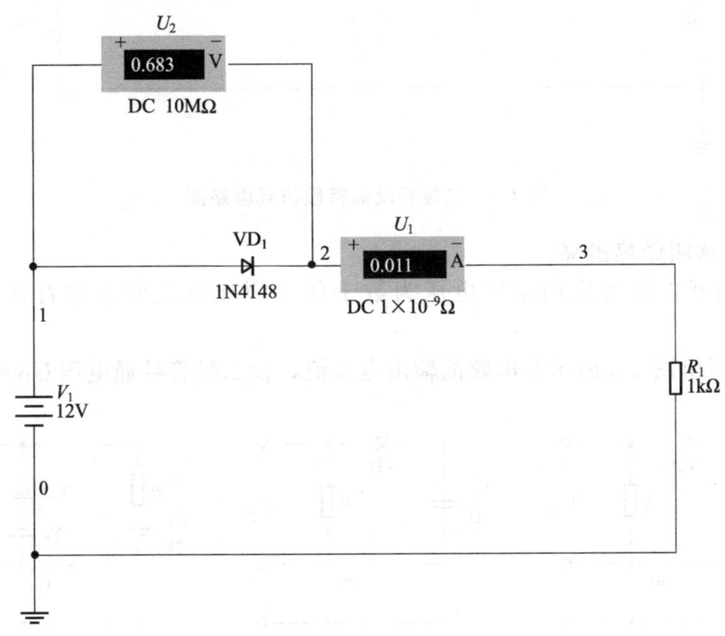

图 1-6　二极管正向特性测试仿真电路图

(2) 反向特性

当二极管加上反向电压时，只有极小的反向电流流过二极管。在同样的温度下，硅管的反向电流比锗管小很多，锗管是微安级（μA），硅管是纳安级（nA）。

二极管的反向电流具有两个特点：第一个特点是它随温度上升而增长很快，另一个特点是只要外加的反向电压在一定范围之内，反向电流基本不随反向电压变化。

二极管反向特性测试仿真电路如图 1-7 所示，通过虚拟直流电压表上可以看出二极管反向截止后其两端相当于开路，二极管两端电压等于电源电压，电路中的电流几乎为零。

(3) 反向击穿特性

当二极管反向电压加到一定数值时，反向电流突然增大，二极管失去单相导电性，这种现象称为反向击穿，相应的电压称反向击穿电压，用 $U_{(BR)}$ 表示。二极管击穿时，加在 PN 结上的电压、电流均很大。若没有限流措施，将会因电流大、电压高，将使管子过热而造成

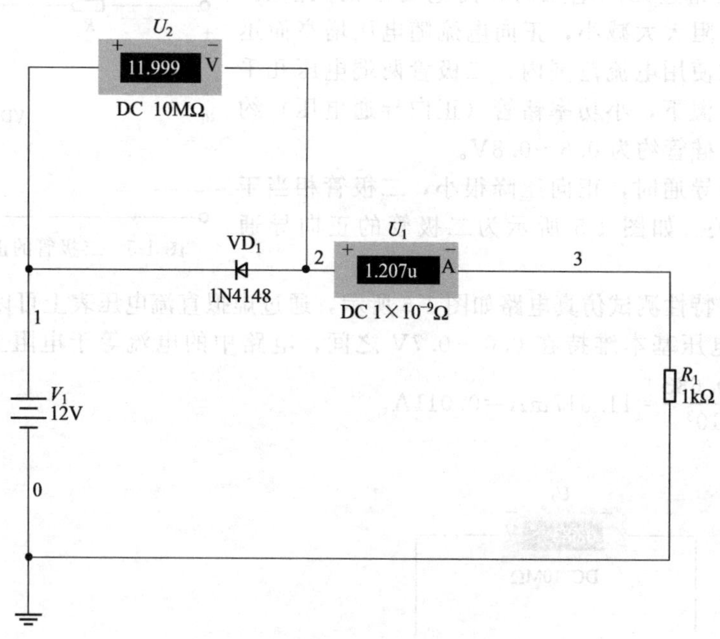

图 1-7　二极管反向特性仿真电路图

永久性的损坏，这叫做热击穿。

一般点接触型二极管反向击穿电压为数十伏，面接触型的为数百伏，最高可达几千伏。

【例 1-1】 写出图 1-8 所示各电路的输出电压值，设二极管导通电压 $U_D=0.7V$。

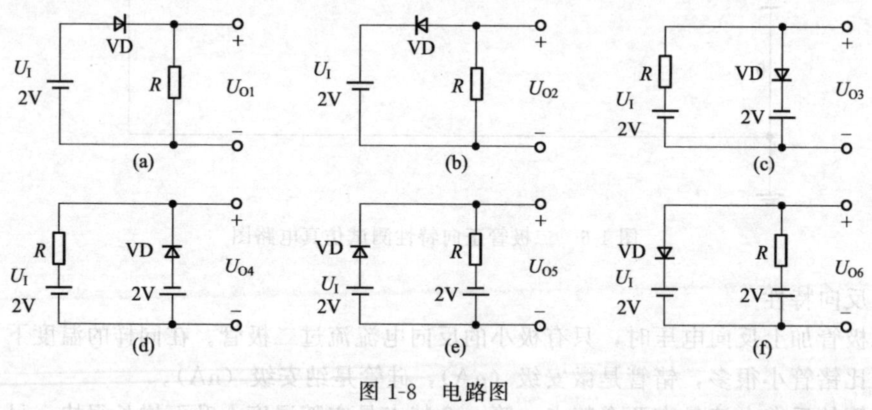

图 1-8　电路图

解：求解这类题目的关键在于判断二极管 VD 是导通还是截止，例如图 1-8(a) 中二极管 VD 的阳极与电源 U_I 的正极相连，因此可以判断出二极管 VD 处于导通状态，已知二极管导通电压 $U_D=0.7V$，$U_I=U_D+U_{O1}$，由此可以得出 $U_{O1}=1.3V$。

由此可以计算出 $U_{O2}=0$，$U_{O3}=-1.3V$，$U_{O4}=2V$，$U_{O5}=1.3V$，$U_{O6}=-2V$。

2. 二极管的主要参数

(1) 最大正向电流 I_F

二极管长期工作时，允许通过二极管的最大正向平均电流值。实际应用时，通过二极管的正向平均电流不得超过此值。

(2) 最高反向工作电压 U_{RM}

二极管不被击穿所容许的最高反向电压。为安全起见，最高反向工作电压约为反向击穿电压的一半。使用时，加在二极管两端的反向电压峰值不能超过 U_{RM} 值。

此外，还有反向电流、正向管压降等参数。

知识链接

二极管的测量（以用 MF47 万用表测量为例）。

(1) 小功率二极管的检测

用机械式万用表电阻挡测量小功率二极管时，将万用表置于 $R\times100$ 或 $R\times1k$ 挡。黑表笔接二极管的正极，红表笔接二极管的负极，然后交换表笔再测一次。如果两次测量值一次较大一次较小，则二极管正常。如果二极管正、反向阻值均很小，接近零，说明内部管子击穿；反之，如果正、反向阻值均极大，接近无穷大，说明该管子内部已断路。以上两种情况均说明二极管已损坏，不能使用。

如果不知道二极管的正负极性，可用上述方法进行判别。两次测量中，万用表上显示阻值较小的为二极管的正向电阻，黑表笔所接触的一端为二极管的正极，另一端为负极。如图 1-9 所示。

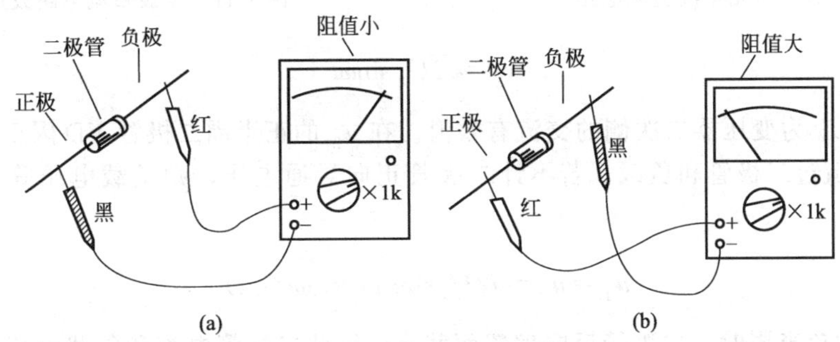

图 1-9　小功率二极管的检测

(2) 中、大功率二极管的检测

中、大功率二极管的检测只需将万用表置于 $R\times1$ 或 $R\times10$ 挡，测量方法与测量小功率二极管相同。

1.1.3　温度对二极管伏安特性的影响

温度对二极管的性能有较大的影响，温度升高时，反向电流将呈指数规律增加，如硅二极管温度每增加 8℃，反向电流大约增加 1 倍；锗二极管温度每增加 12℃，反向电流大约增加 1 倍。另外，温度升高时，二极管的正向压降 U_F 将减小。在室温条件，温度每增加 1℃，二极管的正向压降 U_F 减小 2～2.5mV，即具有负的温度系数。

1.1.4　整流电路

二极管具有单向导电性，因此可以利用二极管的这一特性组成整流电路，将交流电压变成单向脉动电压。在小功率直流电源中，经常采用单相半波、单相全波和单相桥式电路。

1. 单相半波整流电路

(1) 电路组成及工作原理

图 1-10 为单相半波整流电路，电路中用变压器 T 将电网的正弦交流电压 u_1 变成 u_2，设

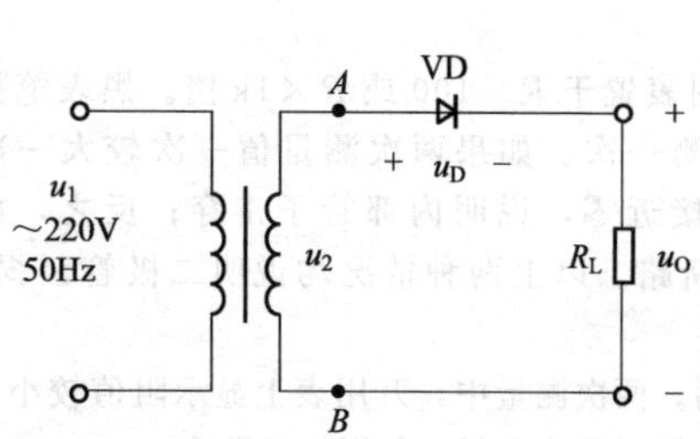

图 1-10　单相半波整流电路

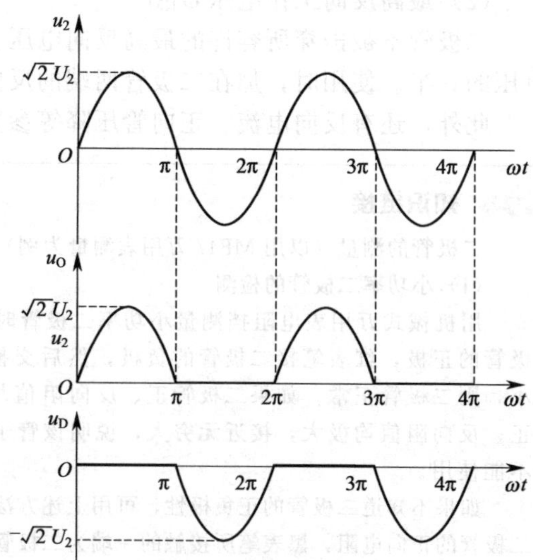

图 1-11　半波整流电路波形图

$$u_2=\sqrt{2}U_2\sin\omega t$$

式中，U_2 为变压器二次侧的交流有效值。在 u_2 的正半周二极管 VD 因正向偏置而导通，有电流流过二极管和负载。若不计二极管正向导通电压，则负载电压等于变压器二次电压，即

$$u_L=u_2=\sqrt{2}U_2\sin\omega t\,(0\leqslant\omega t\leqslant\pi)$$

在 u_2 的负半周时，二极管反向偏置而截止，因此二极管电流和负载电流均为零。此时，二极管两端承受一个反向电压，其值就是变压器二次电压，即

$$u_D=u_2=\sqrt{2}U_2\sin\omega t\,(\pi\leqslant\omega t\leqslant 2\pi)$$

在图 1-11 中画出了整流电路中各处的波形图。这种电路利用二极管的单向导电性，使电源电压的半个周期有电流流过负载，故称半波整流电路。半波整流在负载上得到的是单向脉动直流电压和电流。

启动仿真软件，在电源库中选择交流电源（输入电压最大值为 20V，频率 50Hz），在基本元件库中选择二极管和电阻、双通道示波器。A 通道为输入电压波形，B 通道为半波整流后的输出电压波形。仿真电路如图 1-12 所示，仿真后的输出电压波形如图1-13 所示。

(2) 负载上的直流电压和电流的估算

直流电压是指一个周期内脉动电压的平均值。半波整流电路为

$$U_L=\frac{1}{2\pi}\int_0^{2\pi}u_2\,\mathrm{d}(\omega t)=\frac{1}{2\pi}\int_0^{\pi}\sqrt{2}U_2\sin\omega t\,\mathrm{d}(\omega t)=\frac{2\sqrt{2}}{2\pi}U_2$$

即
$$U_L\approx 0.45U_2 \tag{1-1}$$

负载的电流平均值为

$$I_L\approx\frac{U_L}{R_L}=0.45\frac{U_2}{R_L} \tag{1-2}$$

(3) 二极管的选择

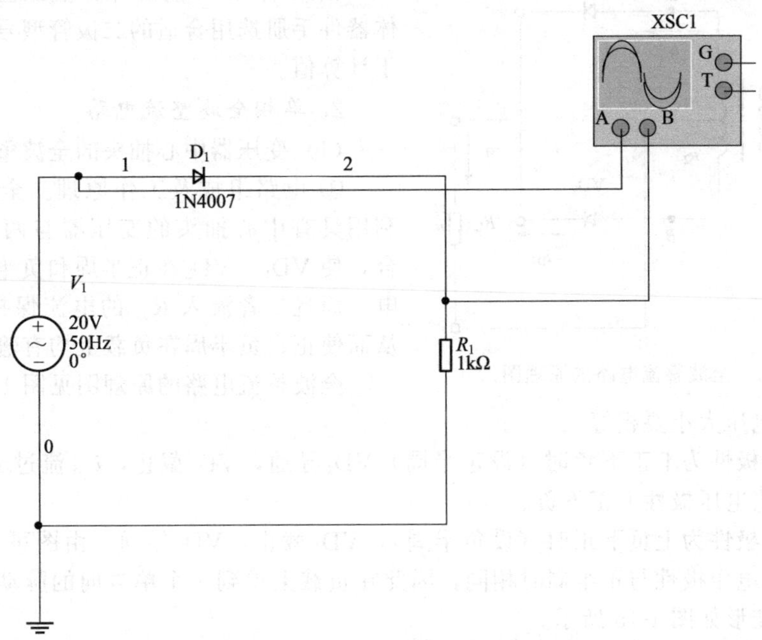

图 1-12　仿真电路图

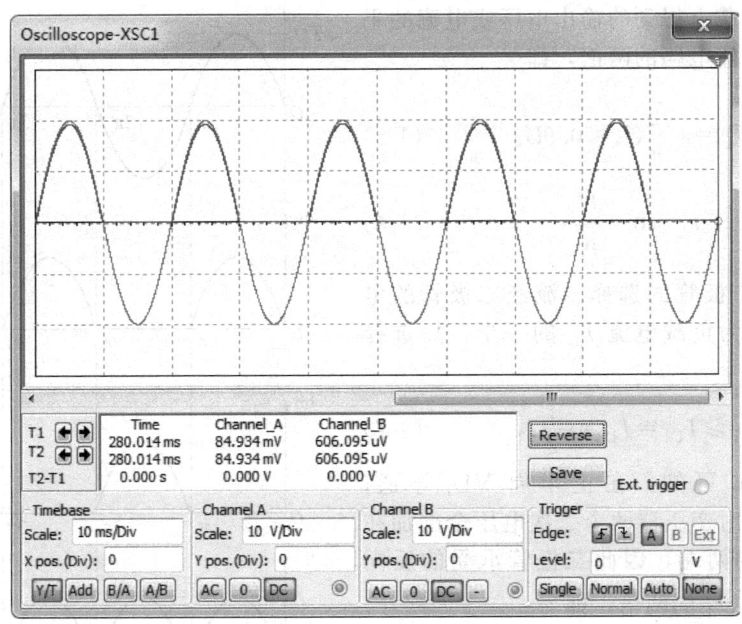

图 1-13　仿真波形图

流经二极管的电流 I_D（平均值）与负载电流 I_L 相等，故选用二极管要求其

$$I_F \geqslant I_D = I_L \tag{1-3}$$

由图 1-11 可见，二极管承受的最大反向电压就是变压器二次侧交流电压 u_2 的最大值，即

$$U_{RM} \geqslant \sqrt{2} U_2 \tag{1-4}$$

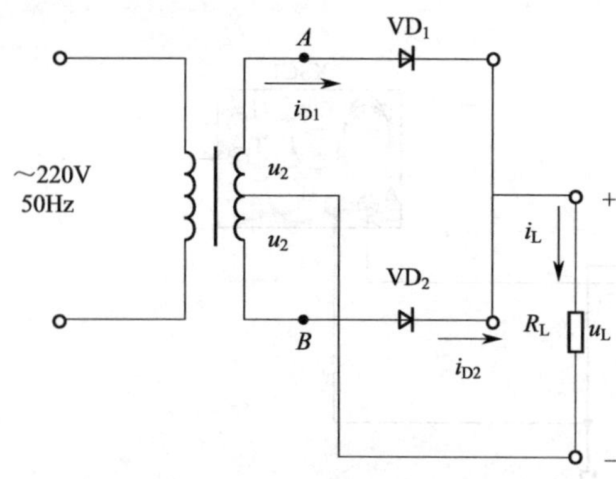

图 1-14　全波整流电路的原理图

根据 I_F 和 U_{RM} 的计算值，查阅有关半导体器件手册选用合适的二极管型号使其定额大于计算值。

2. 单相全波整流电路

(1) 变压器中心抽头的全波整流电路

① 电路组成及工作原理。全波整流电路利用具有中心抽头的变压器与两个二极管配合，使 VD_1、VD_2 在正半周和负半周内轮流导电，而且二者流入 R_L 的电流保持同一方向，从而使正、负半周在负载上均有输出电压。

全波整流电路的原理图见图 1-14。变压器的两个二次电压大小要相等。

当 u_2 的极性为上正下负时（设正半周）VD_1 导通，VD_2 截止，i_{D1} 流过 R_L，在负载上得到的输出电压极性上正下负。

当 u_2 的极性为上负下正时（设负半周），VD_1 截止，VD_2 导通，由图可见，i_{D2} 流过 R_L 时产生的电压极性与正半周时相同，因此在负载上得到一个单方向的脉动电压。全波整流电路的波形如图 1-15 所示。

② 负载上的直流电压和电流的计算。将图 1-15 中的 U_L 波形与图 1-11 比较，可知全波整流电路负载上得到的输出电压或电流的平均值是半波整流电路的两倍，即

$$U_L = 2\frac{\sqrt{2}}{\pi}U_2 \approx 0.9U_2 \tag{1-5}$$

$$I_L \approx 0.9\frac{U_2}{R_L} \tag{1-6}$$

③ 整流二极管的选择。流经二极管的电流平均值 I_D 为负载电流 I_L 的一半，故选择二极管要求其

$$I_F \geqslant I_{D1} = I_{D2} = \frac{1}{2}I_L \tag{1-7}$$

由图 1-16 可知，在正半周 VD_1 导通，VD_2 截止，此时变压器两个二次电压全部加在二极管 VD_2 的两端，因此二极管承受的反向峰值电压是 $\sqrt{2}U_2$ 的两倍，即

$$U_{RM} \geqslant U_{DM} = 2\sqrt{2}U_2 \tag{1-8}$$

除了上述缺点以外，全波整流电路必须具有中心抽头的变压器，而且每个线圈只有一半时间通过电流，所以变压器的利用率不高。

(2) 桥式整流电路

为了克服全波整流的缺点，采用如图 1-17

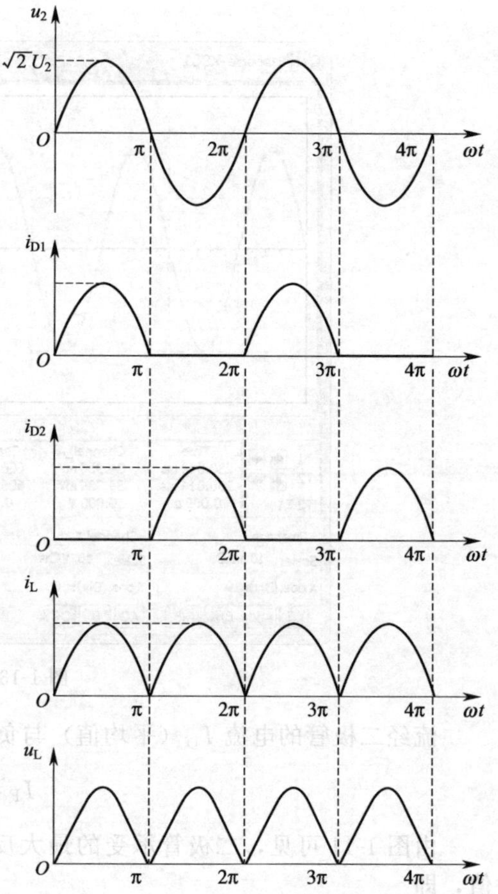

图 1-15　全波整流电路的波形

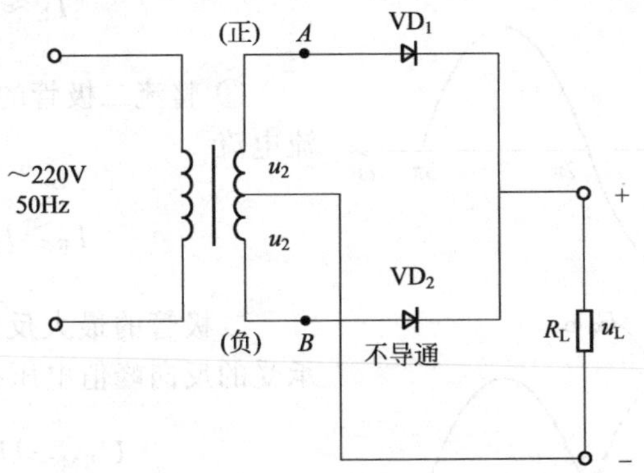

图 1-16　全波整流电路的最大反向峰值电压

(a) 所示的桥式整流电路。电路中采用了四个二极管，接成桥式，故称桥式整流电路。电路也可画出图 1-17(b) 所示的简化形式。

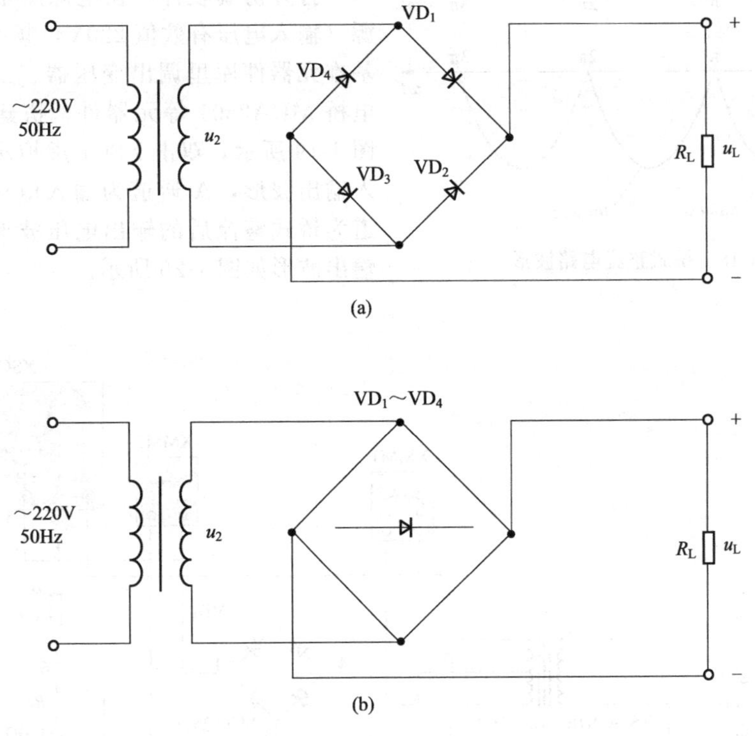

图 1-17　桥式整流电路

① 工作原理。整流过程中，四个二极管两两轮流导通，因此正、负半周内都有电流流过 R_L，从而使输出电压的直流成分提高。在 u_2 的正半周，VD_1、VD_3 导通，VD_2、VD_4 截止；在 u_2 的负半周，VD_2、VD_4 导通，VD_1、VD_3 截止。但是无论在正半周或负半周，流过 R_L 的电流方向是一致的。桥式整流电路波形如图 1-18 所示。

② 负载上的直流电压和电流与全波整流电路一样有

$$U_L = 0.9U_2 \tag{1-9}$$

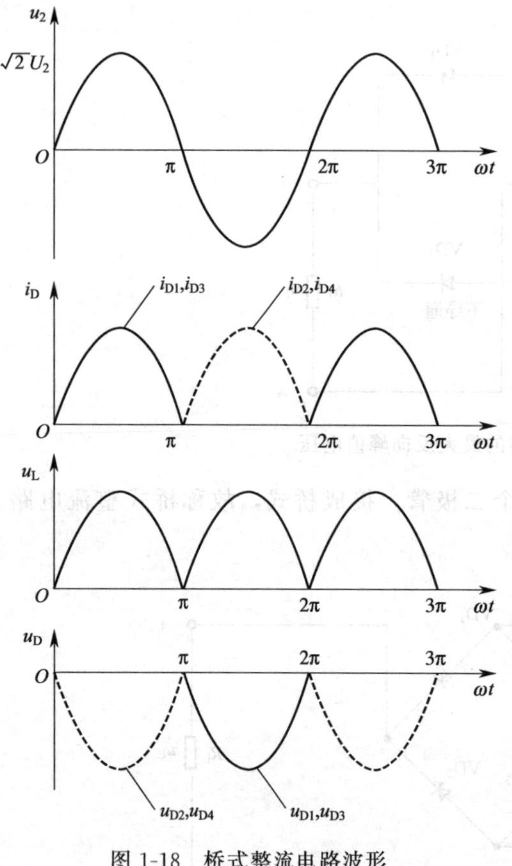

图 1-18　桥式整流电路波形

$$I_L \approx 0.9\frac{U_2}{R_L} \tag{1-10}$$

③ 整流二极管的选择。二极管的最大整流电流

$$I_F \geqslant I_D = \frac{1}{2}I_L \tag{1-11}$$

二极管的最大反向电压，按其截止时所承受的反向峰值电压有

$$U_{RM} \geqslant U_{DM} = \sqrt{2}U_2 \tag{1-12}$$

由式(1-12) 可见，在相等的 U_L 条件下桥式整流的二极管所承受的最大反向电压仅为变压器具有中心抽头的全波整流电路的一半。

打开仿真软件，在电源库中选择交流电源（输入电压有效值 220V，频率 50Hz），在基本元器件库里调出变压器、二极管组成的电桥 MDA2501 等元器件，搭建仿真电路如图 1-19 所示，双击 XSC1 虚拟示波器观察输入输出波形，A 通道为输入电压波形，B 通道为桥式整流后的输出电压波形，仿真后的输出波形如图 1-20 所示。

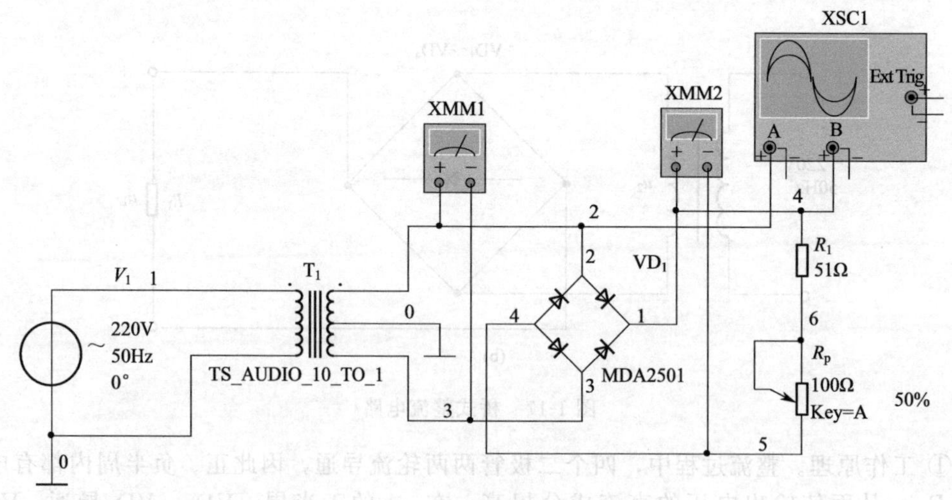

图 1-19　仿真电路图

1.1.5　滤波电路

1. 滤波的概念

前面讨论的整流电路，它们的输出电压都含有较大的脉动成分。除在一些特殊的场合使用外，通常都需要采取一定的措施，一方面尽量降低输出电压中的脉动成分；另一

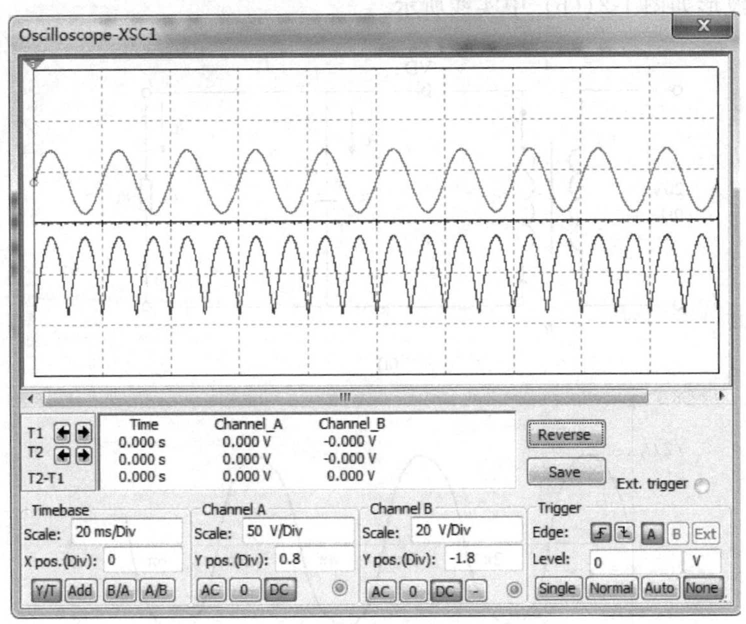

图 1-20　仿真波形图

方面又要尽量保留其中的直流成分，使输出电压接近于理想的直流电压。这样的措施就是滤波。滤波器一般由电感或电容以及电阻等元件组成。

脉动电压是一种非正弦的变化电压。按电工理论分析，它是由直流分量和许多不同频率的交流谐波成分叠加而成的。为了衡量整流电源输出电压脉动的程度，常用脉动系数 S 和纹波因数 γ 来表示。

$$S=\frac{\text{负载上最低次谐波分量的幅值}}{\text{直流分量}}$$

$$\gamma=\frac{\text{负载上交流分量的总有效值}}{\text{直流分量}}$$

脉动系数 S 便于理论计算，而纹波因数 γ 便于测量。

通过计算半波整流电路的脉动系数 $S=1.57$，全波整流电路的脉动系数 $S=0.67$。虽然全波整流电路输出电压波形的脉动程度比半波整流的减小一半，但输出电压脉动仍然比较大，对于大多数电子设备来说，是不能满足要求的。为此，需要采用滤波器，使脉动降低到实际应用所允许的程度。

2. 电容滤波电路

为了便于说明工作原理，首先分析图 1-21 所示的半波整流电容滤波电路。

未接电容时，整流二极管在 u_2 的正半周导通，负半周截止，输出电压波形如图 1-21(b) 中虚线所示。

并联电容后，假设在 $\omega t=0$ 时接通电源，则当 u_2 由零逐渐增大时，二极管 VD 导通，由图 1-21(a) 可见，二极管导通时除了有一个电流 i_L 流向负载以外，还有一个电流 i_C 向电容充电，电容电压 u_C 的极性为上正下负，如果忽略二极管的压降，则在 VD 导通时 u_C（即输出电压 u_L）等于变压器二次电压 u_2。u_2 达到最大值以后开始下降，此时电容上的电压 u_C 也将由于放电而逐渐下降。当 $u_2<u_C$ 时，二极管被反向偏置而截止，于是，u_C 以一定的时间常数按指数规律下降。直到下一个正半周当 $u_2>u_C$时，二极管又导通，输

出电压 u_L 的波形如图 1-21(b) 中实线所示。

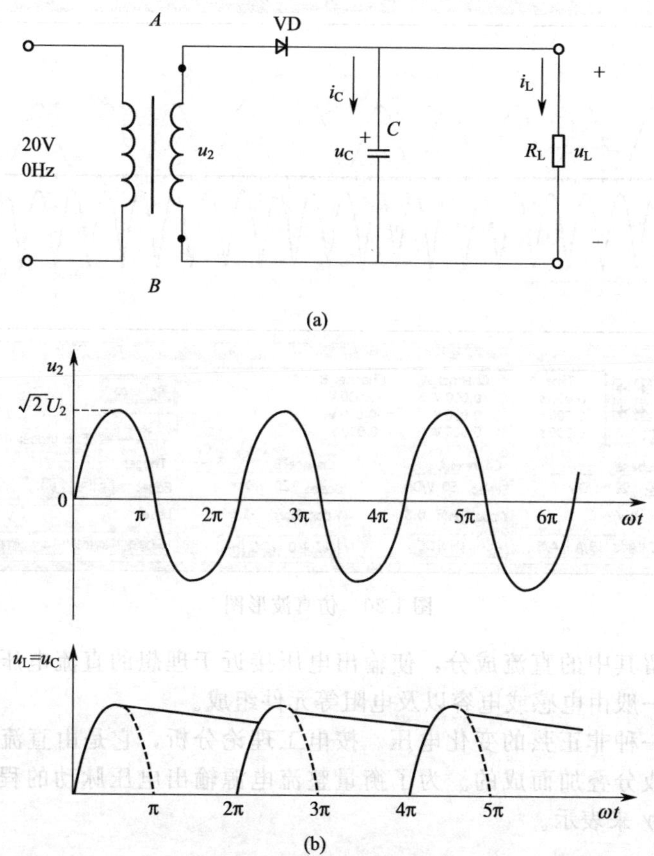

图 1-21 半波整流电容滤波电路及波形

桥式整流电容滤波的原理与半波时相同，其电路和波形见图 1-22。

在图 1-19 的基础上在输出端增加滤波电容 C，仿真电路如图 1-23 所示，用示波器观测波形，A 通道为输入波形，B 通道为输出波形，从图 1-24 所示的仿真波形中可以看出，虽然通过电容滤波使输出电压变得较平滑，但与平直的稳恒直流电压波形相去甚远。

根据以上分析可知，采用电容滤波后，有如下几个特点。

① 负载电压中的脉动成分降低了许多。

② 负载电压的平均值有所提高。在 R_L 一定时滤波电容越大，u_L 越大。工程估算时可按下式进行。

$$U_L=(1\sim1.1)U_2 \quad (\text{半波})$$
$$U_L=1.2U_2 \quad (\text{全波桥式}) \tag{1-13}$$

通常按下式确定滤波电容。

$$R_LC\geqslant(3\sim5)T \quad (\text{半波})$$
$$R_LC\geqslant(3\sim5)T/2 \quad (\text{全波桥式}) \tag{1-14}$$

式中，T 为交流电源电压的周期。

③ 电容滤波电路中整流二极管的导通时间缩短了。由图 1-21(b) 和图 1-22(b) 可知，二极管的导通角大大小于 180°，而且电容放电时间常数愈大，则导电角愈小。由于加了

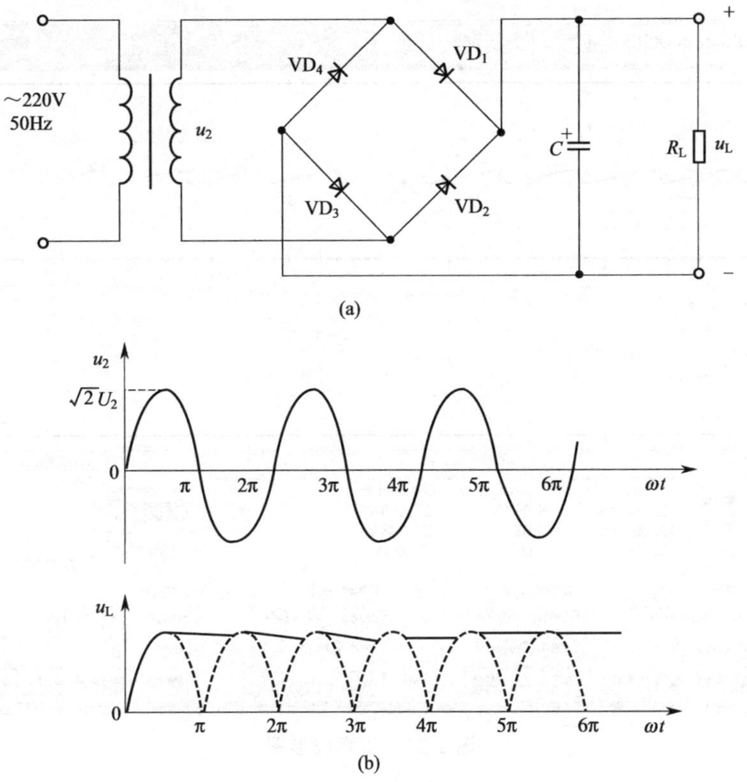

图 1-22　桥式整流电容滤波电路及其波形

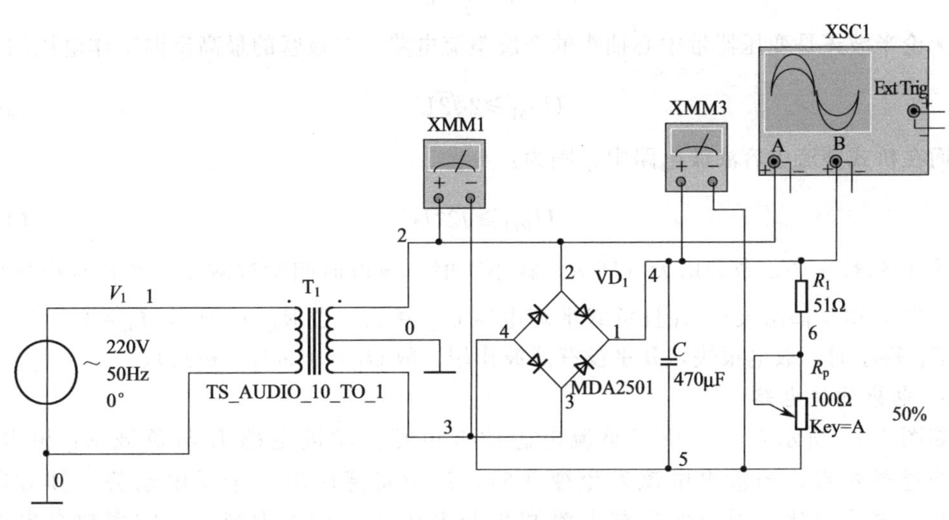

图 1-23　仿真电路图

电容滤波后，平均输出电流提高了，而导通角却减小了，因此，整流二极管在短暂的导通时间内流过一个很大的冲击电流，所以必须选择较大电流容量的整流二极管，电路的功率因数也较小。

当滤波电容进入稳态工作时，电路的充电电流平均值等于放电电流的平均值，因此二极管的最大整流电流可按下面式子选择，即

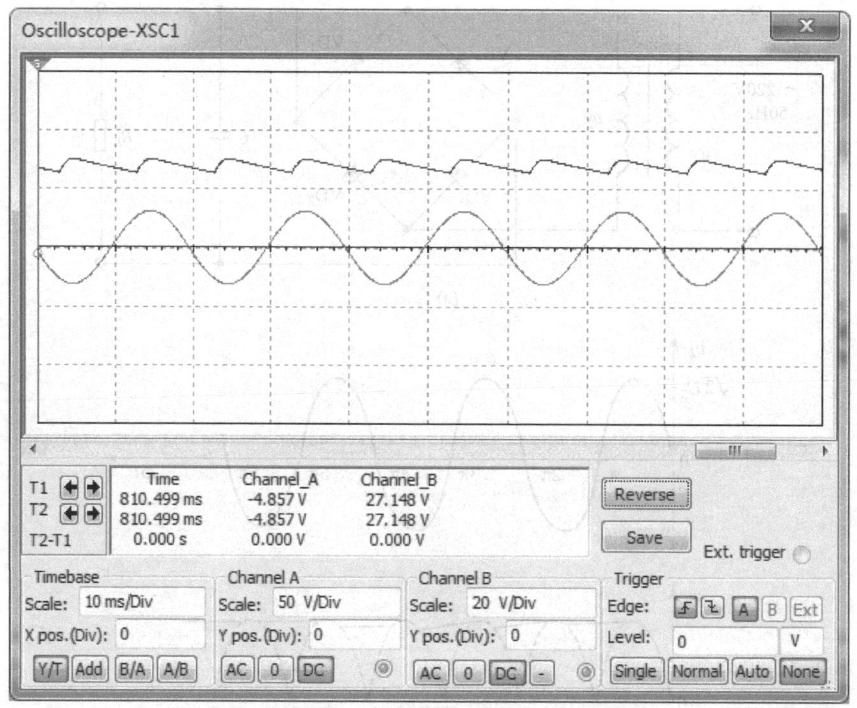

图 1-24　仿真波形图

$$I_F \geqslant I_D = I_L \quad (\text{半波})$$
$$I_F \geqslant I_D = \frac{1}{2} I_L \quad (\text{全波}) \tag{1-15}$$

无论半波还是变压器带中心抽头的全波整流电路，二极管的最高反向工作电压均为：

$$U_{RM} \geqslant 2\sqrt{2} U_2 \tag{1-16}$$

而在桥式整流电容滤波电路中，则为：

$$U_{RM} \geqslant \sqrt{2} U_2 \tag{1-17}$$

④ 外特性变差，负载增大（即 R_L 减小）时，放电时间常数减小，故负载电压脉动增大（即 γ 和 S 都增大），并且负载平均电压 U_L 降低。当 $R_L \to \infty$ 时，$I_L = 0$，$U_L = \sqrt{2} U_2$，R_L 很小时，放电很快，几乎没有滤波作用，故 $U_L = 0.9U_2$（桥式）。

3. **电感滤波电路**

如图 1-25 所示是一个桥式整流电感滤波电路。滤波电感 L 与负载 R_L 相串联。根据电感的特点，当输出电流发生变化时，L 中将感应出一个反电动势，其方向将阻止电流发生变化，因而使负载电流和负载电压的脉动大为减小。频率愈高电感愈大，滤波效果愈好。电感线圈所以能滤波也可以这样理解：由于电感的直流电阻很小，交流阻很大，因此直流分量经过电感后基本上没有损失，但是对于交流分量，在感抗 $j\omega L$ 和 R_L 分压以后，很大一部分交流分量降落在电感上，因而降低了输出电压的脉动成分。L 愈大，R_L 愈小，则滤波效果愈好，所以电感滤波适用于负载电流比较大的场合，采用电感滤波后，延长了整流管的导通角，因此避免了过大的冲击电流。在理想电感条件下，$U_L = 0.9U_2$。

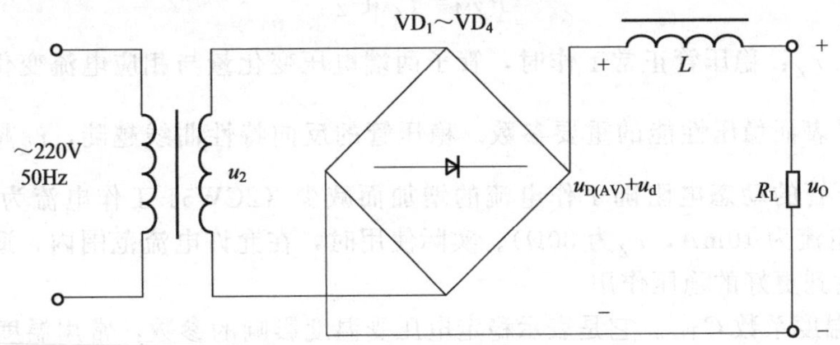

图 1-25　全波整流电感滤波电路

4. 复式滤波电路

为了进一步减小输出电压中的脉动成分可以将串联电感和并联电容组成复式滤波电路。

1.1.6　特殊二极管

1. 稳压二极管

稳压二极管也称齐纳二极管，工作在反向击穿区；主要用在信号处理中限幅电路以及稳压电路中；稳压管理想状态时 R_Z 为 0，即 U_Z 不变，但实际上是有偏移的，如图 1-26 所示是稳压管的电路符号和伏安特性曲线。

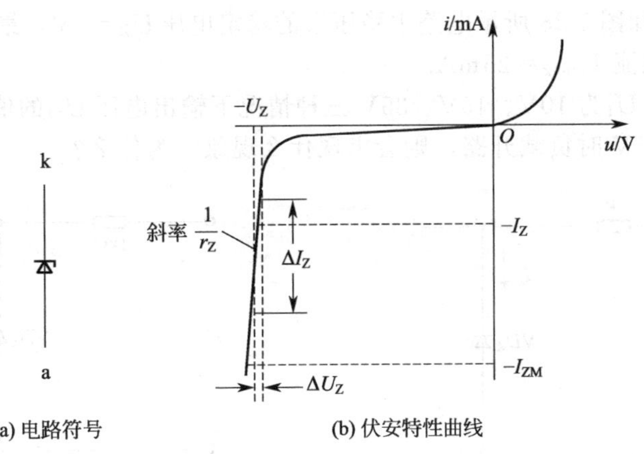

图 1-26　稳压管的电路符号和伏安特性曲线

(1) 稳压管的主要参数

① 稳定电压 U_Z。稳定电压是指稳压管正常工作时，管子两端的电压，实际上就是它的反向击穿电压。型号不同，稳定电压不同。对某一稳压管，其稳定电压是一确定值。由于制造的分散性，同一型号的稳压管，其稳定电压有差异。因此实际应用中，如果需要一个较为精准的电压，可以在负载端再并一个电位器，用来调节电压（稳压管 2CW54 型，其稳定电压在 5.5～6.5V 之间）。

② 稳定电流 I_Z。稳压管正常工作时的电流值。稳压管的工作电流必须在最小稳定电流与最大稳定电流之间。当小于最小稳定电流时，稳压管不能稳压；而大于最大稳定电流时，稳压管将过热而损坏。

③ 最大耗散功率 P_{ZM}。稳压管正常工作时，不发生热击穿，所允许的耗散功率。

$$P_{ZM}=I_{ZM}U_Z \tag{1-18}$$

动态电阻 r_Z：稳压管正常工作时，管子两端电压变化量与相应电流变化量之比，$r_Z=\dfrac{\Delta U_Z}{\Delta I_Z}$。它是表征稳压性能的重要参数。稳压管的反向特性曲线越陡，r_Z越小，稳压性能越好。稳压管的动态电阻随工作电流的增加而减少（2CW54 工作电流为 1mA，r_Z为 500Ω；工作电流为 10mA，r_Z为 30Ω）。实际使用时，在允许电流范围内，适当增大工作电流，可以达到更好的稳压作用。

④ 电压温度系数 C_{TU}。它是表示稳定电压受温度影响的参数，常用温度每升高 1℃、稳定电压的相对变化量表示。即

$$C_{TU}=\frac{\Delta U_Z}{U_Z}\Big/\Delta T \tag{1-19}$$

C_{TU}越小，稳定电压 U_Z受温度影响越小。一般来说，U_Z低于 4V 的稳压管的 C_{TU}是负值，高于 7V 的稳压管的 C_{TU}是正值。而 U_Z为 4～7V 时稳压管的温度稳定性较好。

在要求温度稳定性较高的电路中，可将具有正温度系数和负温度系数的稳压管串联使用，使其相互补偿（如 2DW230）。

(2) 稳压管的应用

如图 1-27 所示是稳压管常用的稳压电路，R 为限流电阻，负载 R_L 两端直流电压 $U_0=U_Z$。

【例 1-2】 已知图 1-28 所示电路中稳压管的稳定电压 $U_Z=6$V，最小稳定电流 $I_{Zmin}=5$mA，最大稳定电流 $I_{Zmax}=25$mA。

(1) 分别计算 U_I为 10V、15V、35V 三种情况下输出电压 U_O的值；

(2) 若 $U_I=35$V 时负载开路，则会出现什么现象？为什么？

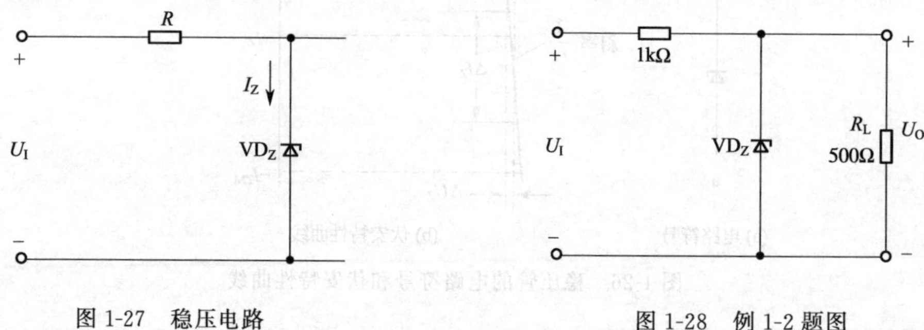

图 1-27 稳压电路　　图 1-28 例 1-2 题图

解： ① 当$U_I=10$V 时，若$U_O=U_Z=6$V，则稳压管的电流为 4mA，小于其最小稳定电流，所以稳压管未击穿。故

$$U_O=\frac{R_L}{R+R_L}U_I\approx 3.33\text{V}$$

当$U_I=15$V 时，稳压管中的电流大于最小稳定电流 I_{Zmin}，所以

$$U_O=U_Z=6\text{V}$$

同理，当$U_I=35$V 时，$U_O=U_Z=6$V。

② $I_{D_Z}=(U_I-U_Z)/R=29\text{mA}>I_{ZM}=25\text{mA}$，稳压管将因功耗过大而损坏。

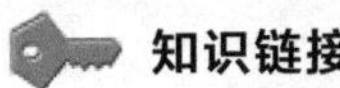知识链接

稳压二极管与普通二极管的鉴别

常用稳压二极管的外形与普通小功率整流二极管相似。当其标识清楚时，可根据型号及其代表符号进行鉴别。当无法从外观判断时，使用万用表也能很方便地鉴别出来。依然以机械式万用表为例，首先用前述的方法，把被测二极管的正、负极性判断出来。然后用万用表 $R\times10\mathrm{k}$ 挡，黑表笔接二极管的负极，红表笔接二极管的正极，若电阻读数变得很小（与使用 $R\times1\mathrm{k}$ 挡测出的值相比较），说明该管为稳压管；反之，若测出的电阻值仍很大说明该管为整流或检波二极管（10k 挡的内电压若用 15V 电池，对个别检波管，例如 2AP21 等已可能产生反向击穿）。因为用万用表的 $R\times1$、$R\times10$、$R\times100$ 挡时，内部电池电压为 1.5V，一般不会将二极管击穿，所以测出的反向电阻值比较大。而用万用表的 $R\times10\mathrm{k}$ 挡时，内部电池的电压一般都在 9V 以上，可以将部分稳压管击穿，反向导通，使其电阻值大大减小，普通二极管的击穿电压一般较高、不易击穿。但是，对反向击穿电压值较大的稳压管，上述方法鉴别不出来。

2. 发光二极管

发光二极管（LED）是一种将电能转换为光能的特殊二极管（发光器件）。如图 1-29 所示是其外形和电路符号。

发光二极管常用砷化镓、磷化镓等化合物半导体制成。发光的颜色主要取决于所用材料，可发出红、橙、黄、绿四种颜色。

发光二极管的 PN 结工作在正向偏置状态。其发光强度基本上与正向电流大小呈线性关系。

发光二极管具有体积小，工作电压低（正向电压约为 1～2V），工作电流小（几毫安至十几毫安），发光均匀稳定以及寿命长等优点。常用来作显示器件。

在使用 LED 时，为使流过的正向电流不致过大，需要串接限流电阻。

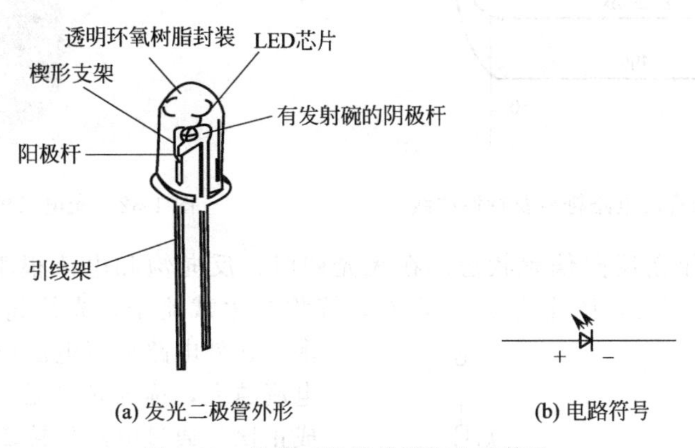

图 1-29　发光二极管外形和电路符号

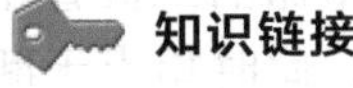知识链接

发光二极管的测量

（1）用万用表判断发光二极管

一般的发光二极管内部结构与一般二极管无异，因此测量方法与一般二极管类似。但发光二极管的正向电阻比普通二极管大（正向电阻小于 50kΩ），所以测量时将万用表置于 $R\times1\mathrm{k}$ 或 $R\times10\mathrm{k}$ 挡。测量结果判断与一般二极管测量结果判断相同。

(2) 发光二极管工作电流的测量

发光二极管工作电流可用以下方法测出，测试电路如图 1-30 所示。

测量时，先将限流电阻 R 置于较高的位置，合上开关 S，然后慢慢将限流电阻阻值降低。当降到一定阻值时，发光二极管启辉，继续调低 R 阻值，使发光二极管达到所需的正常亮度。读出电流表的电流值，即为发光二极管正常的工作电流值。

测量时应注意不能使发光二极管亮度太大（工作电流太大），否则容易使发光二极管早衰，影响使用寿命。

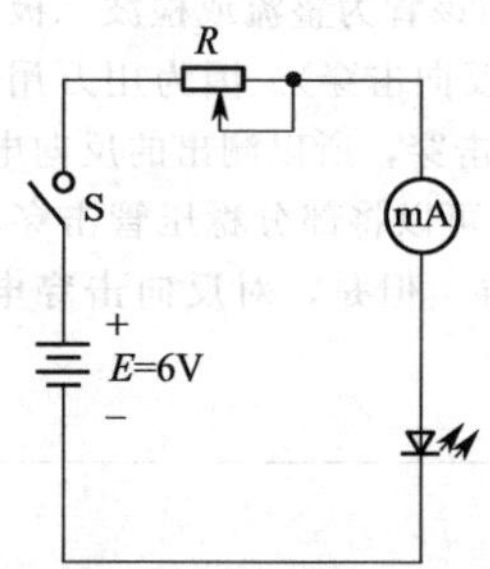

图 1-30　发光二极管工作电流的测量

3. 光电二极管

光电二极管（光敏二极管），是一种将光信号转换为电信号的特殊二极管（受光器件）。如图 1-31 所示是光电二极管的电路符号及特性曲线。它的管壳上嵌着玻璃窗口，以便于光线射入，如图 1-32 所示是光电二极管的外形。

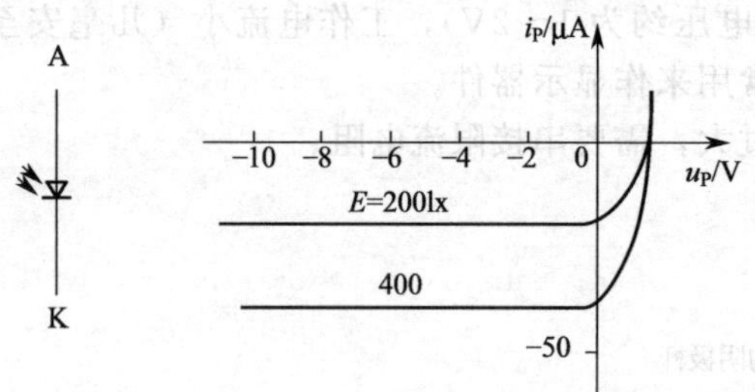

图 1-31　光电二极管的电路符号及特性曲线

图 1-32　光电二极管的外形

光电二极管工作在反向偏置状态。在无光照时，反向饱和电流很小（一般小于 1μA，称暗电流）。当有光照时，产生电子-空穴对，统称光生载流子。光线越强，光生载流子越多，在外电路反偏电压作用下，形成的反向电流越大，称为光电流。光电流与光照强度成正比，通过电路外接负载，可获得随光照强弱变化的电信号，从而实现光电转换或光电控制。无光情况下，接收电路的二极管相当于普通二极管，电流为 0，此时相当于断开。当有光时，相当于恒流源，此时 u_O 为低电平，如图 1-33 所示是光电信号的传输电路。

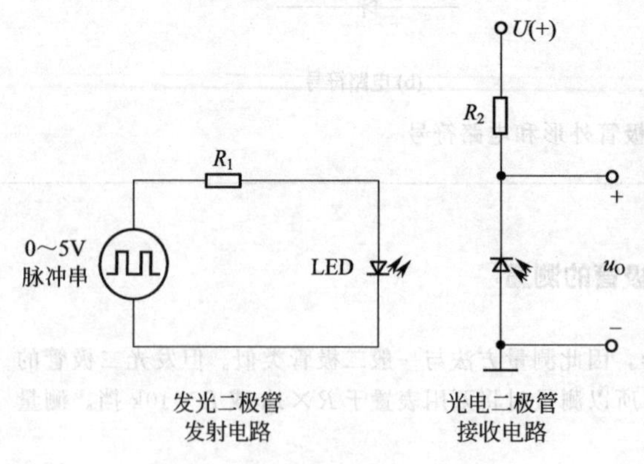

图 1-33　光电信号的传输电路

不同材料的半导体对不同频率（波长）的光波反应不一样（硅光电二极管对 0.8～

0.9μm 的红外光最敏感，锗光电二极管对 1.4～1.5μm 的远红外光最敏感）。

4. 变容二极管

变容二极管是根据普通二极管内部 PN 结的结电容能随外加反向电压的变化而变化这一原理专门设计出来的一种特殊二极管，如图 1-34 所示是变容二极管的电路符号及特性曲线。二极管的 PN 结具有结电容，当加反向电压时，阻挡层加厚，结电容减小，所以改变反向电压的大小可以改变 PN 结的结电容大小，这样二极管就可以作为可变电容器用。变容二极管是一种电抗可变的非线性电路元件，一般使用的材料为硅或砷化镓。变容二极管广泛用于参量放大器、电子调谐及倍频器等微波电路中。电容值一般为几十皮法到几百皮法。

5. 肖特基二极管

肖特基二极管电容特性极小，因此在高速开关时使用，如图 1-35 所示是肖特基二极管的电路符号及特性曲线。肖特基二极管具有开关频率高和正向压降低等优点，但其反向击穿电压比较低。

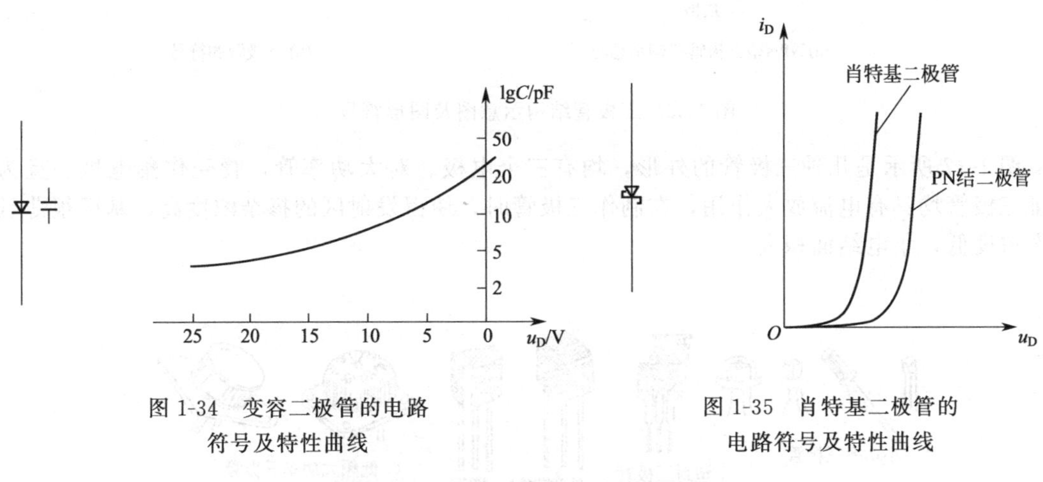

图 1-34　变容二极管的电路符号及特性曲线

图 1-35　肖特基二极管的电路符号及特性曲线

1.2 晶体三极管

1.2.1 晶体三极管的结构与符号

1. 晶体管的结构

晶体三极管也称双极型晶体管（BJT），又称半导体三极管，以下简称三极管。

三极管是在一块很小的半导体基片上，用一定的工艺制作出两个反向的 PN 结，这两个 PN 结将基片分成三个区，从三个区分别引出三根电极引线，再用管壳封装而成。

三极管的三个区分别称为发射区、基区和集电区。由它们引出的三根电极引线分别称为发射极 e、基极 b、集电极 c。发射区与基区间的 PN 结称为发射结，集电区与基区间的 PN 结称为集电结。发射区用来发射载流子，故其杂质浓度较大；集电区用来收集从发射区发射过来的载流子，故其结面积较大；基区位于发射区与集电区之间，用来控制载流子通过，以实现电流放大作用，其厚度很薄（几个微米），且杂质浓度很低，目的是减小基极电流，增强基极的控制作用。

2. 晶体三极管的分类

根据基片的材料不同，三极管分为锗管和硅管两大类。

根据三层半导体的组合方式，又分为 PNP 型和 NPN 型，目前国内生产的硅管多为 NPN 型（3D 系列），锗管多为 PNP 型（3A 系列）。

3. 晶体三极管的符号

如图 1-36 所示是三极管的结构示意图和图形符号。其中图（a）是 NPN 型管的结构示意图，图（b）是 NPN 型管和 PNP 型管的符号。

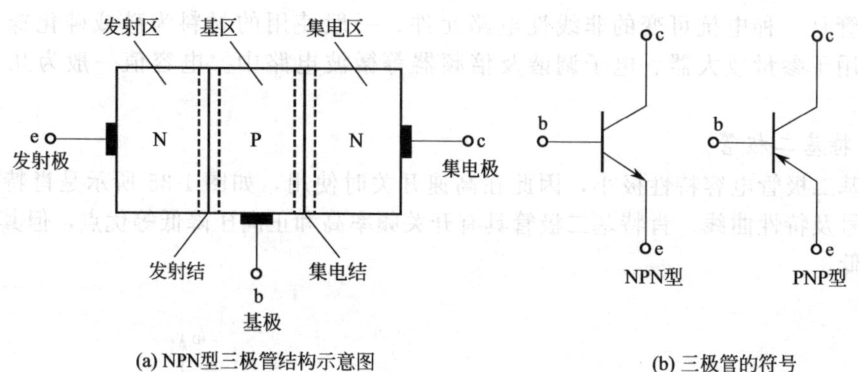

图 1-36　三极管结构示意图及图形符号

图 1-37 所示是几种三极管的外形，均有三个电极。对大功率管，管壳作集电极。且为保证三极管均具有电流放大作用，在制作三极管时，使得发射区的掺杂浓度高，基区很薄且掺杂浓度低，集电结面积大。

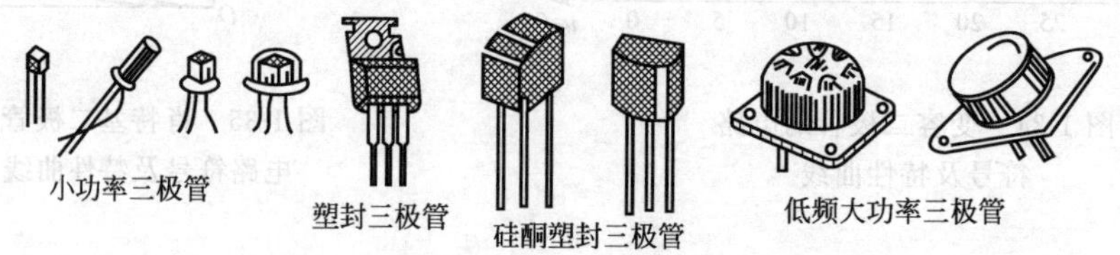

图 1-37　常用晶体管的外形

知识链接

1. 三极管质量好坏的简易判断

用万用表粗测三极管的极间电阻，可以判断管子质量的好坏。在正常情况下，质量良好的中、小功率三极管发射结和集电结的反向电阻及其他极间电阻较高（一般为几百千欧），而正向阻值比较低（一般为几百欧至几千欧）可以由此来判断三极管的质量。

2. 判别三极管是锗管还是硅管

硅管的正向压降较大（0.6～0.7V），而锗管的正向压降较小（0.2～0.3V）。若测得的压降为 0.5～0.9V 即为硅管，若压降为 0.2～0.3V 则为锗管。

1.2.2　晶体三极管的电流放大作用

1. 三极管工作在放大状态的条件

为使三极管具有电流放大作用，除具备上述内部条件外，还应有适当的外部条件，这要求外加电压保证发射结正向偏置，集电结反向偏置。

因此，对 NPN 型管，要求 $U_C>U_B>U_E$；对于 PNP 管，要求 $U_C<U_B<U_E$。根据上述偏置要求，外加电源与管子的连接方式如图 1-38 所示。通常发射结所在回路称为三极管的输入回路，集电结所在的回路称为三极管的输出回路，图 1-38 中发射极 E 为输入、输出回路的公共端，这种连接方式称为共发射极接法，相应电路称为共射极电路。

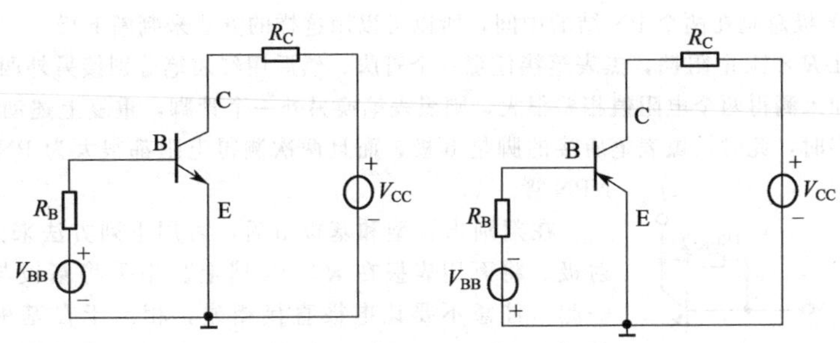

图 1-38　外加电源与三极管的连接方式

2. 晶体三极管各极电流

(1) 发射区向基区注入电子，形成发射极电流 I_E

由于发射结加正向电压，发射区的自由电子（多数载流子）不断扩散到基区，并从电源不断向发射区补充电子，形成发射极电流 I_E。

(2) 电子在基区复合，形成基极电流 I_B

由于基区很薄，多子空穴浓度很低，从发射区注入基区的电子，大部分扩散到集电结附近，只有少数电子与基区空穴复合，复合掉的空穴由基极电源补充，形成很小的基极电流 I_B。

(3) 集电区收集电子，形成集电极电流 I_C

由于集电结反偏，对发射区来的电子有很强的吸引力，使电子越过集电结，形成集电极电流 I_C。

如图 1-39 所示是三极管各极电路示意图。

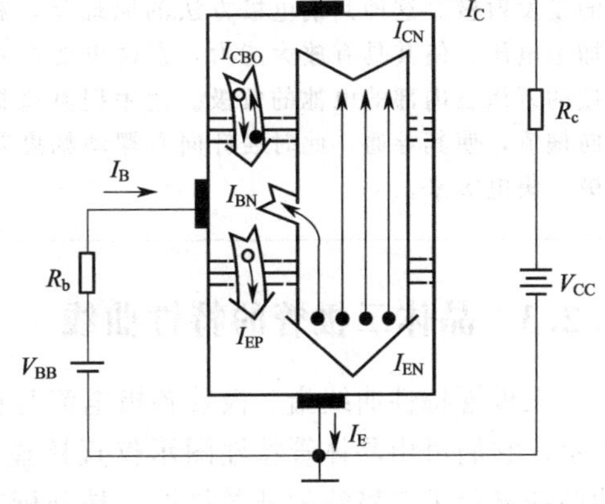

图 1-39　放大工作时 NPN 型晶体管中各极电流

3. 晶体三极管各极电流的关系

根据 KCL，发射极电流等于集电极电流与基极电流之和，即 $I_E=I_C+I_B$。基区回路电流 I_B很小（小功率管为 μA 级），集电极回路电流 I_C较大（小功率管为 mA 级），I_C与 I_B的比值称共发射极直流电流放大系数，以 $\bar{\beta}$ 表示，即

$$\bar{\beta}\approx\frac{I_C}{I_B}\text{或}\ I_C\approx\bar{\beta}I_B \tag{1-20}$$

它表示基极电流 I_B对集电极电流 I_C的控制能力，所以，三极管是一个电流控制器件。

由上两式可得 $I_E=I_C+I_B=(1+\bar{\beta})I_B$，若在基极输入一个交流信号，基极电流发生微小的变化 ΔI_B，通过基极电流对集电极电流的控制作用，集电极电流有较大的变化 ΔI_C，其比值称共发射极交流电流放大系数 β，即

$$\beta = \frac{\Delta I_C}{\Delta I_B} \tag{1-21}$$

知识链接

三极管 e、b、c 极的判别

在不知道三极管封装的情况下用指针式万用表一般都可以测出 e、b、c 极。从三极管构造来说无论 PNP 还是 NPN，b 极总是在两个 PN 结的中间，所以可以用这样的方法来判断 b 极。

万用表设定在 $R\times1k$ 电阻挡，黑表笔接任意一个管脚，然后用红表笔分别接另外两个管脚，比较两次测量的电阻，如果测得两个电阻值相差很大，则黑表笔换另外一个管脚，重复上述动作。直到两次测量的电阻相差不多时，此时，黑表笔所接的脚是 b 极，而且两次测得电阻都很大为 PNP 管，都很小为 NPN 管。

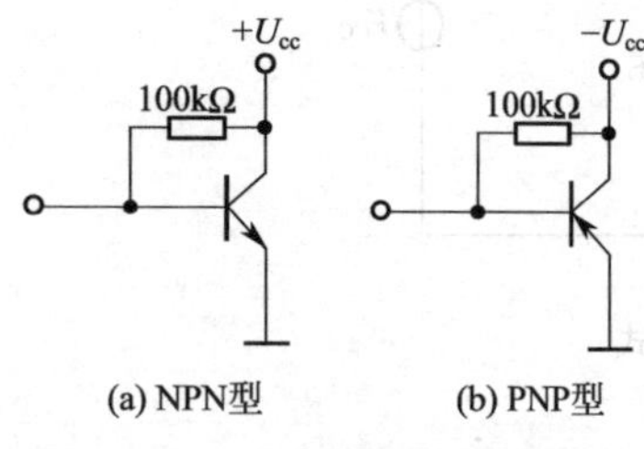

图 1-40 三极管管型和电极判断

在判别出管型和基极 b 后，可用下列方法来判别集电极和发射极。将万用表拨在 $R\times1k$ 挡上。用手将基极与另一管脚捏在一起（注意不要让电极直接相碰，相当于在基极与另一管脚上接了 100kΩ 的电阻），如图 1-40 所示。为使测量现象明显，可将手指湿润一下，将红表笔接在与基极捏在一起的管脚上，黑表笔接另一管脚，注意观察万用表指针向右摆动的幅度。然后将两个管脚对调，重复上述测量步骤。比较两次测量中表针向右摆动的幅度，找出摆动幅度大的一次。对 PNP 型三极管，则将黑表笔接在与基极捏在一起的管脚上，重复上述实验，找出表针摆动幅度大的一次，对于 NPN 型，黑表笔接的是集电极，红表笔接的是发射极。对于 PNP 型，红表笔接的是集电极，黑表笔接的是发射极。这种判别电极方法的原理是，利用万用表内部的电池，给三极管的集电极、发射极加上电压，使其具有放大能力，在这里要注意黑表笔连接的万用表内部的电池的正极，红表笔连接的万用表内部的电池的负极。用手捏其基极、集电极时，就等于通过手的电阻给三极管加一正向偏流，使其导通，此时表针向右摆动幅度就反映出其放大能力的大小，因此可正确判别出发射极、集电极来。

1.2.3 晶体三极管的特性曲线

三极管特性曲线指三极管各极电流与极间电压的关系，通常以输入特性和输出特性曲线表示。它们可由晶体管特性图示仪直接显示，也可通过实验电路测试，如图 1-41 所示。特性曲线显示了三极管的外部特性，是分析三极管电路的依据之一。下面就讨论以共射极接法为例时的输入和输出特性。

1. 输入特性曲线

输入特性曲线是指集-射电压 u_{CE} 为一定值时，基极电流 i_B 随基-射电压 u_{BE} 变化的曲线，即 $i_B=f(u_{BE})|u_{CE}=$常数，如图 1-42 所示是某 NPN 型硅管的输入特性曲线。

输入特性曲线相似于二极管正向伏安特性，所以，是非线性的。在发射结电压 u_{BE} 大于死区电压时才导通，导通后 u_{BE} 很小的变化将引起 i_B 很大的变化，而具有恒压特性，u_{BE} 近似为常数。

当 u_{CE} 从零增大为 1V 时，曲线明显右移，而当 $u_{CE}\geqslant$1V 后，曲线重合为同一根线。在实际使用中，多数情况下满足 $u_{CE}\geqslant$1V，因此通常用的是最右边这根曲线，由该曲线可见，硅管的死区电压约为 0.5V，导通电压约为 0.6～0.8V，通常取 0.7V。

对于锗管，则死区电压约为 0.1V，导通电压约为 0.2～0.3V，通常取 0.2V。

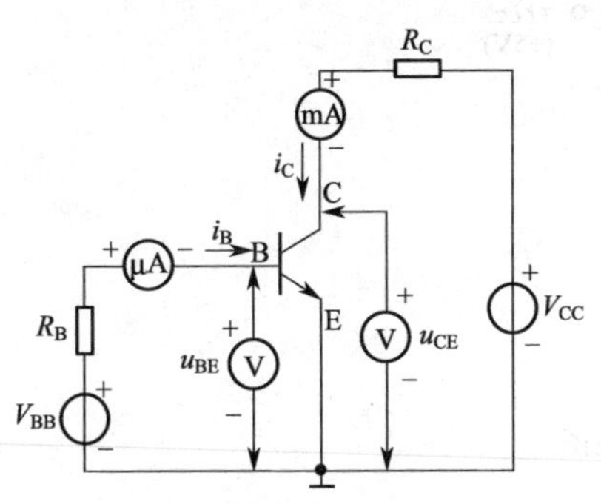

图 1-41　共射极接法电路

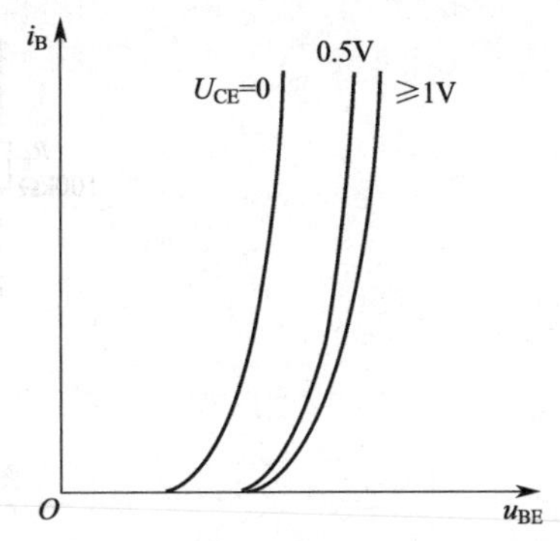

图 1-42　输入特性曲线

2. 输出特性曲线

输出特性曲线是指基极电流 i_B 为一定值时，集电极电流 i_C 随集-射电压 u_{CE} 而变化的曲线，即

$$i_C = f(u_{CE})|i_B = 常数$$

如图 1-43 所示是输出特性曲线。在 i_B 取不同值时，得到一簇形状相似、上下移动输出特性曲线。特性曲线起始部分较陡，u_{CE} 稍有增加，i_C 增加很快。当 u_{CE} 增加到 1V 以上，u_{CE} 再增加时，i_C 变化不大，曲线接近水平。根据三极管工作状态不同，可在输出特性曲线划分三个工作区域。

(1) 放大区

三极管放大状态的工作条件是发射结正向偏置，集电结反向偏置。对于 NPN 型三极管应满足 $U_C > U_B > U_E$，对于 PNP 型三极管应满足 $U_C < U_B < U_E$。三极管处于放大状态时，各级电流满足以下关系：

$$i_E = i_B + i_C = (1+\beta) i_B$$

(2) 截止区

三极管截止状态的工作条件是发射结零偏或反偏，集电结反偏。此时 $I_B \approx 0$，$I_C \approx 0$，因此三极管 B-E，C-E 之间呈高阻相当于一个断开的开关。

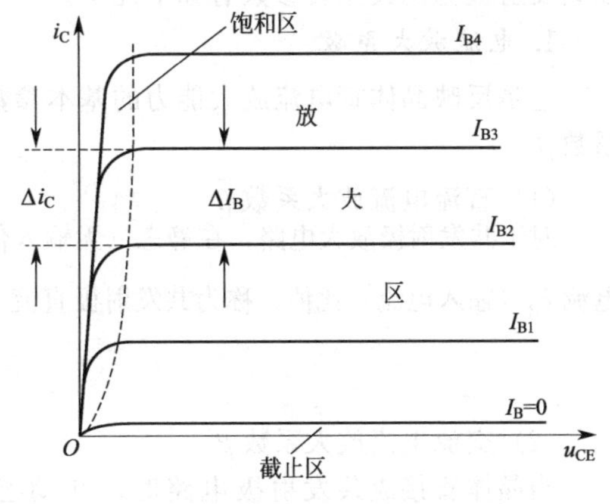

图 1-43　输出特性曲线

实际上，发射结正向电压小于死区电压时，三极管已经进入截止状态。

(3) 饱和区

三极管饱和时发射结、集电结均正向偏置，此时 U_{BE} > 导通电压，$U_{CE} \leqslant U_{BE}$。由于饱和时三极管的管压降很小，不能使集电结反向偏置，因此集电结收集电子的能力减弱，i_C 不受 i_B 控制而随着 u_{CE} 的减小迅速减小。当 $U_{CE} = U_{BE}$ 时，管子工作于放大饱和的分界点，称为临界饱和，临界饱和时仍具有放大作用。饱和时 C 与 E 间的压降记作 U_{CES}，称饱和电压，对于小功率 NPN 型硅管，$U_{CES} \approx 0.3$V，锗管约 0.1V。所以，饱和时集电极电流为 $I_{CS} \approx \dfrac{V_{CC}}{R_C}$，此时三极管 B-E、C-E 之间呈低阻，相当于一个闭合的开关。

放大区、截止区和饱和区都是三极管的正常工作区，三极管作放大使用时，工作在放大区；三极管作开关使用时，工作在饱和区和截止区。

【例 1-3】 电路如图 1-44 所示，试问 β 大于多少时晶体管饱和？

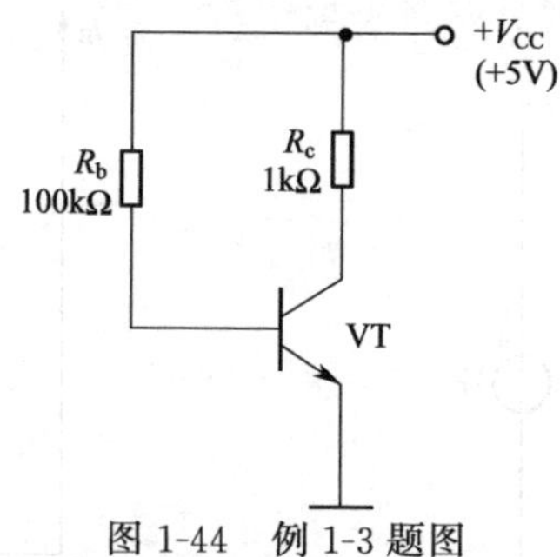

图 1-44　例 1-3 题图

解：取 $U_{CES}=U_{BE}$，若管子饱和，则根据公式

$$\beta \times \frac{V_{CC}-U_{BE}}{R_b}=\frac{V_{CC}-U_{BE}}{R_c}$$

$$R_b=\beta R_c$$

所以，$\beta \geqslant \frac{R_b}{R_C}=100$ 时，管子饱和。

1.2.4　晶体管的主要参数

晶体管参数可用来说明管子的性能和适用范围，可作为设计电路和选用晶体管的依据。以共发射极为例其主要参数有如下几个。

1. 电流放大系数

它是反映晶体管电流放大能力的基本参数，又分为直流电流放大系数 $\bar{\beta}$ 和交流电流放大系数 β。

（1）直流电流放大系数 $\bar{\beta}$

对于共发射极放大电路，在静态（无输入信号）情况下，集电极电流 i_C（输出电流）和基极电流 i_B（输入电流）比值，称为共发射极直流（静态）电流放大系数，用 β 表示，可写为：

$$\bar{\beta}=\frac{i_C}{i_B} \tag{1-22}$$

（2）交流电流放大系数 β

当晶体管接成共发射极电路时，在动态（有输入信号）情况下，基极电流变化量为 Δi_B，它引起集电极电流的变化量为 Δi_C，Δi_C 与 Δi_B 的比值，称为共发射极交流（动态）电流放大系数，用 β 表示，即：

$$\beta=\left.\frac{\Delta i_C}{\Delta i_B}\right|_{u_{CE}=\text{常数}} \tag{1-23}$$

$\bar{\beta}$ 与 β 的含义不同，但通常在输出特性曲线近于平行等距并且 I_{CEO} 较小的情况下，两者数值相近，所以，在近似估算时，可以不作严格区分。小功率管的 β 值常在 10～200 之间，为使用方便，制造厂家常在管壳上标明色点，作为 β 值的分档标志。β 值太小，管子放大作用差，反之，β 值过大，则晶体管的稳定性差。

2. 极间反向电流

（1）集电极-基极反向饱和电流 I_{CBO}

I_{CBO} 可通过图 1-45 所示电路测量。它是发射结断开时，集电极和基极间的反向饱和电流，是少数载流子漂移形成的，受温度影响大。在室温下，小功率硅管的 I_{CBO} 小于 1μA，锗管约为几微安到几十微安。

(2) 集电极-发射极穿透电流 I_{CEO}

I_{CEO}可通过图 1-46 所示电路测量。它是基极开路、集电极和发射间的反向电流，它是I_{CBO}的 $1+\bar{\beta}$ 倍。所以，I_{CEO}受温度影响更大，为此，在选管子时，要求选用I_{CEO}较小的管子，而且 $\bar{\beta}$ 也不宜太大。小功率硅管的I_{CEO}在几微安以下，锗管约为几十微安至几百微安。

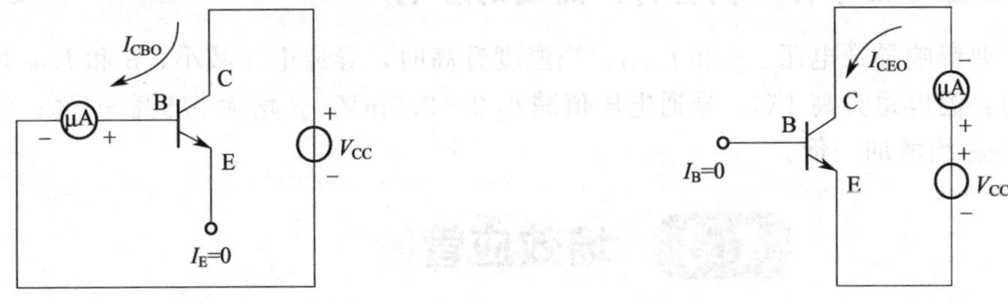

图 1-45　I_{CBO}测量电路　　图 1-46　I_{CEO}测量电路

极间反向电流是衡量三极管质量好坏的重要参数，其值越小受温度影响越小，管子工作越稳定，所以，硅管要比锗管稳定。

3. 三极管的极限参数

三极管的极限参数是当三极管正常工作时，最大电流、电压和功率等的极限数值，关系到三极管的安全运用问题。如图 1-47 所示是晶体三极管的安全工作区域。

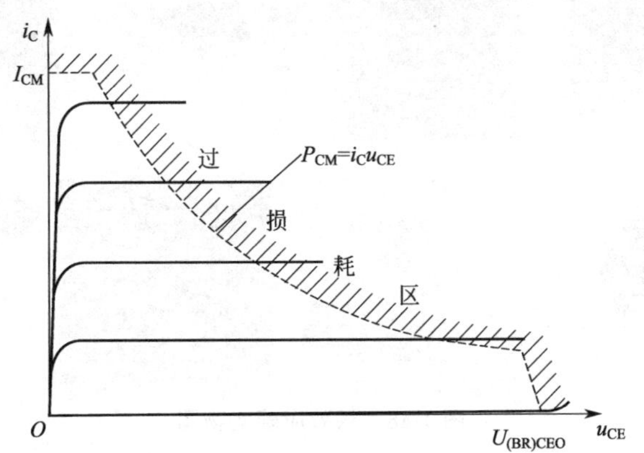

图 1-47　晶体三极管的安全工作区域

(1) 集电极最大允许电流 I_{CM}

当集电极电流超过一定数值后，β 将明显下降，通常取 β 值下降到额定值 2/3 时，所对应的集电极电流值，称集电极最大允许电流。使用中，若 i_C 略大于 I_{CM}时，管子不一定损坏，但其 β 值显著下降了。

一般小功率管的 I_{CM} 约为几十毫安，大功率管可达几安。

(2) 集电极-发射极反向击穿电压 $U_{(BR)CEO}$

基极开路时，允许加在集-射极间的最高反向电压。使用时，当 u_{CE} 超过 $U_{(BR)CEO}$ 时，三极管将被击穿而损坏。其通常值为几伏到几百伏。

(3) 集电极最大允许耗散功率 P_{CM}

集电极电流通过管子时产生功耗，其值为 $P_{CM}=i_C u_{CE}$。由于集电结反偏，管压降大部分降在集电结上，使集电结发热，结温升高。P_{CM}为集电极最大允许功耗，使用时，超过此极限值将使管子性能变差，甚至烧毁管子。

小功率管的 $P_{CM}<1W$，大功率管的 $P_{CM}>1W$。P_{CM}与散热条件和环境温度有关。

根据 $P_{CM}=i_C u_{CE}$ 可在输出特性曲线上画出管子的集电极最大允许耗散功率线，如图1-47 所示。曲线左侧的集电极耗散功率小于 P_{CM}，为安全工作区；曲线右侧的集电极耗散功率大于 P_{CM}，为过损耗区。P_{CM}、$U_{(BR)CEO}$ 和 I_{CM} 这三个极限参数，决定了三极管的安全工作区域。

1.2.5 温度对晶体管三极管特性曲线的影响

温度主要影响导通电压、β 和 I_{CBO}，当温度升高时，导通电压减小，β 和 I_{CBO} 增大，其变化规律为：温度每升高 1℃，导通电压值减小 2～2.5mV，β 增大 0.5%～1%；温度每升高 10℃，I_{CBO} 约增加一倍。

1.3 场效应管

场效应晶体管（Field Effect Transistor，FET）简称场效应管。由多数载流子参与导电，也称为单极型晶体管。它属于电压控制型半导体器件。具有输入电阻高（10^7～$10^{12}\Omega$）、噪声小、功耗低、动态范围大、易于集成、没有二次击穿现象、安全工作区域宽等优点，现已成为双极型晶体管和功率晶体管的强大竞争者。如图 1-48 所示为场效应管的实物图。

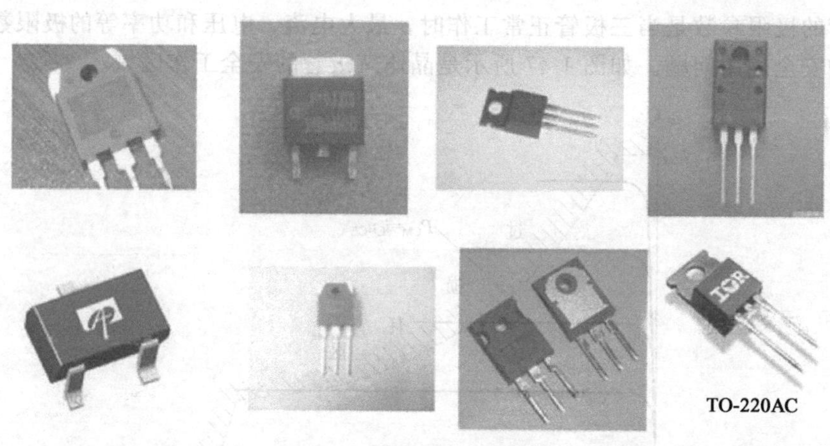

图 1-48　场效应管实物图

场效应管（FET）是利用控制输入回路的电场效应来控制输出回路电流的一种半导体器件，并以此命名。由于它仅靠半导体中的多数载流子导电，又称单极型晶体管。

场效应管分为结型场效应管（JFET）和绝缘栅场效应管（MOS 管）两大类。

按沟道材料结型和绝缘栅型各分 N 沟道和 P 沟道两种；按导电方式，又分为耗尽型与增强型，结型场效应管均为耗尽型，绝缘栅型场效应管既有耗尽型的，也有增强型的。

1.3.1 结型场效应管（JFET）

1. 结型场效应管的结构和工作原理

(1) 结构

结型场效应管有两种结构形式，它们是 N 沟道结型场效应管和 P 沟道结型场效应管。

结型场效应管也具有三个电极，它们是：栅极 G；漏极 D；源极 S。结型场效应管结构如图 1-49(a) 所示。在 N 型半导体两侧制作两个高掺杂的 P 区，从而形成两个 PN 结（耗尽层），把两侧 P 区连接在一起，引出一个电极，为栅极 G；在 N 型半导体两端各引出一个电极，分别为源极 S 和漏极 D。两个耗尽层中间的 N 区是载流子从源极流向漏极的通道，称导电沟道。这种导电沟道是 N 型半导体，称为 N 沟道结型场效应管，其电路符号如图

1-49(b) 所示。栅极上箭头向里，表示栅、源极间 PN 结正向的方向。

如图 1-49(c) 所示是 P 沟道结型场效应管的结构和电路符号。P 沟道的应用不如 N 沟道普遍。

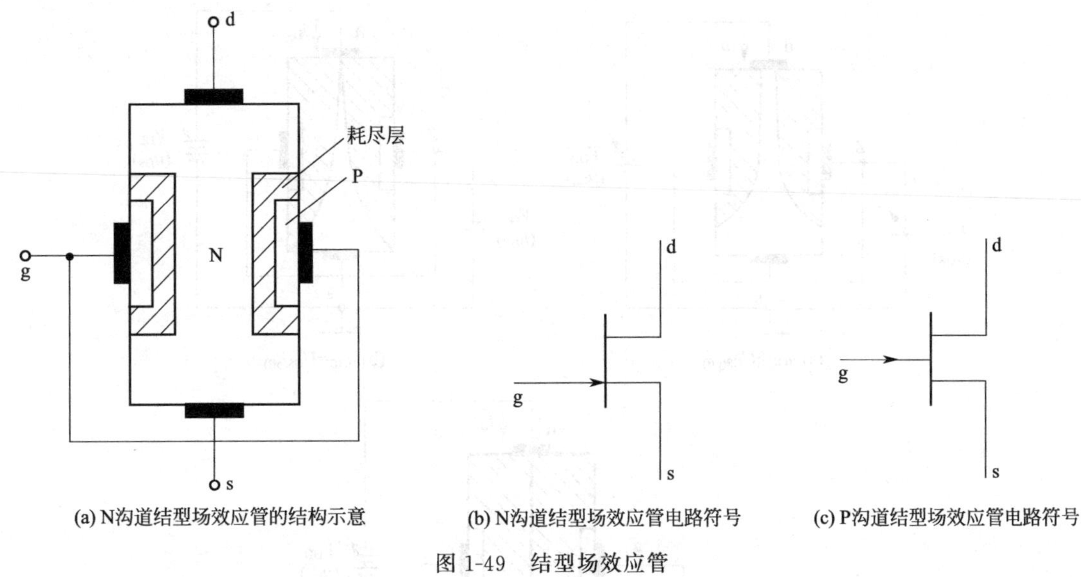

(a) N沟道结型场效应管的结构示意　(b) N沟道结型场效应管电路符号　(c) P沟道结型场效应管电路符号

图 1-49　结型场效应管

(2) 工作原理

N 沟道和 P 沟道结型场效应管的工作原理相同，以下以 N 沟道结型场效应管为例分析。

① u_{GS}对导电沟道的控制作用。当 $u_{DS}=0$V，且 $u_{GS}=0$ 时，耗尽层很窄，导电沟道很宽，如图 1-50(a) 所示。

当$|u_{GS}|$增大时，耗尽层加宽，沟道变窄，如图 1-50(b) 所示，沟道电阻增大。当$|u_{GS}|$增大到某一数值时，耗尽层闭合，沟道消失，如图 1-50(c) 所示，沟通电阻趋于无穷大，称此时 u_{GS}的值为夹断电压 $U_{GS(off)}$。

② u_{DS}对漏极电流 i_D 的影响。当 $u_{DS}=0$ 时，由于结型场效应管的 d 与 s 之间没有电压降，因此 $i_D=0$，此时 u_{DS}对导电沟道没有影响。

当 $u_{DS}>0$ 时，有漏极电流 i_D 从漏极流向源极，并且 i_D 使导电沟道从漏极到源极的 N 型半导体区域中，各点电位不等，靠近漏极处电位高，靠近源极处电位低。因此在从漏极到源极的不同位置上，栅极与沟道之间的电位差也是不相等的，越靠近漏极电位差越大，加在

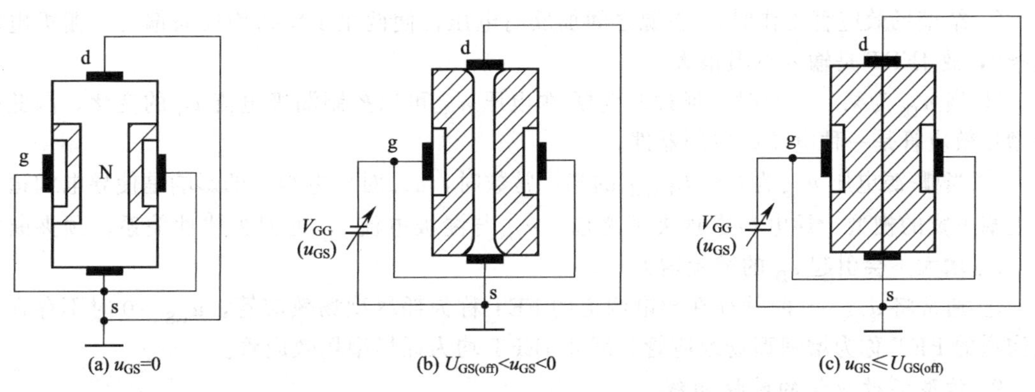

(a) $u_{GS}=0$　(b) $U_{GS(off)}<u_{GS}<0$　(c) $u_{GS}\leqslant U_{GS(off)}$

图 1-50　$u_{DS}=0$V 时，u_{GS}对导电沟道的控制作用

PN 结上的反向电压就越大；越靠近源极电位差越小，加在 PN 结上的反向电压也越小。这样使得耗尽层的宽度在漏极附近比在源极附近要宽，导电沟道的形状在靠近漏极处比靠近源极处要窄，如图 1-51(a) 所示。

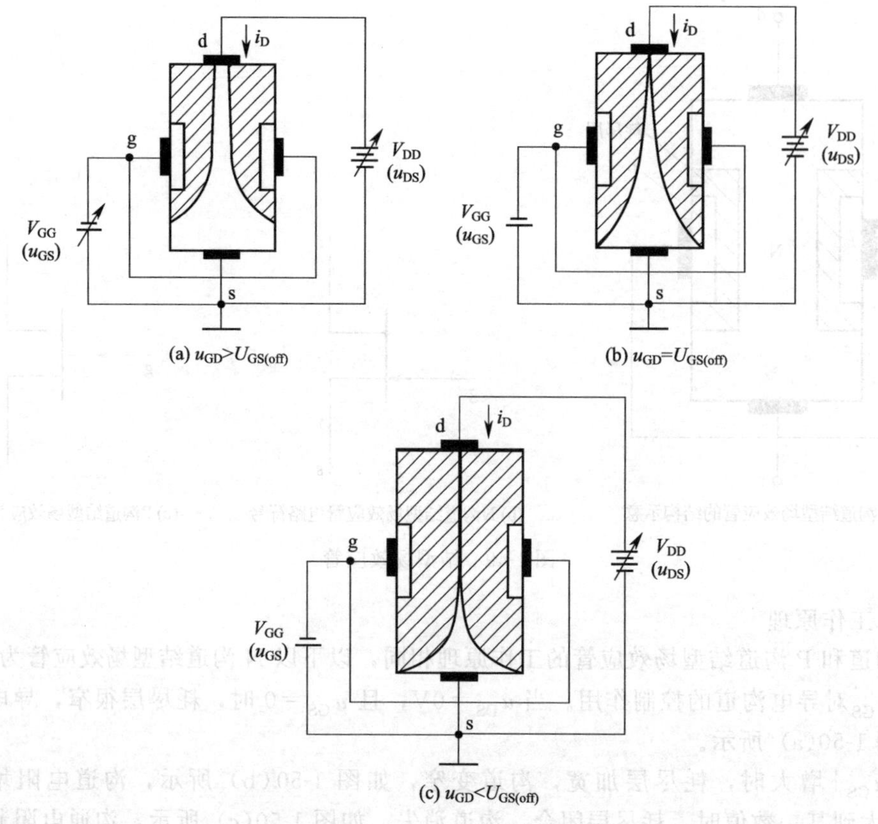

图 1-51　u_{DS}对导电沟道的影响

因为 $u_{GD}=u_{GS}-u_{DS}$，因此当 u_{DS}从零开始增大时，u_{GD}逐渐减小，使靠近漏极处的导电沟道也随之变窄。当 u_{DS}增大到使 $u_{GD}=U_{GS(off)}$时，导电沟道在漏极处开始夹断，称为预夹断，如图 1-51(b) 所示。预夹断后，如果 u_{DS}继续增大，则预夹断点向源极方向延伸，如图 1-51(c) 所示。

由此可见，结型场效应管工作时具有以下特点。

① 结型场效应管工作时，栅-源之间加反向电压，使两个 PN 结均反向偏置，栅极电流 $i_G\approx 0$，故 JEFT 是输入电阻很大。

② 当 u_{DS}为某一常数时，通过改变栅-源电压 u_{GS}可以控制漏极电流 i_D 的变化，因此称结型场效应管是一种电压型控制器件。

③ 当栅-源电压 u_{GS}为 $0\sim U_{GS(off)}$的某一常数时，u_{DS}对导电沟道的影响是使导电沟道变成上窄下宽的楔型。导电沟道预夹断之前，u_{DS}与漏极电流 i_D 近似为线性关系，预夹断之后，u_{DS}增大不会引起 i_D 的继续增大。

④ 通常将 $u_{GS}=0$ 时就存在导电沟道的 FET 称为耗尽型场效应管，$u_{GS}=0$ 时不存在导电沟道的 FET 称为增强型场效应管。因此 JEFT 均为耗尽型场效应管。

2. 结型场效应管的特性曲线

场效应管的特性曲线通常有输出特性和转移特性两种。

（1）输出特性曲线

输出特性曲线是指 u_{GS} 一定时，i_D 与 u_{DS} 的关系曲线，又称漏极特性曲线，即 $i_D=f(u_{DS})|u_{GS}=$常数，如图 1-52(a) 所示为 N 沟道结型场效应管的输出特性曲线，它可分为四个区域：

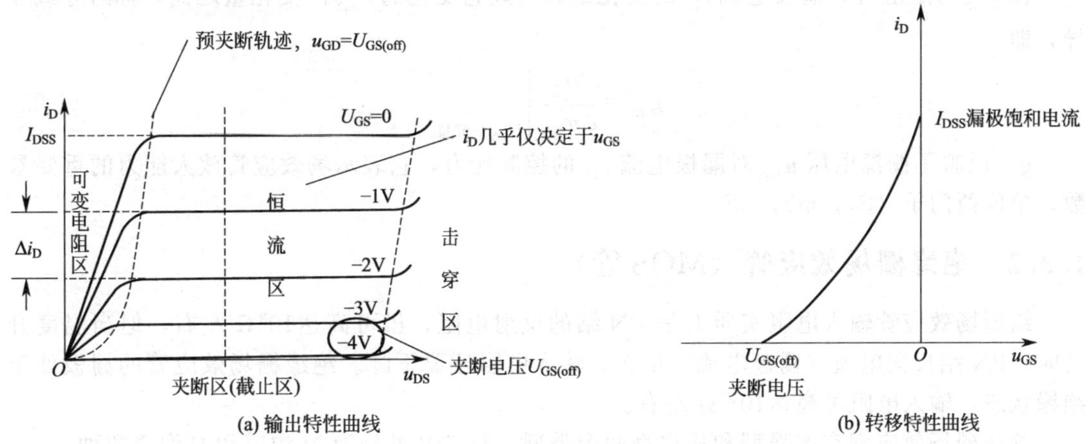

图 1-52　结型场效应管的特性曲线

① 可变电阻区。可变电阻区是 u_{DS} 较小，i_D 随 u_{DS} 线性上升的区域，所以漏源极之间是一线性电阻 R_{DS}。u_{GS} 负值越大，沟道越窄，R_{DS} 越大，特性曲线斜率越小。所以，这个区域中，场效应管的漏源极之间可看成一个由电压 u_{GS} 控制的可变电阻，即压控电阻。

② 恒流区——线性放大区。在恒流区，特性曲线是一族近乎平行于 u_{DS} 轴的水平线。i_D 受 u_{GS} 的控制，而几乎不随 u_{DS} 变化，所以称为恒流区或饱和区。场效应管作放大器件时，工作在这个区域。

③ 击穿区。当 u_{DS} 增加到一定数值后，栅源间的 PN 结上的反偏电压 u_{GS} 超过它能承受的极限值而发生击穿，致使 i_D 急剧上升，进入击穿区。u_{GS} 越负，击穿的 u_{DS} 越小，管子被击穿后不能正常工作，甚至很快烧毁。

④ 截止区。当 $u_{GS}<U_{GS(off)}$ 时，沟道完全夹断，$i_D\approx 0$，管子处于截止状态。

（2）转移特性曲线

转移特性曲线是指 u_{DS} 一定，i_D 输出与 u_{GS} 输入的关系曲线，即 $i_D=f(u_{GS})|u_{DS}=$常数，它表示 u_{GS} 对 i_D 的控制作用。

如图 1-52(b) 所示为 N 沟道结型场效应管的转移特性曲线。从图中看出，栅、源反偏电压 u_{GS} 越负，i_D 越小。当 $U_{GS}=-4$V 时，$i_D\approx 0$，夹断电压 $U_{GS(off)}=-4$V，图中 $u_{GS}=0$ 时的漏极电流称饱和漏极电流 I_{DSS}。结型场效应管工作在放大区，i_D 可近似表示为

$$i_D=I_{DSS}\left(1-\frac{u_{GS}}{U_{GS(off)}}\right)^2 \tag{1-24}$$

3. 结型场效应管的主要参数

（1）夹断电压 $U_{GS(off)}$

当 U_{DS} 一定时，使 i_D 接近于零或等于一个微小电流（如 50μA）时的栅源电压 U_{GS}，即为夹断电压。对 N 沟道场效应管，$U_{GS(off)}$ 为负值；对 P 沟道场效应管，$U_{GS(off)}$ 为正值。

（2）饱和漏极电流 I_{DSS}

在 $U_{GS}=0$ 的条件下，外加漏源电压使场效应管工作在放大区时的漏极电流，称饱和漏

极电流 I_{DSS}。

(3) 直流输入电阻 R_{DS}

表示栅、源间的直流电阻。

(4) 低频跨导 g_m

在 u_{DS}为定值时，漏极电流 i_D 的变化量和引起它变化的 u_{GS}的变化量之比，称跨导或互导，即

$$g_m=\left.\frac{\Delta i_D}{\Delta u_{GS}}\right|_{U_{DS}=\text{常量}} \tag{1-25}$$

g_m 反映了栅源电压 u_{GS}对漏极电流 i_D 的控制能力，它表示场效应管放大能力的重要参数。单位西门子 (S)，mS，μS。

1.3.2 绝缘栅场效应管（MOS 管）

结型场效应管输入电阻实质上是 PN 结的反射电阻，虽可高达$10^8\,\Omega$左右，但当温度升高时，PN 结反向电流（栅极电流）增大，输入电阻还要下降。绝缘栅场效应管的栅极处于绝缘状态，输入电阻可高达$10^{15}\,\Omega$左右。

绝缘栅场效应管有增强型和耗尽型两个类型，每类又可分为 N 沟道和 P 沟道两种。

1. N 沟道增强型绝缘栅场效应管

(1) 结构

如图 1-53(a) 所示为 N 沟道增强型绝缘栅场效应管的结构示意图，它以一块掺杂浓度较低的 P 型硅片作为衬底，在衬底上面的左右两侧制成两个高掺杂的 N^+ 区，并用金属铝引出两个电极，作为源极 S 和漏极 D，然后在硅片表面覆盖一层很薄的 SiO_2绝缘层，在漏源极间的绝缘层上再喷一层金属铝作为栅极 G，另外衬底引出衬底引线 B（它通常在管内与源极 S 连接)。这种管子由金属、氧化物和半导体组成，故称 MOS 管。N 沟道的 MOS 管，简称 NMOS。

如图 1-53(b)、(c) 所示分别为表示增强型 NMOS 管和增强 PMOS 管的符号。漏、源间的断续线表示增强型。NMOS 管的衬底 B 的箭头向里，表示衬底 P 指向沟道 N。

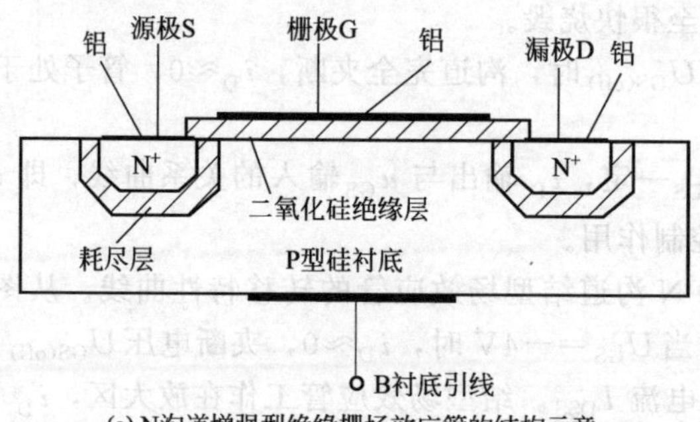

(a) N沟道增强型绝缘栅场效应管的结构示意

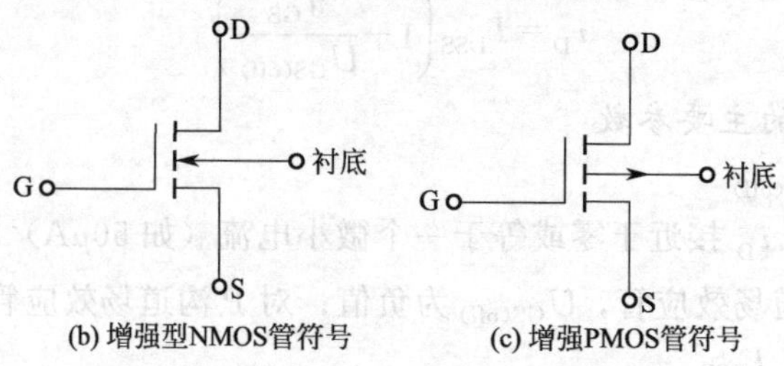

(b) 增强型NMOS管符号　　(c) 增强PMOS管符号

图 1-53　N 沟道增强型绝缘栅场效应管

(2) 工作原理

现以图 1-54 所示电路来讨论增强型 MOS 管 u_{DS} 对 i_D 的影响。N 沟道增强型绝缘栅场效应管属电压控制型器件，当栅源极电压 $u_{GS}=0$ 时，管子的漏极和源极之间没有导电通道，极间等效电阻很高，漏极电流 i_D 近似为零。

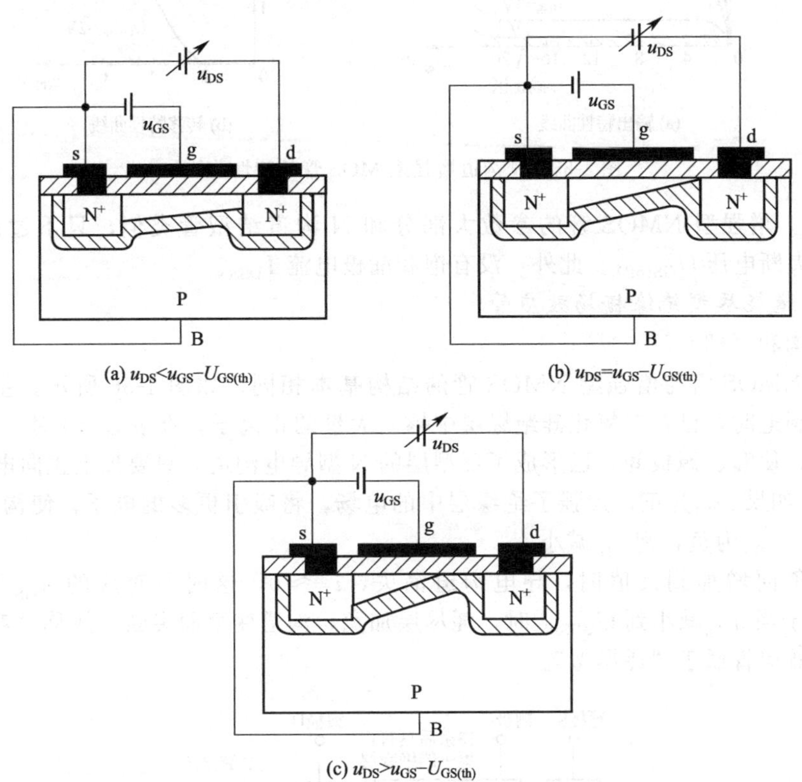

图 1-54　u_{GS} 为大于 $U_{GS(th)}$ 的某一值时，u_{DS} 对 i_D 的影响

当 u_{GS} 足够大时，由于静电场作用，管子的漏极和源极之间将产生一个导电通道（称为沟道），极间等效电阻较小，在 u_{DS} 作用下，可以形成一定的漏极电流 i_D。u_{GS} 越大，导电沟道宽度越宽，等效电阻越小，漏极电流 i_D 越大。产生导电沟道所需的最小栅源电压称为开启电压 $U_{GS(th)}$。改变栅源电压，就可以改变导电沟道的宽度，也就可以有效地控制漏极电流 i_D 的数值。上述这种在 $u_{GS}=0$ 时没有导电沟道，因而必须在 $u_{GS}\geqslant U_{GS(th)}$ 时才形成导电沟道的场效应晶体管称为增强型场效应管。还有一种场效应管在栅源电压为零时已经存在沟道，这种场效应晶体管称为耗尽型 MOS 管。

(3) N 沟道增强型 MOS 管的特性曲线和参数

① 输出特性曲线。增强型 NMOS 管的输出特性曲线如图 1-55(a) 所示。它与 N 沟道结型场效应管相似，也分四个区域。

② 转移特性曲线。增强型 NMOS 管的转移特性曲线如图 1-55(b) 所示。当 $u_{GS}<u_{GS(th)}$ 时，$i_D=0$；$u_{GS}=u_{GS(th)}$ 开始形成 i_D，且随着 u_{GS} 的增大，i_D 增加。

在放大区内，增强型 NMOS 管的 i_D 可近似表示为

$$i_D=I_{DO}\left(\frac{u_{GS}}{u_{GS(th)}}-1\right)^2 \quad (u_{GS}>u_{GS(th)}) \tag{1-26}$$

式中，I_{DO} 是 $u_{GS}=2U_{GS(th)}$ 时的 i_D 值。

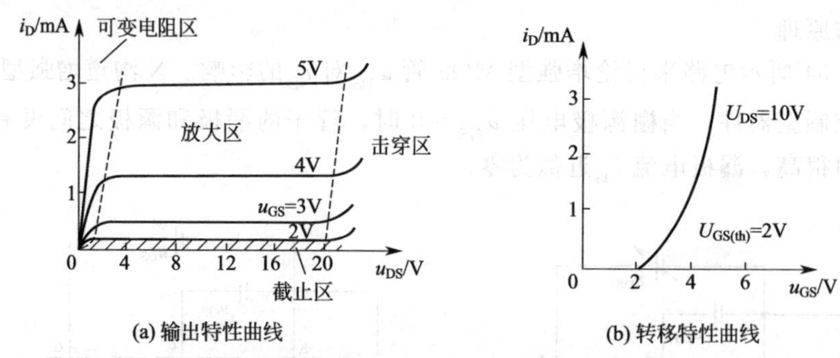

(a) 输出特性曲线　　(b) 转移特性曲线

图 1-55　N 沟道增强型 MOS 管的特性曲线

③ 参数。增强型 NMOS 管的参数大部分和 N 沟道结型管类似，只不过用开启电压 $U_{GS(th)}$ 取代夹断电压 $U_{GS(off)}$。此外，没有饱和漏极电流 I_{DSS}。

2. N 沟道耗尽型绝缘栅场效应管

(1) 结构和原理

耗尽型 NMOS 管与增强型 NMOS 管的结构基本相同，如图 1-56 所示。主要区别是：这类管子在制造时，已在二氧化硅绝缘层中掺入大量的正离子，在 $u_{GS}=0$ 时，这些正离子产生的电场，使漏、源极间，已形成了反型层的 N 型导电沟道，只要加上正向电压 u_{DS}，就有 i_D 产生。如果 u_{GS} 为正，加强了绝缘层中的电场，将吸引更多的电子，使沟道加宽，i_D 增大。反之，u_{GS} 为负，则 i_D 减小。

当 u_{GS} 负向增加到某值时，导电沟道消失，$i_D\approx 0$，这时所对应的 u_{GS} 称夹断电压 $U_{GS(off)}$。由于当 u_{GS} 减小到 $U_{GS(off)}$ 时，耗尽层加宽，沟道变窄而夹断，故称“耗尽型”。显然，结型场效应管属于“耗尽型”。

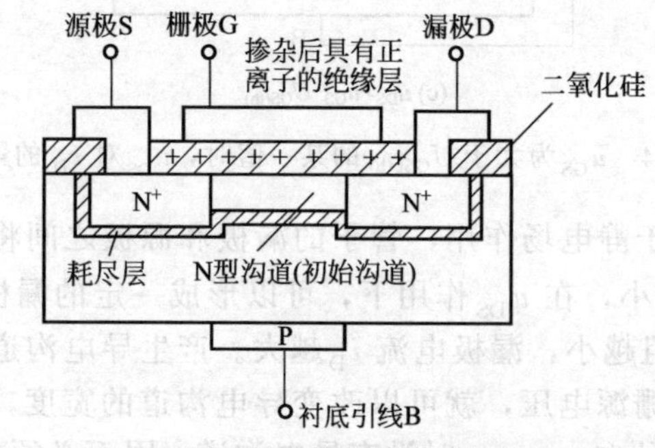

(a) N沟道耗尽型绝缘栅场效应管的结构示意

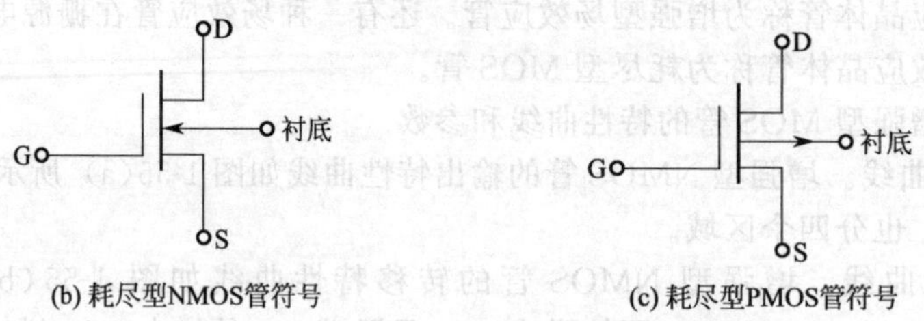

(b) 耗尽型NMOS管符号　　(c) 耗尽型PMOS管符号

图 1-56　N 沟道耗尽型绝缘栅场效应管

(2) 耗尽型 NMOS 管的特性曲线

耗尽型 NMOS 管的输出特性曲线和转移特性曲线如图 1-57 所示。

在恒流区内的电流 i_D 近似表达为

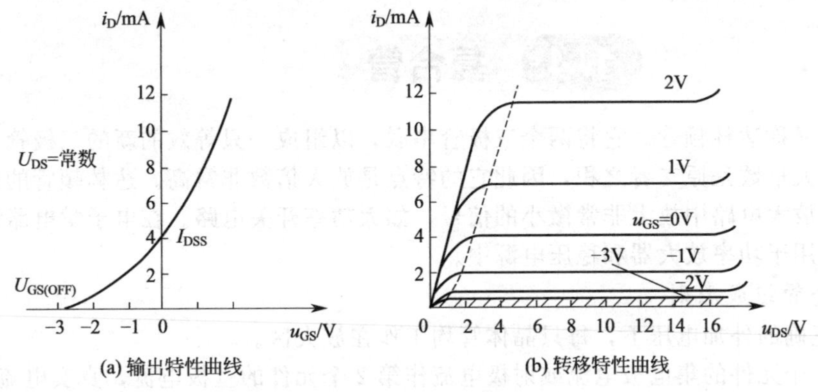

(a) 输出特性曲线　　(b) 转移特性曲线

图 1-57　耗尽型 NMOS 管的特性曲线

$$i_D = I_{DSS}\left[1-\frac{u_{GS}}{U_{GS(off)}}\right]^2 \tag{1-27}$$

式中，I_{DSS}是$u_{GS}=0$时的漏极电流。

(3) 参数

耗尽型 NMOS 管的主要参数与 N 沟道结型场效应管一样。

P 沟道 MOS 管与 N 沟道 MOS 管的原理相同，主要区别是衬底半导体材料类型不同，所以使用时u_{GS}、u_{DS}的极性与 NMOS 管相反。

3. 场效应管偏置电压的极性

不同类型的场效应管，偏置电压的极性也不同。

① u_{DS}的极性决定于沟道：N 沟道为正；P 沟道为负。

② u_{GS}的极性决定于型号：结型的u_{GS}与u_{DS}极性相反；增强型的 MOS 管u_{GS}与u_{DS}极性相同；耗尽型 MOS 管u_{GS}可正、可负、可为零。

知识链接

1. 单向可控硅的检测

万用表选用电阻$R\times1$挡，用红黑两表笔分别测任意两引脚间正反向电阻直至找出读数为数十欧姆的一对引脚，此时黑笔接的引脚为控制极 G，红笔接的引脚为阴极 K，另一空脚为阳极 A。此时将黑表笔接已判断了的阳极 A，红表笔仍接阴极 K。此时万用表指针应不动。用短接线瞬间短接阳极 A 和控制极 G，此时万用表指针应向右偏转，阻值读数为 10Ω 左右。如阳极 A 接黑表笔，阴极 K 接红表笔时，万用表指针发生偏转，说明该单向可控硅已击穿损坏。

2. 双向可控硅的检测

万用表选用电阻$R\times1$挡，用红黑两表笔分别测任意两引脚正反向电阻，结果其中两组读数为无穷大。若一组为数十欧姆时，该组红黑表笔所接的两引脚为第一阳极 A_1 和控制极 G，另一空脚即为第二阳极 A_2。确定 A、G 极后，再仔细测量 A_1、G 极间正反向电阻，读数相对较小的那次测量的黑表笔所接的引脚为第一阳极 A_1，红表笔所接引脚为控制极 G。将黑表笔接已确定了的第二阳极 A_2，红表笔接第一阳极 A_1，此时万用表指针应不发生偏转，阻值为无穷大。再用短接线将 A_2、G 极瞬间短接，给 G 极加上正向触发电压，A_2、A_1 间阻值约为 10Ω 左右。随后断开 A_2、G 极短接线，万用表读数应保持 10Ω 左右。互换红黑表笔接线，红表笔接第二阳极 A_2，黑表笔接第一阳极 A_1。同样万用表指针应不发生偏转，阻值为无穷大。用短接线将 A_2、G 极间再次瞬间短接，给 G 极加上负向的触发电压，A_1、A_2 间阻值也是 10Ω 左右。随后断开 A_2、G 极间短接线，万用表读数应不变，保持 10Ω 左右。符合以上规律，说明被测双向可控硅管未损坏且三个引脚极性判断正确。

检测较大功率可控硅管，需要在万用表黑笔中串接一节 1.5V 干电池，以提高触发电压。

1.4 复合管

复合管又称达林顿管。它将两个三极管串联，以组成一只等效的新的三极管。这只等效三极管的放大倍数是原二者之积，因此它的特点是放大倍数非常高。达林顿管的作用一般是在高灵敏的放大电路中放大非常微小的信号，如大功率开关电路。在电子学电路设计中，达林顿接法常用于功率放大器和稳压电源中。

1. 复合管组成原则

① 在正确的外加电压下，每只晶体管均工作在放大区。

② 第 1 个元件的集电极电流或射极电流作第 2 个元件的基极电流，真实电流方向一致。

③ 等效晶体管的类型是第 1 个元件的类型。

2. 电路及等效电路

图 1-58 是由两个三极管 VT_1 和 VT_2 联结成的 NPN 和 PNP 两大类复合管。

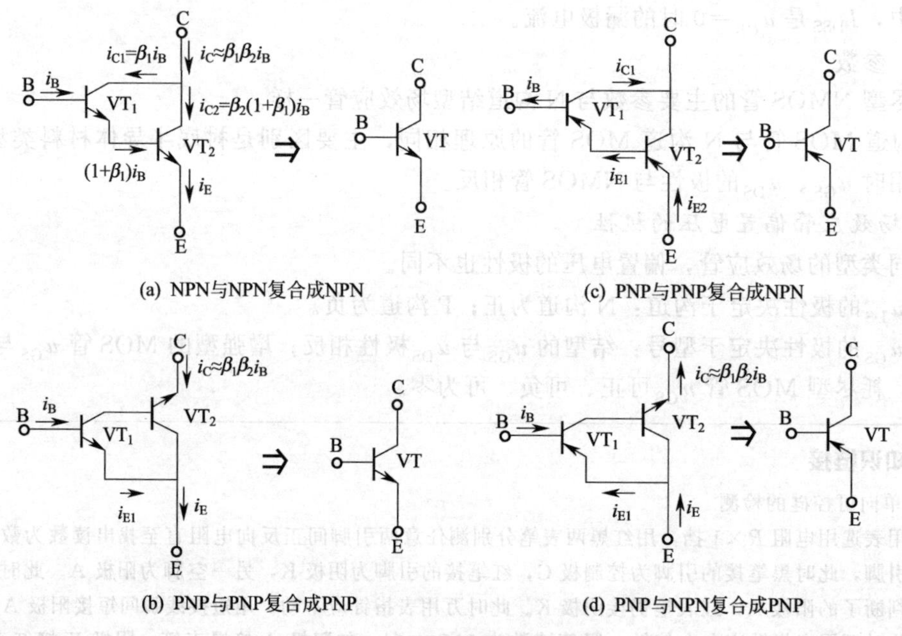

图 1-58 复合管与等效三极管

(1) 电流放大倍数 β

$$\beta=\frac{i_C}{i_B}=\frac{i_{C1}+i_{C2}}{i_B}\approx\beta_1+(1+\beta_1)\beta_2\approx\beta_1\beta_2$$

(2) 复合管的输入电阻

$$R_{BE}=\frac{u_{BE}}{i_B}=R_{BE1}+(1+\beta_1)R_{BE2}\approx R_{BE1}+\beta_1 R_{BE2}$$

由上式可见，复合管的等效电流放大系数是两管电流放大系数的乘积，其中 VT_1 只需小功率管即可。如果 I_C 相当大，VT_2 要采用大功率晶体管。因此在需要同样的输出电流时，复合管所需的输入电流明显减小，这样可以大大减轻推动级小功率三极管的负担。

(1) 半导体中掺入不同的有用杂质，可分别形成 P 型和 N 型两种杂质半导体。它们是各种半导体器件的基本材料。

(2) PN 结的重要特性是单向导电性，它是构成各种半导体器件的基本结构。单个 PN 结加上封装和引线就构成二极管，二极管的内部结构就是一个 PN 结，因此二极管也具有单向导电特性。二极管正偏时，PN 结导通，表现出很小的正向电阻；二极管反偏时，PN 结截止，反向电流极小，表现出很大的反向电阻。

(3) 二极管正向偏置时存在死区电压 U_T，只有正向电压大于二极管的死区电压 U_T 时，二极管才正式导通；二极管反向偏置时，存在反向击穿电压 U_{BR}，当二极管的反向电压小于 U_{BR} 时，二极管处于截止状态，当二极管的反向电压大于 U_{BR} 时，二极管反向击穿，反向电流急剧增大。

(4) 二极管的主要用途就是整流元件。常见整流电路有单相半波、全波及桥式三种电路。

(5) 三极管具有电流放大作用，即 $i_E=i_B+i_C=(1+\beta)_{i_B}$。三极管的输入特性与二极管的正向特性相似；三极管的输出特性分为放大区、饱和区和截止区 3 个工作区，三极管作放大使用时工作在放大区，三极管作开关使用时，工作在饱和区和截止区。

(6) 三极管处于放大状态的条件是：发射结正向偏置，集电结反向偏置。对 NPN 型管要求 $U_C>U_B>U_E$；对于 PNP 管，要求 $U_C<U_B<U_E$。

(7) 场效应晶体管有结型场效应管（JEFT）和绝缘栅型场效应管（MOS）。

JEFT 有 N 沟道和 P 沟道两种类型，结型场效应管都属于耗尽型场效应管，工作时所加电压应使 JEFT 内两个 PN 结均反向偏置。

绝缘栅型场效应管也有 N 沟道和 P 沟道两种类型，另外按照 $u_{GS}=0$ 时是否存在导电沟道，又可分为增强型和耗尽型两种。

场效应管属于电压控制器件，它是靠栅-源电压 u_{GS} 来控制漏极电流 i_D，即 $i_D=g_m u_{GS}$。

(8) 单向可控硅是一种可控整流电子元件，是由三个 PN 结 PNPN 组成的四层三端半导体器件，能在外部控制信号作用下由关断变为导通，但一旦导通，外部信号就无法使其关断，只能靠去除负载或降低其两端电压使其关断。双向可控硅具有两个方向轮流导通、关断的特性。双向可控硅实质上是两个反并联的单向可控硅，是由 NPNPN 五层半导体形成四个 PN 结构成、有三个电极的半导体器件。

(9) 复合管又称达林顿管。它将两个三极管串联，以组成一只等效的新的三极管。这只等效三极管的放大倍数是原二者之积，因此它的特点是放大倍数非常高。达林顿管的作用一般是在高灵敏的放大电路中放大非常微小的信号，如大功率开关电路。

1. 何谓 PN 结的正向偏置和反向偏置？何谓 PN 结的单向导电性？
2. 何谓整流电路？为什么整流电路可把交流电变成直流电？
3. 简述晶体三极管的三种工作状态及其特点。
4. N 沟道结型场效应管栅、源之间能否加正向电压？为什么？
5. 简述单向可控硅的工作原理。

第2章

单元电子电路放大电路基础

教学目标

熟练掌握以晶体管和场效应管构成的基本单元放大电路，掌握差分放大电路信号分析及应用，掌握功率放大电路的分析及用，掌握数字逻辑门电路的构成方法及原理。

教学要求

能力目标	知识要点
熟练掌握以晶体管和场效应管构成的基本单元放大电路	熟练掌握三种组态的三极管基本放大电路的构成、工作原理；熟练估算其直流工作点、交流指标
	熟练掌握场效应管放大电路的直流偏置及工作点的确定及交流小信号模型分析法
	熟悉多级放大器的耦合方式、直流工作点及交流指标的计算、频率响应
掌握差分放大电路信号分析及应用	熟练掌握差动放大器的结构、工作原理及静态工作点、动态指标的计算
	了解差动放大器抑制零点漂移的原理
	了解镜像电流源、微电流源的组成及工作原理
掌握功率放大电路的分析及应用	熟练掌握双电源互补对称功放(OCL)的工作原理、指标的估算
	了解单电源互补对称功放(OTL)的工作原理、指标的估算
	了解集成功放的工作原理和应用
	了解交越失真现象

导读

单元电路是整个电子电路系统的一部分，常用的单元电路有放大电路、整流电路、振荡电路、检波电路、数字电路。本章节重点学习放大电路和数字逻辑门电路。

用来对电信号进行放大的电路称为放大电路，习惯上称为放大器，它是使用最为广泛的电子电路之一，也是构成其他电子电路的基本单元电路。放大电路的核心是电子有源器件，如电子管、晶体管等。为了实现放大，必须给放大器提供能量。常用的能源是直流电源，但有的放大器也利用高频电源作为泵浦源。放大作用的实质是把电源的能量转移给输出信号。

放大电路的种类很多，按用途分常用的有电压放大电路（又称小信号放大电路）和功率放大电路（又称大信号放大电路）；按结构分常用的单元放大电路有三种基本组态放大电路、差分放大电路和互补对称放大电路；按采用的有源器件不同常用的有晶体管放大电路、场效应管放大电路、集成器件放大电路。它们的电路形式以及性能指标不完全相同，但它们的基本工作原理是相同的。

引例

如图 2-1 所示是一个扩音器，扩音器的作用是将声音源输入的信号进行放大，然后输出驱动扬声器。声音的种类有多种，如传声器（话筒）、电唱机、录音机（放音磁头）、CD 唱机及线路传输等，这些声音源的输出信号的电压差别很大，从零点几毫伏到几百毫伏。如图 2-2 所示是扩音器原理示意图，一般功率放大器的输入灵敏度是一定的，这些不同的声音源信号如果直接输入到功率放大器中的话，对于输入过低的信号，功率放大器输出功率不足，不能充分发挥功放的作用，无法实现声音的放大；假如输入信号的幅值过大，功率放大器的输出信号将严重过载失真，声音发生严重变形，这样将失去了音频放大的意义。如何能够设计出符合要求的放大电路呢？所有这些问题将在本章节中进行解答。

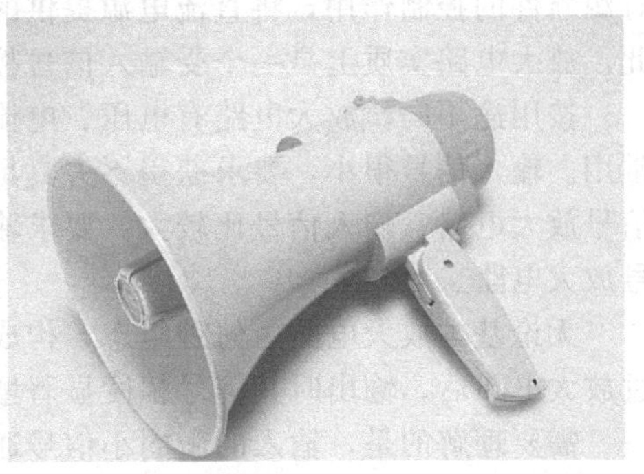

图 2-1　扩音器

图 2-2　扩音器原理示意图

2.1　放大电路概述

2.1.1　放大电路的基本概念

放大电路组成框图如图 2-3 所示。图中信号源是所需放大的电信号，它可由将非电信号物理量变换为电信号的换能器提供，也可是前一级电子电路的输出信号，但它们都可等效为图 2-4 所示的放大电路等效电路。

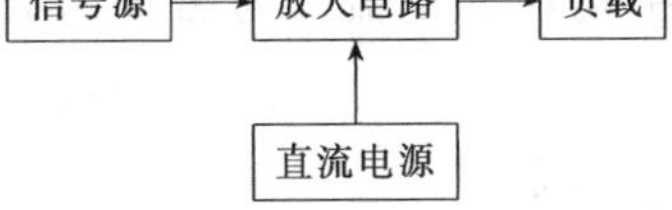

信号源 → 放大电路 → 负载

直流电源 → 放大电路

图 2-3　放大电路组成框图

负载是接受放大电路输出信号的元件（或电路），它可由将非电信号的输出换能器构成，也可是下一级电子电路的输入电阻，一般情况下它们都可等效为一个纯电阻 R_L（实际上它不可能为纯电阻，可能是容性阻抗，也可能是感性阻抗，但为了分析问题方便起见，一般都把负载用一纯电阻 R_L 来等效）。

信号源和负载不是放大电路的本体，但由于实际电路中信号源内阻 R_s 及负载电阻 R_L 不是定值，因此它们都会对放大电路的工作产生一定的影响，特别是它们与放大电路之间的连接方式（称耦合方式），将会直接影响到放大电路的正常工作。

直流电源用以供给放大电路工作时所需要的能量，其中一部分能量转变为输出信号输出，还有一部分能量消耗在放大电路中的电阻、器件等耗能元器件中。

基本放大电路一般是指由一个三极管组成的三种基本组态放大电路。输出信号的能量实际上是由直流电源提供的，只是经过三极管的控制，使之转换成信号能量，提供给负载。

必须要指出，放大电路的放大作用是针对变化量而言的，是在输入信号的作用下，利用有源器件的控制作用，将直流电源提供的部分能量转换为与输入信号成比例的输出信号。因此，放大电路实质上是一个受输入信号控制的能量转换器。

按用途不同，放大电路有电压、电流、功率放大电路之分，其中电压和功率放大电路最常用。输入信号很小，要求获得不失真足够大输出电压的电路称为电压放大电路，也称为小信号放大电路；输入信号比较大，要求输出足够功率的电路称为功率放大电路，也称为大信号放大电路。

无论基本放大电路为何种组态，构成电路的主要目的是相同的：让输入的微弱小信号通过放大电路后，输出时其信号幅度显著增强。

需要理解的是，输入的微弱小信号通过放大电路，输出时幅度得到较大增强，并非来自于晶体管的电流放大作用，其能量的提供来自于放大电路中的直流电源。晶体管在放大电路中实现的对能量的控制，是指转换信号能量，并传递给负载。因此放大电路组成的原则首先是必须有直流电源，而且电源的设置应保证晶体管工作在线性放大电路状态。其次，放大电路中各元件的参数和安排上，要保证被传输信号能够从放大电路的输入端尽量不衰减地输出，在信号传输的过程中能够不失真地放大，最后经放大电路输出端输出，并且满足放大电路的性能指标要求。

综上所述，放大电路必须具备以下条件。

① 保证放大电路的核心元件晶体管工作在放大电路状态，及要求其发射结正偏，集电结反偏。

② 输入回路的设置应当是输入信号耦合到晶体管的输入电极，并形成变化的基极电流 i_B，进而产生晶体管的电流控制关系，变成集电极电流 i_C 的变化。

③ 输出回路的设置应当保证晶体管放大后的电流信号转换成负载需要的电压形式。

④ 信号通过放大电路时不允许失真。

2.1.2 放大电路的主要性能指标

一个放大电路性能如何，可以用许多性能指标来衡量。为了说明各指标的含义，将放大电路用图 2-4 所示有源线性四端网络表示，R_s为信号源内阻，u_s为信号源电压，因此放大电路的输入电压和电流分别为 U_i 和 I_i。放大电路的输出端，接实际负载电阻 R_L，$\dot{U}_o$、$\dot{I}_o$分别为放大电路的输出电压和输出电流。图中电压、电流参考方向符合四端网络的一般约定。

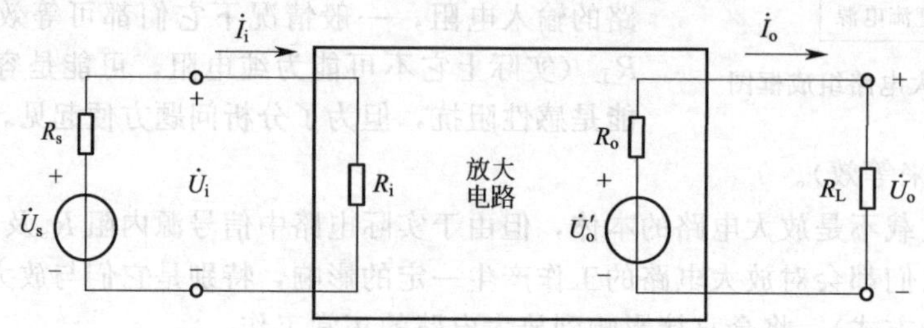

图 2-4 有源线性四端网络

放大电路的主要性能指标有放大倍数、输入电阻、输出电阻等，现根据图 2-4 说明。

1. 放大倍数

输出信号的电压和电流幅度得到了放大，所以输出功率也会有所放大。对放大电路而言有电压放大倍数、电流放大倍数和功率放大倍数，它们通常都是按正弦量定义的，其中电压放大倍数应用最多。

放大电路的输出电压 $\dot{U}_o$ 与输入电压 $\dot{U}_i$ 之比，称为电压放大倍数 $\dot{A}_u$，即

$$\dot{A}_u=\frac{\dot{U}_o}{\dot{U}_i} \tag{2-1}$$

放大电路的输出电流 $\dot{I}_o$ 与输入电流 $\dot{I}_i$ 之比，称为电流放大倍数 $\dot{A}_i$，即

$$\dot{A}_i=\frac{\dot{I}_o}{\dot{I}_i} \tag{2-2}$$

放大电路的输出功率 P_o 与输入功率 P_i 之比，称为功率放大倍数 A_P，即

$$A_P=\frac{P_o}{P_i} \tag{2-3}$$

工程上常用分贝（dB）来表示放大倍数，称为增益，它们的定义分别为

电压增益 $$A_u(\text{dB})=20\lg|\dot{A}_u| \tag{2-4}$$

电流增益 $$A_i(\text{dB})=20\lg|\dot{A}_i| \tag{2-5}$$

功率增益 $$A_P(\text{dB})=20\lg A_P \tag{2-6}$$

2. 输入电阻 R_i

放大电路输出端接实际负载电阻 R_L 后，从输入端向放大电路内看进去的等效动态电阻，称为输入电阻，它等于放大电路输入电压 $\dot{U}_i$ 与输入电流 $\dot{I}_i$ 之比，即

$$R_i=\frac{U_i}{I_i} \tag{2-7}$$

对于信号源来说，R_i 就是它的等效负载，如图 2-5 所示，由图可得

$$\dot{U}_i=\dot{U}_s\frac{R_i}{R_s+R_i} \tag{2-8}$$

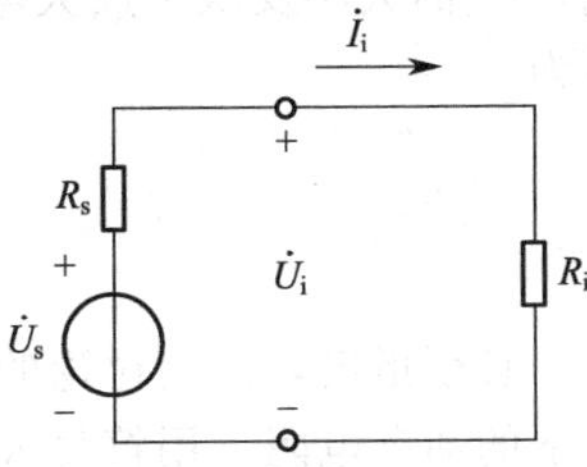

图 2-5　放大电路输入等效电路

输入电阻是衡量放大电路从其前级取用电流大小的参数，反映了放大电路对信号源的影响程度。输入电阻越大，从其前级取得的电流越小，对前级的影响越小。可见：R_i 越大，$\dot{I}_i$ 就越小，$\dot{U}_i$ 就越接近 $\dot{U}_s$。

3. 输出电阻 R_o

放大电路输入信号源电压短路（即 $\dot{U}_s=0$），保留 R_s，负载 R_L 开路时，由输出端向放大电路看进去的等效动态电阻 R_o，称为输出电阻，如图 2-6(a) 所示。在输出端接入一信号源电压 $\dot{U}$，如图 2-6(b) 所示，求出由 $\dot{U}$ 产生的电流 $\dot{I}$，则可得到放大电路的输出电阻为

$$R_o=\frac{U}{I} \tag{2-9}$$

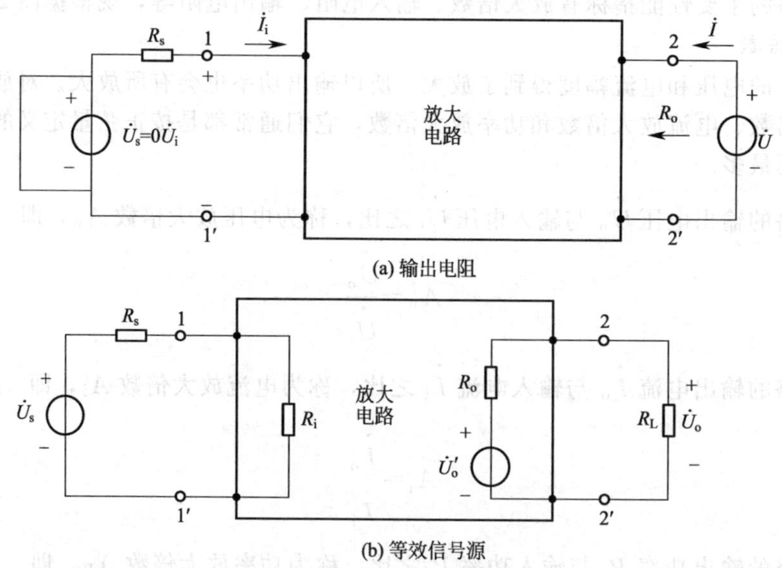

(a) 输出电阻

(b) 等效信号源

图 2-6　放大电路的输出电阻

放大电路对其负载而言，相当于信号源，如图 2-6(b) 所示。图中 $\dot{U}'_o$为等效信号源电压，它等于负载 R_L开路时，放大电路 2-2′端的输出电压。R_o为等效信号源的内阻，即放大电路输出电阻。由于 R_o的存在，放大电路实际输出电压为

$$\dot{U}_o=\dot{U}'_o\frac{R_L}{R_L+R_o} \tag{2-10}$$

由此公式可见，R_o越小，输出电压 u_o受负载 R_L的影响就越小，若 $R_o=0$，则 $\dot{U}_o=\dot{U}'_o$，它的大小将不受 R_L大小的影响，称为恒压输出。当 $R_L \ll R_o$时即可得到恒流输出。因此，R_o的大小反映了放大电路带负载能力的大小。由式(2-10) 可得放大电路输出电阻的关系为

$$R_o=\left(\frac{U'_o}{U_o}-1\right)R_L \tag{2-11}$$

必须指出，以上讨论的放大电路输入电阻和输出电阻不是直流电阻，而是在线性运用情况下的动态电阻，用符号 R 带有小写字母下标 i 和 o 表示，同时，在一般情况下，放大电路的 R_i和 R_o不仅与电路参数有关，还与 R_L与 R_s有关。

4. 通频带与频率失真

放大电路中通常含有电抗元件（外接的或有源放大器件内部寄生的），它们的电抗值与信号频率有关，这就使放大电路对于不同频率的输入信号有着不同的放大能力，且产生不同的相移，放大电路的放大倍数是信号频率的函数。放大倍数的大小与信号频率的关系，称为幅频特性；放大倍数的相移与信号频率的关系，称为相频特性。幅频特性与相频特性总称为放大电路的频率特性或频率响应。图 2-7(a) 所示为放大电路的典型幅频特性曲线，图 2-7(b) 所示为放大电路的相频特性曲线。一般情况下，在中频段的放大倍数不变，用 A_{um}表示，在低频段和高频段放大倍数都将下降，当下降到$\frac{A_{um}}{\sqrt{2}}\approx 0.707A_{um}$时的低端频率和高端

频率，称为放大电路的下限频率和上限频率，分别用 f_L 和 f_H 表示。f_L 和 f_H 之间的频率范围称为放大电路的通频带，用 BW 表示，即

$$BW = f_H - f_L \tag{2-12}$$

放大电路所需的通频带由输入信号的频带来确定，为了不失真地放大信号，要求放大电路的通频带应大于信号的频带。如果放大电路的通频带小于信号的频带，由于信号低频段或高频段的放大倍数下降过多，放大后的信号不能重现原来的形状，也就是输出信号产生了失真。这种失真称为放大电路的频率失真，由于它是线性的电抗元件引起的，在输出信号中并不产生新的频率成分，仅是原有各频率分量的相对大小和相位发生了变化，故这种失真是一种线性失真。

放大电路除了上述指标外，针对不同的使用场合，还可提出一些其他指标，如非线性。

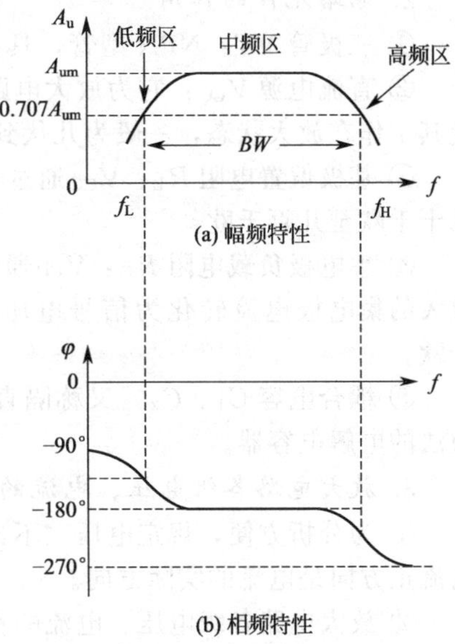

图 2-7　放大电路的典型幅频特性曲线

2.2 基本放大电路

放大电路的功能是利用三极管的电流放大作用，将微弱的电信号不失真地放大，实现较小的能量对较大能量地控制。

2.2.1 共发射极基本放大电路的组成

1. 电路组成

如图 2-8 所示是最简单的共发射极放大电路。其中 1-1′为放大电路的输入端，外接需要放大的信号源。2-2′是输出端，外接负载。其中发射极是输入信号 $\dot{U}_i$ 与输出信号 $\dot{U}_o$ 的公共端，所以称共发射极放大电路。通常公共端称“地”，设其电位为零，作为电路其他各点电位的参考，以符号“⊥”表示。接地端通常不是真正接大地，而是接机壳。直流电源 V_{CC} 的一极接地，在图中 NPN 型三极管放大电路的电源负极接地。

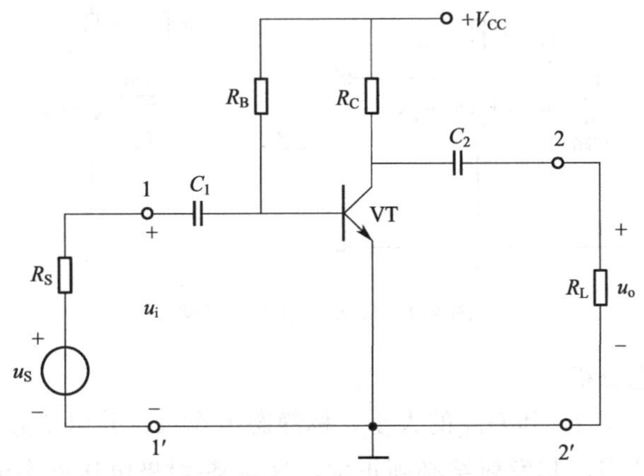

图 2-8　最简单的共发射极放大电路

2. 电路元件的作用

① 三极管 VT：NPN 型管，具有放大功能，是放大电路的核心。

② 直流电源 V_{CC}：它为放大电路提供能源，为发射结提供正偏电压，集电结反向电压，使其工作在放大状态，一般为几伏到几十伏。

③ 基极偏置电阻 R_B：V_{CC}通过 R_B为基极提供合适的基极电流，使发射结正偏，一般为几十千欧至几百千欧。

④ 集电极负载电阻 R_C：V_{CC}通过 R_C为三极管提供适当的 U_{CE}，R_C的另一个作用是将放大的集电极电流转化为信号电压输出，使之具有电压放大作用，一般为几千欧至几十千欧。

⑤ 耦合电容 C_1、C_2，又称隔直电容：起到隔直传送交流的作用，一般为几微法到几十微法的电解电容器。

3. 放大电路各级电压、电流的正方向和符号规定

① 为分析方便，规定电压（不论直流交流）正方向以公共端为负端，其他各点为正端；电流正方向是电流的实际方向。

② 放大电路各级电压、电流的符号规定。

直流分量：大写字母和大写下标，例：I_B。

交流分量：小写字母和小写下标，例：i_b。

③ 总变化量：小写字母和大写下标，例：$i_B = I_B + i_b$。

④ 交流有效值：大写字母和小写下标，例：I_b。

2.2.2 共发射极基本放大电路的静态分析和动态分析

1. 静态分析

放大电路没有输入信号时的工作状态称静态。由于 $u_i = 0$，相当于将两输入端短路。

(1) 直流通路

电路在直流电源电压 V_{CC}作用下，电路中的电流和电压都是不变的直流量，所以分析时需画直流通路。由于电容器是隔直的，直流电不会从 C_1、C_2通过，将电容视为开路。放大电路中若有电感，因电感对直流无阻抗，而视为短路。如图 2-9 所示为放大电路直流通路。

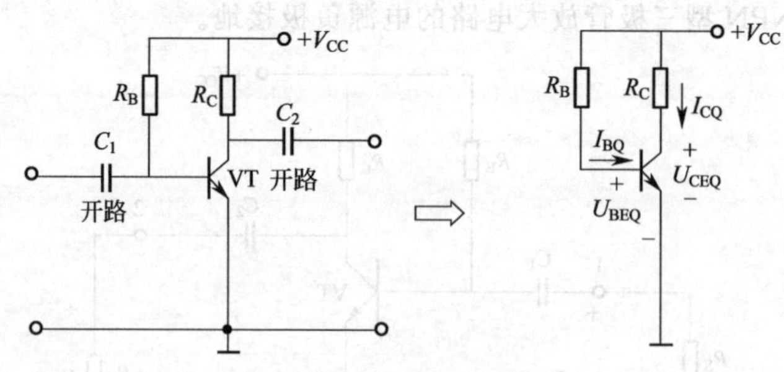

图 2-9 放大电路直流通路

(2) 估算法解静态分析

静态时，三极管 I_B、I_C 和 U_{CE}的大小，称静态工作点，并以 I_{BQ}、I_{CQ}、U_{CEQ}表示。

三极管处于放大状态，其发射结必须正偏，这时基-射极电压静态值为 $U_{BEQ} = 0.7\text{V}$（硅管），$U_{BEQ} = 0.3\text{V}$（锗管），其他静态值可通过直流通路求得。

基极电流
$$I_{BQ}=\frac{V_{CC}-U_{BEQ}}{R_B} \tag{2-13}$$

集电极电流
$$I_{CQ}=\beta I_{BQ} \tag{2-14}$$

集-射极电压
$$U_{CEQ}=V_{CC}-I_{CQ}R_C \tag{2-15}$$

当 $V_{CC}\gg U_{BEQ}$ 时，U_{BEQ} 可忽略，可写成 $I_{BQ}\approx\frac{V_{CC}}{R_B}$

I_{BQ}、U_{BEQ} 和 I_{CQ}、U_{CEQ} 分别对应输入输出特性曲线上的一个点称为静态工作点 Q。

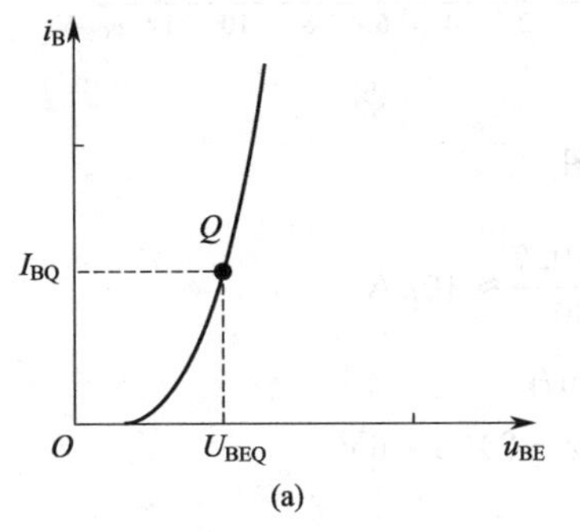

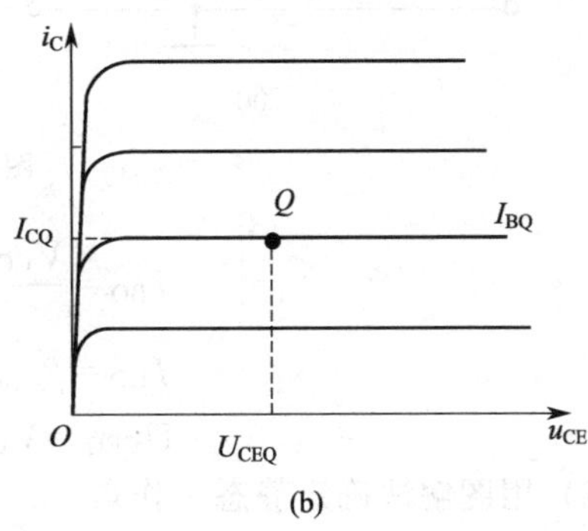

图 2-10　用估算法确定放大电路的静态工作点

（3）图解法求静态分析

根据三极管的输出特性曲线，用作图的方法求静态值称为图解法。图 2-10（b）为晶体管的输出特性曲线，图解法的步骤如下。

① 用估算法求出基极电流 I_{BQ}。

② 根据在输出特性曲线中找到对应的曲线。

③ 作直流负载线。

由 $U_{CE}=V_{CC}-I_CR_C$，它可用截距法在输出特性曲线的坐标平面上作出这条线，其 u_{CE} 轴上的截距为 V_{CC}（M 点），i_C 轴上的截距为 $\frac{V_{CC}}{R_C}$（N 点），连接 M、N 两点，便得到外部电路伏安特性曲线。该直线由直流通路确定，其斜率为 $\tan\alpha=\frac{ON}{OM}=\frac{1}{R_C}$，它由集电极直流负载电阻 R_C 决定，故称放大电路的直流负载线。

④ 求静态工作点 Q，并确定 I_{CQ}、U_{CEQ} 值。

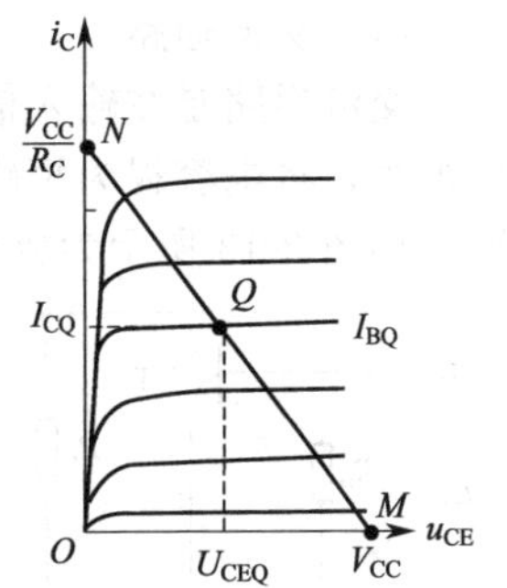

图 2-11　用图解法确定放大电路的静态工作点

I_B 不同，直流负载线与其交点各不相同，当已知基极电流 I_{BQ} 时，直流负载线与 I_{BQ} 这条输出特性曲线的交点 Q，便是静态工作点。Q 对应的 I_{BQ}、I_{CQ}、U_{CEQ} 就是放大电路静态工作点的电流和电压值。如图 2-11 所示为用图解法确定放大电路的静态工作点。

【例 2-1】 在图 2-12（a）所示共发射极放大电路中，已知三极管的 $U_{BEQ}=0.7\text{V}$，$\beta=50$，$R_B=280\text{k}\Omega$，$R_C=3\text{k}\Omega$，$V_{CC}=12\text{V}$，三极管的输出特性曲线如图 2-12（b）所示，分别用估算法和图解法计算静态工作点。

解：（1）用解析法计算静态工作点

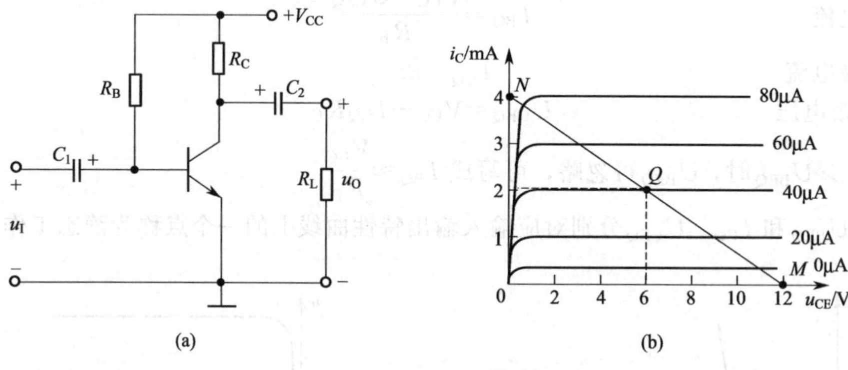

图 2-12　例 2-1 题图

$$I_{BQ}=\frac{V_{CC}-U_{BEQ}}{R_B}=\frac{12-0.7}{280}\approx 40\mu A$$

$$I_{CQ}=\beta I_{BQ}=50\times 40=2mA$$

$$U_{CEQ}=V_{CC}-I_{CQ}R_C=12-2\times 3=6V$$

(2) 用图解法确定静态工作点

由直流负载线方程 $U_{CE}=V_{CC}-I_CR_C$ 作直流负载线，代入已知数据得 $U_{CE}=V_{CC}-I_CR_C=6-3I_C$，令 $I_C=0$，得 $U_{CE}=12V$，在输出特性曲线上确定 M 点；再令 $U_{CE}=0V$，得 $I_C=12/3=4mA$，在输出特性曲线上确定 N 点，连接 MN 得直流负载线，如图 2-12(b) 所示。

由于已经由公式计算出 $I_{BQ}=40\mu A$，因此直流负载线与 $I_{BQ}=40\mu A$ 曲线的交点为静态工作点 Q，由 Q 点所对应的坐标可得

$$I_{CQ}=2mA, U_{CEQ}=6V$$

综上所述，确定静态工作点的方法有两种：用估算法计算静态工作点，计算方法简单准确；用图解法确定静态工作点，作图比较麻烦，准确性差，但可以直观地看到静态工作点的位置，有助于放大电路的动态分析，特别是对于非线性失真的分析。

2. 动态分析

放大电路有交流输入信号 u_i 时的工作状态，称为动态，这时三极管的各个电流和电压都含有直流分量和交流分量。直流分量由上节介绍的求静态值来确定。交流分量是叠加在直流分量上的。由于耦合电容对交流的容抗很小，将电容视为短路，由于电源内阻很小，其两端交流电压很小，可将直流电源视为短路。

(1) 交流通路

交流通路是在输入信号 u_i 作用下，交流电流所流过的路径。由于耦合电容对交流的容抗很小，将电容视为短路，由于电源内阻很小，其两端交流电压很小，可将直流电源视为短路。如图 2-13 所示为放大电路交流通路。

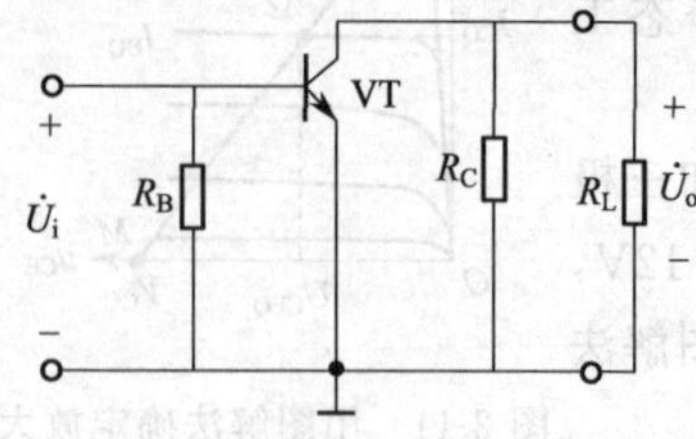

图 2-13　放大电路交流通路

(2) 图解法动态分析

用图解法分析动态工作的主要目的是分析放大电路中输入和输出电压、电流的波形，从而得出输出电压 u_o 与输入电压 u_i 间的大小和相位关系。

① 确定静态工作点。根据上节的静态分析，作直流负载线，在已给出的三极管输出特性曲线和输入特性曲线上确定合适的静态工作点 Q（I_{BQ}、I_{CQ}、U_{CEQ}），如图 2-14

所示。

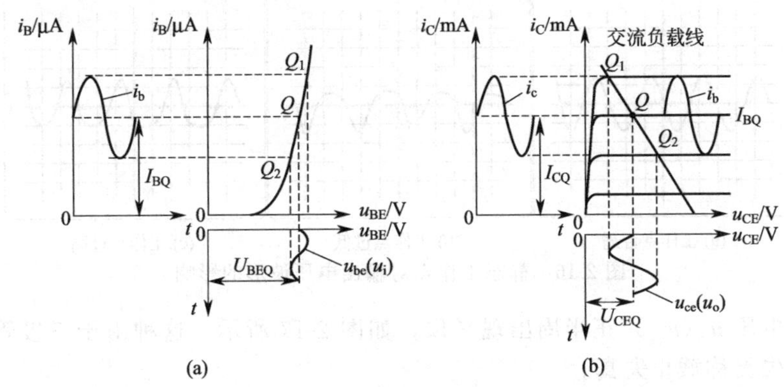

图 2-14　交流放大电路有输入信号时的图解分析

② 在输入特性曲线上求 i_B 和 u_{BE} 的波形。在电路输入端加上输入信号 u_i 时，如图 2-14 所示，三极管 B、E 之间的总电压为：

$$u_{BE}=U_{BEQ}+u_i=U_{BEQ}+u_{be} \tag{2-16}$$

工作点 Q 在输入特性曲线的线性段 Q_1、Q_2 之间移动。基极电流为：

$$i_B=I_{BQ}+i_b \tag{2-17}$$

式中，u_{be}、i_b 均是正弦量。

③ 作交流负载线。在图 2-8 所示放大电路中，放大电路的输出端接有负载电阻 R_L 时，由于隔直电容 C_2 的作用，直流负载线的斜率仍为 $\tan\alpha=\frac{1}{R_C}$，如图 2-15 所示，与负载电阻 R_L 无关，但在 u_i 的作用下，C_2 对交流信号可视为短路，R_C 与 R_L 并联，故其斜率为：$\tan\alpha'=\frac{1}{R'_L}$（$R'_L$ 为 R_C 与 R_L 的并联值），由于 $R'_L<R_C$，所以交流负载线比直流负载线陡。当输入信号瞬间为零时，放大电路相当于静态，可见交流负载线必通过静态工作点 Q。所以作一条斜率为 $\tan\alpha'=\frac{1}{R'_L}$ 且通过 Q 点的直线即为交流负载线，如图 2-15 所示。交流负载线是反映动态电流 i_C 和 u_{CE} 的变化关系。

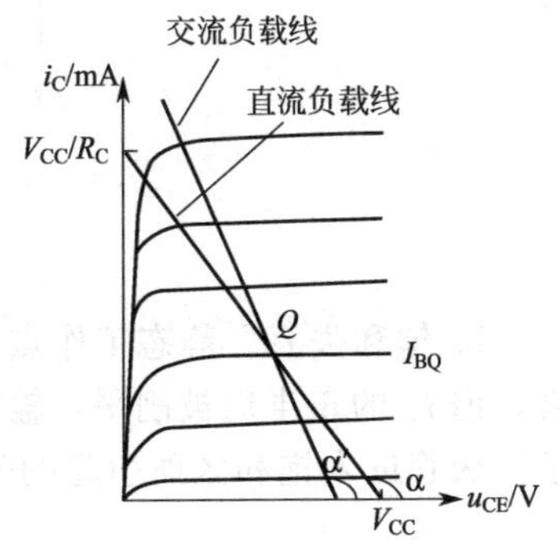

图 2-15　直流负载线和交流负载线

④ 在输出特性曲线上求 i_C 和 u_{CE} 的波形。工作点 Q 随 i_B 的变化在交流负载线 Q_1 和 Q_2 之间移动，则

$$i_C=I_{CQ}+i_c \tag{2-18}$$

式中，i_c 是正弦量，且 $i_c=\beta i_b$

$$u_{CE}=U_{CEQ}+u_{ce} \tag{2-19}$$

式中，u_{ce} 也是正弦量，但相位与 u_i 相反。

⑤ 静态工作点 Q 对放大性能的影响。所谓失真，指输出信号的波形与输入信号的波形不再相似。对一个放大电路来说，除了得到要求的放大倍数外，还要求输出波形的失真小。当静态工作点 Q 选择不当，超越三极管输出特性曲线的线性区，将出现非线性失真。如图 2-16 所示为静态工作点的设置对输出电压波形的影响。

a. 截止失真。静态工作点 Q 偏低，静态电流 I_{CQ} 太小，接近截止区，使 i_b 和 i_c 负半周

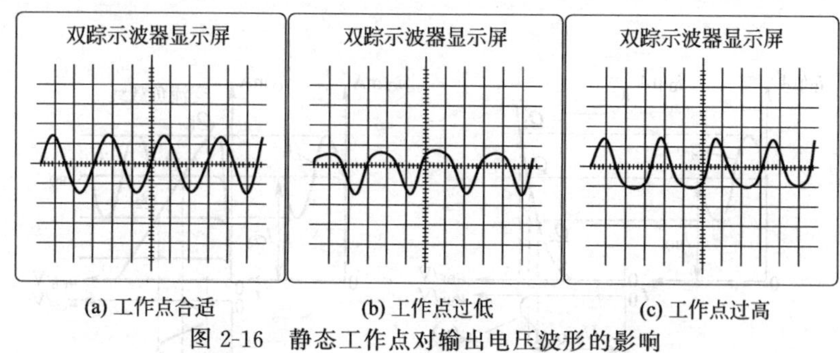

(a) 工作点合适　　(b) 工作点过低　　(c) 工作点过高

图 2-16　静态工作点对输出电压波形的影响

被削平，输出电压 u_o（u_{ce}）正半周出现平顶，如图 2-17 所示。这种由于三极管进入截止区工作而引起的失真称截止失真。

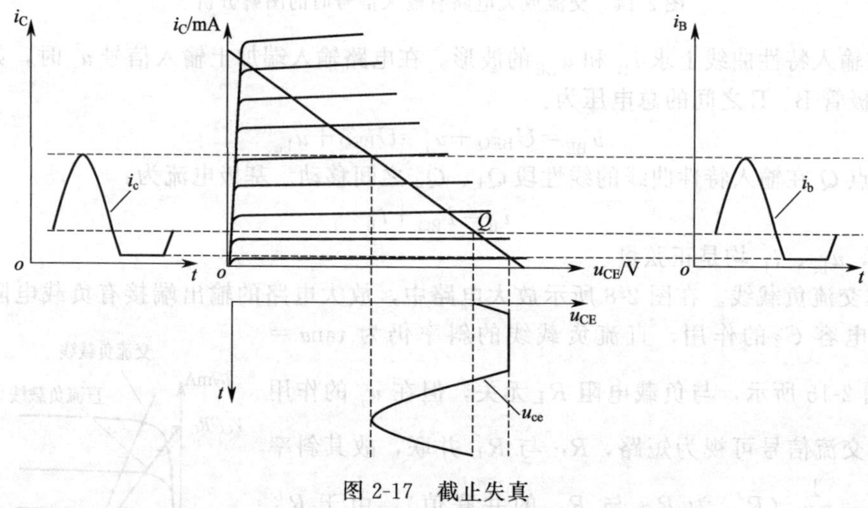

图 2-17　截止失真

b. 饱和失真。静态工作点 Q 偏高，静态电流 I_{CQ} 太大，接近饱和区，i_b 的波形虽没失真，但 i_c 的正半周被削平，输出电压 u_o（u_{ce}）的负半周出现平顶，如图 2-18 所示。这种由于三极管进入饱和区而引起的失真称饱和失真。

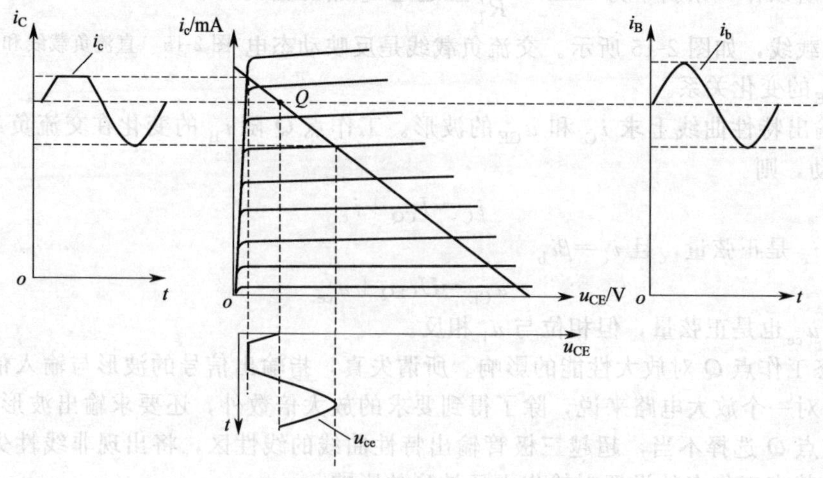

图 2-18　饱和失真

通常放大电路的静态工作点 Q 在设计时已经选定，若输入信号过大，输出信号将产生饱和失真与截止失真。

失真现象的产生与静态工作点设定有关。正确地选定静点是三极管放大电路的基础。当输入电压 u_i 较小时，静态工作点可选低些，以减小管子的功耗和噪声。若出现截止失真，通常可提高静态工作点 Q 来消除它，即可减小基极偏置电阻 R_B 来达到；若出现饱和失真，可将 R_B 增加，使静态工作点 Q 减低，适当离开饱和区，以消除饱和失真。

知识链接

Multisim12 提供了种类齐全的测量工具和虚拟仪器仪表，它们的操作、使用、设置、连接和观测方法与真实仪器几乎完全相同，就好像在真实的实验室环境中使用仪器。在仿真过程中，这些仪器能够非常方便地监测电路工作情况和对仿真结果进行显示及测量。下面就介绍一下如何使用示波器观测波形。

(1) 调用示波器

在 Multisim12 环境，鼠标指向虚拟仪器仪表工具栏，单击示波器按键“”，即可将双通道示波器调到电路工作区，图标如图 2-19 所示。从图标上可知 Multisim10 提供的双通道示波器有 6 个连接点：A 通道输入和接地、B 通道输入和接地、Ext Trig 外触发端和接地。

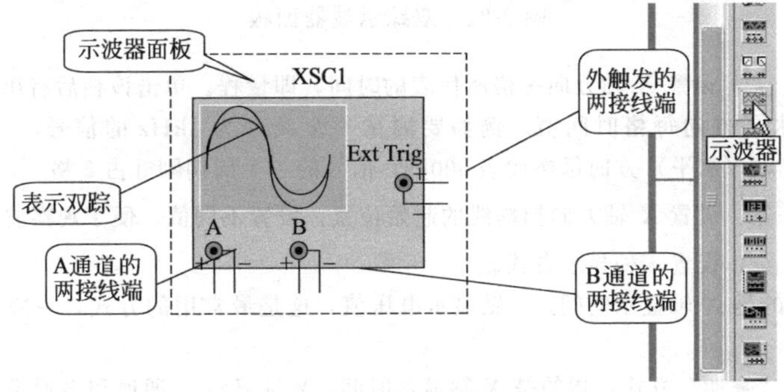

图 2-19　双踪示波器图标及含义

(2) 连接示波器

如图 2-20 所示，将函数信号发生器图标的正极“＋”与示波器 A 通道的“＋”连接，信号发生器图标的负极“－”与示波器 A 通道的“－”连接，同时一定接地。

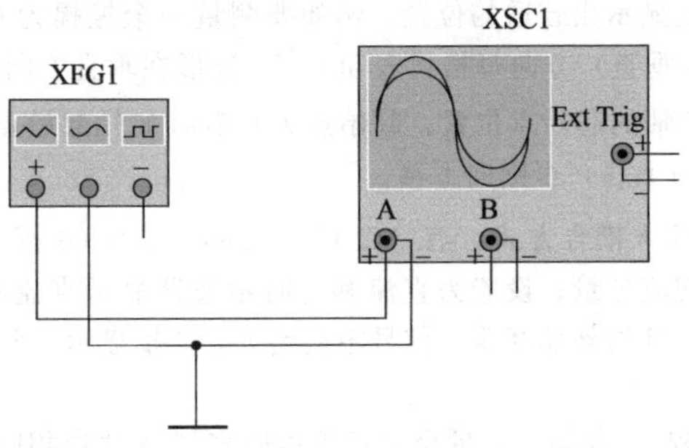

图 2-20　连接信号发生器与双踪示波器

注意：虚拟示波器与实际示波器连接稍有不同，一是两通道 A、B 可以只用一根线与被测点连线，测量的是该点与地之间的波形；二是可以将示波器每个通道的＋和－端接在某两点上，示波器测量的是这两点之间的波形。

(3) 设置示波器

双击示波器图标，将弹出如图 2-21 所示的示波器面板。

① 设置时间基准（时间轴）

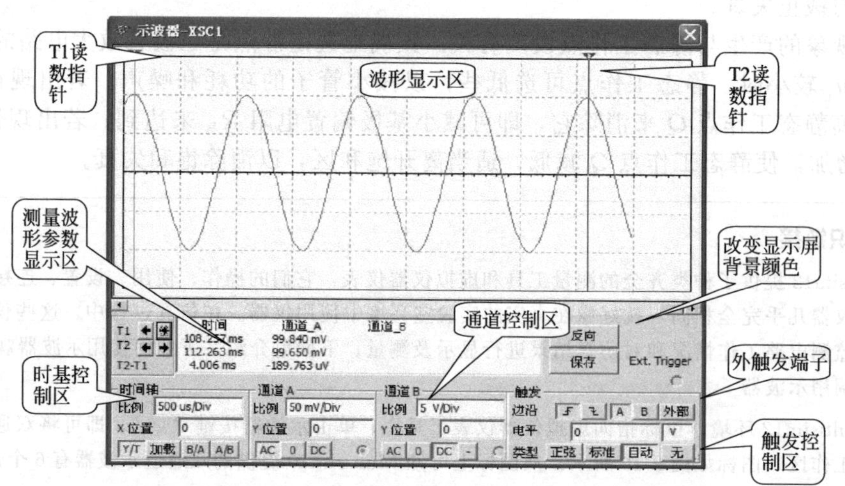

图 2-21　双踪示波器面板

比例 1 ms/Div：设置 X 轴方向每格所代表的时间，即量程。单击该栏后将出现上下箭头，按动上下箭头，可设置水平方向每格时间值。例如要测量一个频率为 1kHz 的信号，“比例”可设置为 500μs/Div，表示 X 轴（水平）方向每格代表 500μs，信号的一个周期刚好占 2 格。

X位置 0：设置 X 轴方向扫描线的起始位置，设置不同值，便于观察波形。

Y/T 加载 B/A A/B：设置 4 种显示方式。

“Y/T”方式指的是 X 轴显示时间，Y 轴显示电压值，这是最常用的方式，一般用以测量电路的输入、输出电压波形；

“加载”实际为“叠加”方式，指的是 X 轴显示时间，Y 轴显示 A 通道和 B 通道电压之和；

“B/A”或“A/B”方式指的是 X 轴和 Y 轴都显示电压值，常用于测量电路传输特性和观察李沙育图形。

② 设置通道 A

比例 1 V/Div：设置 A 通道输入信号的 Y 轴每格电压值，即量程。可根据输入信号大小来选择，使信号波形在示波器显示屏上显示出合适的位置。例如要测量一个振幅为 60mV 的信号，“比例”可设置为 50mV/Div，表示 Y 轴（垂直）方向每格代表 50mV，波形在垂直方向占 1 格多。

Y位置 1：设置 Y 轴的起始点位置，起始点为 0 表明 Y 轴起始点在示波器显示屏中线，起始点为正值表明 Y 轴原点位置向上移，否则向下移。

AC 0 DC：信号输入耦合方式，有 AC（交流耦合）、0（0 耦合）、DC（直流耦合）三种。设置为交流耦合时，只显示交流分量；设置为直流耦合时示波器显示直流和交流之和；设置为 0 耦合，示波器内部输入端对地短路，且与外部开路，信号不能输入，Y 轴显示一条直线，便于调节原点位置。

③ 设置通道 B

通道 B 的 Y 轴比例（量程）、起始点、耦合方式等项内容与 A 通道相同。

④ 设置触发方式

触发方式主要用来设置 X 轴的触发信号、触发电平及边沿等。

边沿：设置被测信号开始的边沿，可选择上升沿或下降沿。

A B 外部：触发源选择，“A 或 B”表明用 A 通道或 B 通道的输入信号作为 X 轴的触发信号。“外部”表明触发信号取自外部。

电平 0 V：设置触发信号的电平，使触发信号在某一电平时启动扫描。

类型 正弦 标准 自动 无：设置触发类型。

“正弦”这一词为汉化软件翻译有误，实际为单脉冲触发方式按钮，按下该按钮后示波器处于单次扫描等待状态，触发信号来到后开始一次扫描。

“标准”为常态扫描方式按钮，这种扫描方式是指没有触发信号时就没有扫描线。

“自动”为自动扫描方式按钮，这种扫描方式不管有无触发信号时均有扫描线，一般情况下使用自动方式。

“无”表明没有触发信号。

⑤ 设置测量波形参数显示区

如图 2-22 所示，在屏幕上有 T1、T2 两条可以左右移动的读数指针，指针上方注有 1、2 的三角形标志，用以读取所显示波形的具体数值，并将其显示在屏幕下方的测量数据显示区。

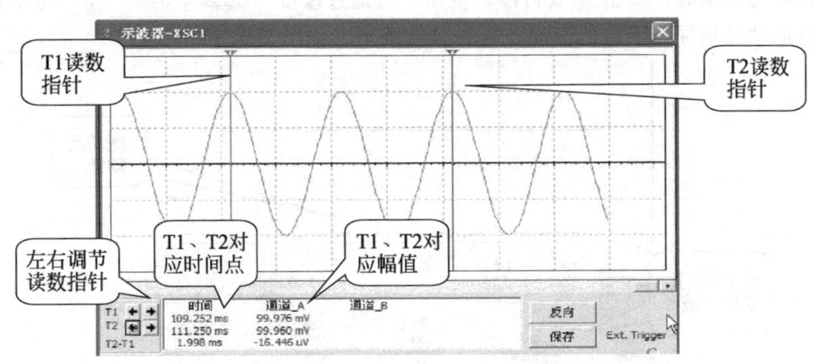

图 2-22　双踪示波器面板

数据区显示 T1 时刻、T2 时刻、T2-T1 时段读取的 3 组数据，每一组数据都包括时间值（Time）、通道 A 的幅值和通道 B 的幅值。用户可拖动读数指针左右移动，或通过单击数据区左侧 T1、T2 的箭头按钮移动指针线的方式读取数值。如图 2-22 所示，参数显示区 T1 时刻为 109.252ms 表示电路仿真运行在 T1 时刻为 109.252ms，在 T2 时刻为 111.250ms，T2-T1 为两个周期的时间，即为 1.998ms（约为 2ms），T1、T2 指针位置的电压幅值约为 100mV。

通过调节两读数指针，就可以十分方便地测量信号的周期、脉冲宽度、上升时间及下降时间等参数。

为了测量方便准确，单击 Pause（暂停）按钮，使波形“冻结”，然后再测量。再移动 T1、T2 两读数指针来读取相应参数。

⑥ 设置信号波形显示颜色

只要设置 A、B 通道连接线的颜色，则波形的显示颜色便与连接线的颜色相同。方法是选中连接导线，单击鼠标右键，在弹出的对话框中选中“图块颜色”，在弹出的颜色对话框中设置连接线的颜色，如图2-23 所示。

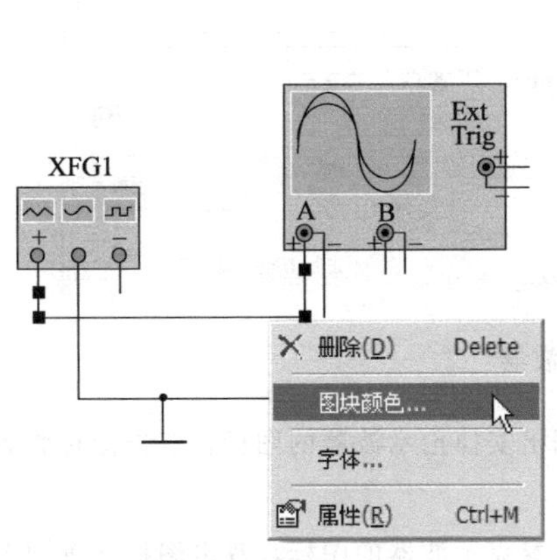

(a) 右击鼠标弹出快捷菜单

颜色
标准
自定义
颜色:
确定
取消
新建
电流

(b) 导线颜色设置对话框

图 2-23　设置导线及波形显示颜色

⑦ 设置显示屏幕背景颜色

单击操作面板右下方的 反向 按钮，即可改变屏幕背景的颜色。如要将屏幕背景恢复为原色，再次单击 反向 即可。

⑧ 存储读数

对于读数指针测量的数据，单击操作面板右下方的 保存 按钮即可将其存储。数据存储为 ASCII 码格式。

⑨ 移动波形

在电路仿真动态显示时，单击 ‖（暂停）按钮，可通过改变“X位置 1.2”的设置而左右移动波形；也可通过拖动显示屏幕下沿的滚动条左右移动波形。如图 2-24 所示。

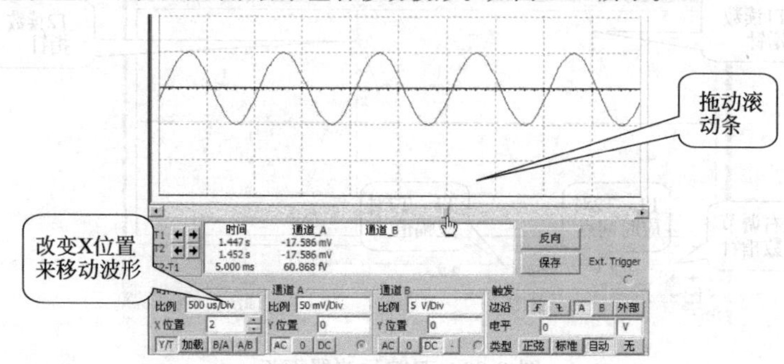

图 2-24　移动 X 位置观察和读取波形

（4）多种示波器

Multisim12 还提供了四踪示波器和两款三维的示波器：安捷伦示波器和泰克示波器。

单击仪器仪表工具栏上四踪示波器按钮，即可调出四踪示波器的图标，双击图标将弹出四踪示波器面板，如图 2-25 所示。

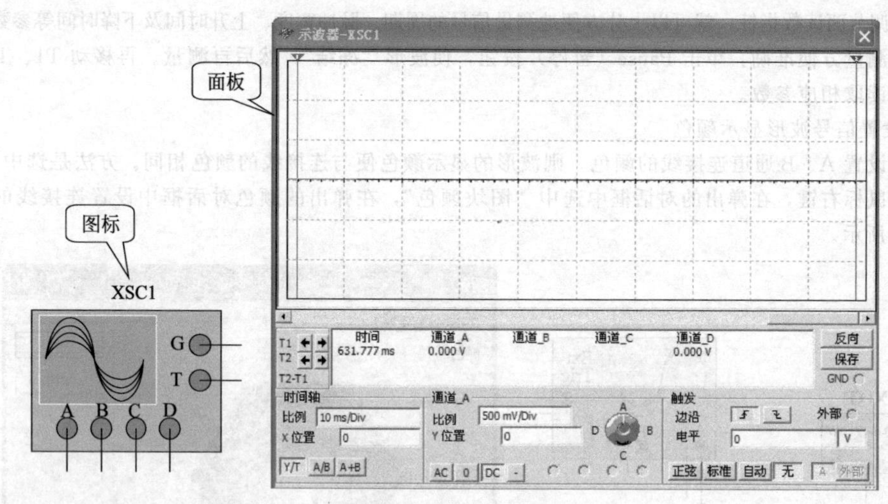

图 2-25　四踪示波器

单击仪器仪表工具栏上安捷伦示波器按钮，即可调出安捷伦示波器的图标，双击图标将弹出与实际安捷伦示波器相同的面板，如图 2-26 所示。

单击仪器仪表工具栏上泰克示波器按钮，即可调出泰克示波器的图标，双击图标将弹出与实际泰克示波器相同的面板，如图 2-27 所示。

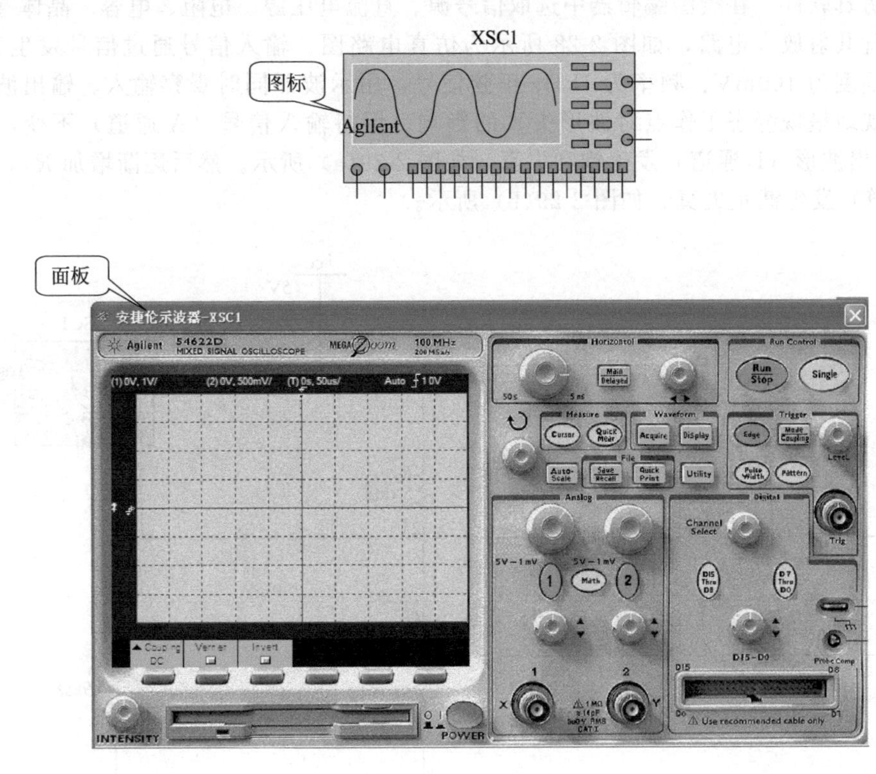

图 2-26　安捷伦示波器

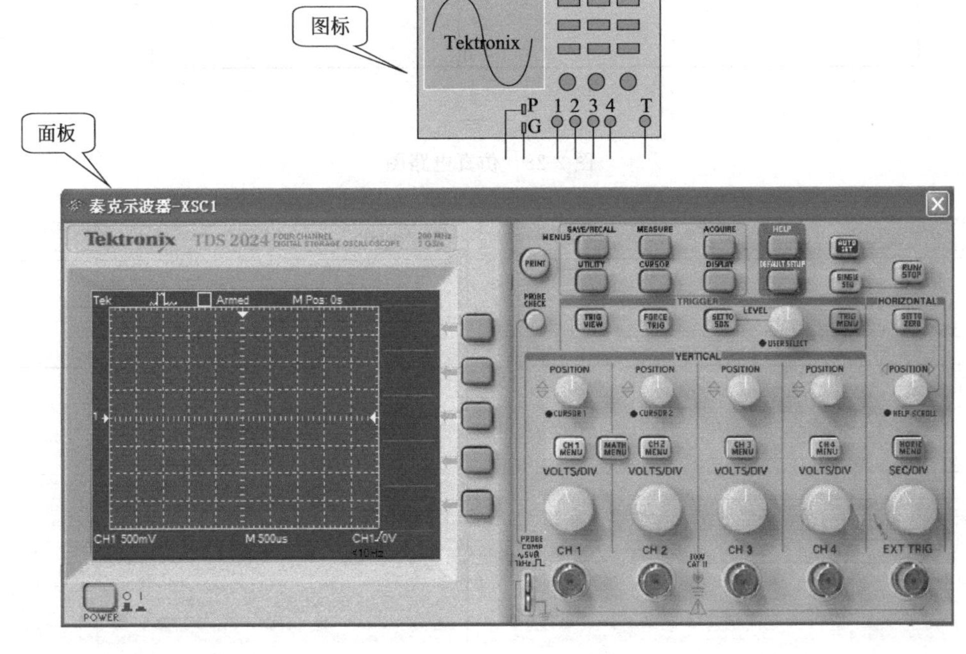

图 2-27　泰克示波器

运行仿真软件，在绘图编辑器中选取信号源、直流电压源、电阻、电容、晶体管等器件创建晶体管共射放大电路，如图 2-28 所示为仿真电路图。输入信号通过信号发生器产生，初始为一幅度为 100mV、频率为 1kHz 正弦信号，用示波器同时观察输入、输出波形，可以形象直观地呈现静态工作点对波形失真的影响。保持输入信号（A 通道）不变，逐渐减小 R_3，输出波形（B 通道）发生饱和失真，如图 2-29(a) 所示。然后逐渐增加 R_3，输出波形（B 通道）发生截止失真，如图 2-29(b) 所示。

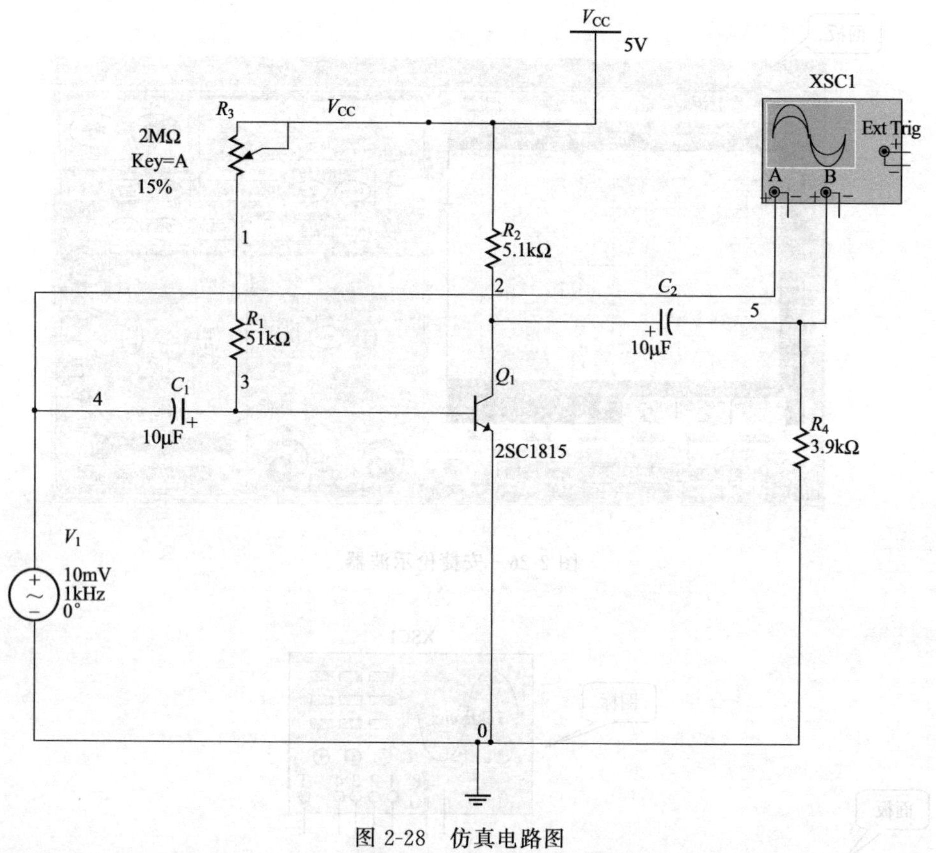

图 2-28 仿真电路图

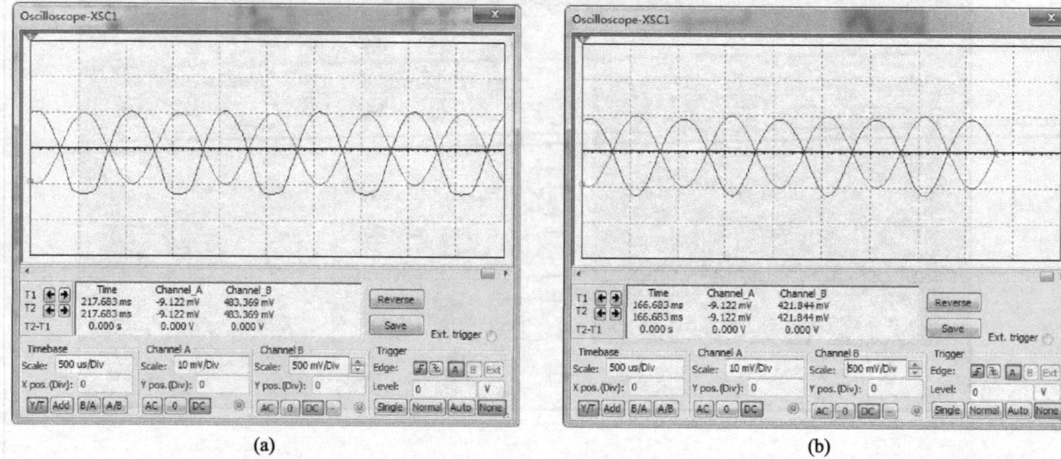

(a) (b)

图 2-29 失真情况仿真波形图

(3) 微变等效电路法动态分析

① 三极管的微变等效电路。在介绍放大电路的微变等效电路之前，先介绍三极管的微变等效电路。所谓“微变”是指“输入、输出信号都比较小”，即三极管工作在小信号条件下，在此条件下讨论三极管的等效电路。

三极管的共发射极接法如图 2-30(a) 所示，它由输入回路和输出回路两部分组成。输入回路中 i_b 与 u_{be} 的关系满足输入特性曲线，如图 2-30(b) 所示。输出回路中 i_c 与 u_{ce} 的关系满足输出特性曲线，如图 2-30(c) 所示。讨论三极管的等效电路要从它的特性曲线着手。

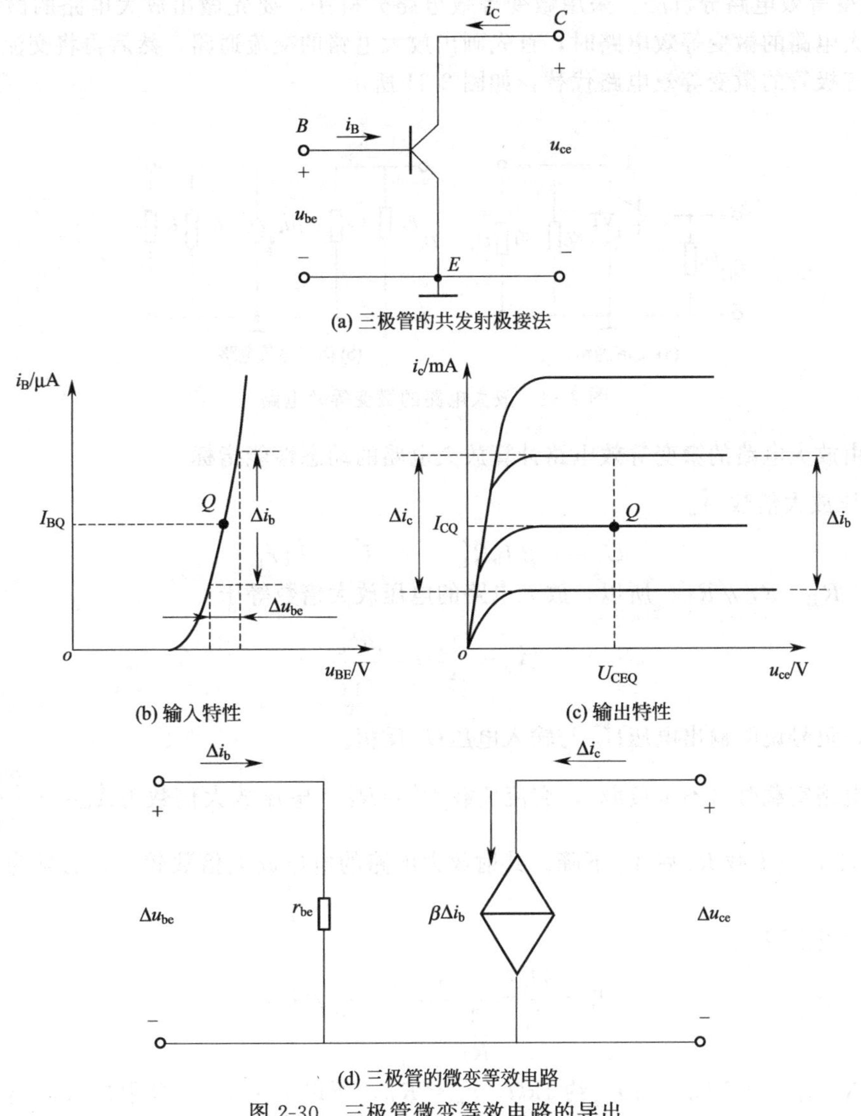

图 2-30　三极管微变等效电路的导出

a. 输入回路的等效。当输入信号 u_{be} 很小时，静态工作点 Q 附近的曲线可以认为是直线，故从输入、输出曲线上可得：

$$r_{be}=\frac{\Delta u_{be}}{\Delta i_b} \tag{2-20}$$

r_{be} 是一个非线性电阻，在小信号条件下，可近似认为 r_{be} 是一个线性电阻。常温下 r_{be} 的近似估算公式为

$$r_{be}=r'_{bb}+(1+\beta)\frac{26(mV)}{I_{EQ}(mA)}\Omega \tag{2-21}$$

式中，r'_{bb}是基区体电阻，通常低频管的$r'_{bb}=300\Omega$。当$I_{EQ}=1\sim2mA$时，小功率三极管的$r_{be}\approx1k\Omega$。

b. 输出回路的等效。三极管工作在放大状态时，输出回路i_c只受i_b的控制，而与u_{ce}无关，因此可以认为i_c具有恒流特性，因此输出回路可以等效为一个受基极电流i_b控制的恒流源$\Delta i_c=\beta\Delta i_b$，如图 2-30(d) 所示。

② 微变等效电路分析法。采用微变等效电路分析法，要先做出放大电路的微变等效电路。做放大电路的微变等效电路时，首先画出放大电路的交流通路，然后再将交流通路中的三极管用三极管的微变等效电路代替，如图 2-31 所示。

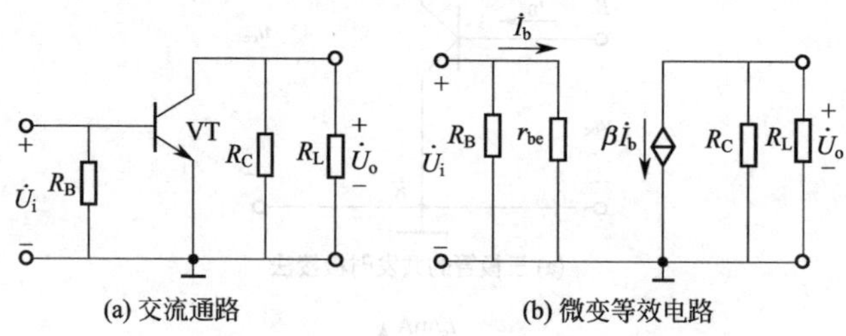

图 2-31　放大电路的微变等效电路

下面由放大电路的微变等效电路计算放大电路的动态性能指标。

a. 电压放大倍数 $\dot{A}_u$

$$\dot{U}_o=-\beta\dot{I}_bR'_L \qquad \dot{U}_i=\dot{I}_br_{be}$$

式中，$R'_L=R_C/\!/R_L$。所以，放大电路的电压放大倍数等于

$$\dot{A}_u=\frac{\dot{U}_o}{\dot{U}_i}=-\frac{\beta R'_L}{r_{be}} \tag{2-22}$$

式中，负号说明输出电压$\dot{U}_o$与输入电压$\dot{U}_i$反相。

放大电路空载时（不带负载），交流负载$R'_L=R_C$，电压放大倍数为$\dot{A}_u=-\frac{\beta R_C}{r_{be}}$。由于$R'_L$比$R_C$小，接负载$R_L$后$\dot{A}_u$下降。共射放大电路的电压放大倍数较大，通常为几十倍到几百倍。

b. 输入电阻R_i。

输入电阻

$$R_i=\frac{U_i}{I_i}=\frac{1}{\frac{1}{R_B}+\frac{1}{r_{be}}}=r_{be}/\!/R_B \tag{2-23}$$

一般R_B有几百千欧，而r_{be}约 1kΩ，$r_{be}\ll R_B$，所以$R_i\approx r_{be}$。共射放大电路R_i较小，为几百欧至几千欧。

c. 输出电阻R_o。由图 2-31(b) 可见，放大电路的输出电阻R_o，是从放大电路输出端看进去的戴维南等效电阻

$$R_o\approx R_C \tag{2-24}$$

R_o越大，负载变化（即i_o变化）时，输出电压u_o的变化也越大，说明放大电路带负载能力弱；R_o越小，负载变化时，输出电压变化也越小，放大电路带负载能力强。

共射放大电路的输出电阻$R_o\approx R_C$较大，约为几千欧到几十千欧，所以带负载能力

较差。

图解法与微变等效电路法是分析放大电路的两种基本方法。图解法真实反映出三极管的非线性，在分析输入大信号及分析输出幅值和波形失真时，用图解法比较合适；微变等效电路法适用于输入小信号时，分析放大电路的动态性能指标。

【例 2-2】 电路如图 2-32 所示，晶体管的 $\beta=60$，$r_{bb'}=100\Omega$。

(1) 求解 Q 点、$\dot{A}_u$、R_i和 R_o；

(2) 若 C_3开路，则 $U_i=$? $U_o=$?

解：(1) Q 点：

$$I_{BQ}=\frac{V_{CC}-U_{BEQ}}{R_b+(1+\beta)R_e}\approx 31\mu A$$

$$I_{CQ}=\beta I_{BQ}\approx 1.86mA$$

$$U_{CEQ}\approx V_{CC}-I_{EQ}(R_c+R_e)=4.56V$$

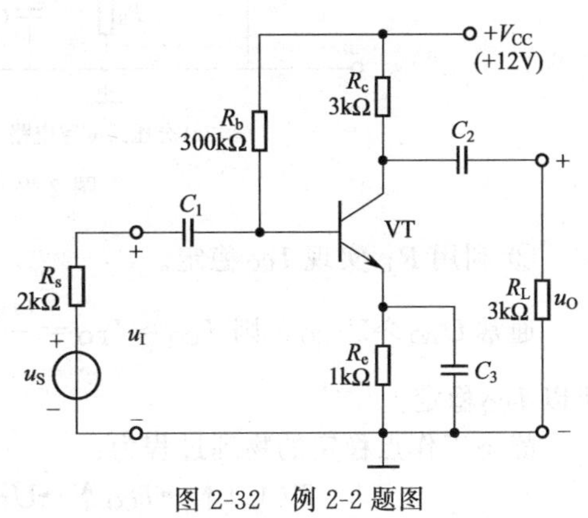

图 2-32　例 2-2 题图

$\dot{A}_u$、R_i和 R_o的分析：

$$r_{be}=r_{bb'}+(1+\beta)\frac{26(mV)}{I_{EQ}}\approx 952\Omega$$

$$R_i=R_b /\!/ r_{be}\approx 952\Omega$$

$$\dot{A}_u=-\frac{\beta(R_c /\!/ R_L)}{r_{be}}\approx -95$$

$$R_o=R_c=3k\Omega$$

(2) 若 C_3开路，则

$$R_i=R_b /\!/ [r_{be}+(1+\beta)R_e]\approx 51.3k\Omega$$

$$\dot{A}_u\approx -\frac{R_c /\!/ R_L}{R_e}=-1.5$$

$$U_i=\frac{R_i}{R_s+R_i}\times U_s\approx 9.6mV$$

$$U_o=|\dot{A}_u|U_i\approx 14.4mV$$

2.2.3　分压式偏置电路——静态工作点稳定电路

当温度升高时会引起三极管参数的变化（如 I_{CBO}↑、$\bar{\beta}$↑等），这些参数的变化最终都会导致 I_{CQ}升高。因为电路工作时三极管会发热，所以，即使静态工作点选得合适，也会因温度升高导致静点不稳定。

温度升高，使三极管的 I_{CQ}增加，静态工作点 Q 上移，从而可能导致饱和失真。反之，温度下降时，静态工作点 Q 下移，有可能导致截止失真。因此对于放大电路来说，稳定静态工作点是非常重要的，下面介绍一种工作点稳定的典型电路——分压式偏置电路。

如图 2-33 所示是静点稳定的共射放大电路。它的偏置电阻 R_{B1}、R_{B2}组成分压电路，射极电阻 R_E 构成电流负反馈。所以称分压式电流负反馈稳定偏置电路。

1. 静态工作点稳定的原理

① 利用 R_{B1}、R_{B2}固定基极电位。由图 2-33(b) 可见：$I_2=I_1+I_{BQ}$，一般 I_{BQ}很小，$I_1\gg I_{BQ}$，则 $I_2\approx I_1$。

基极电位为 $U_{BQ}=\frac{R_{B1}}{R_{B1}+R_{B2}}V_{CC}$，$U_{BQ}$由 V_{CC}经 $R_{B1}+R_{B2}$分压决定，不随温度而变是一固定值。

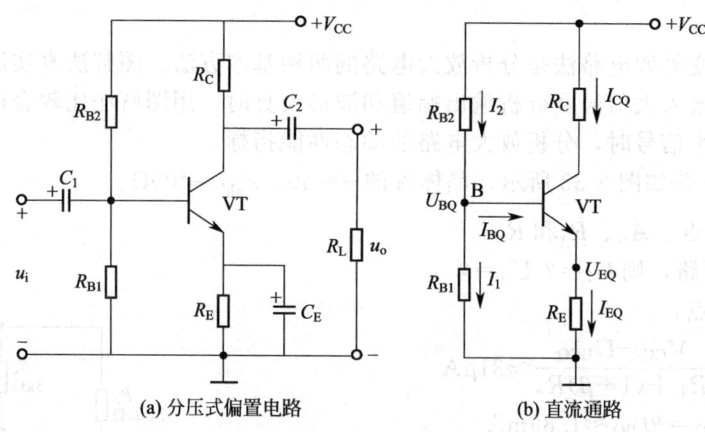

图 2-33　分压式偏置电路

② 利用 R_E 实现 I_{CQ}稳定。

通常 $U_{BQ} \gg U_{BEQ}$，则 $I_{CQ} \approx I_{EQ} = \dfrac{U_{BQ} - U_{BEQ}}{R_E} \approx \dfrac{U_{BQ}}{R_E}$，式中 U_{BQ} 和 R_E 不随温度而变，所以 I_{CQ}稳定。

静态工作点稳定的物理过程为：

$$T(℃)\uparrow \to I_{CQ}\uparrow \to U_{EQ}\uparrow \to U_{BEQ}\downarrow \to I_{BQ}\downarrow \to I_{CQ}\downarrow$$

由稳定过程看，R_E 越大，U_E 越大，静态越稳定。但 R_E 取得太大，则 U_{CEQ}减小，使放大电路动态范围变小。

2. 静态工作点稳定条件

(1) 静态分析

计算分压式偏置电路静态工作点的步骤是：

① 基极电位
$$U_{BQ} = \frac{R_{B1}}{R_{B1} + R_{B2}} V_{CC} \tag{2-25}$$

② 集电极电流
$$I_{CQ} \approx I_{EQ} = \frac{U_{BQ} - U_{BEQ}}{R_E} \tag{2-26}$$

③ 基极电流
$$I_{BQ} = \frac{I_{CQ}}{\beta} \tag{2-27}$$

④ 集-射极电压
$$U_{CEQ} = V_{CC} - I_{CQ}(R_C + R_E) \tag{2-28}$$

(2) 动态分析

由图 2-34 所示分压式偏置电路的交流微变等效电路计算放大电路的动态性能指标。

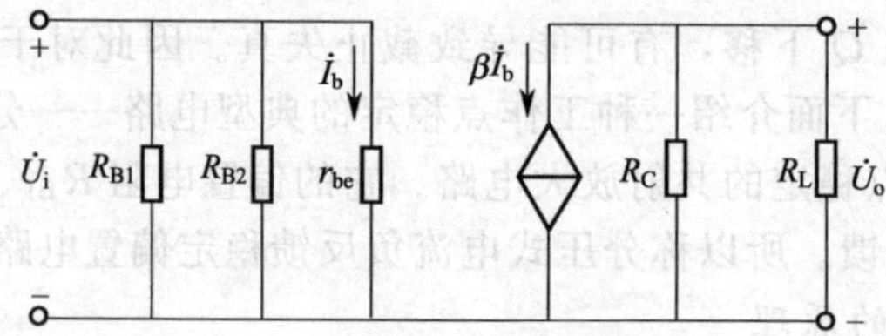

图 2-34　分压式偏置电路的交流微变等效电路

① 电压放大倍数$\dot{A}_u$

$$\dot{A}_u = \frac{\dot{U}_o}{\dot{U}_i} = -\frac{\beta(R_C /\!/ R_L)}{r_{be}} \tag{2-29}$$

可见，该电路放大倍数的计算公式与基本共射极电路相同。这是分压式偏置电路由于发射极电阻两边并联了电容 C_E，C_E对交流信号可视为短路，因此该电路对交流信号不存在反馈。该电路只存在直流反馈，直流反馈可以稳定静态工作点。

② 放大电路的输入电阻 R_i。从输入端看进去，有三条支路并联，所以输入电阻

$$R_i = R_{B1} /\!/ R_{B2} /\!/ r_{be} \tag{2-30}$$

③ 放大电路的输出电阻 R_o。

输出电阻

$$R_o \approx R_C \tag{2-31}$$

如图 2-35 所示的仿真电路图中，在 VT 管基极与直流工作电压之间接有一个 R_1和 R_W串联电路，与标准的固定式偏置电路相比多出了可变电阻 R_W。根据固定式偏置电路判断方法可知，R_1和 R_W都符合固定式偏置电阻的标准，所以 R_1和 R_W都是固定式偏置电阻。采用 R_W的目的是：调节 R_W电阻时改变了 R_1和 R_W的阻值之和，而这个总电阻决定了 VT 管基极电流大小，所以传入 R_W的根本目的是为了方便调节电路中 VT 管基极直流电路的大小。基极直流电流大小会影响三极管的许多工作参数，例如影响三极管的放大倍数、噪声大小、整个放大器的静态电流消耗等。如图 2-36 所示为仿真波形图，XSC1 示波器的 A 通道为输入波形，B 通道为输出波形。

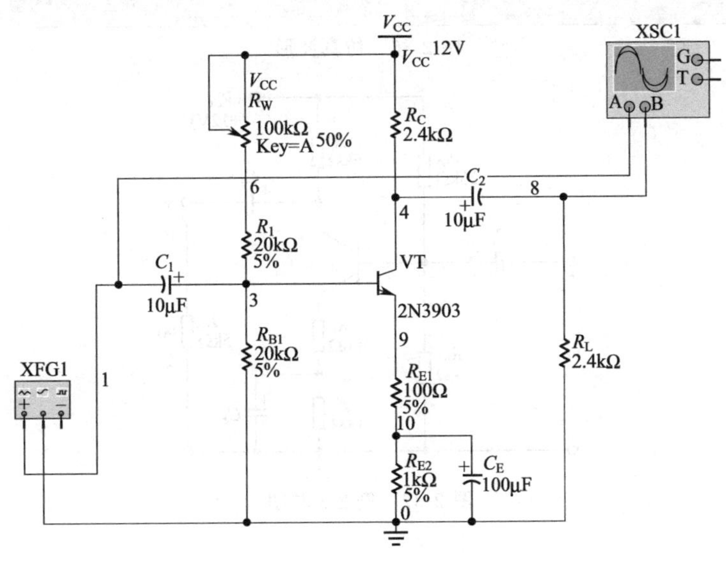

图 2-35　仿真电路

【例 2-3】 电路如图 2-37 所示，晶体管的 $\beta=100$，$r_{bb'}=100\Omega$。

(1) 求电路的 Q 点、$\dot{A}_u$、R_i和 R_o；

(2) 若电容 C_e开路，则将引起电路的哪些动态参数发生变化？如何变化？

解：(1) 静态分析：

$$U_{BQ} \approx \frac{R_{b1}}{R_{b1}+R_{b2}} \times V_{CC} = 2\text{V}$$

$$I_{EQ} = \frac{U_{BQ}-U_{BEQ}}{R_f+R_e} \approx 1\text{mA}$$

$$I_{BQ} = \frac{I_{EQ}}{1+\beta} \approx 10\mu\text{A}$$

$$U_{CEQ} \approx V_{CC} - I_{EQ}(R_c+R_f+R_e) = 5.7\text{V}$$

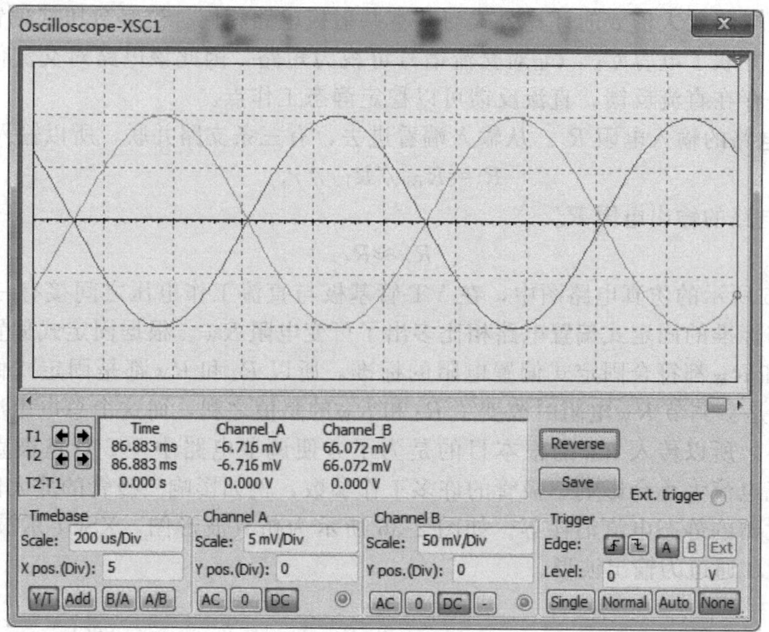

图 2-36 仿真波形

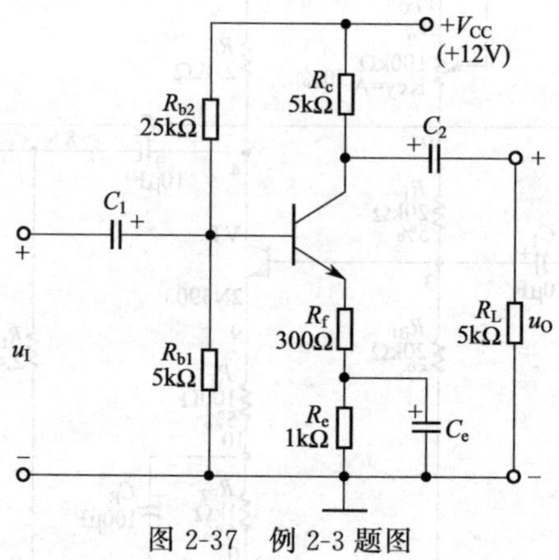

图 2-37 例 2-3 题图

动态分析：

$$r_{be}=r_{bb'}+(1+\beta)\frac{26\text{mV}}{I_{EQ}}\approx 2.73\text{k}\Omega$$

$$\dot{A}_u=-\frac{\beta(R_c/\!/R_L)}{r_{be}+(1+\beta)R_f}\approx -7.7$$

$$R_i=R_{b1}/\!/R_{b2}/\!/[r_{be}+(1+\beta)R_f]\approx 3.7\text{k}\Omega$$

$$R_o=R_c=5\text{k}\Omega$$

(2) R_i增大，$R_i\approx 4.1\text{k}\Omega$；$|\dot{A}_u|$减小，$\dot{A}_u\approx -\dfrac{R'_L}{R_f+R_e}\approx -1.92$。

2.2.4 三极管放大电路的其他组态

1. 共集电极放大电路——射极输出器

(1) 电路组成

如图 2-38(a) 所示为共集电极放大电路，基极是信号的输入端，发射极是输出端，集电极则是输入、输出的公共端，所以称共集电极电路。又因从发射极输出信号，又称射极输出器。

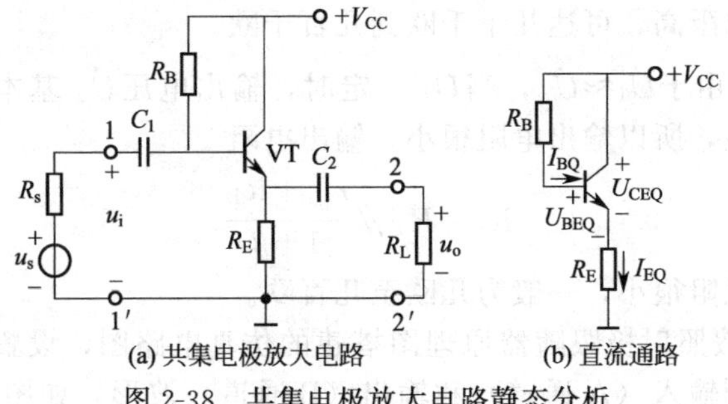

(a) 共集电极放大电路　　(b) 直流通路

图 2-38　共集电极放大电路静态分析

(2) 静态分析

由图 2-38(b) 所示直流通路可列方程

$$V_{CC}=I_{BQ}R_B+U_{BEQ}+I_ER_E=I_{BQ}R_B+U_{BEQ}+(1+\beta)I_{BQ}R_E$$

则
$$I_{BQ}=\frac{V_{CC}-U_{BEQ}}{R_B+(1+\beta)R_E}\approx\frac{V_{CC}}{R_B+(1+\beta)R_E} \tag{2-32}$$

$$I_{CQ}=\beta I_{BQ} \tag{2-33}$$

$$U_{CEQ}=V_{CC}-I_{EQ}R_E\approx V_{CC}-I_{CQ}R_E \tag{2-34}$$

(3) 动态分析

由图 2-39(a) 所示交流通路和图 2-39(b) 所示交流微变等效电路计算放大电路的动态性能指标。

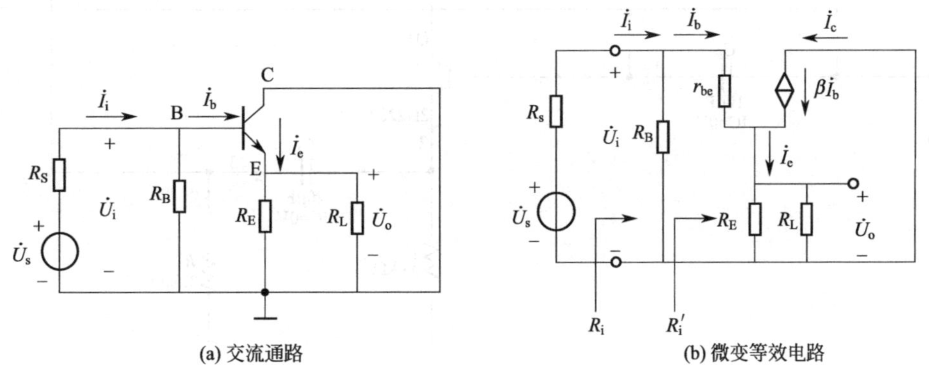

(a) 交流通路　　(b) 微变等效电路

图 2-39　共集电极放大电路动态分析

① 电压放大倍数 $\dot{A}_u$

$$\dot{U}_o=\dot{I}_e(R_E/\!/R_L)=(1+\beta)\dot{I}_bR_L'$$

$$\dot{U}_i=\dot{I}_br_{be}+(1+\beta)\dot{I}_bR_L'$$

式中
$$R_L'=R_E/\!/R_L$$

则
$$\dot{A}_u=\frac{\dot{U}_o}{\dot{U}_i}=\frac{(1+\beta)R_L'}{r_{be}+(1+\beta)R_L'} \tag{2-35}$$

一般 $(1+\beta)R_L'\gg r_{be}$，故 $\dot{A}_u\approx1$。这表明共集电极电路的输出电压与输入电压数值相近，相位相同，即输出信号随输入信号变化，所以，共集电极电路又称射极跟随器。

尽管共集电极电路无电压放大作用，但输出电流比输入电流大，因此，它具有电流放大与功率放大作用。

② 输入电阻R_i

输入电阻
$$R_i=R_B/\!/[r_{be}+(1+\beta)R'_L] \tag{2-36}$$

射极输出器输入电阻高，可达几十千欧到几百千欧。

③ 输出电阻R_o。由于$\dot{U}_i\approx\dot{U}_o$，当$\dot{U}_i$一定时，输出电压$\dot{U}_o$基本不变，说明射极输出器具有恒压输出的特性，所以输出电阻很小，输出电阻

$$R_o=R_E/\!/\frac{r_{be}+R_B}{1+\beta} \tag{2-37}$$

射极输出器输出电阻很小，一般为几欧至几百欧。

如图 2-40 所示为按照射极跟随器原理图搭建的仿真电路图，设置好交流电源参数，在虚拟示波器上仿真得到输入（A通道）和输出（B通道）波形，如图 2-41 所示，从仿真波形图上我们可直观地看到共集电极放大电路输入和输出电压差别不大，输出波形与输入波形是同相的，电压放大倍数约等于 1，故共集电极放大电路没有电压放大能力。

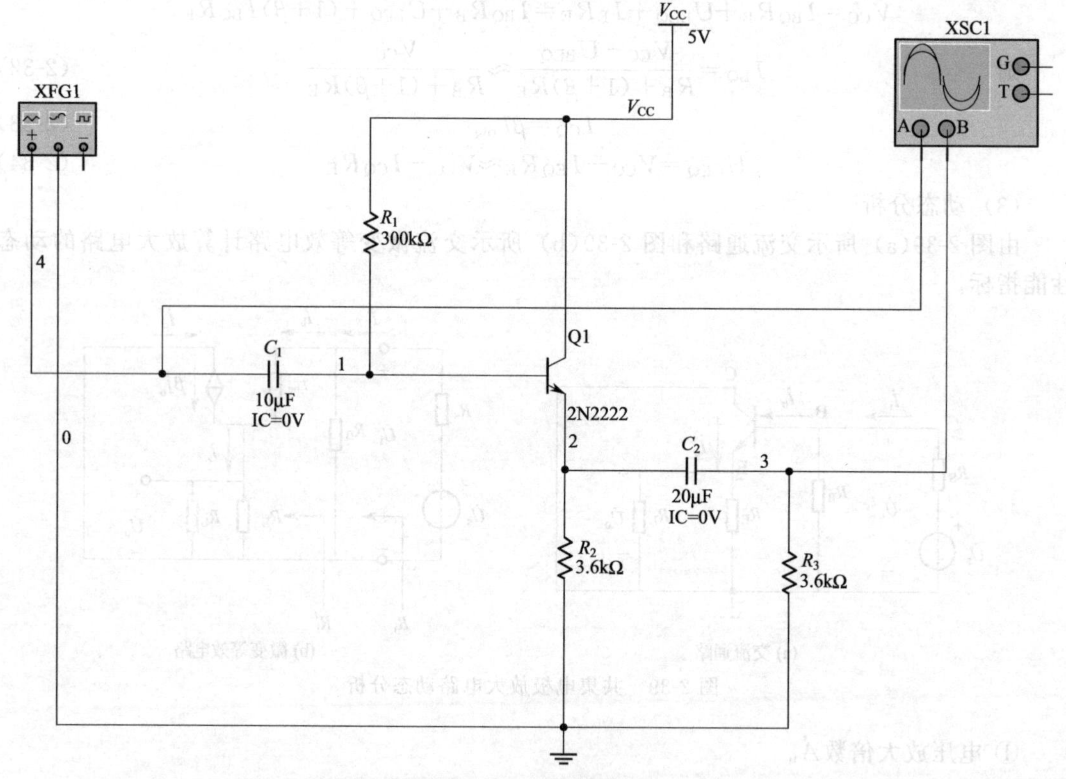

图 2-40　仿真电路图

射极输出器虽没有电压放大作用，但有输入电阻高和输出电阻低的特点，应用十分广泛。在电子测量仪器中，应用射极输出器作多级放大电路的输入级，使之具有较高输入电阻，可提高测量仪表的精度；应用射极输出器作多级放大电路的输出级，可使放大电路具有很低的输出电阻，可提高放大电路的带负载能力；射极输出器也可接在两级放大电路之间，作阻抗变换用，在中间起缓冲作用。

2. 共基极放大电路

(1) 电路组成

共基极放大电路如图 2-42 所示。它由发射极输入信号，从集电极输出信号。基极旁路

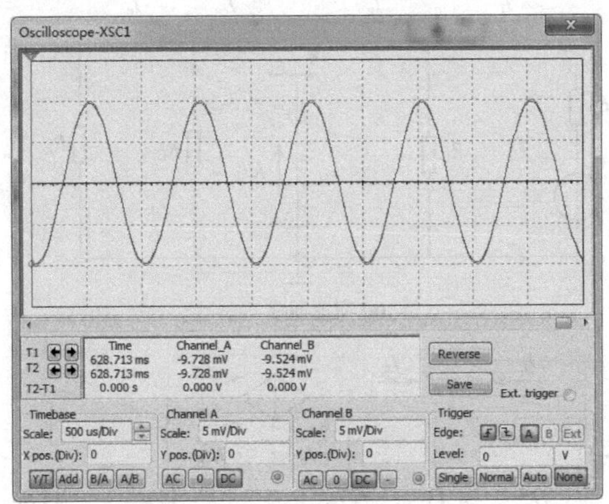

图 2-41　仿真波形图

电容 C_2 对交流短路，因而使基极交流接地，即基极是输入回路和输出回路的公共端，故称共基极放大电路。

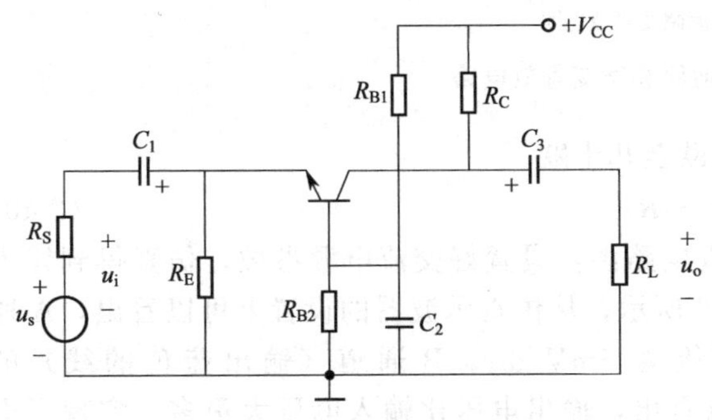

图 2-42　共基极放大电路

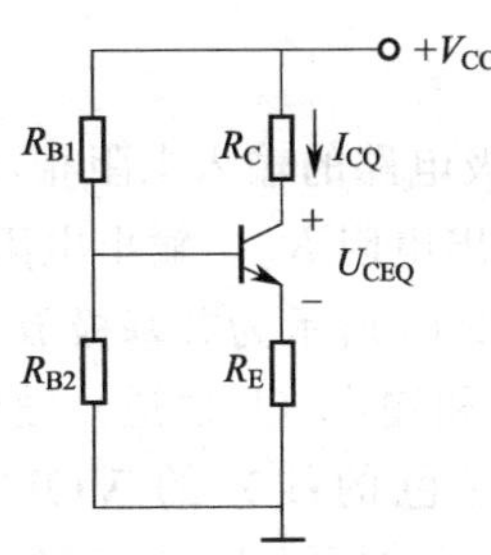

图 2-43　直流通路

（2）静态分析

由图 2-43 所示的直流通路可看出，其直流通路与图 2-33 所示分压式偏置电路的直流通路相同，其静态工作点的计算也与分压式偏置电路的静态工作点计算式相同，这里不再赘述。

（3）动态分析

交流通路和微变等效电路如图 2-44 所示。

① 电压放大倍数 $\dot{A}_u$

$\dot{U}_o = -\beta \dot{I}_b R'_L$ 式中 $R'_L = R_C // R_L$，$\dot{U}_i = -\dot{I}_b r_{be}$，则

$$\dot{A}_u = \frac{\dot{U}_o}{\dot{U}_i} = \frac{\beta R'_L}{r_{be}} \tag{2-38}$$

共基极放大电路的电压放大倍数与共射电路相同，但相差一个负号，共基极电路的输入、输出电压同相位。

② 输入电阻 R_i。输入电阻 $R_i = \dfrac{\dot{U}_i}{\dot{I}_i}$，经简化得

$$R_i = R_E // \frac{r_{be}}{1+\beta} \tag{2-39}$$

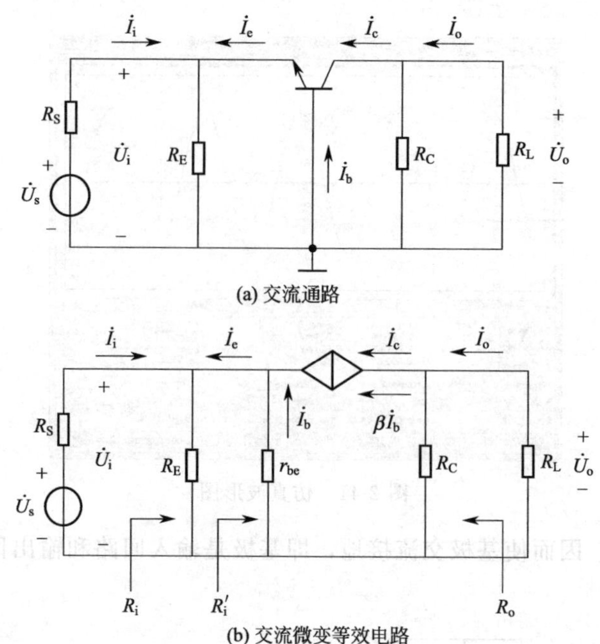

(a) 交流通路

(b) 交流微变等效电路

图 2-44　交流通路和微变等效电路

共基极电路的输入电阻很小，一般为几欧至几十欧。

③ 输出电阻 R_o。输出电阻

$$R_o \approx R_C \tag{2-40}$$

如图 2-45 所示为共基极放大电路的仿真电路图，设置好交流电源参数，仿真得到输入（A 通道）和输出（B 通道）波形，如图 2-46 所示，从仿真示波器的设置上可以看出，A 通道（输入红色的线）的 VOLTS/div 的挡级为 5mV/div，B 通道（输出蓝色的线）的 VOLTS/div 的档级为 20mV/div，由此可以看出，输出电压比输入电压大很多，实现了电压的放大，并且输出与输入波形同相。

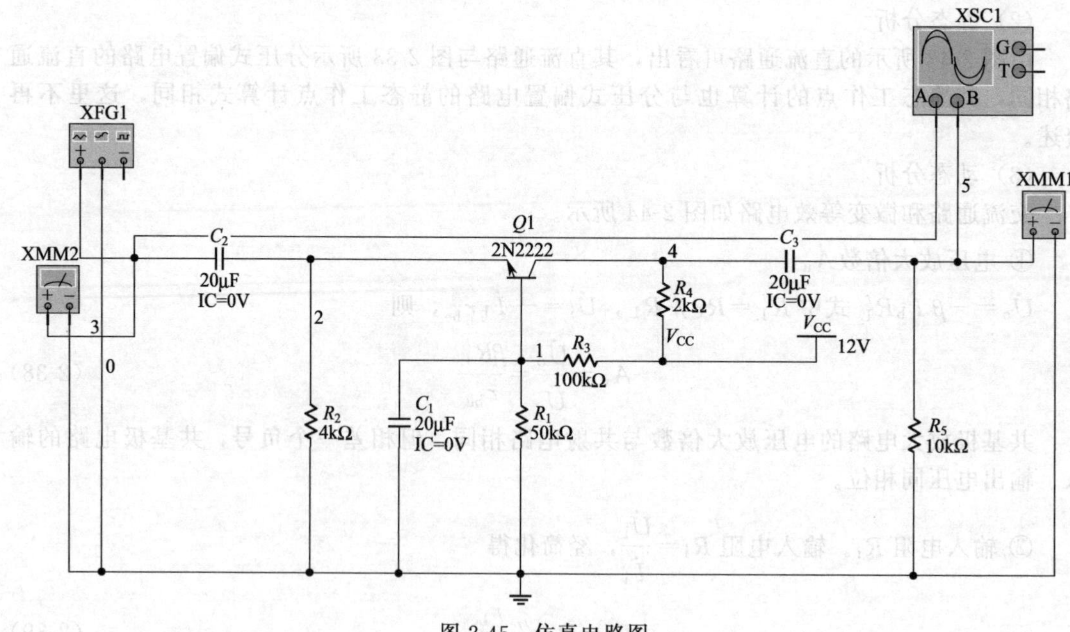

图 2-45　仿真电路图

综上所述，共基极放大电路的特点是：电流放大系数小于 1，电压放大倍数较高，输出电压与输入电压相位相同，输入电阻小，输出电阻大。共基极电路的高频特性较好，常用于高频电子线路中。

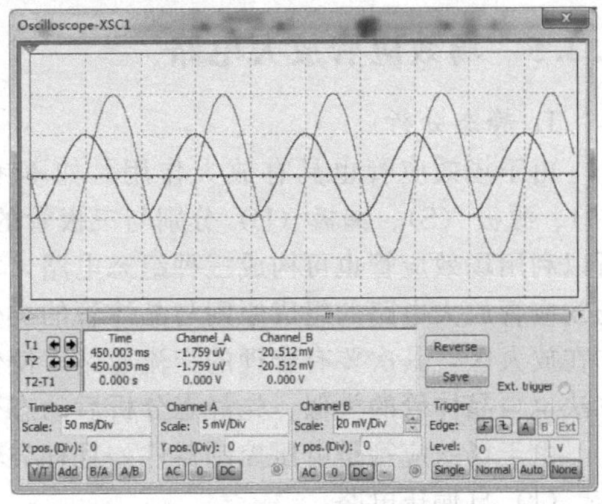

图 2-46　仿真波形图

3. 三种基本放大电路的比较

综上所述，晶体管单管放大电路的三种基本接法的特点归纳如下：

① 共射电路既能放大电流又能放大电压，输入电阻居三种电路之中，输出电阻较大，频带较窄。常作为低频电压放大电路的单元电路。

② 共集电路只能放大电流不能放大电压，是三种接法中输入电阻最大、输出电阻最小的电路，并具有电压跟随的特点。常用于电压放大电流的输入级和输出级，在功率放大电路中常采用射极输出的形式。

③ 共基电路只能放大电压不能放大电流，输入电阻小，电压放大倍数、输出电阻与共射电路相当，是三种接法中高频特性最好的电路。常作为宽频带放大电路。

如表 2-1 所示为三种基本放大电路的比较。

表 2-1　三种基本放大电路的比较

电路名称 / 分析计算	共发射极电路		共集电极电路（射极输出器）	共基极电路
	基本放大电路	分压式偏置电路		
电路图				
静态工作点	$I_{BQ}=\dfrac{V_{CC}-U_{BEQ}}{R_B}$ $I_{CQ}=\beta I_{BQ}$ $U_{CEQ}=V_{CC}-I_{CQ}R_C$	$U_{BQ}=\dfrac{R_{B1}}{R_{B1}+R_{B2}}V_{CC}$ $I_{CQ}\approx I_{EQ}=\dfrac{U_{BQ}-U_{BEQ}}{R_E}$ $I_{BQ}=\dfrac{I_{CQ}}{\beta}$	$I_{BQ}=\dfrac{V_{CC}-U_{BEQ}}{R_B+(1+\beta)R_E}\approx\dfrac{V_{CC}}{R_B+(1+\beta)R_E}$ $I_{CQ}=\beta I_{BQ}$ $U_{CEQ}=V_{CC}-I_{EQ}R_E\approx V_{CC}-I_{CQ}R_E$	$U_{BQ}=\dfrac{R_{B1}}{R_{B1}+R_{B2}}V_{CC}$ $I_{CQ}\approx I_{EQ}=\dfrac{U_{BQ}-U_{BEQ}}{R_E}$ $I_{BQ}=\dfrac{I_{CQ}}{\beta}$
电压放大倍数	$\dot{A}_u=\dfrac{\dot{U}_o}{\dot{U}_i}=-\dfrac{\beta R_L'}{r_{be}}$ 输出电压 $\dot{U}_o$ 与输入电压 $\dot{U}_i$ 反相	$\dot{A}_u=\dfrac{\dot{U}_o}{\dot{U}_i}=-\dfrac{\beta(R_C//R_L)}{r_{be}}$ 输出电压 $\dot{U}_o$ 与输入电压 $\dot{U}_i$ 反相	$\dot{A}_u=\dfrac{\dot{U}_o}{\dot{U}_i}=\dfrac{(1+\beta)R_L'}{r_{be}+(1+\beta)R_L'}$ 输出电压 $\dot{U}_o$ 与输入电压 $\dot{U}_i$ 同相	$\dot{A}_u=\dfrac{\dot{U}_o}{\dot{U}_i}=\dfrac{\beta R_L'}{r_{be}}$ 输出电压 $\dot{U}_o$ 与输入电压 $\dot{U}_i$ 同相
输入电阻	$R_i=r_{be}//R_B\approx r_{be}$ 约 1kΩ(中)	$R_i=R_{B1}//R_{B2}//r_{be}$ 几千欧～几十千欧(高)	$R_i=R_B//[r_{be}+(1+\beta)R_L']$ 几千欧～几百千欧	$R_i=R_E//\dfrac{r_{be}}{1+\beta}$ 几欧～几十欧
输出电阻	$R_o\approx R_C$ 几千欧～几十千欧(高)	$R_o\approx R_C$ 几千欧～几十千欧(高)	$R_o=R_E//\dfrac{r_{be}+R_B}{1+\beta}$ 几欧～几十欧(低)	$R_o\approx R_C$ 几千欧～几十千欧(高)

2.2.5 场效应管放大电路

1. 静态分析

由于场效应管也具有放大作用，如不考虑物理本质上的区别，可把场效应管的栅极（G）、源极（S）、漏极（D）分别与三极管的基极（B）、发射极（E）、集电极（C）相对应，所以利用场效应管也可构成三种组态电路，它们分别称为共源、共漏和共栅放大电路。虽然场效应管放大电路的组成原则与晶体管的类似，首先要有合适的静态工作点，使场效应管工作在放大区，其次要有合理的交流通路，使信号能顺利传输并放大。场效应管放大电路分析方法也与晶体管的类似，先静态分析后动态分析。

由于场效应管是电压控制器件，且种类较多，故在电路组成上仍有其特点。

（1）自偏压电路

由N沟道耗尽型场效应管构成的共源放大电路如图2-47(a)所示，C_1、C_2为隔直耦合电容，C_S为源极电阻旁路电容，它们对交流信号的容抗近似为零；R_D为漏极负载电阻，起到将输出电流转换为输出电压的作用；R_G为栅极电阻，用以提供栅源间直流通路。该电路利用漏极电流I_{DQ}在源极电阻R_S上产生的压降，通过R_G加至栅极以获得所需的偏置电压。由于场效应管的栅极不吸取电流，R_G中无电流通过，因此栅极G和源极S之间的偏压$U_{GSQ}=-I_{DQ}R_S$。这种偏置方式称为自给偏压，也称自偏压电路。

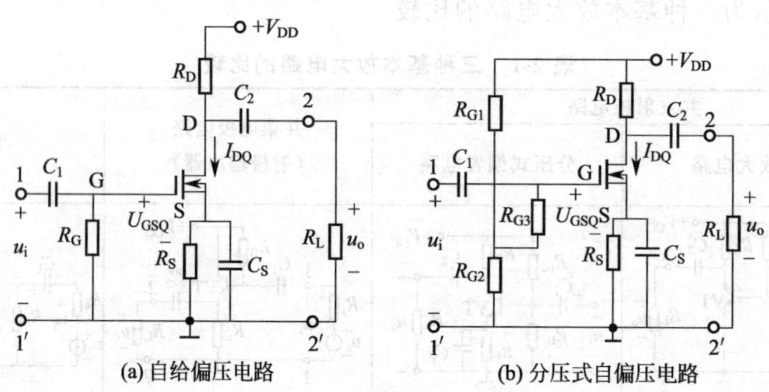

图2-47 共源放大电路

必须指出，自给偏压电路只能产生反向偏压，所以它适用于耗尽型场效应管，而不适用于增强型场效应管，因此增强型场效应管的栅源电压只有达到开启电压后才能产生漏极电流。

（2）分压式自偏压电路

图2-47(b)所示为采用分压式自偏压电路的场效应管共源放大电路。图中R_{G1}、R_{G2}为分压电阻，将V_{DD}分压后，取R_{G2}上的压降供给场效应管栅极偏压。由于R_{G3}中没有电流，它对静态工作点没有影响，所以，由图不难得到

$$U_{GSQ}=\frac{V_{DD}R_{G2}}{R_{G1}+R_{G2}}-I_{DQ}R_S \tag{2-41}$$

由式(2-41)可见，U_{GSQ}可正、可负，所以这种偏置电路也适用于增强型场效应管。

2. 动态分析

如果输入信号小，场效应管工作在线性放大区，可用微变等效电路法来分析。对照三极管的微变等效电路，找出场效应管的微变等效电路。在输入回路，三极管用输入电阻r_{be}等效；而场效应管的输入电阻r_{gS}极高，所以场效应管的输入回路（g，s极间）可看成开路。

在输出回路，三极管用一个受控电流源βi_B等效；而场效应管的漏极电流i_d（输出电

流）主要受栅源电压 u_{gs}（输入电压）控制。这一控制能力用跨导 g_m 表示，即 $\Delta i_D = g_m \Delta u_{gs}$，或用 $i_d = g_m u_{gs}$ 表示。因此，在输出回路可用一个受栅源电压 u_{gs} 控制的受控电流源 $i_d = g_m u_{gs}$ 等效，电流源的方向由 u_{gs} 的极性决定。

用等效电路法计算场效应管放大电路的动态指标，其步骤与分析三极管放大电路基本相同。如图 2-48 所示为放大电路的交流通路和微变等效电路。

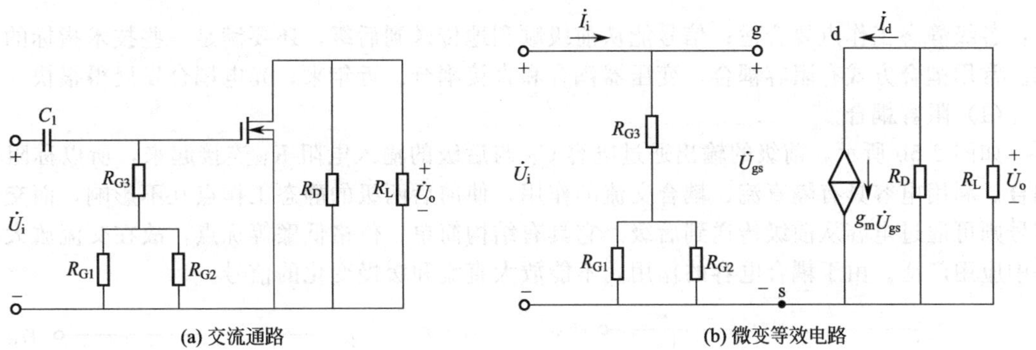

图 2-48　放大电路的交流通路和微变等效电路

① 电压放大倍数 A_u

$\dot{U}_o = -\dot{I}_d(R_D /\!/ R_L) = -g_m \dot{U}_{gs} R'_L = -g_m \dot{U}_i R'_L$，式中 $\dot{U}_{gs} = \dot{U}_i$，$R'_L = R_D /\!/ R_L$

$$\dot{A}_u = \frac{\dot{U}_o}{\dot{U}_i} = -g_m R'_L \tag{2-42}$$

式中，负号表示共源电路输出电压与输入电压反相。

由于一般场效应管的跨导 g_m 只有几毫西，故场效应管放大电路的电压放大倍数比三极管放大电路的小。

② 输入电阻 R_i

$$R_i = R_{G3} + (R_{G1} /\!/ R_{G2}) \tag{2-43}$$

通常，为提高输入电阻，选择 $R_{G3} \gg (R_{G1} /\!/ R_{G2})$，故 $R_i \approx R_{G3}$。

③ 输出电阻 R_o

$$R_o = R_D \tag{2-44}$$

3. 场效应管放大电路主要特点

场效应管放大电路的主要优点是输入电阻极大、噪声低、热稳定性好、抗辐射能力强等，但由于场效应管的跨导 g_m 较小，所以场效应管放大电路的电压倍数较低，常用作多级放大电路的输入级。由于 MOS 管制造工艺简单、占用芯片面积小、器件特性便于控制、功耗小，所以，MOS 管放大电路在大规模和超大规模集成电路中得到广泛应用。

2.2.6　多级放大电路的组成及分析方法

1. 多级放大电路的组成

大多数放大电路，需把微弱的毫伏级或微伏级的输入信号，放大成足够的输出电压和电流信号，去推动负载工作，所以，必须采用多级放大电路进行连续放大，以满足放大倍数和其他性能方面的要求。如图 2-49 所示为多级放大电路的方框图，其中输入级和中间级主要用作电压放大，推动级和功率输出级用作功率放大，以满足输出负载所需要的功率。

2. 级间耦合形式和特点

多级放大电路中，两级放大电路之间的连接形式称级间耦合。级间耦合要满足以下要

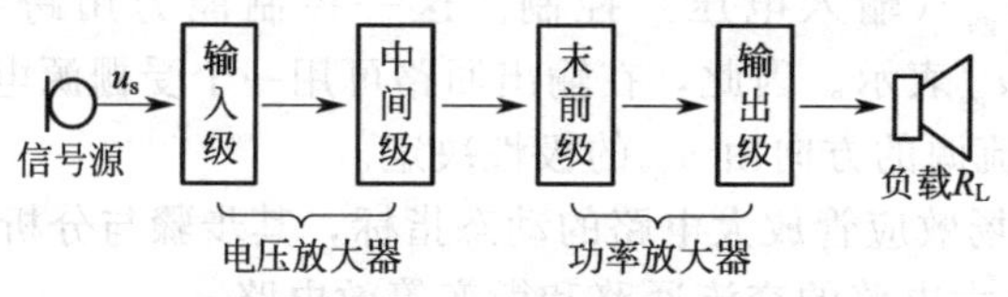

图 2-49　多级放大电路的方框图

求：各级静态工作点要合适；信号能从前级顺利地传送到后级，还要满足一些技术指标的要求。常用耦合方式有阻容耦合、变压器耦合和直接耦合。近年来，光电耦合发展得很快。

(1) 阻容耦合

如图 2-50 所示，前级的输出通过电容 C_2 与后级的输入电阻 R_{i2} 连接起来，所以称阻容耦合。利用电容具有隔直流、耦合交流的作用，使前后两级的静态工作点互不影响，而交流信号则可通过电容从前级传送到后级。它具有结构简单、价格低廉等优点，故在交流放大电路中应用广泛。由于耦合电容的作用，不能放大直流和缓慢变化的信号。

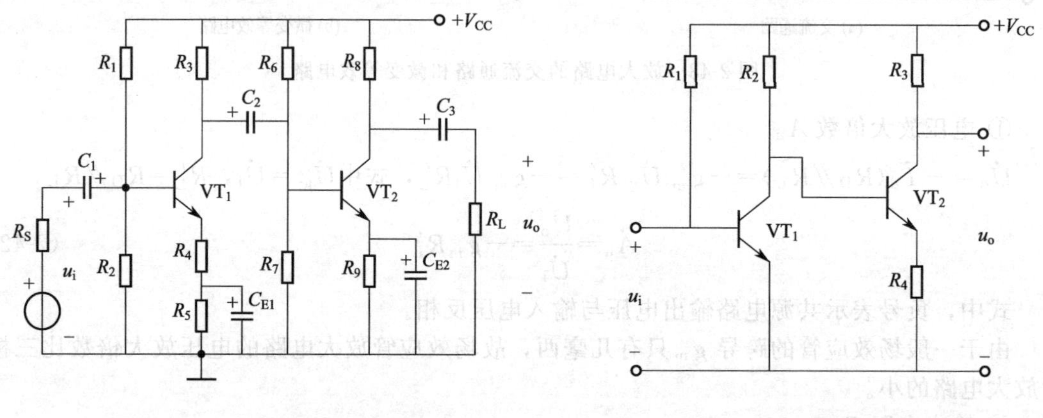

图 2-50　阻容耦合放大电路　　图 2-51　直接耦合放大电路

(2) 直接耦合

如图 2-51 所示，前级的输出端直接与后级的输入端连接。由于前后两级放大电路直接连通，各级静态工作点互相影响，温度造成的直流工作点漂移会被逐级放大，温漂较大。但它的频率特性好，不仅能放大交流信号，还能放大直流或缓慢变化的信号，所以，又称直流放大电路。由于直接耦合无大电容、无变压器，是集成电路内部电路常用的耦合方式。

直接耦合看似简单，其实不然，它所带来的问题远比阻容耦合严重。其中主要有两个问题需要解决：一个是前、后级的静态工作点之间互相影响问题；另一个是零点漂移问题。

① 前后级静态工作点之间互相影响。互相牵制在阻容耦合电路中，各级之间用电容隔开，直流通路是断开的，因此各级静态工作点互相独立。而直接耦合电路前后级之间存在直流通路。当某一级的静态工作点发生变化时，其前后级也将受到影响。所以，在直接耦合放大电路中必须采取一定的措施，以保证既能有效地传递信号，又要使每一级有合适的静态工作点。

② 零点漂移问题。所谓零点漂移，是指一个理想的直接耦合放大电路，当输入信号为零时，其输出电压应保持不变（不一定是零），但实际上，把一个多级直接耦合放大电路的输入端短接（$u_i=0$），测其输出端电压时，却可以发现有如图 2-52 中记录仪所显示的那样，它并不保持恒值，而有忽大忽小缓慢地。无规则地变化的输出电压，这种现象就称为零点漂移。

零点漂移产生的后果是当放大电路输入信号后，这种漂移就伴随着信号共存于放大电路中，难以分辨。如果漂移量大到足以和信号量相比时，放大电路就无法正常工作了。因此，必须知道产生漂移的原因，并相应地采取抑制漂移的措施。

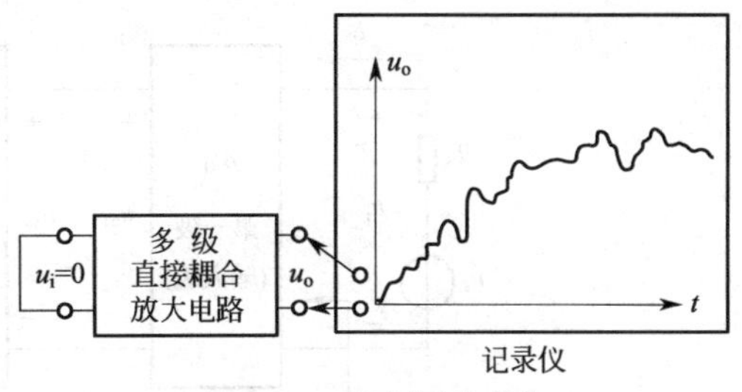

图 2-52　零点漂移现象

产生零点漂移的因素是任何元器件参数的变化，包括电源的波动，都将造成输出电压的漂移。但是实践证明，温度变化是产生零点漂移的主要因素。在阻容耦合的放大电路中，由于耦合电容的作用，这些变化很缓慢的信号，不会传到下一级放大电路。在多级直接耦合放大电路的各级漂移当中，又以第一级漂移的影响最为严重。因为在直接耦合电路中，第一级的漂移被后级电路逐级放大，以致影响到整个放大电路的工作。所以，抑制漂移要将重点放在第一级。衡量一个放大器的零点漂移，不能只看它的输出电压漂移了多少，还要看放大器的放大倍数有多大。因此，零点漂移一般要折合到输入端来衡量。

抑制零点漂移的具体措施如下。

(a) 选用温漂小的元器件。

(b) 电路元件在安装前要经过认真筛选和“老化”处理，以确保质量和参数的稳定性。

(c) 为了减小电源电压波动引起的漂移，要采用稳定度高的稳压电源。

(d) 采用温度补偿电路。

(e) 采用调制型直流放大器。

(f) 采用差动放大电路。

(3) 光电耦合

极与极之间利用光电耦合器来传送信号的方式，称为光电耦合，如图 2-53 所示。图中，VT_2为光电耦合器，它把发光器件（发光二极管）与光电接收器件（光电晶体管）互相绝缘组合在一起，当输入回路加入电信号后，i_{C1}使发光二极管发光，将电信号转换成光信号，输出回路的光电晶体管受到光照后产生相应光电流变化i_{C2}，然后输出。由此可见，光电耦合可以实现信号的传递，而且由于输出回路与输入回路在电气上是相互隔离的，从而可以有效地抑制电干扰和系统噪声。

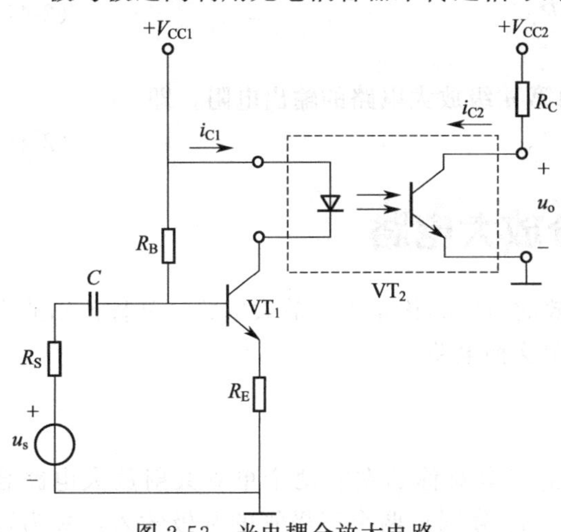

图 2-53　光电耦合放大电路

3. 多级放大电路的分析

多级放大电路的电压放大级可用微变等效电路法来分析动态参数。

(1) 电压放大倍数$\dot{A}_u$

如阻容耦合的多级放大电路，如图 2-54 所示。前级的输出电压u_{o1}，就是后级的输入电压u_{i2}，而后级的输入电阻R_{i2}，就是前级的交流负载R_{L1}，即$u_{o1}=u_{i2}$，$R_{L1}=R_{i2}$。

第一级和第二级的电压放大倍数分别为$\dot{A}_{u1}=\dfrac{\dot{U}_{o1}}{\dot{U}_i}$，$\dot{A}_{u2}=\dfrac{\dot{U}_o}{\dot{U}_{i2}}$

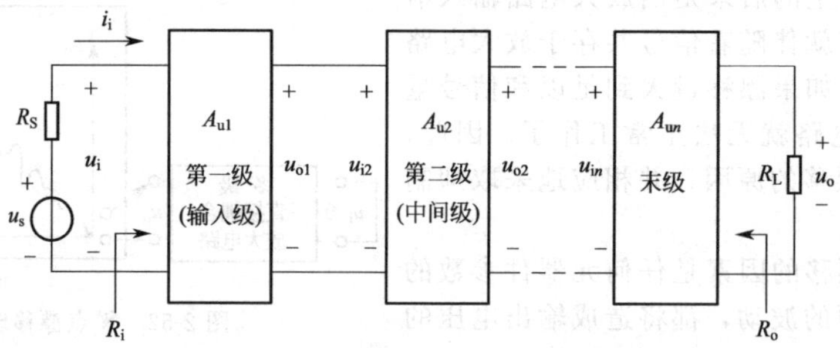

图 2-54　多级放大电路的组成框图

二级总电压放大倍数为$\dot{A}_u=\dfrac{\dot{U}_o}{\dot{U}_i}=\dfrac{\dot{U}_{o1}}{\dot{U}_i}\cdot\dfrac{\dot{U}_o}{\dot{U}_{i2}}=\dot{A}_{u1}\dot{A}_{u2}$

n 级放大电路，其总电压放大倍数等于各级电压放大倍数的乘积，即

$$\dot{A}_u=\dot{A}_{u1}\dot{A}_{u2}\cdots\dot{A}_{un} \tag{2-45}$$

工程上放大倍数常用分贝（dB）表示的定义是 $A_u(\text{dB})=20\lg\left|\dfrac{\dot{U}_o}{\dot{U}_i}\right|=20\lg|\dot{A}_u|$

用增益表示多级放大电路的总电压放大倍数时，可把各级电压放大倍数的乘积转化为各级放大电路的电压增益之和，即

$$\begin{aligned}A_u(\text{dB})&=20\lg|\dot{A}_u|=20\lg|\dot{A}_{u1}\dot{A}_{u2}\cdots\dot{A}_{un}|=20\lg|\dot{A}_{u1}|+20\lg|\dot{A}_{u2}|+\cdots+20\lg|\dot{A}_{un}|\\&=A_{u1}(\text{dB})+A_{u2}(\text{dB})+\cdots+A_{un}(\text{dB})\end{aligned} \tag{2-46}$$

（2）输入电阻 R_i

多级放大电路的输入电路 R_i，即为第一级放大电路的输入电阻，即

$$R_i=R_{i1} \tag{2-47}$$

（3）输出电阻 R_o

多级放大电路的输出电阻 R_o，即为最后的第 n 级放大电路的输出电阻，即

$$R_o=R_{on} \tag{2-48}$$

2.3 差分放大电路

在直接耦合放大电器中抑制零点漂移最有效的电路结构是差分放大电路，又称差动放大电路。多级直接耦合放大电路的前置级广泛采用这种电路。

2.3.1 基本差动放大电路的组成

图 2-55(a) 所示为基本差动放大电路。它由完全对称的左右两个单管共射放大电路合成，采用双电源 V_{CC}、V_{EE}供电。输入信号 u_{i1}、u_{i2}分别从两个三极管的基极输入，称为双端输入。输出电压则取自两管的集电极之间，称为双端输出。

R_E为差分放大电路的公共发射极电阻，用来抑制零点漂移并决定晶体管的静态工作点。R_C为集电极负载电阻。

若输入信号为零，即 $u_{i1}=u_{i2}=0$ 时，放大电路处于静态，其直流通路如图 2-55(b) 所示。由于电路对称，所以，$I_{BQ1}=I_{BQ2}$，$I_{CQ1}=I_{CQ2}$，$I_{EQ1}=I_{EQ2}$，流过 R_E 的电流 I_{EE} 为 I_{EQ1} 与 I_{EQ2} 之和。由图 2-55(b) 可得

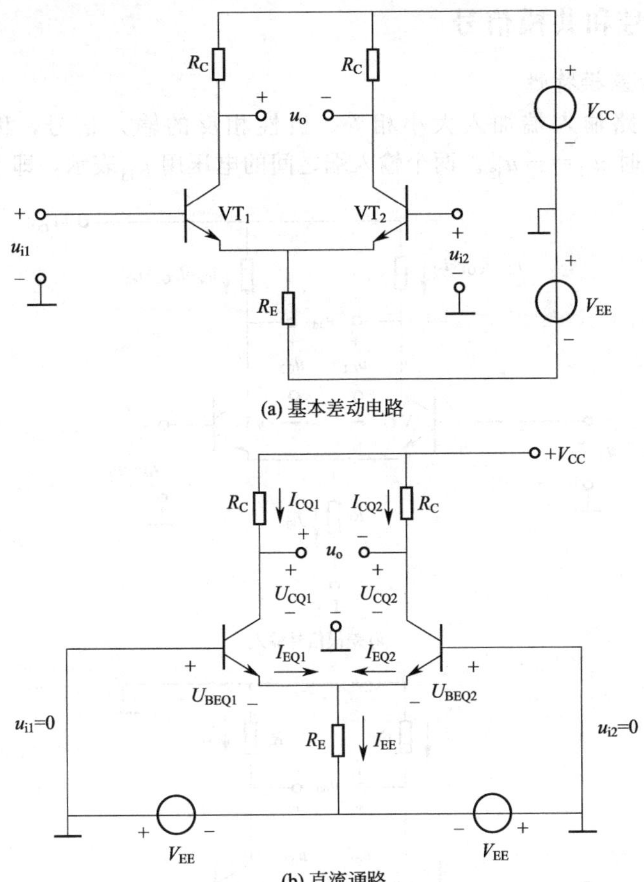

(a) 基本差动电路

(b) 直流通路

图 2-55　基本差动放大电路

$$V_{EE}=U_{BEQ1}+I_{EE}R_E$$

所以

$$I_{EE}=\frac{V_{EE}-U_{BEQ1}}{R_E}\approx\frac{V_{EE}}{R_E} \tag{2-49}$$

因此，两管的集电极电流为

$$I_{CQ1}=I_{CQ2}=\frac{1}{2}I_{EE} \tag{2-50}$$

两管集电极对地电压为

$$U_{CQ1}=V_{CC}-I_{CQ1}R_C \qquad U_{CQ2}=V_{CC}-I_{CQ2}R_C \tag{2-51}$$

可见，静态两管集电极之间的输出电压为零，即

$$u_o=U_{CQ1}-U_{CQ2}=0$$

所以，差分放大电路零输入时输出电压为零，而且当温度发生变化时，I_{CQ1}、I_{CQ2}以及U_{CQ1}、U_{CQ2}均产生相同的变化，输出电压 u_o将保持为零。同时又由于公共发射极电阻 R_E的负反馈作用，使得 I_{CQ1}、I_{CQ2}以及 U_{CQ1}、U_{CQ2}的变化也很小，因此，差分放大电路具有稳定的静态工作点和很小的温度漂移。

如果差分放大电路不是完全对称，零输入时输出电压将不为零，这种现象称为差分放大电路的失调，而且这种失调还会随温度等的变化而变化，这将直接影响到差分放大电路的正常工作，因此在差分放大电路中应力求电路对称，并在条件允许的情况下，增大 R_E的值。

2.3.2 差模信号和共模信号

1. 差模输入和差模特性

在差分放大电路输入端加入大小相等、极性相反的输入信号，称为差模输入，如图2-56(a)所示，此时 $u_{i1}=-u_{i2}$。两个输入端之间的电压用 u_{id}表示，即

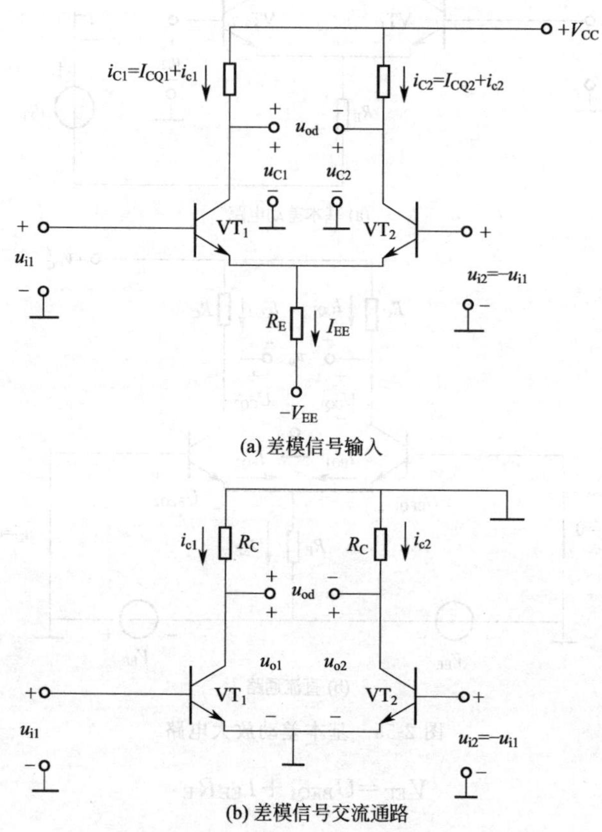

图 2-56 差分放大电路差模信号输入

$$u_{id}=u_{i1}\qquad u_{i2}=2u_{i1} \tag{2-52}$$

u_{id}称为差模输入电压。

u_{i1}使 VT_1管产生增量集电极电流 i_{c1}，u_{i2}使 VT_2管产生增量集电极电流 i_{c2}，由于差分放大管特性相同，所以 i_{c1}和 i_{c2}大小相等、极性相反，即 $i_{c2}=-i_{c1}$。因此，VT_1、VT_2管的集电极电流分别为：

$$i_{C1}=I_{CQ1}+i_{c1}\qquad i_{C2}=I_{CQ2}+i_{c2}=I_{CQ1}-i_{c1} \tag{2-53}$$

此时，两管的集电极电压分别等于

$$\left.\begin{aligned} u_{C1}&=V_{CC}-(I_{CQ1}+i_{c1})R_C=U_{CQ1}+u_{o1}\\ u_{C2}&=V_{CC}-(I_{CQ2}+i_{c2})R_C=U_{CQ2}+u_{o2}\end{aligned}\right\} \tag{2-54}$$

式中，$u_{o1}=-i_{c1}R_C$、$u_{o2}=-i_{c2}R_C$，分别为 VT_1、VT_2管集电极的增量电压，而且 $u_{o2}=-u_{o1}$。这样两管集电极之间的差模输出电压 u_{od}为：

$$u_{od}=u_{C1}\qquad u_{C2}=u_{o1}\qquad u_{o2}=2u_{o1} \tag{2-55}$$

由于两管集电极增量电流大小相等、方向相反，流过 R_E时相抵消，所以流经 R_E的电流不变，仍等于静态电流 I_{EE}，也就是说，在差模输入信号的作用下，R_E两端压降几乎不

变，即 R_E对于差模信号来说相当于短路，由此可画出差分放大电路的差模信号交流通路如图 2-56(b) 所示。

差模输出电路 u_{od} 和差模输入电压 u_{id} 之比称为差分放大电路的差模电压放大倍数 A_{ud}，即

$$A_{ud}=\frac{u_{od}}{u_{id}} \tag{2-56}$$

将式(2-52) 和式(2-55) 代入式(2-56)，则得

$$A_{ud}=\frac{u_{o1}-u_{o2}}{u_{i1}-u_{i2}}=\frac{2u_{o1}}{2u_{i1}}=\frac{u_{o1}}{u_{i1}} \tag{2-57}$$

式(2-57) 表明，差分放大电路双端输出时的差模电压放大倍数 A_{ud} 等于单管的差模电压放大倍数。由图 2-56(b) 不难得到

$$A_{ud}=-\frac{\beta R_C}{r_{be}} \tag{2-58}$$

若图 2-56(a) 所示电路中，两集电极之间接有负载电阻 R_L时，VT_1、VT_2管的集电极电位一增一减，且变化量相等，负载电阻 R_L的中点电位始终不变，为交流零电位，因此，每边电路的交流等效负载电阻 $R_L'=R_C /\!/ (R_L/2)$。这时差模电压放大倍数变为

$$A_{ud}=-\frac{\beta R_L'}{r_{be}} \tag{2-59}$$

从差分放大电路两个输入端看进去所呈现的等效电阻，称为差分放大电路的差模输入电阻 R_{id}，由图 2-56(b) 可得

$$R_{id}=2r_{be} \tag{2-60}$$

差分放大电路两管集电极之间对差模信号所呈现的电阻称为差模输出电阻 R_o，由图2-56(b)可知

$$R_{io}\approx 2R_C \tag{2-61}$$

运行仿真软件，在绘图编辑器中选择信号源、直流电源、三极管、电阻，创建差模输入双端输出差分放大电路如图 2-57 所示，仿真中，采用虚拟直流电压源和虚拟晶体管，差分输入信号采用一对峰值为 5mV、频率为 1kHz 的虚拟正弦波信号源。差模信号 u_{i1}、u_{i2}分别接入电路的左右输入端，电阻 R_6作为输出负载，电路的接法属于双入双出。运行并双击示波器图标 XSC2，调整各通道显示比例，得差分放大电路的输入/输出波形如图 2-58 所示，A 通道和 B 通道为输入波形 ，C 通道和 D 通道为输出波形。

2. 共模输入和共模抑制比

在差分放大电路的两个输入端加上大小相等、极性相同的信号，如图 2-59(a) 所示，称为共模输入，此时，令 $u_{i1}=u_{i2}=u_{ic}$。在共模信号的作用下，VT_1、VT_2管的发射极电流同时增加（或减少），由于电路是对称的，所以电流的变化量 $i_{e1}=i_{e2}$，则流过 R_E的电流增加 $2i_{e1}$（或 $2i_{e2}$），R_E两端压降的变化量为 $u_e=2i_{e1}R_E=i_{e1}(2R_E)$，这就是说，$R_E$对每个晶体管的共模信号有 $2R_E$的负反馈效果，由此可以得到图 2-59(b) 所示共模信号交流通路。

由于差分放大电路两管电路对称，对于共模输入信号，两管集电极电位的变化相同，即 $u_{C1}=u_{C2}$，因此，双端共模输出电压

$$u_{oc}=u_{C1}-u_{C2}=0 \tag{2-62}$$

在实际电路中，两管电路不可能完全相同，因此，u_{oc}不等于零，但要求 u_{oc}越小越好。共模输出电压 u_{oc} 与共模输入电压 u_{ic} 之比，定义为差分放大电路的共模电压放大倍数 A_{uc}，即

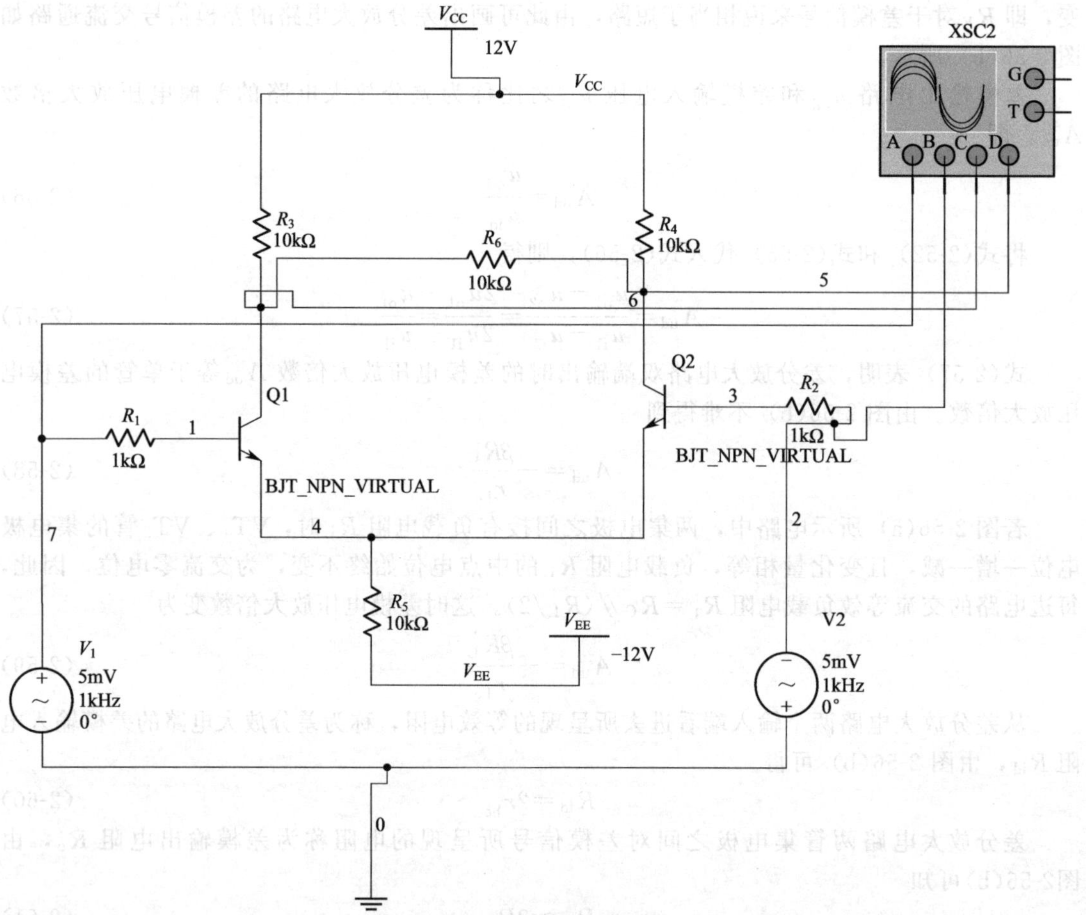

图 2-57　仿真电路图

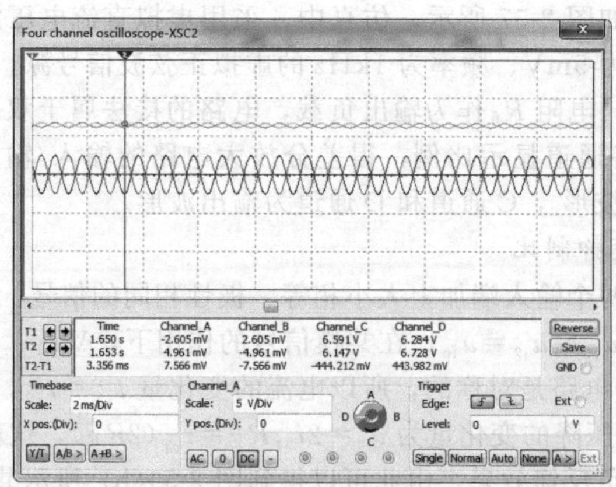

图 2-58　仿真波形图

$$A_{uc}=\frac{u_{oc}}{u_{ic}} \tag{2-63}$$

显然，完全对称的差分放大电路，$A_{uc}=0$。

由于温度变化或电源电压波动引起的两管集电极电流的变化是相同的，因此可以把它们的影响等效地看做差分放大电路输入端加入共模信号的结果，所以差分放大电路对温度的影响具有很强的抑制作用。另外，伴随输入信号一起引入两管基极的相同的外界干扰信号也都

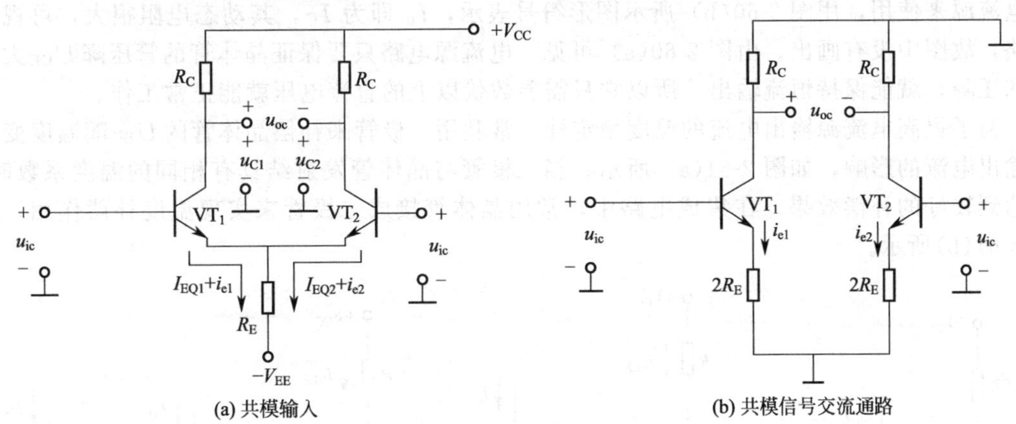

图 2-59　差分放大电路共模输入

可以看做共模输入信号而被抑制。

对差动放大电路来说，差模信号是有用信号，要求对它有较大的放大倍数；而共模信号是需要抑制的，因此对它的放大倍数要越小越好，对共模信号的放大倍数越小，就意味着零点漂移越小，抗共模干扰能力越强。为了全面衡量差动放大电路放大差模信号和抑制共模信号的能力，通常引用共模抑制比 K_{CMR} 来表征。其定义为放大电路对差模信号的放大倍数 A_{ud} 和对共模信号的放大倍数 A_{uc} 之比，即：

$$K_{CMR}=\left|\frac{A_{ud}}{A_{uc}}\right| \tag{2-64}$$

用分贝数表示，则为

$$K_{CMR}(dB)=20\lg\left|\frac{A_{ud}}{A_{uc}}\right| \tag{2-65}$$

显然，共模抑制比越大，差动放大电路分辨有用的差模信号的能力越强，受共模信号的影响越小。对于双端输出差动电路，若电路完全对称，则 $A_{uc}=0$，K_{CMR} 趋于∞，这是理想情况。而实际情况是，电路完全对称并不存在，共模抑制比也不能趋于无穷大，一般差分放大电路的 K_{CMR} 约为 60dB，较好的可达 120dB。

2.3.3　提高共模抑制比的电路

由前面分析可知，具有恒流源的差动放大电路，可以增加 R_E 能够有效地抑制共模信号。但是 R 值不能任意增加，R_E 愈大，补偿 R_E 直流压降的负电源 V_{EE} 也愈大，这是不合适的。为了能用较小的 V_{EE} 值而得到较大的 K_{CMR} 值，可以采用恒流源来代替电阻 R_E。恒流源不仅仅在差分放大电路中使用，而且在模拟集成电路中常用作偏置电路和有源负载。下面介绍几种常用的电流源电路，然后介绍具有电流源的差分放大电路。

1. 电流源电路

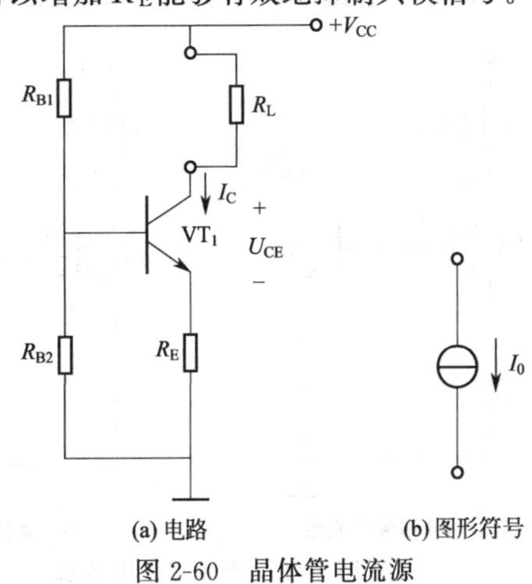

图 2-60　晶体管电流源

图 2-60(a) 所示为晶体管构成的电流源基本电路，选择合适的 R_{B1}、R_{B2}、R_E，使晶体管工作在放大区时，其集电极电流 I_C 为一定恒定值而与负载 R_L 的大小无关。因此，常把该电路作为输出恒定电流

的电流源来使用，用图 2-60(b) 所示图形符号表示，I_0 即为 I_C，其动态电阻很大，可视为开路，故图中没有画出。由图 2-60(a) 可见，电流源电路只要保证晶体管的管压降 U_{CE} 大于饱和压降，就能保持恒流输出，所以它只需要数伏以上的直流电压就能正常工作。

为了提高电流源输出电流的温度稳定性，常利用二极管来补偿晶体管的 U_{BE} 随温度变化对输出电流的影响，如图 2-61(a) 所示。当二极管与晶体管发射结具有相同的温度系数时，可达到较好的补偿效果。在集成电路中，常用晶体管接成二极管来实现温度补偿作用，如图 2-61(b)所示。

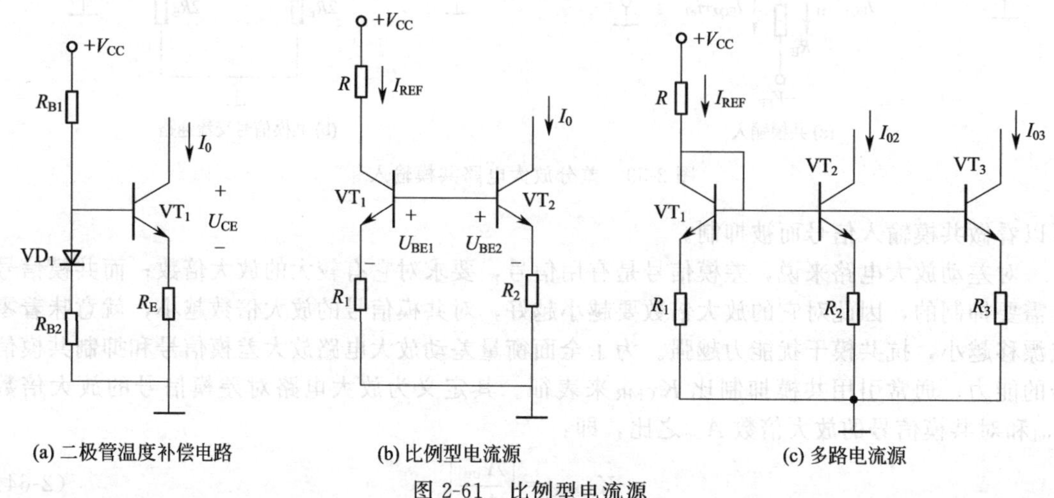

(a) 二极管温度补偿电路　(b) 比例型电流源　(c) 多路电流源

图 2-61　比例型电流源

如图 2-61(b) 所示电路中，I_{REF} 称为基准电流，由于 I_0 与 I_{REF} 成比例，故称为比例型电流源。由图可知

$$I_{REF} \approx \frac{V_{CC}-U_{BE1}}{R+R_1} \tag{2-66}$$

当 I_0 与 I_{REF} 相差不多时，$U_{BE1} \approx U_{BE2}$，所以 $I_{REF}R_1 \approx I_0R_2$，由此可得

$$I_0 \approx \frac{R_1}{R_2} I_{REF} \tag{2-67}$$

由此可见，比例型电流源中，基准电流 I_{REF} 的大小主要由电阻 R 决定，改变两管发射极电阻的比值，可以调节输出电流与基准电流之间的比例。

有时在电路中，可以用一个基准电流来获得多个不同的电流输出，如图 2-61(c) 所示，称为多路输出比例电流源。根据以上分析，不难得到

$$I_{02} \approx \frac{R_1}{R_2} I_{REF} \qquad I_{03} \approx \frac{R_1}{R_3} I_{REF} \tag{2-68}$$

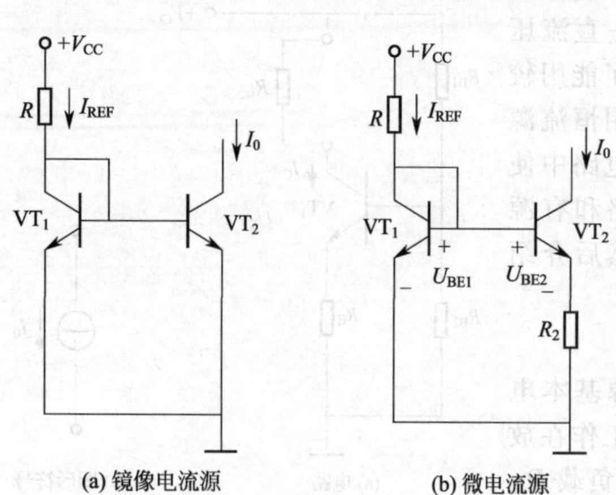

(a) 镜像电流源　(b) 微电流源

图 2-62　镜像和微电流源

如果把图 2-61(b) 中发射极电阻均短路，就可以得到图 2-62(a) 所示镜像电流源。由于 VT_1、VT_2 特性相同，基极电位也相同，因此它们的集电极电流相等，只要 $\beta \gg 1$，则 $I_0 = I_{REF}$，即 I_0 与 I_{REF} 之间为镜像关系。

若将图 2-61(b) 中 VT_1 管发射极电阻

R_1短路，如图 2-62(b) 所示，即构成微电流源。由图 2-62(b) 可写成方程

$$I_0R_2=U_{BE1}-U_{BE2}$$

$$I_0=\frac{U_{BE1}-U_{BE2}}{R_2} \tag{2-69}$$

由于U_{BE1}与U_{BE2}差别很小，故用阻值不太大的R_2，就可以获得微小的工作电流I。

2. 具有电流源的差分放大电路

采用晶体管构成的电流源来代替R_E的差分放大电路如图 2-63(a) 所示。图中，VT_3、VT_4管构成比例电流源电路，R_1、VT_4、R_2构成基准电流电路，由图可求得

$$I_{REF}\approx I_{C4}\approx\frac{V_{EE}-U_{BE4}}{R_1+R_2} \tag{2-70}$$

$$I_{C3}=I_0\approx I_{REF}\frac{R_2}{R_3} \tag{2-71}$$

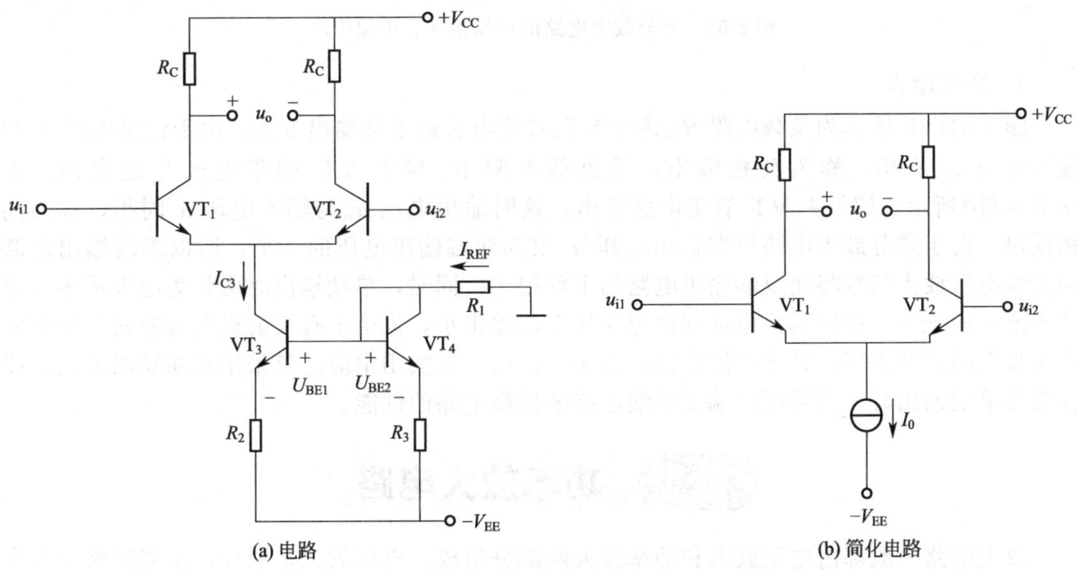

图 2-63　具有电流源的差分放大电路

可见，当R_1、R_2、R_3、V_{EE}一定时，I_{C3}就为一恒定的电流。由于电流源有很大的动态电阻，故采用电流源的差分放大电路其共模抑制比可提高 1～2 个数量级，所以在集成电路中得到广泛应用，图 2-63(b) 示出了这种电路的简化画法。

2.3.4　差分放大电路的单端输入、输出方式

以上所讨论的差分放大电路均采用双端输入和双端输出方式，在实际使用中，有时需要单端输出或单端输入方式。当信号从一只晶体管的集电极输出，负载电阻R_L一端接地时，称为单端输出方式；当两个输入端中有一个端子直接接地时，称为单端输入方式。

1. 单端输入

图 2-64 所示差分放大电路中，有一个输入端接地，称为单端输入方式，此时输入信号相当于$u_{i1}=u_i$，$u_{i2}=0$，两个输入端之间的差模输入信号就等于u_i。由此可见，不管是双端输入方式，还是单端输入方式，差分放大电路的差模输入电压始终是两个输入端电压的差值。因此，差模电压放大倍数、差模输入电阻、输出电阻以及共模抑制比等也与输入端的连接方式无关。

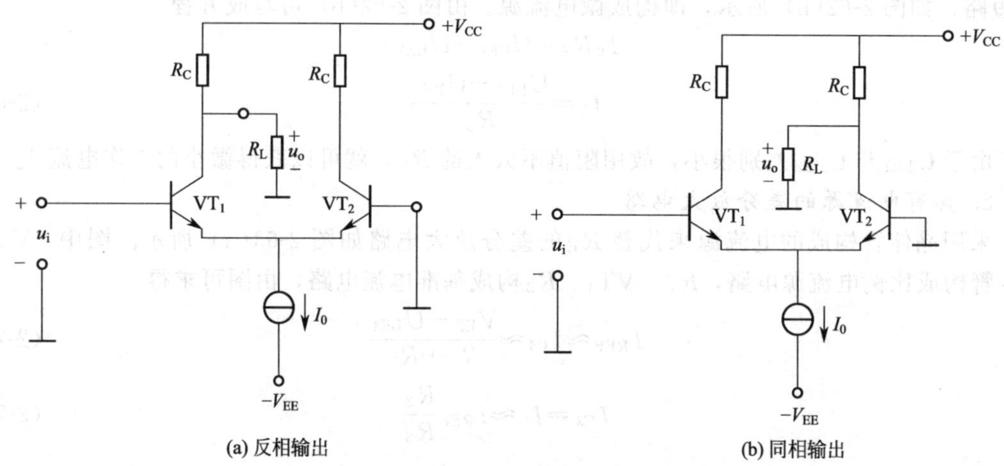

图 2-64　差分放大电路的单端输入、单端输出

2. 单端输出

图 2-64(a) 所示为负载电阻 R_L 接于 VT_1 管集电极的单端输出方式，由于输出电压 u_o 与输入电压 u_i 反相，称为反相输出；若负载电阻 R_L 接于 VT_2 的集电极与地之间，如图 2-64(b)所示，信号由 VT_2 管集电极输出，这时输出电压 u_o 与输入电压 u_i 同相，称为同相输出。由于差分放大电路单端输出电压 u_o 仅为双端输出电压的一半，所以单端输出电路的差模电压放大倍数将比双端输出电路的下降很多。同时，单端输出时两管集电极的零点漂移不能互相抵消，所以其共模抑制比也要比双端输出小，但由于有发射极电流源对共模信号产生很强的抑制作用，其零点漂移仍然很小。因此，在实用中应尽量采用双端输出方式，或者需要单端输出时，可采用双端变单端电路来提高电路的性能。

2.4 功率放大电路

放大电路一般都由电压放大和功率放大两部分组成。电压放大是前级，主要用来不失真地放大信号电压的幅度，常采用电压放大倍数较高的共发射极放大电路。功率放大是末级，它既要输出较大的信号电压，又要有电流放大作用，以保证所需的输出信号功率，去推动执行元件（如扬声器、继电器、显示仪表等）工作。这种以输出功率为主要目的的放大电路称为功率放大电路。

在本章开始的引例中提到的扩音器，为了保证从扩音器传出去的声音最大程度的还原，在设计的时候首先要保证声音转换的电压信号不产生失真，接下来就是功率的放大，所以说功率放大器在整个音响系统中起到了“组织、协调”的枢纽作用，在某种程度上主宰着整个系统能否提供良好的音质输出。

从能量转换的观点看，功率放大电路与电压放大电路无本质的区别，都是一种能量控制器，即利用晶体管的控制作用把直流电源的能量转换为按输入信号的规律变化的交流信号的能量，再输送出去。但是由于任务不同，其电路结构、工作方式、分析方法等各方面都有许多差异。

2.4.1 功率放大电路的概述

1. 功率放大电路的特点

由于功率放大电路的主要任务是向负载输出足够大的功率，因此功率放大电路与电压放大电路相比，电压放大倍数并不是主要考虑的指标，其主要性能指标是最大输出功率 P_{om} 和效率 η，因此功放电路应具有以下特点。

(1) 输出功率足够大

要求输出功率尽可能大，为了获得大的功率输出，要求功放管的电压和电流都有足够大的输出幅度，因此管子往往在接近极限运用状态下工作。

(2) 效率要高

功率放大电路是将直流电源的能量转化为输出信号的能量。因此，对功放电路还要考虑其转换效率。所谓效率就是负载得到的有用信号功率和电源供给的直流功率的比值。这个比值越大，意味着效率越高。提高电路的效率可以在相同输出功率的条件下，减小能量损耗，减小电源容量，降低成本。

(3) 非线性失真要小

为使输出功率大，功放三极管的电压和电流都工作在大信号状态。由于功放三极管是非线性器件，信号幅度较大时容易产生非线性失真，而且同一功放管输出功率越大，非线性失真往往越严重，这就使输出功率和非线性失真成为一对主要矛盾。但是，在不同场合下，对非线性失真的要求不同，例如，在测量系统和电声设备中，这个问题显得重要，而在工业控制系统等场合中，则以输出功率为主要目的，对非线性失真的要求就降为次要问题了。

(4) 考虑功放管的散热和保护问题

功放三极管工作在大信号状态，有相当大的功率消耗在管子的集电结上，使结温和管壳温度升高，当结温超过允许值时会导致管子烧毁。为了充分利用允许的管耗而使管子输出足够大的功率，放大器件的散热就成为一个重要问题。因此功放管一般安装在散热器上，以保护管子安全工作，获得大的输出功率。

总之，对于功率放大电路要研究的主要问题是，在不超过功放管极限参数的情况下，如何获得尽可能大的输出功率，减小非线性失真，提高效率。在分析功率放大电路时，由于功放管工作在大信号状态下，小信号等效电路分析法不再适用，通常采用图解法分析。

2. 功率放大电路的类型

在功率放大电路中，根据功放管静态工作点位置（或者说功放管在输入信号一个周期内导通时间）的不同，可将功放电路分为甲类、乙类、甲乙类等类型。

① 甲类。甲类功放的静态工作点设置在放大区，如图 2-65(a) 所示，三极管在输出信号的一个周期内都处于导通状态，三极管的这种工作状态称为甲类工作状态。对应的功放电路称为甲类功放。前面介绍的电压放大电路中，三极管都处于甲类工作状态。

甲类功放可以得到不失真的输出波形，但甲类功放在静态时也要消耗电源功率，当有输入信号时，才会使其中一部分转化为有用功率输出，因此甲类功放的效率较低，理想情况下，甲类功放的最高效率也只能达到 50%。

② 乙类。乙类功放的静态工作点设置在截止区，如图 2-65(b) 所示，三极管在输入信号的一个周期内只有半周导通，为保证输出为完整的正弦波形，可以采用两个三极管组成互补对称式功放电路，但波形会产生交越失真。

乙类功放由于静态时电流为零，静态功耗也近似为零，因此乙类功放的效率较高，理想情况下理论值可达 78.5%。

③ 甲乙类。甲乙类功放静态工作点的设置使三极管在静态时处于微弱导通状态，如图 2-65(c)所示。甲乙类功放在静态时偏置电流较小，因此在输出功率、管耗和效率等性能指标上与乙类近似。甲乙类功放也采用两个三极管组成的互补对称式结构，由于静态时三极管处于微弱导通状态，消除了交越失真，是一种较为实用的功放电路。

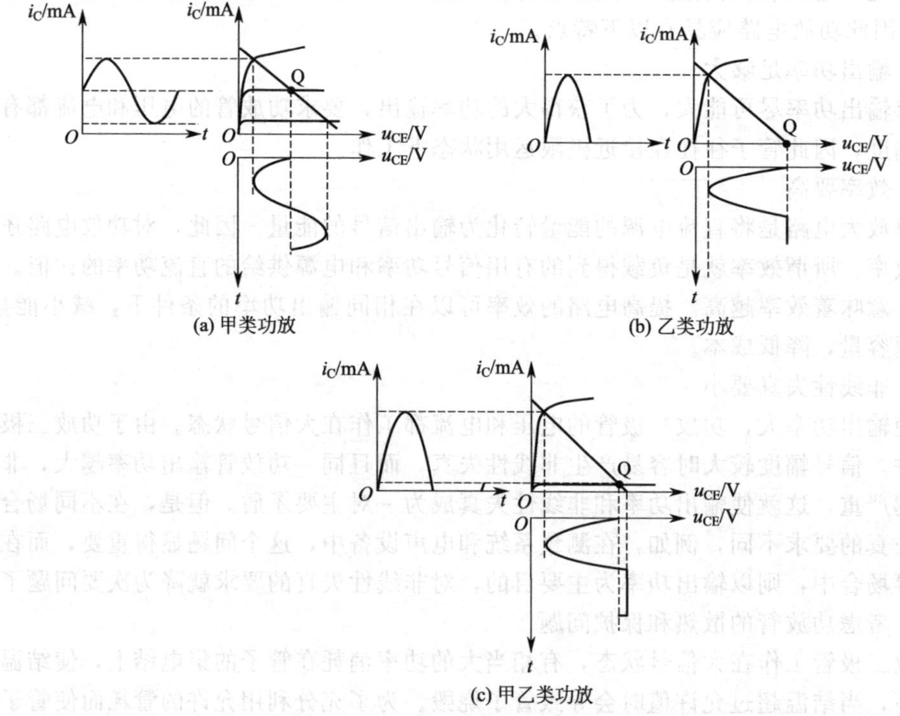

图 2-65　功放电路的 3 种不同类型

2.4.2　双电源互补对称功率放大器

双电源互补对称功率放大器又称为无输出电容（Output Capacitor Less，OCL）电路。其电路如图 2-66(a) 所示，它由两只三极管组成，一只为 NPN 型，另一只为 PNP 型，但它们具有完全对称的特性。两管的基极连在一起接入输入信号 u_i，两管的发射极连在一起作为电路的输出端，接入负载电阻 R_L，R_L 的另一端接地，形成两个单管射极输出器的组合，放大电路采用两组正、负对称的直流电源 $+V_{CC}$ 和 $-V_{CC}$ 供电。

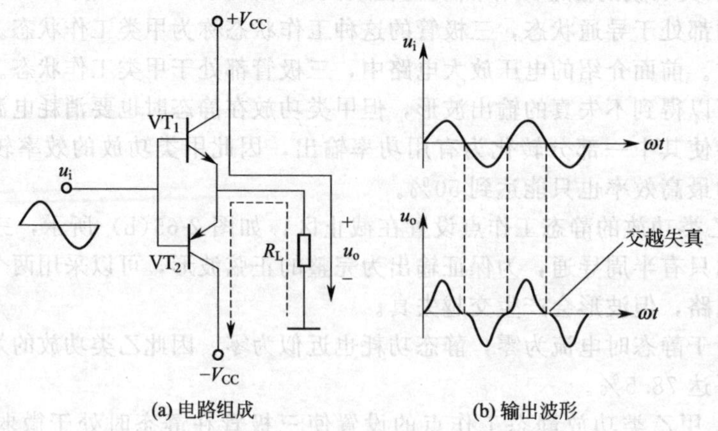

图 2-66　OCL 电路

1. 工作原理

静态时，$u_i = 0$，由于管子对称，故两管的静态参数 I_{BQ}、I_{CQ}、I_{BEQ} 均为零，即管子工作在截止区，电路的静态功耗等于零，电路属于乙类工作状态。

动态时，$u_i \neq 0$，在 u_i 的正半周，当 u_i 大于三极管的导通电压时，晶体管 VT_1 导通，VT_2 截止，此时电路由直流电源 $+V_{CC}$ 供电，电流从 $+V_{CC}$ 经 VT_1 的 C、E 和 R_L 至地，u_o 跟随 u_i 变化，其最大值可接近 $+V_{CC}$；在 u_i 负半周，情况正好相反，晶体管 VT_1 截止，VT_2 导通，此时电路由直流电源 $-V_{CC}$ 供电，电流从地经 R_L 和 VT_2 至 $-V_{CC}$。因此在输入信号的整个周期内，u_o 均跟随 u_i 变化。这样，在 u_i 的作用下，两只晶体管交替工作，互补对称，在负载 R_L 上的输出电压 u_o 是一个完整的正弦波，如图 2-66(b) 所示。

这种电路的优点是晶体管工作在乙类工作状态，电路在静态时功率损耗近似为零，效率高；缺点是由于静态工作点设置在截止区，而三极管的输入特性存在死区，因此只有当输入电压 u_i 大于三极管的导通电压时，两只管子才轮流导通，u_i 小于三极管的导通电压时，两只三极管均截止，此时 $u_o = 0$，因此输出电压波形存在失真，称为交越失真，如图 2-66(b) 所示。

图 2-67 所示为仿真电路图，同时观察输出波形和输入波形，如图 2-68 所示。在输入 u_i 过零点时，输出 u_o 出现交越失真。

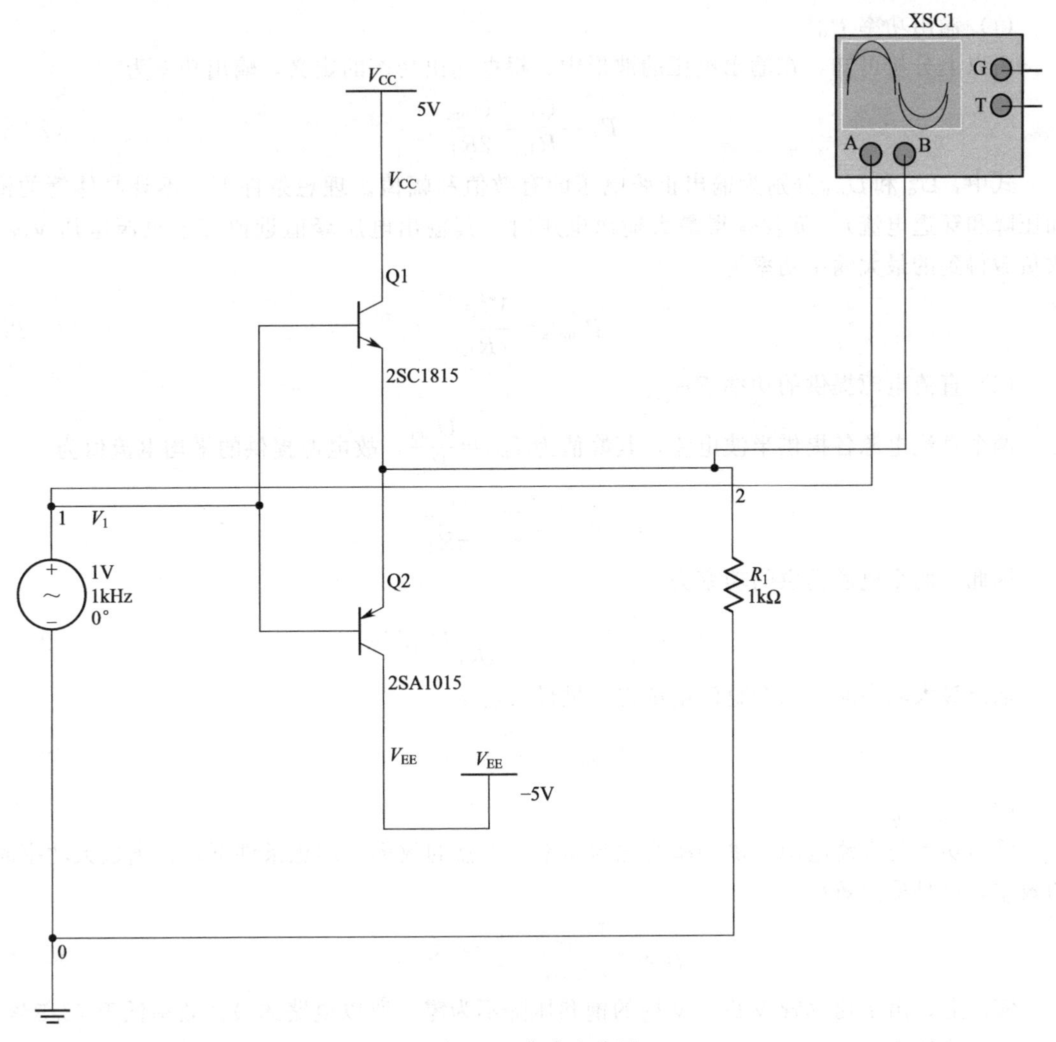

图 2-67　仿真电路图

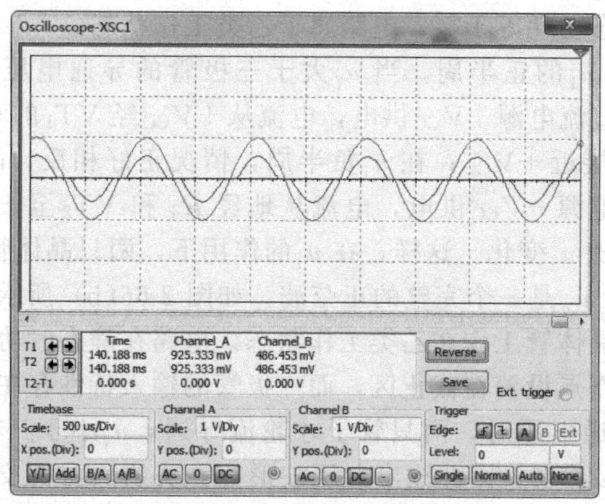

图 2-68　仿真波形图

2. 功率参数分析

以下参数分析均以输入信号正弦波为前提，且忽略失真。

(1) 输出功率 P_o

由以上分析可知，在输出电压的波形中，根据输出功率的定义，输出功率为

$$P_o=\frac{U_o}{R_L}=\frac{U_{om}}{2R_L} \tag{2-72}$$

式中，U_o 和 U_{om} 分别为输出正弦电压的有效值和幅值。理想条件下（不计晶体管的饱和压降和穿透电流），负载获得最大输出电压时，其输出电压峰值近似等于电源电压 V_{CC}，故负载得到的最大输出功率为

$$P_{omax}=\frac{V_{CC}^2}{2R_L} \tag{2-73}$$

(2) 直流电源提供的功率 P_E

两个直流电源各提供半波电流，其峰值为 $I_{om}=\frac{U_{om}}{R_L}$，故电源提供的平均电流值为

$$I_{E(AV)}=\frac{I_{om}}{\pi}=\frac{U_{om}}{\pi R_L}$$

因此，两个电源提供的功率为

$$P_E=\frac{2}{\pi}I_{om}V_{CC}=\frac{2}{\pi R_L}U_{om}V_{CC} \tag{2-74}$$

输出最大功率时，两个直流电源也提供最大功率

$$P_{Emax}=\frac{2}{\pi R_L}V_{CC}^2 \tag{2-75}$$

(3) 效率 η

输出功率与直流电源提供功率之比为功率放大器的效率。理想条件下，输出最大功率时的效率，也是最大效率。

$$\eta_{max}=\frac{P_{omax}}{P_{Emax}}=\frac{\pi}{4}\approx 78.5\% \tag{2-76}$$

实际上，由于功率管 VT_1、VT_2的饱和压降不为零，所以电路的最大效率低于 78.5%。

(4) 管耗 P_V

直流电源提供的功率与输出功率之差就是损耗在两个晶体管上的功率

$$P_{V}=P_{E}-P_{o}=\frac{2U_{om}V_{CC}}{\pi R_{L}}-\frac{U_{om}^{2}}{2R_{L}} \tag{2-77}$$

由分析可知，当 $U_{om}=\frac{2V_{CC}}{\pi}$ 时，晶体管总管耗最大，它不是在最大输出功率时发生时，其值为

$$P_{Vmax}=\frac{2V_{CC}^{2}}{\pi^{2}R_{L}}=\frac{4}{\pi^{2}}P_{omax}\approx 0.4P_{omax} \tag{2-78}$$

单管的最大管耗为

$$P_{V1}=P_{V2}=P_{Vmax}=0.2P_{omax} \tag{2-79}$$

这里应注意的是：管耗最大时，电路的效率并不是 78.5%，大家可自行分析效率最高时的管耗。

(5) 功率管的选择

功率管的极限参数有 P_{CM}、I_{CM} 和 $U_{(BR)CEO}$，应满足下列条件。

① 功率管集电极的最大允许功耗。功率管的最大功耗应大于单管的最大功耗，即

$$P_{CM}\geqslant\frac{1}{2}P_{Vmax}=0.2P_{om} \tag{2-80}$$

② 功率管的最大耐压

$$U_{(BR)CEO}\geqslant 2V_{CC} \tag{2-81}$$

这是由于一只管子饱和导通时，另一只管子承受的最大反向电压约为 $2V_{CC}$。

③ 功率管的最大集电极电流

$$I_{CM}\geqslant\frac{V_{CC}}{R_{L}} \tag{2-82}$$

3. 消除交越失真的 OCL 电路

在图 2-66(a) 所示 OCL 电路中，产生交越失真的原因是由于静态工作点设置在截止区。因此消除交越失真的方法是为放大电路设置合适的静态工作点，图 2-69 所示为消除交越失真的 OCL 电路，利用 VD_1、VD_2 的正向压降为两个功放管 VT_1、VT_2 提供静态偏置电压，使 VT_1、VT_2 在静态时处于临界导通状态。由于电路中的三极管工作在甲乙类状态，因此这种电路又称为甲乙类互补对称功率放大器。

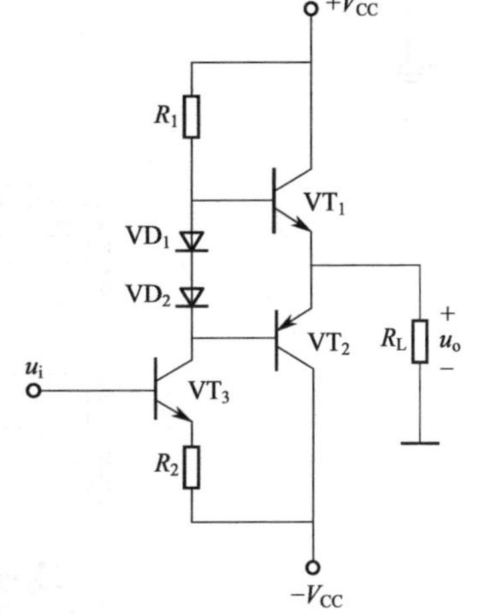

图 2-69　消除交越失真的 OCL 电路

静态时，$U_{BE1}+U_{BE2}=U_{D1}+U_{D2}$，因此 VT_1、VT_2 处于临界导通状态，当输入正弦信号时，至少有一只功放管导通，从而消除了交越失真。图 2-69 所示电路为两级放大电路，VT_3 为前置放大级，为共射极电路，第二级是 VT_1、VT_2 组成的互补对称电路。

图 2-69 所示虽然是甲乙类功电路，但由于静态时的电流很小，工作状态接近乙类，因此在计算其动态指标时可以近似按乙类放大电路的计算方法来处理。

图 2-70 所示为仿真电路图，通过仿真结果可知，与理论分析基本符合，利用二极管提供的基极偏置电路可以消除交越失真，如图 2-71 所示。

2.4.3　单电源互补对称功率放大电路

前面介绍的双电源互补对称功率放大电路需要两个独立电源，这给使用上带来了不便，

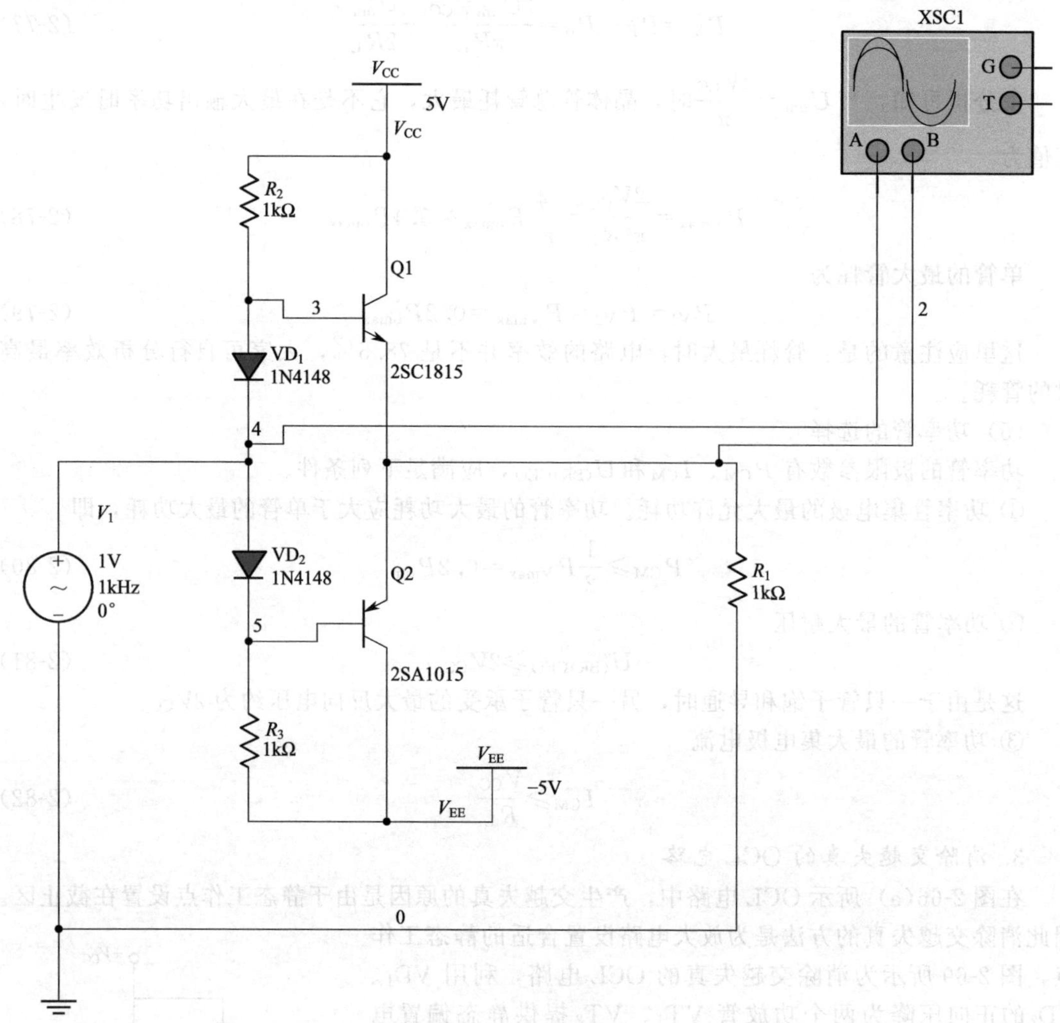

图 2-70　仿真电路图

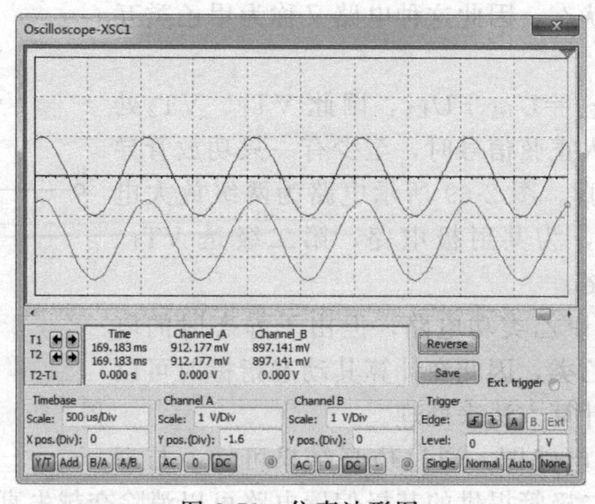

图 2-71　仿真波形图

所以实际电路中常采用单电源供电，单电源互补对称功率放大电路如图 2-72 所示。电路中只有一个电源$+V_{CC}$供电，输出端接入了一个电容 C，该电路又称为无输出变压器（Output

Transformer Less，OTL）电路。

静态时，调节各电阻使两个功放管的发射极电位 $V_E=V_{CC}/2$，由于 VD_1、VD_2 给 VT_1、VT_2 提供静态偏置电压，使两管处于临界导通状态，因此此电路工作状态为甲乙类。电容 C 值较大，当 R_LC 足够大时，电容电压 U_C 代替负电源为 VT_2 供电。

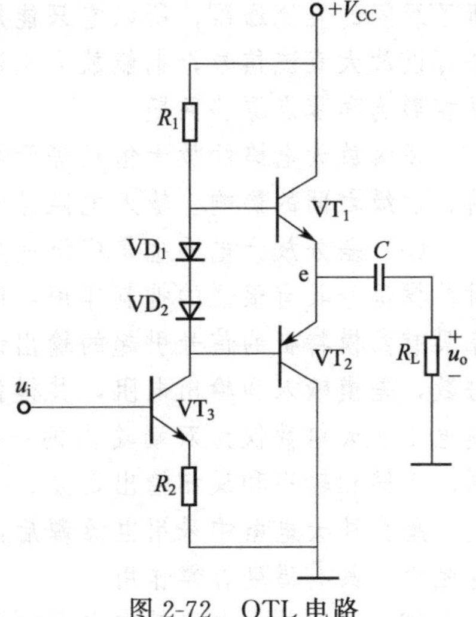

图 2-72　OTL 电路

动态时，由于三极管 VT_3 的倒相作用，在 u_i 的负半周，VT_1 导通，VT_2 截止，电流从 $+V_{CC}$ 经 VT_1、电容 C、负载 R_L 到地，电容 C 充电；在 u_i 的正半周，VT_2 导通，VT_1 截止，电流从电容 C 的“+”极经 VT_2、地、负载 R_L 到电容 C 的“−”极，电容 C 放电。当时间常数 R_LC 足够大时，可近似认为放电过程中电容电压保持不变，因此电容 C 起到了双电源中负电源的作用。

在 OTL 电路中，由于负载上最大输出电压的幅值为 $U_{om(max)}=\frac{V_{CC}}{2}\quad U_{CES}\approx\frac{V_{CC}}{2}$，因此依照 OCL 互补对称电路的分析计算方法，可得到 OTL 电路中最大输出功率、效率和管耗等参数的计算公式，只需将 OCL 电路计算公式中的 V_{CC} 用 $\frac{V_{CC}}{2}$ 代替即可。

小　结

(1) 用来对电信号进行放大的电路称为放大电路，它是使用最为广泛的电子电路，也是构成其他电子电路的基本单元电路。

(2) 由晶体管组成的基本单元放大电路有共射、共集和共基三种基本组成。

共发射极放大电路：输出电压与输入电压反相，输入电阻和输出电阻大小适中。由于它的电压、电流、功率放大倍数都比较大，适用于一般放大和多级放大电路的中间级。

共集电极放大电路：输出电压和输入电压同相，电压放大倍数小于 1 而近似等于 1，但它具有输入电阻大、输出电阻小的特点，多用于多级放大电路的输入级或输出级。

共基极放大电路：输出电压和输入电压同相，电压放大倍数较高，输入电阻很小而输出电阻比较大，它适用于高频或宽带放大。场效应管组成的放大电路与晶体管放大电路类似，其分析方法也相似。

(3) 放大电路的分析包括静态分析和动态分析

静态分析就是求解静态工作点 Q，在输入信号为零时，晶体管和场效应管各电极间的电流与电压就是 Q 点。可用估算法或图解法求解。

动态分析就是求解各动态参数和分析输出波形。

放大电路的分析应遵循“先静态、后动态”的原则，只有静态工作点合适，动态分析才有意义；Q 点不但影响电路输出是否失真，而且与动态参数密切相关，稳定 Q 点非常必要。

（4）多级放大电路级与级之间连接方式有直接耦合和阻容耦合等，阻容耦合由于电容隔断了级间的直流通路，所以它只能用于放大交流信号，但各级静态工作点彼此独立。直接耦合可以放大直流信号，也能放大交流信号，适用于集成化。单直接耦合存在各级静态工作点互相影响和零点漂移问题。

多级放大电路的放大倍数等于各级放大倍数的乘积，但在计算每一级放大倍数时要考虑前、后级之间的影响。输入电阻等于第一级的输入电阻，输出电阻等于末级的输出电阻。

（5）差分放大电路也是广泛使用的基本单元电路，它对差模信号具有较大的放大能力，对共模信号具有很强的抑制作用，即差分放大电路可以消除温度变化、电源波动、外界干扰等具有共模特征的信号引起的输出误差电压。差分放大电路的主要性能指标有差模电压放大倍数，差模输入和输出电阻，共模抑制比等。单端输出差分放大电路性能比双端输出差，差模电压放大倍数仅为双端输出的一半，共模抑制比下降。根据单端输出电压取出位置的不同，有同相输出和反相输出之分。

差分放大电路中采用电流源后，可使性能显著提高。电流源的特点是直流电阻小、交流电阻大、具有温度补偿作用。

（6）功率放大电路是在电源电压确定的情况下，以输出尽可能大的不失真的信号功率和具有尽可能高的转换效率为组成原则，功放管常工作在极限应用状态。低频功放有乙类（或甲乙类）工作状态来降低管耗，提高输出功率和效率。

甲乙类互补对称功率放大电路由于其电路简单、输出功率大、效率高、频率特性好和适用集成化等优点，而被广泛应用。采用双电源供电、无输出电容的电路简称 OCL 电路；采用单电压供电，有输出电容的电路简称 OTL 电路。

1. 试比较共发、共集、共基三种基本放大电路的特点，并说出各自的主要用途。
2. 差分放大电路有何特点？何谓差模、共模输入信号？
3. 何谓共模抑制比？差分放大电路如何提高共模抑制比？
4. 多级放大电路的增益与各级增益有何关系？在计算各级增益时应注意什么问题？
5. 如何区分晶体管工作在甲类、乙类、甲乙类工作状态？乙类放大电路效率为什么比甲类高？

第3章

集成运算放大器

教学目标

理解并掌握集成运算放大电路的基本概念、组成及结构特点。掌握集成运放的选择方法及使用注意事项。掌握反馈方式的判别方法及负反馈对放大电路的影响。掌握集成运放应用电路的分析方法。

教学要求

能力目标	知识要点
理解并掌握集成运算放大电路的基本概念、组成及结构特点	掌握集成运算放大电路的电路结构
	了解集成运算放大电路电压传输特性的绘制与主要性能指标
	了解集成运算放大电路的分类
掌握反馈方式的判别方法及负反馈对放大电路的影响	理解反馈的基本概念、类型及判别方法
	熟练掌握负反馈电路的分析方法
	了解负反馈对放大电路性能的影响
掌握集成运放应用电路的分析方法	掌握同相比例运算电路、反相比例运算电路的计算方法
	掌握电压比较器的工作原理、门限电压的计算及电压传输特性
	掌握波形的产生与变换电路

导读

1934年的某天，哈里·布莱克（Harry Black）搭渡从他家所在的纽约到贝尔实验室所在的新泽西去上班。渡船舒缓了他那紧张的神经，使得他可以做一些概念性的思考。哈里有个难题要解决：当电话线延伸得很长时，信号需要放大。但放大器是如此的不可靠，使得服务质量受到严重制约。首先，初始增益误差很大，但这个问题很快就通过使用一个调节器解决了。第二，即使放大器在出厂时调节好了，但是在现场应用的时候，增益的大范围漂移使得音量太低或者输入的语音失真。

为了制造一个稳定的放大器，很多的方法都尝试过了，但是变化的温度和极差的电话线供电状况所导致的增益漂移，一直难以克服。被动元件比主动元件有更好的漂移特性，如果放大器的增益取决于被动元件的话，问题不就解决了吗？在这次搭渡途中，哈里构思了这样一个新奇的解决方法，并记录了下来。

这个方法首先需要制造一个增益比实际应用所需增益要大的放大器，然后将部分的输出信号反馈到输入端，使得电路（包括放大器和反馈元件）增益取决于反馈回路而不是放大器本身。这样，电路增益也就取决于被动的反馈元件而不是主动的放大器，这叫做负反馈，是现代运算放大器的工作原理。哈里在渡船上记录了史上第一个有意设计的反馈电路，但是我们可以肯定在这之前，有人曾无意构建过反馈电路，只不过忽视了它的效果而已。

起初，管理层和放大器设计者有很大的抱怨："设计一个 30kHz 增益带宽积（GBW）的放大器已经够难的了，现在这个傻瓜想要我们设计成 3MHz 的增益带宽积，但他却只是用来搭建一个 30kHz 增益带宽积的电路!"然而，时间证明哈里是对的。但是哈里没有深入探讨这带来的一个次要问题——振荡。当使用大开环增益的放大器来构建闭环电路时，有时会振荡。直至 20 世纪 40 年代人们才弄懂了个中原因，但是要解决这个问题需要经过冗长烦琐的计算，多年过去了也没有人能想出简单易懂的方法来。

1945 年，H. W. Bode 提出了图形化方式分析反馈系统稳定性的方法。此前反馈的分析是通过乘除法来完成的，计算十分费时费力，需要知道的是，直至 20 世纪 70 年代前工程师是没有计算器和计算机的。波特使用了对数的方法将复杂的数学计算转变成简单直观的图形分析，虽然设计反馈系统仍然很复杂，但不再是只被"暗室"里的少数电子工程师所掌握的"艺术"了。任何电子工程师都可以使用波特图去寻找反馈电路的稳定性，反馈的应用也得以迅速增长。

世界上第一台计算机是模拟计算机！它使用预先编排的方程和输入数据来计算输出，因为这种"编程"是硬件连线的——搭建一系列的电路，这种局限性最终导致了模拟计算机没能大面积应用。模拟计算机的心脏是一个叫做运算放大器（operational amplifier）的东西，因为它能配置成对输入信号执行各种数学运算，如加、减、乘、除、积分和微分等，简称它为运放（opamp)。运放是一个有很大开环增益的放大器，当接上外部的被动元件形成闭环后，运放就可以执行各种数学运算了。当时它们是由电子管制造的，体积庞大，而且需要很高的供电电压，只有对于某些商业应用，这样的代价才是可以接受的。早期的运放是专门为模拟计算机设计的，但是人们很快就发现运放还有其他应用，而且非常的便利。

当时，对于大学和一些大公司来说，模拟计算机是他们做研究的必备工具，除此之外，信号处理电路也用到了运放。后来，信号处理应用越来越广泛，对运放的需求超过了模拟计算机。当模拟计算机逐渐失宠，最终被数字计算机所取代后，运放依然流传了下来，因为它对模拟设计是如此的重要，并随着测量传感等应用的增长而增长。

在晶体管时代之前，运放是由电子管制成的，体积庞大。在 20 世纪 50 年代，人们发明了低压电子管使得其体积缩小到了砖头大小（也就是运放的昵称——brick 的由来）。到了 60 年代，晶体管的发明使得体积进一步缩减到了数立方英寸［brick 的昵称虽然被保留了下来，但主要是指那些非集成电路（Integrated Circuit）封装的了］。因为早期的运放应用针对性很强，不是通用器件，同时每个厂家都有自己的规格和封装，所以，它们之间很难找到替代品。

集成电路（IC）是在 20 世纪 50 年代末到 60 年代初发明出来的，世界上第一个商业应用成功的集成运放是快捷（Fairchild）公司在 60 年代中期推出的 μA709，设计者是 Robert J. Widler。μA709 虽然存在一些问题，但并无大碍，所以它还是得到了广泛应用。其主要缺点是不稳定：需要外部补偿；需要工程师有足够的应用能力；非常敏感，在某些不利条件下容易损坏，有个军用设备制造商为此还发表了一篇文章，题为《μA709 的 12 个珍珠港条件》。μA709 的下一代产品是 μA741，它有内部补偿，如果工作在手册规定范围内的话，不需要外部补偿电路，而且它没有 μA709 那么敏感。从此以后，一系列的运放源源不断地被开发出来，性能和可靠性不断地得到改善。如今，任何工程师都可以方便地使用运放来设计他们的模拟电路了。

作为一个基础元器件，运放继续是模拟设计的关键。现在，每一代的电子设备在晶片上集成越来越多的功能，集成越来越多的模拟电路。但不用担心，随着数字应用的增加，模拟应用也会相应增加的，因为它是连接真实世界的桥梁，承担数据转换和接口的功能。现实世界是模拟的，每一代新电子设备的产生都对模拟电路提出了新的要求，因此，需要新一代的运放来满足它。模拟电路的设计，运放电路的设计，在将来也是工程师必备的基本技能。

引例

如图 3-1 所示为集成运放的实物图，那是不是将分立元件直接耦合放大电路做在一个硅片上就是集成运放吗？如何设置集成运放中各级放大电路的静态工作点？如何评价集成运放的性能？如何实现模拟信号的数学运算？运算电路一定要引入负反馈吗？怎么分析运算电路的运算关系？产生正弦波振荡的条件是什么？如图 3-2 所示为函数发生器实物图，能实现正弦波、矩形波和三角波的输出。那如何利用集成运放组成矩形波、三角波和锯齿波发生电路？为什么说矩形波发生电路是产生其他非正弦波信号的基础？为什么非正弦波发生电路几乎都含有电压比较器？

图 3-1 集成运放

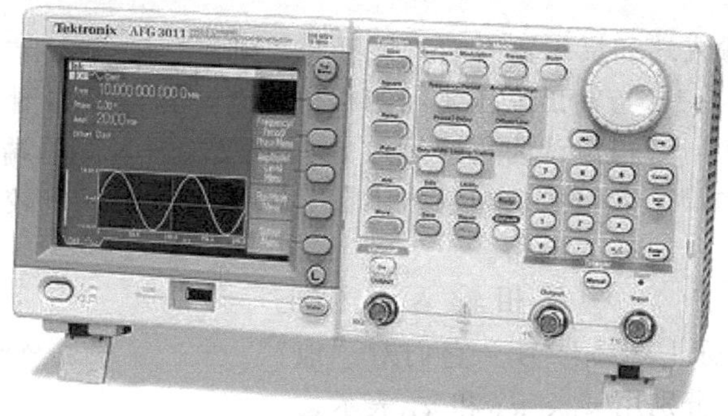

图 3-2 函数发生器

3.1 集成运算放大器

3.1.1 集成运放电路的结构特点

集成电路是用集成电路工艺制成的具有很高电压增益的直接耦合多级放大电路，电路常可分为输入级、中间级、输出级和偏置电路四个基本组成部分，如图 3-3 所示。

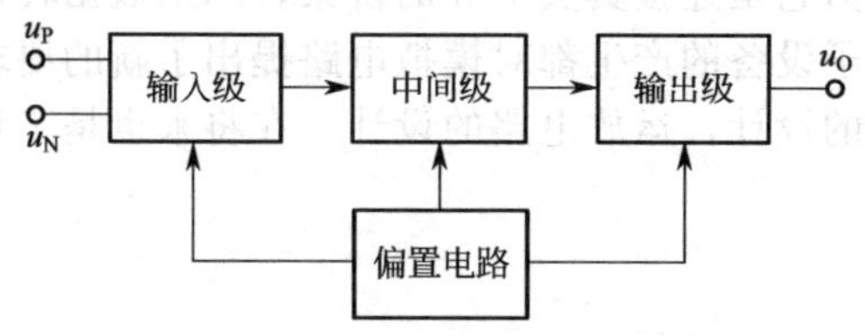

图 3-3　集成运放电路方框图

1. 输入级

输入级是提高运算放大器质量的关键部分，要求其输入电阻高，为了能减小零点漂移和抑制共模干扰信号，输入级都采用具有恒流源的差动放大电路。

2. 中间级

中间级的主要任务是提供足够大的电压放大倍数。所以要求中间级本身具有较高的电压增益；为了减小前级的影响，还应具有较高的输入电阻；另外，中间级还应向输出级提供较大的驱动电流，并能根据需要实现单端输入、双端差动输出，或双端差动输入、单端输出。

3. 输出级

输出级的主要作用是给出足够的电流以满足负载的需要，大多采用复合器作输出级，同时还要具有较低的输出电阻和较高的输入电阻以起到将放大级和负载隔离的作用。除此之外，并有过电流保护，以防止输出端意外短路或负载电流过大烧毁管子。

4. 偏置电路

偏置电路的作用是为上述各级电路提供稳定和合适的偏置电流、决定各级的静态工作点，一般由各种恒流源电路构成。

在应用集成运算放大器时需要知道它的几个引脚的用途以及放大器的主要参数，不一定需要详细了解它的内部电路结构。

3.1.2　集成运放电路的电压传输特性和参数

1. 电压传输特性

集成运放有同相输入端和反相输入端，这里的“同相”和“反相”是指运放的输入电压与输出电压之间的相位关系，其符号如图 3-4 所示。从外部看，可以认为集成运放是一个双端输入、单端输出，具有高差模放大倍数、高输入电阻、低输出电阻、能较好地抑制温漂的差分放大电路。

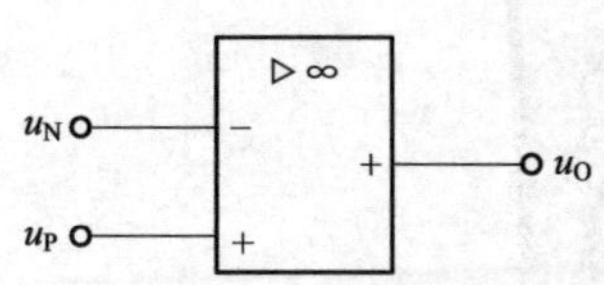

图 3-4　集成运放的符号

反相输入端标上“－”号，同相输入端标上“＋”号。它们对“地”电压（即各端的电位）分别用 u_P、u_N 和 u_O 表示。

集成运放的输出电压 u_O 与输入电压（即同相输入端与反相输入端之间的电位差）u_P-u_N 之间的关系曲线称为传输特性，如图 3-5 所示，从运算放大器的传输特性看，可分为线性放大区域（称为线性区）和饱和区域（称为非线性区）。在线性区，曲线的斜率为电压放大倍数；在非线性区，输出电压只有两种可能的情况，正饱和电压 $+U_{OM}$ 或负饱和电压 $-U_{OM}$。

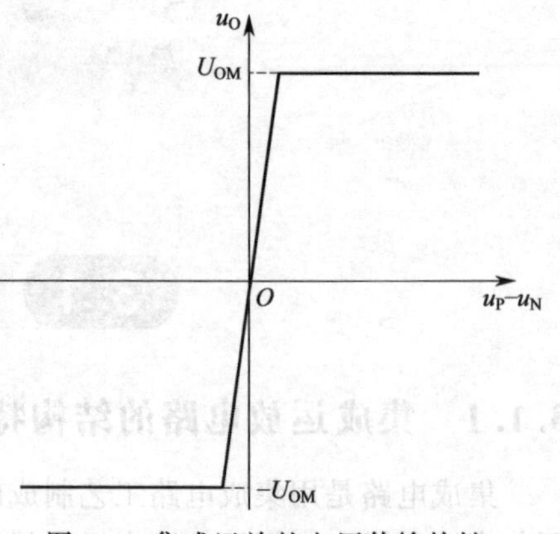

图 3-5　集成运放的电压传输特性

由于集成运放放大的是差模信号，且没有通过外电路引入反馈，故称其电压放大倍数为差模开环放大倍数，记作 A_{od}，因而当集成运放工作在线性区时

$$u_O = A_{od}(u_P - u_N) \tag{3-1}$$

通常 A_{od} 非常高，可达几十万倍，因此集成运放电压传输特性中的线性区非常之窄。

2. 集成运放的主要性能指标

在考察集成运放的性能时，常用下列参数来描述。

(1) 开环差模增益 A_{od}

A_{od} 是指集成运放在开环情况下的空载电压放大倍数。A_{od} 是决定运算精度的重要因素，其值越大越好。

(2) 输入失调电压 U_{IO} 及其输入失调电压温漂 $\frac{dU_{IO}}{dT}$

理想的运放在输入电压为零时，输出电压也为零。实际上，运放的差放输入级很做到完全对称，输出电压并不为零。为使集成运放输出电压为零，在输入端加的补偿电压称输入失调电压 U_{IO}。U_{IO} 的大小，主要反映差动输入级的不对称程度，U_{IO} 愈小，表明电路参数对称性愈好。

$\frac{dU_{IO}}{dT}$ 是 U_{IO} 的温度系数，是衡量运放温漂的主要参数，其值愈小，表明运放的温漂愈小。

(3) 输入失调电流 I_{IO} 及其输入失调电流温漂 $\frac{dI_{IO}}{dT}$

在输入信号为零时，集成运放的两个输入端的基极静态电流之差，称为输入失调电流 I_{IO}，即 $I_{IO} = |I_{B1} - I_{B2}|$。$I_{IO}$ 的大小，反映了输入级差放管输入电流的不对称程度。

$\frac{dI_{IO}}{dT}$ 和 $\frac{dU_{IO}}{dT}$ 的含义相类似，只不过研究的对象为 I_{IO}。I_{IO} 和 $\frac{dI_{IO}}{dT}$ 愈小，运放的质量愈好。

(4) 差模输入电阻 r_{id} 和输出电阻 r_o

r_{id} 是指集成运放开环时，从两个输入端看进去的动态电阻。

运放在开环工作时，在输出端和地之间看进去的动态电阻称输出电阻 r_o。其大小反映集成运放的带负载能力。

(5) 共模抑制比 K_{CMR}

K_{CMR} 是差模电压增益 A_{od} 与共模电压增益 A_{oc} 之比。$K_{CMR} = 20\lg\frac{A_{od}}{A_{oc}}$。

(6) 最大差模输入电压 U_{Idmax}

U_{Idmax} 是指集成运放两个输入端所能承受的最大电压。如果所加电压超过 U_{Idmax} 时，输入级的 PN 结或栅、源极反向击穿，甚至使运放损坏。

(7) 最大共模输入电压 U_{Icmax}

运放工作时，信号中往往既有差模成分又叠加有共模成分。如果共模成分超过一定限度，则输入级将进入非线性区工作。U_{Icmax} 是运放在线性工作范围内能承受的最大共模电压。

(8) 静态功耗 P_O

指集成运放不带负载，且输入信号为零时所消耗的功率。

(9) 最大输出电压幅度 U_{OPP}

U_{OPP} 是指在标称电源电压情况下，输出波形不失真时，能输出的最大电压幅度。

(10) －3dB 带宽 f_H 和单位增益带宽 f_C

集成运放的开环差模电压增益随频率升高而下降，当差模电压增益下降到直流增益的 0.707 倍时所对应的频率，称为－3dB 带宽或称开环带宽 BW，该频率称截止频率 f_H。

当 A_{od} 下降至 0dB 时的频率，称单位增益带宽 f_C。

(11) 转换频率 SR

在额定负载条件下，当输入阶路大信号时，集成运放输出电压的最大变化率，即 $SR=\left|\frac{du_O}{dt}\right|_{max}$。

SR 的大小反映了运放对信号变化速度的适应能力。

3.1.3 理想集成运算放大电路

在分析运算放大器时，一般可将它看成是一个理想运算放大器。理想化的条件主要是：

① 开环 (open loop) 差模电压放大倍数 $A_{od}=\infty$。

② 开环输入电阻 $r_{id}=\infty$。

③ 开环输出电阻 $r_o=0$。

④ 共模抑制比 $K_{CMR}=\infty$。

在集成运算放大器输出端和输入端之间未外接任何元件，称为放大器处于开环状态。

由于目前实际运算放大器的上述技术指标很接近理想化的条件，因此在分析时用理想运算放大器代替实际放大器所引起的误差并不严重，在工程上是允许的，这样就使分析过程大大简化。后面对运算放大电路都是根据它的理想化条件来分析的。

1. 理想运放在线性区的特点

设集成运放同相输入端和反相输入端的电位分别为 u_P、u_N，电流分别为 i_P、i_N。当集成运放工作在线性区时，输出电压与输入差模电压成线性关系，即应满足

$$u_O=A_{od}(u_P-u_N)$$

由于 u_O 为有限值，$A_{od}=\infty$，因而净输入电压 $u_P-u_N=0$，即

$$u_P=u_N \tag{3-2}$$

称为两个输入端“虚短路”。所谓“虚短路”是指理想运放的两个输入端电位无穷接近，但又不是真正短路的特点。

因为净输入电压为零，又因为理想运放的输入电阻为无穷大，所以两个输入端的输入电流也均为零，即

$$i_P=i_N=0 \tag{3-3}$$

换言之，从集成运放输入端看进去相当于断路，称两个输入端“虚断路”。所谓“虚断路”是指理想运放两个输入端的电流趋于零，但又不是真正断路的特点。

2. 集成运放工作在线性区的电路特征

对于理想运放，由于 $A_{od}=\infty$，因而即使两个输入端之间加微小电压，输出电压都将超出其线性范围，不是正向最大电压 $+U_{OM}$，就是负向最大电压 $-U_{OM}$。因此，只有电路引入负反馈，使净输入量趋于零，才能保证集成运放工作在线性区；从另一个角度考虑，可以通过电路是否引入负反馈，来判断运放是否工作在线性区。

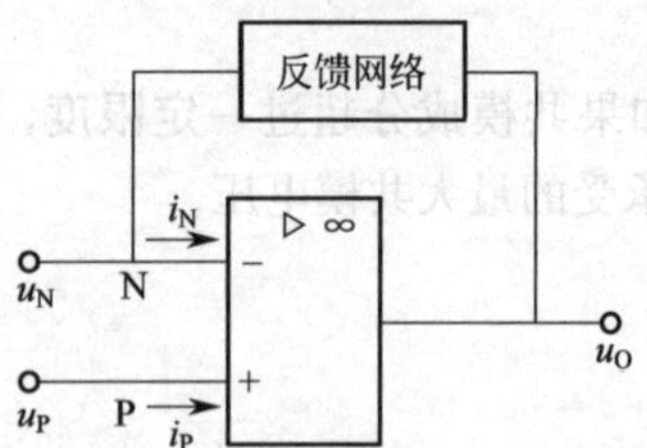

图 3-6 集成运放引入负反馈

对于单个的集成运放，通过无源的反馈网络将集成运放的输出端与反相输入端连接起来，就表明电路引入了负反馈，如图 3-6 所示。反之，若理想运放处于开环状态（即无反馈）或

仅引入正反馈，则工作在非线性区。此时，输出电压 u_O 与输入电压（u_P-u_N）不再是线性关系，当 $u_P>u_N$ 时 $u_O=+U_{OM}$，$u_P<u_N$ 时 $u_O=-U_{OM}$。

知识链接

集成运算放大器的分类

1. 按照集成运算放大器的参数分类

(1) 通用型运算放大器

通用型运算放大器就是以通用为目的而设计的。这类器件的主要特点是价格低廉、产品量大面广，其性能指标能适合于一般性使用。如 μA741（单运放)、LM358（双运放)、LM324（四运放）及以场效应管为输入级的 LF356 都属于此种。它们是目前应用最为广泛的集成运算放大器。

(2) 高阻型运算放大器

这类集成运算放大器的特点是差模输入阻抗非常高，输入偏置电流非常小，一般 $r_{id}>10^9\sim10^{12}\Omega$，$I_{IB}$为几皮安到几十皮安。实现这些指标的主要措施是利用场效应管高输入阻抗的特点，用场效应管组成运算放大器的差分输入级。用 FET 作输入级，不仅输入阻抗高，输入偏置电流低，而且具有高速、宽带和低噪声等优点。但输入失调电压较大。常见的集成器件有 LF356、LF355、LF347（四运放）及更高输入阻抗的 CA3130、CA3140 等。

(3) 低温漂型运算放大器

在精密仪器、弱信号检测等自动控制仪表中，总是希望运算放大器的失调电压要小且不随温度的变化而变化。低温漂型运算放大器就是为此而设计的。目前常用的高精度、低温漂运算放大器有 OP-07、OP-27、AD508 及由 MOSFET 组成的斩波稳零型低漂移器件 ICL7650 等。

(4) 高速型运算放大器

在快速 A/D 和 D/A 转换器、视频放大器中，要求集成运算放大器的转换速率 *SR* 一定要高，单位增益带宽 *BWG* 一定要足够大，像通用型集成运放是不能适合于高速应用的场合的。高速型运算放大器主要特点是具有高的转换速率和宽的频率响应。常见的运放有 LM318、mA715 等，其 *SR*＝50～70V/ms，*BWG*＞20MHz。

(5) 低功耗型运算放大器

由于电子电路集成化的最大优点是能使复杂电路小型轻便，所以随着便携式仪器应用范围的扩大，必须使用低电源电压供电、低功率消耗的运算放大器相适用。常用的运算放大器有 TL-022C、TL-060C 等，其工作电压为±2～±18V，消耗电流为 50～250mA。目前有的产品功耗已达微瓦级，例如 ICL7600 的供电电源为 1.5V，功耗为 10mW，可采用单节电池供电。

(6) 高压大功率型运算放大器

运算放大器的输出电压主要受供电电源的限制。在普通的运算放大器中，输出电压的最大值一般仅几十伏，输出电流仅几十毫安。若要提高输出电压或增大输出电流，集成运放外部必须要加辅助电路。高压大电流集成运算放大器外部不需附加任何电路，即可输出高电压和大电流。例如 D41 集成运放的电源电压可达±150V，μA791 集成运放的输出电流可达 1A。

2. 按集成运算放大器外形的封装样式分类

(1) 扁平式（即 SSOP）

封装的芯片引脚之间距离很小，管脚很细，一般大规模或超大型集成电路都采用这种封装形式，其引脚数一般在 100 个以上。用这种形式封装的芯片必须采用 SMD（表面安装设备技术）将芯片与主板焊接起来。采用 SMD 安装的芯片不必在主板上打孔，一般在主板表面上有设计好的相应管脚的焊点。将芯片各脚对准相应的焊点，即可实现与主板的焊接。用这种方法焊上去的芯片，如果不用专用工具是很难拆卸下来的。如图 3-7 所示。

(2) 单列直插式（即 SIP）

最适合焊接，DIY 友的最爱，因为这种封装的管脚很长，很适合 DIY 焊接，且比较坚固，不易损坏。如图 3-8 所示。

(3) 双列直插式（即 DIP）

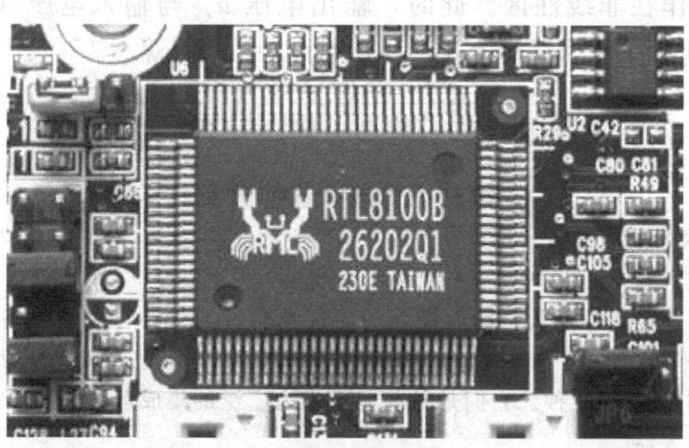

图 3-7　采用 SMD 安装的芯片

图 3-8　单列直插式集成运放

图 3-9　双列直插式集成运放

应用最广泛、最多的封装形式。绝大多数中小规模集成电路（IC）均采用这种封装形式，其引脚数一般不超过 100 个。采用 DIP 封装的 CPU 芯片有两排引脚，需要插入到具有 DIP 结构的芯片插座上。当然，也可以直接插在有相同焊孔数和几何排列的电路板上进行焊接。DIP 封装的芯片在从芯片插座上插拔时应特别小心，以免损坏引脚。如图 3-9 所示。

使用 DIP 有以下好处：

① 适合在 PCB（印刷电路板）上穿孔焊接，操作方便。

② 芯片面积与封装面积之间的比值较大，故体积也较大。Intel 系列 CPU 中 8088 就采用这种封装形式，缓存（Cache）和早期的内存芯片也是这种封装形式。

3.2 反馈

3.2.1　反馈的基本概念

反馈也称为“回授”，在电子电路中，把放大电路的输出量（电压或电流）的一部分或全部，通过某些元件或网络（称为反馈网络），反送到输入回路中，参与控制，从而构成一个闭环系统，这样使放大电路的输入量不仅受到输入信号的控制，而且受到放大电路输出量的影响，这种连接方式就称为反馈。

按照反馈放大电路各部分电路的主要功能可将其分为基本放大电路和反馈网络两部分，如图 3-10 所示。前者主要功能是放大信号，后者主要功能是传输反馈信号。基本放大电路的输入信号称为净输入量，它不但决定于输入信号（输入量），还与反馈信号（反馈量）有关。

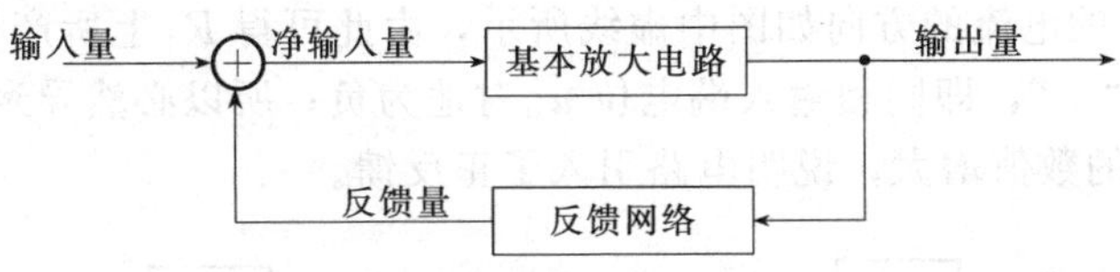

图 3-10 反馈放大电路的方块图

3.2.2 反馈的类型及判断方法

1. 有无反馈的判断

判断放大电路中有无反馈，主要是看放大电路中有无连接输入-输出间的支路，如有则存在反馈，否则则没有反馈。

在图 3-11(a) 所示电路中，集成运放的输出端与同相输入端、反相输入端均无通路，故电路中没有引入反馈。在图 3-11(b) 所示电路中，电阻 R_2将集成运放的输出端与反相输入端相连接，因而集成运放的净输入量不仅决定于输入信号，还与输出信号有关，所以该电路中引入了反馈。在图 3-11(c) 所示电路中，虽然电阻 R 跨接在集成运放的输出端与同相输入端之间，但是因为同相输入端接地，R 只不过是集成运放的负载，而不会使 u_O作用于输入回路，所以电路中没有引入反馈。

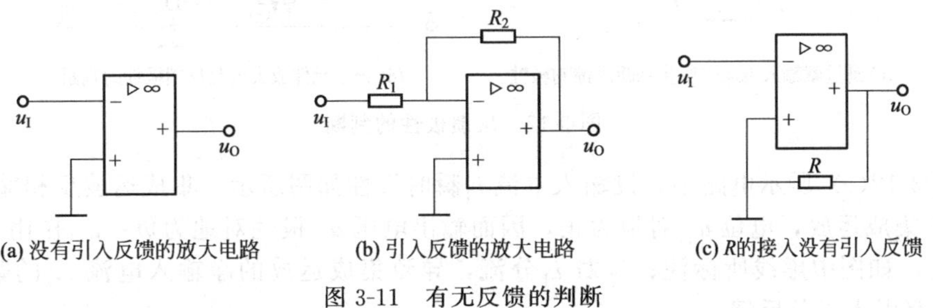

(a) 没有引入反馈的放大电路　(b) 引入反馈的放大电路　(c) R的接入没有引入反馈

图 3-11 有无反馈的判断

由以上分析可知，通过寻找电路中有无反馈通路，即可判断出电路是否引入了反馈。

2. 正反馈与负反馈

通常采用瞬时极性法，方法如下：①先假设放大电路输入端信号对地的瞬时极性为正，说明该点瞬时电位的变化是升高，在图中用⊕表示；②按照放大、反馈的信号传递途径，逐级标出有关点的该瞬时极性，如正用⊕表示，如负用⊖表示，得到反馈信号的瞬时极性；③最后在输入回路比较反馈信号与原输入信号的瞬时极性，看净输入是增加还是减小，从而决定是正反馈还是负反馈。净输入减小是负反馈，净输入增加是正反馈。

在图 3-12(a) 所示电路中，设输入电压 u_I的瞬时极性对地为正，即集成运放同相输入端电位 u_P对地为正，因而输出电压 u_O对地也为正；u_O在 R_2和 R_1回路产生电流，方向如图中虚线所示，并且该电流在 R_1上产生极性为上“+”下“－”的反馈电压 u_F，使反相输入端电位对地为正；由此导致集成运放的净输入电压 u_D(u_P-u_N) 的数值减小，说明电路引入了负反馈。

特别指出，反馈量是仅仅决定于输出量的物理量，而与输入量无关。例如，在图 3-12(a)所示电路中，反馈电压 u_F不表示 R_1上的实际电压，而只表示输出电压 u_O作用的结果。因此，在分析反馈极性时，可将输出量视为作用于反馈网络的独立源。

在图 3-12(a) 所示电路中，当集成运放的同相输入端和反相输入端互换时，就得到图 3-12(b)所示电路。若设 u_I瞬时极性对地为正，则输出电压 u_O极性对地为负；u_O作用于 R_1和 R_2回路所产生的电流的方向如图中虚线所示，由此可得 R_1上所产生的反馈电压 u_F的极性为上"－"下"＋"，即同相输入端电位 u_P对地为负；所以必然导致集成运放的净输入电压 u_D(u_P-u_N) 的数值增大，说明电路引入了正反馈。

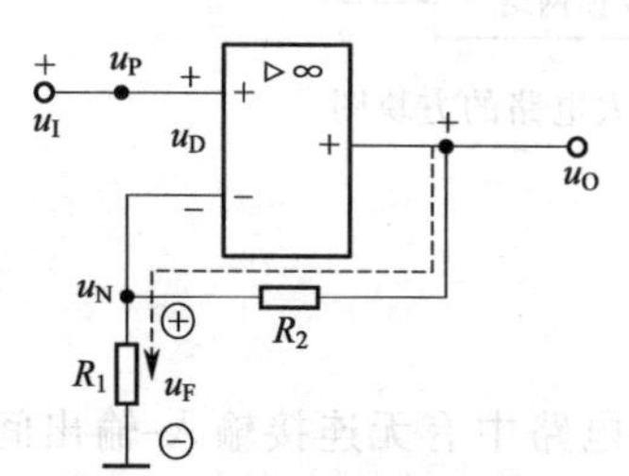

(a) 通过净输入电压的变化判断反馈的极性

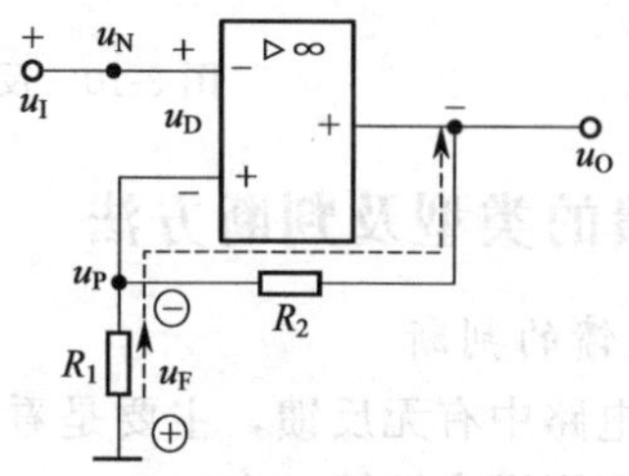

(b) 电路引入了正反馈

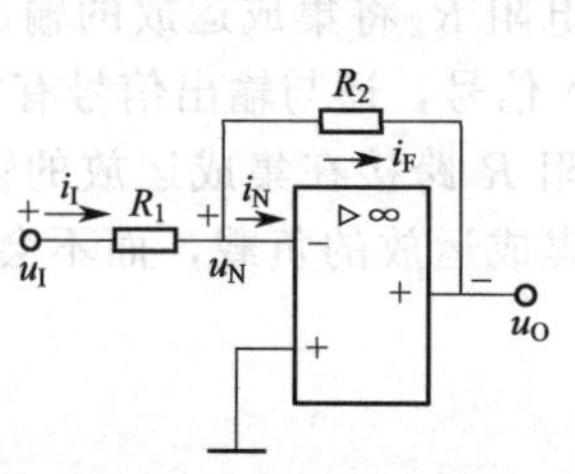

(c) 通过就输入电流的变化判断反馈的极性

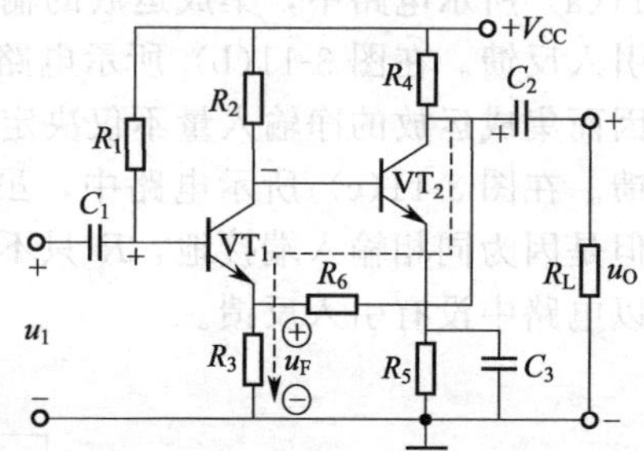

(d) 分立元件放大电路反馈极性的判断

图 3-12 反馈极性的判断

在图 3-12(c) 所示电路中，设输入电流 i_I瞬时极性如图所示。集成运放反相输入端的电流 i_N流入集成运放，电位 u_N对地为正，因而输出电压 u_O极性对地为负；u_O作用于 R_2，产生电流 i_F，如图中虚线所标注；i_F对 i_I分流，导致集成运放的净输入电流 i_N的数值减小，故说明电路引入了负反馈。

以上分析说明，在集成运放组成的反馈放大电路中，可以通过分析集成运放的净输入电压 u_D，或者净输入电流 i_P（或 i_N）因反馈的引入是增大了还是减小了，来判断反馈的极性。凡使净输入量增大的为正反馈，凡使净输入量减小的为负反馈。

由于集成运放输出电压的变化总是与其反相输入端电位的变化方向相反，因而从集成运放的输出端通过电阻、电容等反馈通路引回到其反相输入端的电路必然构成负反馈电路；同理，由于集成运放输出电压的变化总是与其同相输入端电位的变化方向相同，因而从集成运放的输出端通过电阻、电容等反馈通路引回到其同相输入端的电路必然构成正反馈电路；上述结论可用于单个集成运放中引入反馈的极性的判断。

对于分立元件电路，如图 3-12(d) 所示，设输入电压 u_I的瞬时极性对地为"＋"，因而 VT_1管的基极电位对地为"＋"；共射电路输出电压和输入电压反相，故 VT_1管的集电极电位对地为"－"，即 VT_2管的集电极电位对地为"－"，即 VT_2管的基极电位对地为"－"；第二级仍为共射电路，故 VT_2管的集电极电位对地为"＋"，即输出电压 u_O极性为上"＋"下"－"；u_O作用于 R_6和 R_3回路，产生电流，如图虚线所示，从而在 R_3上得到反馈电压 u_F；根据 u_O的极性得到 u_F的极性为上"＋"下"－"，如图中所标注；u_F作用的结果使 VT_1管 b-e 间电压减小，故判定电路引入了负反馈。

【例 3-1】 判断图 3-13 所示电路的反馈极性。

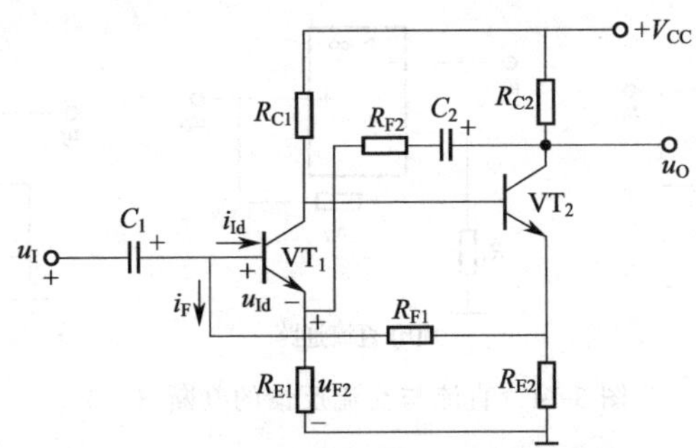

图 3-13　分立元件放大电路反馈极性的判断

解：电路为分立元件组成的两级放大电路，三极管 VT_1是输入级，VT_2是输出级，电路中有两个极间反馈通路。

第一个反馈通路是由 R_{F1}接于 VT_2发射极和 VT_1基极构成的。

第二个反馈通路是由 R_{F2}接于 VT_2集电极和 VT_1基极构成的。

反馈极性判断过程如下。

假设 u_I对地瞬时极性为"＋"，则 VT_1的基极 b_1的瞬时极性为"＋"，由于三极管的集电极与基极反相，发射极与基极同相，VT_1集电极 c_1为"－"，VT_2的集电极 c_2为"＋"，发射极 e_3为"－"，通过 R_{F1}的反馈信号在 VT_1的基极 b_1点为"－"，比较后使净输入量 i_{ID}减小，所以是负反馈；通过 R_{F2}的反馈信号在 VT_1的发射极 e_1点为"＋"，与输入信号 u_I比较后，$u_{ID}=u_{BE1}=u_I-u_{F2}$，净输入量（$u_{BE1}$）减小，所以也是负反馈。综上所述，电路中的两条极间反馈都是负反馈。

判断反馈极性的过程应注意以下两点。

① 按放大、反馈途径逐点确定有关电位的瞬时极性时，要遵循基本放大电路中讨论的相位关系。当放大电路输入端基极电位上升时，即瞬时极性为"＋"，集电极电位下降，即瞬时极性为"－"，而发射极电位上升，即瞬时极性为"＋"。对于运放组成的电路，输出与同相输入端的瞬时极性相同；与反相输入端的瞬时极性相反。

② 判断净输入量的增减，要比较输入量的瞬时极性与反馈量的瞬时极性作用在输入端时的实际量的变化，如在图 3-13 电路中的 R_{F2}反馈支路，三极管 VT_1的净输入量 $u_{BE1}=u_I-u_{F2}$，假设 u_I为"＋"，就要判断 u_{F2}，如 u_{F2}为"＋"，净输入量就下降；如果 u_{F2}为"－"，则净输入量增加。

3. 直流反馈和交流反馈

在放大电路中，一般都存在着直流分量和交流分量，如果反馈信号只含有直流成分，则成为直流反馈；如果反馈信号只含有交流成分，则称为交流反馈。在很多情况下，反馈信号中兼有两种成分，如果交、直流两种反馈兼而有之的反馈，则称为交直流反馈。

在图 3-14(a) 所示电路中，已知电容 C 对交流信号可视为短路，因而它的直流通路和交流通路分别为如图 3-14(b) 和图 3-14(c) 所示，与图 3-14(b) 和 (c) 所示电路相比较可知，图 3-14(a) 所示电路中只引入了直流反馈，而没有引入交流反馈。

在图 3-15 所示电路中，已知电容 C 对交流信号可视为短路。对于直流量，电容 C 相当于开路，即在直流通路中不存在连续输出回路与输入回路的通路，故电路中没有直流负反馈。对于交流量，C 相当于短路，R_2将集成运放的输出端与反相输入端相连接，故电路中引入了交流反馈。

直流负反馈用以稳定静态工作点，交流负反馈用来改善放大电路的动态性能。

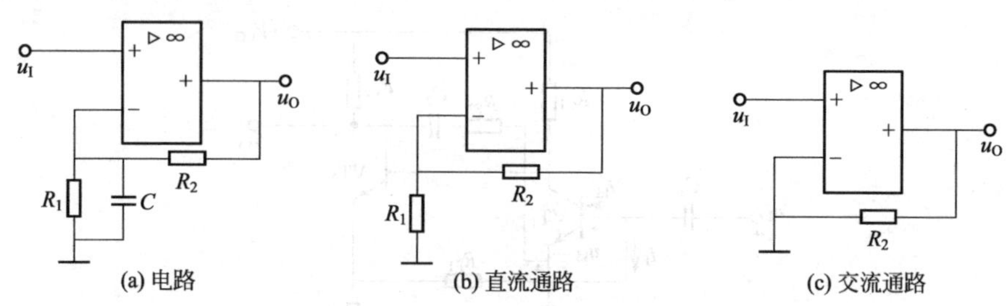

图 3-14　直流与交流反馈的判断（一）

4. 串联反馈和并联反馈的判断

当反馈信号与输入信号不在输入端同一节点引入时，则为串联反馈，如图 3-16(a) 所示。若反馈信号与输入信号在输入端的同一节点引入时，为并联反馈，如图 3-16(b) 所示电路。

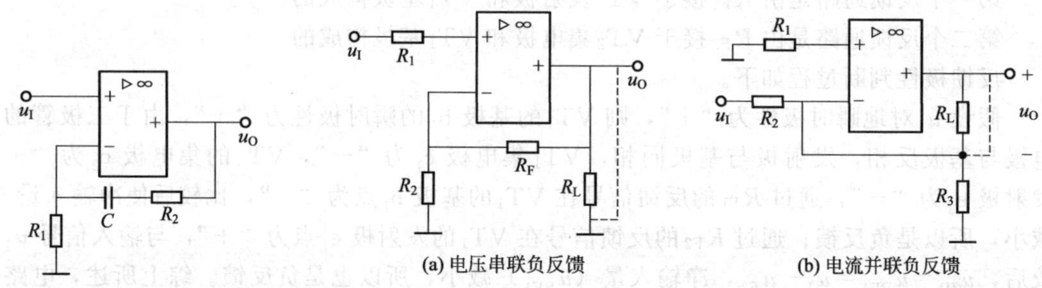

图 3-15　直流与交流反馈的判断（二）

图 3-16　几种反馈组态

5. 电压反馈和电流反馈

在反馈放大电路中，按反馈信号在输出端取样对象的不同，可分为电压反馈和电流反馈。如果反馈信号的取样对象是输出电压，称为电压反馈；如果反馈信号的取样对象是输出电流，称为电流反馈。

也可以按电路结构来判断电压反馈和电流反馈。如果反馈信号与输出信号连在同一输出端，为电压反馈；连在不同输出端，为电流反馈。

在图 3-16(a) 所示电路中，电路的反馈量与放大电路输出电压成正比，所以是电压反馈。当反馈取样的对象是输出电流，则称为电流反馈。在图 3-16(b) 所示电路中，其反馈量正比于输出电流，所以是电流反馈。

具体的判断方法是：假设并联在输出端的负载 R_L 短路，即假设输出电压 $u_O=0$，如果反馈信号消失（为 0），则为电压反馈；如果反馈信号仍然存在（不为 0），则为电流反馈。图中虚线表示 R_L 短路。

3.2.3　交流负反馈的 4 种组态

在负反馈放大电路中，根据反馈网络在输出端取样对象的不同可以分为电压反馈和电流反馈，根据反馈信号在输入端的连接方式不同可以分为串联反馈和并联反馈。因此负反馈放大电路可以分为 4 种组态：电压串联反馈、电压并联负反馈、电流串联负反馈、电流并联负反馈。

1. 负反馈放大电路的一般表达式

负反馈放大电路的方框图如图 3-17 所示。

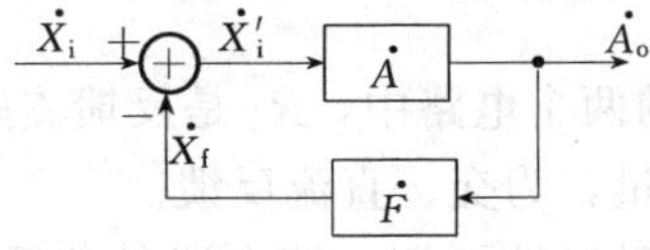

图 3-17　负反馈放大电路的方框图

图 3-17 中 $\dot{X}_i$、$\dot{X}_i'$、$\dot{X}_o$、$\dot{X}_f$ 分别表示输入信号、净输入信号、输出信号和反馈信号，它们可以是电压也可以是电流。输入端的“⊕”表示 $\dot{X}_i$ 和 $\dot{X}_f$ 在此叠加，“＋”、“－”表示 $\dot{X}_i$、$\dot{X}_f$ 叠加后与净输入信号 $\dot{X}_i'$ 之间的关系为

$$\dot{X}_i'=\dot{X}_i-\dot{X}_f \tag{3-4}$$

基本放大电路的开环放大倍数为

$$\dot{A}=\frac{\dot{X}_o}{\dot{X}_i'} \tag{3-5}$$

反馈网络的反馈系数为

$$\dot{F}=\frac{\dot{X}_f}{\dot{X}_o} \tag{3-6}$$

负反馈放大电路的闭环放大倍数为

$$\dot{A}_f=\frac{\dot{X}_o}{\dot{X}_i} \tag{3-7}$$

由式(3-4)～式(3-7)可以推出闭环放大倍数 $\dot{A}_f$ 与开环放大倍数 $\dot{A}$之间的关系为

$$\dot{A}_f=\frac{\dot{X}_o}{\dot{X}_i}=\frac{\dot{X}_o}{X_i'+\dot{X}_f}=\frac{\dot{A}X_i'}{X_i'+F\dot{X}_o}=\frac{\dot{A}\,X_i'}{X_i'+\dot{A}\,\dot{F}X_i'}$$

由此得负反馈放大电路的一般表达式为

$$\dot{A}_f=\frac{\dot{A}}{1+\dot{A}\,\dot{F}} \tag{3-8}$$

式(3-8) 中 $(1+\dot{A}\,\dot{F})$ 称为反馈深度，当电流引入负反馈时，$(1+\dot{A}\,\dot{F})>1$，表明引入负反馈后放大电路的闭环放大倍数是开环放大倍数的 $1/(1+\dot{A}\,\dot{F})$，即引入反馈后，放大倍数减小了。

在电路引入了深度负反馈的情况下，有 $\dot{A}\,\dot{F}\gg 1$，因此深度负反馈放大电路的一般表达式为

$$\dot{A}_f\approx\frac{1}{\dot{F}} \tag{3-9}$$

式(3-9) 说明，在深度负反馈条件下，闭环放大倍数仅取决于反馈系数，与开环放大倍数无关，由于反馈网络为无源网络，受环境温度的影响很小，因而闭环放大倍数的稳定性很高。

如果在负反馈放大电路中发现 $(1+\dot{A}\,\dot{F})<1$，则有 $\dot{A}_f>\dot{A}$，即引入反馈后，放大倍数增大了，说明电路引入了正反馈。当$(1+\dot{A}\,\dot{F})=0$ 时，说明电路在输入为零时就有输出，这时电路产生了自激振荡。

下面针对 4 种组态负反馈放大电路的放大倍数和反馈系数加以分析。

2. 电压串联负反馈

在图 3-18(a) 和 (b) 所示的两个电路中，R_F是反馈支路，由于无电容存在，所以反馈中既含有直流分量又含有交流分量，为交、直流反馈。

用瞬时极性法在图中所标瞬时极性可知，该电路是负反馈。由于反馈信号 u_F与输入信号 u_I不在输入端同一节点引入，所以是串联反馈；如果假设将负载 R_L短路，即设 $u_O=0$，则 $u_F=0$，反馈不存在了，所以又是电压反馈。综上分析，该电路是电压串联负反馈。图 3-18(c)是电压串联负反馈的框图表示。

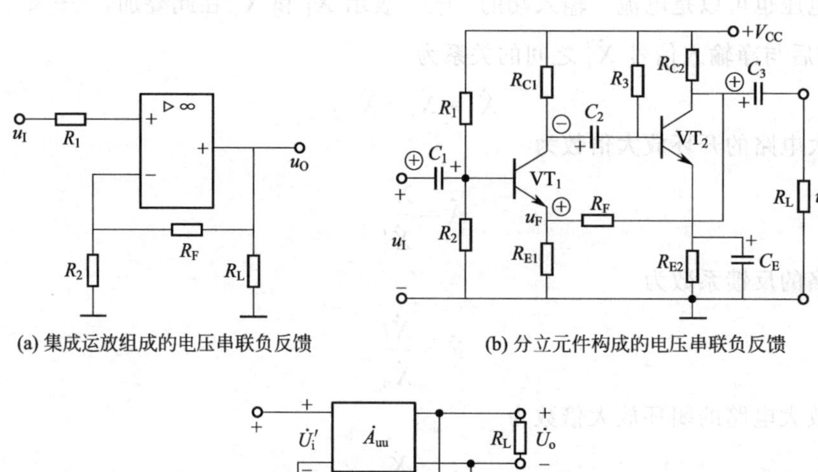

(a) 集成运放组成的电压串联负反馈

(b) 分立元件构成的电压串联负反馈

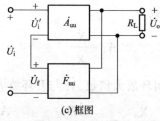

(c) 框图

图 3-18　电压串联负反馈

电压串联负反馈放大电路的特点是：由于是电压反馈，可以稳定输出电压，降低放大电路的输出电阻；由于是串联反馈，输入电阻相当于原输入电阻与反馈网络的等效电阻串联，所以输入电阻增大了。它是良好的电压-电压放大电路。

3. 电压并联负反馈

在图 3-19(a) 所示电路中，R_F是反馈电阻，由于反馈信号与输入信号叠加在运放的反相输入端，所以是并联负反馈。如将 R_L短路，反馈消失，说明该电路是电压并联负反馈。

用同样方法也可分析图 3-19(b) 所示电路亦为电压并联负反馈。图 3-19(c) 为电压并联负反馈的框图表示。

电压并联负反馈的特点是：电压负反馈稳定输出电压，输出电阻小；并联负反馈的输入电阻相当于原输入电阻与反馈网络的等效电阻并联，所以输入电阻减小了。它是良好的电流-电压变换电路。

4. 电流串联负反馈

在图 3-20(a) 和 (b) 所示两个电路中，假设 R_L短路，即 $u_O=0$ 时，反馈量 u_F依然存在，所以它们是电流反馈；反馈量与输入量不是在输入端同一节点引入，故为串联反馈。从图中所标瞬时极性推得，它是负反馈。所以，该电路为电流串联负反馈。图 3-20(c) 是电流串联负反馈的框图表示。

电流串联负反馈的特点是：由于是电流反馈，所以能稳定输出电流，其效果相当于提高了放大电路的输出电阻；串联反馈提高输入电阻。它是电压-电流变换电路。

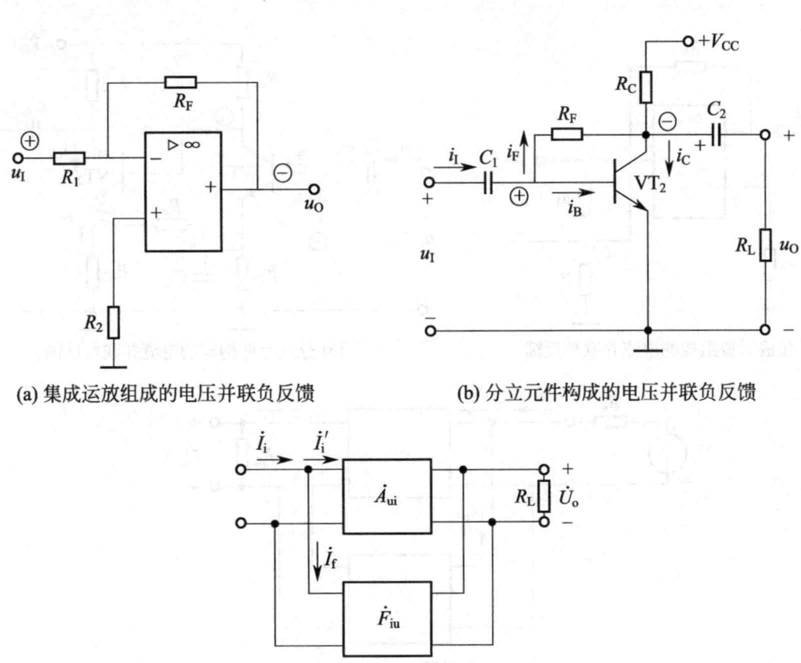

(a) 集成运放组成的电压并联负反馈　　(b) 分立元件构成的电压并联负反馈

(c) 框图

图 3-19　电压并联负反馈

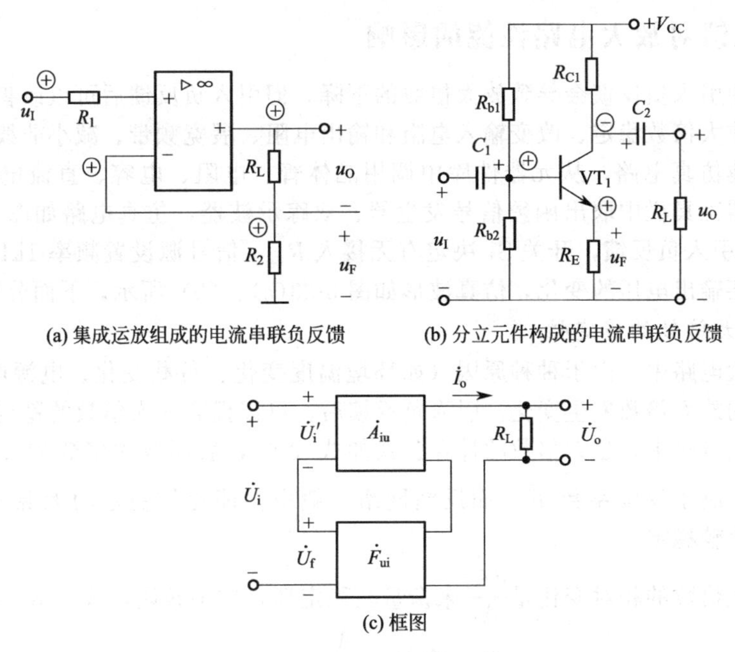

(a) 集成运放组成的电流串联负反馈　　(b) 分立元件构成的电流串联负反馈

(c) 框图

图 3-20　电流串联负反馈

5. 电流并联负反馈

图 3-21(a) 和 (b) 所示电路都是电流并联负反馈，可自行分析。图 3-19(c) 是电流并联负反馈的框图表示。

电流并联负反馈的特点是：由于是电流反馈，所以能稳定输出电流，提高输出电阻；并联反馈降低了输入电阻。它是良好的电流-电流放大电路。

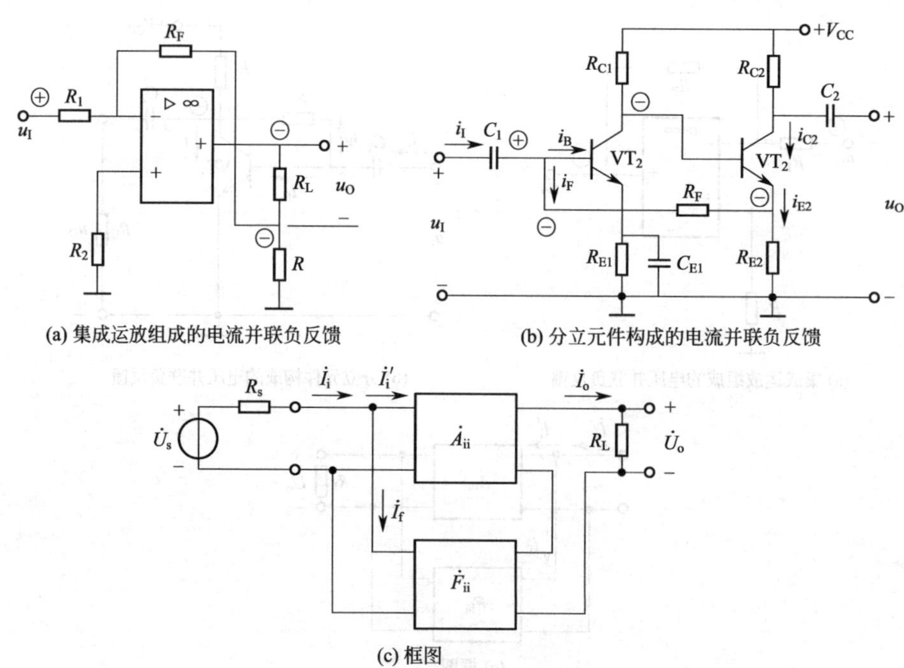

(a) 集成运放组成的电流并联反馈　　(b) 分立元件构成的电流并联负反馈

R_s $\dot{I}_i$ $\dot{I}_i'$ $\dot{I}_o$ $\dot{U}_s$ $\dot{A}_{ii}$ R_L $\dot{U}_o$ $\dot{I}_f$ $\dot{F}_{ii}$

(c) 框图

图 3-21　电流并联负反馈

3.2.4　负反馈对放大电路性能的影响

放大电路中引入负反馈会导致放大倍数的下降，但引入负反馈后可以改善放大电路的性能，如可以使放大倍数稳定、改变输入电阻和输出电阻、展宽频带、减小非线性失真等。在仿真软件中创建仿真电路，从元器件库中调用晶体管、电阻、电容、直流电源、开关等元件，从虚拟仪器工具栏中取出函数信号发生器、双踪示波器，仿真电路如图 3-22 所示，开关 S2 决定有无引入负反馈，开关 S1 决定有无接入 R_L，信号源设置频率 1kHz、幅值 2mV 的正弦波，观察输出电压的变化，仿真波形如图 3-23(a)、(b) 所示，下面分别加以介绍。

1. 提高放大倍数的稳定性

在实际放大电路中，由于种种原因（如环境温度变化、负载变化、电源电压波动），都会使放大电路的放大倍数发生变化。引入负反馈后，可以提高放大倍数的稳定性，特别是在深度负反馈放大电路中，放大倍数的计算公式如式(3-9)，表明放大倍数的大小与基本放大电路无关，仅取决于反馈系数 $\dot{F}$，而反馈网络一般由性能比较稳定的无源线性元件构成，因此放大倍数比较稳定。

通常用放大倍数的相对变化量$\dfrac{dA_f}{A_f}$来衡量其稳定性，在中频段，式(3-8) 可以改写成

$$A_f=\frac{A}{1+AF} \tag{3-10}$$

将式(3-10) 对 A 求导，得

$$\frac{dA_f}{A}=\frac{1}{(1+AF)^2}$$

即

$$dA_f=\frac{dA}{(1+AF)^2}$$

由此得闭环电压放大倍数的相对变化量为

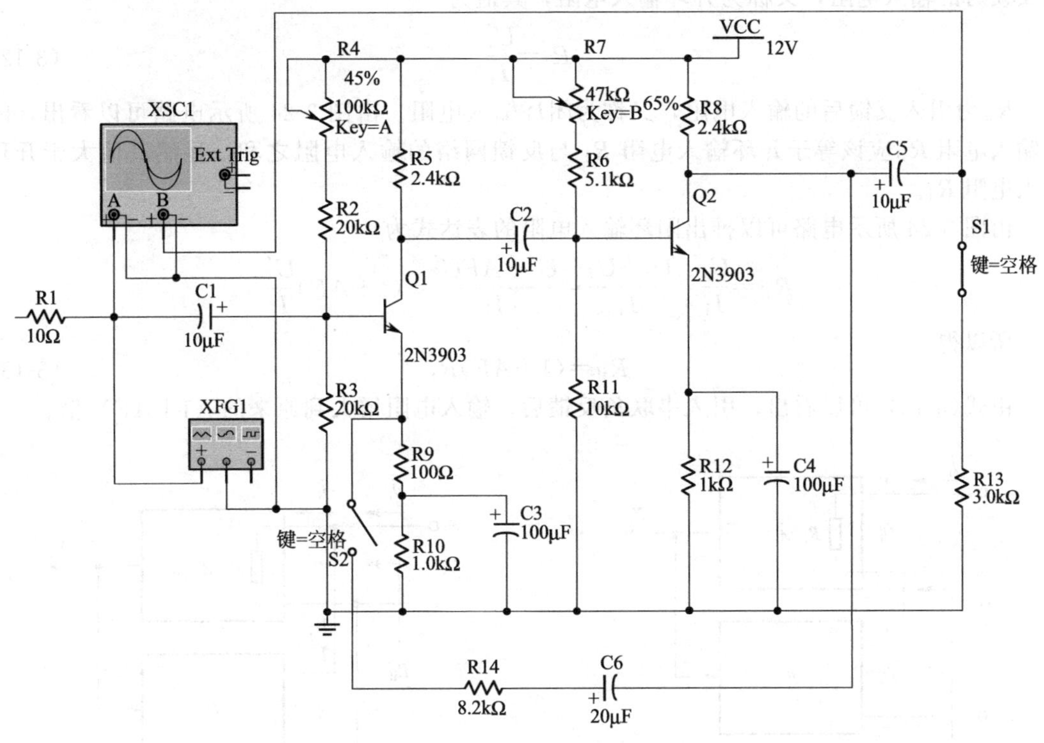

图 3-22 仿真电路图

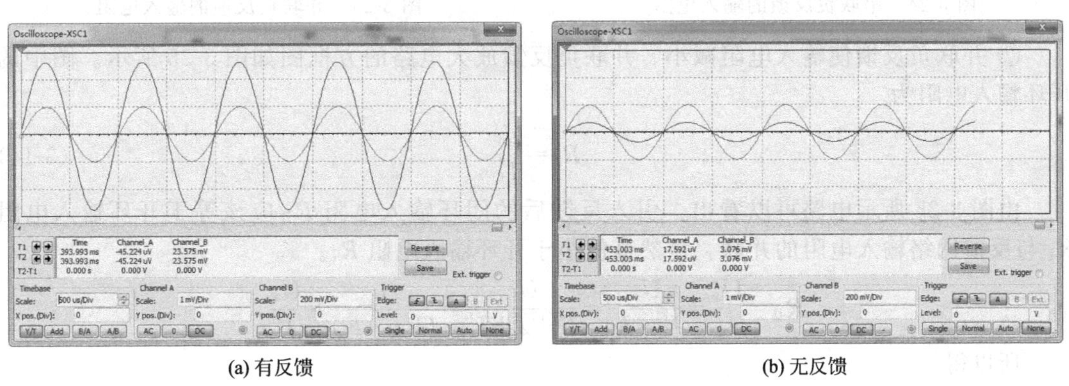

(a) 有反馈 (b) 无反馈

图 3-23 负反馈仿真波形图

$$\frac{\mathrm{d}A_\mathrm{f}}{A_\mathrm{f}}=\frac{\dfrac{\mathrm{d}A}{(1+AF)^2}}{\dfrac{A}{1+AF}}=\frac{1}{1+AF}\times\frac{\mathrm{d}A}{A} \tag{3-11}$$

式中，$\frac{\mathrm{d}A}{A}$表示开环放大倍数的相对变化量，表明引入负反馈后，闭环放大倍数的稳定性比无反馈时提高了（$1+AF$）倍，并且反馈深度（$1+AF$）越大，放大倍数的稳定性越高。

2. 改变输入电阻和输出电阻

(1) 负反馈对输入电阻的影响

① 串联负反馈使输入电阻增大。串联负反馈放大电路的框图如图 3-24 所示。图中 R_i 为

无反馈时的输入电阻，又称为开环输入电阻，其值为

$$R_i=\frac{U_i'}{I_i} \tag{3-12}$$

R_{if}为引入反馈后的输入电阻，又称为闭环输入电阻。由图 3-24 所示电路可以看出，闭环输入电阻 R_{if}应该等于开环输入电阻 R_i 与反馈网络的输入电阻之和，显然其值大于开环输入电阻 R_i。

由图 3-24 所示电路可以推出闭环输入电阻的表达式为

$$R_{if}=\frac{U_i}{I_i}=\frac{U_i'+U_f}{I_i}=\frac{U_i'+AFU_i'}{I_i}=(1+AF)\frac{U_i'}{I_i}$$

所以得

$$R_{if}=(1+AF)R_i \tag{3-13}$$

由式(3-13) 可以看出，引入串联负反馈后，输入电阻增大到原来的（$1+AF$）倍。

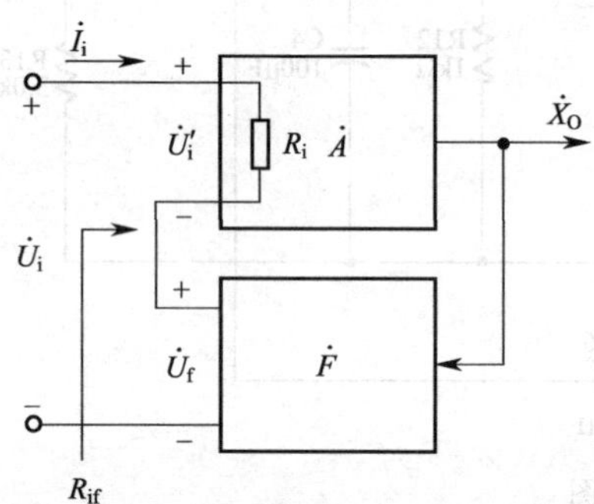

图 3-24　串联负反馈的输入电阻

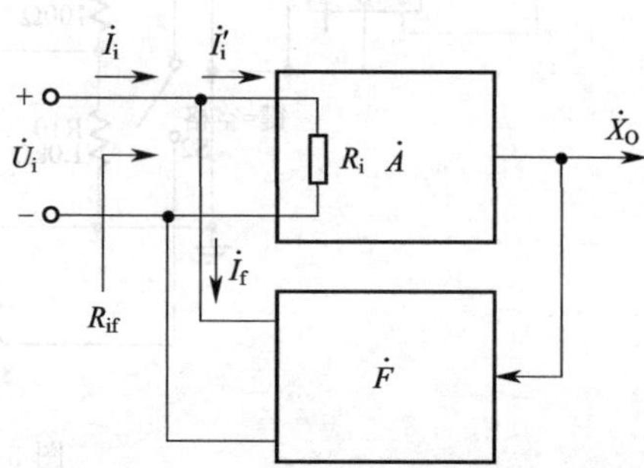

图 3-25　并联负反馈的输入电阻

② 并联负反馈使输入电阻减小。并联负反馈放大电路的方框图如图 3-25 所示。图中的开环输入电阻为

$$R_i=\frac{U_i}{I_i'} \tag{3-14}$$

由图 3-25 所示电路可以看出，引入反馈后的闭环输入电阻 R_{if}应该等于开环输入电阻 R_i 与反馈网络输入电阻的并联，显然其值小于开环输入电阻 R_i。

$$R_{if}=\frac{U_i}{I_i}=\frac{U_i}{I_i'+I_f}=\frac{U_i}{I_i'+AFI_i'}=\frac{1}{(1+AF)}\times\frac{U_i}{I_i'}$$

所以得

$$R_{if}=\frac{1}{(1+AF)}\times R_i \tag{3-15}$$

由式(3-15) 可以看出，引入并联负反馈后，输入电阻减小到原来的 $1/(1+AF)$。

(2) 负反馈对输出电阻的影响

负反馈对输出电阻的影响，与反馈网络在放大电路输出端的连接方式有关，与输入回路的连接方式无关。

① 电压负反馈使输出电阻减小。电压负反馈可以稳定输出电压，使之趋于恒压源，因而输出电阻很小。可以证明引入电压负反馈后的闭环输出电阻与开环输出电阻之间的关系为

$$R_{of}=\frac{1}{(1+AF)}\times R_o \tag{3-16}$$

② 电流负反馈使输出电阻增大。电流负反馈可以稳定输出电流，使之趋于恒流源，因而输出电阻很大。可以证明引入电流负反馈后的闭环输出电阻与开环输出电阻之间的关系为

$$R_{of}=(1+AF)R_o \tag{3-17}$$

负反馈对输入、输出电阻的影响如表3-1所示，其理想情况下的数值如括号内所示。

表3-1　负反馈放大电路中的输入电阻和输出电阻

反馈组态	电压串联	电压并联	电流串联	电流并联
输入电阻 R_i	大(→∞)	小(→0)	大(→∞)	小(→0)
输出电阻 R_o	小(→0)	小(→0)	大(→∞)	大(→∞)

3. *减小非线性失真和抑制干扰、噪声*

由于放大电路中存在非线性半导体器件，所以即使输入信号 X_i 为正弦波，输出也不一定是正弦波，会产生一定的非线性失真。引入反馈后，非线性失真会减小。

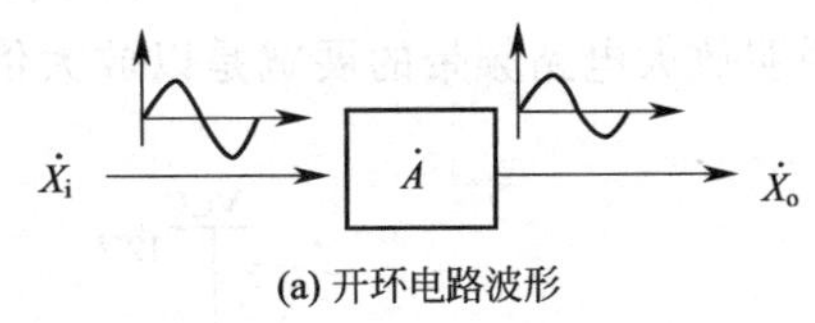

(a) 开环电路波形

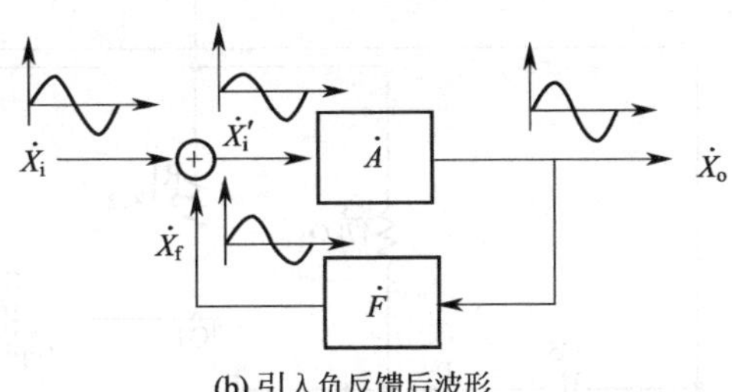

(b) 引入负反馈后波形

图3-26　负反馈减小非线性失真

如图3-26(a)所示，当输入信号 X_i 为正弦波时，由于放大电路的非线性，使输出波形变成了正半周大、负半周小的失真波形。加了负反馈后，如图3-26(b)所示，输出端的失真波形经过反馈网络反馈到输入端，反馈信号也是正半周大、负半周小的失真波形，与输入波形叠加后，使得净输入信号波形为正半周小、负半周大，此信号经放大电路放大后，使输出波形的正、负半周趋于对称，校正了基本放大电路的非线性失真。

需要指出的是，负反馈只能减小由电路内部原因引起的非线性失真，如果是输入信号本身引起的失真，负反馈则不起作用。可以证明，加了负反馈以后，放大电路的非线性失真近似减小到原来的 $1/(1+AF)$。

同样道理，引入负反馈也可以抑制放大电路自身产生的干扰和噪声。但对于混在输入信号中的干扰和噪声，负反馈不起作用。

4. *扩展频带*

由放大电路的频率特性可知，在阻容耦合放大电路中，由于耦合电容和旁路电容的存在，会导致低频区电压放大倍数的下降并产生相移；由于晶体管极间电容和分布电容的存在，会导致高频区电压放大倍数的下降并产生相移。而放大电路中加入负反馈能提高放大倍数的稳定性，因而对于任何原因引起的放大倍数下降，负反馈都能起到稳定作用，使高频区和低频区放大倍数下降的程度减小，相应放大电路的通频带就展宽了，如图3-27所示。

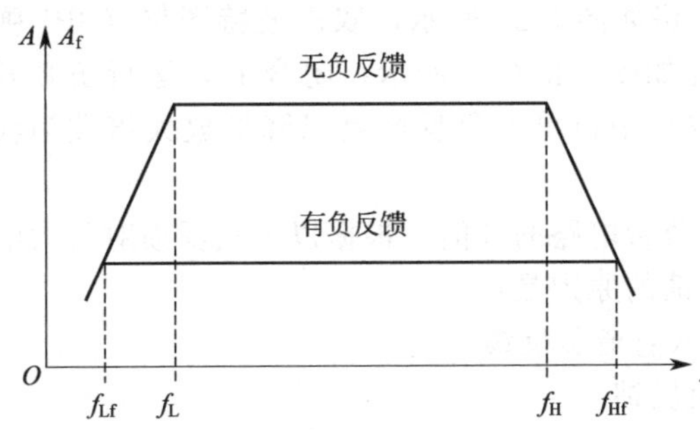

图3-27　负反馈扩展放大电路的频带

由图3-27可见，无反馈时，放大电路的通频带为 $f_{BW}=f_H-f_L$，引入负反馈后，放大电路的通频带为 $f_{BWf}=f_{Hf}-f_{Lf}$，通频带变宽了。可以证明，f_{BW} 和 f_{BWf} 之间的关系为

$$f_{BWf}=(1+AF)f_{BW} \tag{3-18}$$

即引入负反馈后通频带比原来展宽了 $(1+AF)$ 倍。同时负反馈使上限截止频率也扩展了 $(1+AF)$ 倍，使下限截止频率下降为原来的 $1/(1+AF)$，即

$$f_{Hf}=(1+AF)f_H \tag{3-19}$$

$$f_{\mathrm{Lf}}=\frac{f_{\mathrm{L}}}{(1+AF)} \tag{3-20}$$

可见，放大电路中引入负反馈后，放大电路的下限截止频率、上限截止频率和通频带的变化与反馈深度（$1+AF$）有关，由于放大电路的闭环放大倍数也下降了（$1+AF$）倍，因此负反馈放大电路的增益带宽积不变，即

$$A_{\mathrm{f}}f_{\mathrm{BWf}}=\frac{A}{(1+AF)}\times(1+AF)f_{\mathrm{BW}}=Af_{\mathrm{BW}} \tag{3-21}$$

说明放大电路频带的展宽是以放大倍数的下降为代价的。

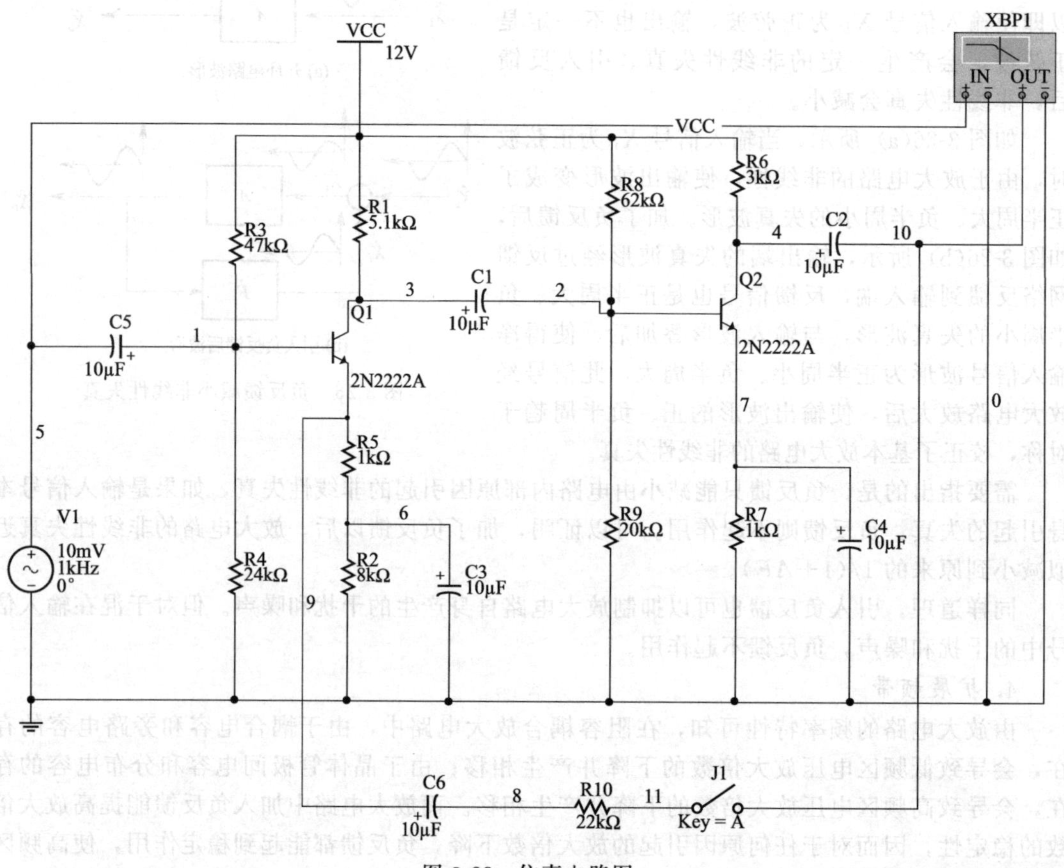

图 3-28　仿真电路图

从仿真仪器库中取出波特图仪 XBP1 接入电路如图 3-28 所示，双击波特图仪 XBP1 弹出面板。断开 J1，运行仿真开关，测出幅频特性如图 3-29(a) 所示；闭合 J1，运行仿真开关，测出幅频特性如图 3-29(b) 所示，从仿真波形中也可见负反馈是以降低放大倍数为代价换来更宽的频宽。

综上所述，放大电路中引入负反馈后，可以改善电路的性能。根据以上负反馈对放大电路性能的影响，可以总结出放大电路中引入负反馈的原则是：

① 若要稳定直流量（静态工作点），应该引入直流负反馈。

② 若要改善电路的动态性能，应引入交流负反馈。

③ 若要稳定输出电压，减小输出电阻，应引入电压负反馈；若要稳定输出电流，增大输出电阻，应引入电流负反馈。

④ 若要增大输入电阻，应引入串联负反馈；若要减小输入电阻，应引入并联负反馈。

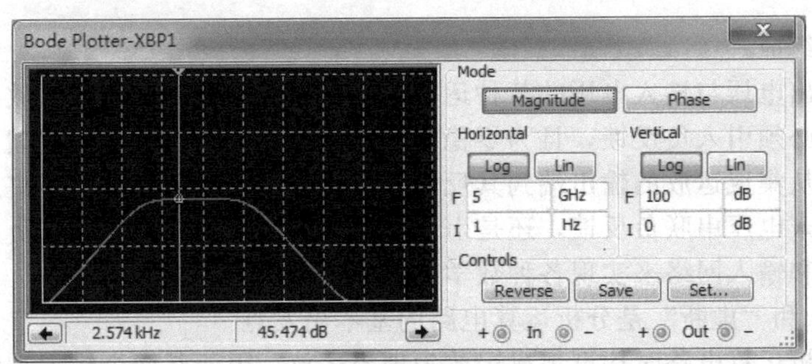

(a) 无负反馈

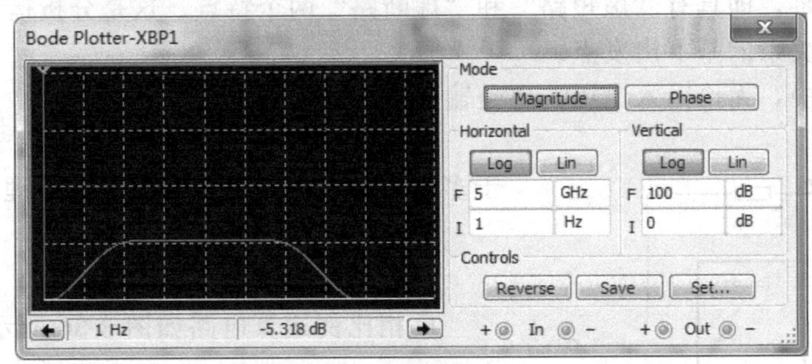

(b) 有负反馈

图 3-29　仿真波形图

放大电路性能的改善情况都与反馈深度（$1+AF$）有关，反馈深度越深，对放大电路性能的改善程度越好，但放大电路性能的改善是以牺牲放大倍数为代价的。

在仿真中，利用波特图仪可以方便地测量和显示电路的频率响应，波特图仪适合于分析滤波电路或电路的频率特性，特别易于观察截止频率。需要连接两路信号，一路是电路输入信号，另一路是电路输出信号，需要在电路的输入端接交流信号。

知识链接

在仿真中，利用波特图仪可以方便地测量和显示电路的频率响应，波特图仪适合于分析滤波电路或电路的频率特性，特别易于观察截止频率。需要连接两路信号，一路是电路输入信号，另一路是电路输出信号，需要在电路的输入端接交流信号。

波特图仪控制面板分为 Magnitude（幅值）或 Phase（相位）的选择、Horizontal（横轴）设置、Vertical（纵轴）设置、显示方式的其他控制信号，面板中的 F 指的是终值，I 指的是初值。在波特图仪的面板上，可以直接设置横轴和纵轴的坐标及其参数。

3.3　集成运算放大器的应用电路

3.3.1　基本运算电路

集成运放的应用首先表现在它能构成各种运算电路上，并因此而得名。在运算电路中，以输入电压作为自变量，以输出电压作为函数；当输入电压变化时，输出电压将按一定的数学规律变化，即输出电压反映输入电压某种运算的结果。本节将介绍比例、加减、积分、微分。

1. 概述

(1) 电路的组成

为了实现输出电压与输入电压的某种运算关系，运算电路中的集成运放应当工作在线性区，因而电路中必须引入负反馈，且为零稳定输出电压，均引入电压负反馈。由此可见，运算电路的特征是从集成运放的输出端到其反相输出端存在反馈通路。由于集成运放优良的指标参数，不管引入电压串联负反馈，还是引入电压并联负反馈，均为深度负反馈。因此电路是利用反馈网络和输入网络来实现各种数学运算的。

(2)“虚短”和“虚断”是分析运算电路的基本出发点

通常，在分析运算电路时均设集成运放为理想运放，因而其两个输入端的净输入电压和净输入电流均为零，即具有“虚短路”和“虚断路”两个特点，这是分析运算电路输出电压与输入电压运算关系的基本出发点。

在运算电路中，无论输入电压，还是输出电压，均对“地”而言。

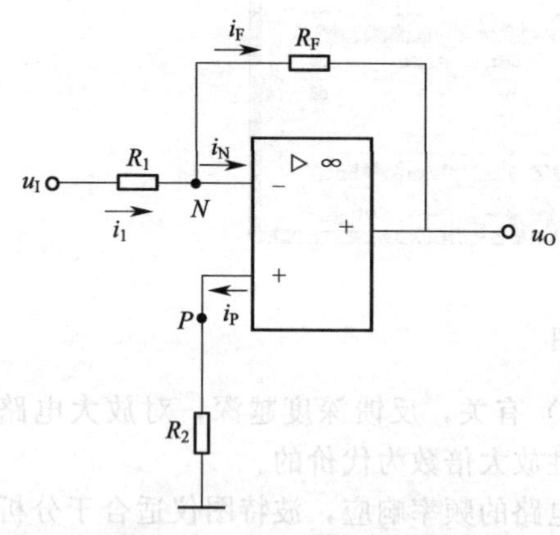

图 3-30 反相比例运算电路

在求解运算关系式时，多采用节点电流法；对于多输入的电路，还可利用叠加原理。

2. 比例运算电路

(1) 反相比例运算电路

反相比例运算电路如图 3-30 所示。输入电压 u_I 经电阻 R_1 接到运放反相输入端，输出电压经 R_F 也加到反相输入端，构成电压并联负反馈。同相输入端经过平衡电阻 R_2 接地，为保证运放输入级差动放大电路的良好对称性，通常 $R_2=R_1 /\!/ R_F$。

根据运放工作在线性区的特点，输入端“虚断”，$i_P=i_N=0$，因此流过电阻 R_2 上的电流为 0。又由于输入端“虚短”，所以 $u_P=u_N=0$，即反相输入端和同相输入端均为地电位，称为“虚地”。因此电阻 R_1 和 R_F 上电流相等，即

$$i_1=i_F=0$$

$$\frac{u_I-u_N}{R_1}=\frac{u_N-u_O}{R_F} \tag{3-22}$$

由于 N 点为虚地，整理得出

$$u_O=-\frac{R_F}{R_1}u_I \tag{3-23}$$

u_I 和 u_O 成比例关系，比例系数为 $-\frac{R_F}{R_1}$，负号表示 u_I 和 u_O 反相。比例系数的数值可以是大于、等于和小于 1 的任何值。

电路的输出电阻 $R_O=0$，因此电路的带负载能力很强。由于 $u_N=0$，因此输入电阻

$$R_I=R_1 \tag{3-24}$$

由式(3-24) 可知，在反相比例运算电路中，输入电阻较小，因此对输入端信号源的负载能力有一定要求。由于运放两输入端“虚地”，$u_P=u_N=0$，所以它的共模输入电压为零，因此对运放的共模抑制比要求比较低，这是反相比例运算电路的突出优点。

(2) 同相比例运算电路

将反相比例运算电路中加在两输入端的输入信号和地交换后，就得到同相比例运算电路，如图 3-31 所示。为保证运放输入级差动放大电路的对称性，任取 $R_2=R_1 /\!/ R_F$。负反

馈电阻 R_F 从输入端加到反相输入端，构成电压串联负反馈。

根据运放工作在线性区“虚短”和“虚断”的特点有

$$u_P=u_N=u_I \tag{3-25}$$

$$i_1=i_F$$

$$\frac{0-u_N}{R_1}=\frac{u_N-u_O}{R_F}$$

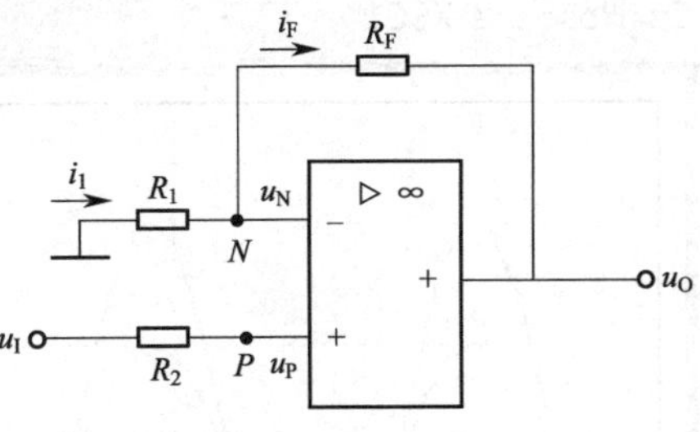

图 3-31　同相比例运算电路

$$u_O=\left(1+\frac{R_F}{R_1}\right)u_N=\left(1+\frac{R_F}{R_1}\right)u_P \tag{3-26}$$

将式(3-25) 代入式(3-26) 中，得

$$u_O=\left(1+\frac{R_F}{R_1}\right)u_I \tag{3-27}$$

式(3-27) 表明输出电压与输入电压成正比例关系，u_I 和 u_O 同相，比例系数是不小于 1 的数值。用仿真软件搭建同相比例运算电路如图 3-32 所示，输入端接交流正弦信号源，输出端接示波器，示波器 A 通道接放大器的输入，B 通道接输出，对示波器进行时基、刻度等调整，如图 3-33 所示为仿真波形图。

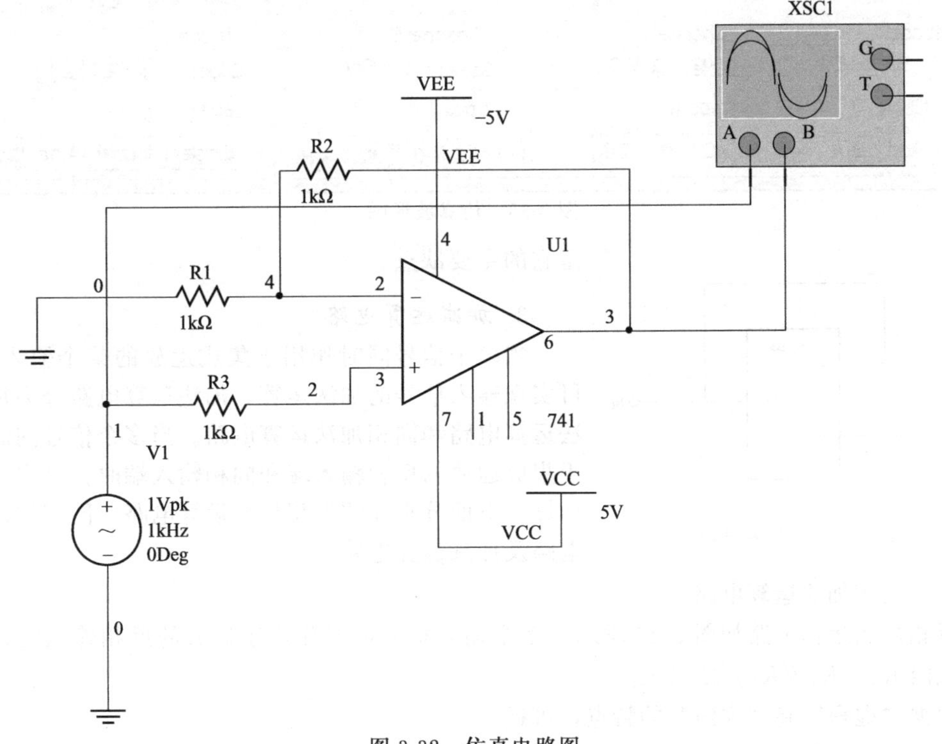

图 3-32　仿真电路图

由式(3-27) 可以看出，当 $R_F=0$ 或 $R_I=\infty$ 时，有 $u_I=u_O$，此时输出电压跟随输入电压的变化，这种电路称为电压跟随器，其电路如图 3-34 所示。

在同相比例运算电路中，由于引入了电压串联负反馈，因此输入电阻很高，可达 1000MΩ 以上，输出电阻很小，约为 0。由于运放两输入端电位 $u_P=u_N=u_I$，即同相比例运算电路的输入端存在共模信号，因此对运放的共模抑制比要求较高，限制了它的应用，这

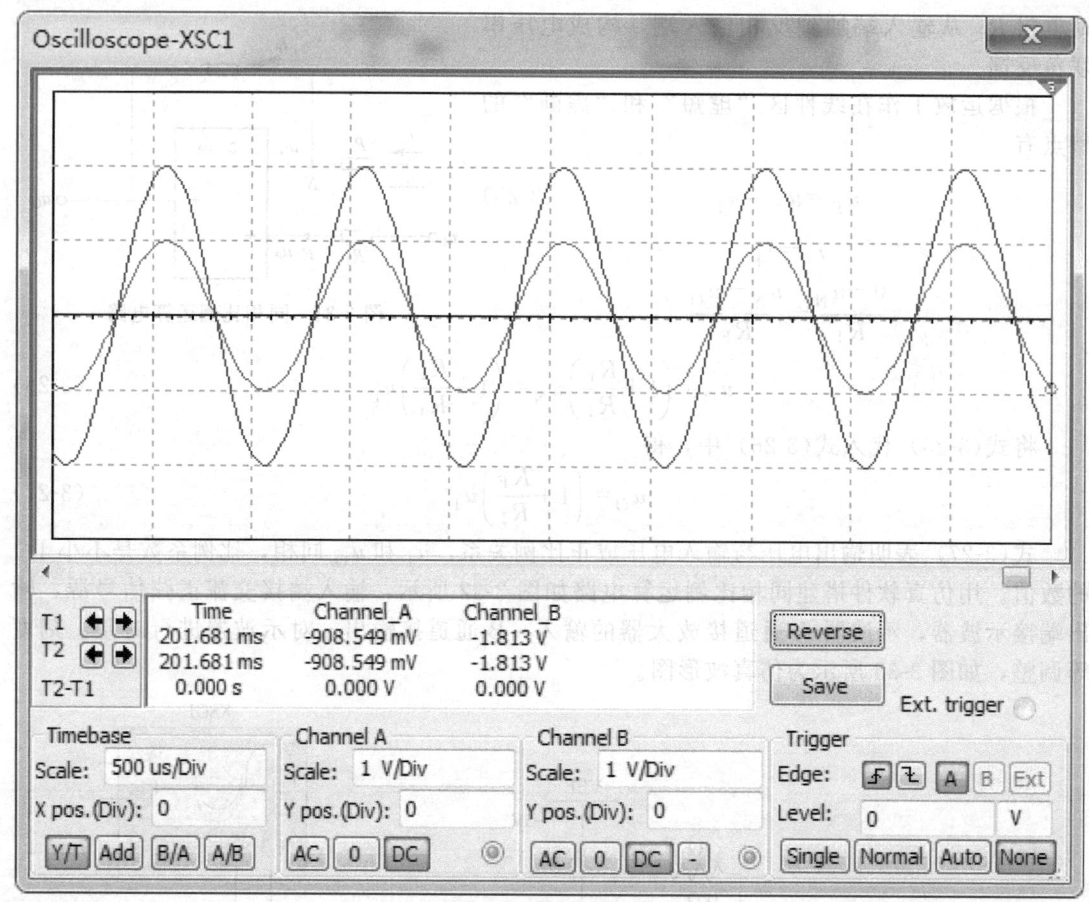

图 3-33　仿真波形图

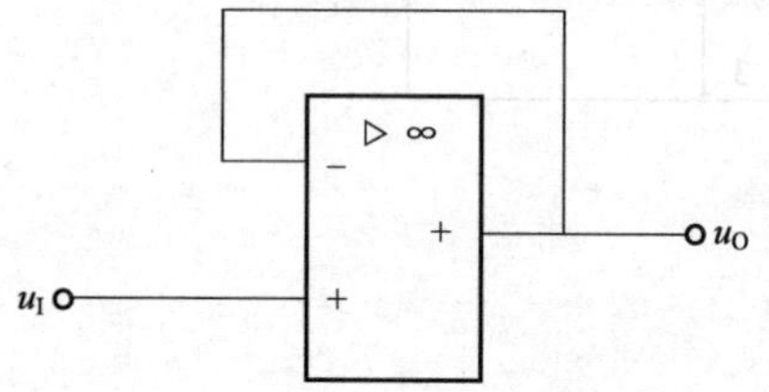

是它的主要缺点。

图 3-34　电压跟随器

3. 加减运算电路

当多个信号同时作用于集成运放的某个输入端时，可实现输入信号的加法运算，加法运算电路分为反相加法运算电路和同相加法运算电路。当多个信号同时作用于集成运放的反相输入端和同相输入端时，可实现加减运算。下面分别介绍反相加法运算电路、同相加法运算电路及加减运算电路。

(1) 反相加法运算电路

反相加法运算电路如图 3-35 所示，多个输入信号同时作用于运放的反相输入端，其中平衡电阻 $R_4=R_1/\!/R_2/\!/R_3/\!/R_F$。

根据“虚短”和“虚断”的特点，可得

$$i_F=i_1+i_2+i_3$$

$$-\frac{u_O}{R_F}=\frac{u_{I1}}{R_1}+\frac{u_{I2}}{R_2}+\frac{u_{I3}}{R_3}$$

由此得

$$u_O=-\left(\frac{R_F}{R_1}u_{I1}+\frac{R_F}{R_2}u_{I2}+\frac{R_F}{R_3}u_{I3}\right) \tag{3-28}$$

式(3-28) 表明，输出电压等于输入电压按不同比例求和。这种电路的特点与反相比例运算电路相同，可以通过改变某一输入端的输入电阻，改变电路的比例关系。当 $R_1=R_2=R_3=R_F$ 时，有 $u_O=-(u_{I1}+u_{I2}+u_{I3})$，实现了真正的反相求和运算。输入端输入信号的个数也可以根据需要增减。

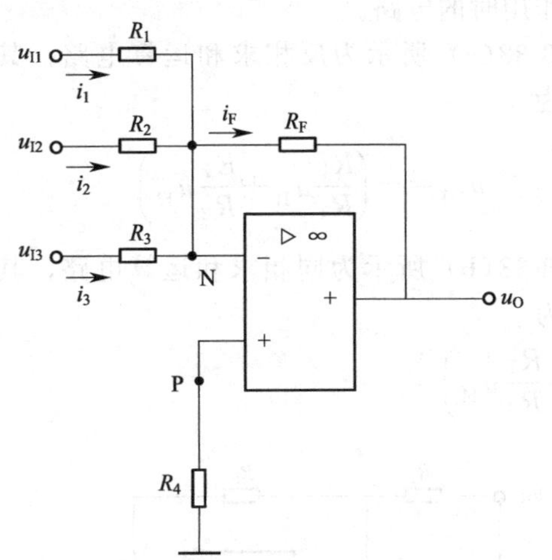

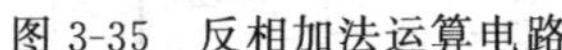
图 3-35　反相加法运算电路

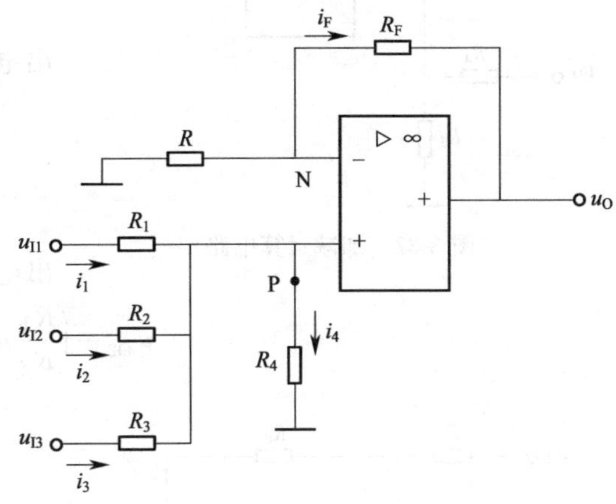

图 3-36　同相加法运算电路

(2) 同相加法运算电路

同相加法运算电路如图 3-36 所示，多个输入信号同时作用于运放的同相输入端，为保证运放输入级电路的对称，应满足反相输入端的总电阻与同相输入端的总电阻相等，即 $R_P=R_N$，其中 $R_N=R/\!/R_F$，$R_P=R_1/\!/R_2/\!/R_3/\!/R_4$。

根据“虚短”和“虚断”的特点，可得

$$i_1+i_2+i_3=i_4$$

$$\frac{u_{I1}-u_P}{R_1}+\frac{u_{I2}-u_P}{R_2}+\frac{u_{I3}-u_P}{R_3}=\frac{u_P}{R_4}$$

将上式整理后得

$$u_P=R_P\left(\frac{u_{I1}}{R_1}+\frac{u_{I2}}{R_2}+\frac{u_{I3}}{R_3}\right) \tag{3-29}$$

式中 $R_P=R_1/\!/R_2/\!/R_3/\!/R_4$，将式(3-29) 代入式(3-26) 得

$$u_O=\left(1+\frac{R_F}{R_1}\right)\times R_P\left(\frac{u_{I1}}{R_1}+\frac{u_{I2}}{R_2}+\frac{u_{I3}}{R_3}\right)=\left(\frac{R+R_F}{RR_F}\right)\times R_FR_P\left(\frac{u_{I1}}{R_1}+\frac{u_{I2}}{R_2}+\frac{u_{I3}}{R_3}\right)=R_F\times\frac{R_P}{R_N}$$

$\left(\frac{u_{I1}}{R_1}+\frac{u_{I2}}{R_2}+\frac{u_{I3}}{R_3}\right)$由于 $R_P=R_N$，因而得

$$u_O=\left(\frac{R_F}{R_1}u_{I1}+\frac{R_F}{R_2}u_{I2}+\frac{R_F}{R_3}u_{I3}\right) \tag{3-30}$$

式(3-30) 只有在满足 $R_P=R_N$ 时才成立，因此当改变某一路的电阻时，其他电阻也必须改变，以满足 $R_P=R_N$ 关系。另外，由于该电路共模信号较大，因此同相加法运算电路远不如反相加法运算电路应用广泛。

(3) 加减运算电路

如果有多个输入信号同时作用于运放的两个输入端，可以构成加减运算电路，图 3-37 所示为 4 个输入信号的加减运算电路，其中两个输入信号加在反相输入端，两个输入信号加

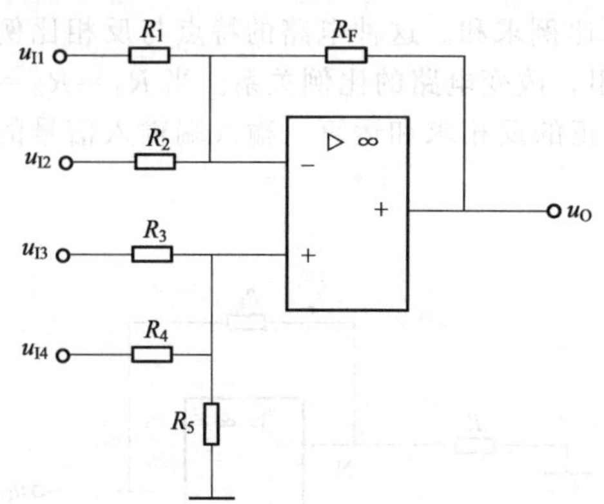

图 3-37　加减运算电路

在同相输入端。为保持运放输入端对称，电路中电阻应满足 $R_1 /\!/ R_2 /\!/ R_F = R_3 /\!/ R_4 /\!/ R_5$。

加减运算电路可用叠加原理来分析，图 3-38(a)、(b) 分别表示反相输入信号作用时和同相输入信号作用时的电路。

图 3-38(a) 所示为反相求和运算电路，其输出电压为

$$u_{O1} = -\left(\frac{R_F}{R_1}u_{I1} + \frac{R_F}{R_2}u_{I2}\right)$$

图 3-38(b) 所示为同相求和运算电路，其输出电压为

$$u_{O2} = \left(\frac{R_F}{R_3}u_{I3} + \frac{R_F}{R_4}u_{I4}\right)$$

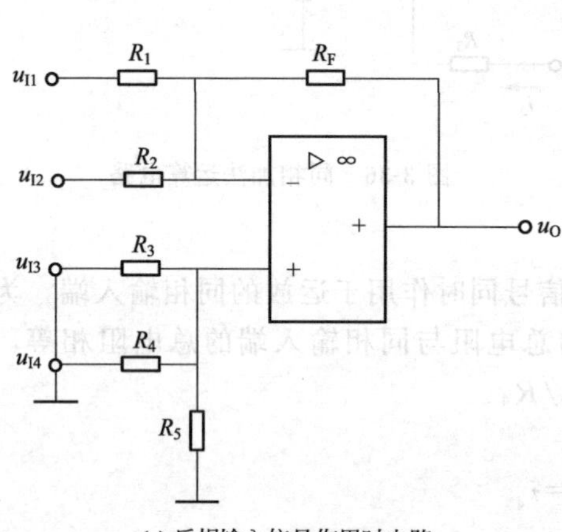

(a) 反相输入信号作用时电路

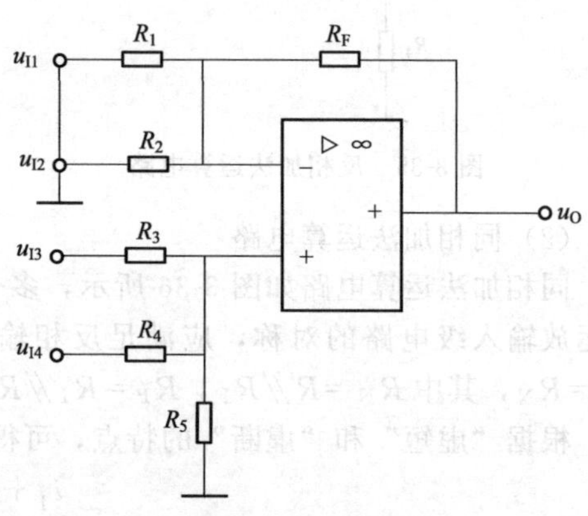

(b) 同相输入信号作用时电路

图 3-38　用叠加原理分析加减运算电路

因此，当所有输入信号同时作用时的输出电压为

$$u_O = u_{O1} + u_{O2} = \left(\frac{R_F}{R_3}u_{I3} + \frac{R_F}{R_4}u_{I4} - \frac{R_F}{R_1}u_{I1} - \frac{R_F}{R_2}u_{I2}\right) \tag{3-31}$$

4. 积分和微分运算电路

积分和微分互为逆运算，集成运放采用电阻和电容作为反馈网络时，可以实现两种运算电路。积分和微分运算电路广泛应用于波形的产生、变换及仪器仪表中。

(1) 积分运算电路

积分运算电路如图 3-39 所示。根据集成运放工作在线性区时“虚短”和“虚断”的性质，有 $u_P = u_N = 0$，即运放反相端“虚地”；并且有 $i_1 = i_C$。

根据电容器上电压、电流的关系

$$i_C = C\frac{du_C}{dt} = -C\frac{du_O}{dt}$$

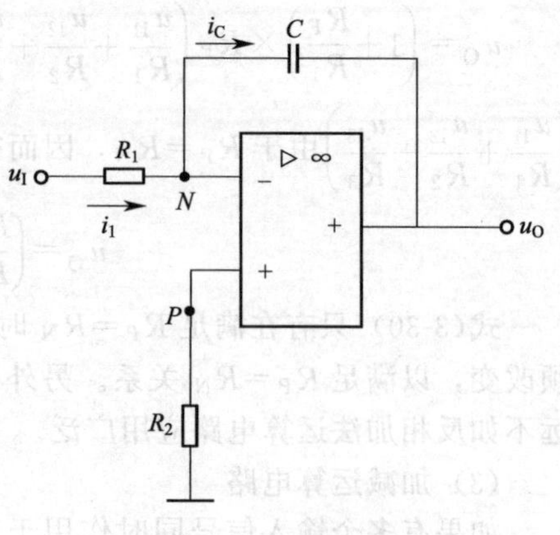

图 3-39　积分运算电路

可得

$$\frac{u_I}{R_1}=-C\frac{du_O}{dt}$$

$$u_O=-\frac{1}{R_1C}\int u_I dt \tag{3-32}$$

当求解 $t_1\sim t_2$时间段的积分值时

$$u_O=-\frac{1}{R_1C}\int_{t_1}^{t_2}u_I dt+u_O(t_1) \tag{3-33}$$

式中 $u_O(t_1)$ 为积分起始时刻的输出电压，即积分运算的初始值。积分的终值是 t_2时刻输出电压。

当输入电压 u_I 为常量时，有　$u_O=-\frac{1}{R_1C}u_I(t_2-t_1)+u_O(t_1)$　(3-34)

当输入 u_I 为阶跃电压时，并设 $t=0$ 时刻电容电压的初始值为零，此时输出电压随输入电压变化的波形如图 3-40(a) 所示。如果输入 u_I 为方波和正弦波，则输出电压随输入电压变化的波形如图 3-40(b)、(c) 所示。

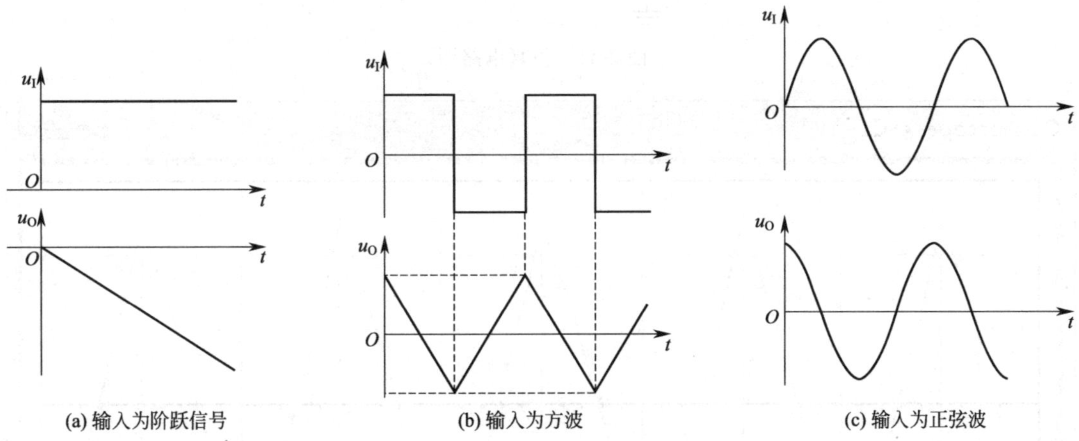

图 3-40　积分运算电路在不同输入情况下的波形

仿真实验电路如图 3-41 所示，当输入频率为 1kHz，幅度为 20V 的方波时，积分运算电路可将方波变为三角波，如图 3-42 所示。其中方波为电路的输入量，三角波为输出量。三角波初始相位取决于方波的正负值，三角波的上升、下降时间取决于方波的周期长度。

(2) 微分运算电路

微分是积分的逆运算，将积分电路反相输入端电阻 R_1和电容 C 交换位置，则得到微分运算电路，如图 3-43 所示。根据运放输入端“虚短”和“虚断”的性质，有 $u_P=u_N=0$，即运放反相端“虚地”；并且有 $i_1=i_C$。因此

$$-\frac{u_O}{R_1}=-C\frac{du_I}{dt}$$

$$u_O=-R_1C\frac{du_I}{dt} \tag{3-35}$$

基本微分电路的主要缺点是，当输入信号频率升高时，电容的容抗减小，则放大倍数增大，造成电路对输入信号中的高频噪声非常敏感，因而输出信号中的噪声成分严重增加，信噪

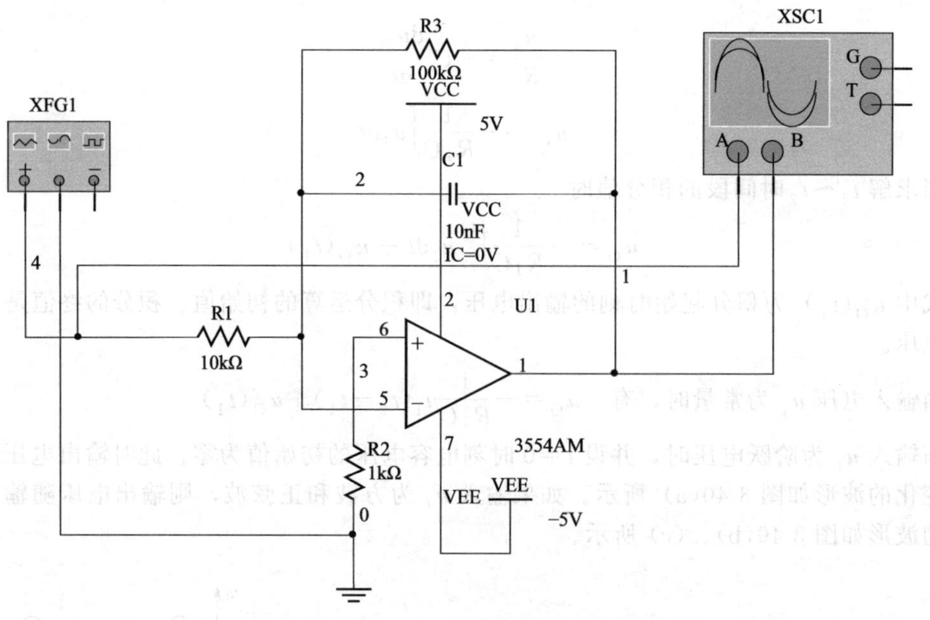

图 3-41 仿真电路图

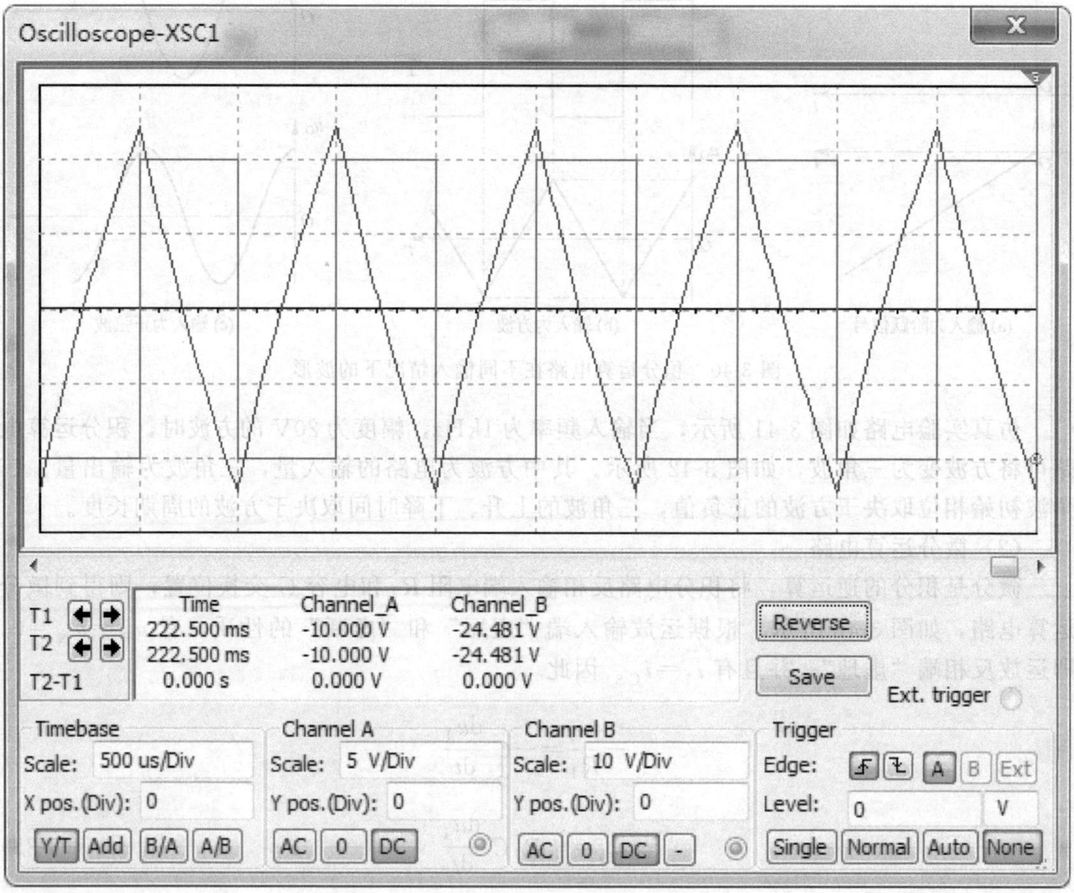

Oscilloscope-XSC1

	Time	Channel_A	Channel_B
T1	222.500 ms	-10.000 V	-24.481 V
T2	222.500 ms	-10.000 V	-24.481 V
T2-T1	0.000 s	0.000 V	0.000 V

Reverse
Save
Ext. trigger

Timebase
Scale: 500 us/Div
X pos.(Div): 0
Y/T Add B/A A/B

Channel A
Scale: 5 V/Div
Y pos.(Div): 0
AC 0 DC

Channel B
Scale: 10 V/Div
Y pos.(Div): 0
AC 0 DC -

Trigger
Edge: A B Ext
Level: 0 V
Single Normal Auto None

图 3-42 仿真波形图

比大大下降；另一个缺点是微分电路中的 RC 元件形成一个滞后的移相环节，它和集成运放中原有的滞后环节共同作用，很容易产生自激振荡，使电路的稳定性变差。最后，输入电压发生突变时有可能超过集成运放允许的共模电压，以致使运放“堵塞”，使电路不能正常工作。为了克服以上缺点，常常采用图 3-44 所示的实用微分电路。主要措施是在输入回路中接入一个电阻 R 与微分电容 C_1 串联，以限制输入电流；在反馈电阻 R 上并联稳压二极管，以限制输出电压，也就保证集成运放中的放大管始终工作在放大区，不至于出现阻塞现象。当输入频率为 1kHz、幅度为 20V 的方波时，微分电路会输出一个极性与输入相反的脉冲信号，如图 3-45 所示。

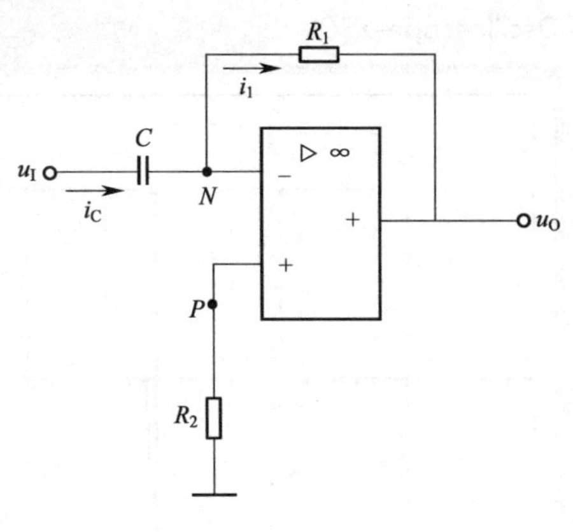

图 3-43　微分运算电路

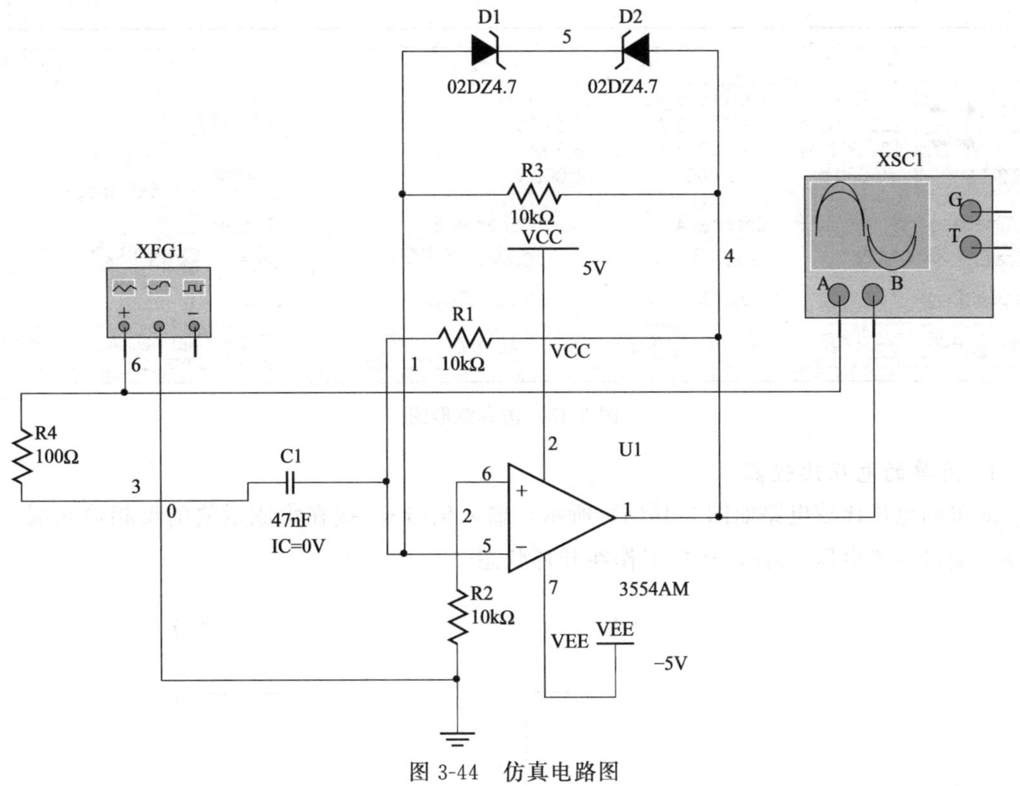

图 3-44　仿真电路图

3.3.2　电压比较器

电压比较器是将输入的模拟电压信号和基准电压相比较，并以输出的高电平和低电平表示比较的结果。因而它广泛应用于各种警报电路，并在自动控制、电子测量、鉴幅、模数转换以及各种正弦波形的产生和变换电路中具有广泛应用。

电压比较器电路中的集成运放工作在开环或正反馈状态，是集成运放的非线性应用电路。集成运放非线性应用时，输出电压只有两种可能的结果：当 $u_N > u_P$ 时，$u_O = -U_{OM}$（低电平）；当 $u_P > u_N$ 时，$u_O = +U_{OM}$（高电平）。本节介绍典型电压比较器的电路组成、工作原理及电压传输特性。

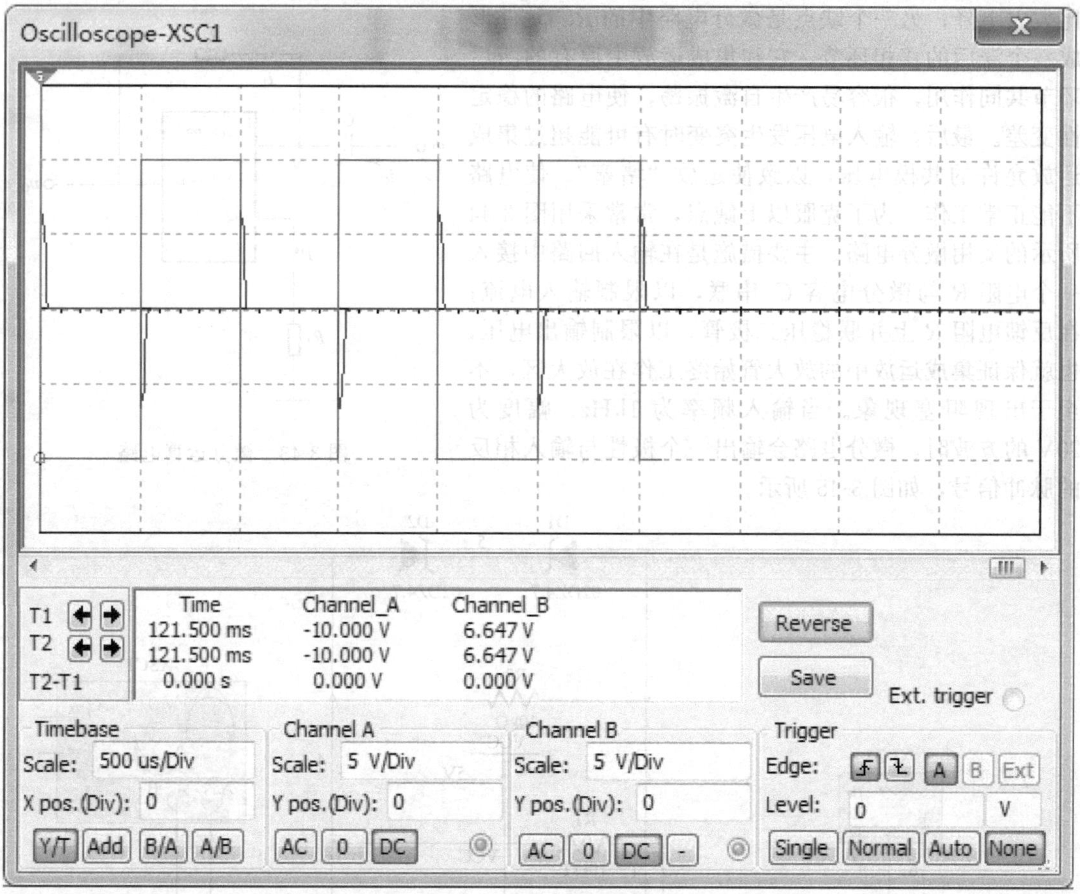

图 3-45 仿真波形图

1. 简单的电压比较器

简单的电压比较电路如图 3-46(a) 所示，输入信号 u_I 接在集成运放的反相输入端，同相输入端接参考电压 U_{REF}，运放工作在开环状态。

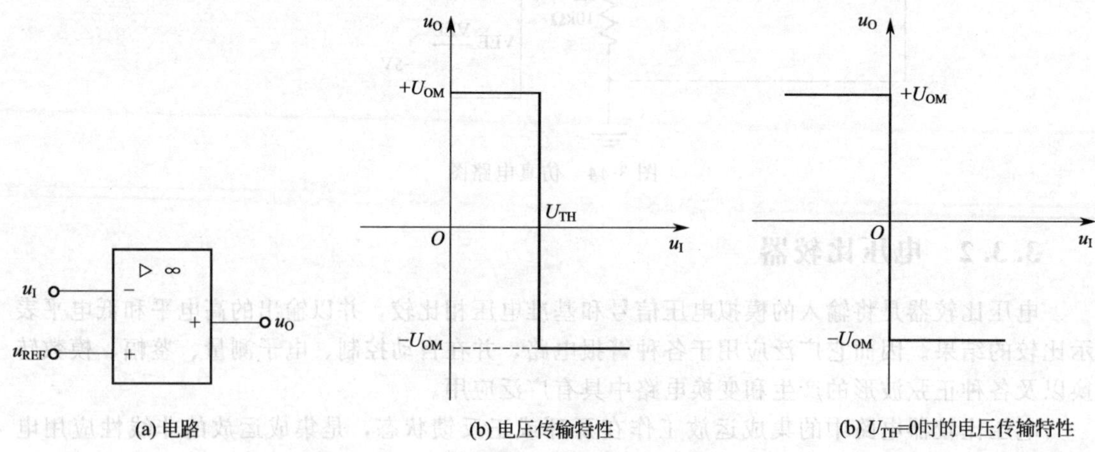

图 3-46 简单的电压比较器

由理想运放工作在非线性区的特点可知：当 $u_I > U_{REF}$ 时，$u_O = -U_{OM}$；当 $u_I < U_{REF}$

时，$u_O = +U_{OM}$，其电压传输特性如图 3-46(b) 所示。

使输出电压从一个电平跳变到另一个电平时所对应的输入电压值称为阈值电压或门限电压，用 U_{TH} 表示。门限电压通常由输出电压 u_O 转换的临界条件 $u_N = u_P$ 求出。

在简单的电压比较器中，$U_{TH} = U_{REF}$。门限电压 U_{TH} 的值可正可负，也可以为零，当 $U_{TH} = 0$ 时的电压比较器称为过零比较器。如图 3-46(c) 所示为过零比较器的电压传输特性。

用仿真软件绘制出过零比较器，如图 3-47 所示，输入频率 1kHz、峰值为 10V 的正弦波形信号，单击仪器仪表工具栏上安捷伦示波器按钮，即可调出安捷伦示波器的图标，双击图标将弹出与实际安捷伦示波器相同的面板，通过虚拟安捷伦示波器，观察输入输出波形，如图 3-48 所示。

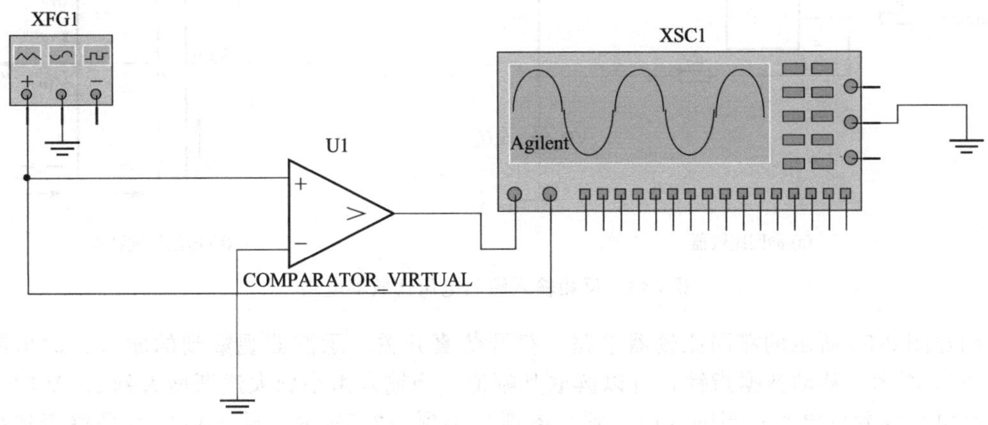

图 3-47　仿真电路图

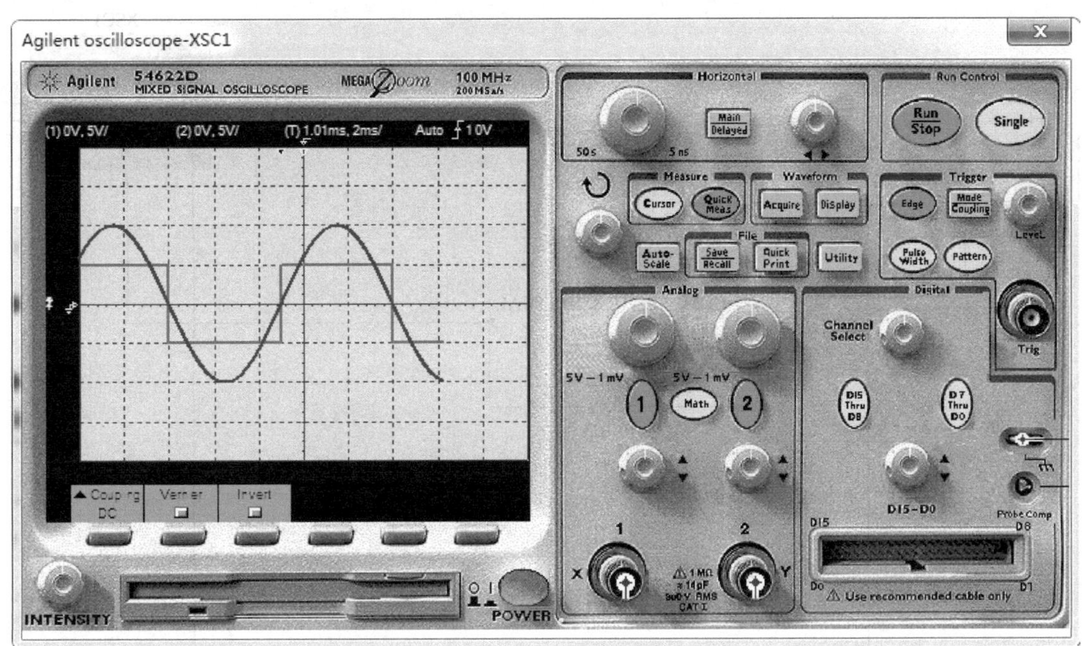

图 3-48　仿真波形图

2. 滞回电压比较器

简单的电压比较器结构简单，灵敏度高，但抗干扰能力差，当输入信号因干扰的作用在阈值电压附近发生变化时，将造成输出电压在高、低电平之间反复跃变。在实际应用中，这种过高的灵敏度可能会造成执行机构的误动作，产生不利后果。滞回电压比较器能克服简单电压比较器抗干扰能力差的缺点。

反相输入滞回电压比较器电路如图 3-49 所示。输入电压加在运放反相输入端，输出电压 u_O 经过电阻 R_1、R_2 接到运放同相输入端，形成正反馈，u_O 与参考电压 U_{REF} 共同作用决定门限电压 U_{TH}。R_3 为限流电阻，与双向稳压管 VD_Z 组成限幅电路，将输出电压钳制在 $\pm U_Z$。

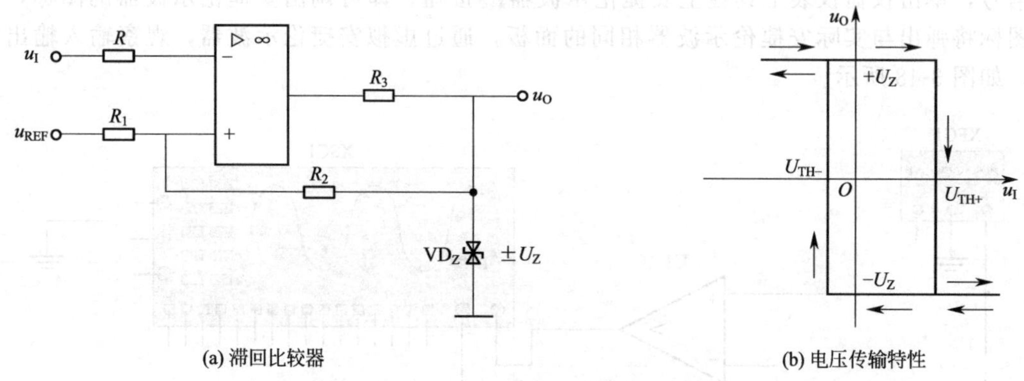

(a) 滞回比较器　　(b) 电压传输特性

图 3-49　反相输入滞回电压比较器电路

构建图 3-50 所示的滞回比较器电路。打开仿真开关，示波器观察到的输入、输出波形如图 3-51 所示。移动数据指针，可以读取其幅值，当输入由小到大逐渐增大到 2.5V 时，输出由高电平变到低电平；当输入由大到小逐渐减小到 −2.5V 时，输出由低电平跳变到高电平。因此，该滞回比较器的下限阈值电压为 −2.5V，上限阈值电压为 2.5V。

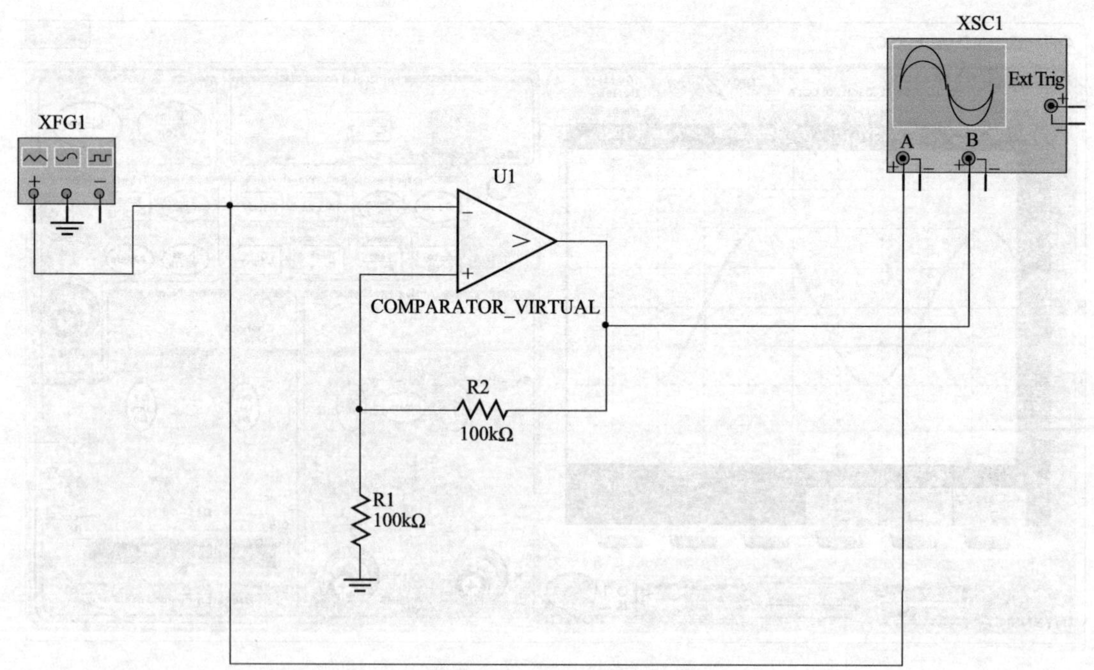

图 3-50　仿真电路图

下面根据理想运放非线性应用的特点：输入端“虚断”，以及输出电压发生跃变的临界条件 $u_N = u_P$，推导门限电压 U_{TH} 的大小。门限电压应该是使运放同相输入端和反相输入端

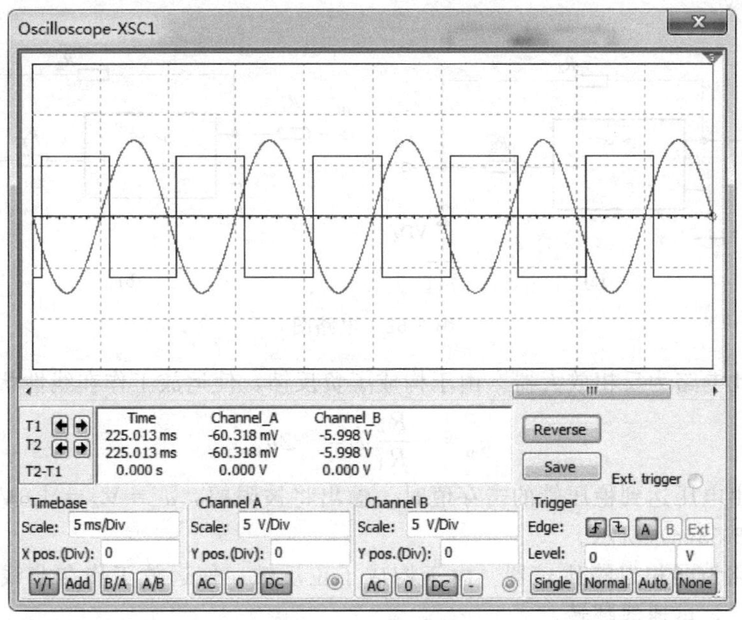

图 3-51　仿真波形图

电位相等时的输入电压值。

有叠加定理得

$$u_P=\frac{R_2}{R_1+R_2}U_{REF}+\frac{R_1}{R_1+R_2}u_O \tag{3-36}$$

当满足 $u_N=u_P$ 时，所求得的 u_I 就是门限电压，此电路中 $u_I=u_N=u_P$。式(3-36) 中输出电压 u_O 的取值有两个，当 $u_O=+U_Z$ 时，得

$$U_{TH+}=\frac{R_2}{R_1+R_2}U_{REF}+\frac{R_1}{R_1+R_2}U_Z \tag{3-37}$$

U_{TH+} 称为上限门限电压。

当 $u_O=-U_Z$ 时，得

$$U_{TH-}=\frac{R_2}{R_1+R_2}U_{REF}-\frac{R_1}{R_1+R_2}U_Z \tag{3-38}$$

U_{TH-} 称为下限门限电压。滞回比较器的电压传输特性如图 3-49(b) 所示。

由电压传输特性可知，当输出电压 $u_O=+U_Z$ 时，此时对于门限电压为 U_{TH+}，只有在 $u_I=U_{TH+}$ 并略高于 U_{TH+} 时，输出电压 u_O 才从 $+U_Z$ 翻转到 $-U_Z$；当输出电压 $u_O=-U_Z$ 时，此时对于门限电压为 U_{TH}，只有在 $u_I=U_{TH-}$ 并略低于 U_{TH-} 时，输出电压 u_O 才从 $-U_Z$ 翻转到 $+U_Z$。

上、下门限电压的值可以通过调节参考电压 U_{REF} 来改变，两个门限电压的差值称为门限宽度（或称回差电压），用 ΔU_{TH} 表示，其值为

$$\Delta U_{TH}=U_{TH+}-U_{TH-}=\frac{2R_1}{R_1+R_2}U_Z \tag{3-39}$$

门限宽度表示滞回比较器抗干扰能力的强弱，门限宽度越宽，抗干扰能力越强，同时灵敏度越低。输入电压中的干扰信号必须大于门限电压时，才会造成输出电压的翻转，因此滞回电压比较器克服了简单电压比较器抗干扰能力差的特点。

【例 3-2】 画出图 3-52 所示电路的电压传输特性。已知 $R_1=10\text{k}\Omega$，$R_2=20\text{k}\Omega$，$R_3=$

$2k\Omega$，$V_Z=\pm 6V$。

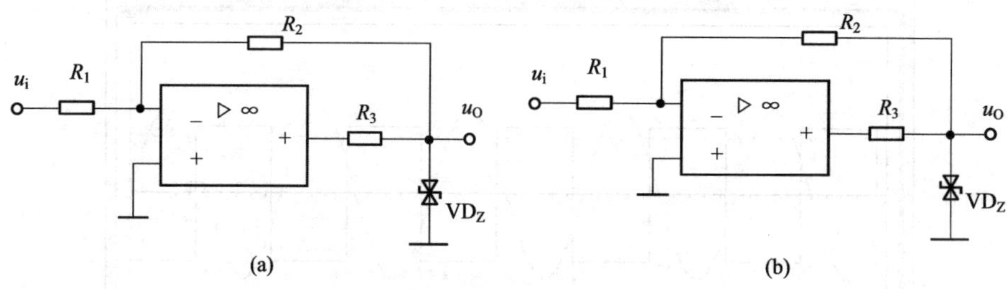

图 3-52　电路图

解：(a) 此电路为反相放大器。由于构成了负反馈，使运放工作在线性状态。

$$u_o=-\frac{R_2}{R_1}u_i=-2u_i$$

但是当输出电压达到稳压管的击穿值时，输出将被限幅，$u_o=V_Z=\pm 6V$。电路的电压传输特性如图 3-53(a) 所示。

(b) 此电路为同相迟滞比较器。由于构成了正反馈，使运放工作在非线性状态。并在达到触发电平时，迅速地翻转。

根据电路有：

$$u_+=\frac{R_2}{R_1+R_2}u_i+\frac{R_1}{R_1+R_2}u_o$$

当 $u_o=u_z=6V$ 时：

$$u_+=\frac{R_2}{R_1+R_2}u_i+6\frac{R_1}{R_1+R_2}$$

若使电路的输出电压发生翻转，则需 $u_+=u_-=0V$。此时的输入电压为下限触发电平：

$$u_i=-6\frac{R_1}{R_2}=-3V$$

当 $u_o=u_z=-6V$ 时：

$$u_+=\frac{R_2}{R_1+R_2}u_i-6\frac{R_1}{R_1+R_2}$$

若使电路的输出电压发生翻转，亦需 $u_+=u_-=0V$。此时的输入电压为上限触发电平：

$$u_i=6\frac{R_1}{R_2}=3V$$

电路的电压传输特性如图 3-53(b) 所示。

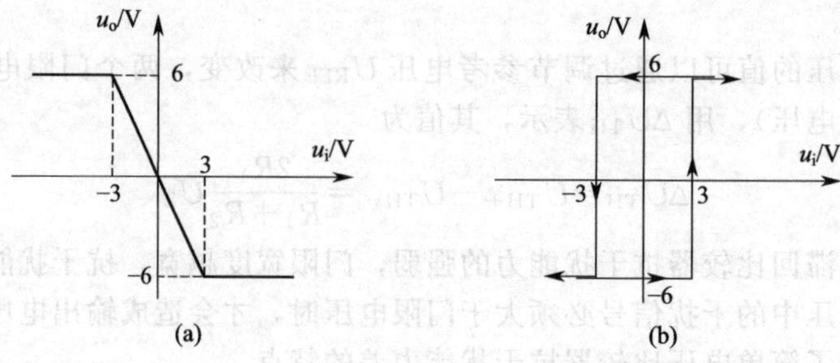

图 3-53　电路的电压传输特性

3.3.3　波形的产生与变换电路

正弦波产生电路能产生正弦波输出，它是在放大电路的基础上加上正反馈而形成的，它是各类波形发生器和信号源的核心电路。正弦波产生电路也称为正弦波振荡电路或正弦波振荡器。

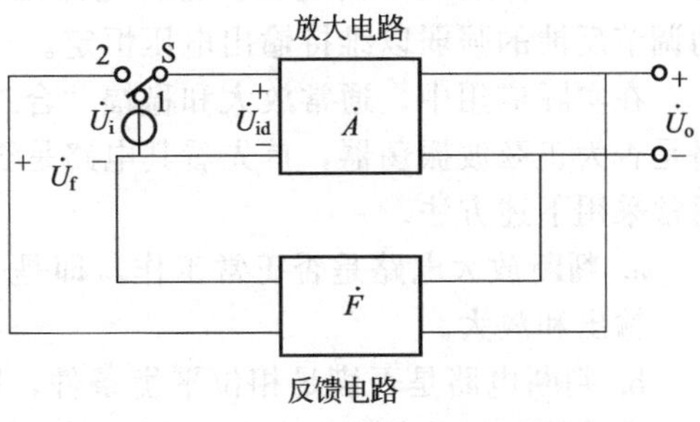

图 3-54　正弦波振荡电路方框图

1. 正弦波振荡的条件

在图 3-54 所示的框图中，$\dot{A}$是放大电路，$\dot{F}$是反馈电路，$\dot{U}_{id}$为放大电路的输入信号。当开关 S 打到端点 1 处时，放大电路没有反馈，其输出电压为外加输入电压（设为正弦信号）$\dot{U}_i$，经放大后，输出电压为$\dot{U}_o$，如果通过正反馈引入的反馈信号与$\dot{U}_{id}$的幅度和相位相同，即$\dot{U}_f=\dot{U}_{id}$，那么，可以用反馈电压代替外加输入电压，这时如果将开关 S 打到 2 上，即使去掉输入信号$\dot{U}_i$，仍能维持稳定输出。这样电路就成为不需要输入信号就有输出信号的自激振荡电路。由框图可知，产生振荡的基本条件是反馈信号与输入信号大小相等、相位相同。

反馈信号为

$$\dot{U}_f=\dot{F}\dot{U}_o=\dot{F}\dot{A}\dot{U}_{id} \tag{3-40}$$

当$\dot{U}_f=\dot{U}_{id}$时，有

$$\dot{A}\dot{F}=1 \tag{3-41}$$

上式就是振荡电路的自激振荡条件。

由于$\dot{A}=A\angle\varphi_a$，$\dot{F}=F\angle\varphi_f$，代入上式得

$$\dot{A}\dot{F}=A\angle\varphi_a\times F\angle\varphi_f=1$$

这样可分解为两个条件：

（1）幅值平衡条件

$$|\dot{A}\dot{F}|=1 \tag{3-42}$$

上式说明放大倍数$\dot{A}$与反馈系数$\dot{F}$的乘积的模为 1，它表示反馈信号$\dot{U}_f$的幅度与原输入信号$\dot{U}_i$的幅度相等，也就是必须有足够强的反馈。

（2）相位平衡条件

$$\varphi_a+\varphi_f=\pm 2n\pi(n=0,1,2\cdots) \tag{3-43}$$

相位平衡条件意味着振荡电路的反馈网络必须是正反馈。

电路起振后，由于环路增益大于 1，因此振荡幅度逐渐增大，当振荡幅度达到一定值时，由于电路中非线性元件的限制，使$|\dot{A}\dot{F}|$的值逐步下降，最后达到$|\dot{A}\dot{F}|=1$，此时振荡电路处于稳幅振荡状态，输出电压的幅度达到稳定。

2. 正弦波振荡电路的组成

正弦波振荡电路通常由以下 4 个部分组成。

① 放大电路：保证电路能够在起振到动态平衡的过程中，使电路获得一定幅值的输出量。

② 正反馈网络：使电路满足相位平衡条件，以反馈信号作为放大电路的输入信号。

③ 选频网络：选择某单一频率满足振荡条件，以输出为单一频率的正弦波信号。根据选频网络所用元件的类型，一般可以把正弦波振荡电路分为 RC 正弦波振荡电路、LC 正弦

波振荡电路、石英晶体正弦波振荡电路。

④ 稳幅电路：稳幅是指“起振→增幅→等幅”的振荡建立过程，也就是从$|\dot{A}\dot{F}|>1$到达$|\dot{A}\dot{F}|=1$（稳定）的过程。稳幅电路是使输出信号幅值稳定，通常采用非线性元件来自动调节反馈的强弱以维持输出电压恒定。

在实际应用中，通常放大和稳幅“合二为一”；选频和正反馈“合二为一”。判断一个电路是否为正弦波振荡器，首先看其电路是否由上述4部分组成，然后判断它能否产生振荡，通常采用下述方法。

a. 判断放大电路是否正常工作，即是否有合适的静态工作点，且动态信号是否能够输入、输出和放大。

b. 判断电路是否满足相位平衡条件，即反馈网络是否为正反馈。相位平衡条件是判断振荡电路能否振荡的基本条件，可用瞬时极性判断方法。

c. 判断电路是否满足幅度平衡条件，欲使振荡电路能自行起振，必须满足$|\dot{A}\dot{F}|>1$的幅度条件。达到稳幅振荡后，须满足$|\dot{A}\dot{F}|=1$。

3. RC正弦波振荡电路

采用RC选频网络构成的振荡电路称为RC正弦波振荡器，它适用于低频振荡，一般用于产生1Hz～1MHz的低频信号。下面介绍最具典型性的RC桥式正弦波振荡电路。

(1) 电路原理图

RC桥式正弦波振荡电路如图3-55所示，RC串并联网络是正反馈网络，同时也是振荡电路中的选频网络。R_1和R_f负反馈网络构成了同相比例放大电路。RC正反馈支路与R_1、R_f负反馈支路正好构成一个四臂电桥，电桥的对角线顶点分别接到了运放的两个输入端，因此称为桥式振荡电路。

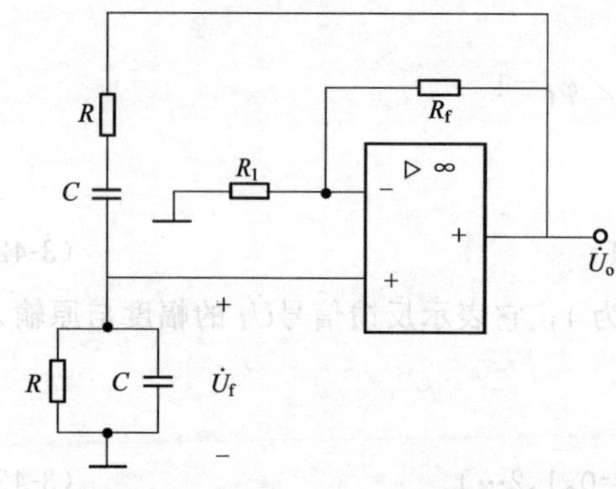

图3-55 RC桥式正弦波振荡电路

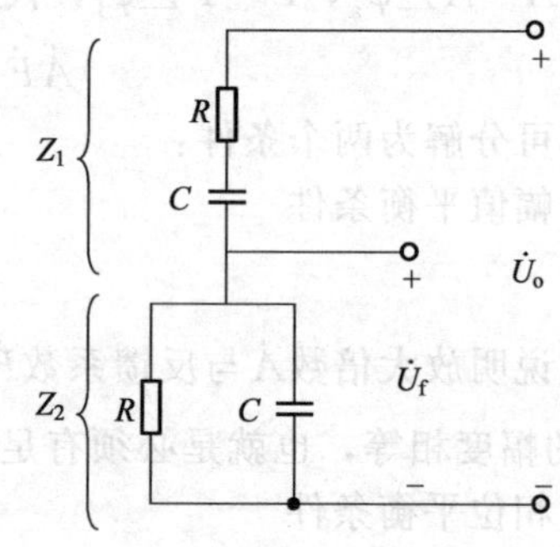

图3-56 RC串并联网络

(2) RC串并联网络的选频特性

RC串并联网络如图3-56所示。RC串联支路的阻抗用Z_1表示，RC并联支路的阻抗用Z_2表示，则有

$$Z_1=R+\frac{1}{\mathrm{j}\omega C},\ Z_2=R/\!/\frac{1}{\mathrm{j}\omega C}=\frac{R}{1+\mathrm{j}\omega RC}$$

反馈网络的反馈系数为

$$\dot{F}=\frac{\dot{U}_f}{\dot{U}_o}=\frac{Z_2}{Z_1+Z_2}=\frac{\dfrac{R}{1+\mathrm{j}\omega RC}}{\left(R+\dfrac{1}{\mathrm{j}\omega C}\right)+\dfrac{R}{1+\mathrm{j}\omega RC}}$$

将上式整理后得

$$\dot{F}=\frac{\dot{U}_{\mathrm{f}}}{\dot{U}_{\mathrm{o}}}=\frac{1}{3+\mathrm{j}\left(\omega RC-\dfrac{1}{\omega RC}\right)}=\frac{1}{3+\mathrm{j}\left(\dfrac{\omega}{\omega_0}-\dfrac{\omega_0}{\omega}\right)} \tag{3-44}$$

其中 $$\omega_0=\frac{1}{RC}$$

由式(3-44) 可得 RC 串并联网络的幅频特性和相频特性分别为

$$|\dot{F}|=\frac{1}{\sqrt{3^2+\left(\dfrac{\omega}{\omega_0}-\dfrac{\omega_0}{\omega}\right)^2}} \tag{3-45}$$

$$\varphi_{\mathrm{f}}=-\arctan\frac{\left(\dfrac{\omega}{\omega_0}-\dfrac{\omega_0}{\omega}\right)}{3} \tag{3-46}$$

由式(3-45)、式(3-46) 可知，当

$$\omega=\omega_0=\frac{1}{RC}\text{或}f=f_0=\frac{1}{2\pi RC} \tag{3-47}$$

时，$|\dot{F}|$达到最大值$\frac{1}{3}$，相移 $\varphi_{\mathrm{f}}=0$。其频率特性曲线如图 3-57 所示。

(3) 频率振荡和起振条件

① 振荡频率。在图 3-55 所示 RC 桥式正弦波振荡电路中，由于放大电路采用的是同相比例运算电路，因此放大电路的相移为 $\varphi_{\mathrm{a}}=0$。由 RC 串并联电路的选频特性可知，当 $\omega=\omega_0=\frac{1}{RC}$ 时，选频电路的相移为 $\varphi_{\mathrm{f}}=0$，此时满足相位平衡条件，ω_0 称为振荡角频率，电路的振荡频率为

$$f_0=\frac{1}{2\pi RC} \tag{3-48}$$

② 起振条件。为使振荡电路产生振荡，还应满足起振条件 $|\dot{A}\dot{F}|>1$。而图 3-56 所示 RC 串并联网络的反馈系数$\dot{F}$，即反馈信号与输出信号之比，在 $\omega=\omega_0$ 时达到最大值$\frac{1}{3}$。同相比例运算电路的放大倍数为

$$\dot{A}=1+\frac{R_{\mathrm{f}}}{R_1}$$

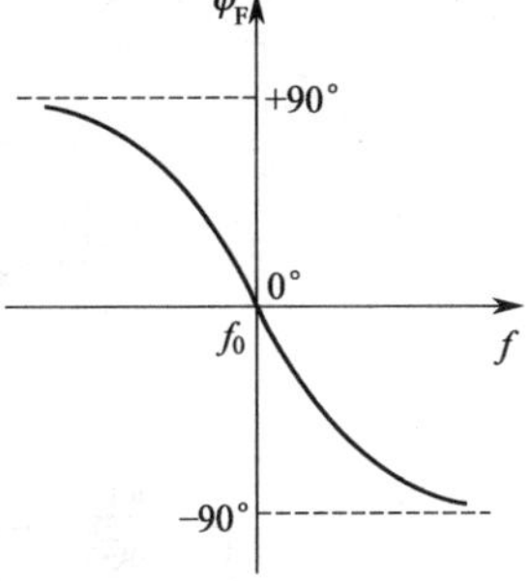

图 3-57　RC 串并联网络的频率特性曲线

因此 RC 桥式正弦波振荡电路的起振条件为

$$\dot{A}=1+\frac{R_{\mathrm{f}}}{R_1}>3 \tag{3-49}$$

$$\text{即 } R_{\mathrm{f}}>2R_1 \tag{3-50}$$

可见，只要满足式(3-49) 或式(3-50) 就可以产生振荡。起振时，由于电路存在噪声，其中也包括 $\omega=\omega_0$ 的频率成分。这些噪声信号经过放大，再经过正反馈的选频网络，使输出幅度越来越大，最后由于电路中非线性元件的限制，使振荡幅度自动稳定下来。起振时，

$\dot{A}=1+\dfrac{R_f}{R_1}$略大于 3，达到稳幅振荡时$\dot{A}=1+\dfrac{R_f}{R_1}=3$。

（4）稳幅措施

稳幅可以采用非线性元件，如热敏电阻、半导体二极管和稳压管、场效应管等，来自动稳定输出电压的幅度。

在 RC 桥式振荡电路中，采用热敏电阻稳幅通常有两种方法。一是用一个具有负温度系数的热敏电阻来代替 R_f。当输出电压最大时，流过 R_f 上电流增大，即温度升高，R_f 的阻值减小，放大电路的增益下降，使输出电压下降。反之，当输出电压下降时，通过热敏电阻的自动调节作用，也会使输出电压自动增大。二是采用正温度系数的电阻代替 R_1，也可实现自动稳幅。

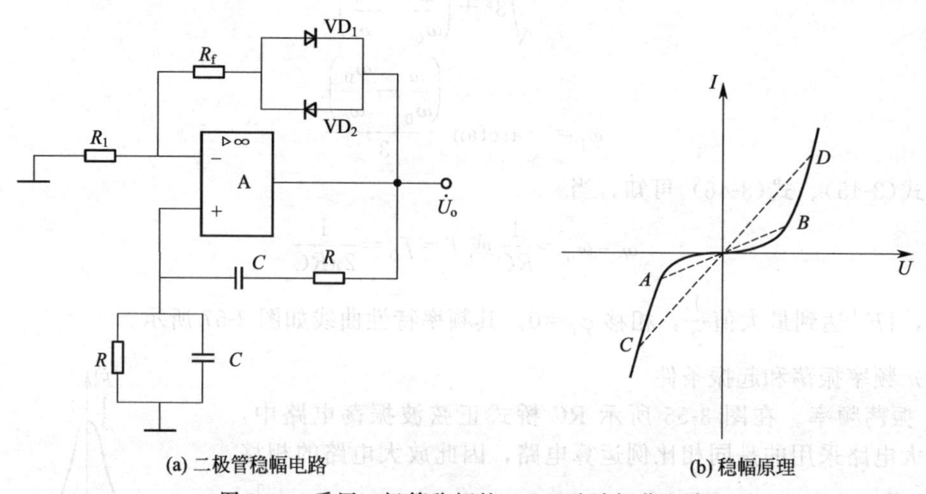

图 3-58　采用二极管稳幅的 *RC* 正弦波振荡电路

采用二极管稳幅的电路如图 3-58(a) 所示，图中在 R_f 两端并联两只二极管 VD_1、VD_2

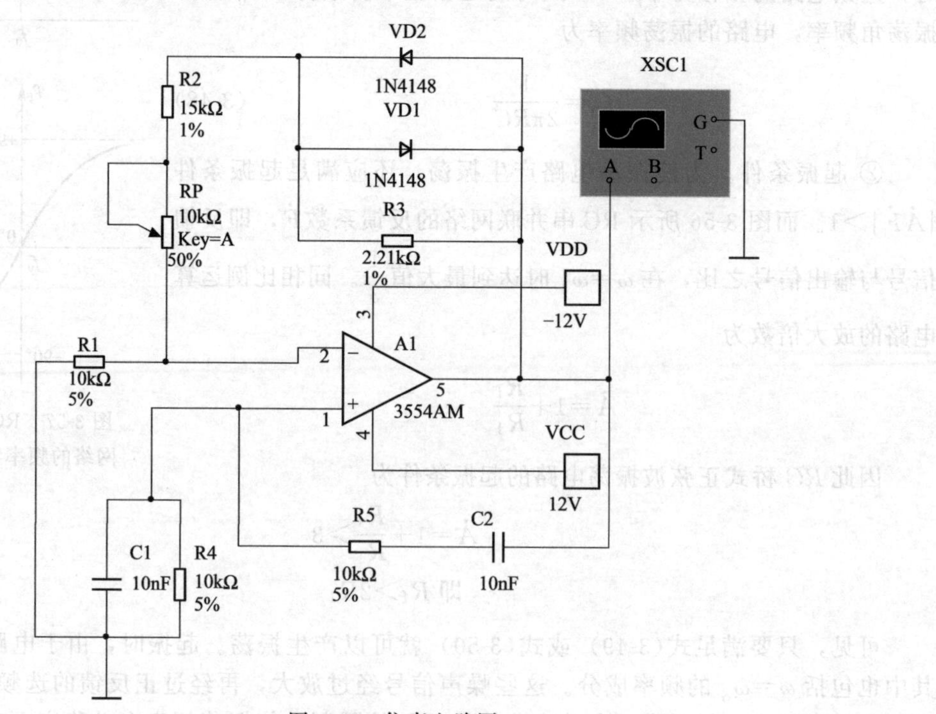

图 3-59　仿真电路图

用来稳定振荡器的输出 u_o。当输出幅度较小时，流过二极管的电流也较小，设相应工作点位置在 A、B 处，如图 3-58(b) 所示，此时二极管的等效电阻（直线 AB 的斜率倒数）较大，相应的放大电路增益也较大。当振荡达到一定幅度后，流过二极管的电流增大，设工作点位置到达 C、D 处，此时二极管的等效电阻减小，增益下降，达到稳幅的目的。

仿真电路如图 3-59 所示，启动仿真开关，双击 XSC1 双踪示波器，调节时基控制刻度为 500μs/div，调节电位器 R_P 的阻值，当增大 R_P 电阻百分比至一定时，电路不能振荡。百分比约为 65%时，电路能振荡且输出波形较好，如图 3-60(a) 所示。当减小 R_P 电阻百分比至 30%时，输出波形产生严重失真，如图 3-60(b) 所示。

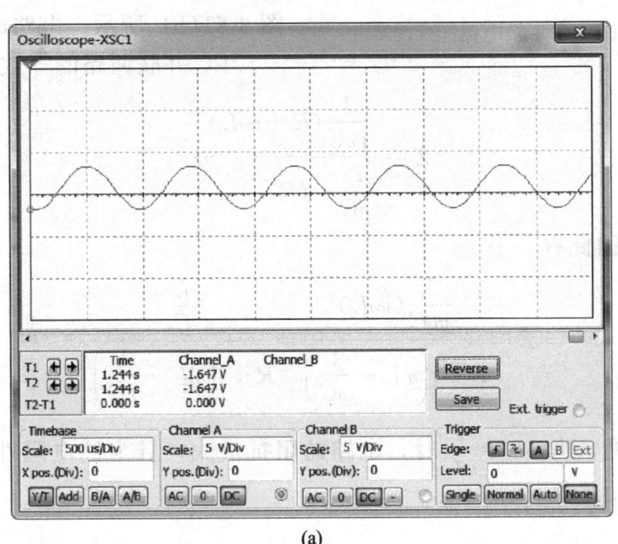

(a)

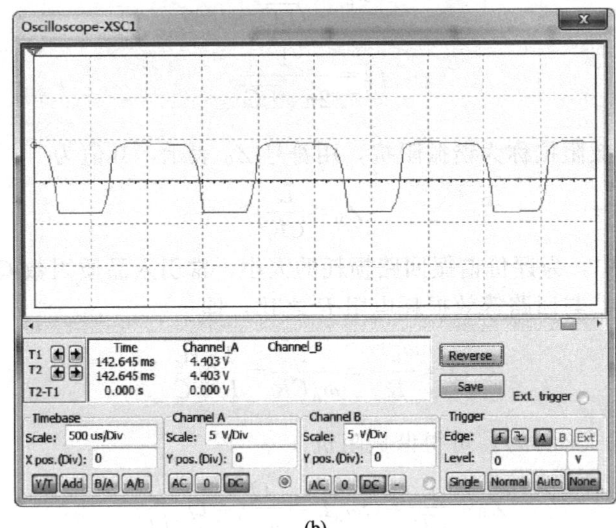

(b)

图 3-60　仿真波形图

4. LC 正弦波振荡电路

LC 正弦波振荡电路通常用来产生频率在 1MHz 以上的高频信号。其电路构成与 RC 正弦波振荡电路类似，包括放大电路、正反馈网络、选频网络和稳幅电路。这里的选频网络是由 LC 并联回路构成，因此称为 LC 正弦波振荡电路。

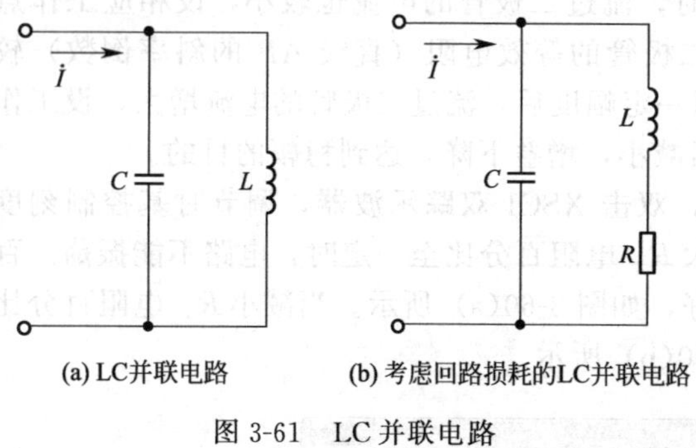

(a) LC并联电路　(b) 考虑回路损耗的LC并联电路

图 3-61　LC 并联电路

常见的 LC 正弦波振荡电路有变压器反馈式、电感三点式、电容三点式 3 种。它们都是采用 LC 并联回路构成选频网络，下面先介绍 LC 并联回路的选频特性。

(1) LC 并联回路的选频特性

图 3-61(a) 所示电路是一个 LC 并联电路，考虑到实际 LC 并联网络存在损耗，因此用电阻 R 表示回路的等效损耗电阻，如图 3-61(b) 所示。电路由电流 $\dot{I}$ 激励。

LC 并联回路的等效阻抗为

$$Z=\frac{\frac{1}{j\omega C}(R+j\omega L)}{\frac{1}{j\omega C}+(R+j\omega L)}$$

通常 $R \ll j\omega L$，因此有

$$Z\approx\frac{\frac{1}{j\omega C}(j\omega L)}{R+j\left(\omega L-\frac{1}{\omega C}\right)}=\frac{\frac{L}{C}}{R+j\left(\omega L-\frac{1}{\omega C}\right)} \tag{3-51}$$

由式(3-51) 可见，当 $\omega L=\frac{1}{\omega C}$时，电路的阻抗最大，且为纯电阻性，因此可得谐振角频率和谐振频率分别为

$$\omega_0=\frac{1}{\sqrt{LC}} \tag{3-52}$$

$$f_0=\frac{1}{2\pi\sqrt{LC}} \tag{3-53}$$

谐振时电路的等效阻抗称为谐振阻抗，用符号 Z_0 表示，其值为

$$Z_0=\frac{L}{CR} \tag{3-54}$$

在 LC 谐振回路中，为评价谐振回路损耗的大小，常引入品质因数 Q，它定义为回路谐振时的感抗（或容抗）与回路等效损耗电阻 R 之比，即

$$Q=\frac{\omega_0 L}{R}=\frac{1}{\omega_0 CR}=\frac{1}{R}\sqrt{\frac{L}{C}} \tag{3-55}$$

将式(3-55) 代入式(3-54)，可得谐振阻抗

$$Z_0=\frac{L}{CR}=Q\omega_0 L=\frac{Q}{\omega_0 C}=Q\sqrt{\frac{L}{C}} \tag{3-56}$$

一般 LC 谐振回路的 Q 值在几十到几百范围内，Q 值越大，回路的损耗越小，谐振阻抗值越大，电路的选频特性也就越好。

LC 并联回路谐振时的输入电流为

$$\dot{I}=\frac{\dot{U}}{Z_0}=\frac{\dot{U}}{Q\omega_0 L} \tag{3-57}$$

而流过电感和电容的电流为

$$|\dot{I}_L|=|\dot{I}_C|=\frac{U}{\omega_0 L}=Q|\dot{I}| \tag{3-58}$$

由于 $Q\gg1$，所以 $|\dot{I}_L|\approx|\dot{I}_C|\gg|\dot{I}|$，说明谐振时 LC 并联回路的电流比输入电流大很多。

综上所述。谐振时 LC 并联回路的阻抗最大，且为纯电阻性，电路的相移也为零。因此可以画出 LC 并联回路的幅频特性和相频特性曲线，如图 3-62 所示。

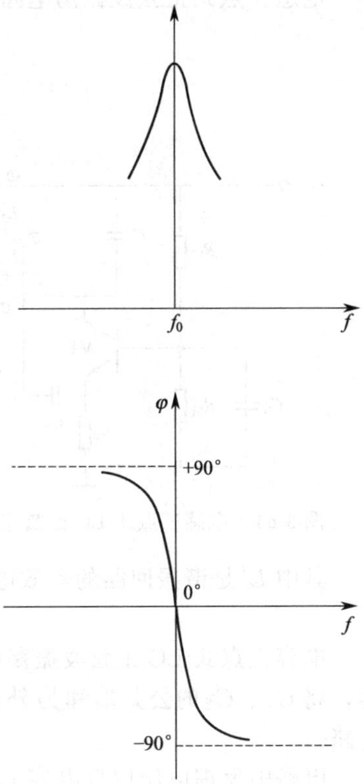

(2) 变压器反馈式 LC 正弦波振荡电路

变压器反馈式 LC 正弦波振荡电路如图 3-63 所示。图中正弦波振荡电路由放大、选频和反馈部分等组成。选频网络由 LC 并联电路组成，反馈由变压器绕组 L_2 来实现。因此称为变压器反馈式振荡电路。

首先分析电路是否满足振荡的相位的平衡条件，用瞬时极性法来判断。在放大电路输入端（即反馈信号的引入处）假设一个输入信号的瞬时极性，如果反馈信号的瞬时极性与输入信号的瞬时极性一致，则为正反馈，满足相位平衡条件。在图 3-63 所示电路中，假设三极管的基极瞬时极性为"＋"，则集电极电位与基极相反，为"－"极性，再根据变压器的同名端可以判断出 L_2 绕组上端瞬时极性为"＋"，即反馈电压 $\dot{U}_f$ 与输入电压 $\dot{U}_i$ 同相。因此电路满足相位平衡条件。

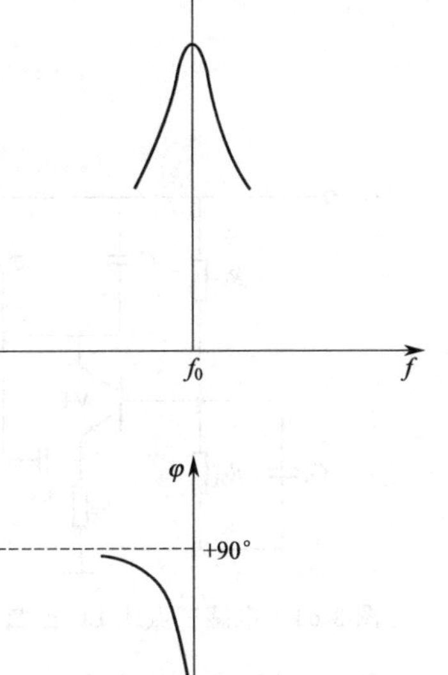

图 3-62　LC 并联电路的幅频特性和相频特性

从相位平衡条件的分析过程中可以看出，只有谐振频率为 f_0 的信号才满足振荡的相位平衡条件，所以该电路的振荡频率就是 LC 回路的谐振频率，即

$$f_0=\frac{1}{2\pi\sqrt{LC}} \tag{3-59}$$

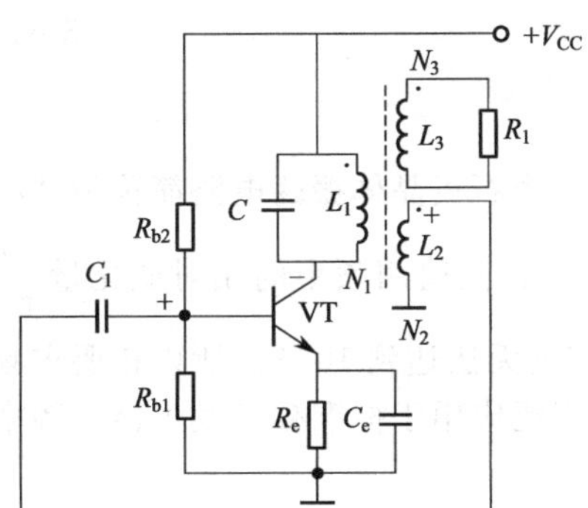

图 3-63　变压器反馈式 LC 正弦波振荡电路

振荡电路的起振条件是 $\dot{U}_f>\dot{U}_i$，通过调整反馈线圈的匝数可以改变反馈信号的强度，以使正反馈的幅度条件得以满足。可以证明，振荡电路的起振条件为

$$\beta>\frac{r_{be}RC}{M} \tag{3-60}$$

式中，M 为绕组 N_1 和 N_2 之间的互感；R 是折合到谐振回路中的等效损耗电阻。

(3) 三点式 LC 正弦波振荡电路

三点式正弦波振荡电路有电感三点式和电容三点式两种，它们都是以 LC 回路为选频网络，在谐振回路中有 3 个引出端，分别接到三极管的 e、b、c 这 3 个电极上，因此称为三点式振荡电路。

电感三点式 LC 正弦波振荡电路如图 3-64 所示。电感线圈 L_1 和 L_2 是一个线圈，②点是中心抽头，电感线圈 3 个引出端分别接到三极管的 3 个电极上，因此称为电感三点式振荡电路。

图 3-64 中反馈电压取自 L_2 两端，反馈信号接至三极管的发射极，因此放大电路为共基极接法。用瞬时极性法可以判断，电路满足相位平衡条件。

电感三点式正弦波振荡电路的振荡频率为

$$f_0=\frac{1}{2\pi\sqrt{L'C}} \tag{3-61}$$

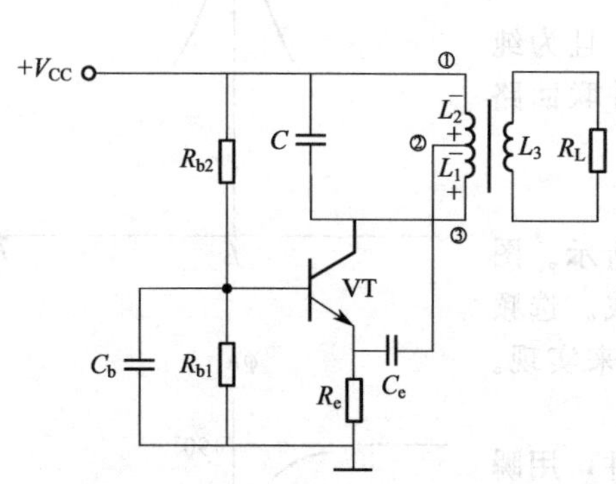

图 3-64　电感三点式 LC 正弦波振荡电路

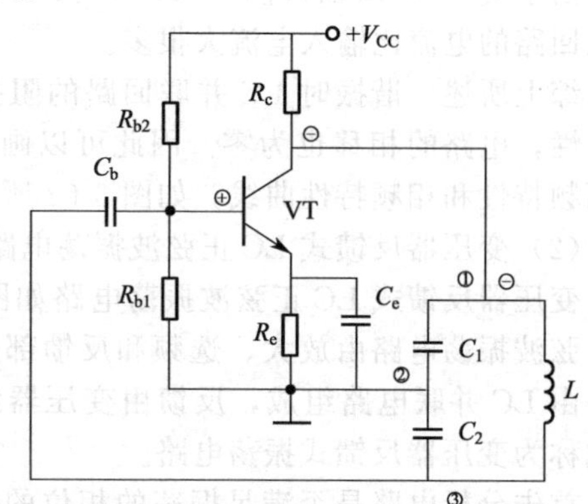

图 3-65　电容三点式 LC 正弦波振荡电路

其中 L' 是谐振回路的等效电感，其值为

$$L'=L_1+L_1+2M \tag{3-62}$$

电容三点式 LC 正弦波振荡电路如图 3-65 所示，它用两个电容 C_1 和 C_2 作为谐振回路电容，将 C_1、C_2 的公共端和另外两端分别接到三极管的 3 个电极上，构成电容三点式振荡电路。

电路中反馈电压取自电容 C_2 两端的电压，反馈信号加到三极管的基极，集电极输出，因此放大电路为共射极接法。用瞬时极性法判断，电路满足相位平衡条件。

电容三点式正弦波振荡电路的振荡频率为

$$f_0=\frac{1}{2\pi\sqrt{LC'}} \tag{3-63}$$

其中 C' 是谐振回路的等效电容，其值为

$$C'=\frac{C_1C_2}{C_1+C_2} \tag{3-64}$$

(4) 石英晶体振荡电路

我们知道，石英表计时非常准确，这是因为它内部有一个石英晶体振荡电路简称为“晶振”。和一般 LC 振荡电路比较，晶振具有极高的频率稳定性，其值用频率的相对变化量 $\frac{\Delta f}{f_0}$ 表示，可达 $10^{-11}\sim10^{-9}$。而一般 LC 振荡电路的频率稳定度无法达到 10^{-5}。所以在要求频率稳定度高的场合，常采用石英晶体振荡电路，例如，它广泛应用于标准频率发生器、频率计、电话、电视、计算机设备中。

图 3-66　石英晶体的符号

① 石英晶体的基本特性

a. 结构。将二氧化硅（SiO_2）结晶体按照一定的方向切割成很薄的晶片，再将晶片两个对应的表面抛光和涂敷银层，并作为两个极引出管脚，加以封装，就构成石英晶体振荡器。其符号如图 3-66 所示。

b. 石英晶体的压电效应。如果在石英晶体上加一个交变电压（电场），晶片就会产生与该交变电压频率相似的机械变形振动。而晶片的机械振动，又会在其两个电极之间产生一个交变电场，这种现象称为压电效应。在一般情况下，这种机械振动和交变电

场的幅度是极其微小的，只有在外加交变电压的频率等于石英晶片的固有振荡频率时，振幅才会急剧增大，这种现象称为压电谐振。石英晶片的振荡频率取决于晶片的几何形状和切片方向，体积越小，一般谐振频率越高。

c. 等效电路。石英晶体的压电谐振等效电路和 LC 谐振回路十分相似，其谐振电路如图 3-67 所示。图中，C_0 表示家属极板之间的电容，约几个皮法到几十皮法，R 是模拟晶体振动时的摩擦损耗，其等效值很小，约几欧到几百欧。所以，回路品质因数 $Q\left(Q=\frac{1}{R}\sqrt{\frac{L}{C}}\right)$ 很大，可达 $10^4\sim10^6$，使得振荡频率非常稳定。

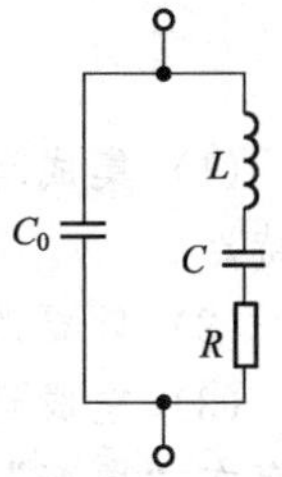

d. 谐振频率和谐振曲线。图 3-68 是石英晶体振荡器的电抗-频率特性曲线，它具有两个谐振频率 f_s 和 f_p，这两个频率非常接近，当 $f_s<f<f_p$ 时，石英晶体呈感性，在其余频率范围内，均呈容性。

图 3-67　石英晶体的等效电路

② 石英晶体振荡电路　石英晶体振荡电路的基本形式有串联和并联型两类。

a. 并联型石英晶体振荡电路。如图 3-69 所示电路中，利用频率在 $f_s\sim f_p$ 之间时晶体阻抗呈感性的特点，与外接电容 C_1、C_2 构成电容三点式振荡电路。石英晶体为感性元件，该电路的振荡频率 f_0 接近于 f_s，但略高于 f_s，C_1、C_2 对 f_0 的影响很小，但改变 C_1 或 C_2 可以在很小的范围内微调 f_0。

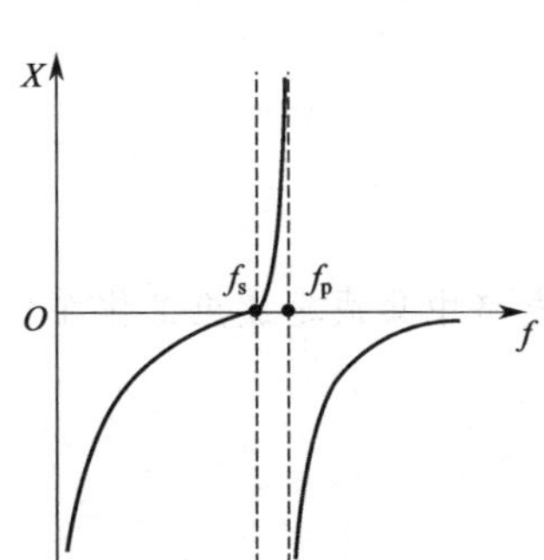

图 3-68　石英晶体振荡器的电抗-频率特性曲线

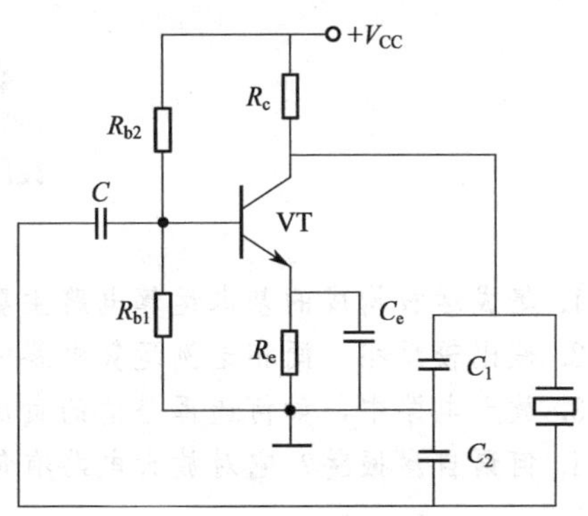

图 3-69　并联型石英晶体振荡电路

b. 串联型晶体振荡电路。如图 3-70 所示为串联型晶体振荡电路。当频率等于石英晶体的串联谐振频率 f_s 时，晶体阻抗最小，且为纯电阻，此时石英晶体和 R 串联构成的反馈为正反馈，满足相位平衡条件，且在 $f=f_s$ 时，正反馈最强，电路产生正弦振荡，所以振荡频率稳定在 f_s，图中的可变电阻 R_f 用来调节反馈量，使输出的振荡波形失真较小，且幅度稳定，对于偏离 f_s 其他信号，晶体的等效阻抗增大，且 $\varphi_F\neq0$，所以不满足振荡条件。

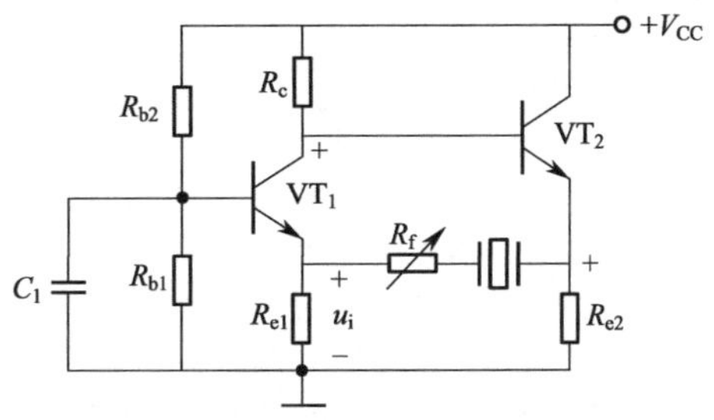

图 3-70　串联型晶体振荡电路

(1) 集成运放具有高输入阻抗、高增益、高稳定性和低输出电阻以及体积小、使用方便等特点。

(2) 只要改变运放的外部反馈元件和输入方式，就可获得各种应用电路。

(3) 集成运放的应用可分为线性应用和非线性应用。在分析运放的线性应用时，运放电路存在“虚断”和“虚短”的特点；在分析运放非线性应用时，当同相端的电压大于反相端的电压时，输出为正的饱和值，当反相端的电压大于同相端的电压时，输出为负的饱和值。

(4) 反馈就是将放大电路输出量（电压或电流）的一部分或全部，通过反馈网络送回到放大电路的输入端。反馈放大电路是由基本放大电路和反馈网络构成的闭环电路，引入反馈的放大电路称为闭环放大电路，没有引入反馈的放大电路称为开环放大电路。

放大电路中引入负反馈可以提高放大倍数的稳定性，减小非线性失真和抑制干扰、噪声、展宽频带，改变输入电阻和输出电阻。

(5) 集成运放可以构成模拟加法、减法、微分、积分等数学运算电路。

(6) 集成运放的非线性应用，可以构成电压比较器、波形整形等电路。

1. 集成运放构成的基本运算电路主要有哪些？这些电路中集成运放应工作在什么状态？
2. 试比较反相、同相比例运算电路的结构和特点。
3. 放大电路中，如何选择合适的负反馈？
4. 何谓自激振荡？它对放大电路有何影响？

第 4 章

直流稳压电源

教学目标

掌握直流稳压电源的组成。掌握稳压管稳压电路的稳压原理及分析计算。掌握串联型稳压电路的组成及稳压原理。掌握集成稳压电路的组成及稳压原理。

教学要求

能力目标	知识要点
掌握直流稳压电源的组成	掌握直流稳压电源的组成
	了解电子设备中对直流电源的要求
	了解引起直流稳压电源输出不稳定的主要原因
掌握稳压管稳压电路的稳压原理及分析计算	掌握稳压管并联稳压电路的工作原理
	掌握稳压管并联稳压电路的参数计算
	掌握稳压管的选择方法
掌握串联型稳压电路的组成及原理	掌握串联型稳压电路的工作原理
	掌握串联型稳压电路的参数计算
掌握集成稳压电路的组成及稳压原理	掌握集成稳压电路的基本应用

导读

常用小功率直流稳压电源系统由电源变压器、整流电路、滤波电路和稳压电路等四部分组成。如图 4-1 所示为直流稳压电源的框图和对应的波形图。

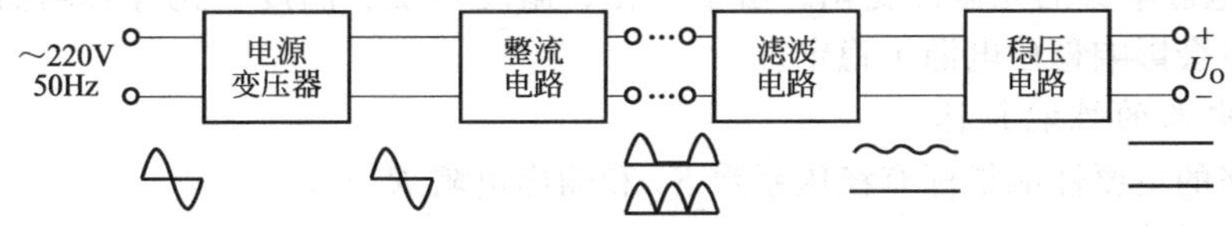

图 4-1　直流稳压电源的组成框图和对应的波形图

电源变压器是将电网电压变换成整流电路所需的交流电压；整流电路是将交流电压变换成单向脉动的直流电压；滤波电路是将单向脉动的直流电压变换成比较平滑的直流电压；稳压电路是使输出电压在电网电压波动或负载变化时均保持稳定。第 1 章里我们已经介绍过了整流电路和滤波电路，这章主要讨论各种稳压电路的工作原理和电路特点，并分析目前已获得广泛应用的集成稳压器和开关稳压电源的工作原理。

引例

所有手机充电器其实都是由一个稳定电源（主要是稳压电源，提供稳定工作电压和足够的电流）加上必要的恒流、限压、限时等控制电路构成。原装充电器（指线充）上所标注的输出参数：比如输出4.4V/1A、输出5.9V/400mA等就是指内部稳压电源的相关参数。明白了这个道理，你就会知道一个（品质好的）手机充电器很容易改成一个质量优良的稳压电源，如图4-2所示为手机充电器内部结构。比如输出4.4V可以给4.5V的设备用，5.9V的可以给6V的设备用。那如何将50Hz、220V的交流电压变为6V的直流电压？主要步骤是什么？将市场销售的6V直流电源接到收音机上，为什么有的声音清晰，有的含有交流声？要使一个有效值为5V的交流电压变成6V直流电压是否可能？变成10V直流电压呢？

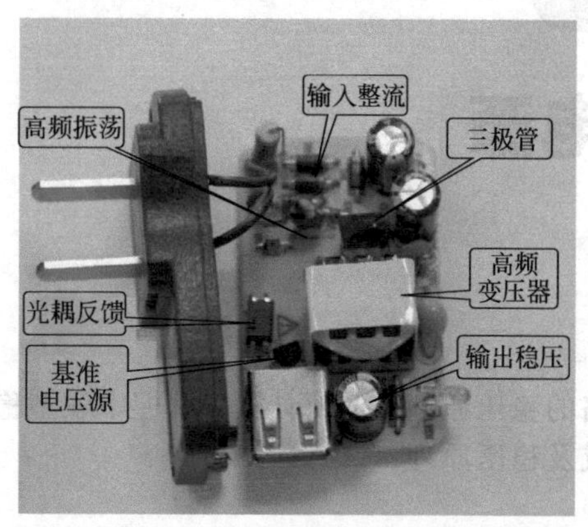

图4-2　手机充电器内部结构

4.1 稳压电路

4.1.1 直流稳压电路的性能指标

电子设备如测量仪器、电子计算机、自动控制等装置中，要求所使用的直流电源电压必须是稳定的，当然这里指的电压稳定是指变化要小到可以允许的程度，并不是绝对不变。如果电源电压不稳定会引起测量误差或电路工作不稳定、自动控制误动作，严重时甚至造成电路无法正常工作。因此了解直流稳压电源的性能指标是很有必要的。

1. 引起直流稳压电源输出不稳定的主要原因

① 交流电网输入电压不稳定。由于电网供电有高峰和低谷期存在，可能会在+10%～−10%的范围内波动，引起整流、滤波后的直流输出电压也有相同比例的波动。

② 负载电流变化。极端的情况是如果负载短路，这时输出电流极大，输出电压为零；而当负载开路，负载电流为零，输出电压为最大值，这就是说负载电阻的变化也会引起电源输出的变化。在一般情况下，负载阻抗减小，负载电流就增大，由于电源有一定内阻，所以一部分电动势就降落在内阻上，反映在输出端的现象是输出电压降低。

③ 稳压电源本身的元器件变化。由于老化、温度环境、温度变化等影响而引起其特性参数的变化也会影响稳压电源不稳定。

2. 稳压电路的性能指标

稳压电路的主要性能指标有稳压系数S_r和输出电阻R_o。

(1) 稳压系数S_r

稳压系数S_r是用来描述输入电压变化时输出电压稳定性的参数，它定义为负载一定时稳压电路输出电压U_o的相对变化量与输入电压U_i的相对变化量之比，即

$$S_r=\left.\frac{\dfrac{\Delta U_o}{U_o}}{\dfrac{\Delta U_i}{U_i}}\right|R_L=常数=\frac{U_i}{U_o}\times\left.\frac{\Delta U_o}{\Delta U_i}\right|R_L=常数 \qquad (4\text{-}1)$$

式(4-1) 中 U_i 是直流滤波后的直流电压。稳压系数 S_r 越小，表明电网电压波动时输出电压的变化越小，稳压电路的稳压性能越好。

(2) 输出电阻 R_o。

输出电阻 R_o 定义为稳压电路的输入电压一定时输出电压变化量与输出电流变化量之比，即

$$R_o=\frac{\Delta U_o}{\Delta I_o}\bigg|_{U_i=\text{常数}} \tag{4-2}$$

R_o 表明了负载电阻 R_L 对输出电压 U_o 的影响程度。

4.1.2　硅稳压管稳压电路

1. 稳压管的特性

稳压管工作在反向击穿状态时，只要反向电流不超过极限电流和极限功耗，稳压管是不会损坏的。反向电流在较大范围内变化时，稳压管两端的电压变化很小，故具有稳压性能。

2. 硅稳压管稳压电路

如图 4-3 所示为硅稳压管组成的稳压电路，R 起限流作用。由于负载与用作调整元件的稳压管并联，又称并联型稳压电路。

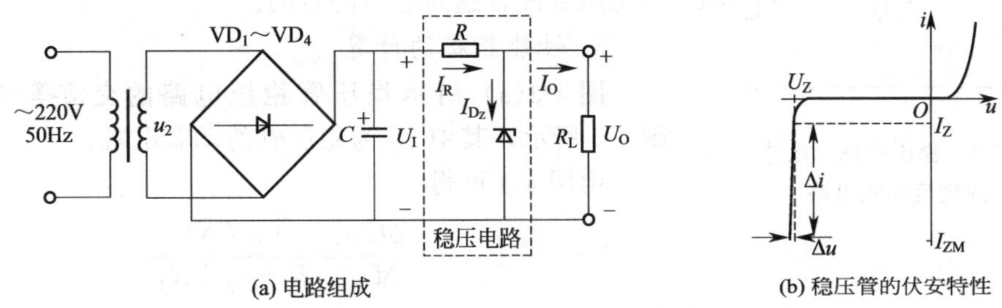

(a) 电路组成　　(b) 稳压管的伏安特性

图 4-3　硅稳压管稳压电路

由图 4-3(a) 所示电路可得稳压管稳压电路的两个基本关系式

$$U_I=U_R+U_O \tag{4-3}$$

$$I_R=I_Z+I_O \tag{4-4}$$

由图 4-3(b) 所示稳压管的伏安特性曲线可知，稳压管工作时应保证其电流在规定的范围内，即 $I_{Zmin}<I_Z<I_{Zmax}$，这样才能使输出电压保持稳定。

对稳压电路的稳压特性通常从两个方面来考查：一是电网电压波动时，其输出电压是否稳定；二是负载变化时，其输出电压是否稳定。下面分别从这两个方面讨论稳压管稳压电路的稳压原理。

在图 4-3(a) 所示电路中，当负载保持不变，电网电压升高时，稳压电路的输入电压 U_I 将随之增大，从而使输出电压 ($U_O=U_Z$) 也增大，由稳压管的伏安特性可知，当 U_Z 增大时，会导致流过稳压管的电流 I_Z 急剧增大，由式(4-4) 可知，I_R 也会随 I_Z 的增大而急剧增大，从而导致电阻 R 上的电压 U_R 也增大，由式(4-3) 可以看出，U_R 的增加会使 U_O 减小，如果电路参数选择合适，当 U_R 增大的部分与 U_I 的增量近似相等时，输出电压 U_O 就基本保持不变。上述稳压过程可以表示如下：

$$U_I\uparrow \rightarrow U_O(U_Z)\uparrow \rightarrow I_Z\uparrow \rightarrow I_R\uparrow \rightarrow U_R\uparrow \rightarrow U_O\downarrow$$

当电网电压下降，其稳压过程与上述过程相反。它们都是靠稳压管的电流调节作用，使

限流电阻 R 上电压 U_R 发生变化，从而补偿了 U_I 的变化，即 $\Delta U_R \approx \Delta U_I$，保证了输出电压 U_O 的稳定。

当电网电压保持不变，负载 R_L 减小即负载上电流 I_O 增大时，由式(4-4) 可知，I_R 也随 I_O 增大，则电阻 R 上的压降 U_R 也增大，根据式(4-3)，U_O（U_Z）将下降，由稳压管的伏安特性可知，U_Z 的下降使 I_Z 急剧减小，I_Z 的减小补偿了负载电流 I_O 的增大，所以 I_R（$=I_Z+I_O$）基本不变，电阻 R 上的电压也基本不变，从而使输出电压基本不变。其稳压过程表示如下：

$$R_L\downarrow \to I_O\uparrow \to I_R\uparrow \to U_R\uparrow \to U_O(U_Z)\uparrow \to I_Z\downarrow \to I_R(=I_Z+I_O)\downarrow \to U_O\downarrow$$

如果负载 R_L 增大即负载上电流 I_O 减小时，其稳压过程与上述过程相反。显然负载变化导致输出电流 I_O 变化时，通过稳压管的电流调节作用，只要能使稳压管的电流变化量 $\Delta I_Z=\Delta I_O$，就能使 I_R 基本不变，从而保证输出电压 U_O 基本不变。

综上所述，在稳压管稳压电路中，不论哪种原因造成的输出电压不稳定，都可以利用稳压管的电流调节作用，通过限流电阻上电压或电流的变化进行补偿，以达到稳压的目的。因此限流电阻 R 是必不可少的元件，它不仅起到了限制稳压管电流的作用，同时又与稳压管配合达到稳压的目的。

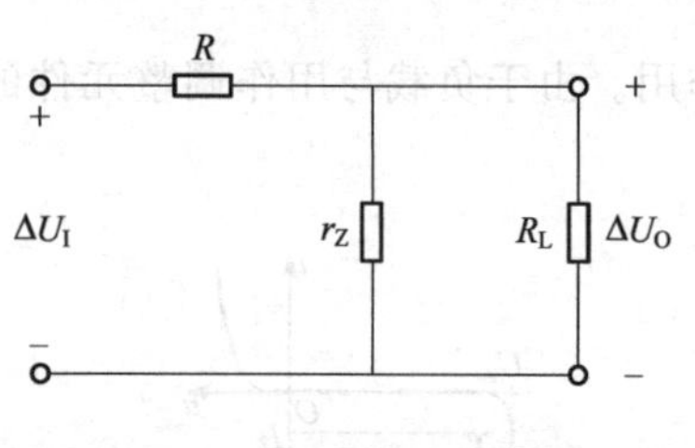

图 4-4　稳压管稳压电路的交流等效电路

3. 性能指标的计算

图 4-3(a) 所示稳压管稳压电路的交流等效电路如图 4-4 所示，其中 r_Z 为稳压管的动态电阻。

由图 4-4 可得

$$\frac{\Delta U_O}{\Delta U_I}=\frac{r_Z /\!/ R_L}{R+r_Z /\!/ R_L}$$

通常 $r_Z \ll R_L$，因而上式可简化为

$$\frac{\Delta U_O}{\Delta U_I}\approx\frac{r_Z}{R+r_Z}$$

于是得稳压系数为

$$S_r=\frac{\Delta U_O}{\Delta U_I}\times\frac{U_I}{U_O}\approx\frac{r_Z}{R+r_Z}\times\frac{U_I}{U_O} \tag{4-5}$$

由式(4-5) 可知，r_Z 越小，R 越大时，S_r 就越小，稳压效果也就越好；但是在负载及输出电压一定的情况下，R 越大，则 U_I 的取值也越大，将使 S_r 也越大；因此 R 和 U_I 必须合理搭配，才能使 S_r 尽可能小。

由图 4-4 所示电路可得稳压管稳压电路的输出电阻为

$$R_o=\frac{\Delta U_O}{\Delta I_O}=R /\!/ r_Z \tag{4-6}$$

当 $r_Z \ll R$ 时，输出电阻近似为

$$R_o\approx r_Z \tag{4-7}$$

4. 限流电阻 R 的选择

限流电阻的选择条件就是在电网电压波动或负载变化时，使稳压管的工作状态始终在稳压工作区内，即 $I_{Zmin}<I_Z<I_{Zmax}$。设电网电压波动时，整流滤波电路输出电压 U_I 的变化范围是 $U_{Imin}\sim U_{Imax}$；负载变化引起的输出电流变化范围是 $\frac{U_Z}{R_{Lmax}}\sim\frac{U_Z}{R_{Lmin}}$。

由图 4-3(a) 所示电路可以得出

$$I_R=\frac{U_I-U_Z}{R} \tag{4-8}$$

$$I_Z=I_R-I_O \tag{4-9}$$

将式(4-8) 代入式(4-9) 得

$$I_Z=\frac{U_I-U_Z}{R}-I_O \tag{4-10}$$

当电网电压最低（即 U_I 最低）且负载电流 I_O 最大时，流过稳压管的电流最小，但其值不能低于 I_{Zmin}，因此有

$$I_Z=\frac{U_{Imin}-U_Z}{R}-\frac{U_Z}{R_{Lmin}}>I_{Zmin} \tag{4-11}$$

当电网电压最高（即 U_I 最高）且负载电流 I_O 最小时，流过稳压管的电流最大，但其值不能高于 I_{Zmax}，因此有

$$I_Z=\frac{U_{Imax}-U_Z}{R}-\frac{U_Z}{R_{Lmax}}<I_{Zmax} \tag{4-12}$$

由式(4-11) 和式(4-12) 可得限流电阻 R 的选择范围是

$$\frac{U_{Imax}-U_Z}{R_{Lmax}I_{Zmax}+U_Z}R_{Lmax}<R<\frac{U_{Imin}-U_Z}{R_{Lmin}I_{Zmin}+U_Z}R_{Lmin} \tag{4-13}$$

【例 4-1】 设计一个桥式整流、电容滤波的硅稳压管并联稳压电源，具体参数指标为：输出电源 $U_O=6V$，负载电阻 R_L 范围为 1kΩ 至∞，电网电压波动范围为±10%。

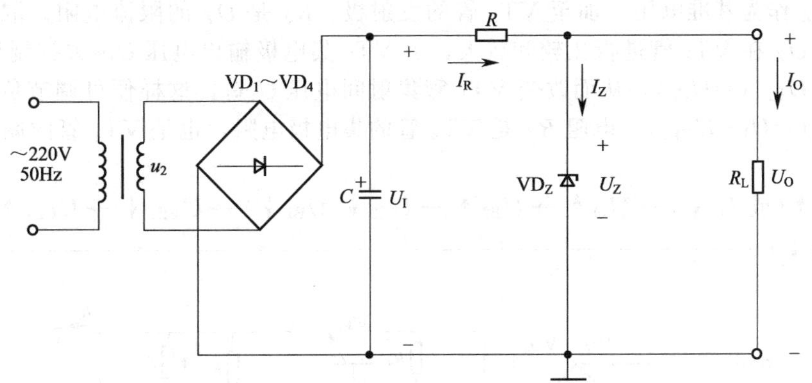

图 4-5 硅稳压管稳压电路

解：(1) 电路如图 4-5 所示，先确定输入电压。

$U_I=(2\sim3)U_O=(2\sim3)\times6V=12\sim18V$，选取 16V

则变压器二次侧电压有效值取 $U_2=15/1.2\approx13V$

(2) 选定稳压管的型号

根据 $U_Z=U_O=6V$ $I_{DZM}=(2\sim3)I_{OMAX}=[(2\sim3)\times6]mA=12\sim18mA$

查手册，选稳压管 2CW54，其 $U_Z=5.5\sim6.5V$，$I_Z=10mA$，$R_Z<30\Omega$，$I_{DZmax}=38mA$

也可选稳压管 IN73，其 $U_Z=5.88\sim6.12V$，$R_Z\leqslant8\Omega$，$P_{ZM}=U_ZI_{DZM}\approx6\times0.018<0.5W$ 均能满足要求。

(3) 确定限流电阻 R

$$\frac{U_{Imax}-U_O}{I_{Zmax}}<R<\frac{U_{Imix}-U_O}{I_{Omax}+I_{Zmin}}$$

$$得\frac{16\times1.1-6}{38}<R<\frac{16\times0.9-6}{6+10}$$

$$0.31\text{k}\Omega<R<0.53\text{k}\Omega$$

取系列标称值 $R=470\Omega$

计算限流电阻功率 $P_R\geqslant\frac{(16\times1.1-6)^2}{470}\text{W}=0.286\text{W}$

选用 470Ω 金属膜电阻器（额定功率为 0.5W），即型号为 RJ470Ω(1/2)W 的电阻。

4.1.3 串联型稳压电路

1. 基本电路和原理

如图 4-6 所示为串联型稳压电路的结构框图，如图 4-7 所示为串联反馈型稳压电路，由电阻 R_1、R_W 和 R_2 组成取样电路；U_Z 为基准电压；VT_2 和 R_4 为比较放大电路；VT_1 管组成调整电路等四部分组成。由于负载 R_L 与调整元件 VT_1 串联，故称为串联型稳压电路。而输出电压 U_O 是从射极电阻 R_L 取得，故 VT_1 为射极输出器电路结构，具有输出电阻小、输出电压稳定的特点。

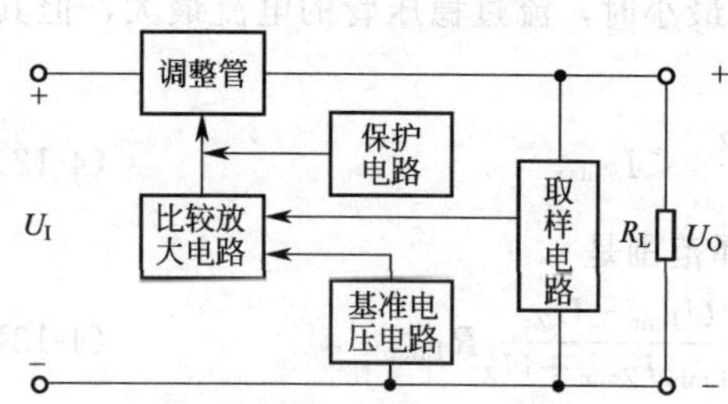

图 4-6　串联型稳压电路的原理框图

取样电路从输出端取出部分电压 U_{B2}，作为取样电压加至 VT_2 管的基极。稳压管 VD_Z 以其稳定电压 U_Z 作为基准电压，加至 VT_2 管的发射极。R_3 是 D_Z 的限流电阻。取样电压 U_{B2} 与基准电压 U_Z 在 VT_2 管进行比较和放大，由 VT_2 集电极输出电压 U_{C2} 去控制调整管 VT_1 的基极电压 U_{B1}（$=U_{C2}$），从而改变 VT_1 管集射间电压 U_{CE1}，这样便可调节负载 R_L 两端的电压 U_O（$=U_I-U_{CE1}$）。电阻 R_4 是 VT_2 管的集电极电阻，也是 VT_1 管的偏置电阻。其稳压过程：

$$U_I\uparrow(\text{或 }I_O\downarrow)\rightarrow U_O\uparrow\rightarrow U_{B2}\uparrow\rightarrow U_{C2}\downarrow(U_{B1}\downarrow)\rightarrow U_{BE1}\downarrow\rightarrow U_{CE1}\uparrow\rightarrow U_O\downarrow$$

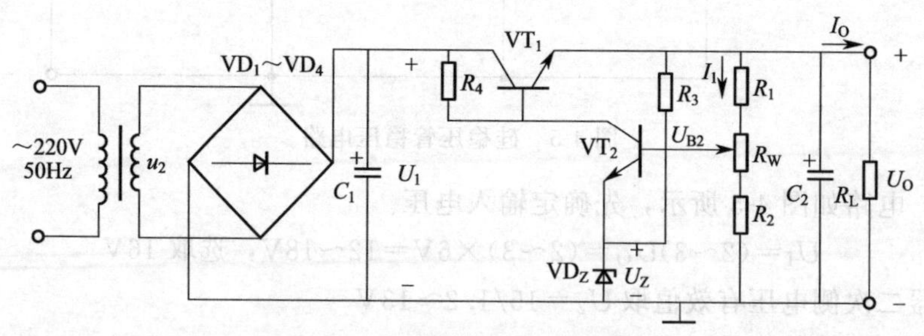

图 4-7　串联反馈型稳压电路

2. 输出电压的调节

该电路的输出电压在一定范围内可以用取样电阻 R_W 来调节。根据上述稳压原理分析，在 R_W 滑动触点移到最上端，这时输出电压达到最小值；在 R_W 滑动触点移到最下端，这时输出电压达到最大值。具体分析如下。

调节取样电路中电位器的滑点位置，可改变输出电压 U_O 的值。U_O 的调节范围，可根据取样电路的分压关系计算。

$$U_{BE2}+U_Z=U_{B2}=U_O\frac{R_2+R'_W}{R_1+R_W+R_2}$$

一般 $U_Z \gg U_{BE2}$，故有 $U_O \approx U_Z\frac{R_1+R_W+R_2}{R_2+R'_W}$

当调节电位器使 $R'_W=0$ 时，输出电压最大：

$$U_O=U_{O(max)}=U_Z\frac{R_1+R_W+R_2}{R_2} \tag{4-14}$$

当 $R'_W=R_W$，输出电压最小：

$$U_O=U_{O(min)}=U_Z\frac{R_1+R_W+R_2}{R_2+R_W} \tag{4-15}$$

串联反馈型稳压电路由于采用电压调整三极管、取样比较放大器，所以输出电流较大，稳压精度较高，并且输出电压可以连续调节，但电路复杂，要求输出电流大的稳压电源，为了提高控制灵敏度，往往采用复合管作调整管。

3. 用集成运放组成比较放大器的串联稳压电路

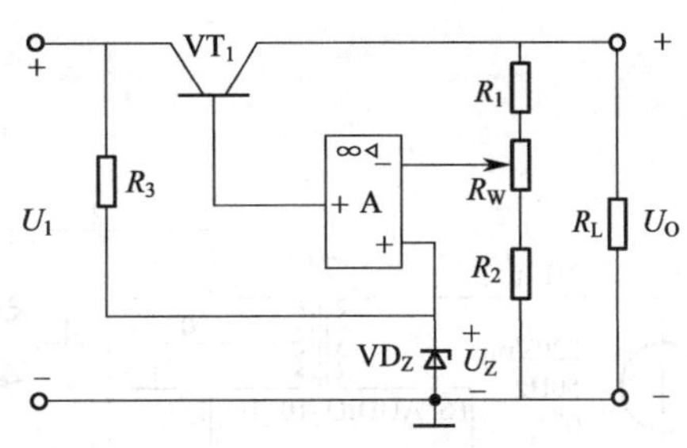

图 4-8 以运放作为比较放大器的串联稳压电路

如图 4-8 所示为以运放作为比较放大器的串联稳压电路。基准电压 U_Z 为同相输入端的信号，输出电压 U_O 经取样电路分压后的电压 U_F 作为反相输入端的反馈信号。U_F 与 U_Z 经运放比较放大后输出，再去控制调整管 VT_1 的基极电位 U_{B1} 和调整管 VT_1 管的管压降 U_{CE1}，使输出电压 U_O 稳定。

4.2 集成稳压电路

随着集成工艺的发展，集成稳压器应运而生。它具有体积小、可靠性高、使用调节方便、价格低廉等一系列优点，得到广泛的应用。集成稳压器按输出电压是否可调，分为固定式和可调式两种，本节主要介绍固定式集成稳压器。目前使用的集成稳压器大多只有 3 个端子，称为三端集成稳压器。

固定式三端集成稳压器有 3 个引脚：输入端、输出端和公共端。它的产品有输出正电压的 W7800 系列和输出负电压的 W7900 系列，其型号的后两位数字表示输出电压的数值。例如，W7805 表示输出电压为＋5V，W7912 表示输出电压为－12V，它们的输出电流都是 1.5A。同类产品还有 W78M00、W79M00 系列，输出电流为 0.5A；W78L00 和 W79L00 系列，输出电流为 0.1A。三端集成稳压器的外形和电路符号如图 4-9 所示。

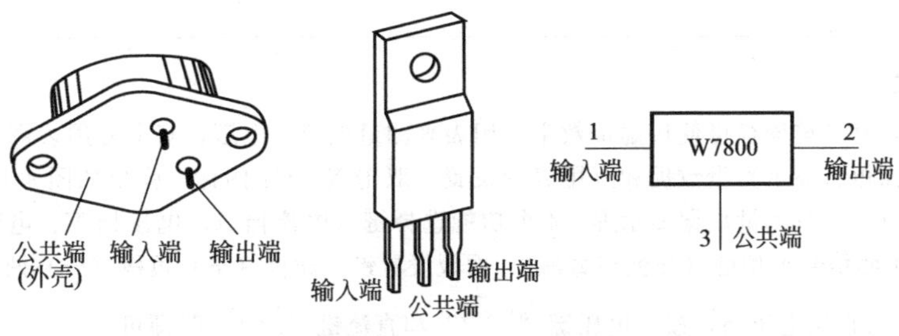

图 4-9 三端集成稳压器的外形和电路符号

4.2.1 集成稳压器的基本应用电路

三端集成稳压器的基本应用电路如图 4-10 所示。整流滤波后的直流电压 U_I 接在输入端，公共端接地，输出端得到的是稳定的电压 U_O。其中电容 C_1 在输入引线较长时抵消其电感效应；C_2 用来改善负载的瞬态效应，即瞬时增减负载电流时减小输出电压的脉动。

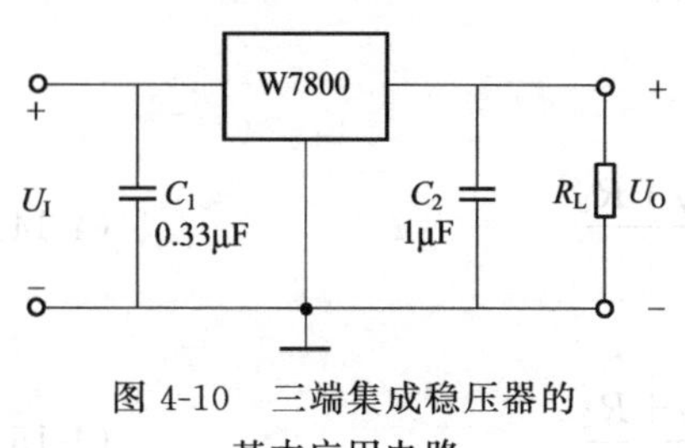

图 4-10 三端集成稳压器的基本应用电路

运用 LM7805 组成三端集成稳压器，用仿真软件构建仿真电路，如图 4-11 所示，在输入端加入幅值 u_i = 220V、频率为 50Hz 的交流电，用虚拟万用表测量输出电压值，如图 4-12 所示。

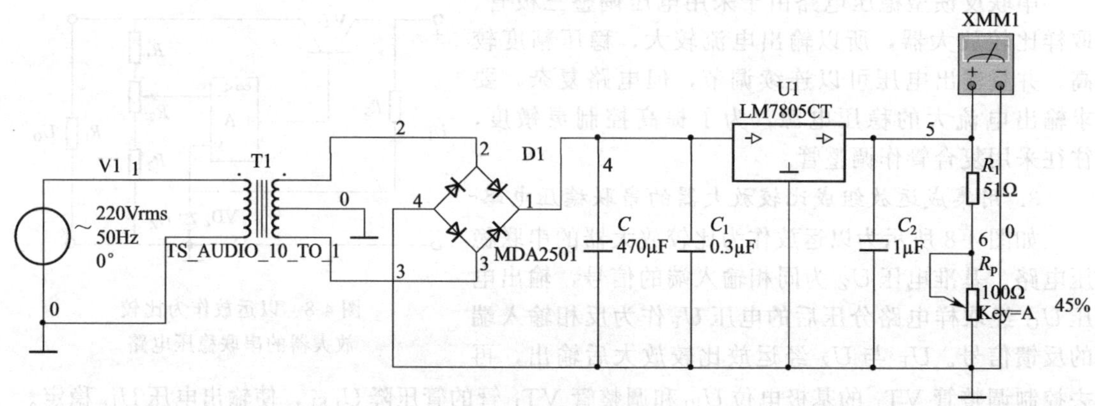

图 4-11 仿真电路图

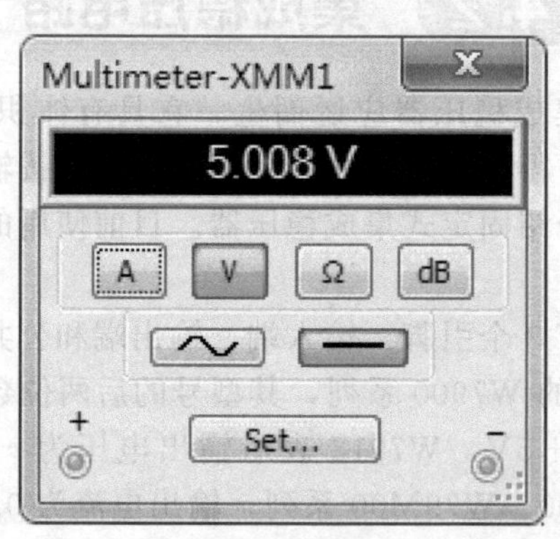

图 4-12 仿真数据图

知识链接

Multisim12 仿真环境同样可使用虚拟数字万用表来测量电流、电压，双击万用表图标，即可弹出数字万用表面板，面板将显示测量数据和万用表的设置。双击 XMM1 图标，弹出如图 4-13 所示的万用表面板，从面板上可见：有测量数据显示屏、4 个功能选择键（电流挡 A、电压挡 V、电阻挡 Ω、电压损耗分贝挡 dB）、被测信号类型键（交流和直流）、面板设置键、正极（+）负极（−）两个引线端。将万用表 XMM1 设置为直流电压挡，按下电压键“V”和直流键“—”即可。

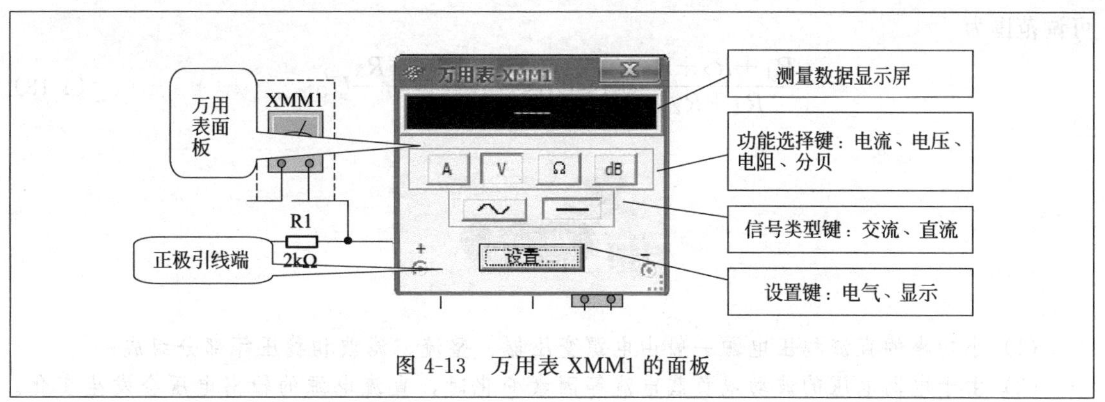

图 4-13　万用表 XMM1 的面板

4.2.2　扩大输出电流的电路

W7800 系列的最大输出电流是 1.5A，如果要输出更大的电流，可以外接大功率晶体管以扩大输出电流，其电路如图 4-14 所示。

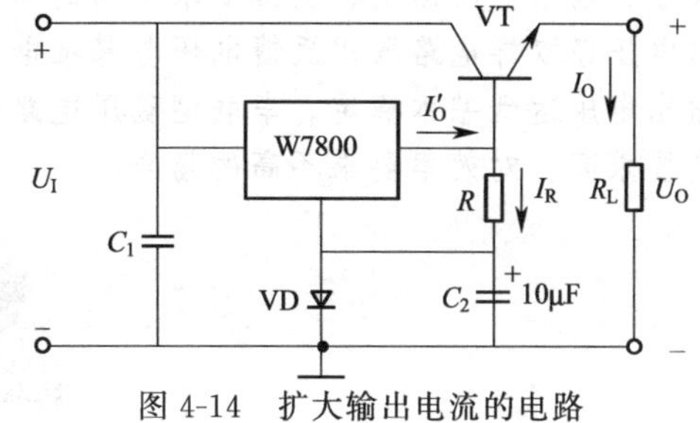

图 4-14　扩大输出电流的电路

设三端稳压器的输出电流为

$$I_O=(1+\beta)(I'_O-I_R) \qquad (4\text{-}16)$$

设三端稳压器的输出电压 U'_O，则稳压电路的输出电压为 $U_O=U'_O+U_D-U_{BE}$，当$U_D=U_{BE}$时，$U_O=U'_O$。二极管 D 的作用是消除 U_{BE}对输出电压的影响。

4.2.3　输出电压可调的电路

W7800 系列是固定电压输出的集成稳压器，如果外接电阻可使输出电压可调，输出电压可调的电路如图 4-15 所示。

设三端稳压器的公共端电流为 I_W，电阻 R_1上电压即为三端稳压器的输出电压 U'_O，则稳压电路的输出电压为

$$U_O=\left(1+\frac{R_2}{R_1}\right)U'_O+I_WR_2 \qquad (4\text{-}17)$$

可见，改变 R_2 的阻值就可以改变输出电压的大小。式中的 I_W 是稳压器的一个参数，其值变化时会影响到输出电压，因此实用电路中常用电压跟随器将稳压器与取样电阻隔离，其电路如图 4-16 所示。

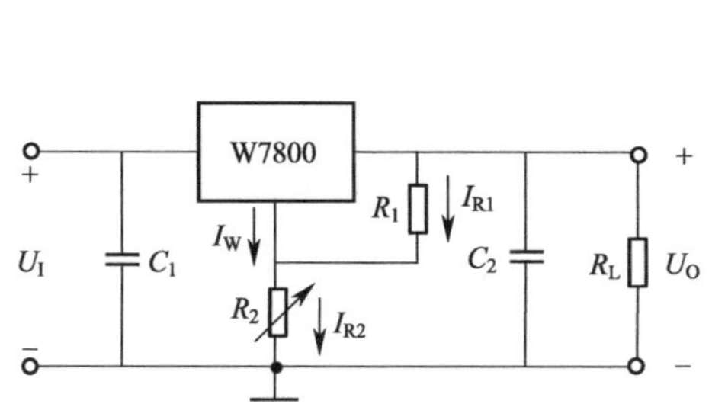

图 4-15　输出电压可调的电路

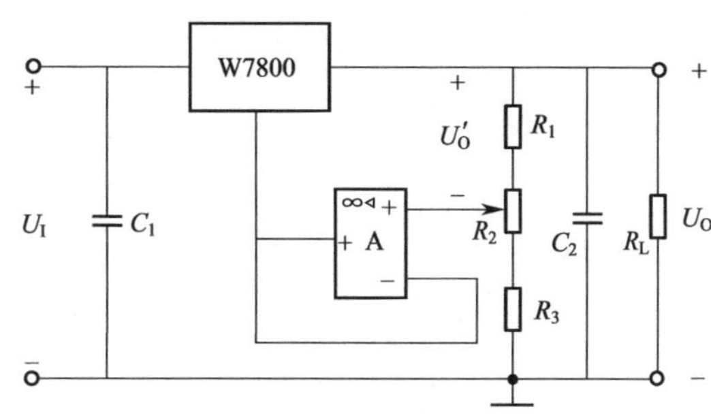

图 4-16　输出电压可调的实用稳压电路

三端稳压器的输出电压 U'_O 为电阻 R_1和 R_2滑动端以上部分电压之和，因此输出电压的

可调范围为

$$\frac{R_1+R_2+R_3}{R_1+R_2}U'_O \leqslant U_O \leqslant \frac{R_1+R_2+R_3}{R_1}U'_O \tag{4-18}$$

(1) 小功率的直流稳压电源一般由电源变压器、整流、滤波和稳压等部分组成。

(2) 由于电网电压的波动或负载电流等因素变化时，直流电源的输出电压会发生变化。稳压电路的作用是保证输出电压稳定，使输出电压变化减小到允许的程度。稳压电源的性能指标是衡量电源的稳定度的重要技术指标。

(3) 硅稳压管并联稳压电路利用硅稳压管的稳压特性来稳定负载电压，适用于输出电流较小、输出电压固定、稳压要求不高的场合。串联型稳压电路中，调整管与负载相串联，输出电压经取样电路取出反馈电压与基准电压比较、放大后去控制调整管进行负反馈调节，使输出电压达到基本稳定。串联型稳压电路输出电流较大，输出电压可以调节，适用于稳压精度要求高、对效率要求不高的场合。

1. 串联型稳压电压由哪几部分组成？各组成部分的作用如何？

2. 三端集成稳压器有何主要特点？

3. 开关型稳压电源有哪些主要优点？开关型稳压电源主要由哪几部分组成？各组成部分的作用是什么？

数字电子技术篇

第5章

组合逻辑电路

教学目标

熟悉数字电路的分析、设计工具，即逻辑代数基础以及数制和编码，掌握组合逻辑电路的特点、分析和设计方法，熟悉常用的组合逻辑电路比如编码器、译码器、数据选择器和数据分配器等电路的工作原理、逻辑功能和典型应用，明确课程学习目标，知道课程学习内容，熟悉课程学习要求，会制订课程学习计划及确立个人学习目标。

教学要求

能力目标	知识要点
熟悉数字逻辑的基础知识	认识计数制与码制
	熟悉逻辑代数基础知识
	掌握逻辑函数的建立及其表示方法
	掌握逻辑函数的化简
掌握集成逻辑门的逻辑功能和使用方法	熟悉基本逻辑门电路的系列
	掌握集成逻辑门电路的逻辑功能和使用方法
掌握组合逻辑电路的分析与设计方法	掌握组合逻辑电路的分析方法
	掌握组合逻辑电路的设计方法
掌握常用组合逻辑功能器件及其应用	熟悉常用组合逻辑功能器件工作原理、逻辑功能、特点
	掌握常用组合逻辑功能器件应用

导读

随着科学技术的发展，数字设备正在逐渐取代模拟设备。因此，研究数字电子技术、设计新的数字设备就显得尤为重要。与模拟电路相比数字电路具有以下特点：二极管、三极管均工作在开关状态；基本单元电路只有0和1两个状态，单元电路简单 ；分析和设计应用的主要工具是逻辑代数；可形成大规模集成、速度快、功耗低、可编程。由于具有上述的特点，数字电路在电子计算机、自动控制、数字化仪表、通信、雷达、数字化家电等领域都得到了广泛应用。

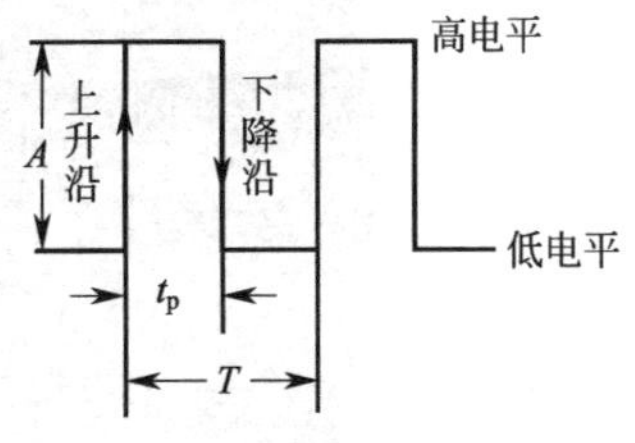

图 5-1　数字信号的主要参数

和模拟信号一样，数字信号也有其特征参数，如图5-1所示。A 称为脉冲幅度，t_P称为脉冲宽度，T 称为脉冲周期，每秒交变周数 f 称为脉冲频率，脉冲宽度 t_P与脉冲周期 T 之比称为占空比。脉冲由低电平跃变为高电平的一边称为上升沿，脉冲由高电平跃变为低电平的一边称为下降沿。

引例

伴随着医疗事业的飞速发展和医疗体制改革的不断深化，医院之间的竞争日趋激烈，越来越多的人需要迅捷、方便地得到医院各种各样的医疗服务，这使得衡量一个医院的综合水平的高低，不再仅仅局限于软硬件的建设上，更要比服务。如何利用先进的信息技术为医院服务，谋求适合现在社会需求的客户服务系统，更大程度地提高医院的服务质量及利润，从而赢得良好的声誉，是医院信息化建设中的一个重要着眼点。

病房呼叫系统就是提高医院服务质量的必备设备之一，便捷的呼叫系统节约了大量的人力、财力。对医务人员而言，不需要时刻去查房、巡逻，更不需要高声应答病人或家属，免去了无数次的来回奔波，维护了医院良好的安静环境，及时而准确地给病人带来需要和服务。对病人及其家属而言，不必在医院大声喧哗地呼叫医务人员，也不用亲自走到护士房告知护士，更不用在各个病房到处寻找护士。

即使病人在没有家属陪伴的情况下，也能及时呼叫得到护理。只需轻轻一按手边的按钮，就能传达呼叫的信号。护士只要在护士站通过显示屏就能听到声光报警信号，看到呼叫的房间床位号，便能立刻赶往病房去查看和护理。

为此，设计一种简单实用、安全可靠、性能稳定具有良好性价比的病房呼叫系统，作为医院内医护人员与病人沟通的不可或缺的设备，有利于提高医院管理水平和服务水平，具有良好的经济和社会效益。

图 5-2 是一种简单的中规模数字集成电路设计制作的病房呼叫器，可监控 8 个病房房间，室内设有紧急呼叫开关，同时在护士值班室设有一个数码显示管，可对应显示病室的呼叫号码。当有病人进行呼叫时，系统会自动先处理具有优先级别的病房的编号，如当一号病房的按钮按下时，无论其他病室的按钮是否按下，护士值班室的数码显示“1”，即“1”号病室的优先级别最高，其他病室的级别依次递减，8 号病室最低，当 8 个病房中有若干个请求呼叫开关合上时，护士值班室的数码管所显示的号码即为当前相对优先级别最高的病室呼

图 5-2　病房呼叫系统实物调试图

叫的号码，同时产生声音报警信号。待护士按优先级处理完后，将该病房的呼叫开关打开，再去处理下一个相对最高优先级的病房的事务。全部处理完毕后，即没有病室呼叫，此时值班室的数码管显示“0”。

如图 5-3 所示为病房呼叫系统原理图。该系统由控制电路、编码器、显示译码电路、定时报警电路等组成。其中用到的逻辑门电路 74LS04、74LS30，八位优先编码器 74LS147，译码器 74LS48，数码显示管等都属于本章的学习内容。

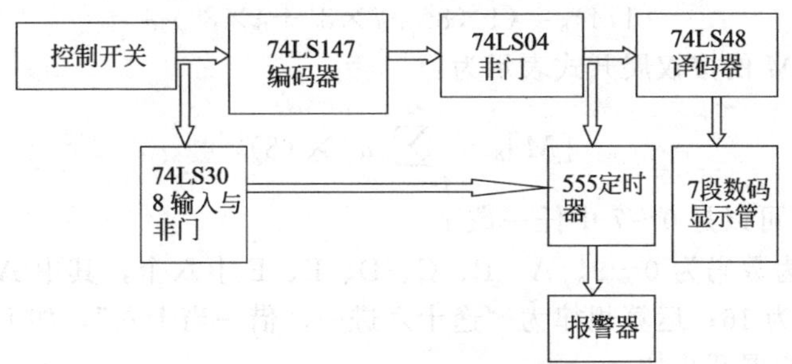

图 5-3　病房呼叫系统原理图

5.1 数字逻辑基础

5.1.1 数制与编码

数制是指多位数码中每一位的构成方法及低位向相邻高位的进位规则，常用的计数体制有十进制、二进制、八进制、十六进制等，在日常生活中，人们最熟悉的是十进制。由于数字信号只有“0”和“1”两个不同的状态，因此，在计算机和数字电路中，常用的是二进制数。

1. 几种常用数制

(1) 十进制（用符号 D 表示）

数码为 0～9 十个，基数即在该进位制中可能用到的数码个数，十进制的基数为 10；运算规律为“逢十进一，借一当十”，如 9+1=10。

十进制数的权展开式如：

$$(5350.23)_{10}=(5\times10^3+3\times10^2+5\times10^1+0\times10^0+2\times10^{-1}+3\times10^{-2})_{10}$$

式中括号外的注脚 10 表示括号内的数是十进制数。10^3、10^2、10^1、10^0、10^{-1}、10^{-2} 这些以 10 为底的幂，是根据每一位数码所在的位置确定的，称为位权（weight）。

根据以上分析，可以将任意十进制数 M 表示为：

$$[M]_{10}=\sum_{i=-\infty}^{\infty}a_i\times(10)^i \tag{5-1}$$

式中，i 可以是 $-\infty$ 至 $+\infty$ 之间的任意整数；a_i 是第 i 位的系数，它可以是 0～9 中任一数字；$(10)^i$ 是第 i 位的位权，因此式(5-1) 也被称为十进制数的按权展开式。

(2) 二进制（用符号 B 表示）

数码为 0 和 1，基数为 2；运算规律为“逢二进一，借一当二”，如 1+1=10，读作一零。

二进制数的权展开式如：

$$(1011.1)_2=(1\times2^3+0\times2^2+1\times2^1+1\times2^0+1\times2^{-1})_{10}$$

任意二进制数 M 的按权展开式表示为：

$$[M]_2=\sum_{i=-\infty}^{\infty}a_i\times(2)^i \tag{5-2}$$

式中，系数 a_i 可以是 0 或 1 中任一数字。

通常把一位二进制数叫做一比特（bit），八位二进制数叫做一字节（byte），十六位二进制数叫做一个字，而二进制数的位数叫做字长。

(3) 八进制（用符号 Q 表示）和十六进制（用符号 H 表示）

八进制数码为 0～7 八个，基数为 8；运算规律为“逢八进一，借一当八”，如 7+1=10。

八进制数的权展开式如：

$$(174)_8=(1\times 8^2+7\times 8^1+4\times 8^0)_{10}$$

任意八进制数 M 的按权展开式表示为：

$$[M]_8=\sum_{i=-\infty}^{\infty} a_i\times (8)^i \tag{5-3}$$

式中，系数 a_i 可以是 0～7 中任一数字。

十六进制数码为数码为 0～9、A、B、C、D、E、F 十六个，其中 A～F 分别代表十进制数 10～15，基数为 16；运算规律为“逢十六进一，借一当十六”，如 F+1=10。

十六进制数的权展开式如：

$$(4E6)_{16}=(4\times 16^2+E\times 16^1+6\times 16^0)_{10}=(4\times 16^2+14\times 16^1+6\times 16^0)_{10}$$

任意十六进制数 M 的按权展开式表示为：

$$[M]_{16}=\sum_{i=-\infty}^{\infty} a_i\times (16)^i \tag{5-4}$$

(4) 任意进制数

由前面的式(5-1) 到式(5-4)，不难得出任意 N 进制数 M 的按权展开式可以表示为：

$$[M]_N=\sum_{i=-\infty}^{\infty} a_i\times (N)^i \tag{5-5}$$

2. 不同进制数的相互转换

(1) 非十进制转换为十进制

方法：把非十进制数按权展开后相加即得十进制数。

【例 5-1】 (a) $(11010.1)_2=(1\times 2^4+1\times 2^3+0\times 2^2+1\times 2^1+0\times 2^0+1\times 2^{-1})_{10}=(26.5)_{10}$

(b) $(136)_8=(1\times 8^2+3\times 8^1+6\times 8^0)_{10}=(94)_{10}$

(c) $(34A)_{16}=(3\times 16^2+4\times 16^1+10\times 16^0)_{10}=(842)_{10}$

(2) 十进制转换为非十进制

方法：可将其整数部分和小数部分分别转换，整数部分采用“除基取余”法，即将给定的十进制数依次除以要转换出的非十进制数的基数，所得余数自下而上排列起来；小数部分采用“乘基取整”法，即将给定的十进制数依次乘以要转换出的非十进制数的基数，取其积的整数部分作系数，剩余的纯小数部分再乘基数，先得到的整数作系数的高位，后得到的作低位，直到纯小数部分为 0 或达到一定精度为止。

【例 5-2】 $(26)_{10}=(\quad)_2=(\quad)_8=(\quad)_{16}$

```
2 | 26
  ‾‾‾‾‾‾‾‾‾‾‾ …余 0   ↑ 低位
2 | 13
  ‾‾‾‾‾‾‾‾‾‾‾ …余 1
2 | 6
  ‾‾‾‾‾‾‾‾‾‾‾ …余 0
2 | 3
  ‾‾‾‾‾‾‾‾‾‾‾ …余 1
2 | 1
  ‾‾‾‾‾‾‾‾‾‾‾ …余 1     高位
    0
```

分析可得$(26)_{10}=(11010)_2$，同理

$$
\begin{array}{r|l}
8 & 26 \quad \cdots 余2 \\
8 & 3 \quad \cdots 余3 \\
 & 0
\end{array}
\qquad
\begin{array}{r|l}
16 & 26 \quad \cdots 余10 \\
16 & 1 \quad \cdots 余1 \\
 & 0
\end{array}
$$

$$(26)_{10}=(32)_8=(1A)_{16}$$

【例 5-3】 将 $(0.562)_{10}$转换成误差 ε 不大于 2^{-6}的二进制数。

解：用“乘 2 取整”法，按如下步骤转换

取整

$0.562\times2=1.124\cdots\cdots1$

$0.124\times2=0.248\cdots\cdots0$

$0.248\times2=0.496\cdots\cdots0$

$0.496\times2=0.992\cdots\cdots0$

$0.992\times2=1.984\cdots\cdots1$

由于最后的小数 0.984＞0.5，根据“四舍五入”的原则，位权为 2^{-6}的那一位系数应为 1。因此 $(0.562)_{10}=(0.100011)_2$，其误差 $\varepsilon<2^{-6}$。

注意，十进制数的小数部分转换为八进制数的小数可采用“乘 8 取整”法，转换为十六进制数的小数可采用“乘 16 取整”法，转换为 N 进制数的小数可采用“乘 N 取整”法，转换方法与转换为二进制数的小数类似。

(3) 二进制与八、十六进制间的相互转换

表 5-1 是几种数制相互关系的对照表。

由表 5-1 中不难看出，每一个八进制数都可以用三位二进制数来表示，所以可以将一个二进制数的整数部分自小数点开始由低位向高位（小数部分自小数点开始由高位向低位）每三位一组写出各组对应的一位八进制数，再从左到右读写，就是转换后的八进制数。如 $(1010001.1)_2\Rightarrow(001\ 010\ 001.100)_2\Rightarrow(121.4)_8$。

同样道理，由于每一个十六进制数可以用四位二进制数来表示，因此可将二进制数每四位一组（整数部分自小数点开始由低位向高位，小数部分自小数点开始由高位向低位；最高位一组或小数点后最低位一组如位数不足四位均可用 0 补齐）写出其对应的一位十六进制数，再从左到右读写，即为转换后的十六进制数。如 $(1010001.1)_2\Rightarrow(0101\ 0001.1000)_2\Rightarrow(51.8)_{16}$。

上述方法是可逆的，将八进制数的每一位写成三位二进制数，以及将十六进制数的每一位写成四位二进制数，左右顺序不变，就可以将八进制数与十六进制数直接转换为二进制数。

表 5-1 几种数制相互关系的对照表

十进制数	二进制数	八进制数	十六进制数
0	0000	0	0
1	0001	1	1
2	0010	2	2
3	0011	3	3
4	0100	4	4
5	0101	5	5
6	0110	6	6
7	0111	7	7
8	1000	10	8
9	1001	11	9

续表

十进制数	二进制数	八进制数	十六进制数
10	1010	12	A
11	1011	13	B
12	1100	14	C
13	1101	15	D
14	1110	16	E
15	1111	17	F

3. 码制

数字系统只能识别 0 和 1，怎样才能表示更多的数码、符号、字母呢？用编码可以解决此问题。用一定位数的二进制数来表示十进制数码、字母、符号等信息称为编码。用以表示十进制数码、字母、符号等信息的一定位数的二进制数称为代码，常用的 BCD 码有 8421 码、2421 码、5421 码，余 3 码等，如表 5-2 所示，其中 8421 码最为常用。

表 5-2　常用的几种 BCD 编码

十进制数码	BCD 码				
	8421	5421	2421	余 3	格雷码
0	0000	0000	0000	0011	0000
1	0001	0001	0001	0100	0001
2	0010	0010	0010	0101	0011
3	0011	0011	0011	0110	0010
4	0100	0100	0100	0111	0110
5	0101	1000	1011	1000	0111
6	0110	1001	1100	1001	0101
7	0111	1010	1101	1010	0100
8	1000	1011	1110	1011	1100
9	1001	1100	1111	1100	1000

从表 5-2 中可以看出，8421BCD 码和一个四位二进制数一样，从高位到低位的权依次为 8、4、2、1，故称为 8421 码。在这种编码中，1011～1111 等六种状态是不使用的，被称为禁用码。通常将每一位具有位权的编码称为有权码。

由表 5-2 还可以看出，5421BCD 码也是有权码，从高位到低位的权依次为 5、4、2、1，0101～0111 和 1101～1111 六种状态为禁用码。2421BCD 码也是有权码，从高位到低位的权依次为 2、4、2、1，0101～1010 等六种状态为禁用码。但余 3 码和格雷码的每一位没有恒定的权，所以称为无权码。

此外，在数字电路中，还有一些专门处理字母、标点符号、运算符号的二进制代码，如 ASCII 码、ISO 码等，可参阅其他相关书籍。

用 BCD 码表示十进制数时，只要把十进制数的每一位数码分别用 BCD 码取代即可。反之，若要知道 BCD 码代表的十进制数，只要把 BCD 码以小数点为起点向左、向右每四位分一组，再写出每一组代码代表的十进制数，并保持原排序即可。例如：

$$(95.7)_{10}=(10010101.0111)_{8421BCD}=(11001000.1010)_{余3BCD}$$

5.1.2　逻辑代数与逻辑门

1849 年，英国数学家乔治·布尔（George Boole）首先提出用来描述客观事物逻辑关系的数学方法，称为布尔代数。

布尔代数被广泛用于开关电路和数字逻辑电路的分析与设计，所以也称为开关代数或逻辑代数，处理二值逻辑问题。

逻辑代数中用字母表示变量——逻辑变量，每个逻辑变量的取值只有两种可能——0 和 1。它们也是逻辑代数中仅有的两个常数。0 和 1 只表示两种不同的逻辑状态，不表示数量大小。

所谓逻辑，简单地说，就是表示事物的因果关系，即输入、输出之间变化的因果关系。逻辑函数是表示输入逻辑变量与输出逻辑变量之间关系的函数，用数学式表示，即为 $F=f(A,B,C,D\cdots)$。其中 F 称为输出逻辑变量，A，B，C，$D\cdots$称为输入逻辑变量。逻辑变量的取值十分简单，不是 0 就是 1，没有第三种可能。这里的 0 和 1 不表示数量的大小，只表示两种不同的逻辑状态。

在逻辑代数中最基本的逻辑关系有“与”、“ 或”、“非” 三种，与之对应的有三种最基本的逻辑运算：“与”运算、“或”运算和“非”运算。表示方法有真值表、逻辑表达式、逻辑图、波形图。

1. 三种基本逻辑关系

(1) 与逻辑（AND）

只有当决定某一事物结果的所有条件同时具备时，结果才会发生，这种因果关系叫做与逻辑，也叫逻辑乘、逻辑与。图 5-4(a) 所示为串联开关电路。两个开关 A、B 相串联后，控制电灯 Y。只有当 A、B 开关都闭合时，电灯 Y 才亮，仿真电路如图 5-5(a) 所示。而若有一个开关打开，电灯就熄灭，仿真电路如图 5-5(b) 所示。这种灯的亮灭与开关通断之间的关系为“与”逻辑关系，其电路称“与”门，其逻辑符号如图 5-4(b) 所示。

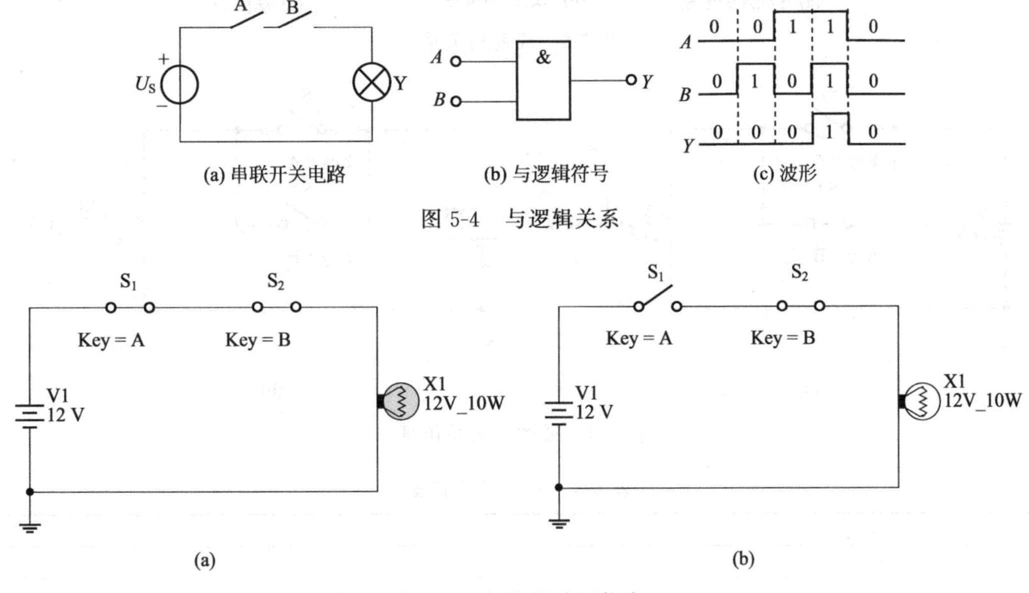

图 5-4　与逻辑关系

图 5-5　与逻辑关系仿真

如果用 1 表示灯亮和开关闭合，用 0 表示灯灭和开关断开，可得表 5-3 所示的“与”逻辑真值表。

表 5-3　与逻辑真值表

A	B	Y
0	0	0
0	1	0
1	0	0
1	1	1

由表 5-3 真值表可得到“与”门电路逻辑关系的波形图，如图 5-4(c) 所示。

也可用逻辑表达式来描述“与”逻辑，则可写成

$$Y=A\cdot B \tag{5-6}$$

符号“·”表示“与”逻辑，读作逻辑乘，通常简写为 $Y=AB$。

对照表 5-3，“与”运算的运算规则如下：

$0\cdot0=0$　　$0\cdot1=0$　　$1\cdot0=0$　　$1\cdot1=1$

“与”门的输入端可以不止两个，与逻辑还可以推广到多变量的情况：$Y=A\cdot B\cdot C\cdot D\cdots=ABCD\cdots$，其逻辑关系可总结为：有 0 出 0，全 1 出 1。

（2）或逻辑（OR）

当决定某件事的所有条件中，只要有一个或一个以上条件满足，这件事就会发生，这种因果关系称为或逻辑（或运算）。图 5-6(a) 所示并联开关电路，开关 A、B 有一个闭合，电灯 Y 就亮，仿真电路如图 5-7(a) 所示。只有当 A、B 都打开时灯才熄灭，仿真电路如图 5-7(b) 所示。这种灯的亮灭与开关通断之间的关系为“或”逻辑关系，其电路称“或”门，其逻辑符号及波形图如图 5-6(b)、(c) 所示。“或”逻辑真值表见表 5-4。

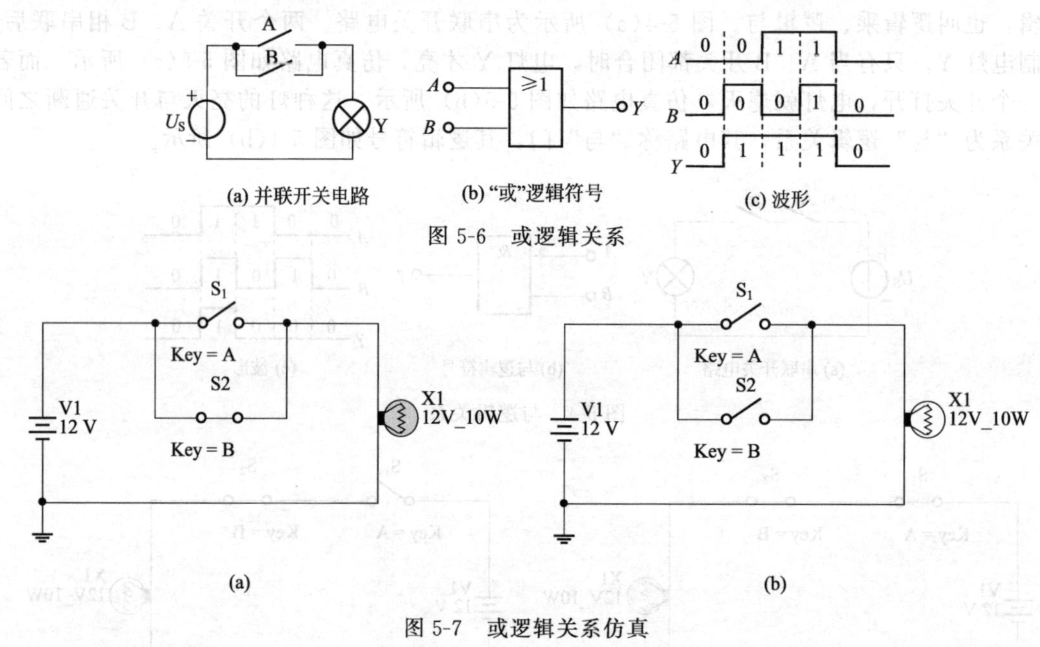

图 5-6　或逻辑关系

图 5-7　或逻辑关系仿真

表 5-4　或逻辑真值表

A	B	Y
0	0	0
0	1	1
1	0	1
1	1	1

“或”运算的逻辑表达式为：

$$Y=A+B \tag{5-7}$$

符号“+”表示“或”运算，读作逻辑加。

对照表 5-4，或运算的运算规则如下：

$0+0=0$　　$0+1=1$　　$1+0=1$　　$1+1=1$

或逻辑也可以推广到多变量的情况：$Y=A+B+C+\cdots$，“或”逻辑关系可总结为：

有 1 出 1，全 0 出 0。

(3) 非逻辑

在某一事件中，若结果总是和条件呈相反状态，这种逻辑关系称为“非”逻辑（“非”运算），图 5-8(a) 所示开关与灯并联电路，当开关 A 闭合时电灯 Y 熄灭，仿真电路如图 5-9(a) 所示。当开关 A 断开时电灯 Y 亮，仿真电路如图 5-9(b) 所示。开关通断与电灯亮灭具有相反的关系，这种逻辑称逻辑“非”。其电路称“非”门，其逻辑符号及波形图如图 5-8(b)、(c) 所示。本章引例中如图 5-3 所示的病房呼叫系统原理图中的 74LS04 就是非门电路，也俗称反相器，“非”逻辑真值表见表 5-5。

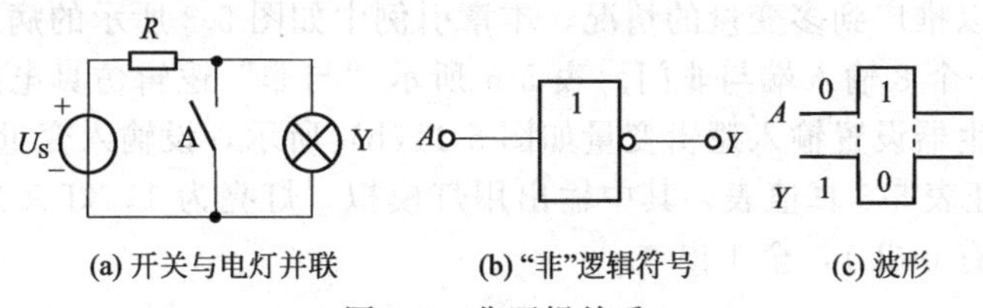

图 5-8 非逻辑关系

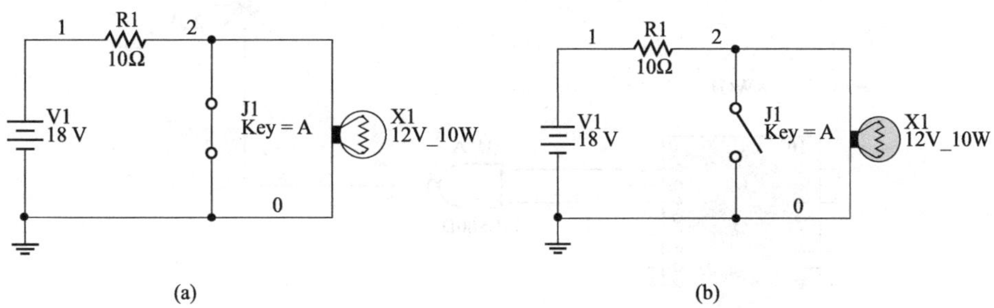

图 5-9 非逻辑关系仿真

表 5-5 “非”逻辑真值表

A	Y
0	1
1	0

“非”运算的逻辑表达式为

$$Y=\overline{A} \tag{5-8}$$

$\overline{A}$读作“A 非”或“A 反”，非的运算规则为：$\overline{0}=1$，$\overline{1}=0$。

2. 复合逻辑关系

任何复杂的逻辑运算都可以由与、或、非三种基本逻辑运算组合而成，含有两种或两种以上逻辑运算的逻辑函数称为复合逻辑函数，逻辑运算的优先级从低到高依次为：小括号、非、或、与。常见的复合逻辑有与非、或非、与或非、异或、同或逻辑等。

(1) “与非”逻辑

将一个“与”门的输出端接到“非”门输入端，使“与”门的输出反相，就组成了“与非”门，如图 5-10(a) 所示，“与非”逻辑符号如图 5-10(b) 所示，真值表见表 5-6。

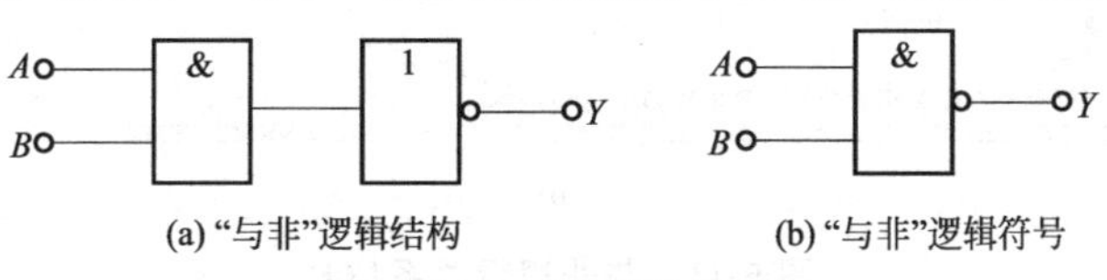

图 5-10 与非逻辑关系

表 5-6 “与非”逻辑真值表

A	B	Y
0	0	1
0	1	1
1	0	1
1	1	0

“与非”逻辑表达式为：

$$Y=\overline{A\cdot B}=\overline{AB} \tag{5-9}$$

与非逻辑也可以推广到多变量的情况，本章引例中如图 5-3 所示的病房呼叫系统原理图中的 74LS30 就是一个 8 输入端与非门。表 5-6 所示“与非”逻辑仿真电路如图 5-11(a) 所示，通过字信号发生器设置输入逻辑变量如图 5-11(b) 所示，设输入变量的取值为 00～11，循环次数为 4，验证表 5-6 真值表，其中输出用灯模拟，灯亮为 1，灯灭为 0，可将“与非”逻辑关系总结为：有 0 出 1，全 1 出 0。

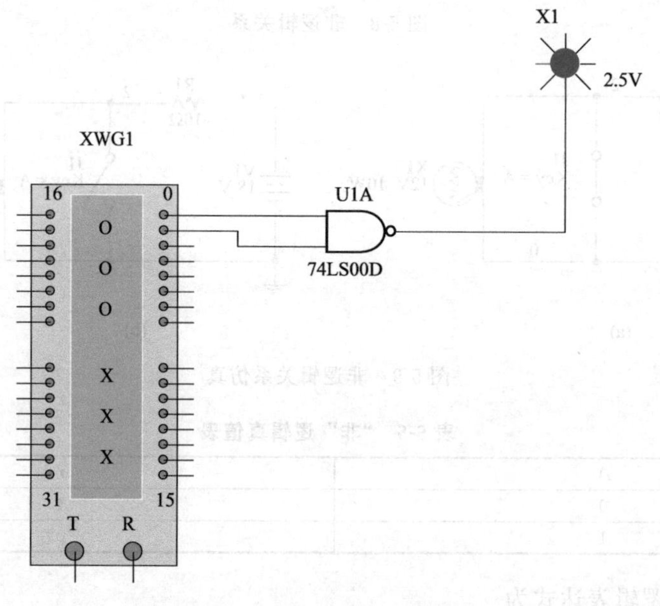

(a)

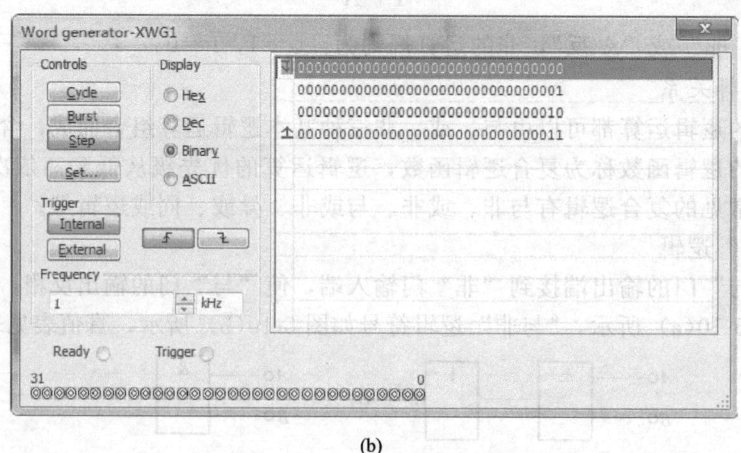

(b)

图 5-11 与非逻辑关系仿真

> **知识链接**
>
> 字信号发生器（Word Generator）是一个可以产生 32 位同步逻辑信号的仪器，用于对数字逻辑电路进行测试。字信号发生器的图标左侧有 0～15 共 16 个输出端，右侧有 16～31 也是 16 个输出端，任何一个都可以用作数字电路的输入信号。另外，R 为备用信号端，T 为外触发输入端。用鼠标双击字信号发生器图标，在字信号显示（Display）编辑区可以编辑或显示字信号格式有关的信息。字信号发生器被激活后，字信号按照一定的规律逐行从底部的输出端送出，同时在面板的底部对应于各输出端的小圆圈内，实时显示输出字信号各个位（bit）的值。
>
> 用鼠标单击 Set 按钮，弹出 Pre-setting patterns 对话框，在对话框中 Clear buffer（清字信号编辑区）、Open（打开字信号文件）、Save（保存字信号文件）三个选项用于对编辑区的字信号进行相应的操作。对话框中 UP Counter（按递增编码）、Down Counter（按递减编码）、Shift Right（按右移编码）、Shift Left（按左移编码）四个选项用于生成一定规律排列的字信号。
>
> 字信号的输出方式分为 Step（单步）、Burst（单帧）、Cycle（循环）三种方式。用鼠标单击一次 Step 按钮，字信号输出一条。这种方式可用于对电路进行单步调试。用鼠标单击 Burst 按钮，则从首地址开始至本地址连续逐条地输出字信号。用鼠标单击 Cycle 按钮，则循环不断地进行 Burst 方式的输出。Burst 和 Cycle 情况下的输出节奏由输出频率的设置决定。Burst 输出方式时，当运行至该地址时输出暂停。再用鼠标单击 Pause 则恢复输出。

(2)“或非”逻辑

将一个“或”门的输出端接到一个“非”门输入端，使“或”门的输出反相，就组成了“或非”门。“或非”门逻辑结构及逻辑符号如图 5-12(a)、(b) 所示，真值表见表 5-7。

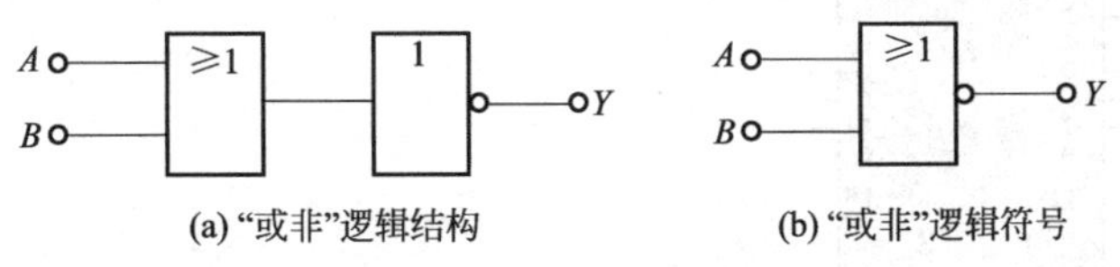

(a)“或非”逻辑结构　　(b)“或非”逻辑符号

图 5-12　或非逻辑关系

表 5-7　“或非”逻辑真值表

A	B	Y
0	0	1
0	1	0
1	0	0
1	1	0

“或非”逻辑表达式为：

$$Y=\overline{A+B} \tag{5-10}$$

或非门仿真如图 5-13(a)、(b) 所示，通过字信号发生器设置输入逻辑变量的取值，验证表 5-7 所示“或非”逻辑真值表，可将“或非”逻辑关系总结为：有 1 出 0，全 0 出 1。

(3) 其他复合逻辑

除上述组合门外还有与或非门、同或门、异或门等组合逻辑电路。它们的逻辑表达式及逻辑符号见表 5-8。

表 5-8　其他复合逻辑函数表达式及逻辑符号

名　称	逻辑功能	图　形　符　号	逻 辑 表 达 式
与或非门	与或非运算	A, B, C, D → & / ≥1 → Y	$Y=\overline{AB+CD}$

续表

名 称	逻辑功能	图 形 符 号	逻 辑 表 达 式
异或门	异或运算	A, B → =1 → Y	$Y=A\overline{B}+\overline{A}B$ $=A\oplus B$
同或门	同或运算	A, B → =1 → Y	$Y=AB+\overline{A}\,\overline{B}$

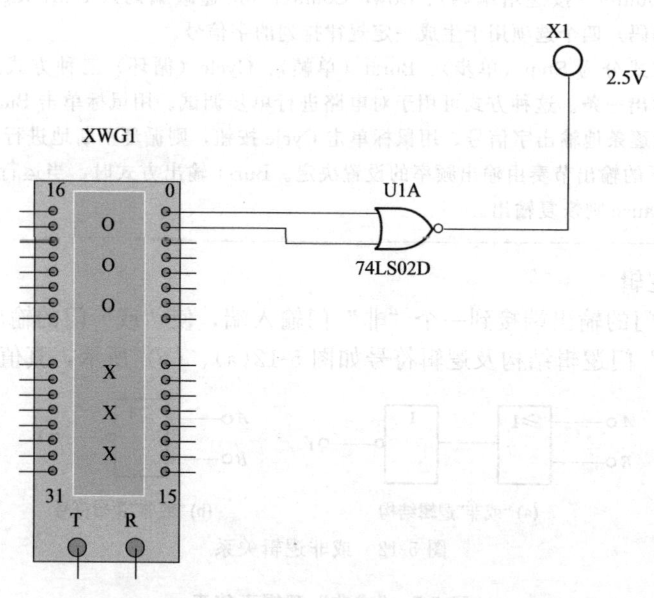

(a)

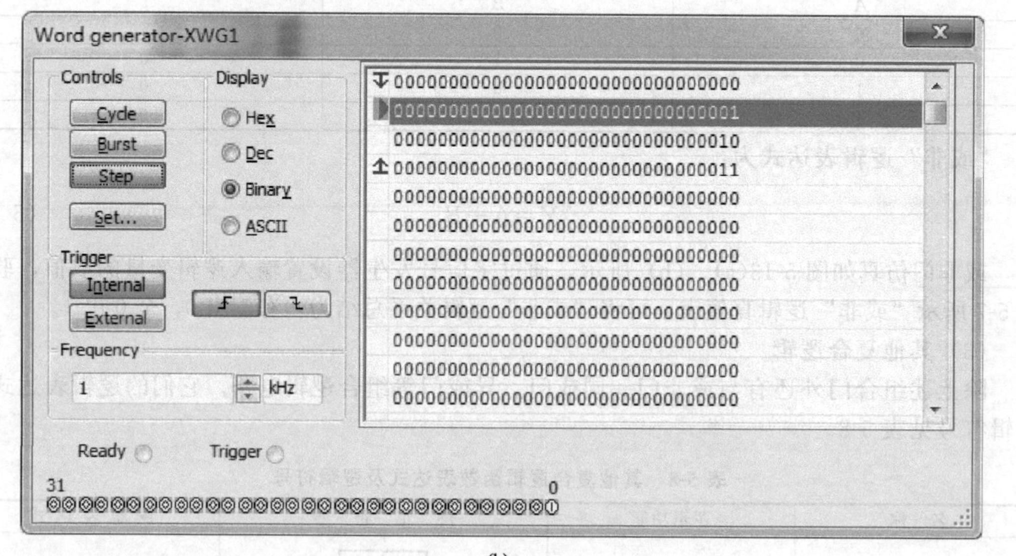

(b)

图 5-13　或非逻辑关系仿真

与或非逻辑由与逻辑、或逻辑和非逻辑组合而成，逻辑真值表见表 5-9。

表 5-9　与或非逻辑的逻辑真值表

A	B	C	D	Y
0	0	0	0	1
0	0	0	1	1
0	0	1	0	1
0	0	1	1	0
0	1	0	0	1
0	1	0	1	1
0	1	1	0	1
0	1	1	1	0
1	0	0	0	1
1	0	0	1	1
1	0	1	0	1
1	0	1	1	0
1	1	0	0	0
1	1	0	1	0
1	1	1	0	0
1	1	1	1	0

异或是一种二变量逻辑运算，其逻辑关系为：当两个变量取值相同时，逻辑函数值为 0；当两个变量取值不同时，逻辑函数值为 1。逻辑表达式也可以表示为：$Y=A\oplus B$。其逻辑真值表见表 5-10。

表 5-10　异或逻辑的逻辑真值表

A	B	Y
0	0	0
0	1	1
1	0	1
1	1	0

异或逻辑的运算规则为：“相同出 0，相反出 1”。

同或逻辑关系为：当两个变量取值相同时，逻辑函数值为 1；当两个变量取值不同时，逻辑函数值为 0。逻辑表达式也可以表示为：$Y=A\odot B$。其逻辑真值表见表 5-11。

表 5-11　同或逻辑的逻辑真值表

A	B	Y
0	0	1
0	1	0
1	0	0
1	1	1

同或逻辑的运算规则为：“相同出 1，相反出 0”。

知识链接

采用 0 和 1 来表示相互对立的逻辑状态时，可以有两种不同的表示方法：逻辑电路中的高电平用逻辑 1 表示，低电平用逻辑 0 表示，称为正逻辑体制；高电平用逻辑 0 表示，低电平用逻辑 1 表示，称为负逻辑体制。

对于同一电路，可以采用正逻辑，也可以采用负逻辑。选择的正、负逻辑体制不同，电路所实现的功能也不相同。同样的电路，对正逻辑而言是与门（正与门），而对负逻辑而言则是或门（或负门）。与门与或门之间存在着如下的关系：正与门即负或门，正或门即负与门。在正逻辑或负逻辑中，“非”关系是相同的。目前在逻辑电路中习惯采用正逻辑体制。

5.1.3 逻辑函数的表示方法

事物间的因果关系是一种逻辑关系，也是函数关系，所以称为逻辑函数，具体说是二值逻辑函数。

逻辑函数的表示方法主要有：逻辑函数表达式、真值表、卡诺图、逻辑图、波形图等。

用与、或、非等逻辑运算表示逻辑变量之间关系的代数式，叫做逻辑函数表达式，例如，F=A+B，G=A·B+C+D 等。

在前面的论述中，已经多次用到真值表。描述逻辑函数各个变量的取值组合和逻辑函数取值之间对应关系的表格，叫做真值表。每一个输入变量有 0 和 1 两个取值，n 个变量就有 2^n 个不同的取值组合，如果将输入变量的全部取值组合和对应的输出函数值一一对应地列举出来，即可得到真值表。

卡诺图是图形化的真值表。如果把各种输入变量取值组合下的输出函数值填入一种特殊的方格图中，即可得到逻辑函数的卡诺图。对卡诺图的详细介绍参见 5.1.2 节。

由逻辑符号表示的逻辑函数的图形叫做逻辑电路图，简称逻辑图。

高、低电平表示的变量取值按时间顺序排列起来画成时间波形。主要用于描述时序逻辑。

任何逻辑函数都可以用逻辑真值表、逻辑函数表达式、逻辑图、波形图等方法来描述。对于同一个逻辑函数，它的几种表示方法是可以相互转换的。

【例 5-4】 一个由三个开关 A、B、C 控制灯 F 的电路，如图 5-14 所示，试以数字逻辑函数描述电路中各个量之间的关系。

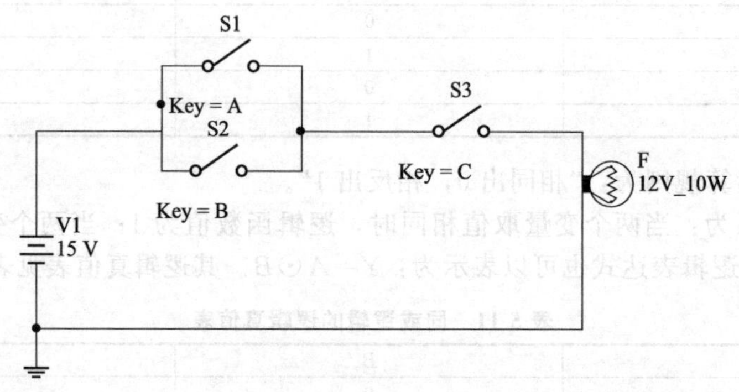

图 5-14 开关灯电路

解： 由题意不难看出，开关 A、B、C 的闭合或断开最终决定灯 F 处于亮还是灭的状态。根据逻辑函数的基本概念，设输入逻辑变量为开关 A、B、C，输出逻辑变量为灯 F。

1. 逻辑真值表

由例 5-4，如果以 1 表示开关闭合和灯亮的状态，以 0 表示开关断开和灯灭的状态，那么，开关 A、B、C 的八个状态组合对应灯 F 的八个确定状态，根据电路列出真值表如表 5-12 所示。

表 5-12 开关灯电路的真值表

A	B	C	F
0	0	0	0
0	0	1	0
0	1	0	0
0	1	1	1

续表

A	B	C	F
1	0	0	0
1	0	1	1
1	1	0	0
1	1	1	1

2. 逻辑函数表达式

逻辑函数表达式可以由真值表转换而来，具体方法为：在真值表中依次找出函数（输出逻辑变量）值等于 1 的输入逻辑变量组合，变量值为 1 的写成原变量，变量值为 0 的写成反变量，把组合中各个变量相乘。这样，对应于函数值为 1 的每一个输入逻辑变量组合就可以写成一个乘积项。然后，把这些乘积项相加，就得到相应的逻辑表达式。

由例 5-4 及表 5-12，函数 F 的值为 1 的乘积项分别为$\overline{A}BC$、$A\overline{B}C$、ABC，相应的逻辑表达式为 $F=\overline{A}BC+A\overline{B}C+ABC$。

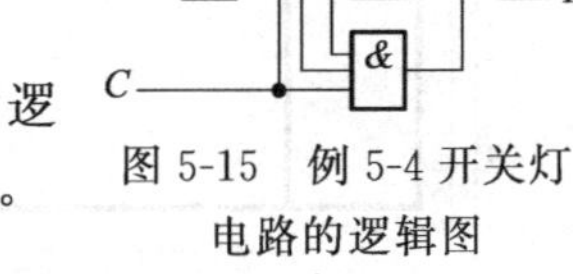

图 5-15　例 5-4 开关灯电路的逻辑图

3. 逻辑图

由例 5-4 的逻辑表达式，可画出如图 5-15 所示的逻辑图。

4. 逻辑函数表示方法的相互转换

逻辑函数的几种表示方法中，不仅可以由逻辑真值表转换为逻辑表达式或由逻辑表达式转换为逻辑图，还有其他几种转换关系。

(1) 已知逻辑表达式求真值表

如果有了逻辑表达式，只要把输入变量取值的所有组合状态逐一代入逻辑表达式中算出逻辑函数值，然后将输入变量取值组合与逻辑函数值对应地列成表，就得到逻辑函数的真值表。

【例 5-5】　已知逻辑表达式 $Y=\overline{A}B+\overline{A}\,\overline{B}C$，求与它对应的真值表。

解： 首先观察到逻辑表达式中有 A、B、C 三个输入变量，它们的各种可能取值就有 $2^3=8$ 组，将每组取值一一代入表达式，求出对应的 Y 值，列成表格后即得出真值表如表 5-13 所示。

表 5-13　例 5-5 真值表

A	B	C	F
0	0	0	0
0	0	1	1
0	1	0	1
0	1	1	1
1	0	0	0
1	0	1	0
1	1	0	0
1	1	1	0

通过 NI Multisim 仿真软件的逻辑转换仪可以验证表 5-13 所示真值表，仿真电路如图 5-16 所示。双击逻辑转换仪图标后，直接在面板逻辑表达式栏中输入逻辑表达式，“与-或”式及“或-与”式均可，然后按下“表达式-真值表”按钮，在逻辑转换仪的显示窗口，即真值表区出现该电路的真值表，按下“表达式→与非门电路”按钮还可得到由与非门构成的逻辑电路。

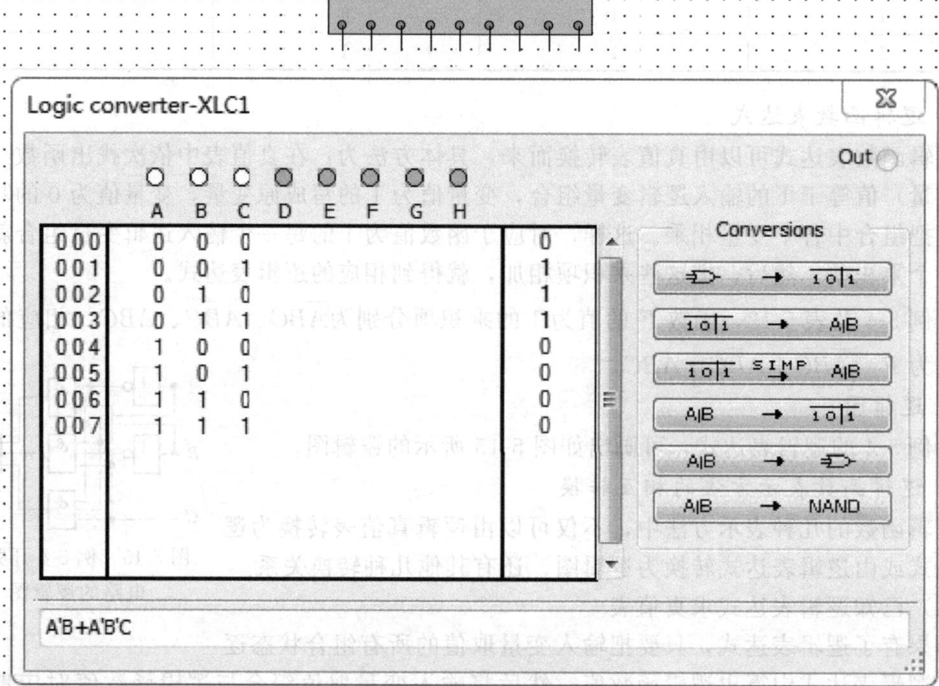

图 5-16　例 5-5 逻辑转换仪仿真电路

知识链接

逻辑转换仪是 Multisim 特有的仪器，能够完成真值表、逻辑表达式和逻辑电路三者之间的相互转换，可直接实现逻辑电路-真值表、真值表-逻辑表达式、真值表-最简逻辑表达式、逻辑表达式-真值表、逻辑表达式-逻辑电路、逻辑表达式-与非门逻辑电路六种转换，实际中不存在与此对应的设备。逻辑转换仪可以导出多路（最多八路）输入一路输出的逻辑电路的真值表。在逻辑表达式中的“’”表示逻辑变量的“非”。

(2) 已知逻辑图求逻辑表达式

将逻辑图转换为逻辑表达式时，只要从输入到输出逐级写出输出端的逻辑表达式，即可得逻辑图对应的逻辑表达式。

【例 5-6】 试写出图 5-17 所示逻辑图的逻辑表达式。

解： 由图 5-17 分析可得 $Y_1=\overline{A}$，$Y_2=\overline{A}B$

所以　$F=C+Y_2=C+\overline{A}B$

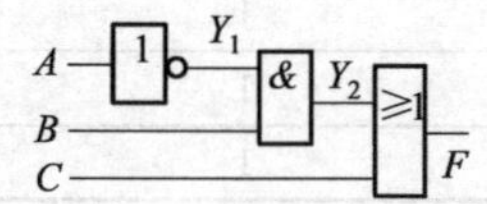

图 5-17　例 5-6 逻辑图

仿真图如图 5-18 所示。例 5-6 也可以通过 NI Multisim 仿真软件的逻辑转换仪完成，双击逻辑转换仪图标后，然后按下“逻辑电路图-真值表”按钮，在逻辑转换仪的显示窗口，即真值表区出现该电路的真值表，如图 5-19(a) 所示，再按下“真值表-逻辑函数表达式”按钮，如图 5-19(b) 所示，在逻辑转换仪的显示窗口可以看出与例 5-6 结果一致。

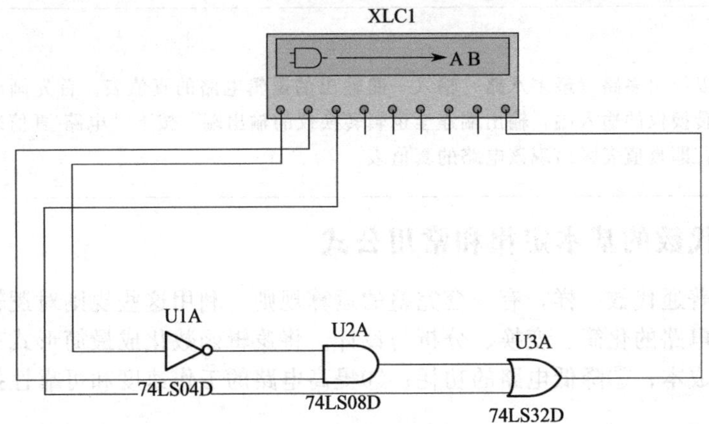

图 5-18 例 5-6 仿真图

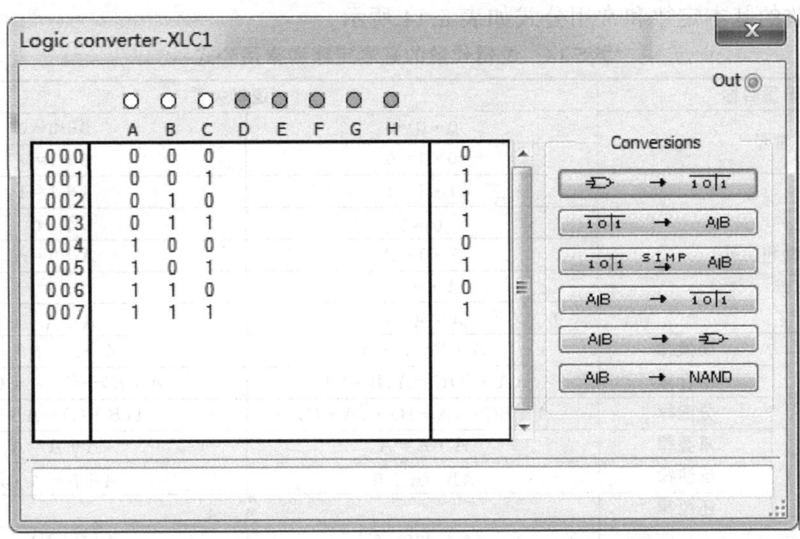

(a)

Logic converter-XLC1

Out

A B C D E F G H

	A	B	C	
000	0	0	0	0
001	0	0	1	1
002	0	1	0	1
003	0	1	1	1
004	1	0	0	0
005	1	0	1	1
006	1	1	0	0
007	1	1	1	1

Conversions

A|B

SIMP

NAND

A'B+C

(b)

图 5-19 例 5-6 仿真结果图

 **知识链接**

逻辑转换仪可以导出多路（最多八路）输入一路输出的逻辑电路的真值表。首先画出逻辑电路，并将其输入端接至逻辑转换仪的输入端，输出端连至逻辑转换仪的输出端。按下“电路-真值表”按钮，在逻辑转换仪的显示窗口，即真值表区出现该电路的真值表。

5.1.4 逻辑代数的基本定律和常用公式

逻辑代数和普通代数一样，有一套完整的运算规则，利用这些规则对逻辑函数式进行处理，可以完成对电路的化简、变换、分析与设计。将逻辑函数化成最简形式有重要意义：①节省器件，降低成本；②降低电路的功耗；③提高电路的工作速度和可靠性提高；④电路故障检测更容易。

1. 逻辑代数的基本定律和常用公式

逻辑代数的基本定律和常用公式如表 5-14 所示。

表 5-14 逻辑代数的基本定律和常用公式

逻辑量名称		逻辑关系	
常量		$0 \cdot 0=0$	$0+0=0$
		$0 \cdot 1=0$	$0+1=1$
常量和变量		$1 \cdot 1=1$	$1+1=1$
		$\overline{0}=1$	$\overline{1}=0$
		$A \cdot 1=A$	$A+0=A$
		$A \cdot 0=0$	$A+1=1$
		$A \cdot \overline{A}=0$	$A+\overline{A}=1$
基本定律	交换律	$A \cdot B=B \cdot A$	$A+B=B+A$
	结合律	$(A \cdot B)C=A(B \cdot C)$	$(A+B)+C=A+(B+C)$
	分配律	$A+BC=(A+B) \cdot (A+C)$	$A(B+C)=AB+AC$
	重叠律	$A \cdot A=A$	$A+A=A$
	反演律	$\overline{AB}=\overline{A}+\overline{B}$	$\overline{A+B}=\overline{A} \cdot \overline{B}$
	还原律	$\overline{\overline{A}}=A$	
常用逻辑公式		$A+AB=A$	$A(A+B)=A$
		$A+\overline{A}B=A+B$	$A(\overline{A}+B)=AB$
		$AB+\overline{A}B=A+B$	$(A+B)(\overline{A}+B)=AB$

【例 5-7】 试分别用公式和真值表证明 $A+\overline{A}B=A+B$。

公式法证明：$A+\overline{A}B=A(B+\overline{B})+\overline{A}B=AB+A\overline{B}+\overline{A}B=AB+AB+A\overline{B}+\overline{A}B$

$=A(B+\overline{B})+B(A+\overline{A})=A+B$

同样，如果两个逻辑函数具有相同的真值表，则这两个逻辑函数相等，因此，也可以用真值表来证明两个逻辑表达式是否相等，即分别列出等式两边逻辑表达式的真值表，若两张真值表完全一致，就说明两个逻辑表达式相等。

例 5-7 中，分别列出等号两边逻辑函数的真值表即可得证，见表 5-15。

表 5-15 证明 $A+\overline{A}B=A+B$

A	B	$A+\overline{A}B$	$A+B$
0	0	0	0
0	1	1	1
1	0	1	1
1	1	1	1

2. 逻辑代数的三个基本规则

（1）代入规则

对于任何一个逻辑等式，将等式两边出现的同一变量都以某个逻辑变量或逻辑函数同时取代后，等式依然成立，这就是代入规则。利用代入规则可以扩大等式的应用范围。

【例 5-8】 已知等式$\overline{A+B}=\overline{A}\cdot\overline{B}$，试证明等式中 A 以 $A+C$ 来代替后，等式依然成立。

证：左边$=\overline{(A+C)+B}=\overline{A}\,\overline{B}\,\overline{C}$；

右边$=\overline{A+C}\cdot\overline{B}=\overline{A}\,\overline{B}\,\overline{C}$。

即$\overline{(A+C)+B}=\overline{A+C}\cdot\overline{B}$，等式成立。

（2）反演规则

将逻辑表达式 Y 中所有的“·”换成“+”、“+”换成“·”；“0”换成“1”、“1”换成“0”；原变量换成反变量，反变量换成原变量；得到的逻辑表达式用 $\overline{Y}$ 表示，这一规则称为反演规则。其中逻辑表达式 $\overline{Y}$ 被称为原表达式 Y 的反函数。

在使用反演规则时，需要注意两点：

① 正确使用括号来保持原来的运算顺序，遵守“先括号，接着与，最后加”的运算顺序；

② 不属于单个变量上的非号应保留不变。

【例 5-9】 试求逻辑函数 $F=\overline{A}\,\overline{BC\,\overline{DE}}$的反函数。

解：由反演规则，$\overline{F}=A+\overline{\overline{B}+\overline{C}+\overline{\overline{D}+\overline{E}}}$

（3）对偶规则

对于任何一个逻辑式 Y，如果将其中的“·”换成“+”、“+”换成“·”、“0”换成“1”、“1”换成“0”，则得到一个新的逻辑表达式，这就是函数 Y 的对偶式，记作 Y'。

可以证明，若两个逻辑表达式相等，则它们的对偶式也相等，这就是对偶规则。例如等式 $A(B+C)=AB+AC$ 成立，其对偶等式 $A+BC=(A+B)(A+C)$ 也是成立的。

运用对偶规则可以减少需要我们证明及记忆的公式数目。使用对偶规则求一个逻辑表达式的对偶式时，同样要注意“先括号，接着与，最后加”的运算顺序。

3. 逻辑函数的公式化简法

（1）逻辑函数表达式的常见形式

同一个逻辑函数，可以用不同类型的表达式表示。常见的逻辑表达式主要有五种形式。

例如：$F=\overline{A}B+AC$　　与-或表达形式

$=\overline{\overline{\overline{A}B+AC}}=\overline{\overline{\overline{A}B}\cdot\overline{AC}}$　　与非-与非表达形式

$=(A+B)(\overline{A}+C)$　　或-与表达形式

$=\overline{\overline{(A+B)(\overline{A}+C)}}=\overline{\overline{A+B}+\overline{\overline{A}+C}}$　　或非-或非表达形式

$=\overline{\overline{A+B}+\overline{\overline{A}+C}}=\overline{\overline{A}\,\overline{B}+A\overline{C}}$　　与或非表达形式

在上述多种表达式中，与-或表达式是逻辑函数的最基本表达形式。因此，在化简逻辑函数时，通常是将逻辑式化简成最简与-或表达式，然后再根据需要转换成其他

形式。

(2) 最简与或表达式

对于与或表达式来说，同一个逻辑函数得到的表达式也不是唯一的。例如：

$$F=AB+\overline{A}C=AB+\overline{A}C+BC=ABC+AB\overline{C}+\overline{A}\,\overline{B}\,C+\overline{A}B\,C$$

显然，在以上表达式中，$F=AB+\overline{A}C$ 是最简形式，称之为最简与或式。最简与或式的标准是：①与项/乘积项数量最少；②在满足 1 项的前提下，每个与项包含的变量个数最少。化简逻辑函数的方法，最常用的有公式法和卡诺图法。

(3) 逻辑函数的公式化简法

公式化简法就是直接利用逻辑代数的基本公式和常用公式，消去多余的乘积项和每个乘积项中多余的因子，以求得到最简式。公式化简法并没有固定的方法可循，能否得到满意结果，与掌握公式的熟练程度和运用技巧有关。常用的化简方法有以下几种。

① 并项法。运用公式 $AB+A\overline{B}=A$ 及 $A+\overline{A}=1$ 等，将两项合并为一项，消去一个因子。如：

$$F=AB\overline{C}+ABC=AB(\overline{C}+C)=AB$$

$$F=A(BC+\overline{B}\,\overline{C})+A(B\overline{C}+\overline{B}C)=ABC+A\overline{B}\,\overline{C}+AB\overline{C}+A\overline{B}C$$

$$=AB(C+\overline{C})+A\overline{B}(C+\overline{C})=AB+A\overline{B}=A(B+\overline{B})=A$$

② 吸收法。运用公式 $A+AB=A$ 等消去多余的乘积项。如：

$$F=A\overline{B}+A\overline{B}(C+DE)=A\overline{B}$$

③ 消去法。运用公式 $A+\overline{A}B=A+B$ 和 $AB+\overline{A}C+BC=AB+\overline{A}C$ 等消去乘积项中多余的因子或多余的乘积项。如：

$$F=AB+\overline{A}C+\overline{B}C=AB+(\overline{A}+\overline{B})C=AB+\overline{AB}C=AB+C$$

④ 配项法。运用公式 $A+\overline{A}=1$ 和 $A+A=A$ 等，先通过乘以 $A+\overline{A}(=1)$ 或者加上 $A\overline{A}(=0)$，增加必要的乘积项，再与其他项合并化简。如：

$$F=AB+\overline{A}C+BCD=AB+\overline{A}C+BCD(A+\overline{A})=AB+\overline{A}C+ABCD+\overline{A}BCD$$

$$=AB(1+CD)+\overline{A}C(1+BD)=AB+\overline{A}C$$

在化简较复杂的逻辑函数时，往往要灵活综合运用多个公式和多种方法，才能得到比较理想的化简结果。

【例 5-10】 试化简逻辑函数 $F=AD+A\overline{D}+AB+\overline{A}C+ACEF$。

解： $F=A(D+\overline{D}+B+CEF)+\overline{A}C$

$=A(1+B+CEF)+\overline{A}C$

$=A+\overline{A}C$

$=A+C$

也可以通过 NI Multisim 仿真软件的逻辑转换仪验证例 5-10 化简结果是否正确。双击逻辑转换仪图标后，直接在面板逻辑表达式栏中输入逻辑表达式，然后按下“表达式-真值表”按钮，在逻辑转换仪的显示窗口，即真值表区出现该电路的真值表，仿真结果如图 5-20(a) 所示，再按下“真值表→最简函数表达式”按钮，如图 5-20(b) 所示可以看到化简结果为 $A+C$。

【例 5-11】 试化简逻辑函数 $F=A\overline{B}+A\overline{C}+A\overline{D}+ABCD$。

解： $F=A(\overline{B}+\overline{C}+\overline{D})+ABCD=A\overline{BCD}+ABCD=A(\overline{BCD}+BCD)=A$

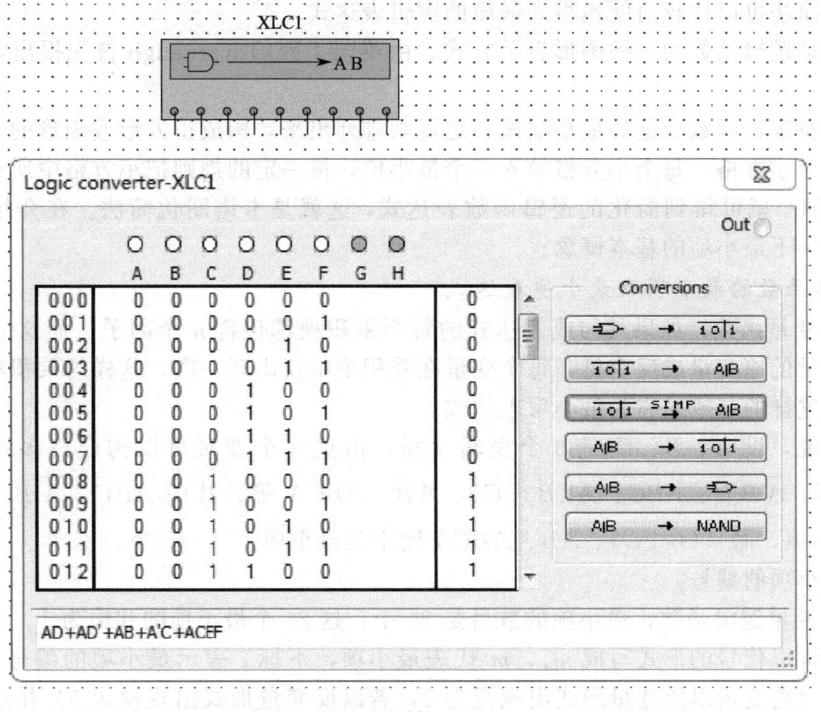

(a)

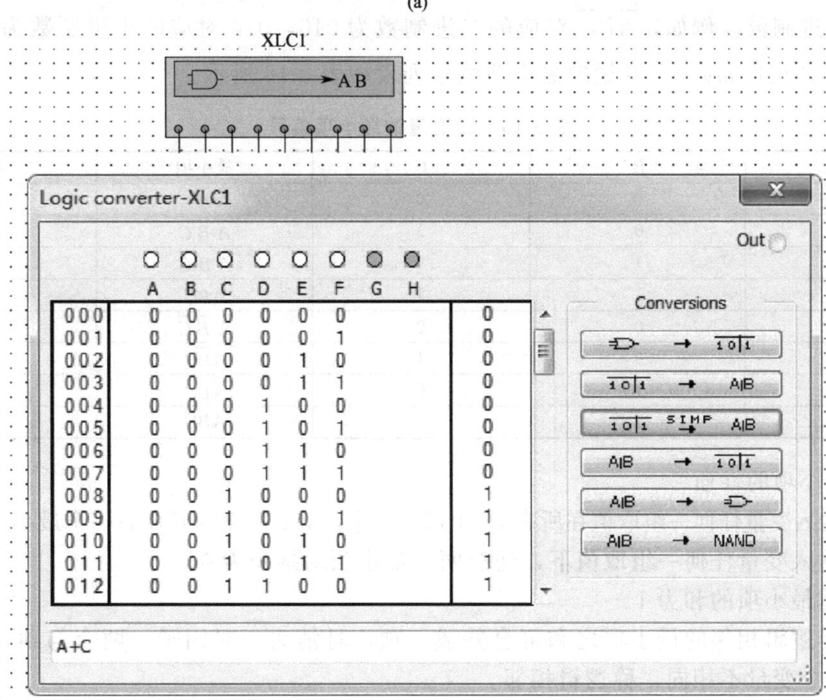

(b)

图 5-20　例 5-10 仿真图

5.1.5　逻辑函数的卡诺图化简法

公式化简法需要熟练地掌握公式，并且具有一定的技巧，但对于化简结果是否为最简却难以判断。所以，在化简较复杂的逻辑函数时使用公式化简法有一定的难度。实际应用中，用卡诺图化简法可以比较简便地得到最简的逻辑表达式。

卡诺图是逻辑函数的一种图形表示方式。由英国工程师 Karnaugh 首先提出，也称卡诺图为 K 图。

卡诺图将逻辑函数变量的最小项按一定规则排列出来，构成正方形或矩形的方格图。图中分成若干个小方格，每个小方格填入一个最小项，按一定的规则把小方格中所有的最小项进行合并处理，就可得到简化的逻辑函数表达式，这就是卡诺图化简法。在介绍该方法之前，先说明一下最小项的基本概念。

1. 逻辑函数的最小项及最小项表达式

对于 n 变量函数，如果其与或表达式的每个乘积项都包含 n 个因子，而这 n 个因子分别为 n 个变量的原变量或反变量，每个变量在乘积项中仅出现一次，这样的乘积项称为函数的最小项，这样的与或式称为最小项表达式。

举例来说，设 A、B、C 是 3 个逻辑变量，由这 3 个变量可以构成许多乘积项，如 $AB\overline{C}$、$\overline{A}BC$、$\overline{A}\,\overline{B}\,\overline{C}$、$ABC$、$A(B+C)$、$A\overline{B}$、$ABCA$ 等。其中 $AB\overline{C}$、$\overline{A}BC$、$\overline{A}\,\overline{B}\,\overline{C}$、$ABC$ 是最小项，而 $A(B+C)$、$A\overline{B}$、$ABCA$ 则不是最小项。

（1）最小项的编号

一个 n 变量逻辑函数，最小项的数目是 2^n 个，这 2^n 个最小项的和恒为 1。为了表示方便，最小项常以代号的形式写成 m_i，m 代表最小项，下标 i 表示最小项的编号。i 是 n 变量取值组合（若变量以原变量形式出现视为 1，若以反变量形式出现视为 0）排成二进制数所对应的十进制数。例如，$\overline{A}B\overline{C}$ 对应的二进制数为 010，010 对应的十进制数为 2，即 $i=2$，所以 $\overline{A}B\overline{C}$ 记作 m_2。三变量的最小项编号列表如表 5-16 所示。

表 5-16　三变量的最小项编号

A	B	C	最小项	代号
0	0	0	$\overline{A}\,\overline{B}\,\overline{C}$	m_0
0	0	1	$\overline{A}\,\overline{B}C$	m_1
0	1	0	$\overline{A}B\overline{C}$	m_2
0	1	1	$\overline{A}BC$	m_3
1	0	0	$A\overline{B}\,\overline{C}$	m_4
1	0	1	$A\overline{B}C$	m_5
1	1	0	$AB\overline{C}$	m_6
1	1	1	ABC	m_7

（2）最小项的性质

① 对输入变量任何一组取值在所有 2^n 个最小项中，必有一个而且仅有一个最小项的值为 1。

② 在输入变量任何一组取值下，任意两个最小项的乘积为 0。

③ 全体最小项的和为 1。

④ 两个逻辑相邻的最小项之和可合并成一项，且消去一对因子，两个与项（包括最小项）只有一个变量不相同，称逻辑相邻。

（3）逻辑函数的最小项表达式

有了最小项编号，任一个逻辑函数均可以表示成一组最小项的和，这种表达式称为函数的最小项表达式。任何一个 n 变量的逻辑函数都有一个且仅有一个最小项表达式。

利用 $A+\overline{A}=1$ 和 $A(B+C)=AB+AC$，可以得到逻辑函数的最小项表达式。例如式 $F=\overline{A}\,\overline{B}C+\overline{A}B\overline{C}+AB\overline{C}+ABC$ 可写为

$$F=F(A、B、C)=m_1+m_2+m_6+m_7$$

$$=\sum m(1,2,6,7)$$

式中 $F(A、B、C)$ 表示 F 是三变量函数，“$\sum$”表示“或”运算，括号内的数字表示最小项的下标值。如果列出函数的真值表，那么只要将函数值为 1 的那些最小项相加，就得到函数的最小项表达式。

【例 5-12】 逻辑函数 $F=\overline{A}B+\overline{B}C$ 的真值表如表 5-17 所示，试写出其最小项表达式。

表 5-17 例 5-12 真值表

A	B	C	F	最小项	代号
0	0	0	0	$\overline{A}\,\overline{B}\,\overline{C}$	m_0
0	0	1	1	$\overline{A}\,\overline{B}C$	m_1
0	1	0	1	$\overline{A}B\overline{C}$	m_2
0	1	1	1	$\overline{A}BC$	m_3
1	0	0	0	$A\,\overline{B}\,\overline{C}$	m_4
1	0	1	1	$A\overline{B}C$	m_5
1	1	0	0	$AB\overline{C}$	m_6
1	1	1	0	ABC	m_7

解： 由真值表可得 $F(A、B、C)=m_1+m_2+m_3+m_5=\sum m(1,2,3,5)$

(4) 反函数的最小项表达式

如果将真值表中函数值为 0 的那些最小项相加，便可得到反函数的最小项表达式。上例中 $F=\overline{A}B+\overline{B}C$ 的反函数 $\overline{F}$ 的最小项表达式可写为：

$$\overline{F}=m_0+m_4+m_6+m_7=\sum m(0,4,6,7)$$

2. *逻辑函数的卡诺图表示法*

(1) 卡诺图的画法规则

卡诺图将 n 个变量的 2^n 个最小项填入 2^n 个小方格。为保证逻辑函数的逻辑相邻关系，图中相邻方格的最小项之间只允许一个变量取值不同，其余变量取值均相同。如图 5-21 所示为二、三、四变量卡诺图的画法规则。

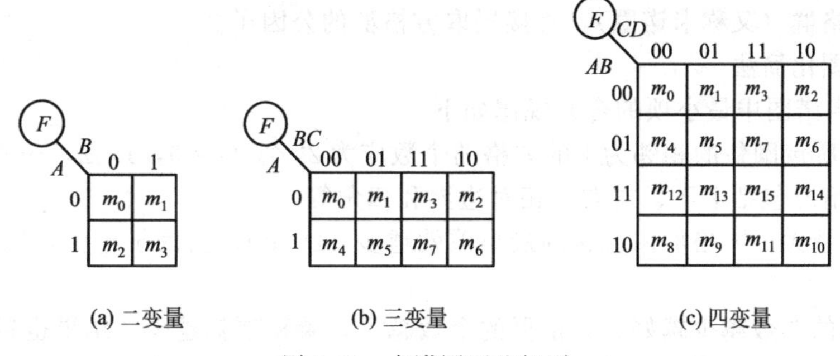

(a) 二变量　(b) 三变量　(c) 四变量

图 5-21 卡诺图画法规则

由图 5-21 可以看出，随着输入逻辑变量个数的增加，卡诺图的图形变得越来越复杂。但是，实践证明对变量数少于五个的逻辑函数，利用卡诺图法化简还是相当方便的。工程上按习惯对卡诺图有以下三点规定：

① 要求上下、左右、相对的边界四角等相邻格只允许一个因子发生变化（即相邻最小项只有一个因子不同）。

② 左上角第一个小方格必须处于各变量的反变量区。

③ 变量位置是以高位到低位因子的次序，按先行后列的序列排列。

这是逻辑变量因子在卡诺图中所处位置的三条规则。但后两条规则只是习惯，目的是为了读图方便，完全可以不按这种规则排列。

图 5-21 中二、三、四变量卡诺图的左上方圆圈内的字母 F 表示此卡诺图为逻辑函数 F 的卡诺图，左上角标注变量。卡诺图两侧的 0、1 表示两侧逻辑变量取值。为了保证逻辑相邻的特性，两个变量组合一侧标注的数码顺序为 00、01、11、10，而不是 00、01、10、11。

（2）用卡诺图表示逻辑函数

用卡诺图表示逻辑函数的具体方法是：先把逻辑函数化成最小项表达式，然后在卡诺图上把式中各最小项所对应的小方格内填入 1，其余的小方格内填入 0，这样就得到了表示该逻辑函数的卡诺图了。也就是说，任何一个逻辑函数都等于它的卡诺图中填入 1 的那些最小项之和。

【例 5-13】 试用卡诺图表示逻辑函数 $F=\overline{B}C+ABD+\overline{A}B\overline{C}+\overline{A}\,\overline{B}\,C\overline{D}$

解： 首先将 F 化成最小项表达式

$$\begin{aligned}F&=(A+\overline{A})\overline{B}C+ABD(C+\overline{C})+\overline{A}\,B\overline{C}(D+\overline{D})+\overline{A}\,\overline{B}\,C\overline{D}\\&=A\overline{B}C(D+\overline{D})+\overline{A}\,\overline{B}C(D+\overline{D})+ABCD+AB\overline{C}D+\overline{A}\,B\overline{C}D+\overline{A}\,B\overline{C}\overline{D}+\overline{A}\,\overline{B}\,C\overline{D}\\&=m_{11}+m_{10}+m_3+m_2+m_{15}+m_{13}+m_5+m_4+m_2\\&=\sum m(2,3,4,5,10,11,13,15)\end{aligned}$$

然后画出四变量卡诺图，将对应于函数式中各最小项的方格位置上填入 1，其余方格内填入 0，就得到了图 5-22 所示的函数 F 的卡诺图。

3. 用卡诺图化简逻辑函数

（1）合并最小项的规律

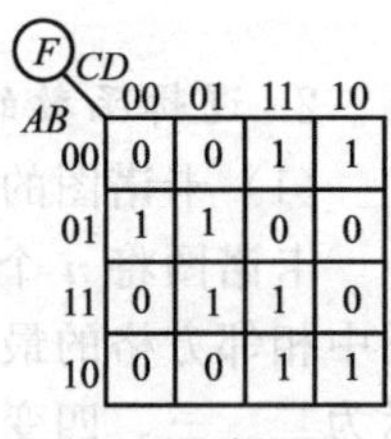

图 5-22　例 5-13 的卡诺图

卡诺图的特点就在于几何位置相邻的最小项，同时也具备了逻辑相邻性。将两个具备逻辑相邻的最小项合并相加，即可消除不同的因子，合并后的项是这两项的公因子。如将四变量卡诺图中的 m_{14}、m_{15} 两项相加，$m_{14}+m_{15}=ABC\overline{D}+ABCD=ABC$，不同因子 D、$\overline{D}$ 可消去，从而化简了逻辑函数。合并最小项就是将卡诺图中相邻方格中的“1”画上包围圈组成方格群（又称卡诺圈），直接提取方格群的公因子。

（2）卡诺图化简法

n 个变量卡诺图中最小项的合并规律如下：

① 方格群所包围住的相邻为 1 的方格的个数应为 2^i 个（$i=0$，1，2，…）。方格群内方格的几何相邻情况包括上下、左右、相对边界和四角等。

② 方格群越大，方格群内包含的最小项就越多（2^i 个），公因子越少，最终化简的结果越简单。

③ 方格群的个数越少越好。方格群的个数越少，乘积项就越少，结果也越简单。

④ 在画包围圈时，同一个最小项可以被重复包围，但每个方格群至少要有一个最小项与其他方格群不重复，以保证该化简项的独立性。

⑤ 必须将组成逻辑函数的全部最小项全部画上包围圈。

图 5-23 给出了一些两个、四个、八个相邻最小项画方格群的例子。

（3）用卡诺图化简逻辑函数的步骤

① 将逻辑函数变换为最小项表达式。

② 画出逻辑函数对应的卡诺图。

③ 根据最小项合并规律合理划分方格群。

④ 整理出每个方格群的公因子，写出相应的乘积项。公因子中变量取值为 1 时，写成

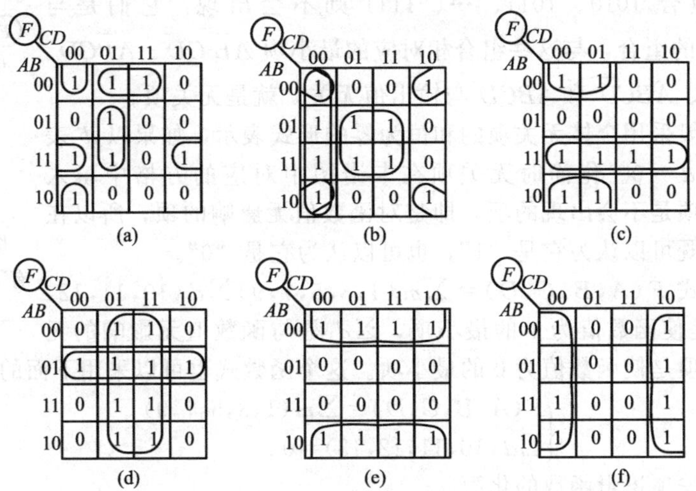

图 5-23　相邻最小项合并规律示例

原变量；取值为 0 时，写成反变量。

⑤ 将所有乘积项求和即得化简后的与或式，不过当最简式不唯一时，画圈的方案也不唯一。

【例 5-14】　试化简 $F=\sum m$（3，4，6，7，10，13，14，15）

解： ① 将函数 F 填入四变量卡诺图，如图 5-24(a) 所示。

② 画方格群。从图中看出，m(6，7，14，15）虽然最大，但不是独立的，因而不再画包围圈。如图 5-24(b) 所示，所以，画完圈后注意检查。

③ 提取各个方格群的公因子作为乘积项相加，即得化简后的与或表达式

$$F=\bar{A}CD+\bar{A}B\bar{D}+AC\bar{D}+ABD$$

【例 5-15】　试化简 $F=ABC+ABD+A\bar{C}D+\overline{CD}+A\bar{B}C+\bar{A}C\bar{D}+\bar{A}\,\bar{B}\,\bar{C}D+\bar{A}BCD$

解： 卡诺图及方格群画法见图 5-25。

化简后，最简与或式为 $F=\overline{CD}+\bar{B}\,\bar{C}+A+BCD$

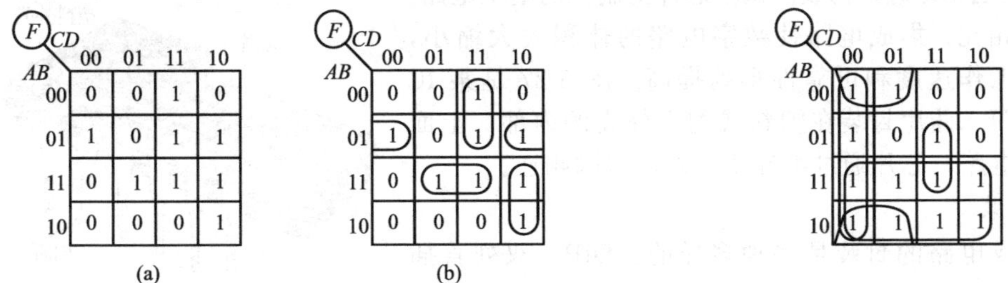

图 5-24　例 5-14 的卡诺图　　　　图 5-25　例 5-15 的卡诺图

4. 具有无关项的逻辑函数及其化简

(1) 逻辑函数中的无关项

有些 n 变量函数中，变量的取值是带有约束条件的，不一定所有的变量取值组合都会出现，也就是说逻辑函数只是与 2^n 个最小项中的一部分有关，与另一部分无关。那些与函数逻辑值无关的最小项被称为无关项，也叫约束项。那些具有无关项的逻辑函数被称为有约束条件的逻辑函数。

例如，用 8421BCD 码表示十进制数，只有 0000、0001、…、1001 等十种输入组合出

现，其余六种组合 1010、1011、…、1111 则不会出现，它们是与8421BCD码无关的组合，与这些组合相对应的最小项 $A\overline{B}C\overline{D}$、$A\overline{B}CD$、$AB\overline{C}\,\overline{D}$、$AB\overline{C}D$、$ABC\overline{D}$ 和 $ABCD$ 与输出值无关，就是无关项。

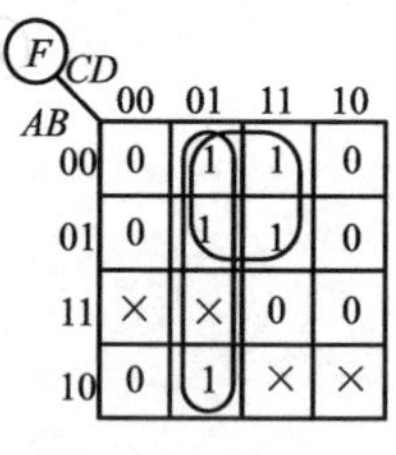

图 5-26 例 5-16 有无关项的逻辑函数卡诺图

对无关项一般采用全体无关项的和恒为零的形式表示，如果以 d 表示无关项，则 $\sum d=0$。化简时无关项在卡诺图中对应的方格中填入“×”，因为无关项是不会出现的项，即是对函数值无影响的项，所以在化简逻辑函数时既可以认为它是“1”，也可以认为它是“0”。

例如有函数式 $F(A,B,C,D)=\sum m(1,3,5,7,9)\sum d(10,11,12,13)$，其中 $\sum m$ 是使函数值为 1 的最小项，$\sum d$ 是与函数值无影响的无关项，其余最小项是使函数值为 0 的最小项。这个函数式也可以采用下面的表示形式：

$$\begin{cases}F(A,B,C,D)=\sum m(1,3,5,7,9)\\ \sum d(10,11,12,13)=0\end{cases}$$

(2) 具有无关项逻辑函数的化简

无关项对函数不会有影响，可以当作“1”，也可以当作“0”，因此画方格群时可以把“×”包含在内。原则是利用无关项将函数化到最简。但要注意方格群中必须包含有效最小项，不能全是无关项，而且，只要按此原则把 1 圈完，有些无关项可以不用。注意：有约束项时，一定要用卡诺图化简。不要用公式法，除非变量太多，无法用卡诺图化简。

【例 5-16】 试化简 $F(A,B,C,D)=\sum m(1,3,5,7,9)+\sum d(10,11,12,13)$

解： 卡诺图及方格群画法见图 5-26。

化简后，最简与或式为 $F=\overline{C}D+\overline{A}D$

5.2 集成逻辑门

5.2.1 常用 IC 门简介

集成电路（IC）是将若干个晶体管、二极管和电阻集成并封装在一起的器件，是一种完全由半导体材料（通常是硅）构成的微小芯片上制作的电子电路。与分立电路相比，集成电路使数字电路的体积大大缩小，功耗降低，工作速度和可靠性得到提高。图 5-27 是某 IC 封装的截面图。硅片封装在塑料或陶瓷外壳的内部，上面集成了逻辑电路，芯片通过细导线与外部引脚相连。

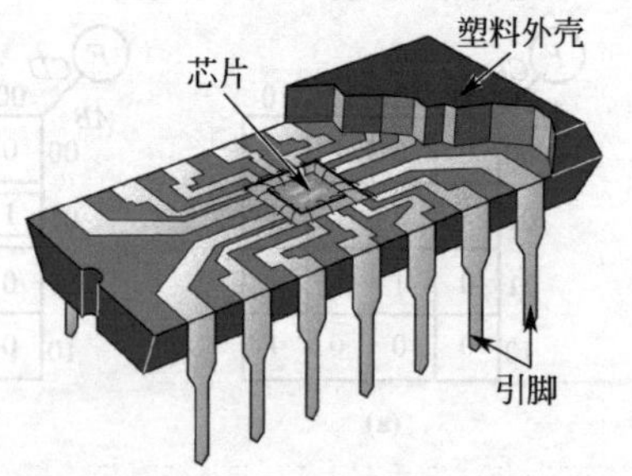

图 5-27 某 IC 封装的截面图

1. IC 封装

数字集成电路的封装是多种多样的。DIP（双列直插式封装）用于直插式印制电路板，图 5-27 和图 5-28(a)分别是 14 脚和 16 脚 DIP 的外形。其引脚垂直向下以便插入电路板的通孔，与电路板的上下表面连接。

另一种 IC 封装是 SMT（表贴式）封装，图 5-28 (b) 为表贴式封装的一种。SMT 封装的芯片焊接在电路板表面，其密度更高。

图 5-29 显示了 14 个引脚 IC 的俯视图。DIP 封装的集成电路引脚编号方法：芯片的一端有半月形缺口（有些是一个小圆点，凹口或一个斜切角）用来指示引脚编号的起始位置；起始标志朝左，紧邻这个起始引脚标志的左下方引脚为第 1 脚，其他引脚按逆时针方式顺序排列。

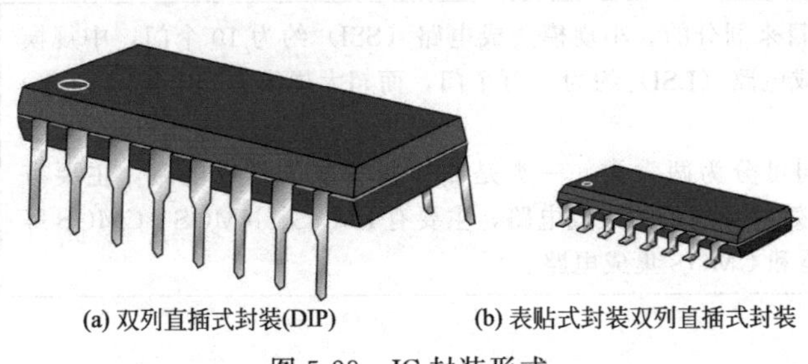
(a) 双列直插式封装(DIP)　　(b) 表贴式封装双列直插式封装

图 5-28　IC 封装形式

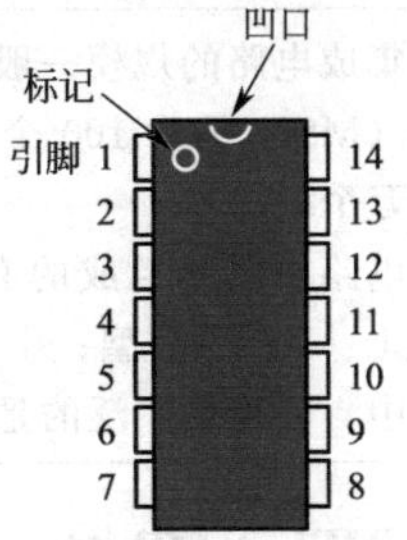

凹口
标记
引脚 1　14
2　13
3　12
4　11
5　10
6　9
7　8

图 5-29　IC 引脚标号

2. IC 门分类

逻辑门电路是指能够实现一些基本逻辑关系的电路，简称“门电路”或“逻辑元件”。各种门电路均可用半导体元件构成。如 DTL 系列门电路、TTL 系列和 MOS 系列门电路。其中：DTL 系列门电路是由二极管-晶体管及电阻构成的门电路，这类门电路最初是采用分立形式，目前几乎都做成单片集成电路；TTL 系列门电路是由晶体管-晶体管构成的门电路，其逻辑状态仅由双极型晶体管实现，电路中的二极管只用于电平转移和引出电压，电阻仅用于分压和限流；MOS 系列门电路是用 N 沟道或 P 沟道耗尽型场效应管制成的集成电路，若在一个门电路中使用了 N 沟道和 P 沟道 MOS 管互补电路，则称为 CMOS 门电路，它们的主要区别如下：

① TTL 电路具有结构简单、工作稳定、运行速度较快、电源电压较低（5V）、有较强的带负载能力。

② CMOS 集成门常用作反相器、传输门。其优点是功耗低、抗干扰能力强、电源电压范围宽。缺点是工作速度低。

特别提示

开关时间：二极管正向导通需要时间，影响二极管开关时间的主要是反向恢复时间，应选择快恢复二极管以及肖特基二极管。

三极管有三种工作状态：截止状态、放大状态、饱和状态。在模拟信号分析的放大电路中，三极管作为放大元件，主要工作区域是放大区。在数字电路中，三极管主要工作在截止状态或饱和状态，并且经常在截止状态和饱和状态之间经由放大状态进行快速转换和过渡，三极管的这种工作状态称为开关状态。三极管作为开关应用时，在饱和导通（等效为开关闭合）和截止（等效为开关断开）状态之间进行相互转换时，与二极管一样，需要经过一定的时间。三极管在快速变化的脉冲信号的作用下，其状态在截止与饱和导通之间转换，三极管输出信号随输入信号变化的动态过程称开关特性。开通时间是指三极管由反向截止转为正向导通所需时间，即三极管发射结由宽变窄及基区建立电荷所需时间。关断时间是指三极管由正向导通转为反向截止所需的时间，即关闭时间：主要是清除三极管内存储电荷的时间。三极管的开启时间和关闭时间总称为三极管的开关时间，提高开关速度就是减小开关时间。所以为提高开关速度通常要减轻三极管饱和深度。

MOS 管的三个电极之间，均有电容的存在，分别是栅源电容、栅漏电容和漏源电容，其值一般为几个 PF，由于这些电容的充、放电特性所致，MOS 管从导通到截止，或从截止到导通均需要一定的时间，即开关时间，MOS 管的开关时间比三极管的要长。

知识链接

把若干个有源器件和无源器件及其连线，按照一定的功能要求，制作在一块半导体基片上，这样的产品叫集成电路。若它完成的功能是逻辑功能或数字功能，则称为数字集成电路。最简单的数字集成电路是集成逻辑门。

集成电路比分立元件电路有许多显著的优点，如体积小、耗电省、重量轻、可靠性高等，所以集成电路一出现就受到人们的极大重视并迅速得到广泛应用。

数字集成电路的规模一般是根据门的数目来划分的。小规模集成电路（SSI）约为 10 个门，中规模集成电路（MSI）约为 100 个门，大规模集成电路（LSI）约为 1 万个门，而超大规模集成电路（VLSI）则为 100 万个门。

集成电路按照其组成的有源器件的不同可分为两大类：一类是晶体管构成的集成电路，主要有 TTL、ECL、I2L 等类型；另一类是 MOS 场效应管构成的集成电路，主要有 PMOS、NMOS、CMOS 等类型。其中，使用最广泛的是 TTL 集成电路和 CMOS 集成电路。

5.2.2 TTL 门电路

TTL 系列数字电路按集成度大小可分为小规模集成电路、中规模集成电路、大规模集成电路和超大规模的集成电路。在不同规模的集成电路中包含了各种不同功能的逻辑电路，可组成各种门电路、编码器、译码器等逻辑器件，国产的 TTL 电路有 CT54/74 标准系列、CT54/74H 高速系列、CT54/74S 肖特基系列、CT54/74LS 低功耗肖特基系列等，NI Multisim 仿真软件的 TTL 系列如图 5-30 所示。

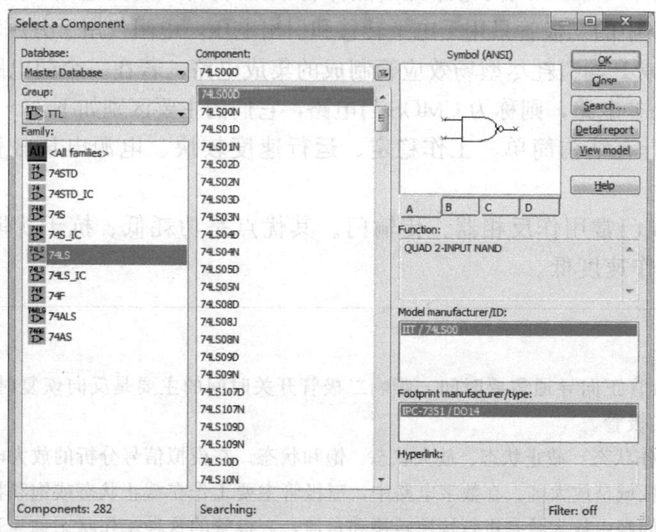

图 5-30　NI Multisim 仿真软件的 TTL 系列

知识链接

TTL 集成电路有 74（民用）和 54（军用）两大系列，每个系列中又有若干子系列。例如，74 系列包含如下子系列。

74：标准 TTL（Standard TTL）。

74L：低功耗 TTL（Low-power TTL）。

74S：肖特基 TTL（Schottky TTL）。

74AS：先进肖特基 TTL（Advanced Schottky TTL）。

74LS：低功耗肖特基 TTL（Low-power Schottky TTL）。

74ALS：先进低功耗肖特基 TTL（Advanced Low-power Schottky TTL）。

使用者在选择 TTL 子系列时主要考虑它们的速度和功耗，其中 74LS 系列产品具有最佳的综合性能，是 TTL 集成电路的主流，是应用最广的子系列。

54 系列和 74 系列具有相同的子系列，两个系列的参数基本相同，主要在电源电压范围和工作温度范围上有所不同。54 系列适应的范围更大些，不同子系列在速度、功耗等参数上有所不同。对于全部的 TTL 集成电路都采用+5V 电源供电，逻辑电平为标准 TTL 电平。

小规模集成电路的集成度比较低，大多数是与门、或门、与非门、或非门、与或非门、反相器、三态门、锁存器、施密特触发器、单稳态触发器、多谐振荡器以及一些扩展门、缓冲器、驱动器等比较基本、简单、通用的数字逻辑单元电路。可以根据电路的设计需要，利用手册，选择合适的器件来构成所需的各种数字逻辑电路。

中、大规模集成电路的集成度比较高，大多数是一些具有特定逻辑功能的逻辑电路。其中包括：加法器、累加器、乘法器、比较器、奇偶发生器/校验器、算术运算器、多（四、六、八）触发器、寄存器堆、时钟发生器、码制转换器、数据选择器/多路开关、译码器/分配器、显示译码器/驱动器、位片式处理器、异步计数器、同步计数器、A/D 和 D/A 转换器、随机存取器（RAM）、只读存储器（ROM/PROM/EPROM/EEPROM）、处理机控制器和支持功能器件等。

TTL 手册中提供各种 IC 的功能表、时序图（波形图）、引脚图、电气参数和封装，以及使用说明等内容。在实际应用中，不但要了解各种芯片的逻辑功能，还要综合比较各种参数，使其满足设计要求。

1. TTL 系列主要参数指标

TTL 系列数字电路有许多参数指标，例如，最大电源电压、电流、工作环境温度范围等。下面介绍一些与 TTL 集成电路电气特性有关的重要参数指标。

① 高电平输出电压 U_{OH}：2.7～3.4 V。

② 高电平输出电流 I_{OH}：输出为高电平时，提供给外接负载的最大输出电流。若使用电流超过手册中的规定值时，会使输出高电平下降，严重时会破坏逻辑关系。I_{OH} 也表示电路的拉电流负载能力。

③ 低电平输出电压 U_{OL}：0.2～0.5 V。

④ 低电平输出电流 I_{OL}：输出为低电平时，外接负载的最大输出电流（实际是从 IC 输出端流入)。超过此值会使输出低电平上升。I_{OL} 也表示电路的灌电流负载能力。

⑤ 高电平输入电压 U_{IH}：一般为 2 V，是指允许输入高电平的最小值。

⑥ 高电平输入电流 I_{IH}：输入为高电平时的输入电流，即当前级输出为高电平时，本级输入电路作为前级负载时的拉电流。

⑦ 低电平输入电压 U_{IL}：一般为 0.8V，是指允许输入的最大低电平值。

⑧ 低电平输入电流 I_{IL}：输入为低电平时的输入电流，即当前级输出为低电平时，本级输入电路作为前级负载的灌电流。

⑨ 输出短路电流 I_{OS}：输出端为高电平时，对地的短路电流。

⑩ 电源电流：用来确定整个电路和供电电源的功率，随电路不同而不同。

⑪ 传输延迟时间 t_{PLH} 和 t_{PHL}：输出状态响应输入信号所需的时间。在工作频率较高的数字电路中，信号经过多级门电路传输后造成的时间延迟将影响门电路的逻辑功能。

⑫ 时钟脉冲 f_{max}：电路最大的工作频率，超过此频率 IC 将不能正常工作。

在 TTL 数字集成电路的设计中，I_{OH} 和 I_{OL} 反映了集成电路芯片的带负载能力。I_{IH} 和 I_{IL} 则反映了芯片对前级集成电路的影响。当 I_{IH} 或 I_{IL} 超过前级的 I_{OH} 或 I_{OL} 值时，为保证正确的逻辑关系，需增加驱动芯片以提高 IC 的带负载能力。

各种 TTL 集成电路的重要电气特性及参数指标，都可以在 TTL 集成电路手册中查到。对于功能复杂的 TTL 集成电路，手册中还提供时序图（或波形图）、功能表（或真值表）以及引脚信号电平的要求等内容。熟练运用集成电路手册，掌握芯片各种描述方法的作用是正确使用各类 TTL 集成电路的必备条件。

知识链接

5.1.2中介绍了正负逻辑的概念，正负逻辑的规定其实就是以相互对立的逻辑状态来表示逻辑电路中的高低电平。由于电路所处环境温度的变化、电源电压的波动、负载的大小以及电路中元器件参数的分散性和干扰等因素的影响，实际的高低电平都不是一个固定的值。通常高低电平都会有一个允许的变化范围，只要能够明确区分开这两种对应的状态就可以了。在实际的应用中，高电平太低，或低电平太高，都会使逻辑1或者逻辑0这两种逻辑状态区分不清，从而破坏了原来已经确定的逻辑关系。因此，规定了高电平的下限值，称之为标准高电平，用U_{SH}表示。同样也可以规定低电平的上限值，称之为标准低电平，用U_{SL}表示。在实际的逻辑系统中，应满足高电平$U_H \geqslant U_{SH}$，低电平$U_L \leqslant U_{SL}$。

2. 其他常用TTL门电路介绍

除基本门电路外，下面介绍几种常用的特殊门电路。

(1) 集电极开路门（OC门）

① 关于线与的概念。实际使用中，有时为了需要将两个以上的门电路的输出端直接并联使用，目的是实现与逻辑，这种接线方式称为线与。

普通的TTL门电路的输出结构决定了它们是无法进行线与的。如果将G_1和G_2两个TTL与非门的输出端直接连接起来，如图5-31所示。当G_1门输出高电平，G_2门输出低电平时，从G_1的电源V_{CC}通过G_1的T_3、VD到G_2的T_4，形成一个低阻通路，这样将会产生很大的电流，输出既不是高电平也不是低电平，逻辑功能将被破坏。同时这个电流远远超过正常的工作电流，有可能使门电路过载而烧毁。

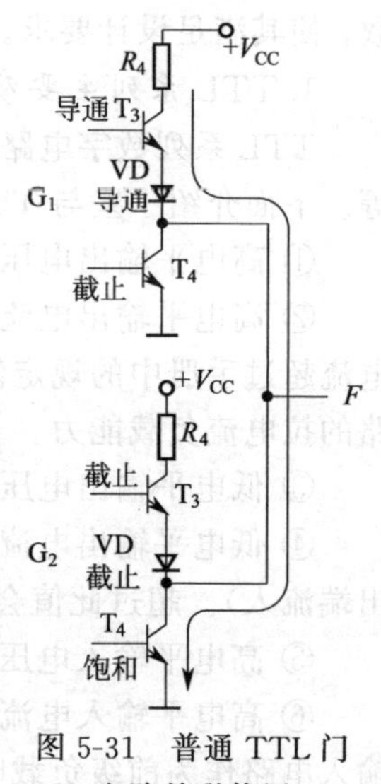

图5-31 普通TTL门电路并联使用

② 集电极开路输出门的电路结构。集电极开路（open collector）输出门是专门生产用以实现线与的门电路，这种门电路输出管的集电极是悬空的，所以叫集电极开路输出门，又称OC门。图5-32(a)是一个典型的集电极开路与非门电路，其逻辑符号见图5-32(b)。

OC门在使用的时候，一般必须外接负载电阻R_L或其他负载（如继电器、发光二极管等）和电源V_{CC}后才能正常工作（如图中虚线所示），否则它的输出将变为另外两种状态，即低电平和高阻态。由图5-32分析可得$F=\overline{AB}$。

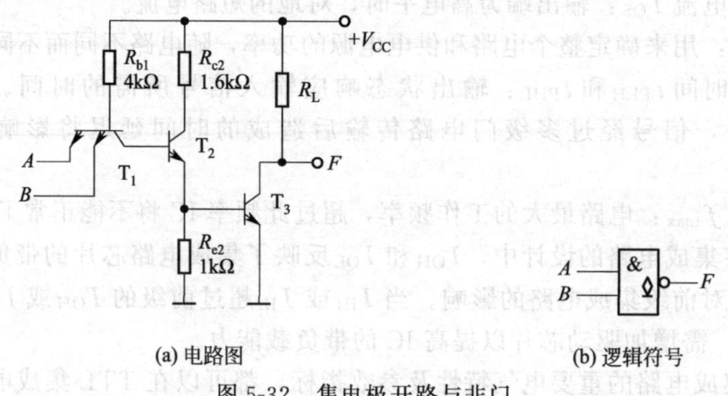

图5-32 集电极开路与非门

③ OC门的主要应用。

a. 实现"线与"功能。2个OC门实现线与时的电路如图5-33所示。此时的逻辑关系为：$F=\overline{\overline{AB}\cdot\overline{CD}}=\overline{AB+CD}$，即在输出上实现了与逻辑，通过逻辑变换可转换为与或非运算。

当几个 OC 门输出端并联时，为了保证电路正常工作，需要外接一个合适的负载电阻 R_L（又称上拉电阻），R_L的取值不但要保证电路输出的高电平或低电平数值符合要求，又要保证 OC 门输出级三极管不过载。

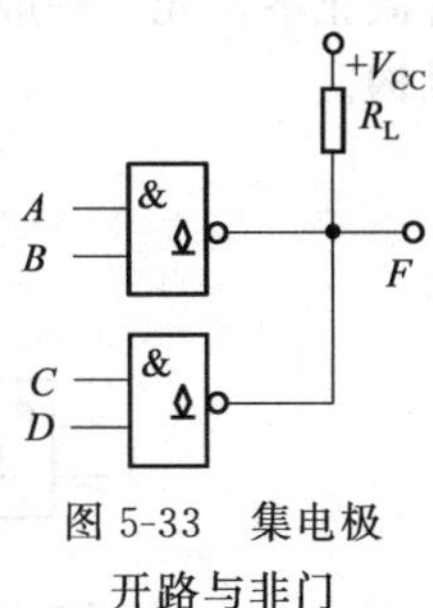

图 5-33　集电极开路与非门

假设有 n 个 OC 门的输出端并联，后面接多个普通的 TTL 与非门作为负载，则 R_L的选择按以下两种最坏情况考虑。

当所有的 OC 门都截止时，输出应为高电平，如图 5-34 所示。这时 R_L不能太大，如果 R_L太大，则其上压降太大，输出高电平就会太低。因此当 R_L为最大值时要保证输出电压为 $U_{OH(min)}$，即

$$R_{L(max)}=\frac{V_{CC}-U_{OH(min)}}{nI_{OH}-mI_{IH}}$$

式中，$U_{OH(min)}$为 OC 门输出高电平的下限值；I_{OH}为 OC 门输出管截止时的漏电流；I_{IH}是负载门的输入高电平电流；n 为发生线与关系的 OC 门的个数；m 为负载门输入端的个数（不是负载门的个数）。

当 OC 门中至少有一个导通时，输出 U_O应为低电平。考虑最坏情况，即只有一个 OC 门导通，如图 5-35 所示。这时 R_L不能太小，如果 R_L太小，则灌入导通的那个 OC 门的负载电流超过 $I_{OL(max)}$，就会使 OC 门的输出管脱离饱和，导致输出低电平上升。因此当 R_L为最小值时要保证输出电压为 $U_{OL(max)}$，即

$$R_{L(min)}=\frac{V_{CC}-U_{OL(max)}}{I_{OL(max)}-m'I_{IL}}$$

式中，$U_{OL(max)}$为 OC 门输出低电平的上限值；$I_{OL(max)}$为 OC 门输出低电平时流入导通 OC 门的最大允许负载电流，即灌电流能力；I_{IL}为负载门的输入低电平电流；m'为负载门的个数（如果负载门为或非门，则 m'应为负载门输入端的个数）。

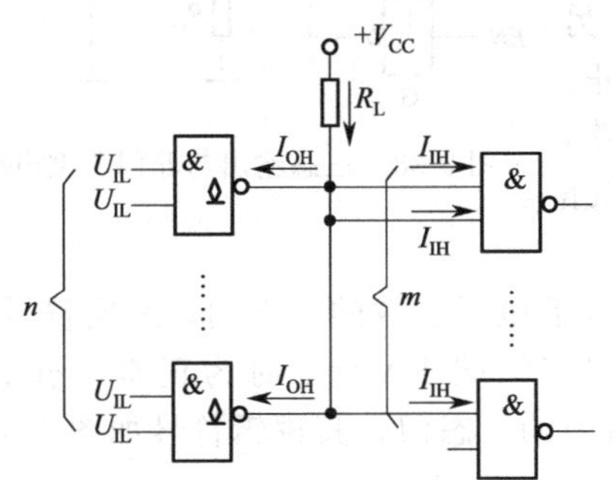

图 5-34　OC 门负载电阻最大值时的工作状态

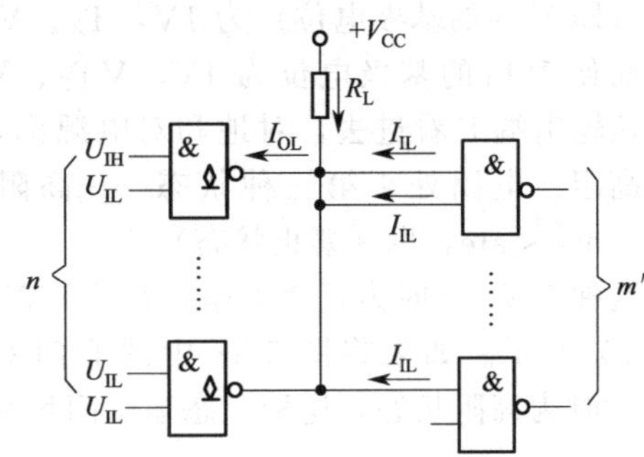

图 5-35　OC 门负载电阻最小值时的工作状态

最后应根据 $R_{L(max)}$和 $R_{L(min)}$的值选取 R_L：$R_{L(min)}\leqslant R_L\leqslant R_{L(max)}$，其中 R_L应符合电阻标称值。

b. 实现电平转换。在数字系统的接口部分（与外部设备相连接的地方）需要有电平转换的时候，常用 OC 门来完成。如图 5-36 所示，把上拉电阻接到 10V 电源上，这样在 OC 门输入普通的 TTL 电平，而输出高电平就可以变为 10V。

c. 驱动显示器件和执行机构。可以用 OC 门直接驱动发光二极管（需串联限流电阻）、

指示灯、继电器和脉冲电压等。如图 5-37 所示，只要电源 V_{CC} 和电阻 R 选择适当，当 $A=1$ 时，OC 门输出低电平，发光二极管导通发光；当 $A=0$ 时，OC 门输出高电平，发光二极管截止不发光。一般的 TTL 门电路都需外接晶体管和其他电气元件后才能驱动大电流执行机构。

图 5-36　OC 门实现电平转换　　图 5-37　OC 门驱动发光二极管

（2）三态输出门（TSL）

三态输出门（three-state output gate，简称 TSL）是在普通 TTL 门电路的基础上，附加使能控制端和控制电路构成的，它的输出除了高电平和低电平两种状态以外，还有第三种状态——高阻状态（也称禁止状态）。使能控制端的作用就是控制三态门的输出处于常态（高低电平）还是高阻状态。

① 三态输出门的结构和工作原理。图 5-38 所示为三态输出与非门的典型电路。输入端 EN 称为使能端或控制端。

当 $EN=0$ 时，非门 G 输出为 1，VD_1 截止，与 P 端相连的 VT_1 的发射结也会截止。此时三态与非门相当于一个正常的二输入端与非门，输出 $F=\overline{AB}$，称为正常工作状态。

当 $EN=1$ 时，非门 G 输出为 0，此时 P 的电位为 0.3V，这一方面使 VD_1 导通，钳位作用使 T_2 的集电极电位（即 VT_3 的基极电位）为 1V，T_3、VD_2 截止；另一方面使 VT_1 的基极电位为 1V，VT_2、VT_4 也截止。这时从输出端 F 看进去，对地和对电源都相当于开路，呈现高阻。电路处于第三种状态—高阻状态（high impedance state，也称禁止状态）。

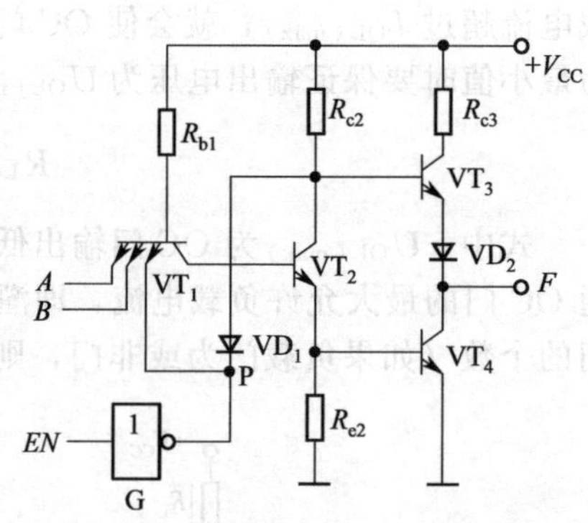

图 5-38　三态输出与非门典型电路

这种 $EN=0$ 时为正常工作状态的三态输出门称为低电平有效的三态门，逻辑符号如图 5-39(a) 所示。如果将图 5-38 中的非门 G 去掉，则使能端 $EN=1$ 时为正常工作状态，$EN=0$时为高阻状态，这种三态输出门称为高电平有效的三态门，其逻辑符号如图 5-39(b) 所示。

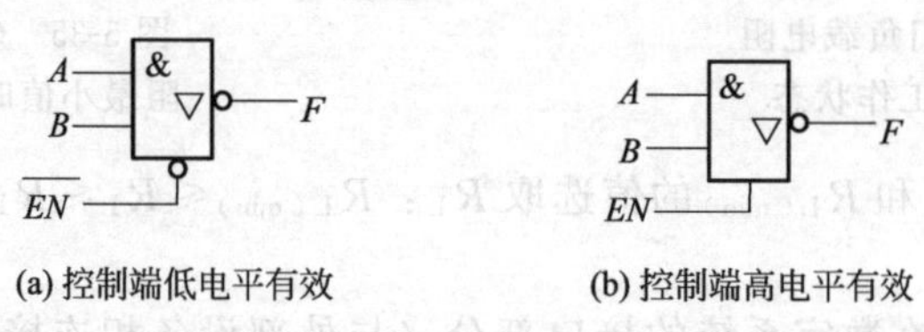

(a) 控制端低电平有效　　(b) 控制端高电平有效

图 5-39　三态 TTL 与非门的逻辑符号

② 三态门的应用。三态门在计算机总线结构中有着广泛的应用，可以实现用同一根数据总线将几组不同的数据或控制信号进行分时传送，如图 5-40 所示即为这种单向总线。由

图中可以看出，只要 EN_1、EN_2、EN_3 按时间顺序轮流出现高电平，那么，$\overline{A_1B_1}$、$\overline{A_2B_2}$、$\overline{A_3B_3}$三组信号就会轮流送到总线上。

为了保证接到同一总线上的多个三态门都能够正常工作，接成总线方式时，在 n 个 EN 端中，每次最多只能有一个有效（即只让一个三态门处于工作状态），否则会有大电流产生，损坏器件。

图 5-41 所示为三态非门组成的双向总线。当 EN 为高电平时，G_1 正常工作，G_2 为高阻态，输入数据 D_I 经 G_1 反相后送到总线上；当 EN 为低电平时，G_2 正常工作，G_1 为高阻态，总线上的数据 D_O 经 G_2 反相后输出$\overline{D_O}$。这样就实现了信号的分时双向传送。

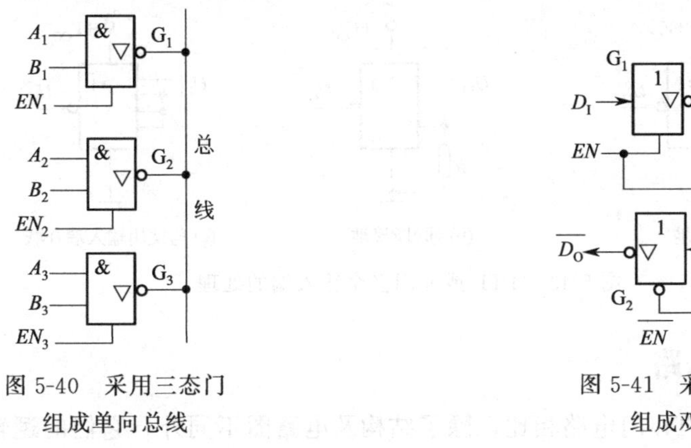

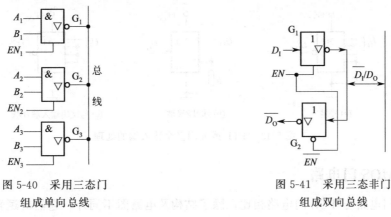

图 5-40　采用三态门组成单向总线

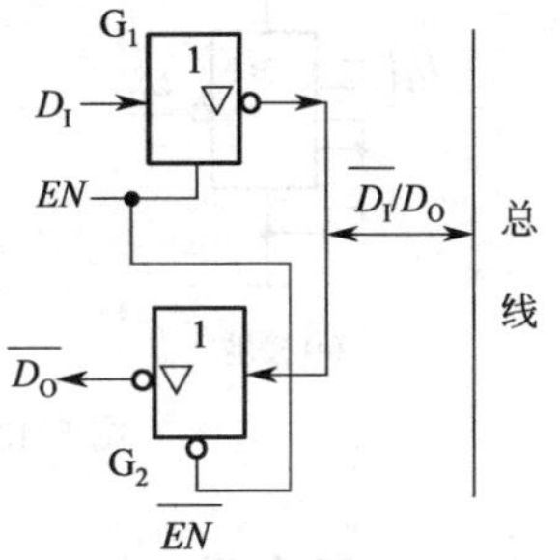

图 5-41　采用三态非门组成双向总线

3. TTL 集成电路使用中的几个实际问题

① 电源。TTL 集成电路的电源电压不能高于＋5.5V 使用，不能将电源与地颠倒错接，否则将会因为过大电流而造成器件损坏。在电源接通时，不要移动或插入集成电路，因为电流的冲击可能会造成其永久性损坏。

TTL 电路存在电源尖峰电流，要求电源具有小的内阻和良好的地线，必须重视电路的滤波。要求除了在电源输入端接有 50μF 电容的低频滤波外，每隔 5～10 个集成电路，还应接入一个 0.01～0.1 μF 的高频滤波电容。在使用中规模以上集成电路时和在高速电路中，还应适当增加高频滤波。

② 输入输出连接。TTL 电路的各输入端不能直接与高于＋5.5V 和低于－0.5V 的低内阻电源连接，因为低内阻电源会提供较大的电流，导致器件过热而烧坏。输出端不允许与电源或地短路。否则可能造成器件损坏。但可以通过电阻与地相连，提高输出电平。

除了 OC 门与三态门以外，输出端不允许并联使用，OC 门线与时应按要求配置上拉电阻。

③ 多余输入端接法。多余的输入端最好不要悬空。虽然悬空相当于高电平，并不影响与门、与非门的逻辑功能，但悬空容易受干扰，有时会造成电路的误动作，在时序电路中表现将更为明显。因此，多余输入端一般不采用悬空办法，而是根据需要处理。

对于与门、与非门等第一级为与逻辑关系的 TTL 集成门电路，多余输入端应接电源或高电平或与使用的输入端并联，如图 5-42 所示。对于或门、或非门等第一级为或逻辑关系的 TTL 集成门电路，多余输入端应接地或低电平或与使用的输入端并联，如图 5-43 所示。图 5-43(b) 中接地电阻的阻值要求 $R \leqslant 500\Omega$。

④ 输入端接地。TTL 电路输入端通过电阻接地，电阻 R 值的大小直接影响电路所处的状态。一般来讲，当 $R \leqslant 680\Omega$ 时，输入端相当于逻辑“0”；当 $R \geqslant 10\text{k}\Omega$ 时，输入端相当于逻辑“1”。对于不同系列的器件，要求的阻值不同。

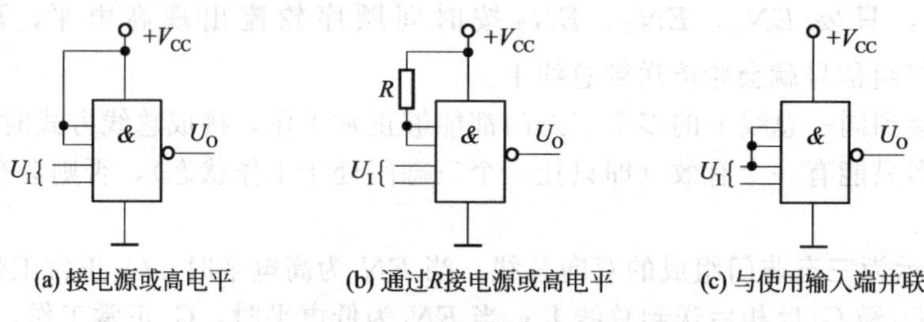

图 5-42　TTL 与非门多余输入端的处理

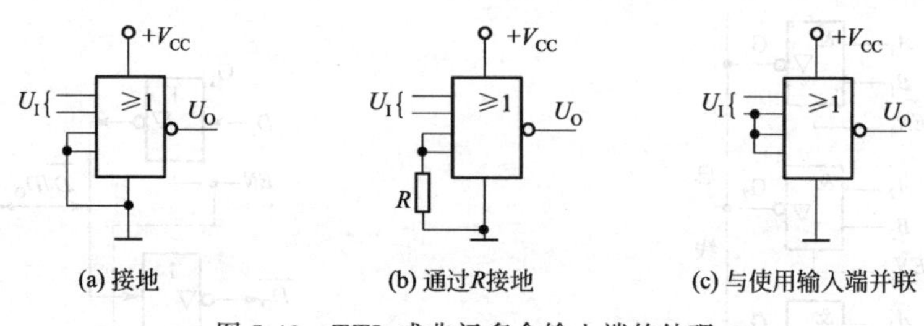

图 5-43　TTL 或非门多余输入端的处理

5.2.3　CMOS 门电路

CMOS 门电路与 TTL 门电路相比，除了结构及电路图不同外，它们的逻辑符号和逻辑表达式完全相同，且真值表（功能表）也完全相同，因此前面以 TTL 门电路为例所介绍的各种应用同样适用于 CMOS 门电路，NI Multisim 仿真软件中 CMOS 集成电路主要系列如图 5-44 所示。

1. CMOS 数字电路的特点

① 由于 CMOS 管的导通内阻比双极型晶体管的导通内阻大，所以 CMOS 电路的工作速度比 TTL 电路的工作速度低。

② CMOS 电路的输入阻抗很高，可达 10MΩ 以上，在频率不高的情况下，电路可以驱动的 CMOS 电路多于 TTL 电路。

③ 允许 CMOS 电路的电源电压的变化范围较大，约为 5～15V，所以其输出高、低电平的摆幅较大。与 TTL 电路相比，该电路的抗干扰能力更强，噪声容限可达 30%V_{DD}（V_{DD}为电源电压）。

④ 由于 CMOS 管工作时总是一管导通，另一管截止，使其几乎不从电源汲取电流，因此 CMOS 电路的功耗比 TTL 电路小。

⑤ 因 CMOS 集成电路的功耗小，其内部发热量小，所以 CMOS 电路的集成度要比 TTL 电路高。

⑥ CMOS 集成电路的温度稳定性好，抗辐射能力强，适合在特殊环境下工作。

⑦ 由于 CMOS 电路的输入阻抗高，容易受静电感应而被击穿，所以在其内部一般都设置了保护电路。

2. CMOS 逻辑门电路的主要参数

① 输出高电平 U_{OH} 与输出低电平 U_{OL}。CMOS 门电路 U_{OH} 的理论值为电源电压 V_{DD}，$U_{OH(min)}=0.9V_{DD}$；U_{OL} 的理论值为 0V，$U_{OL(max)}=0.01V_{DD}$。所以 CMOS 门电路的逻辑摆幅（即高低电平之差）较大，接近电源电压 V_{DD} 值。

② 阈值电压 U_{th}。从 CMOS 非门电压传输特性曲线中看出，输出高低电平的过渡区很

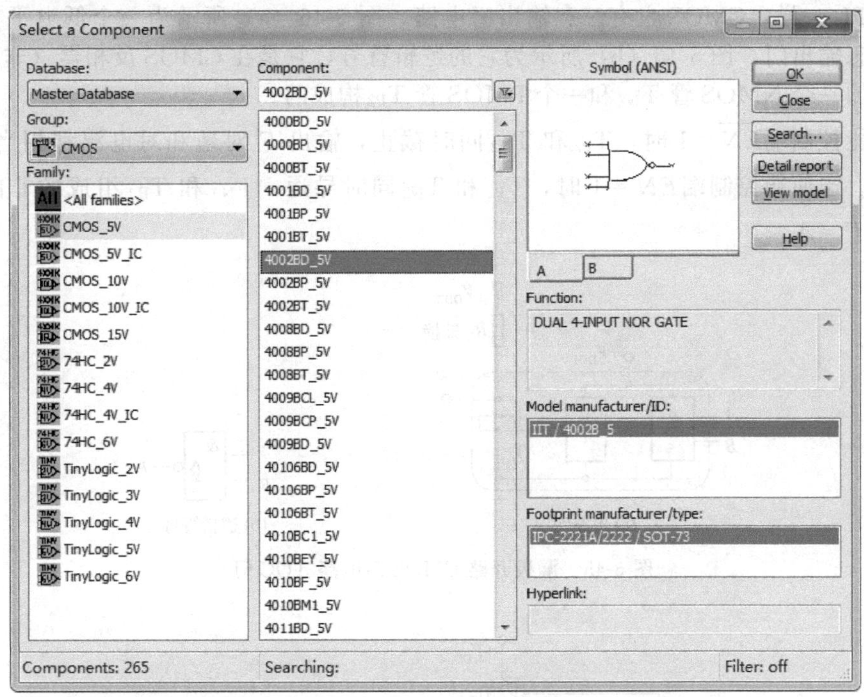

图 5-44　NI Multisim 仿真软件的 CMOS 系列

陡，阈值电压 U_{th} 约为 $V_{DD}/2$。

③ 抗干扰容限。CMOS 非门的关门电平 U_{OFF} 为 $0.45V_{DD}$，开门电平 U_{ON} 为 $0.55V_{DD}$。因此，其高、低电平噪声容限均达 $0.45V_{DD}$。其他 CMOS 门电路的噪声容限一般也大于 $0.3V_{DD}$，电源电压 V_{DD} 越大，其抗干扰能力越强。

④ 传输延迟与功耗。CMOS 电路的功耗很小，一般小于 1mW/门，但传输延迟较大，一般为几十纳秒/门，且与电源电压有关，电源电压越高，CMOS 电路的传输延迟时间越小，功耗越大。

⑤ 扇出系数。因 CMOS 电路有极高的输入阻抗，故其扇出系数很大，一般额定扇出系数可达 50。但必须指出的是，扇出系数是指驱动 CMOS 电路的个数，若就灌电流负载能力和拉电流负载能力而言，CMOS 电路远远低于 TTL 电路。

3. 特殊输出结构的 CMOS 门电路

（1）漏极开路的 CMOS 门电路

在 TTL 电路中有 OC 门，同样，在 CMOS 中也有漏极开路门，其主要用途为：

① 线与；

② 用作输出缓冲/驱动器；

③ 实现电平转换；

④ 满足吸收大负载电流的需要。

CD40107 是 CMOS 双 2 输入与非缓冲/驱动器，其内部有两个漏极开路门电路，图 5-45(a) 所示是一个漏极开路门电路，图 5-45(b) 所示为它的逻辑符号。在输出为低电平的条件下，它能吸收高达 50mA 的灌电流。此外，它的输出高电平可以按需要而改变，当上拉电阻 R_L 接 V_{DD2} 时，它的输出高电平等于 V_{DD2}。V_{DD2} 最高可达 18V，因此可以实现电平转换。

（2）CMOS 三态输出门电路

与 TTL 一样，CMOS 也有三态输出门电路，图 5-46（a）所示为一个低电平有效（使能）的三态输出门，图 5-46（b）所示为它的逻辑符号，它是在 CMOS 反相器（非门）的基础上，增加一个 NMOS 管 T_{N2} 和一个 PMOS 管 T_{P2} 构成的。

当使能控制端 $\overline{EN}=1$ 时，T_{P2} 和 T_{N2} 同时截止，输出 F 对地和对电源都相当于开路，为高阻态。当使能控制端 $\overline{EN}=1$ 时，T_{P2} 和 T_{N2} 同时导通，T_{N1} 和 T_{P1} 组成的非门正常工作，输出 $F=\overline{A}$。

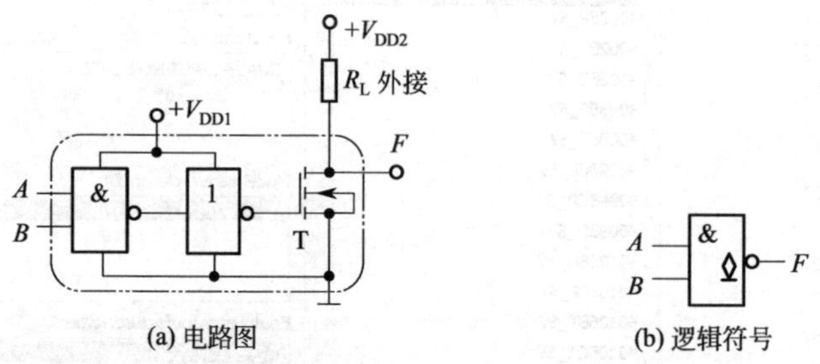

图 5-45 漏极开路 CMOS 门电路（OC 门）

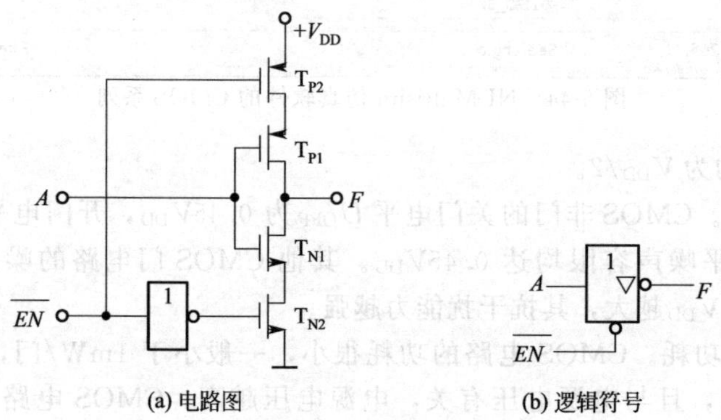

图 5-46 低电平使能 CMOS 三态输出门电路

与 TTL 三态门一样，CMOS 三态门也可以方便地构成总线结构。CD4048 是具有四个控制信号输入端的可扩充八输入三态门，三个二进制控制输入端提供 8 种不同的逻辑功能，第 4 个控制输入端 EN 提供三态输出，当 EN 为高电平时芯片正常工作，而当 EN 为低电平时则输出为高阻态。

（3）CMOS 传输门和模拟开关

CMOS 传输门是由一个 NMOS 管 T_N 和一个 PMOS 管 T_P 组成的，其电路图和逻辑符号如图 5-47 所示。图中 C 和 $\overline{C}$ 是控制端，使用时总是加互补的信号。CMOS 传输门可以传输数字信号，也可以传输模拟信号。

设两管的开启电压 $U_{TN}=|U_{TP}|$。如果要传输的信号 U_I 的变化范围为 0V～V_{DD}，那么将控制端 C 和 $\overline{C}$ 的高电平设置为 V_{DD}，低电平设置为 0，并将 T_N 的衬底接低电平 0V，T_P 的衬底接高电平 V_{DD}。

当 C 接高电平 V_{DD}，$\overline{C}$ 接低电平 0V（地）时，若 $0V<U_I<(V_{DD}-U_{TN})$，T_N 导通；若 $|U_{TP}|\leqslant U_I\leqslant V_{DD}$，$T_P$ 导通。即 U_I 在 0V～V_{DD} 的范围变化时，至少有一管导通，输出与输入之间呈低电阻，将输入电压传到输出端，$U_O=U_I$，相当于开关闭合。

当 C 接低电平 0V（地），$\overline{C}$ 接高电平 V_{DD} 时，U_I 在 0V～V_{DD} 的范围变化，T_N 和 T_P 都

截止，输出呈高阻状态，输入电压不能传到输出端，相当于开关断开。

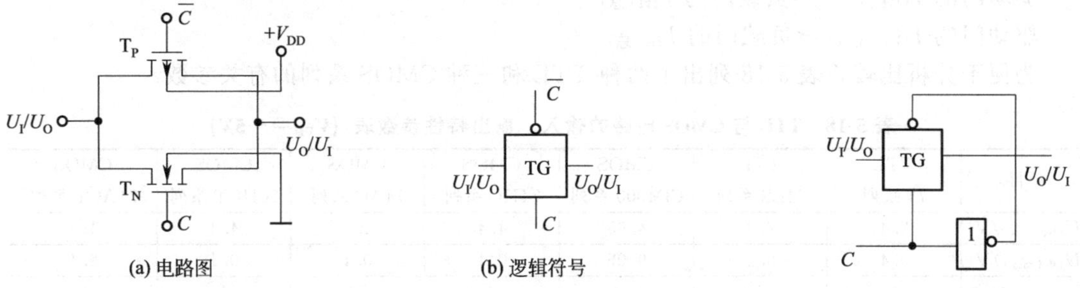

图 5-47 CMOS 传输门　　　　图 5-48 CMOS 模拟开关

传输门在导通时，当后面接 MOS 电路接入端（输入电阻达到 $10^{10}\,\Omega$）或运算放大器（输入电阻达到兆欧级）时，信号传输的衰减可以忽略不计。另外，由于 MOS 管在结构上是源、漏极对称的，源极和漏极可以互换，电流可以从两个方向流通。所以传输门的输入端和输出端可以对换，因此 CMOS 传输门具有双向特性，通常也称为双向可控开关。

如果将 CMOS 传输门和一个非门结合起来，由非门产生互补的控制信号，如图 5-48 所示，称为模拟开关。$C=1$ 时，模拟开关导通；$C=0$ 时，模拟开关截止。

CD4066 是一种用途广泛的四双向模拟开关，其内部有四个模拟开关和四个控制端。CD4051 是单 8 对 1 数字控制模拟开关/分配器，由三根控制输入端能够切换 8 个模拟开关，可用在多通道模拟接口电路中。

4. CMOS 电路的缓冲级

实际的 CMOS 产品往往在基本门的基础上，在每个输入端和输出端增加一个非门作为缓冲级。CMOS 电路的型号中，若加有后缀 B 就表示带缓冲级，若带有后缀 UB 则表示不带缓冲级。CD4069 就是不带缓冲级的。

加入缓冲级可以提高门电路的带负载能力，而且，电压传输特性的转折区也会变得更陡，电路的抗干扰能力会增强。

5. CMOS 集成电路的使用注意事项

① 对于各种集成电路来说，在技术手册上都会给出各主要参数的工作条件和极限值，因此一定要在推荐的工作条件范围内使用，否则将导致电路的性能下降或损坏器件。

② 在使用和存放时应注意静电屏蔽。焊接时电烙铁应接地良好或在电烙铁断电情况下焊接。

③ CMOS 电路中多余不用的输入端不能悬空，应根据需要接地或接正电源。为了解决由于门电路多余输入端并联后使前级门电路负载增大的问题，根据逻辑关系的要求，可以把多余的输入端直接接地当作低电平输入或把多余的输入端通过一个电阻接到电源上当作高电平输入。这种接法不仅不会造成对前级门电路的影响，而且还可以抑制来自电源的干扰。

6. CMOS 与 TTL 电路的连接

在一个数字系统中，经常会遇到需要采用不同类型数字集成电路的情况，最常见的就是同时采用 CMOS 和 TTL 电路，于是出现了 TTL 与 CMOS 电路的连接问题。

(1) 连接规则

一种类型的集成电路（作为前级驱动门）要能直接驱动另一种类型的集成电路（作为后级负载门），必须保证电平和电流两方面的配合，即驱动门必须能为后一级的负载门提供符合要求的高、低电平和足够的输入电流，即要满足下列条件：

驱动门的 $U_{OH(min)}\geqslant$ 负载门的 $U_{IH(min)}$

驱动门的 $U_{OL(max)}$≤负载门的 $U_{IL(max)}$

驱动门的 $I_{OH(max)}$≥负载门的 $I_{IH(总)}$

驱动门的 $I_{OL(max)}$≥负载门的 $I_{IL(总)}$

为便于分析比较，表 5-18 列出了两种 TTL 和三种 CMOS 系列的有关参数。

表 5-18　TTL 与 CMOS 电路的输入、输出特性参数表（V_{DD}＝＋5V）

项目	TTL 74 系列	TTL 74LS 系列	CMOS CD4000 系列	CMOS 74HC 系列	CMOS 74AC 系列	CMOS 74HCT 系列	CMOS 74ACT 系列
$U_{OH(min)}$/V	2.4	2.7	4.95	4.4	4.4	4.4	4.4
$U_{OL(max)}$/V	0.4	0.5	0.05	0.1	0.1	0.1	0.1
$I_{OH(max)}$/mA	4	4	0.4	4	24	4	24
$I_{OL(max)}$/mA	16	8	0.4	4	24	4	24
$U_{IH(min)}$/V	2	2	3.5	3.15	3.15	2	2
$U_{IL(max)}$/V	0.8	0.8	1.5	0.9	0.9	0.8	0.8
$I_{IH(max)}$/μA	40	20	1	1	1	1	1
I_{IL}/mA	1.6	0.4	1×10^{-3}	1×10^{-3}	1×10^{-3}	1×10^{-3}	1×10^{-3}

（2）TTL 门电路驱动 CMOS 门电路

① TTL 电路与 74HCT 系列和 74ACT 系列的 CMOS 电路完全兼容，因而 TTL 电路可以直接连接 74HCT 系列和 74ACT 系列的 CMOS 电路。

② 74 系列或 74LS 系列的 TTL 电路不能驱动 CD4000 系列、74HC 系列或 74AC 系列的 CMOS 电路。这主要是由于驱动门的 $U_{OH(min)}$≥负载门的 $U_{IH(min)}$。要解决这一问题，需要抬高 TTL 电路的输出高电平，可以在 TTL 电路的输出端和电源之间，接一上拉电阻 R_P，如图 5-49（a）所示。R_P的阻值取决于负载器件的数目及 TTL 和 CMOS 器件的电流参数，一般在几百兆至几千兆间。如果 TTL 和 CMOS 器件采用的电源电压不同，则应使用 OC 门，同时使用上拉电阻 R_P，如图 5-49(b) 所示。

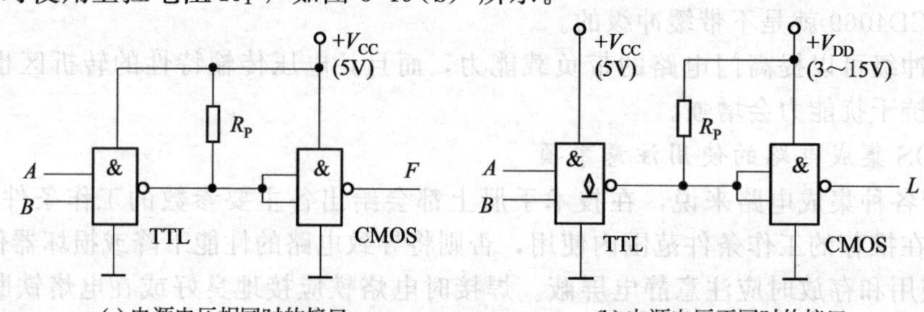

图 5-49　用上拉电阻抬高输出高电平

③ CMOS 门电路驱动 TTL 门电路。

a. 74HCT 系列和 74ACT 系列的 CMOS 电路可以直接驱动 TTL 电路。

b. 74HC 系列和 74AC 系列的 CMOS 电路可直接驱动 74 系列或 74LS 系列的 TTL 电路。

c. CD4000 系列 CMOS 电路可直接驱动一至两路 74LS 系列的 TTL 电路。

d. CD4000 系列 CMOS 电路不能直接驱动 74 系列的 TTL 电路。这主要是由于驱动门的 $I_{OL(max)}$≥负载门的 $I_{IL(总)}$。解决这一问题的办法是增加一级 CMOS 缓冲器，以增大 $I_{OL(max)}$（一般可直接驱动两块典型的 TTL)，如图 5-50 所示。

【例 5-17】 一个 74HC00 与非门电路能否驱动 4 个 7400 与非门？能否驱动 4 个 74LS00 与非门？

解： 从表 5-17 中查出：74 系列门的 I_{IL}＝1.6mA，74LS 系列门的 I_{IL}＝0.4mA，4 个 74 门的 $I_{IL(总)}$＝4×1.6＝6.4(mA)，4 个 74LS 门的 $I_{IL(总)}$＝4×0.4＝1.6(mA)。而 74HC

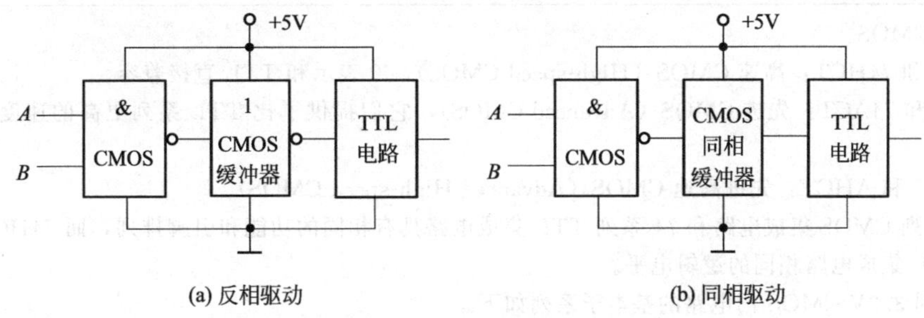

图 5-50 CD4000 系列 CMOS 电路驱动 TTL 电路的接口电路

系列门的 I_{OL}=4mA，所以不能驱动 4 个 7400 与非门，可以驱动 4 个 74LS00 与非门。

7. TTL 和 CMOS 电路带负载时的接口问题

在工程实践中，常常需要用 TTL 或 CMOS 电路去驱动指示灯、发光二极管 LED、继电器等负载。

对于电流较小、电平能够匹配的负载可以直接驱动，图 5-51(a) 所示为用 TTL 门电路驱动发光二极管 LED，这时只要在电路中串接一个几百兆的限流电阻即可。图 5-51(b) 所示为用 TTL 门电路驱动 5V 低电流继电器，其中二极管 VD 作保护，用以防止过电压。

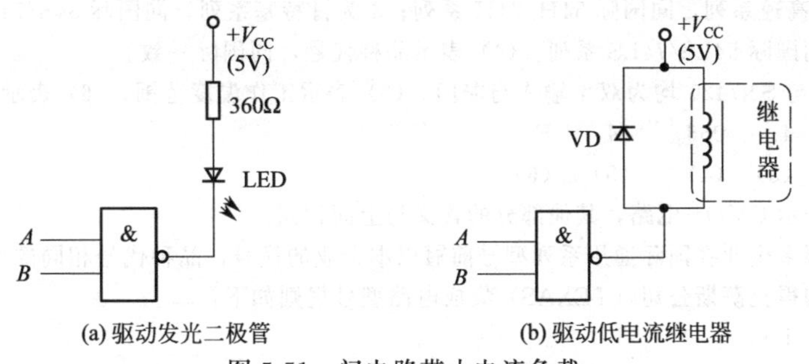

图 5-51 门电路带小电流负载

如果负载电流较大，可将同一芯片上的多个门并联作为驱动器，如图 5-52(a) 所示。也可在门电路输出端接三极管，以提高负载能力，如图 5-52(b) 所示。

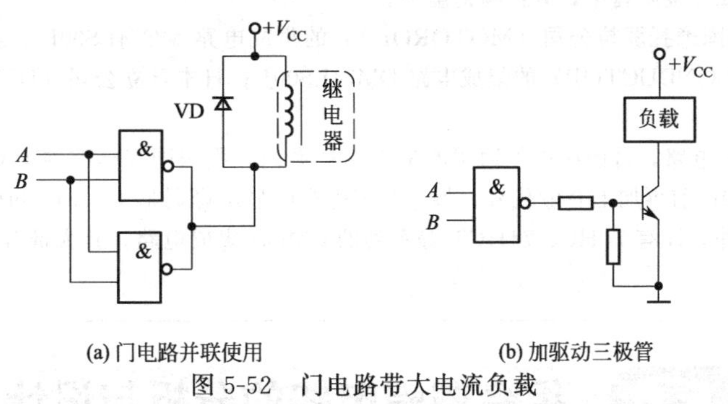

图 5-52 门电路带大电流负载

知识链接

CMOS 集成电路的供电电源可以在 3～18V 之间，不过，为了与 TTL 集成电路的逻辑电平兼容，多数的 CMOS 集成电路使用+5V 电源。另外还有 3.3V CMOS 集成电路。它的功耗比 5V CMOS 集成电路低得多。同 TTL 集成电路一样，CMOS 集成电路也有 74 和 54 两大系列。74 系列 5V CMOS 集成电路的子系列如下。

74C：CMOS。

74HC 和 74HCT：高速 CMOS（High-speed CMOS），T 表示和 TTL 直接兼容。

74AC 和 74ACT：先进 CMOS（Advanced CMOS），它们提供了比 TTL 系列更高的速度和更低的功耗。

74AHC 和 AHCT：先进高速 CMOS（Advanced High-speed CMOS）。

74C 系列 CMOS 集成电路和 74 系列 TTL 集成电路具有相同的功能和引脚排列，而 74HCT 系列还具有与 TTL 集成电路相同的逻辑电平。

74 系列 3.3V CMOS 门电路的基本子系列如下。

74LVC：低压 CMOS（Lower-voltage CMOS）。

74ALVC：先进低压 CMOS（Advanced Lower-voltage CMOS）。

知识链接

我国国家标准规定的集成电路型号由五部分组成，下面举例说明。

1. C　T　4　020　M　D
(1)　(2)　(3)　(4)　(5)　(6)

说明：(1) 表示国家标准。(2) 表示 TTL 电路。(3) 表示系列代号，其中 1 为标准系列，同国际 54/74 系列；2 为高速系列，同国际 54H/74H 系列；3 为肖特基系列，同国际 54S/74S 系列；4 为低功耗肖特基系列，同国际 54LS/74LS 系列。(4) 表示品种代号，同国际一致。

如：CT1020 与 SN7420 均为双 4 输入与非门。(5) 表示工作温度范围。(6) 表示封装形式。

2. C　C　4　066　M　F
(1)　(2)　(3)　(4)　(5)　(6)

说明：(2) 表示 CMOS 电路，其他部分的含义与上面相同。

在国际上，很多企业在国际通用系列型号前冠以本企业的代号，品种代号相同的可以互相代换，下面举例说明。美国得克萨斯公司（TEXAS）集成电路型号规则如下：

SN　74　LS　00　J
(1)　(2)　(3)　(4)　(5)

说明：(1) 表示得克萨斯公司标准电路。(2) 表示工作温度范围，54：－55～125℃；74：0～70℃。(3) 表示各种子系列（见前面）。(4) 表示品种代号。(5) 表示封装形式，J：陶瓷双列直插；N：塑料双列直插；T：金属扁平；W：陶瓷扁平。

其他公司如：美国摩托罗拉公司（MOTOROLA）的集成电路 MC74LS00L；美国国家半导体公司（NATIONAL SEMICONDUCTOR）的集成电路 DM74LS00J；日本日立公司（HITACHI）的集成电路 HD74LS00P 等。

对于 CMOS 集成电路，目前国内外通用的是 4000B 系列，我国国家标准称为 CC4000B 系列，其余各国厂商分别在 4000B 前再加上企业代号。如：我国生产的显示译码器 CC4511 和国外厂商生产的可代换产品 CD4511。此外，还有 74HC、74HCT 等系列的 CMOS 集成电路，其大部分品种是 74LS 同序号的翻版。

5.3 组合逻辑电路的分析与设计

5.3.1 组合逻辑电路的分析

数字电路根据逻辑功能的不同可分为组合逻辑电路（简称组合电路）和时序逻辑电路（简称时序电路）两大类。

任何时刻的输出仅取决于该时刻输入信号的组合，而与电路原有的状态无关的电路，称为组合逻辑电路；任何时刻的输出不仅取决于该时刻输入信号的组合，而且与电路原有的状态有关的电路，则称为时序逻辑电路，因此组合逻辑电路的特点是基本单元电路为各种门电路，电路中不含任何具有记忆功能的逻辑电路单元，一般也不含有反馈电路。

组合逻辑电路中，关注两个问题：

第一个是对于给定的组合电路，确定其逻辑功能，即组合电路的分析；

第二个是对于给定的逻辑功能要求，在电路上如何实现它，即组合电路的设计。

所谓组合逻辑电路的分析，就是根据给定的逻辑电路图，确定其逻辑功能。分析组合逻辑电路的目的是为了确定已知电路的逻辑功能，或者检查电路设计是否合理。组合逻辑电路通常采用的分析步骤为：

① 根据给定逻辑电路图，写出逻辑函数表达式。

② 化简逻辑函数表达式。

③ 根据最简逻辑表达式列真值表。

④ 观察真值表中输出与输入的关系，描述电路逻辑功能。

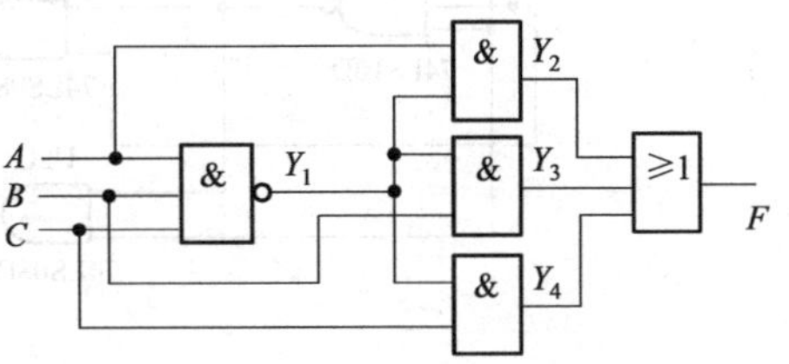

图 5-53 例 5-18 题图

【例 5-18】 试分析如图 5-53 所示组合逻辑电路的逻辑功能。

解： ① 由逻辑图逐级写出逻辑表达式。为了写表达式方便，借助中间变量

$$Y_1=\overline{ABC}、Y_2=AY_1=A\cdot\overline{ABC}、Y_3=BY_1=B\cdot\overline{ABC}、Y_4=CY_1=C\cdot\overline{ABC}$$

那么 $F=Y_2+Y_3+Y_4=A\,\overline{ABC}+B\,\overline{ABC}+C\,\overline{ABC}$

② 化简与变换。因为下一步要列真值表，所以要通过化简与变换，使表达式有利于列真值表，一般应变换成与-或式或最小项表达式。

$$F=\overline{ABC}(A+B+C)=\overline{ABC+\overline{A+B+C}}=\overline{ABC+\overline{A}\ \overline{B}\ \overline{C}}$$

③ 由表达式列出真值表，见表 5-19。本例较为特别，经过化简与变换后得到 F 的反函数表达式为两个最小项之和，所以很容易列出真值表。

表 5-19 例 5-18 真值表

A	B	C	F
0	0	0	0
0	0	1	1
0	1	0	1
0	1	1	1
1	0	0	1
1	0	1	1
1	1	0	1
1	1	0	0

前三个步骤也可以通过 NI Multisim 仿真软件的逻辑转换仪完成，双击逻辑转换仪图标后，在面板逻辑表达式栏中输入逻辑表达式，然后按下“逻辑电路图-真值表”按钮，在逻辑转换仪的显示窗口，即真值表区出现该电路的真值表，仿真电路与结果如图 5 54(a)、(b) 所示，可以看出与表 5-19 结果一致。

④ 分析逻辑功能。由真值表可知，当 A、B、C 三个变量不一致时，电路输出为“1”，

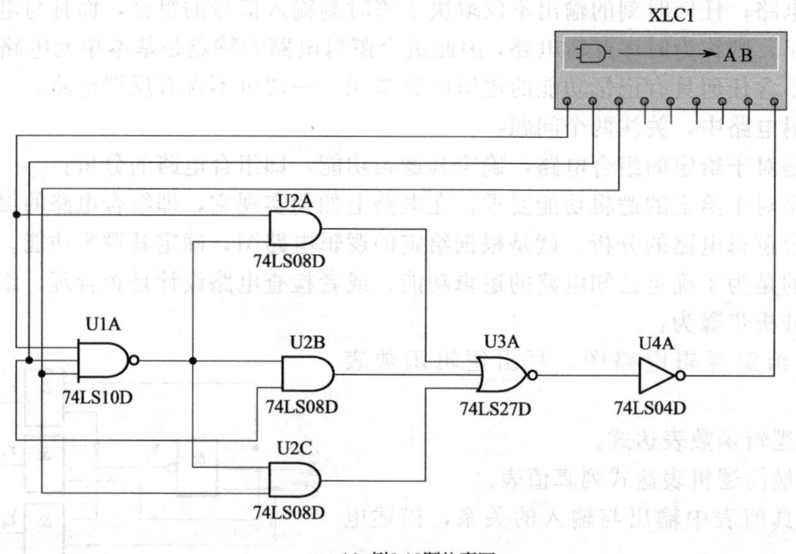

(a) 例5-18题仿真图

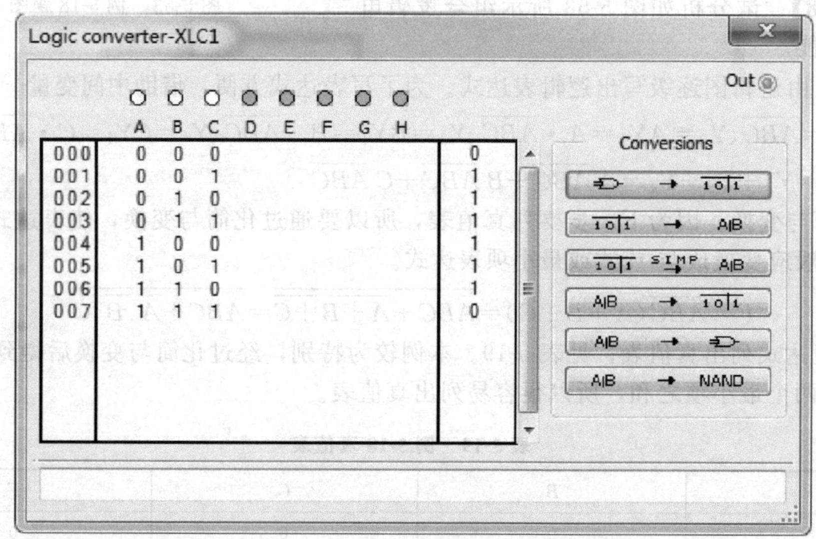

(b) 例5-18仿真结果

图 5-54　例 5-18 题仿真电路

所以这个电路称为“不一致电路”。

需要指出的是，有时逻辑功能难以用简单几句话概括出来，在这种情况下，列出真值表也可以作为说明逻辑功能之用。

上例中输出变量只有一个，对于多输出变量的组合逻辑电路，分析方法完全相同。

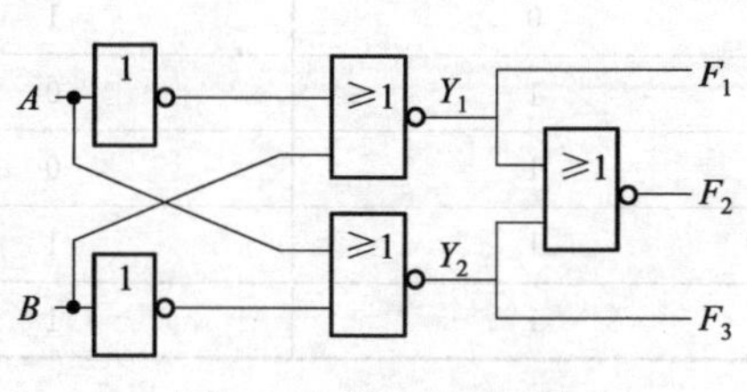

图 5-55　例 5-19 题图

【例 5-19】　试分析如图 5-55 所示组合逻辑电路的逻辑功能。

解：本例中有两个输出端，分析方法与例 5-18 完全相同。

① 由逻辑图逐级写出逻辑表达式。由中间变量 $Y_1=\overline{\overline{A}+B}$、$Y_2=\overline{\overline{B}+A}$，分别列写三个

输出$F_1=Y_1=\overline{\overline{A}+B}$，$F_2=\overline{Y_1+Y_2}=\overline{\overline{\overline{A}+B}+\overline{\overline{B}+A}}$，$F_3=Y_2=\overline{\overline{B}+A}$。

② 化简得：$F_1=\overline{\overline{A}+B}=A\overline{B}$

$F_2=\overline{\overline{\overline{A}+B}+\overline{\overline{B}+A}}=\overline{A\overline{B}+\overline{A}B}=\overline{A}\,\overline{B}+AB$

$F_3=\overline{\overline{B}+A}=\overline{A}B$

③ 由表达式列出真值表，见表5-20。

表5-20　例5-19真值表

A	B	F_1	F_2	F_3
0	0	0	0	1
0	1	0	1	0
1	0	1	0	0
1	1	0	0	1

④ 分析逻辑功能。由真值表可知，F_1、F_2分别是两个与门，F_3实现了“同或”逻辑功能。

5.3.2　组合逻辑电路的设计

与分析过程相反，组合逻辑电路的设计是根据给出的实际逻辑问题，求出实现这一逻辑功能的最简单逻辑电路。

这里所说的最简，是指电路所用的器件数最少，器件的种类最少，而且器件之间的连线也最少。

组合逻辑电路的设计，一般分下述几个步骤。

① 根据给定的设计要求，确定哪些是输入变量，哪些是输出变量，分析它们之间的逻辑关系，并确定输入变量的不同状态以及输出端的不同状态，哪个该用1表示，哪个该用0表示。

② 列真值表。在列真值表时，不会出现或不允许出现的输入变量的取值组合可不列出。如果列出，就在相应的输出函数处画“×”号，化简时作约束项处理。

③ 用卡诺图或公式法化简。

④ 根据简化后的逻辑表达式画出逻辑电路图。

这样逻辑电路原理设计的工作任务就完成了，实际设计工作还包括集成电路芯片的选择，电路板工艺设计，安装、调试等内容。

【例5-20】 试设计一个三人表决电路，结果按“少数服从多数”的原则决定，最终电路用“与非门”实现

解：①根据设计要求建立该逻辑函数的真值表。

设三人的意见为输入逻辑变量A、B、C，表决结果为输出逻辑变量F。对输入和输出逻辑变量进行如下状态赋值：对于输入逻辑变量A、B、C，设同意为逻辑“1”；不同意为逻辑“0”。对于输出逻辑变量函数F，设决议通过为逻辑“1”；没通过为逻辑“0”。

列出真值表如表5-21所示。

② 由真值表写出逻辑表达式：$F=\overline{A}BC+A\overline{B}C+AB\overline{C}+ABC$

很显然，该逻辑表达式不是最简。

③ 化简。由于少于五变量的逻辑函数用卡诺图化简法较方便，故一般用卡诺图进行化简。将该逻辑函数填入卡诺图，如图5-56所示。合并最小项，得最简与-或表达式：

$$F=AB+BC+AC$$

④ 画出一般逻辑图如图 5-57(a) 所示。

但本题要求用“与非”门实现逻辑电路，所以应将表达式转换成“与非-与非”表达式：

$$F=AB+BC+AC=\overline{\overline{AB}\cdot\overline{BC}\cdot\overline{AC}}$$

最终画出逻辑图如图 5-57(b) 所示。

表 5-21　例 5-20 真值表

A	B	C	F
0	0	0	0
0	0	1	0
0	1	0	0
0	1	1	1
1	0	0	0
1	0	1	1
1	1	0	1
1	1	0	1

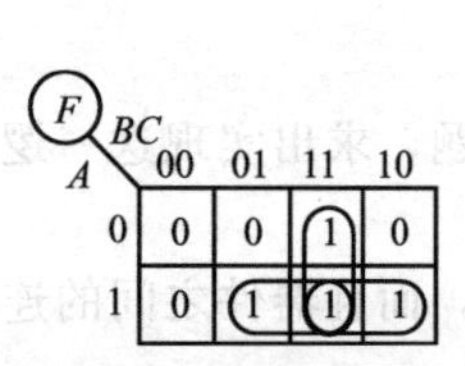

图 5-56　例 5-20 卡诺图

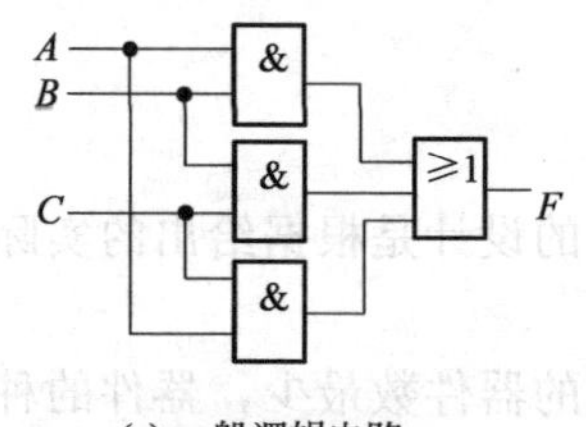

(a) 一般逻辑电路

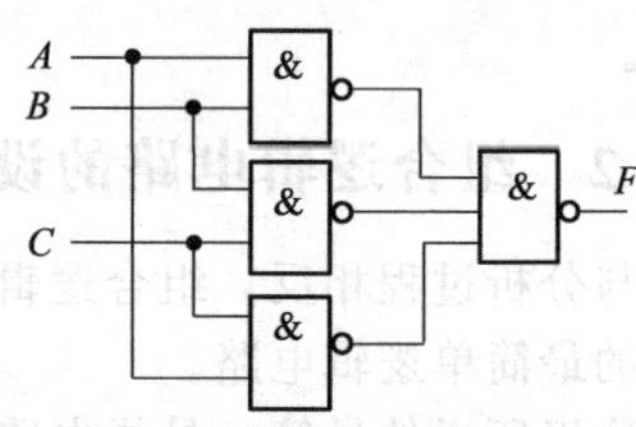

(b) 以“与非门”实现的逻辑电路

图 5-57　例 5-20 逻辑电路图

可以通过 NI Multisim 仿真软件验证该逻辑电路图实现例 5-20 所要求的逻辑功能，仿真电路图如图 5-58 (a) 所示，仿真电路输入变量设置如图 5-58(b) 所示。

【例 5-21】 设计一个将余 3 码变换成 8421BCD 码的组合逻辑电路。

解：①根据题目要求，由于输入输出均为四位 BCD 码，对其赋值“1”或“0”并无实际意义，因而只设定输入输出逻辑变量。设四位余 3 码为输入逻辑变量 A、B、C、D，四位 8421BCD 码为转换结果，即输出逻辑变量 F_3、F_2、F_1、F_0。

列出真值表如表 5-22 所示。

表 5-22　例 5-21 真值表

A	B	C	D	F_3	F_2	F_1	F_0
0	0	0	0	×	×	×	×
0	0	0	1	×	×	×	×
0	0	1	0	×	×	×	×
0	0	1	1	0	0	0	0
0	1	0	0	0	0	0	1
0	1	0	1	0	0	1	0
0	1	1	0	0	0	1	1
0	1	1	1	0	1	0	0
1	0	0	0	0	1	0	1
1	0	0	1	0	1	1	0
1	0	1	0	0	1	1	1
1	0	1	1	1	0	0	0
1	1	0	0	1	0	0	1
1	1	0	1	×	×	×	×
1	1	1	0	×	×	×	×
1	1	1	1	×	×	×	×

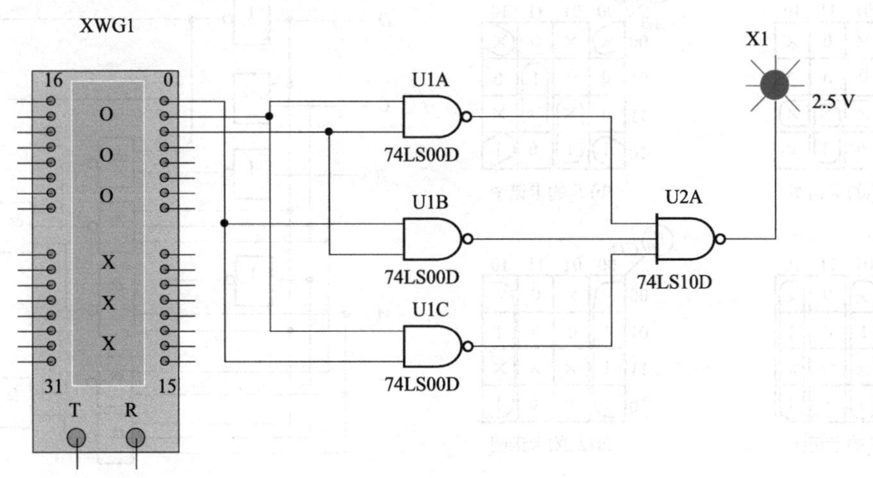

(a) 仿真电路图

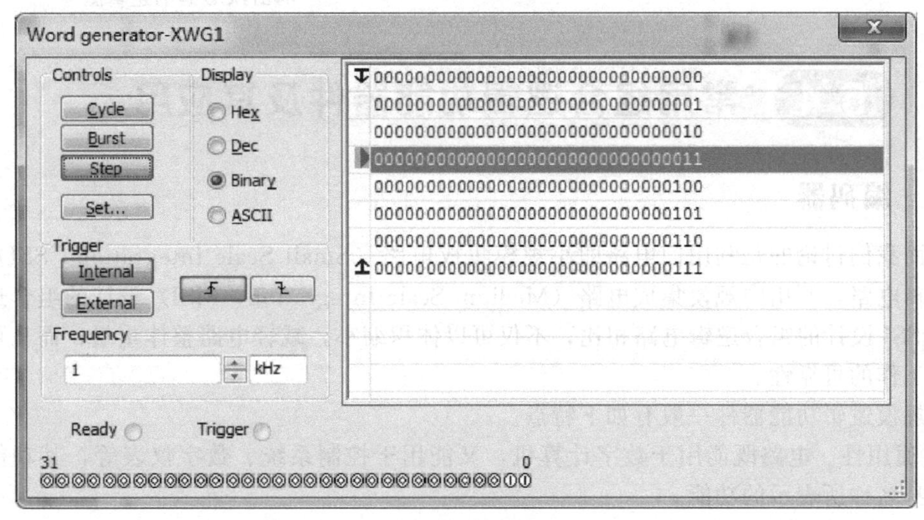

(b) 输入变量设置

图 5-58　例 5-20 仿真电路

② 用卡诺图进行化简，如图 5-59 所示。本题中有 4 个输入量、4 个输出量，故分别画出 4 个 4 变量卡诺图。注意余 3 码转换为 8421BCD 过程中有 6 个无关项，在化简时可充分利用，使其逻辑函数尽量简单。

化简后得到的逻辑表达式为：

$$F_0=\overline{D}$$

$$F_1=C\overline{D}+D\overline{C}=C\oplus D$$

$$F_2=\overline{B}\,\overline{D}+BCD+A\overline{C}D=\overline{\overline{\overline{B}\,\overline{D}}\cdot\overline{BCD}\cdot\overline{A\overline{C}D}}$$

$$F_3=AB+ACD=\overline{\overline{AB}\cdot\overline{ACD}}$$

③ 由逻辑表达式画出逻辑图如图 5-60 所示。

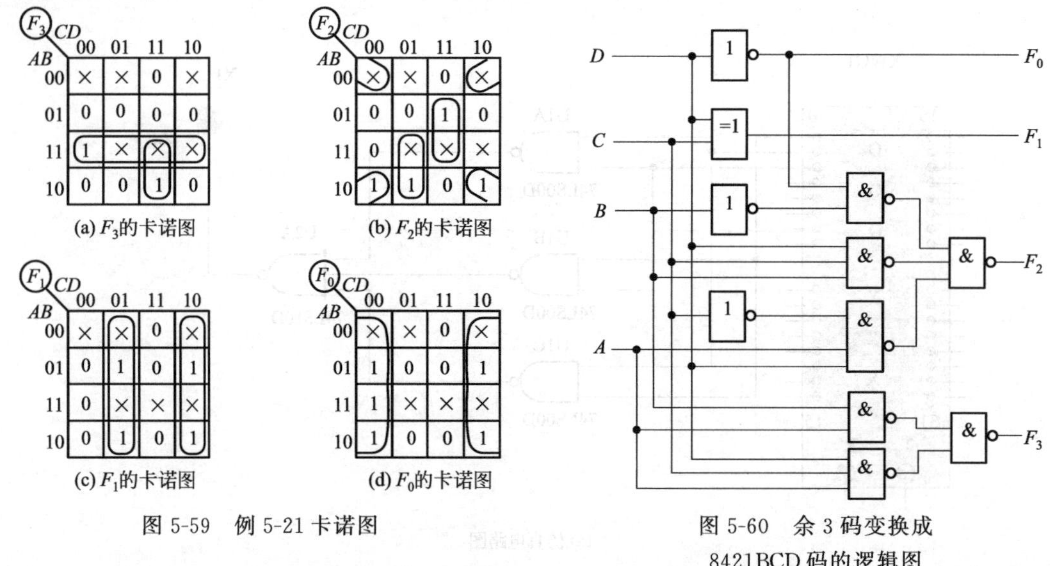

图 5-59　例 5-21 卡诺图

图 5-60　余 3 码变换成 8421BCD 码的逻辑图

5.4 常用组合逻辑功能器件及其应用

5.4.1 编码器

前面我们讨论的是利用门电路即小规模集成电路（Small Scale Integration，SSI）设计组合逻辑电路，而用中规模集成电路（Medium Scale Integration，MSI）设计的组合逻辑电路与用 SSI 设计的组合逻辑电路相比，不仅可以体积缩小，减轻电路整体重量，而且可以大大提高工作的可靠性。

中规模逻辑功能器件一般有如下特点。

① 通用性。电路既能用于数字计算机，又能用于控制系统、数字仪表等，其功能往往超过本身名称所表示的功能。

② 扩展性。器件通常设置有一些控制端（使能端）、功能端和级联端等，在不用或少用附加电路的情况下，就能将若干功能部件扩展成位数更多、功能更复杂的电路。

③ 电路内部一般设置有缓冲门。需用到的互补信号均能在内部产生，这样就减少了外围辅助电路和封装引脚，使电路更为简洁。

下面我们将分别介绍几种实用性强、应用较为广泛的中规模组合逻辑电路如编码器、译码器、加法器、数据选择器等及它们的应用。

广义上讲，编码就是用文字、数码或者符号表示特定的对象。例如，为街道命名，给学生编学号，写莫尔斯电码等，都是编码。

按照编码方式的不同，编码器可以分为普通编码器和优先编码器。按照输出代码种类的不同，又可以分为二进制编码器和非二进制编码器，这里我们主要介绍优先编码器。优先编码器允许同时输入两个或两个以上的编码信号。当多个输入信号同时出现时，只对其中优先级最高的一个进行编码，而对级别较低的不响应。优先级别的高低由设计者根据输入信号的轻重缓急而定。

常用的集成优先编码器 IC 有 10 线-4 线、8 线-3 线两种。本章引例中如图 5-3 所示的病房呼叫系统原理图中的 74LS147 就是一个 8421BCD 码的 10 线-4 线优先编码器。

1. 集成三位二进制（8 线-3 线）编码器

74LS148 是一种常用的 8 线-3 线优先编码器，常用于优先中断系统和键盘编码。它有 8 个输入信号，3 位输出信号。由于是优先编码器，故允许多个输入信号同时有效，但只对其中优先级别最高的有效输入信号编码，而对级别较低的不响应，图 5-61 所示为 74LS148 的逻辑符号和引脚图，表 5-23 为其功能表，可看出 74LS148 的功能如下：

其中 $\overline{S}$ 为使能输入端，低电平有效。Y_S 为使能输出端，通常接至低位芯片端。Y_S 和 $\overline{S}$ 配合可以实现多级编码器之间的优先级别的控制。$\overline{Y}_{EX}$ 为扩展输出端，是控制标志。$\overline{Y}_{EX}=0$ 表示是编码输出；$\overline{Y}_{EX}=1$ 表示不是编码输出。

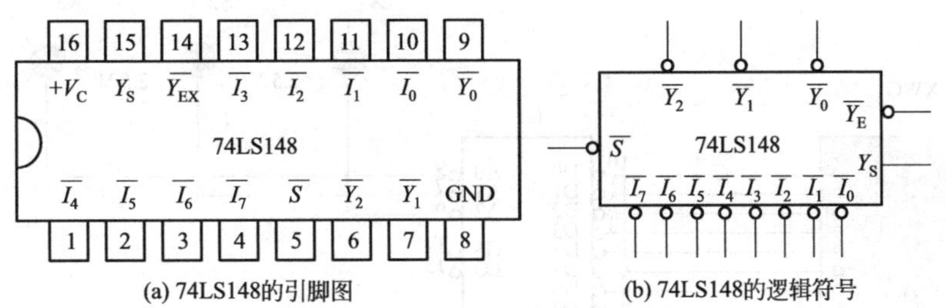

(a) 74LS148的引脚图　　(b) 74LS148的逻辑符号

图 5-61　8 线-3 线优先编码

表 5-23　74LS148 优先编码器功能表

输入									输出				
$\overline{S}$	$\overline{I_0}$	$\overline{I_1}$	$\overline{I_2}$	$\overline{I_3}$	$\overline{I_4}$	$\overline{I_5}$	$\overline{I_6}$	$\overline{I_7}$	$\overline{Y_2}$	$\overline{Y_1}$	$\overline{Y_0}$	$\overline{Y_{EX}}$	Y_S
1	×	×	×	×	×	×	×	×	1	1	1	1	1
0	1	1	1	1	1	1	1	1	1	1	1	1	0
0	×	×	×	×	×	×	×	0	0	0	0	0	1
0	×	×	×	×	×	×	0	1	0	0	1	0	1
0	×	×	×	×	×	0	1	1	0	1	0	0	1
0	×	×	×	×	0	1	1	1	0	1	1	0	1
0	×	×	×	0	1	1	1	1	1	0	0	0	1
0	×	×	0	1	1	1	1	1	1	0	1	0	1
0	×	0	1	1	1	1	1	1	1	1	0	0	1
0	0	1	1	1	1	1	1	1	1	1	1	0	1

① 编码输入端 $\overline{I_0}\sim\overline{I_7}$：低电平有效。优先级顺序为$\overline{I_7}\to\overline{I_0}$，即$\overline{I_7}$的优先级最高，然后是$\overline{I_6}$、$\overline{I_5}$、…、$\overline{I_0}$。

② 编码输出端$\overline{Y_2}$、$\overline{Y_1}$、$\overline{Y_0}$：由真值表看出，编码输出为反码。

③ 使能输入端 $\overline{S}$：低电平有效，即只有在 $\overline{S}=0$ 时，编码器才处于工作状态；而在 $\overline{S}=1$ 时，编码器处于禁止状态，不论有无输入，所有输出端均被封锁为高电平。

④ 使能输出端 Y_S 和扩展输出端$\overline{Y_{EX}}$：为扩展编码器的功能而设置。

如只要$\overline{I_7}$=0，则无论$\overline{I_6}$～$\overline{I_0}$中哪个为 0，因$\overline{I_7}$优先级最高，此时优先编码器只对$\overline{I_7}$编码，输出为 7（$Y_2\,Y_1\,Y_0$=111）的反码，即$\overline{Y_2}\,\overline{Y_1}\,\overline{Y_0}$=000。

通过 NI Multisim 仿真软件验证该编码器逻辑功能，仿真电路图如图 5-62 所示，仿真软件引脚名称和图 5-61 略有出入，但对照图 5-61 可以很方便地看出 5 号引脚即使能输入端$\overline{S}$，其余以此类推，即$\overline{S}$= 0 时，编码器处于工作状态，仿真电路输入变量设置如图 5-63（a）、（b）所示，观察图 5-62，可以看到当$\overline{I_0}$～$\overline{I_7}$依次为低电平时，编码输出端$\overline{Y_2}$、$\overline{Y_1}$、$\overline{Y_0}$的反码输出情况。

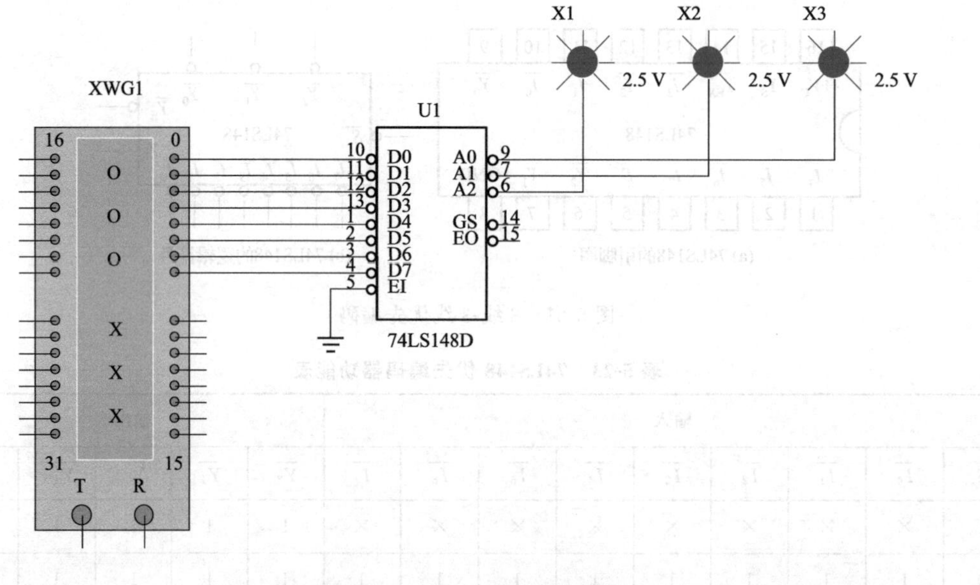

图 5-62　74LS148 仿真电路图

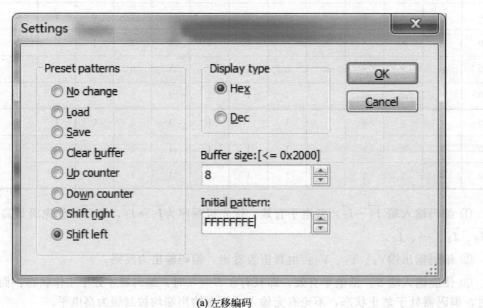

Settings

Preset patterns
No change
Load
Save
Clear buffer
Up counter
Down counter
Shift right
Shift left

Display type
Hex
Dec

Buffer size:[<= 0x2000]
8

Initial pattern:
FFFFFFFE

OK
Cancel

(a) 左移编码

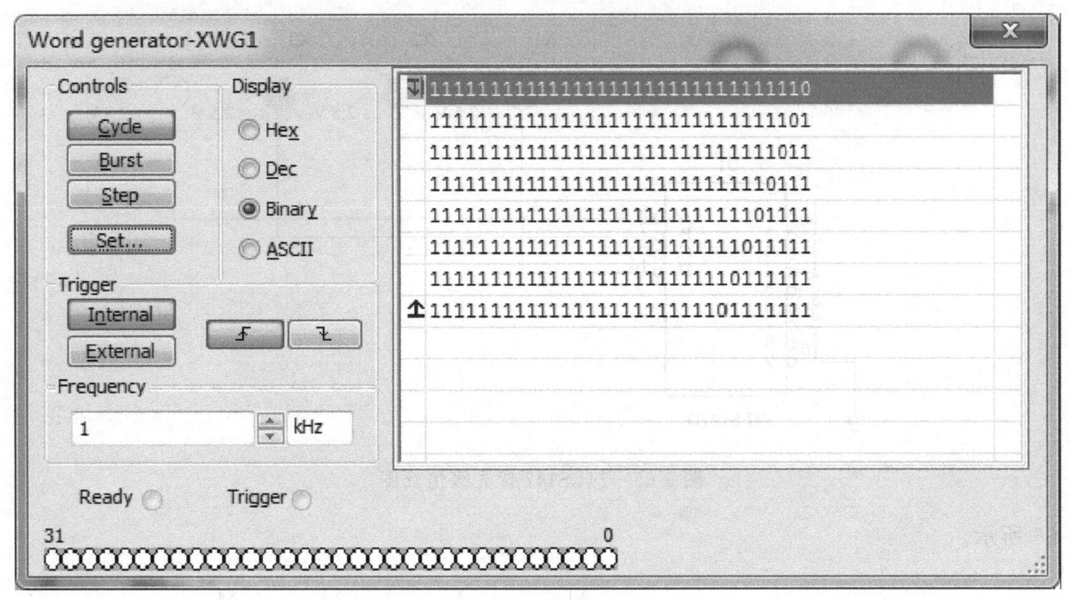

(b) 单步执行

图 5-63　74LS148 输入变量设置

实际工作中，经常会遇到输入信号不止 8 个的情况，而集成编码器的输入输出端的数目都是一定的，这时可利用编码器的输入使能端$\overline{ST}$、输出使能端 Y_S 和扩展输出端 $\overline{Y}_{EX}$，扩展编码器的输入输出端。

2. 集成二-十进制（10 线-4 线）编码器

二-十进制编码器是将十进制的十个数码 0、1、2、3、4、5、6、7、8、9 编成二进制代码的电路。输入 0～9 十个数码，输出二进制代码 n 为 4（$2^n \geqslant 10$），故输出为四位二进制代码。这种二进制代码又称二-十进制代码，简称 BCD 码。常用的 BCD 码为 8421BCD 码。

本章引例中如图 5-3 所示的病房呼叫系统原理图中就采用集成 10 线-4 线优先编码器 74LS147 实现了病房编码功能，它的逻辑符号和引脚图如图 5-64 所示，功能表如表 5-24 所示。由真值表可得出 74LS147 的功能与 74LS148 相似。

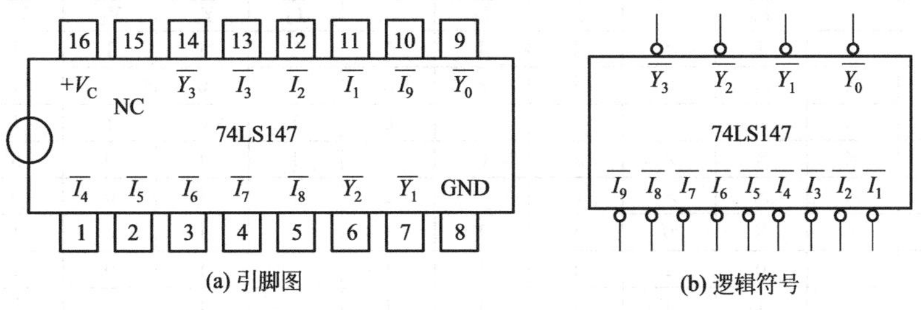

(a) 引脚图　　(b) 逻辑符号

图 5-64　10 线-4 线 74LS147 优先编码器

编码输入端 $\overline{I_1}$～$\overline{I_9}$低电平有效，$\overline{I_9}$优先级最高，$\overline{I_1}$优先级最低；编码输出为 8421BCD 码的反码。如当$\overline{I_9}=0$ 时，则不管其余$\overline{I_1}$～$\overline{I_8}$有无输入，编码器均按$\overline{I_9}$输入编码，输出为 9 的 8421BCD 码的反码 0110，仿真如图 5-65 所示。

当$\overline{I_1}$～$\overline{I_9}$均为 1，即无输入信号时，编码器输出$\overline{Y_3}$～$\overline{Y_0}$为 0000 的反码 1111，仿真如图

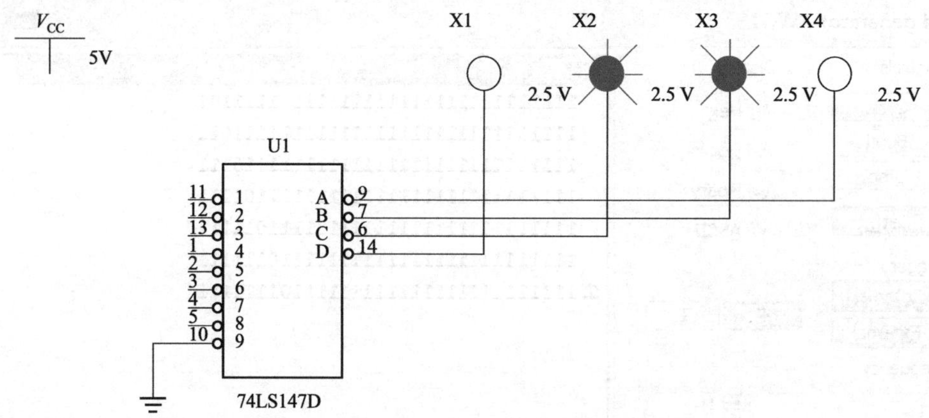

图 5-65　74LS147 优先级仿真图

5-66 所示。

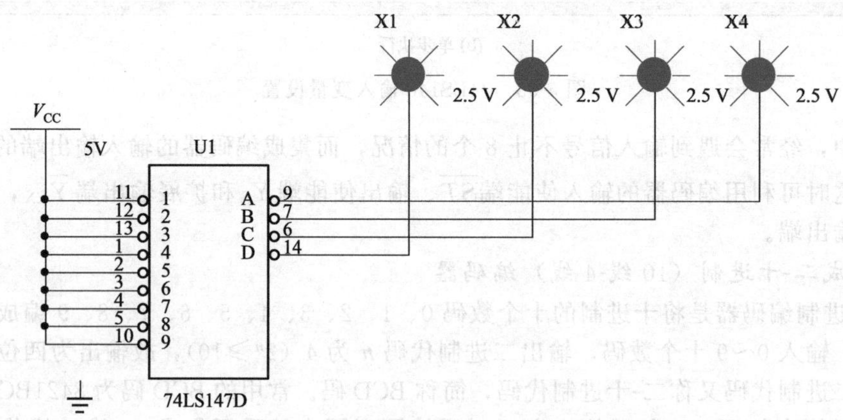

图 5-66　74LS147 无输入信号仿真图

表 5-24　10 线-4 线优先编码器 74LS147 功能表

输入									输出			
$\overline{I_1}$	$\overline{I_2}$	$\overline{I_3}$	$\overline{I_4}$	$\overline{I_5}$	$\overline{I_6}$	$\overline{I_7}$	$\overline{I_8}$	$\overline{I_9}$	$\overline{Y_3}$	$\overline{Y_2}$	$\overline{Y_1}$	$\overline{Y_0}$
1	1	1	1	1	1	1	1	1	1	1	1	1
×	×	×	×	×	×	×	×	0	0	1	1	0
×	×	×	×	×	×	×	0	1	0	1	1	1
×	×	×	×	×	×	0	1	1	1	0	0	0
×	×	×	×	×	0	1	1	1	1	0	0	1
×	×	×	×	0	1	1	1	1	1	0	1	0
×	×	×	0	1	1	1	1	1	1	0	1	1
×	×	0	1	1	1	1	1	1	1	1	0	0
×	0	1	1	1	1	1	1	1	1	1	0	1
0	1	1	1	1	1	1	1	1	1	1	1	0

5.4.2　译码器

译码是编码的逆过程，即将每个输入的二进制代码译成对应的输出高、低电平信号。实现译码功能的逻辑电路称为译码器。按功能可以将译码器分为两大类：通用译码器和显示译码器。

（1）通用译码器

通用译码器包括变量译码器和代码变换译码器。

① 变量译码器是 n 线-2^n 线译码器，也就是说在有 n 个输入变量的情况下，译码器有 2^n 个输出端与其 2^n 个不同的组合状态对应，这种译码器也被称为全译码器。常见的变量译码器有 2 线-4 线译码器、3 线-8 线译码器、4 线-16 线译码器等。

② 常见的代码变换译码器有二-十进制译码器（也叫 4 线-10 线译码器），这种译码器在有 n 个输入变量的情况下，输出端的个数少于 2^n 个，所以也被称为部分译码器。

（2）显示译码器

显示译码器是与几种显示器件配套使用的译码器，主要作用是驱动显示器件。本章引例中如图 5-3 所示的病房呼叫系统原理图中的 74LS48 就是一个共阴极显示译码器。

1. 二进制译码器

（1）二进制译码器的工作原理和电路结构

二进制译码器的输入为 n 位二进制代码，输出为 2^n 个输出信号。若输入是 2 位二进制代码，则有 4 个输出端，所以 2 位二进制译码器又可称为 2 线-4 线译码器。下面以 2 线-4 线译码器为例说明变量译码器的工作原理和电路结构。

2 线-4 线译码器的功能如表 5-25 所示。

表 5-25　2 线-4 线译码器功能表

输入			输出			
EI	A	B	Y_3	Y_2	Y_1	Y_0
1	×	×	1	1	1	1
0	0	0	1	1	1	0
0	0	1	1	1	0	1
0	1	0	1	0	1	1
0	1	1	0	1	1	1

由功能表 5-25 可以写出各输出函数逻辑表达式：

$$Y_0=\overline{\overline{EI}\,\overline{A}\,\overline{B}} \qquad Y_1=\overline{\overline{EI}\,\overline{A}B}$$

$$Y_2=\overline{\overline{EI}\,A\overline{B}} \qquad Y_3=\overline{\overline{EI}AB}$$

可以用门电路实现此 2 线-4 线译码器的逻辑电路如图 5-67 所示。

电路中，A、B 为输入端，高电平有效，Y_3、Y_2、Y_1、Y_0 为输出端，低电平有效。在输入 AB 的任意一组取值情况下，四个输出 Y_3～Y_0 中总有一个也只有一个为 0，其余三个输出端都为 1，即每一个输出都对应着一种输入状态的组合。EI 为使能端，低电平有效，当 $EI=1$ 时，无论输入 A、B 为何种信号，输出 Y_3～Y_0 全部为高电平无效状态，只有当 $EI=0$ 时，电路才正常工作。

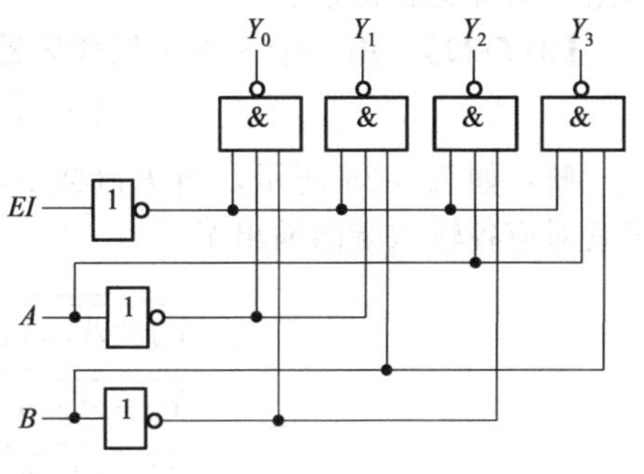

图 5-67　2 线-4 线译码器逻辑电路

（2）集成二进制译码器 74LS138

图 5-68 是三位二进制（3 线-8 线）译码器 74LS138 的逻辑符号和引脚图。其功能表如表 5-26 所示。图中 A_2～A_0 为输入端，$\overline{Y_0}$～$\overline{Y_7}$ 为输出端。E_1，$\overline{E}_{2A}$，$\overline{E}_{2B}$ 为输入使能端。

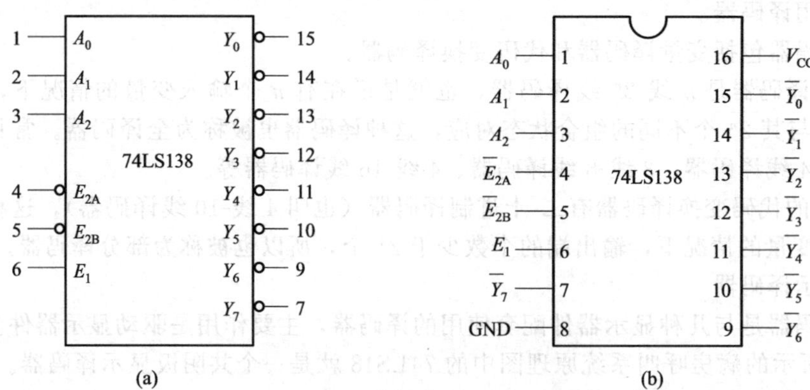

图 5-68　三位二进制译码器 74LS138 逻辑符号和引脚图

表 5-26　3 线-8 线译码器 74LS138 功能表

输入					输出							
$E1$	$\overline{E_{2A}}+\overline{E_{2B}}$	A_2	A_1	A_0	$\overline{Y_0}$	$\overline{Y_1}$	$\overline{Y_2}$	$\overline{Y_3}$	$\overline{Y_4}$	$\overline{Y_5}$	$\overline{Y_6}$	$\overline{Y_7}$
×	1	×	×	×	1	1	1	1	1	1	1	1
0	×	×	×	×	1	1	1	1	1	1	1	1
1	0	0	0	0	0	1	1	1	1	1	1	1
1	0	0	0	1	1	0	1	1	1	1	1	1
1	0	0	1	0	1	1	0	1	1	1	1	1
1	0	0	1	1	1	1	1	0	1	1	1	1
1	0	1	0	0	1	1	1	1	0	1	1	1
1	0	1	0	1	1	1	1	1	1	0	1	1
1	0	1	1	0	1	1	1	1	1	1	0	1
1	0	1	1	1	1	1	1	1	1	1	1	0

由真值表可得出：

① 当 $E_1=1$、$\overline{E_{2A}}+\overline{E_{2B}}=0$（即 $E_1=1$，$\overline{E_{2A}}=\overline{E_{2B}}=0$）时，译码器处于工作状态进行译码。否则，译码器禁止工作，所有输出封锁为高电平。

② 译码器处于工作状态时，每输入一个二进制代码，在对应的一个输出端为低电平(即输出为低电平有效)，即有一个相对应的输出端被“译出”，输出为 0。

③ 由真值表可写出表达式：$\overline{Y_i}=\overline{m_i}$（当 $E_1=1$，$\overline{E_{2A}}=\overline{E_{2B}}=0$ 时，$i=0$，1，…，7)。

应用：变量以 74LS138 的每个输出端都表示一个最小项，利用这个特点，可以用译码器组合实现逻辑函数。

【例 5-22】　用一个 3 线-8 线译码器实现函数

$$Y=\overline{A}\,\overline{B}C+AB\overline{C}+\overline{A}B\overline{C}。$$

解：如表 5-26 所示，当 E_1（或 S_1）接+5V，$\overline{E_{2A}}$（或 $\overline{S_2}$）和 $\overline{E_{2B}}$（或 $\overline{S_3}$）接地时。得到对应各输入端的输出 Y：

$$\overline{Y_0}=\overline{\overline{A_2}\,\overline{A_1}\,\overline{A_0}}\qquad \overline{Y_1}=\overline{\overline{A_2}\,\overline{A_1}\,A_0}$$

$$\overline{Y_2}=\overline{\overline{A_2}\,A_1\,\overline{A_0}}\qquad \overline{Y_3}=\overline{\overline{A_2}\,A_1A_0}$$

$$\overline{Y_4}=\overline{A_2\overline{A_1}\,\overline{A_0}}\qquad \overline{Y_5}=\overline{A_2\overline{A_1}A_0}$$

$$\overline{Y_6}=\overline{A_2A_1\,\overline{A_0}}\qquad \overline{Y_7}=\overline{A_2A_1A_0}$$

若将输入变量 A、B、C 分别代替 A_2、A_1、A_0，则可得函数

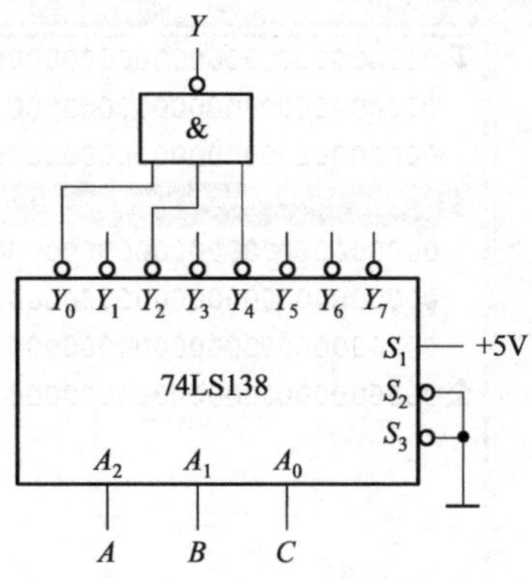

图 5-69 例 5-22 的逻辑电路图

$$
\begin{aligned}
Y &= \overline{A}\,\overline{B}\,\overline{C} + A\overline{B}\,\overline{C} + \overline{A}B\overline{C} \\
&= \overline{\overline{\overline{A}\,\overline{B}\,\overline{C}} \cdot \overline{A\overline{B}\,\overline{C}} \cdot \overline{\overline{A}B\overline{C}}} \\
&= \overline{\overline{Y_0} \cdot \overline{Y_4} \cdot \overline{Y_2}}
\end{aligned}
$$

可见，用 3 线-8 线译码器再加上一个与非门就可实现函数 Y，其逻辑图如图 5-69 所示。

以此类推，例 5-20 的三人多数表决电路，其逻辑函数表达式为 $F=\overline{A}BC+A\overline{B}C+AB\overline{C}+ABC$，则很容易使用 74LS138 译码器与门电路实现，仿真电路如图 5-70 所示。

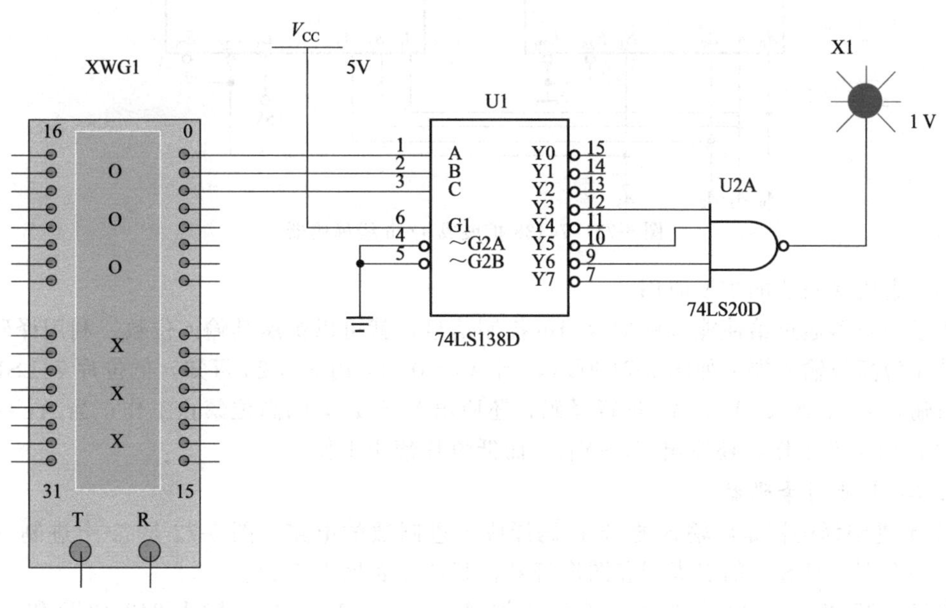

(a) 仿真电路图

图 5-70

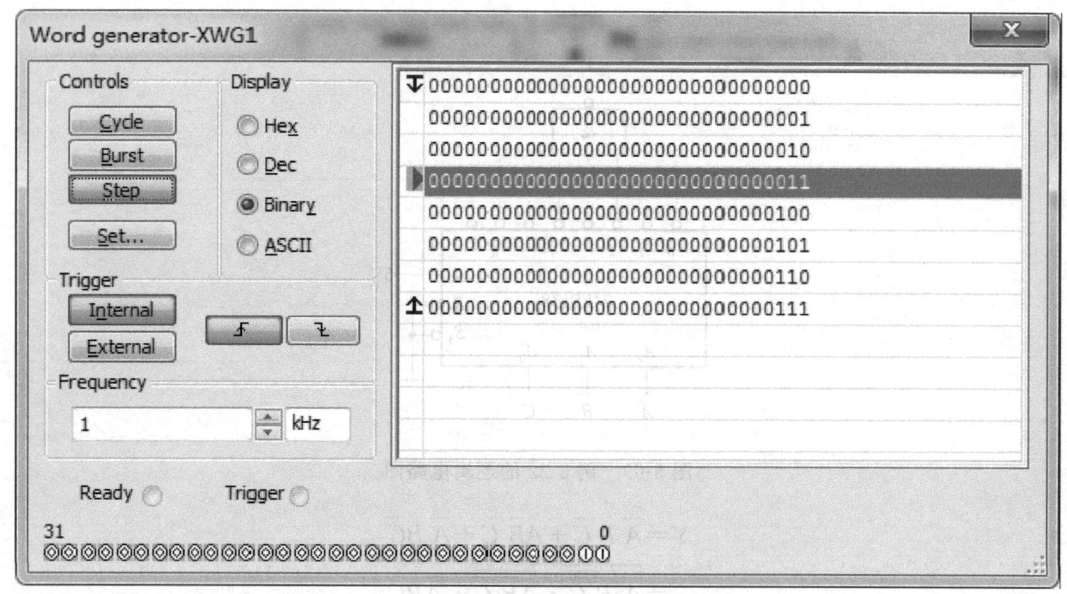

(b) 输入变量设置

图 5-70　三人多数表决电路 74LS138 仿真电路

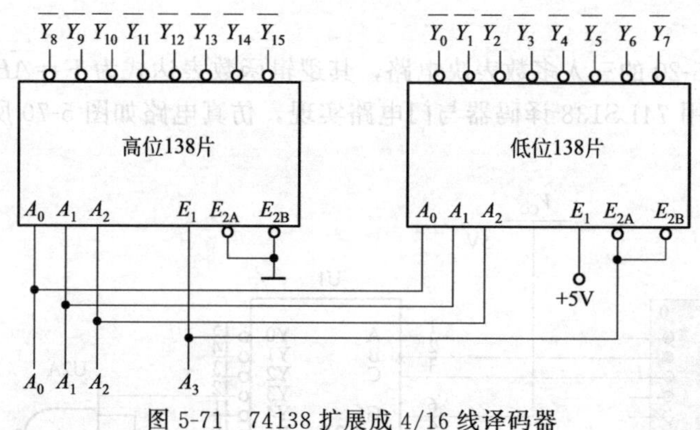

图 5-71　74138 扩展成 4/16 线译码器

(3) 集成译码器的扩展应用

集成译码器通过给使能端施加恰当的控制信号，就可以扩展其输入位数。利用译码器的使能端作为高位输入端，如图 5-71 所示，当 $A_3=0$ 时，由表 5-26 可知，低位片 74LS138 工作，对输入 A_3、A_2、A_1、A_0 进行译码，还原出 $Y_0 \sim Y_7$，则高位禁止工作；当 $A_3=1$ 时，高位片 74LS138 工作，还原出 $Y_8 \sim Y_{15}$，而低位片禁止工作。

2. 二-十进制译码器

二-十进制译码器是将输入的 BCD 码译成十进制数的电路。图 5-72 是二-十进制（4 线-10 线）译码器 74LS42 的引脚图和图形符号，其功能表见表 5-27。

由表 5-27 可见，该译码器有 4 个输入端 A_3、A_2、A_1、A_0，输入 8421BCD 码。有 10 个输出端$\overline{Y_0} \sim \overline{Y_9}$，低电平有效。当输入为 0000～1001 时，对应的输出分别为 0（只有一个为 0，其余为 1）。74LS42 无使能端，当输入信号为 1010～1111 时，所有输出均为 1 状态，为无效状态，能够自动拒绝伪码输入。

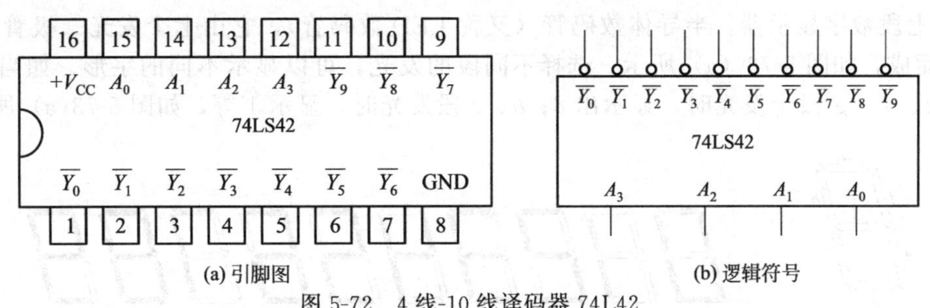

图 5-72　4 线-10 线译码器 74L42

表 5-27　4 线-10 线译码器 74LS42 功能表

十进制数	输入				输出									
	A_3	A_2	A_1	A_0	$\overline{Y_0}$	$\overline{Y_1}$	$\overline{Y_2}$	$\overline{Y_3}$	$\overline{Y_4}$	$\overline{Y_5}$	$\overline{Y_6}$	$\overline{Y_7}$	$\overline{Y_8}$	$\overline{Y_9}$
0	0	0	0	0	0	1	1	1	1	1	1	1	1	1
1	0	0	0	1	1	0	1	1	1	1	1	1	1	1
2	0	0	1	0	1	1	0	1	1	1	1	1	1	1
3	0	0	1	1	1	1	1	0	1	1	1	1	1	1
4	0	1	0	0	1	1	1	1	0	1	1	1	1	1
5	0	1	0	1	1	1	1	1	1	0	1	1	1	1
6	0	1	1	0	1	1	1	1	1	1	0	1	1	1
7	0	1	1	1	1	1	1	1	1	1	1	0	1	1
8	1	0	0	0	1	1	1	1	1	1	1	1	0	1
9	1	0	0	1	1	1	1	1	1	1	1	1	1	0

3. 显示译码器

在数字仪表、计算机和其他数字系统中，常常需要把测量数据和运算结果用十进制数直观地显示出来，这就需要用到显示译码器和显示器，能够显示数字、字母或符号的器件称为数字显示器。显示译码器是由两大部分组成的，一部分是译码器，另一部分是与显示器相连接的功率驱动器，现在市场上许多显示译码器已经将这两部分集成到同一块芯片中，方便使用。

(1) 数字显示器

在数字系统中，常常需要将数字、字母、符号等直观地显示出来，供人们读取或监视系统的工作情况。常用的数字显示器类型较多。按显示方式分，有字型重叠式、点阵式、分段式等。按发光物质分，常用的显示器件有半导体数码管、液晶数码管和荧光数码管等。

① 半导体数码管。常见的半导体发光二极管是一种能将电能或电信号转换成光信号的结型电致发光器件。其内部结构是由磷砷化镓等半导体材料组成的 PN 结。当 PN 结正向导通时，能辐射发光。辐射波长决定了发光颜色，通常有红、绿、橙、黄等颜色。单个 PN 结封装而成的产品就是发光二极管，而多个 PN 结可以封装成半导体数码管（也称 LED 数码管）。

半导体数码管的优点是工作电压低（1.7～1.9V），体积小、可靠性高、寿命长（大于一万小时）、响应速度快（优于 10ns）、颜色丰富等，缺点是耗电比液晶数码管大，工作电流一般为几毫安至几十毫安。

② 液晶显示器。液晶显示器（又称 LCD 显示器）是目前功耗最低的一种显示器，特别适合于袖珍显示器、低功耗便携式计算机和仪器仪表等应用场合。

液晶显示的驱动方式有静态驱动、多路驱动、矩阵驱动、双频驱动等多种方式。所谓静态驱动，是指每位字符位的正面每一段有一根驱动信号引线，每位字符位背面的电极被连成一体，形成公共电极，工作时所有需要显示的段，从开始显示的时刻起，直到终止显示的时刻为止，该段始终独立地一直加有驱动信号电压。液晶长时间处在直流电压作用下会发生电分解现象，性能将退化。为了防止老化，液晶显示器总是采用交流驱动。所谓交流驱动，是指信号电极上驱动信号电压的相位始终与公共电极的电压反相，以保持施加于液晶上的平均直流电压为零。

③ 七段数字显示器。半导体数码管（又称 LED 数码管），它由七个发光二极管按分段式封装而成，如图 5-73（a）所示。选择不同段的发光，可以显示不同的字形。如当 a、b、c、d、e、f、g 段全发光时，显示出 8；b、c 段发光时，显示 1 等，如图 5-73(a) 所示。

图 5-73 七段数码管及字形显示

LED 数码管中七个发光二极管有共阴极和共阳极两种接法，如图 5-74(a)、(b) 所示。共阴极数码管中，当某一段接高电平时，该段发光；共阳极数码管中，当某一段接低电平时，该段发光。因此使用哪种数码管一定要与使用的七段译码显示器相配合，NI Multisim 仿真软件中共阴极和共阳极两种接法的 LED 数码管如图 5-75(a)、(b) 所示。本章引例中如图 5-3 所示的病房呼叫系统原理图中的显示器就是共阴极 LED 数码管。

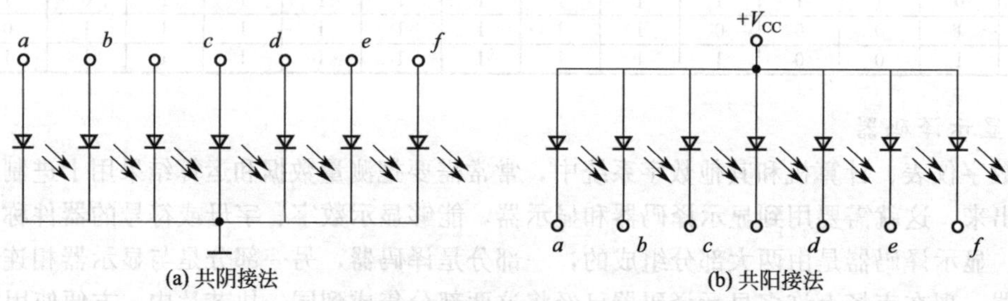

图 5-74 半导体数码管两种

（2）七段显示译码器

七段显示译码器把输入的 BCD 码翻译成驱动七段 LED 数码管各对应段所需电平。BCD 七段显示译码/驱动器 74LS48 是一种与共阴极数字显示器配合使用的集成译码器，本章引例中病房呼叫系统就是采用 74LS48 将输入的 4 位二进制代码转换成显示器所需要的七个段信号 a～g，其引脚排列如图 5-76 所示，功能见表 5-28。

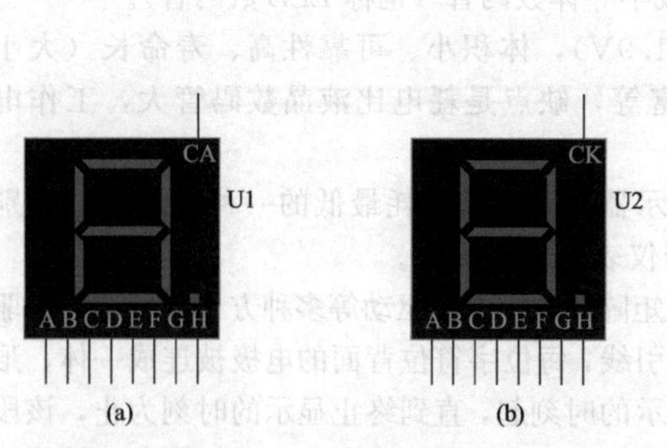

图 5-75 NI Multisim 仿真软件七段数码管

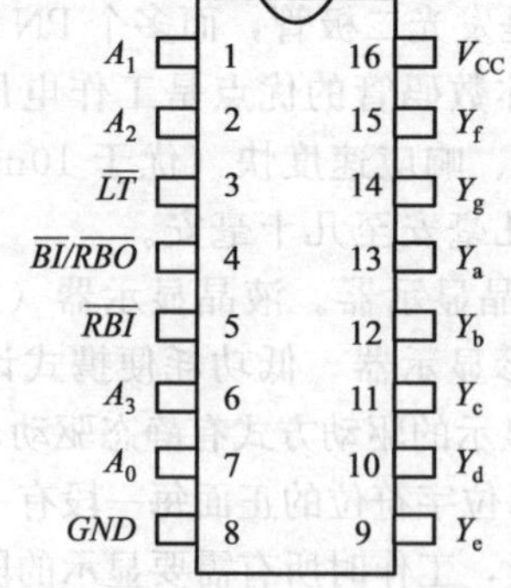

图 5-76 74LS48 4 线-七段译码器/驱动器（BCD 输入，有上拉电阻）

表 5-28 74LS48 功能表

数字功能	输入							输出							
	$\overline{LT}$	$\overline{RBI}$	A_3	A_2	A_1	A_0	$\overline{BI}/\overline{RBO}$	Y_a	Y_b	Y_c	Y_d	Y_e	Y_f	Y_g	字形
0	1	1	0	0	0	0	1	1	1	1	1	1	1	0	0
1	1	×	0	0	0	1	1	0	1	1	0	0	0	0	1
2	1	×	0	0	1	0	1	1	1	0	1	1	0	1	2
3	1	×	0	0	1	1	1	1	1	1	1	0	0	1	3
4	1	×	0	1	0	0	1	0	1	1	0	0	1	1	4
5	1	×	0	1	0	1	1	1	0	1	1	0	1	1	5
6	1	×	0	1	1	0	1	0	0	1	1	1	1	1	b
7	1	×	0	1	1	1	1	1	1	1	0	0	0	0	7
8	1	×	1	0	0	0	1	1	1	1	1	1	1	1	8
9	1	×	1	0	0	1	1	1	1	1	0	0	1	1	q
10	1	×	1	0	1	0	1	0	0	0	1	1	0	1	c
11	1	×	1	0	1	1	1	0	0	1	1	0	0	1	ɔ
12	1	×	1	1	0	0	1	0	1	0	0	0	1	1	u
13	1	×	1	1	0	1	1	1	0	0	1	0	1	1	⊆
14	1	×	1	1	1	0	1	0	0	0	1	1	1	1	t
15	1	×	1	1	1	1	1	0	0	0	0	0	0	0	全暗
$\overline{BI}$	×	×	×	×	×	×	0	0	0	0	0	0	0	0	全暗
$\overline{RBI}$	1	0	0	0	0	0	0	0	0	0	0	0	0	0	全暗
$\overline{LT}$	0	×	×	×	×	×	1	1	1	1	1	1	1	1	8

74LS48 有 4 个基本输入端 A_3、A_2、A_1、A_0，$a \sim g$ 为译码输出端。当输入信号 $A_3A_2A_1A_0$ 为 0000～1001 时，分别显示 0～9 数字信号；而当输入 1010～1110 时，显示稳定的非数字信号；当输入为 1111 时，七个显示段全暗，仿真电路设置和显示如图 5-77(a)、(b) 所示，将循环次数设置成 16，从显示段出现非 0～9 数字符号或各段全暗，与表 5-28 对应。

除了基本输入端和基本输出端外，74LS48 还有几个辅助输入输出端：试灯输入端$\overline{LT}$，灭零输入端$\overline{RBI}$，灭灯输入/灭零输出端$\overline{BI}/\overline{RBO}$。其中$\overline{BI}/\overline{RBO}$比较特殊，它既可以作输入用，也可以作输出用。这些辅助输入输出端的功能如下。

① 灭灯功能。只要将$\overline{BI}/\overline{RBO}$端作为输入使用，并输入 0，即$\overline{BI}=0$ 时，无论$\overline{LT}$、$\overline{RBI}$以及 A_3、A_2、A_1、A_0状态如何，$a \sim g$ 均为 0，显示器发光段全暗。因此，灭灯输入端$\overline{BI}$可用作显示控制。例如，用一个间歇的脉冲信号来控制灭灯输入端时，要显示的数字将在数码管上间歇地闪亮。

② 试灯功能。在$\overline{BI}/\overline{RBO}$作为输出端（不加输入信号）的前提下，当$\overline{LT}=0$ 时，不论

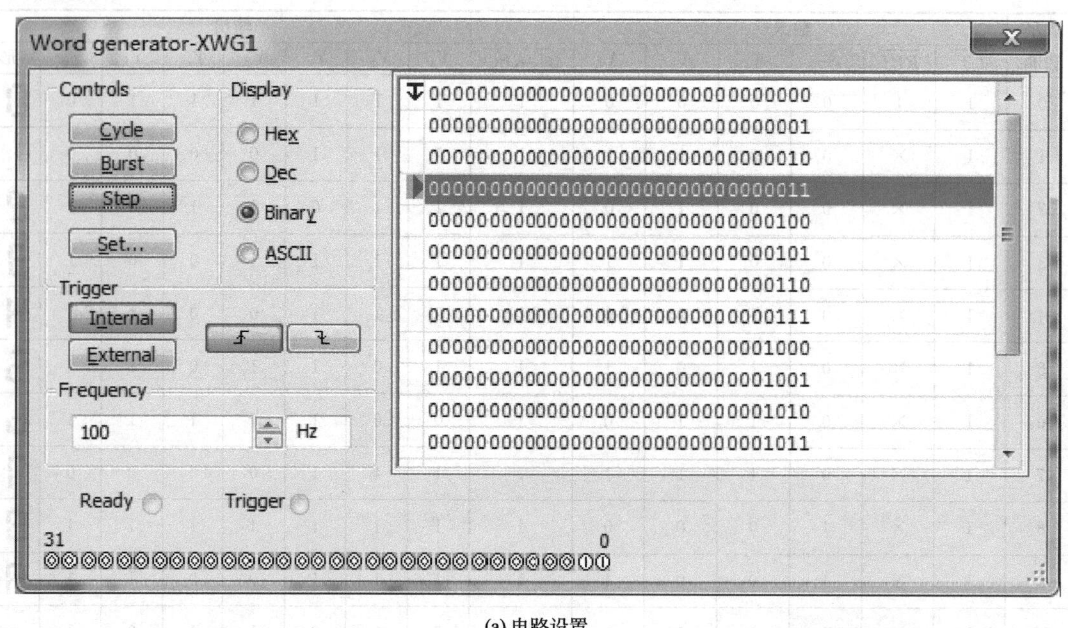

(a) 电路设置

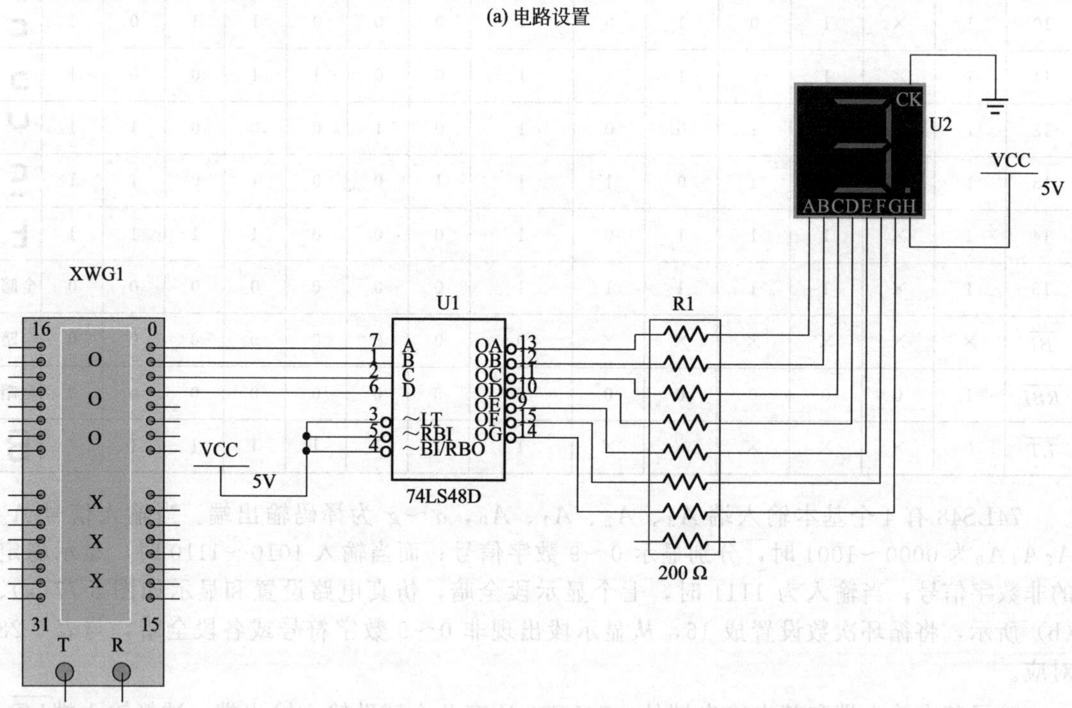

(b) 仿真电路

图 5-77　74LS48 4 线-七段译码器/驱动器仿真

$\overline{RBI}$、A_3、A_2、A_1、A_0输入处于什么状态，$\overline{BI}/\overline{RBO}$为 1，那么 $a \sim g$ 全为 1，所有发光段都亮。因此可以利用试灯输入信号来测试数码管的好坏。

③ 灭零功能。在$\overline{BI}/\overline{RBO}$作为输出端（不加输入信号）的前提下，当$\overline{LT}=1$，$\overline{RBI}=0$ 时，若 A_3、A_2、A_1、A_0为 0000 时，$a \sim g$ 均为 0，实现灭零功能，即显示器发光段全暗。

与此同时，$\overline{BI}/\overline{RBO}$输出低电平，表示译码器处于灭零状态。而对非 0000 数码输入，则照常显示，$\overline{BI}/\overline{RBO}$输出高电平。因此灭零输入主要用于输入数字零而不需要显示零的场合。

将$\overline{BI}/\overline{RBO}$和$\overline{RBI}$配合使用，可以实现多位数显示时的“无效 0 消隐”功能，即消去混合小数的前零和无用的尾零。例如一个七位数字显示器，如果要将 005.0800 显示成 5.08，电路连接方法就依照图 5-78 所示，这样既符合了人们的阅读习惯，又能有效减少电能的消耗。图中各片电路$\overline{LT}=1$，整数部分第一片 74HC48 的$\overline{RBI}=0$，第一片的$\overline{RBO}$接第二片的$\overline{RBI}$，当第一片的输入 A_3、A_2、A_1、A_0为 0000 时，实现灭零功能使片 1 驱动的 BS201 数码管全暗，同时使$\overline{RBO}=0$，使第二片 74HC48 也具备了灭零条件，只要片 2 的 $A_3 \sim A_0$输入全零，那么片 2 驱动的数码管也会熄灭。小数部分的片 6、片 7 的原理与此相同，连接方式上是将低位芯片（片 7）的$\overline{RBO}$与高位芯片（片 6）的$\overline{RBI}$相连。片 3、片 4 的$\overline{RBI}=1$，不处在灭零状态，因此整数部分数字 5 与小数部分数字 8 中间的数字 0 才得以显示。

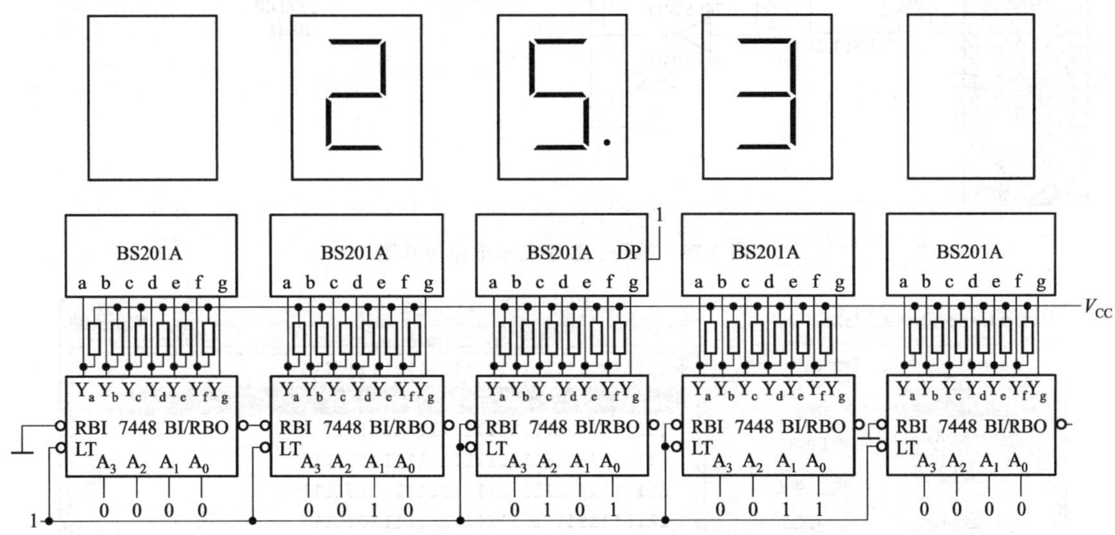

图 5-78　具有灭零控制的七位数码显示系统

由于 74LS48 内部已经设有 2kΩ 左右的限流电阻，所以图 5-78 中的共阴极数码管 BS201 的共阴极端可以直接接地。如果还想减小 LED 的电流，那就必须在 74LS48 的各端输出端均串联一个限流电阻。有时也可以在数码管的共阴极端对地串联一个总电阻，但那样做的话会造成各段亮度不均匀。

对于共阴极接法的数码管，还可以采用 CD4511 等七段锁存译码驱动器。对于液晶显示器，可以采用 CD4055、CD4056 等专用集成电路。对于共阳极接法的数码管，可以采用共阳极显示译码器，如 74HC247 等集成电路，在相同的输入条件下，其输出电平与 74LS48 相反，但最终在共阳极数码管上显示的结果是一样的。在为半导体数码管选择译码驱动电路时，需要考虑半导体数码管工作电流的具体要求，合理选择适当的限流电阻。

4. 编码器和译码器联调

为巩固前面所学内容，可以进行编码器、译码器联调，仿真电路如图 5-79 所示。

双击仿真图最左边的字信号发生器图标，将其面板打开，如图 5-80 所示。字信号发生器的面板左侧有 4 个区：单击 Set 按钮，弹出字元设置对话框。选择 Shift left（左移位）方式，循环次数设为 8 次，循环初始值设为 FFFFFFFE，按 Accept 按钮确认，字元设置对话框如图 5-81 所示。

打开仿真开关。自信号发生器面板右侧的数字由 0 不断左移，模拟开关依次闭合的情景。面板最下边的 32 个小圆圈实时显示各个输出端的信息。共阴极 LED 数码管便动态显示出十进制数 1～8，如循环次数设为 10 次，则共阴极 LED 数码管便显示出十进制数 0～9。

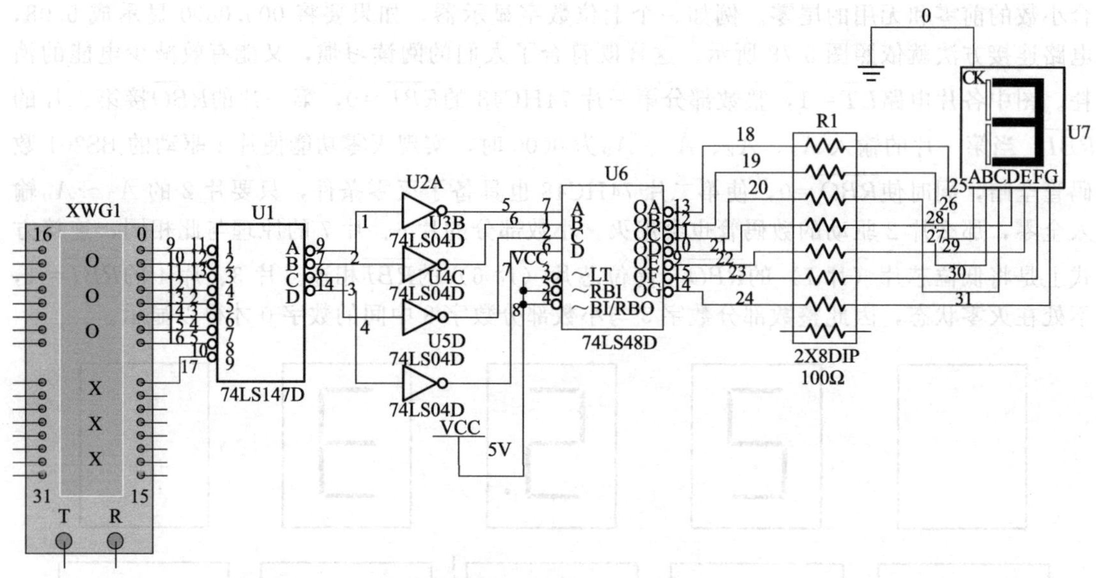

图 5-79 编码、数字显示电路仿真图

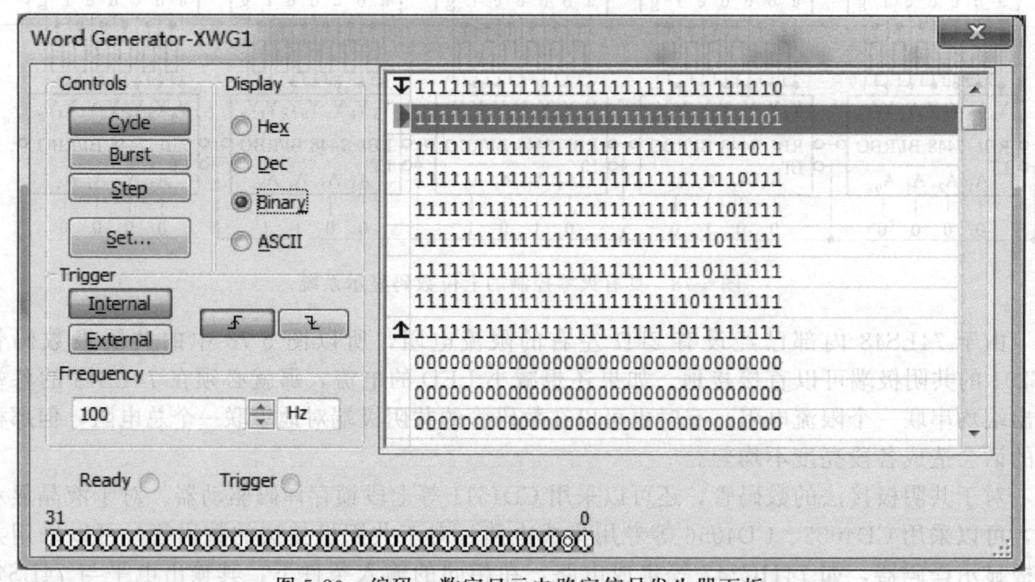

图 5-80 编码、数字显示电路字信号发生器面板

5.4.3 加法器

在数字系统中，尤其在计算机的数字系统中，算术运算都是分解成若干步加法运算进行的。因此，加法器是构成算术运算的基本单元电路，加法器按照功能实现可分为半加器和全加器。

1. 半加器

如果不考虑有来自低位的进位，将两个一位二进制数相加，称为半加。实现半加运算的

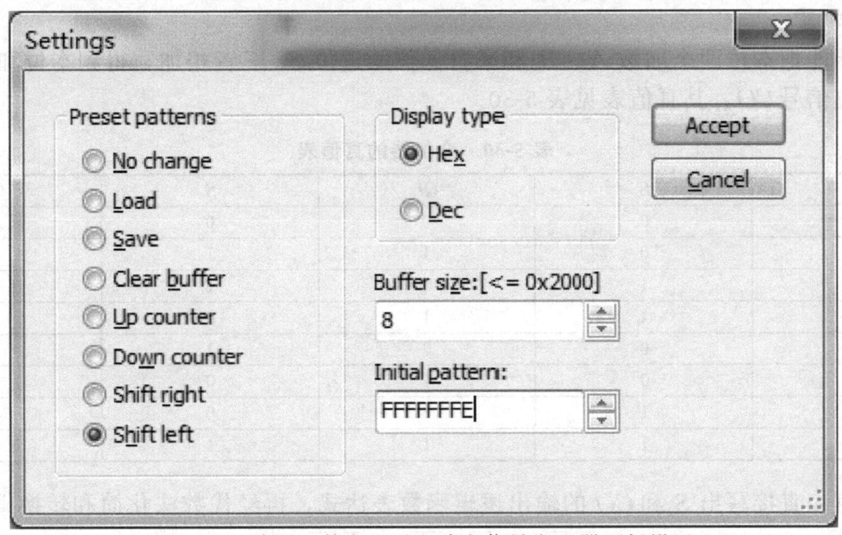

图 5-81 编码、数字显示电路字信号发生器面板设置

电路叫做半加器。

半加器的真值表如表 5-29 所示。表中的 A 和 B 分别表示被加数和加数输入，S 为本位和输出，C 为向相邻高位的进位输出。

表 5-29 半加器的真值表

A	B	S	C
0	0	0	0
0	1	1	0
1	0	1	0
1	1	0	1

由真值表可直接写出输出逻辑函数表达式：

$$S=\overline{A}B+A\overline{B}=A\oplus B$$

$$C=AB$$

可见，可用一个异或门和一个与门组成半加器，如图 5-82(a) 所示。

如果想用与非门组成半加器，则将上式用代数法变换成与非形式：

$$S=\overline{A}B+A\overline{B}=\overline{A}B+A\overline{B}+A\overline{A}+B\overline{B}=A(\overline{A}+\overline{B})+B(\overline{A}+\overline{B})=A\cdot\overline{AB}+B\cdot\overline{AB}$$

$$=\overline{\overline{A\cdot\overline{AB}}\cdot\overline{B\cdot\overline{AB}}}$$

$$C=AB=\overline{\overline{AB}}$$

由此画出用与非门组成的半加器，如图 5-82(b) 所示。图 5-83 是半加器的逻辑符号。

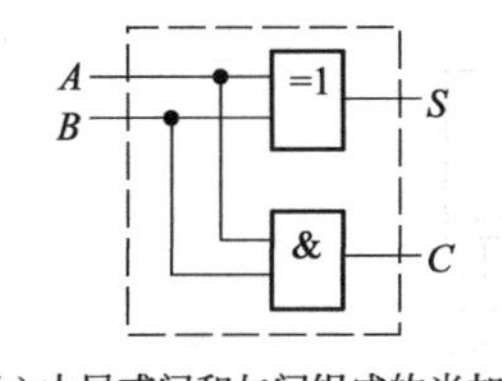

(a) 由异或门和与门组成的半加器

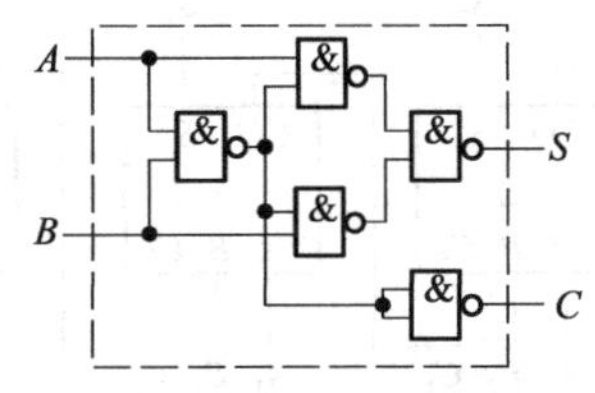

(b) 由与非门组成的半加器

图 5-82 半加器

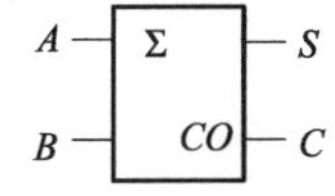

图 5-83 半加器的逻辑符号

2. 全加器

全加器能把本位两个加数 A、B 和来自低位的进位 CI 三者相加，得到本位和 S 和该位向前的进位信号 CO，其真值表见表 5-30。

表 5-30 全加器的真值表

A	B	CI	S	CO
0	0	0	0	0
0	0	1	1	0
0	1	0	1	0
0	1	1	0	1
1	0	0	1	0
1	0	1	0	1
1	1	0	0	1
1	1	1	1	1

由真值表直接写出 S 和 CO 的输出逻辑函数表达式，再经代数法化简和转换得：

$$S=\overline{A}\,\overline{B}CI+\overline{A}B\,\overline{CI}+A\overline{B}\,\overline{CI}+ABCI$$
$$=\overline{(A\oplus B)}CI+(A\oplus B)\overline{CI}=A\oplus B\oplus CI$$
$$CO=\overline{A}BCI+A\overline{B}CI+AB\,\overline{CI}+ABCI$$
$$=AB+(A\oplus B)CI$$

根据得到的逻辑表达式画出全加器的逻辑电路，如图 5-84(a) 所示。图 5-84(b) 所示为全加器的逻辑符号。

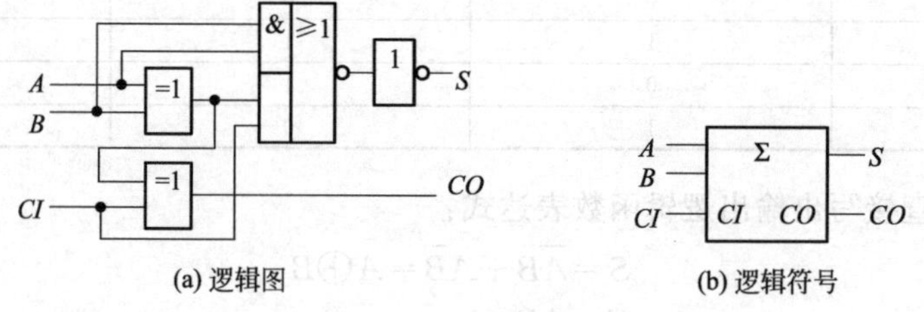

图 5-84 全加器

3. 多位加法器

一个半加器或全加器只能完成两个一位二进制数的相加，要实现两个多位二进制数的加法运算，就必须使用多个全加器（最低位可用半加器），最简单的方法是将多个全加器进行级联，称为串行进位加法器。图 5-85 所示是 4 位串行进位加法器，从图中可见，两个 4 位相加数 $A_3A_2A_1A_0$ 和 $B_3B_2B_1B_0$ 的各位同时送到相应全加器的输入端，进位数串行传送。全加器的个数等于相加数的位数。最低位全加器的 CI 端应接 0。

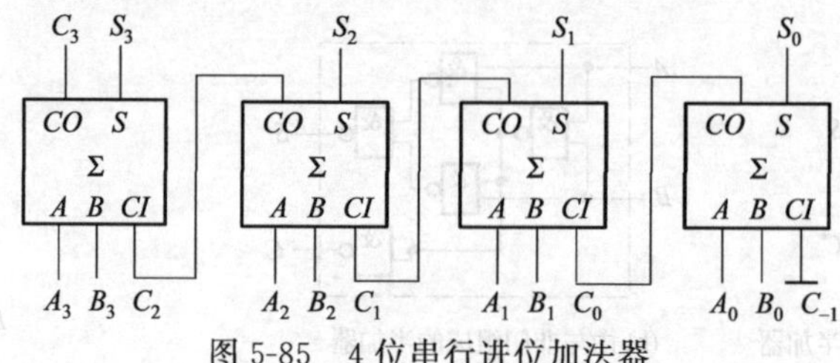

图 5-85 4 位串行进位加法器

串行进位加法器的优点是电路比较简单，缺点是速度比较慢。因为进位信号是串行传递，图 5-85 中最后一位的进位输出 C_3 要经过四位全加器传递之后才能形成。如果位数增加，传输延迟时间将更长，工作速度更慢。

为了提高速度，人们又设计了一种多位数快速进位（又称超前进位）的加法器。所谓快速进位，是指加法运算过程中，各级进位信号同时送到各位全加器的进位输入端。现在的集成加法器，大多采用这种方法。

74LS283 是一种典型的中规模快速进位的集成 4 位全加器，其引脚图和逻辑符号如图 5-86 所示。该电路中只要分别接上四位二进制的被加数 A 和加数 B，来自低位的进位信号 CI 接 0，则在 S_3、S_2、S_1、S_0 可得到四位二进制数的和数，并由 CO 得到向高位的进位数。

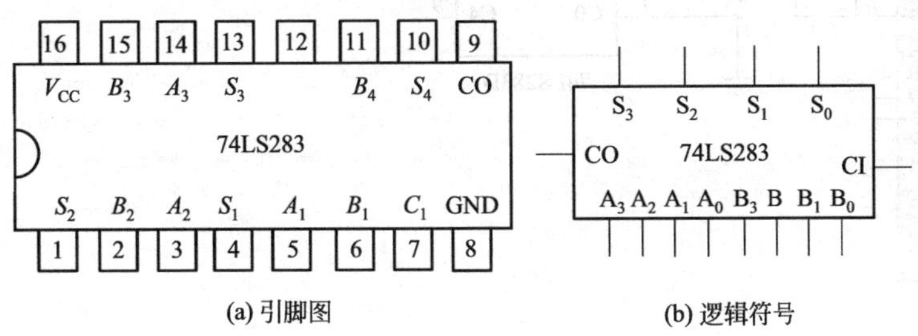

图 5-86　四位二进制加法器

若要进行两个八位二进制数的加法运算，可用两块 74LS283 构成，其电路如图 5-87 所示。电路连接时，将低四位集成芯片的 CI 接地，低四位的 CO 进位接到高四位的 CI 端。两个二进制数 A、B 分别从低位到高位依次接到相应的输入端，最后的运算结果为 $C_7S_7S_6S_5S_4S_3S_2S_1S_0$。

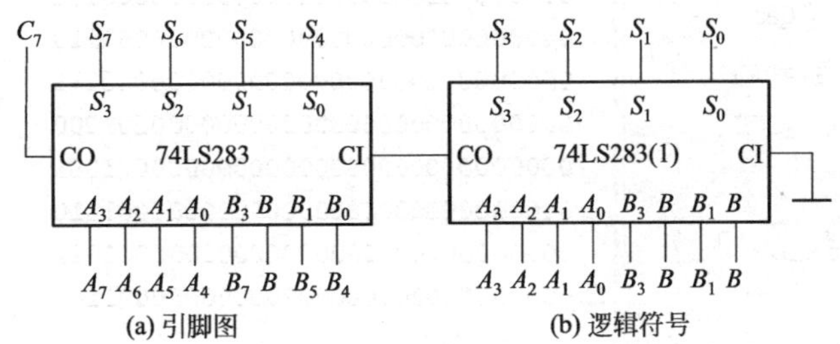

图 5-87　2 片 74LS283 组成的 8 位二进制数加法电路图

例 5-21 中余 3 码到 8421BCD 码的转换，也可以用 74LS283 实现，因为对同一个十进制数，余 3 码比 8421BCD 码多 3，也就是说要实现余 3 码到 8421BCD 码的变换，只需从余 3 码中减去 3（即四位二进制数“0011”）。利用二进制补码的概念，0011 的补码为 1101，减去 0011 与加上 1101 等效。所以，从 74LS283 的 $A_4 \sim A_1$ 输入余 3 码的四位代码，$B_4 \sim B_1$ 接固定代码“1101”，其仿真电路图如图 5-88(a)、(b) 所示，可以看到当输入余 3 码 0100 时，输出 8421BCD 码为 0001，实现了余 3 码到 8421BCD 码转换。

5.4.4　数据分配器和数据选择器

数据分配器和数据选择器是两种功能可逆的中规模集成电路，在数字系统的设计中得到了广泛的应用。

1. 数据分配器

数据分配器是指实现将信号源输入的二进制数据按需要分配到不同输出通道的逻辑功能

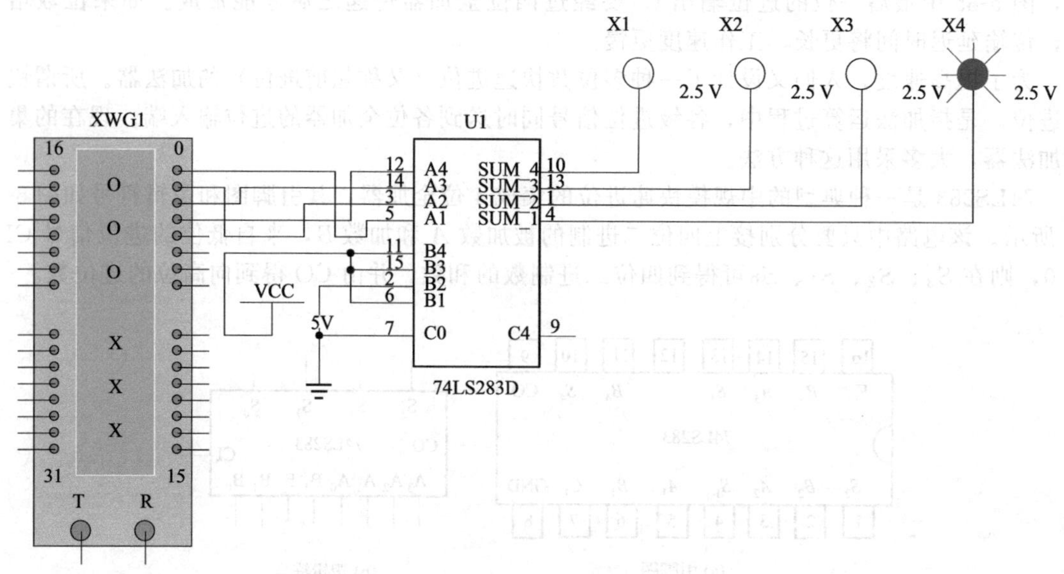

(a) 仿真电路

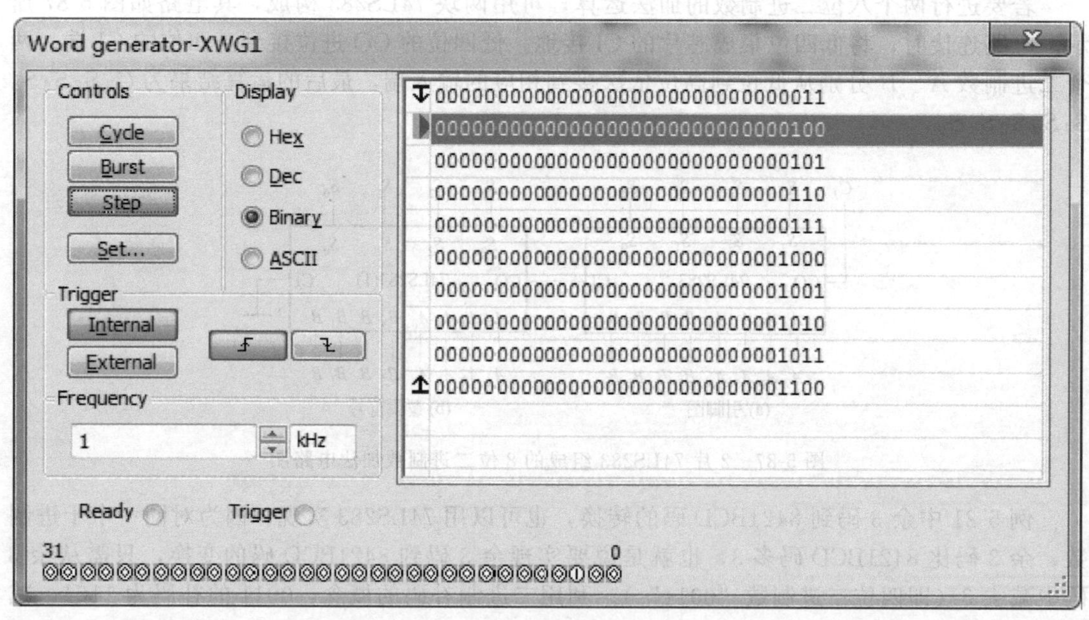

(b) 仿真设置

图 5-88 74LS283 将余 3 码转换成 8421BCD 码

的组合逻辑器件，如图 5-89 所示，M（$=2^N$）输出通道需要 N 位二进制信号来选择输出通道，称为 N 位地址（信号）。

应当注意的是，厂家并不生产专门的数据分配器电路，数据分配器实际上是变量译码器的一种特殊应用。作为数据分配器使用的译码器必须具有“使能”端，其“使能”端作为数据输入端使用，译码器的输入端作为地址输入端，其输出端则作为数据分配器的输出端。图 5-90 是由 74HC138 译码器所构成的 8 路数据分配器的逻辑电路图，该电路的功能表见表 5-31。

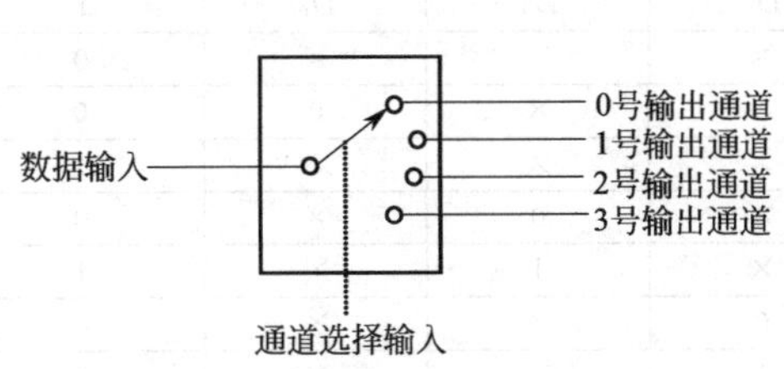

图 5-89　数据分配器示意图

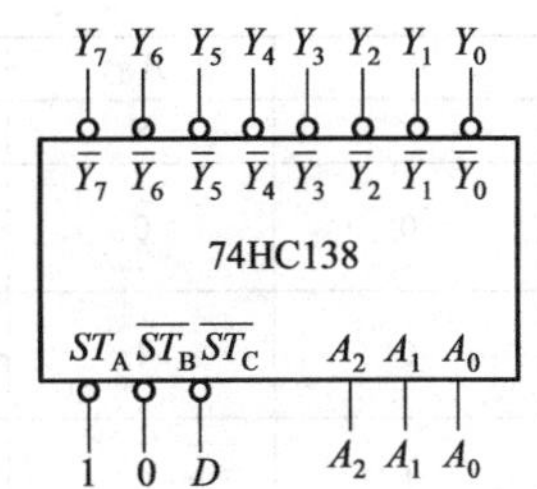

图 5-90　用 74HC138 译码器构成数据分配器

在图 5-90 中，$ST_A=1$，$\overline{ST_B}=0$，$\overline{ST_C}$作为数据输入端 D 表示，A_2、A_1、A_0作为地址输入端，$Y_7\sim Y_0$为输出端。当 $D=0$ 时，译码器译码工作，与地址输入信号对应的输出端为 0，即等于 D；当 $D=1$ 时，译码器不工作，所有输出全为 1，与地址输入信号对应的输出端也为 1，也等于 D。所以，无论什么情况，与地址输入信号对应的输出都等于 D。图 5-90 数据分配照功能表见表 5-31。

表 5-31　图 5-90 数据分配器功能表

地址输入			数据输入	输出							
A_2	A_1	A_0	D	Y_7	Y_6	Y_5	Y_4	Y_3	Y_2	Y_1	Y_0
0	0	0	D	1	1	1	1	1	1	1	D
0	0	1	D	1	1	1	1	1	1	D	1
0	1	0	D	1	1	1	1	1	D	1	1
0	1	1	D	1	1	1	1	D	1	1	1
1	0	0	D	1	1	1	D	1	1	1	1
1	0	1	D	1	1	D	1	1	1	1	1
1	1	0	D	1	D	1	1	1	1	1	1
1	1	1	D	D	1	1	1	1	1	1	1

2. 数据选择器

数据选择器的逻辑功能与数据分配器的逻辑功能相反，数据选择器按要求从多路输入选择一路输出，其功能示意图如图 5-91 所示。一般地说，数据选择器的数据输入端数 M 和数据选择端数 N 成 2^N 倍关系，数据选择端确定一个二进制码（或称为地址），对应地址通道的输入数据被传送到输出端（公共通道）。常见的数据选择器有 4 选 1、8 选 1 等电路。

(1) 门电路构成的数据选择器

【例 5-23】 试利用门电路实现一个 4 选一的数据选择器。

解： ①根据题意，由于实现的是数据选择器，所涉及为二进制数据传输，所以不进行具体赋值。

设：数据输入逻辑变量 D_3、D_2、D_1、D_0；

地址控制输入逻辑变量 A_1、A_0；

使能端$\overline{ST}$；

输出逻辑变量 Y。

② 根据数据选择器的功能要求列真值表，见表 5-32。

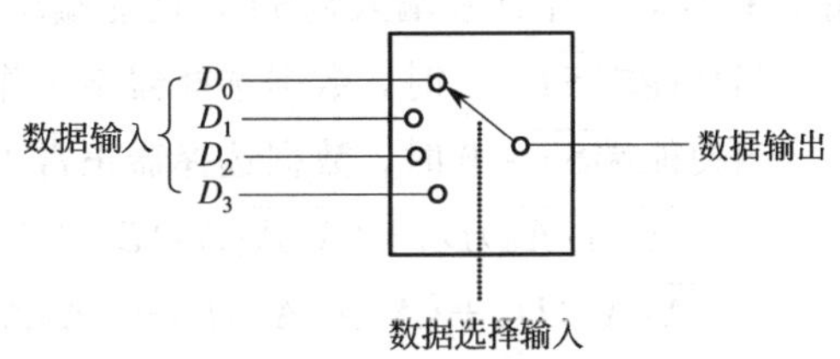

图 5-91　数据选择器示意图

表 5-32　例 5-23 真值表

输入							输出
$\overline{ST}$	A_1	A_0	D_3	D_2	D_1	D_0	Y
1	×	×	×	×	×	×	0
0	0	0	×	×	×	0	0
			×	×	×	1	1
0	0	1	×	×	0	×	0
			×	×	1	×	1
0	1	0	×	0	×	×	0
			×	1	×	×	1
0	1	1	0	×	×	×	0
			1	×	×	×	1

③ 根据真值表，可以写出输出变量 Y 的逻辑表达式

$$Y=(\overline{A}_1\overline{A}_0D_0+\overline{A}_1A_0D_1+A_1\overline{A}_0D_2+A_1A_0D_3)\overline{ST}$$

④ 以门电路实现，由逻辑表达式画出逻辑电路如图 5-92 所示。

由例 5-23 分析过程可以看出，对于数据输入 A_1、A_0 的不同取值组合，输出 Y 只能等于 $D_3 \sim D_0$ 中唯一的一个。

（2）常用集成数据选择器

① 集成 8 选 1 数据选择器。74HC151 是一种典型集成 8 选 1 数据选择器，其芯片外部引脚排列如图 5-93 所示，其功能见表 5-33。

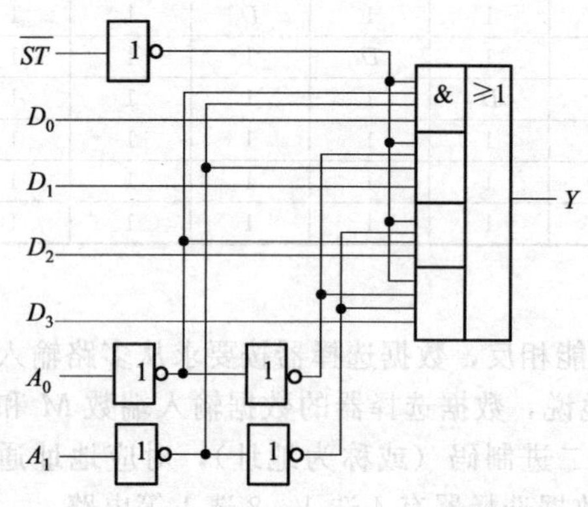

图 5-92　四选一数据选择器的逻辑图

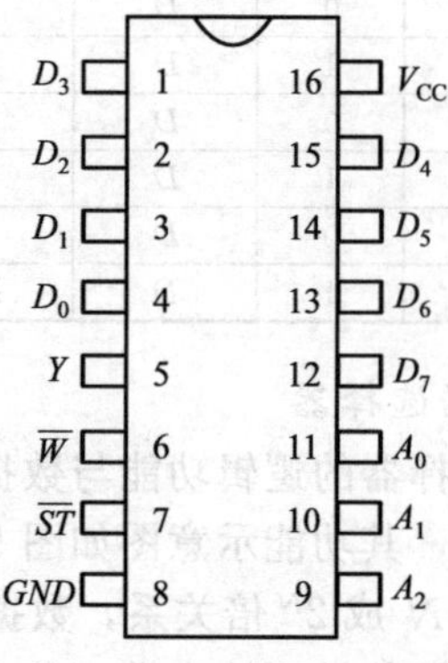

图 5-93　74HC151 8 选 1 数据选择器（有选通输入端，互补输出）

74HC151 有 8 个数据输入端 $D_7 \sim D_0$，3 个地址输入端 A_2、A_1、A_0，2 个互补的输出端 Y 和 $\overline{W}$，一个使能输入端$\overline{ST}$，使能端$\overline{ST}$为低电平有效。

当使能端$\overline{ST}=1$ 时，数据选择器不工作，$Y=0$，$\overline{W}=1$。

当使能端$\overline{ST}=0$ 时，数据选择器正常工作，其输出逻辑表达式：

$$Y=(\overline{A}_2\overline{A}_1\overline{A}_0)D_0+(\overline{A}_2\overline{A}_1A_0)D_1+(\overline{A}_2A_1\overline{A}_0)D_2+(\overline{A}_2A_1A_0)D_3+$$
$$(A_2\overline{A}_1\overline{A}_0)D_4+(A_2\overline{A}_1A_0)D_5+(A_2A_1\overline{A}_0)D_6+(A_2A_1A_0)D_7$$

对于地址输入信号的任何一种状态组合，都会有一个输入数据被送到输出端。例如，当 $A_2A_1A_0=101$ 时，$Y=D_5$，$\overline{W}=\overline{D}_5$。

表 5-33　74HC151 功能表

输入				输出	
$\overline{ST}$	A_2	A_1	A_0	Y	$\overline{W}$
1	×	×	×	0	1
0	0	0	0	D_0	$\overline{D_0}$
0	0	0	1	D_1	$\overline{D_1}$
0	0	1	0	D_2	$\overline{D_2}$
0	0	1	1	D_3	$\overline{D_3}$
0	1	0	0	D_4	$\overline{D_4}$
0	1	0	1	D_5	$\overline{D_5}$
0	1	1	0	D_6	$\overline{D_6}$
0	1	1	1	D_7	$\overline{D_7}$

② 集成 4 选 1 数据选择器。74HC153 包含两个完全相同的 4 选 1 数据选择器。两个数据选择器有公共的地址输入端 S_1、S_0，而数据输入端和输出端则是各自独立的。通过给定不同的地址代码（即 S_1S_0的状态），可以从 4 个输入数据中选出所要的一个，并送到输出端 Y。

(3) 数据选择器的应用

① 无触点切换电路。这是数据选择器的典型应用电路。图 5-94 所示是由 74HC153 构成的无触点切换电路，用于切换四种频率的输入信号。这个电路只利用了 74HC153 芯片的一半，四路信号由 D_3～D_0输入，Y 端的输出由 A、B 端来控制。

② 数据选择器的扩展。作为一种集成器件，数据选择器的最大规模是 16 选 1，比如集成 16 选 1 数据选择器 74HC150。如果需要更大规模的数据选择器，那就需要进行通道扩展。

用两片 74HC151 和 3 个门电路组成的 16 选 1 的数据选择器电路如图 5-95 所示。

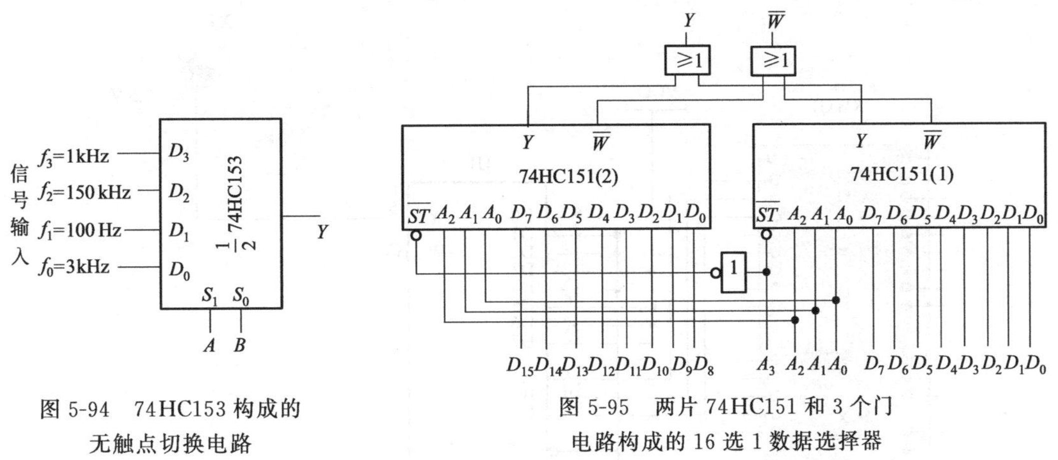

图 5-94　74HC153 构成的无触点切换电路

图 5-95　两片 74HC151 和 3 个门电路构成的 16 选 1 数据选择器

同样的方法也可以将利用一片 74HC153 构成 8 选 1 数据选择器。

③ 实现组合逻辑函数。与译码器相似，数据选择器能够有效地实现组合逻辑函数，作为这种用途的数据选择器又称逻辑函数发生器。

当逻辑函数的变量个数和数据选择器的地址输入变量个数相同时，可直接用数据选择器来实现逻辑函数。

【例 5-24】 试用 8 选 1 数据选择器 74HC151 实现三人多数表决电路。

解： 在例 5-20 中根据设计要求建立该逻辑函数的真值表如表 5-34 所示。

表 5-34 例 5-20 真值表

A	B	C	F
0	0	0	0
0	0	1	0
0	1	0	0
0	1	1	1
1	0	0	0
1	0	1	1
1	1	0	1
1	1	0	1

① 将逻辑函数转换成最小项表达式

$$F=\overline{A}BC+A\overline{B}C+AB\overline{C}+ABC=m_3+m_5+m_6+m_7$$

② 将输入变量接至数据选择器的地址输入端，即 $A=A_2$，$B=A_1$，$C=A_0$。输出变量接至数据选择器的输出端，即 $F=Y$。将逻辑函数 F 的最小项表达式与 74HC151 的功能表相比较，显然，F 式中出现的最小项，对应的数据输入端应接 1，F 式中没出现的最小项，对应的数据输入端应接 0。即 $D_3=D_5=D_6=D_7=1$；$D_0=D_1=D_2=D_4=0$。

③ 画出连线图如图 5-96 所示。

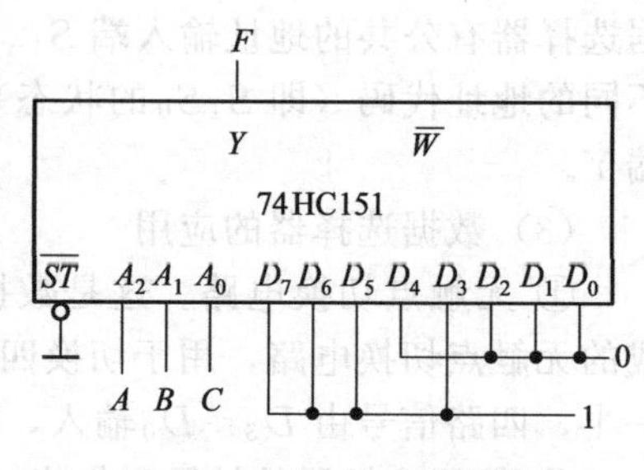

图 5-96 例 5-24 逻辑图

通过图 5-97(a)、(b) 的仿真（此处采用 TTL 系列产品），可以看到当 $ABC=011$，两个人同意，灯亮，表决通过，单步执行，验证表 5-34 的真值表，证明实现了例 5-24 要求的三人多数表决电路功能。

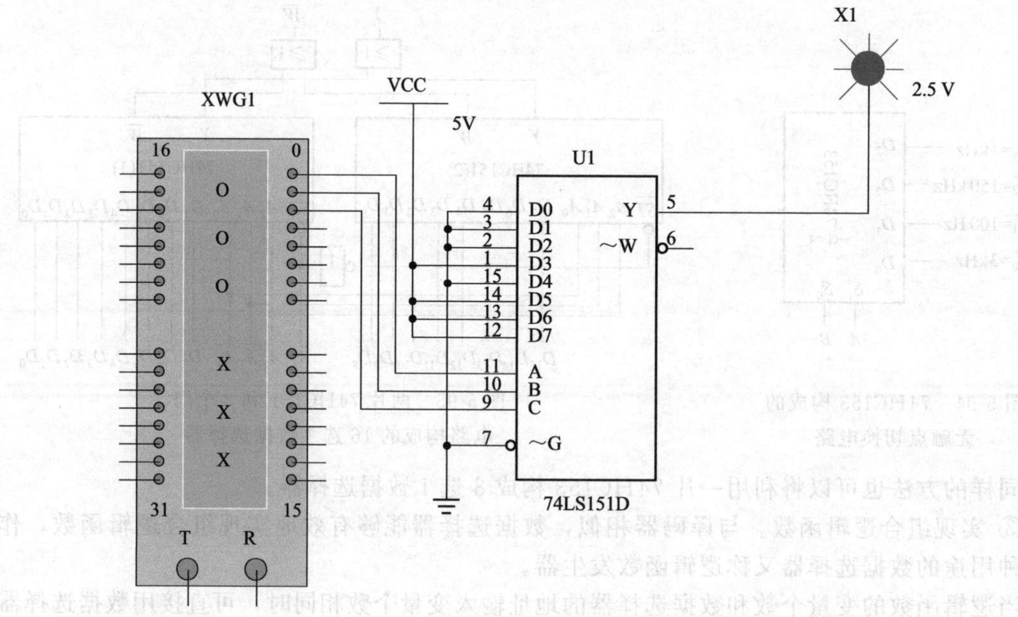

(a)

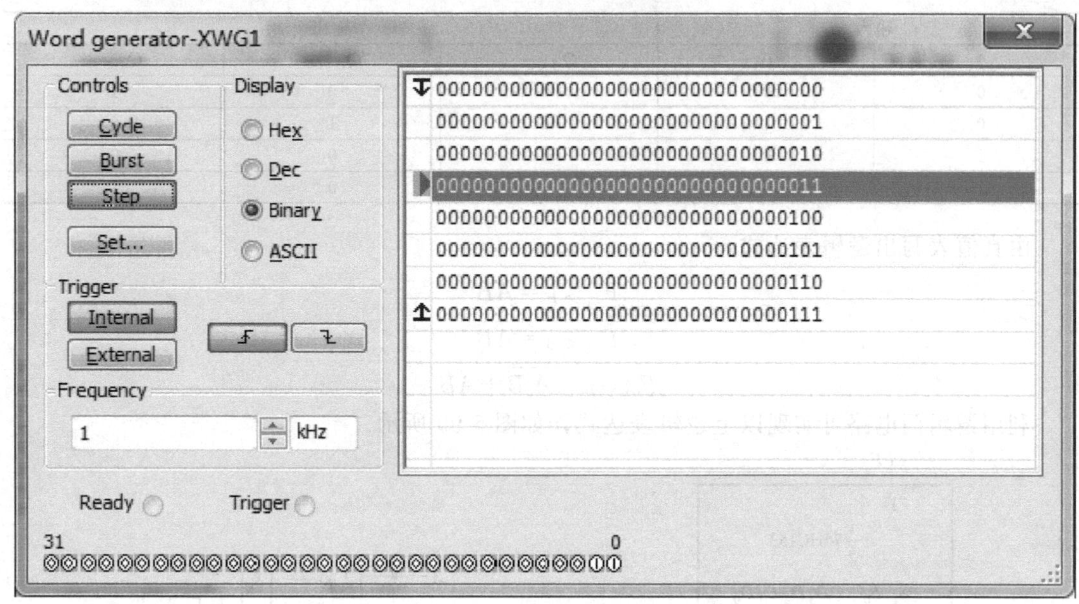

(b)

图 5-97 74LS151 三人表决电路仿真

但当逻辑函数的变量数比数据选择器的地址输入变量多 1 个时，就不能采用上面讲到的简单办法。应当分离出多余的变量，把它们加到适当的数据输入端，以实现所需逻辑函数。

【例 5-25】 试用 4 选 1 数据选择器 74HC153 实现逻辑函数 $F=AB+BC+AC$。

解： ① 由于函数 F 有三个输入信号 A、B、C，而 4 选 1 数据选择器仅有两个地址输入端 S_1 和 S_0，所以选 A、B 接到地址输入端，$A=S_1$，$B=S_0$，C 被看作多余的变量。

② 由逻辑函数的最小项表达式 $F=\overline{A}BC+A\overline{B}C+AB\overline{C}+ABC$，化简得表达式

$$F=C(\overline{A}B+A\overline{B})+AB$$

将这个表达式与 74HC153 的功能表相比较，此时 F 式中 AB 为最小项，其对应数据输入端 D_3 应接 1，$\overline{A}\,\overline{B}$ 在 F 式中未出现，对应的数据输入端 D_0 应接 0，而 C 则应连接到最小项 $\overline{A}B$、$A\overline{B}$ 所对应的 D_1、D_2 上。即 $D_3=1$；$D_2=D_1=C$；$D_0=0$。

③ 画出连线图如图 5-98 所示。

5.4.5 数值比较器

在数字系统中，经常需要对两组二进制数或二-十进制数进行比较。用来对两组位数相同的二进制数字进行比较的电路称为数字比较器，只比较两组数字是否相等的数字比较器称为同比较器，除了比较两组数是否相等之外，还判定两组数的大小关系的数字比较器称为大小比较器或数值比较器。下面介绍数值比较器。

1. 一位二进制数值比较器

一位数值比较器的功能就是比较两个一位二进制数 A 和 B 的大小。输入变量是两个待比较数 A 和 B，输出变量 $Q_{A>B}$、$Q_{A<B}$、$Q_{A=B}$ 分别表示三种比较结果 $A>B$、$A<B$、$A=B$，其真值表如表 5-35 所示。

表 5-35　1 位数值比较器真值表

输入		输出		
A	B	$Q_{A>B}$	$Q_{A<B}$	$Q_{A=B}$
0	0	0	0	1
0	1	0	1	0
1	0	1	0	0
1	1	0	0	1

由真值表写出逻辑表达式：

$$F_{A>B}=A\overline{B}$$

$$F_{A<B}=\overline{A}B$$

$$F_{A=B}=\overline{A}\,\overline{B}+AB$$

利用逻辑门电路可实现以上逻辑表达式，如图 5-99 所示。

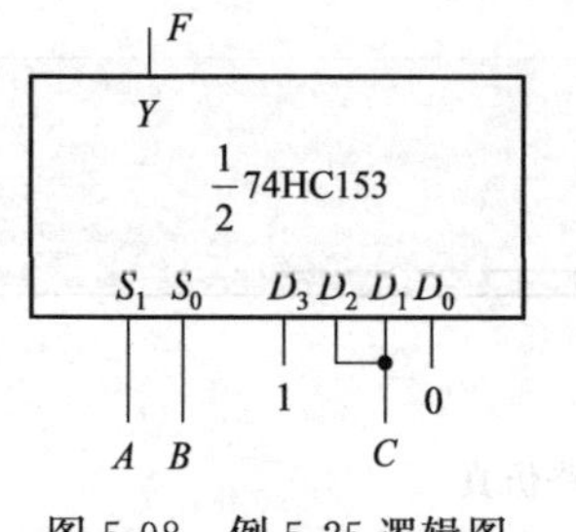

图 5-98　例 5-25 逻辑图

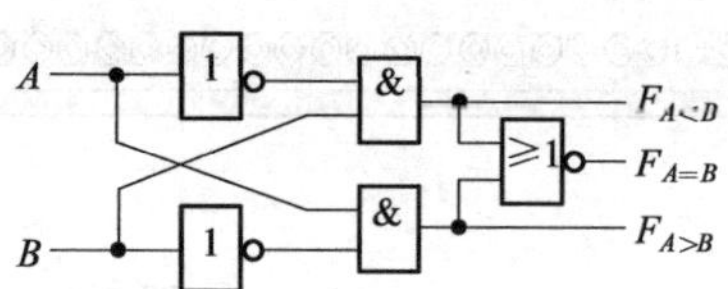

图 5-99　1 位二进制数值比较器逻辑图

2. 多位数值比较器

一位数值比较器只能对两个一位二进制数进行比较。而实用的数值比较器一般是多位的，对于多位数码的比较，应先比较最高位，如果 A 数最高位大于 B 数最高位，则不论其他各位情况如何，肯定有 $A>B$；如果 A 数最高位小于 B 数最高位，则 $A<B$；如果 A 数最高位等于 B 数最高位，那就需要再比较次高位，依此类推。

多位数值比较器的种类很多。74HC85 是一种四位数值比较器，其芯片外部引脚排列如图 5-100 所示，其功能见表 5-36。

表 5-36　74HC85 功能表

输入							输出		
$A_3\ B_3$	$A_2\ B_2$	$A_1\ B_1$	$A_0\ B_0$	$I_{A>B}$	$I_{A<B}$	$I_{A=B}$	$Q_{A>B}$	$Q_{A<B}$	$Q_{A=B}$
$A_3>B_3$	×	×	×	×	×	×	1	0	0
$A_3<B_3$	×	×	×	×	×	×	0	1	0
$A_3=B_3$	$A_2>B_2$	×	×	×	×	×	1	0	0
$A_3=B_3$	$A_2<B_2$	×	×	×	×	×	0	1	0
$A_3=B_3$	$A_2=B_2$	$A_1>B_1$	×	×	×	×	1	0	0
$A_3=B_3$	$A_2=B_2$	$A_1<B_1$	×	×	×	×	0	1	0
$A_3=B_3$	$A_2=B_2$	$A_1=B_1$	$A_0>B_0$	×	×	×	1	0	0
$A_3=B_3$	$A_2=B_2$	$A_1=B_1$	$A_0<B_0$	×	×	×	0	1	0
$A_3=B_3$	$A_2=B_2$	$A_1=B_1$	$A_0=B_0$	1	0	0	1	0	0
$A_3=B_3$	$A_2=B_2$	$A_1=B_1$	$A_0=B_0$	0	1	0	0	1	0
$A_3=B_3$	$A_2=B_2$	$A_1=B_1$	$A_0=B_0$	0	0	1	0	0	1

74HC85 有八个数码输入端 $A_3A_2A_1A_0$ 和 $B_3B_2B_1B_0$，三个输出端 $Q_{A>B}$、$Q_{A=B}$、$Q_{A<B}$，可以比较 2 个四位二进制数的大小。三个级联输入端（也称控制端，作用是可以增

加比较的位数）$I_{A>B}$、$I_{A=B}$、$I_{A<B}$，由表 3-21 可知，当待比较的数码超过 4 位，同时 $A_3A_2A_1A_0 = B_3B_2B_1B_0$时，必须考虑级联输入端的状态。

CD4585 也是四位数值比较器，其功能表与 74HC85 完全一样，只是工作频率稍低些。

3. 集成数值比较器的应用

① 4 位并行比较器。一片 74HC85 可以对两个 4 位二进制数进行比较，此时级联输入端 $I_{A>B}$、$I_{A<B}$、$I_{A=B}$应分别接 0、0、1，如图 5-101 所示。当参与比较的二进制数少于 4 位时，高位多余输入端可同时接 0 或 1。

② 数值比较器的扩展。数值比较器的级联输入端是供各片之间级联使用的。当需要扩大数据比较的位数时，可将低位比较器片的输出端 $Q_{A>B}$、$Q_{A=B}$、$Q_{A<B}$分别接到高位比较器片对应的级联输入端上。如图 5-102 所示电路是由两片 74HC85 构成的 8 位数值比较器。当高 4 位的 A 和 B 均相等时，三个 Q 端的状态就改由三个级联输入端来决定。三个级联输入端是与低四位的三个 Q 端相连的，它们的状态是由低四位的 A 和 B 的大小比较结果来决定。

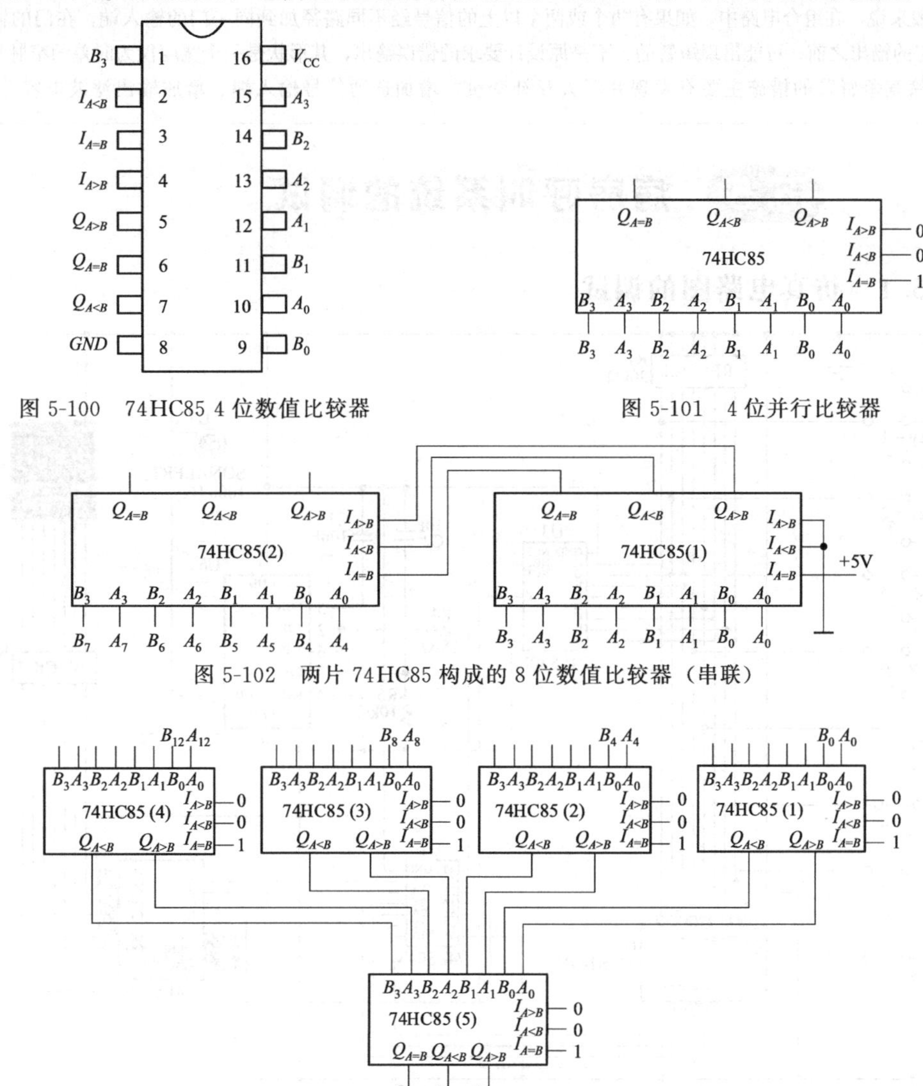

图 5-100　74HC85 4 位数值比较器

图 5-101　4 位并行比较器

图 5-102　两片 74HC85 构成的 8 位数值比较器（串联）

图 5-103　采用并联方式组成的 16 位数值比较器

理论上讲，按照上述级联方式可以扩展成任何位数的二进制数比较器。但是，由于这种级联方式中比较结果是逐级进位的，工作速度较慢。级联芯片数越多，传递时间越长，工作速度越慢。因此，当扩展位数较多时，常采用另一种并联方式。

图 5-103 所示是采用并联方式以 5 片 74HC85 组成的 16 位二进制数比较器。将 16 位按高低位次序分成 4 组（每 4 位一组），每组用 1 片 74HC85 进行比较，各组的比较是并行的。将每组的比较结果再经 1 片 74HC85 进行比较后得出比较结果。这样总的传递时间为两倍的 74HC85 的延迟时间。如果是用串联方式，则需要 4 倍的 74HC85 的延迟时间。

特别提示

前面讨论的组合逻辑电路都是在理想情况下进行的，即没有考虑门电路平均延迟时间对电路的影响。事实上，信号的变化都需要一定的传输延迟时间。由于从输入到输出的过程中，不同路径上门的级数不同，或者门电路平均延迟时间的差异，导致信号从输入经不同通路传输到输出级的时间有先有后，从而可能会使逻辑电路产生瞬间的错误输出。这一现象称为竞争冒险。

一般来说，在组合电路中，如果有两个或两个以上的信号经不同路径加到同一门的输入端，在门的输出端得到稳定的输出之前，可能出现短暂的、不是原设计要求的错误输出，其形状是一个宽度仅为时差的窄脉冲。

消除竞争冒险的措施主要有发现并消去互补变量、增加选通信号输入端、增加输出滤波电容等。

5.5 病房呼叫系统的调试

5.5.1 仿真电路图的调试

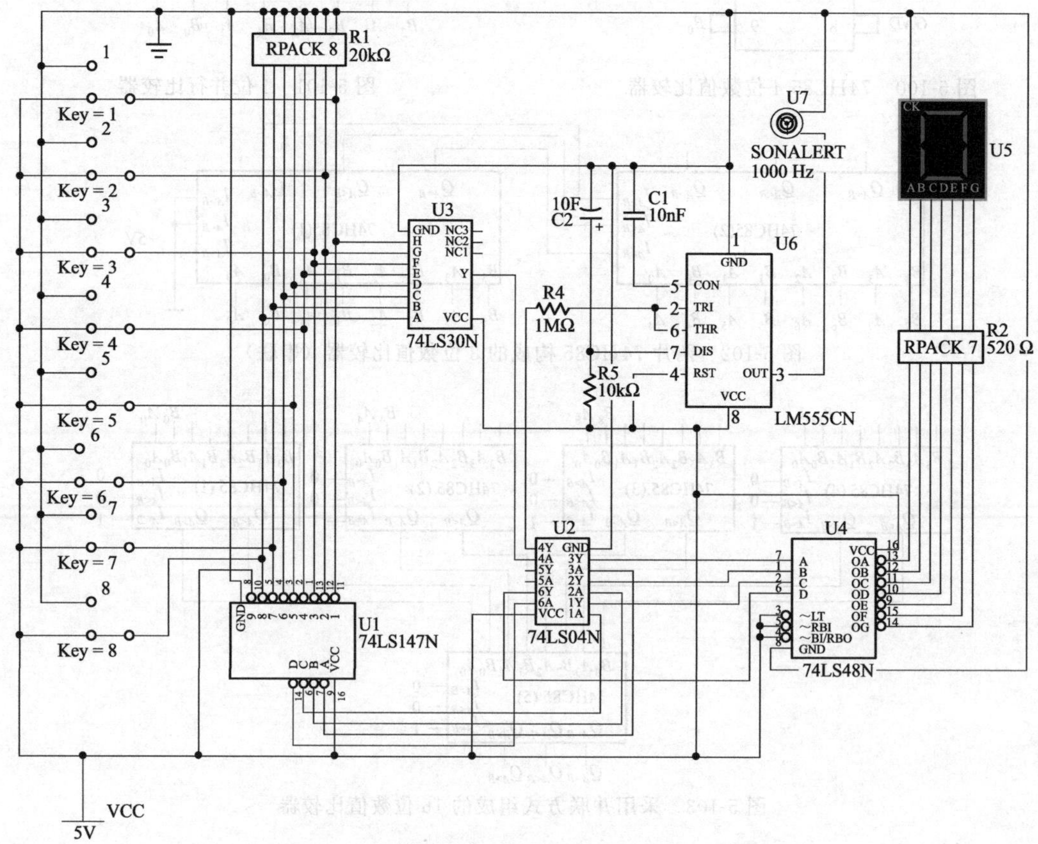

图 5-104　没有病房呼叫时的病房呼叫系统电路显示

通过前面几节内容的学习，了解了集成逻辑门电路、编码器、译码器和数码管的逻辑功能，熟悉 74LS147、74LS48 和数码管各引脚功能，结合原理图绘制病房呼叫系统的仿真电路图。

用鼠标左键点击电子仿真软件基本界面绿色仿真开关，开始电路仿真调试。电路中 74LS30 的 8 路输入控制端分别接有 Key1～Key 8 个开关，对应 74LS147 输入端 1～8。平时 Key1～Key 8 均为接通状态，模拟病房没有病人呼叫的情况 1～8 均为高电平“1”状态，数码管显示“0”，如图 5-104 所示。

当某一个开关断开时，模拟病房有病人呼叫，则对应输入端变为低电平“0”状态，74LS147 将其编为二进制码经反相器 74LS04 输出送至译码/驱动器 74LS48 译码后由共阴极数码管显示出呼叫病房的房间号。假设 Key1 被断开，相应的 74LS147 的 1 端变为高电平“0”，输出端为 1110，经 74LS04 反相后为 0001 送至译码/驱动器 74LS48 译码后由共阴极数码管显示“1”，表示第 1 个病房有病人呼叫，同时 74LS30 输出高电平，经 74LS04 反相后变为低电平，使由 LM555CN 和蜂鸣器构成的报警电路发出报警声。如图 5-105 所示。同理当 Key6 断开时，显示“6”，表示第 6 个病房有病人呼叫，该报警电路存在优先级，在两个或两个以上病房有病人呼叫时，只显示高优先级的编码，如 Key3 和 Key6 同时被断开时，显示“6”，如图 5-106 所示。

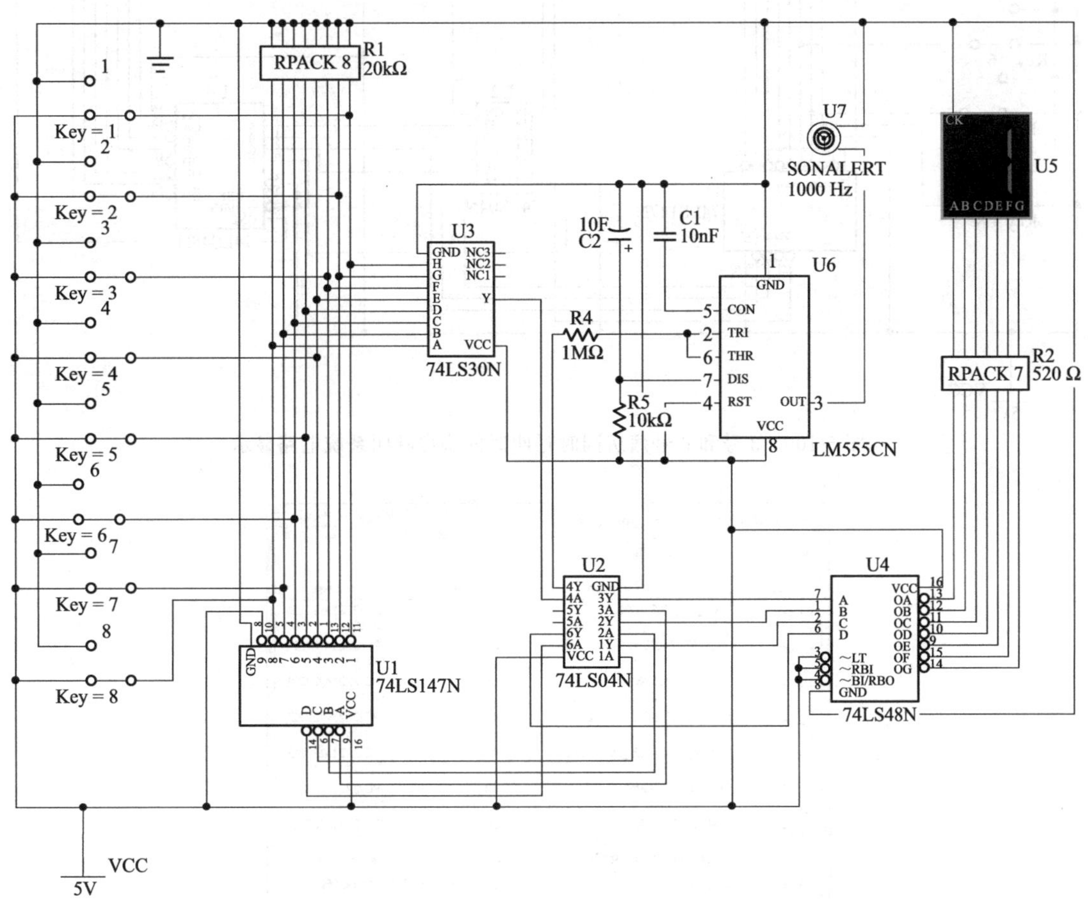

图 5-105　1 号病房呼叫时的病房呼叫系统电路显示

5.5.2 实物制作与调试

查集成电路手册，初步了解 74LS147、74LS48 和数码管的功能，确定 74LS147 和 74LS48 的引脚排列，了解各引脚的功能。设计并仿真成功的病房呼叫系统采用在多功能板上排版、焊接时应注意以下几点。

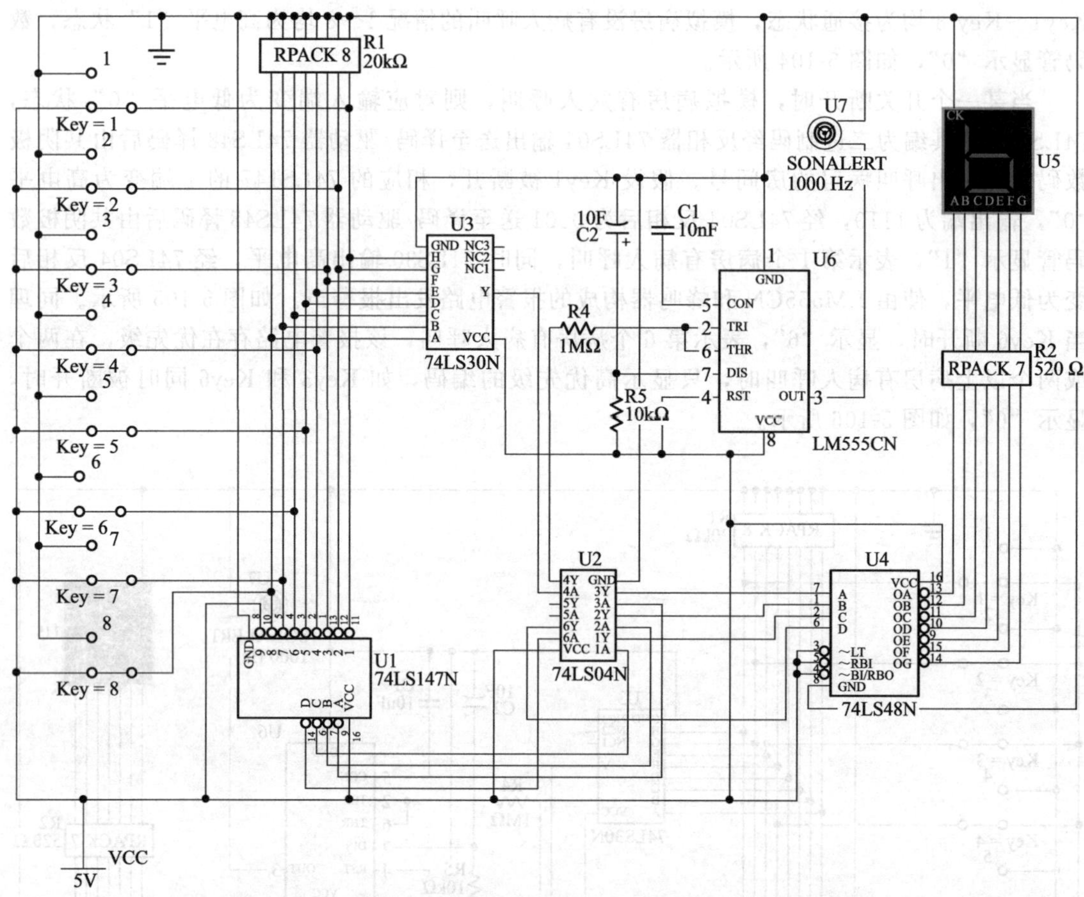

图 5-106 3 号和 6 号病房同时呼叫时的病房呼叫系统电路显示

Bill of Materials (From Document: Design2)

	Quantity	Description	RefDes	Package
1	1	74LS_IC, 74LS147N	U1	IPC-2221A/2222\NO16
2	1	74LS_IC, 74LS04N	U2	IPC-2221A/2222\NO14
3	1	74LS_IC, 74LS48N	U4	IPC-2221A/2222\NO16
4	1	RPACK_VARIABLE_2X8, 20kΩ	R1	IPC-2221A/2222\DIP-16
5	1	RPACK_VARIABLE_2X7, 520 Ω	R2	IPC-2221A/2222\DIP-14
6	1	74LS_IC, 74LS30N	U3	IPC-2221A/2222\NO14
7	1	TIMER, LM555CN	U6	IPC-2221A/2222\N08E
8	1	SONALERT, SONALERT 1000 Hz	U7	Generic\BUZZER
9	8	SWITCH, SPDT	1, 2, 3, 4, 5, 6, 7, 8	Generic\SPDT

图 5-107 病房呼叫系统实物制作元器件清单

① 注意将原理图上所用集成块，进行合理布局，使接线距离短、接线方便，而且美观可靠，对照芯片引脚图的引脚接线，也可先在原理图上标上引脚号。

② 在将器件安装到多功能板上之前，对所选用的器件进行了测试，尽量减少因器件原因造成的电路故障，缩短调试时间。病房呼叫系统制作前用数字集成电路检测仪对所要用的IC 进行检测，以确保每个器件完好。

③ 安装时，集成电路通过插座与电路板连接，便于器件不小心损坏后进行更换。数字电路的布线在焊接过程中注意不出现挂锡或虚焊情况。在装配电路的时候，注意集成块出现插错或方向插反的现象，连线不要错接或漏接并保证接触良好，电源和地线不要短路，以避免人为故障。

在对多功能板各集成芯片和元件进行连接时，导线要先拉直，每根线量好长度后，再剪断、剥好线头、根据走线位置折好后插入板中，要求导线的走线方向为“横平、竖直”。导线的剥线长度与电路板的厚度相适应（比板的厚度稍短）。导线的裸线部分不要露在板的上面，以防短路，但是绝缘部分绝对不能插入金属片内，导线要插入金属孔中央。

在自制电路板上将病房呼叫系统所需的 IC 插座及各种器件焊接好；装配时，先焊接 IC 等小器件，最后固定并焊接变压器等大器件。电路连接完毕后，先不插 IC。调试时再插安装 IC 芯片。

最后安装制作的病房呼叫系统所需主要元器件清单如图 5-107 所示，多功能板实物完成调试如图 5-108 所示。

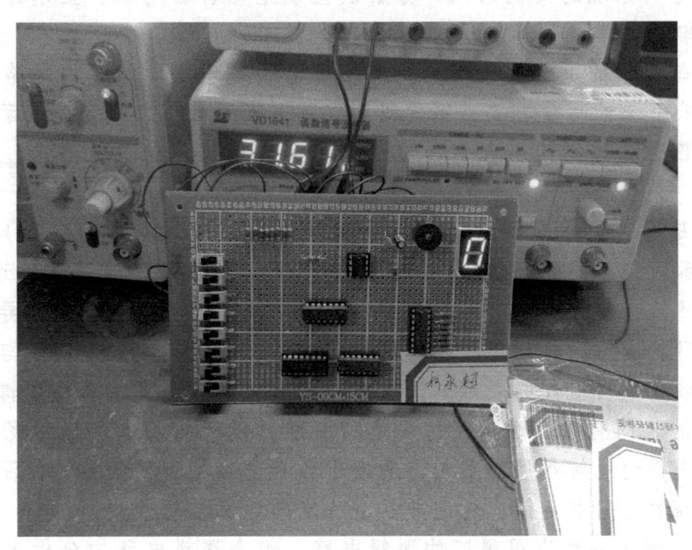

图 5-108 病房呼叫系统实物调试图

根据仿真电路图在多功能板上进行元器件的焊接和连线后，通常不急于通电调试，先要认真检查，根据电路图连线，按一定顺序一一检查安装好的线路，由此，可比较容易查出错线和少线，或者以元件为中心进行查线，把每个元件引脚的连线一次查清，这种方法不但可以查出错线和少线，还容易查出多线，为了避免出错，对于已查出的线路通常应在电路图上做出标记，最好用指针式万用表“欧姆 1”挡，或是用万用表的“二极管挡”的蜂鸣器来测量元器件引脚，这样可以同时发现接触不良的地方。

对焊好的元器件，要认真检查元器件引脚之间有无短路、连接处有无接触不良、二极管的极性和集成元件的引脚是否连接有误。

在通电前，可断开一根电源线，用万用表检查电源端对地是否存在短路。若电路经过上述检查，并确认无误后，就可以转入调试。把经过准确测量的电源接入电路。观察发现若将其中 Key1～Key 8 之间任何一段开关断开，则 LED 显示器显示其编码，如：将 Key5 断开，显示器马上显示数字 5，并发出蜂鸣报警持续一分钟，调试情况如图 5-108 所示，再将其他的开关如上测试，发现结果和设计要求要求一致，实现了病房呼叫的功能。

当出现故障，如显示电路有问题的，可将共阴极数码管的公共电极接地，分别给 a～g 7 个输入端加上高电平，观察数码管的发亮情况，记录输入信号与发亮显示段的对应关系。然后用逻辑试电笔（或示波器）测试抢答器输入到编码器 74LS147 输入端的 8 个信号，当有呼叫时其中应有一个信号是低电平，并且观察该低电平信号与数码管显示的数字有什么关系。用同样的方法测试译码器 74LS48 的 7 个输出端 a～g 的电平并记录，观察数码管 7 个输入端 a～g 电平的高低与数码管相应各段的亮灭关系是否正确，依此类推，逐级排查，直到实现病房系统的呼叫功能。

1. 通过病房呼叫系统的案例引入，分解成控制电路、编码器、显示译码电路、定时报警电路等典型的单元电路，了解本章的学习要求。

2. 数字信号是离散的不连续的信号，用来传输和处理数字信号的电路为数字电路。在数字电路中主要采用二进制数，二进制代码不仅可以表示数值，也可以表示特定的信息及符号，BCD 码是用四位二进制代码表示一位十进制数的编码，有多种形式，其中最为常用的是 8421BCD 码。

3. 逻辑代数是一种描述事物逻辑关系的数学方法，逻辑变量的取值只有 0、1 两种可能，且它们只表示两种不同的逻辑状态，而不表示具体的大小。最基本的逻辑关系有三种，“与”、“或”、“非”，将其分别组合可得到“与非”、“或非”、“与或非”、“异或”等复合逻辑关系。对应有与门、或门、非门三种基本逻辑门电路及与非门、或非门、与或非门和异或门等复合逻辑门电路。逻辑函数的表示方法有逻辑函数表达式、真值表、逻辑图、波形图等。

4. 逻辑函数的化简有代数法。代数法是利用逻辑代数的基本定律和规则对逻辑函数进行化简，这种方法不受任何条件的限制，适用于各种复杂的逻辑函数，但没有固定的步骤可循，且需要熟练地运用基本定律、规则并具有一定的运算技巧。

5. 组合逻辑电路是一种应用很广的逻辑电路。组合逻辑电路的分析步骤为：写出各输出端的逻辑表达式→化简和变换逻辑表达式→列出真值表→确定功能；组合逻辑电路的设计步骤为：根据设计要求列出真值表→写出逻辑表达式（或填写卡诺图）→逻辑化简和变换→画出逻辑图。

6. 本章介绍了常用的中规模组合逻辑器件，包括编码器、译码器、加法器、数据选择器等。

7. 用 NI Multisim 软件画出病房呼叫系统的案例电路原理图，进行了电路仿真，确定电路方案的可行性，并制作了实际电路板，进行实际测量，得出的结论与仿真结果基本一致。

学习本部分内容后应明确课程学习目标，知道课程学习内容，熟悉课程学习要求，会制订课程学习计划及确立个人学习目标。

1. 三极管的开关特性指的是什么？什么是三极管的开通时间和关断时间？若希望提高三极管的开关速度，应采取哪些措施？

2. 为什么说 TTL 反相器的输入端在以下 4 种接法下都属于逻辑 0？

(1) 输入端接地。

(2) 输入端接低于 0.8V 的电源。

(3) 输入端接同类门的输出低电压 0.2V。

(4) 输入端接 200Ω 的电阻到地。

3. 为什么说 TTL 反相器的输入端在以下 4 种接法下都属于逻辑 1？

(1) 输入端悬空。

(2) 输入端接高于 2V 的电源。

(3) 输入端接同类门的输出高电压 3.6V。

(4) 输入端接 10kΩ 的电阻到地。

4. 编码器的逻辑功能是什么？普通编码器和优先编码器的主要区别是什么？

5. 若区分 30 个不同的信号，应编成几位码？若用 74HC148 构成这样的编码器应采用几片 74HC148？

6. 有一火灾报警系统，有 3 种不同类型的火灾探测器，为防止误报警，当两种或两种以上探测器发出火灾探测信号时，电路才产生报警信号。用 1 表示有火灾，用 0 表示没有火灾。怎样设计实现该逻辑功能的数字电路？

7. 分析图 5-109 所示电路的功能，当输入如图所示时，哪一个发光二极管亮？

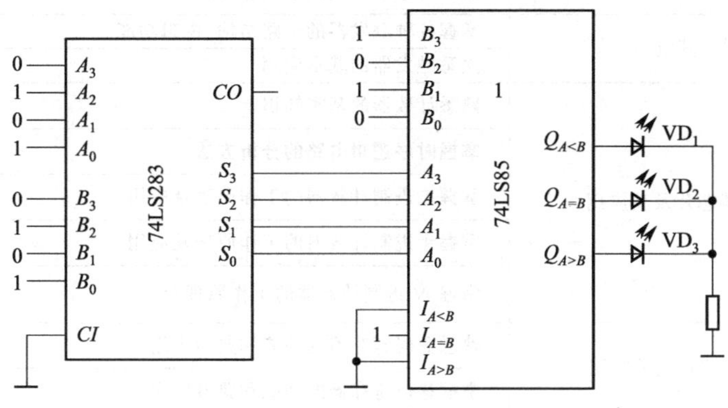

图 5-109　电路

8. 怎样用集成 4 位超前进位加法器 74LS283 设计一个两个 4 位二进制数的加/减运算电路，要求控制信号 $M=0$ 时做加法运算，$M=1$ 时做减法运算。

9. 什么是竞争-冒险？当某一个门的两个输入端同时向相反方向变化时，是否一定会产生竞争-冒险。

10. 消除竞争-冒险的方法有哪些？各有何优点、缺点？

11. 在举重比赛中，有甲、乙、丙三名裁判，其中甲为主裁判，乙、丙为副裁判，当主裁判和一名以上（包括一名）副裁判认为运动员上举合格后，才可发出合格信号。列出该函数的真值表。

第6章

时序逻辑电路

教学目标

了解触发器的分类，掌握触发器的电路结构、逻辑功能，熟悉不同逻辑功能触发器之间的转换，了解时序逻辑电路的特点、分类，掌握各种数码寄存器、移位寄存器、同步及异步计数器的工作原理及其相应的中规模集成电路的功能和典型应用，熟悉时序逻辑电路的分析方法，明确课程学习目标，知道课程学习内容，熟悉课程学习要求，会制定课程学习计划及确立个人学习目标。

教学要求

能力目标	知识要点
熟悉时序逻辑基础	认识时序逻辑电路的一般结构、特点与分类
	熟悉时序逻辑电路的描述方式
掌握触发器及其应用	掌握各种触发器的电路结构、逻辑功能
	熟悉触发器的基本应用
掌握 MSI 计数器芯片及其应用	熟悉计数器的基本知识
	掌握时序逻辑电路的分析方法
	掌握二进制计数器的工作原理及应用
	掌握十进制计数器的工作原理及应用
	掌握 N 进制计数器的工作原理及应用
熟悉移位寄存器芯片及其应用	熟悉数码寄存器的功能和典型应用
	掌握移位寄存器的功能和典型应用

导读

数字电路系统中，除了广泛采用集成逻辑门电路以及由门电路构成的组合逻辑电路外，还常常采用触发器以及由触发器与各种门电路组成的时序逻辑电路。与组合逻辑电路不同，时序逻辑电路的输出不仅与电路当时的输入信号状态有关，而且还与电路原来的输出状态有关。

时序逻辑电路的结构有两个特点，一是它包含了组合逻辑电路和具有记忆功能（触发器具有记忆能力）的电路，二是输出与输入之间至少存在一条反馈路径。

时序电路的基本结构框图如图 6-1 所示。

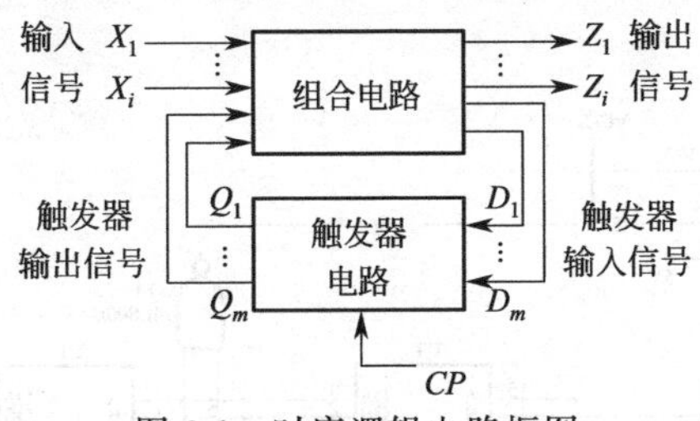

图 6-1　时序逻辑电路框图

引例

NBA 成立的前几年都没有进攻的时限的规定。由于竞争越来越激烈，胜负越来越重要，造成两支球队比赛，领先的一队恨不得直接把球坐住，比赛观赏性大打折扣，各队的节奏也就越来越慢，在 1950 年 11 月 22 日韦恩堡活塞队与明尼阿波利斯湖人队的比赛中，活塞为了对付湖人的巨无霸中锋米肯，采用了故意拖延时间的战术。最终比分为 19 比 18，老板们都知道再这样下去只是等死而已。有谁想看一场 48 分钟两队只得 37 分，却打了两个多小时的比赛?

丹尼·比亚索，一个身材矮小，头发稀少的意大利人，本人并不打篮球，但是他非常热爱篮球，从 1951 年开始，比亚索倡导 NBA 需要一个计时钟。比亚索的努力终于赢得了一个又一个老板与教练的肯定，1954—1955 年赛季，NBA 终于装上了 24s 计时钟。之所以定为 24s，主要源自比亚索的一个实验，他发现一场比赛中，双方各自有 60 次控球机会，比赛内容会最完美，于是比亚索用 48min 除以 120 次控球的总数，得到的商结合成秒，就得到了 24s 这一数字。

丹尼用自己的手表计时，只要 24s 一到，就喊“stop!”，进攻队必须交出控球权。令人惊讶的是，球赛进行十分顺畅，球员不但不需要慌张出手，甚至还可以利用 24s 完成很不错的战术。他凭着这一项跨时代的发明，彻底改变了 NBA 比赛的面貌，也因而进入了篮球名人堂。

本章设计的篮球 24s 倒计时器的设计采用模块化结构，总体方案框图如图 6-2 所示。它包括秒脉冲发生器、计数器、译码显示电路、报警电路和辅助时序控制电路（简称控制电路）五个模块。

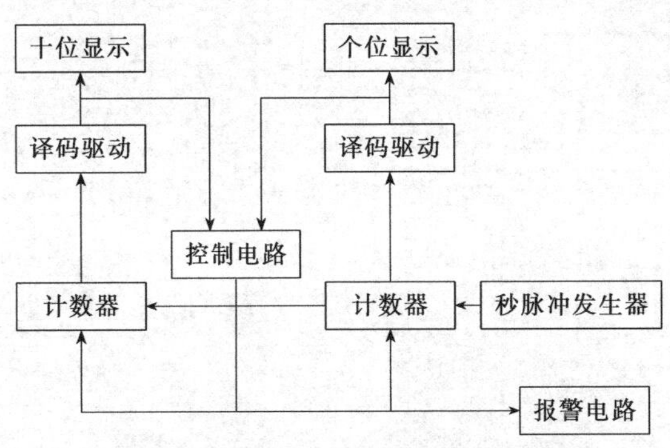

图 6-2　24s 倒计时器总体方案框图

其中秒脉冲发生器产生的信号是电路的时钟脉冲和定时标准，采用 555 集成电路组成的多谐振荡器构成，将在第 7 章介绍。译码显示电路由 74LS48 和共阴极七段 LED 显示器组成，我们在第 5 章已了解了该电路的功能。计数器和控制电路是系统的主要模块，其中的 RS 触发器、加减可逆计数器 74LS192［如图 6-3(a) 所示］，都是本章学习的内容。计数器完成 24s 计时功能，而控制电路完成计数器的直接清零、启动计数、暂停/连续计数、译码显示电路的显示与灭灯、定时时间到报警等功能，本章制作的篮球 24s 倒计时器实物图如图

6-3(b) 所示。

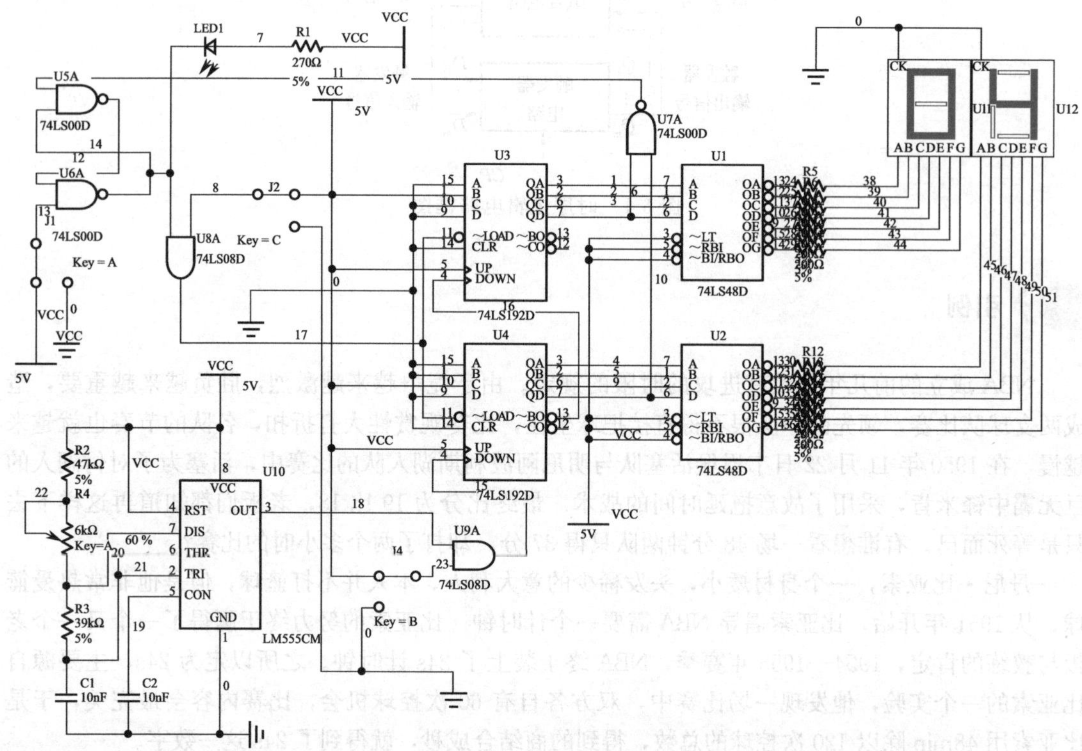

(a) 仿真电路图

(b) 实物图

图 6-3　24 秒倒计时器

6.1 双稳态触发器

在数字系统中，常需要记忆功能，触发器就是一种具有记忆功能的逻辑部件，它能够存储一位二进制数码。触发器有三个基本特性：

① 有两个稳态，可分别表示二进制数码 0 和 1，无外触发时可维持稳态。

② 外触发下，两个稳态可相互转换（称翻转）。

③ 有两个互补输出端。

触发器种类很多，根据逻辑功能的不同，触发器可以分为 RS 触发器、D 触发器、JK 触发器、T 和 T′触发器；按照结构形式的不同，又可分为基本 RS 触发器、同步触发器、主从触发器和边沿触发器；根据触发方式不同，可分为电平触发器、边沿触发器和主从触发器。这些逻辑功能可以用功能表、特性方程、驱动（激励）表、状态转移图和时序图来描述。引例中设计的篮球 24s 倒计时器就使用了基本 RS 触发器。

6.1.1 RS 触发器

1. 基本 RS 触发器

(1) 电路组成及逻辑符号

基本 RS 触发器由两个“与非”门（也可以用或非门）G_1、G_2 互相交叉耦合组成，由两个“与非”门构成的基本 RS 触发器逻辑电路如图 6-4(a) 所示，图 6-4(b) 为其逻辑符号。

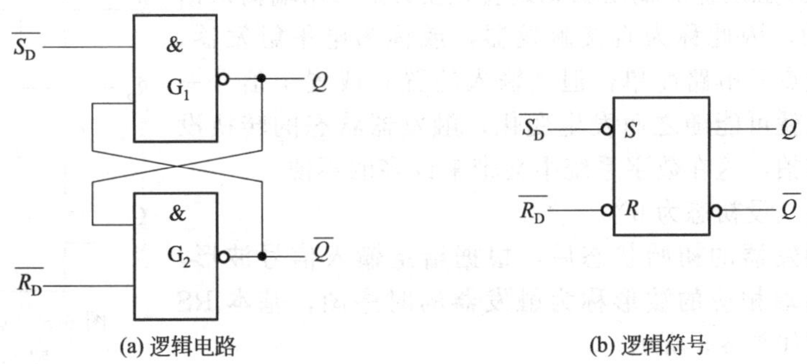

图 6-4　基本 RS 触发器

Q 与 $\overline{Q}$ 是两个互补的输出端，并定义 $Q=1$，$\overline{Q}=0$，为触发器的置位状态（1 态）；$Q=0$，$\overline{Q}=1$，为触发器的复位状态（0 态）。输入端$\overline{S_D}$称直接置位端或直接置 1 端，$\overline{R_D}$称直接复位端或直接置 0 端。逻辑符号中输入端的小圆圈及非号“—”表示低电平有效。

(2) 功能分析

① $\overline{S_D}=1$，$\overline{R_D}=0$ 时，由于 G_2 门的输入有一个为 0，故 G_2 门输出 $\overline{Q}=1$；而 G_1 门的两个输入全是 1，故 G_1 门输出 $Q=0$。因此，触发器处于置 0 或复位状态。

② $\overline{S_D}=0$，$\overline{R_D}=1$，因 G_1 门中有一个输入为 0，故 $Q=1$，而 G_2 门两个输入全是 1，故 $\overline{Q}=0$。故触发器处于置 1 或置位状态。

③ $\overline{S_D}=1$，$\overline{R_D}=1$，触发器的输出将与初态有关，如果初态为 1，即 $Q=1$（$\overline{Q}=0$），则 G_2 门输入全为“1”，故输出 $\overline{Q}=0$，使 $Q=1$；如果初态为 0，即 $Q=0$（$\overline{Q}=1$），则 G_1 门输入全为“1”，故 $Q=0$，使 $\overline{Q}=1$。触发器将保持初态，具有“记忆”功能。

④ $\overline{S_D}=0$，$\overline{R_D}=0$，G_1、G_2 两门都有为 0 的输入端，所以它们的输出 $\overline{Q}=1$、$Q=1$。

这就与 Q 与 $\overline{Q}$ 的状态互补的逻辑要求矛盾，而且一旦 $\overline{S_D}$、$\overline{R_D}$ 同时变为 1，由于两个与非门的延迟时间无法确定，触发器的状态不能确定是 1 还是 0，因此称这种情况为不定状态，这种情况应当避免。

综上分析，可列出基本 RS 触发器的逻辑功能表，如表 6-1 所示。表中 Q^n 为触发器的原状态（现态），即触发信号输入前的状态；Q^{n+1} 为触发器的新状态（次态），即触发信号输入后的状态。

表 6-1　基本 RS 触发器逻辑功能表

输入		输出	功能说明
$\overline{R_D}$	$\overline{S_D}$	Q^{n+1}	
1	1	Q^n	保持
1	0	1	置 1(置位)
0	1	0	置 0(复位)
0	0	×	不定

引例中的篮球 24s 倒计时器就是采用了与非门 74LS00 构成了双稳态触发器，配合开关等完成计数器的直接清零、启动计数、暂停/连续计数等控制功能。

描述触发器逻辑功能的最简逻辑函数表达式称为触发器的特性方程，由表 6-1 可推导出基本 RS 触发器的特性方程为：

$$\begin{cases} Q^{n+1}=S_D+\overline{R_D}Q^n \\ \overline{R_D}+\overline{S_D}=1 \end{cases}$$

上述基本 RS 触发器的输出状态是直接受 $\overline{R_D}$、$\overline{S_D}$ 端输入信号的电平控制的，因此称为直接触发器，或称为电平触发器。这种触发器的优点是电路简单，但当输入的置 0 或置 1 信号一出现，输出状态就可能随之而发生变化，触发器状态的转换没有一个统一的节拍，这在数字系统中会带来许多的不便。

(3) 时序图（设初态为 0）

在设定了触发器的初始状态后，根据给定输入信号波形，画出触发器输出端相应的波形称为触发器的时序图，基本 RS 触发器的时序图如图 6-5 所示。

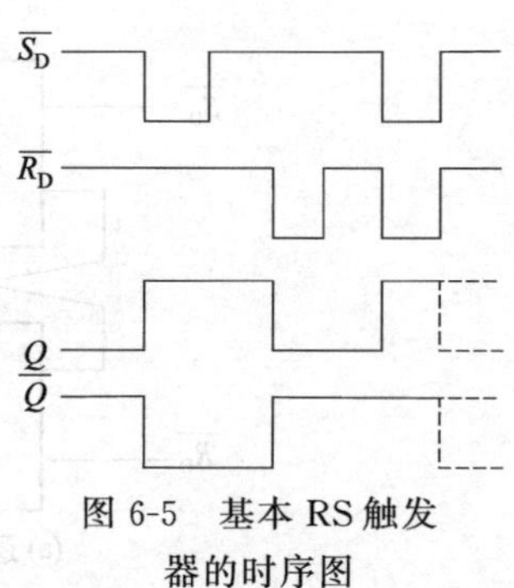

图 6-5　基本 RS 触发器的时序图

(4) 集成基本 RS 触发器

图 6-6 所示是 TTL 集成 RS 触发器 74LS279 和 CMOS 集成 RS 触发器 CC4044 的引脚图。每片 74LS279 中包含四个独立的用与非门组成的基本 RS 触发器。其中第一个和第三个触发器各有两个 $\overline{S_D}$ 输入端，在任一输入端上加入低电平均能将触发器置 1；每个触发器只有一个 $\overline{R_D}$ 输入端（$\overline{R}$），其逻辑功能如表 6-1 所示。

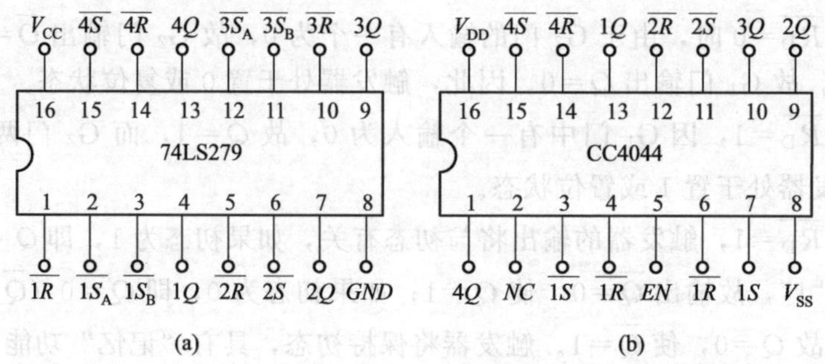

图 6-6　74LS279 和 CC4044 的逻辑图及其引出端的功能图

CC4044 内部都包含有四个基本 RS 触发器，经传输门 TG 输出，因此具有三态输出功能，故又叫做三态 RS 锁存触发器。且四个触发器共用一个使能端 EN，当 $EN=1$ 时，传输门处于导通状态，基本 RS 触发器工作。当 $EN=0$ 时，传输门呈截止状态，所有输出端处于高阻状态，其逻辑功能如表 6-2 所示。

表 6-2　CC4044 逻辑功能表

输入			输出	功能说明
$\overline{R}$	$\overline{S}$	EN	Q^{n+1}	
Φ	Φ	0	高阻状态	高阻
0	0	1	不定状态	不定
0	1	1	0	置 0(复位)
1	0	1	1	置 1(置位)
1	1	1	Q^n	保持

2. 同步 RS 触发器

实际应用时，在一个较复杂的数字系统中，当采用多个触发器工作时，往往需要各个触发器的动作在时间上同步，这时就需要在触发器电路中附加门控电路，引入一个公共的同步信号，使这类触发器只有在同步信号到达时才按输入信号改变输出状态。通常称这种同步信号为时钟脉冲信号（clock pulse），用 CP 表示。将具有时钟脉冲信号控制的触发器称为时钟触发器或钟触制发器。

（1）电路组成及逻辑符号

在基本 RS 触发器 G_1、G_2 的基础上增加 G_3、G_4 两个引导门，就构成了同步 RS 触发器。如图 6-7 所示。R、S 端为信号输入端，CP 端称时钟信号端。

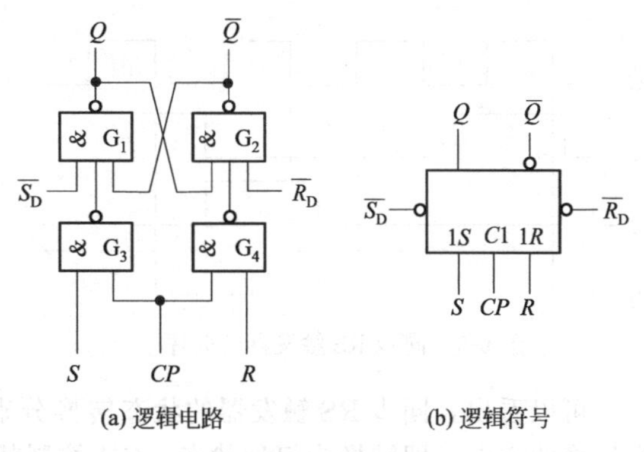

图 6-7　同步 RS 触发器

（2）功能分析

在时钟信号 $CP=0$ 时，G_3、G_4 门被关闭，输入信号 R、S 被封锁。基本 RS 触发器 $\overline{S_D}=\overline{R_D}=1$，触发器状态保持不变。时钟信号 $CP=1$ 时，G_3、G_4 门被打开，输入信号 R、S 经反相后被引导到基本 RS 触发器的输入端。由 R、S 信号控制触发器的状态，综上分析，可列出同步 RS 触发器的逻辑功能表，如表 6-3 所示。

表 6-3　同步 RS 触发器逻辑功能表（在 $CP=1$ 期间有效）

输入		输出	功能说明
R	S	Q^{n+1}	
0	1	1	置 1
1	0	0	置 0
0	0	Q^n	保持
1	1	×	不定

由表 6-3 可推导出同步 RS 触发器的特征方程为 $Q^{n+1}=S+\overline{R}Q^n$，约束条件为 $RS=0$。

虽然其特性方程与基本 RS 触发器的一样，但是要注意，同步 RS 触发器只有在 $CP=1$ 期间，该特性方程才有效，在 $CP=0$ 期间，不管 R、S 如何变化，触发器都保持原状态。

（3）状态转换图

状态转换图表示触发器从一个状态翻转到另一个状态或保持原状不变时，对输入信号的要求。图中用两个标有状态取值 0 和 1 的圆圈来分别表示触发器的两个稳定状态，用带有箭头的连线指明状态间的转换，箭头线旁所标注的是状态转换的条件，即对输入信号的要求。图 6-8 为同步 RS 触发器的状态转换图，这里的状态转换图隐含了 $CP=1$ 的条件。

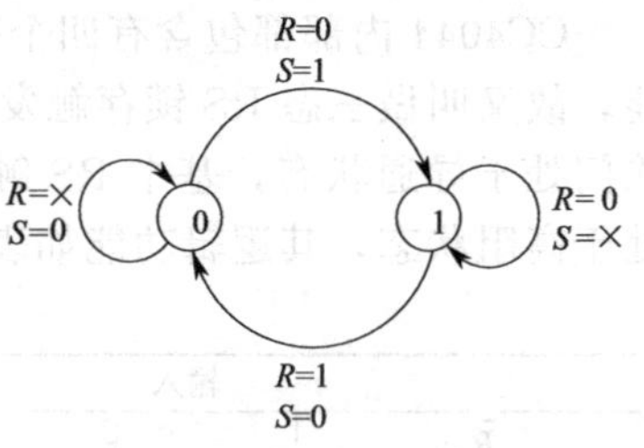

图 6-8　同步 RS 触发器的状态转换图

（4）驱动表

驱动表是用方格的方式表示触发器从一个状态变化到另一个状态或保持原状态不变时，对输入信号的要求，同步 RS 触发器的驱动表如表 6-4 所示。

表 6-4　同步 RS 触发器的驱动表

$Q^n \to Q^{n+1}$		R	S
0	0	×	0
0	1	0	1
1	0	1	0
1	1	0	×

（5）时序图（设初态为 0）

同步 RS 触发器的时序图如图 6-9、图 6-10 所示。

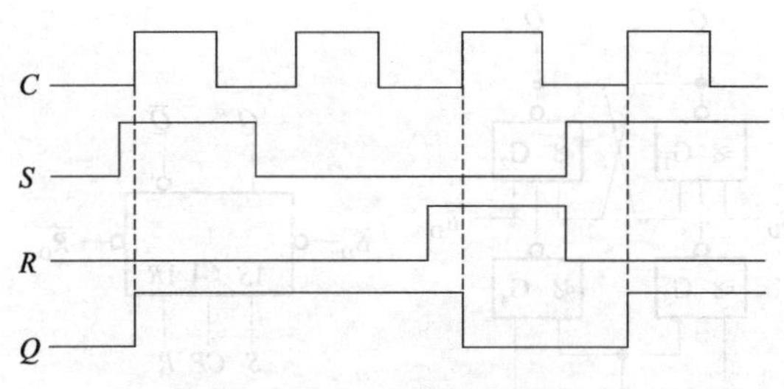

图 6-9　同步 RS 触发器的时序

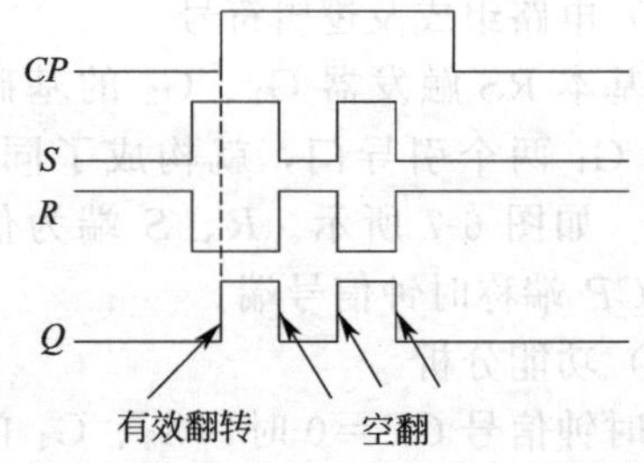

图 6-10　同步 RS 触发器的空翻现象

可以看出，同步 RS 触发器的状态转换分别由 R、S 和 CP 控制，其中，R、S 控制状态转换的方向，即转换为何种状态；CP 控制状态转换的时刻，即何时发生转换。

特别提示

我们把在同一个 CP 脉冲周期内触发器发生两次或两次以上的翻转现象称为空翻现象。同步 RS 触发器在其工作过程中可能发生空翻现象，如图 6-10 所示，限制了同步 RS 触发器在实际工作中的应用。为了克服这一缺点，提高电路的抗干扰能力，研制和生产了其他类型的触发器。目前应用较多的是边沿触发器，它们的特点是触发器的次态仅取决于时钟脉冲的边沿到达前瞬间的输入信号取值组合和原状态，而在此之前或之后的一段时间内，输入信号状态的变化不影响输出状态。

6.1.2　边沿 JK 触发器

本节介绍边沿 JK 触发器，所谓边沿触发是指在脉冲 CP 的边沿（上升沿或下降沿）改变触发器状态的方法，而在此之前或之后的一段时间内，输入信号状态的变化对输出状态不产生影响。边沿触发器具有工作可靠性高、抗干扰能力强、不存在空翻现象等优点。

1. 逻辑符号

JK 触发器在时钟脉冲的触发沿根据 JK 输入端的状态存储数据。JK 触发器的逻辑符号如图 6-11 所示。它有 J、K 两个输入端、一个时钟输入端 C、两个互补的输出端 Q 和 $\overline{Q}$。常见的边沿触发器有 CP 脉冲上升沿触发和 CP 脉冲下降沿触发两大类，C 输入端上标有小三角，表示该触发器是边沿触发的。当小三角上没有小圆圈时，表示上升沿（正边沿）触发，即触发器仅在时钟脉冲 CP 的上升沿改变状态。当小三角上有小圆圈时，表示下降沿（负边沿）触发，即触发器仅在时钟脉冲 CP 的下降沿改变状态。

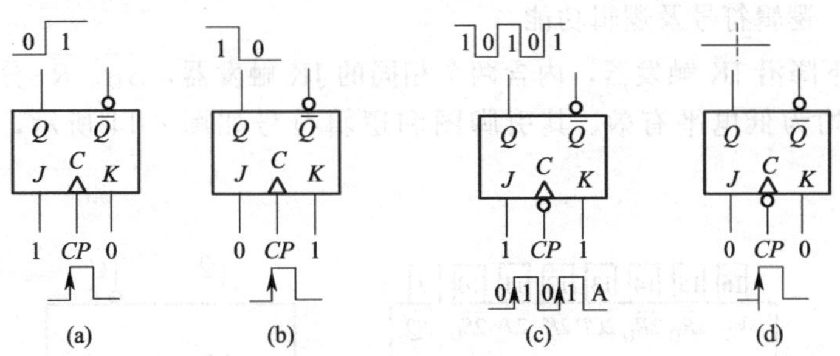

图 6-11 边沿 JK 触发器的功能演示

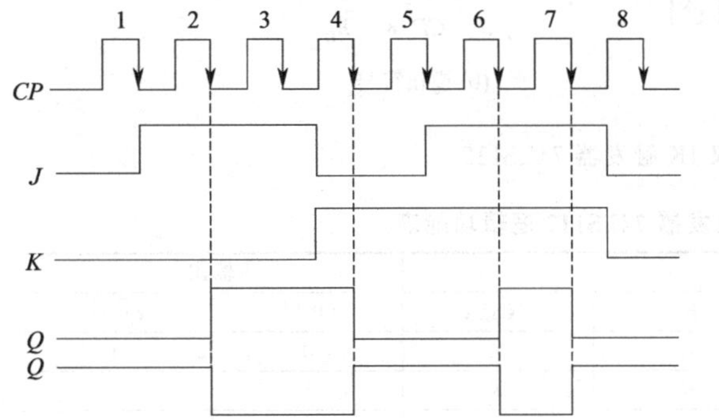

图 6-12 JK 触发器的时序图

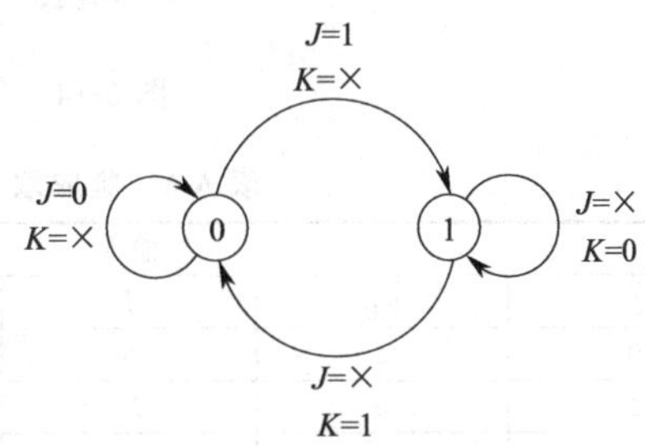

图 6-13 JK 触发器的状态转换图

2. 逻辑功能

通过仿真或实验可以发现，当 JK 触发器加载时钟脉冲后，触发器的输出取决于 J 和 K 输入的状态。图 6-11 表明了输出与输入之间的逻辑关系。总结该图可得出 JK 触发器的真值表如表 6-5 所示。

表 6-5 JK 触发器的逻辑功能表

输入		输出	
J	K	Q^{n+1}	功能说明
0	1	0	置 0
1	0	1	置 1
0	0	Q^n	保持
1	1	$\overline{Q^n}$	计数(翻转)

由表 6-5 可推导出 JK 触发器的特征方程为 $Q^{n+1}=J\overline{Q^n}+\overline{K}Q^n$，但是要注意，边沿 JK 触发器只有在脉冲 CP 的边沿（上升沿或下降沿）期间，该特性方程才有效，在其他状态，不管 J、K 如何变化，触发器都保持原状态。

3．时序与状态转换图

边沿触发的 JK 触发器输入端的波形与输出端 Q 和 $\overline{Q}$ 的波形如图 6-12 所示（设初始状态$Q=0$）。

图 6-13 为 JK 触发器的状态转换图。

4．集成双 JK 触发器 74LS112

（1）引脚图、逻辑符号及逻辑功能

74LS112 为下降沿 JK 触发器，内含两个相同的 JK 触发器，$\overline{S_D}$、$\overline{R_D}$分别为异步置 1 端和异步置 0 端，均为低电平有效。其引脚图和逻辑符号如图 6-14 所示，功能表如表 6-6 所示。

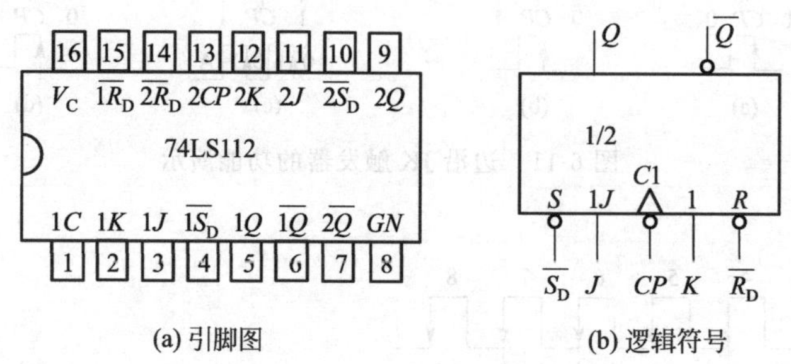

图 6-14　集成双 JK 触发器 74LS112

表 6-6　集成双 JK 触发器 74LS112 逻辑功能表

输入					输出	
$\overline{R_D}$	$\overline{S_D}$	J	K	CP	Q^{n+1}	$\overline{Q^{n+1}}$
0	1	×	×	×	0	1
1	0	×	×	×	1	0
0	0	×	×	×	1	1
1	1	0	0	↓	Q^n	$\overline{Q^n}$
1	1	0	1		0	1
1	1	1	0		1	0
1	1	1	1		$\overline{Q^n}$	Q^n

（2）时序图

在图中的输入波形加载到 JK 触发器 74LS112 上时，Q 的输出波形如图 6-15 所示（设初始状态 $Q=0$）。

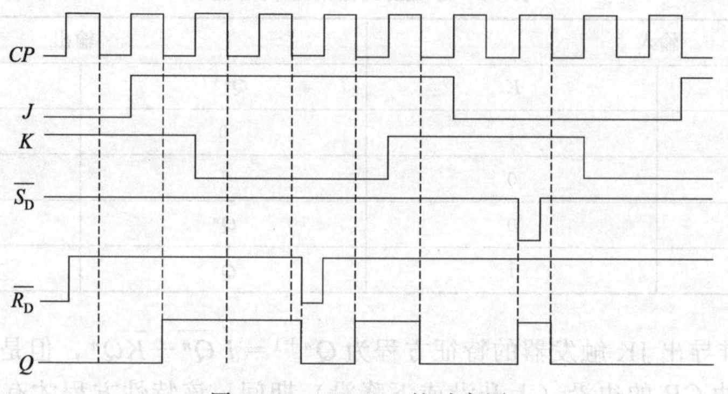

图 6-15　74LS112 的时序图

6.1.3　边沿 D 触发器

1. 逻辑符号

边沿 D 触发器在时钟脉冲的触发沿根据 D 输入端的状态存储数据。D 触发器的逻辑符号如图 6-16 所示。它有一个 D 输入端、一个时钟输入端 C、两个互补的输出端 Q 和 $\overline{Q}$。C 输入端上标有小三角，表示该触发器是边沿触发的。当小三角上没有小圆圈时，表示上升沿（正边沿）触发，即触发器仅在时钟脉冲 CP 的上升沿改变状态。当小三角上有小圆圈时，表示下降沿（负边沿）触发，即触发器仅在时钟脉冲 CP 的下降沿改变状态。

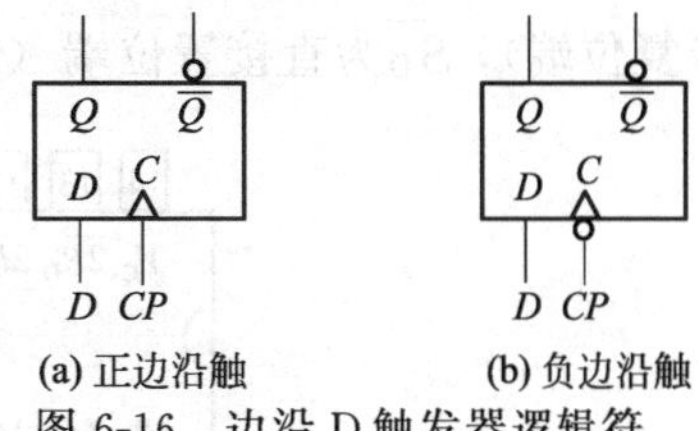

图 6-16　边沿 D 触发器逻辑符

2. 逻辑功能

当给 D 触发器加载 CP 时钟后，通过仿真或实验可以发现，触发器的输出取决于 D 输入端的状态。图 6-17 表明了输出与输入之间的逻辑关系。总结该图可得出 D 触发器的真值表如表 6-7 所示。

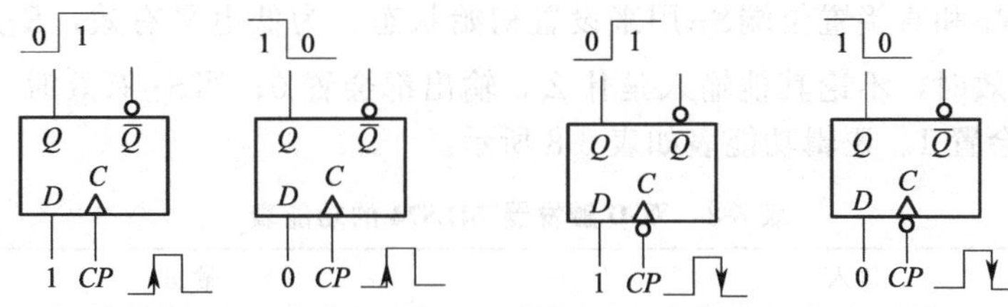

图 6-17　边沿 D 触发器的功能演示

表 6-7　D 触发器逻辑功能表（正边沿触发）

输入		输出		说明
C	D	Q^{n+1}	$\overline{Q^{n+1}}$	
↑	0	0	1	置 0
↑	1	1	0	置 1

由表 6-7 可推导出 D 触发器的特征方程为 $Q^{n+1}=D$。

3. 时序图与状态转换图

当正边沿触发 D 触发器的输入端波形如图 6-18 所示时，根据 D 触发器真值表，时钟脉冲 CP 由低电平上升到高电平时，将输入端 D 的状态传送到 Q 端，故 Q 端的波形如图 6-18 所示（设初始状态 $Q=0$）。

D 触发器的状态转换图如图 6-19 所示。

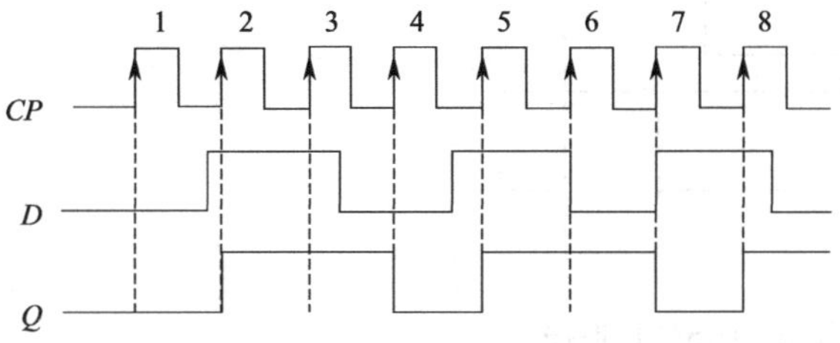

图 6-18　D 触发器的时序图

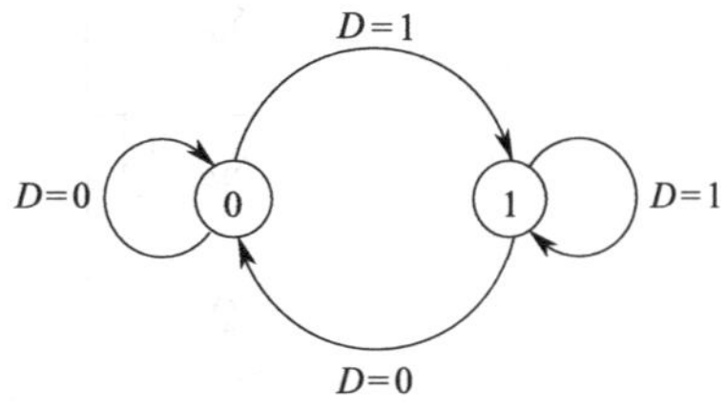

图 6-19　D 触发器的状态转换图

4. 集成双D触发器74LS74

(1) 引脚图和逻辑符号

74LS74为上升沿D触发器，内含两个相同的D触发器，其引脚图和逻辑符号如图6-20所示。CP 为时钟输入端，D 为数据输入端，Q、$\overline{Q}$ 为互补输出端，$\overline{R_D}$为直接复位端（或异步复位端），$\overline{S_D}$为直接置位端（或异步置位端）。

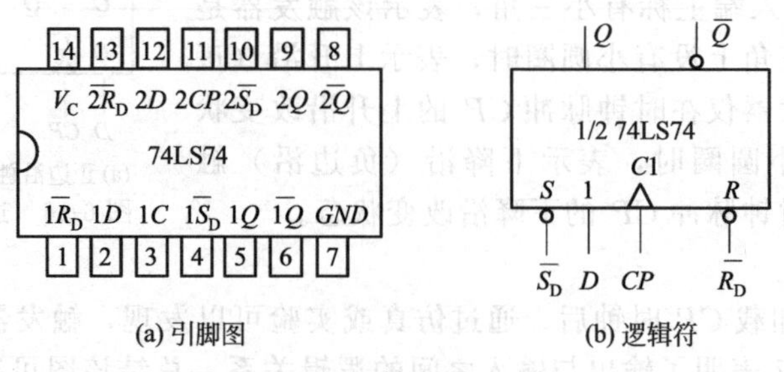

图6-20　双D触发器74LS74

(2) 逻辑功能

直接复位端$\overline{R_D}$和直接置位端$\overline{S_D}$用来设置初始状态，为低电平有效，$\overline{R_D}$、$\overline{S_D}$不允许同时有效。当$\overline{R_D}$有效时，不论其他输入是什么，输出都会置0；当$\overline{S_D}$有效时，不论其他输入是什么，输出都会置1。逻辑功能表如表6-8所示。

表6-8　双D触发器74LS74的功能表

输入				输出		功能说明
$\overline{S_D}$	$\overline{R_D}$	CP	D	Q^{n+1}	$\overline{Q^{n+1}}$	
0	1	×	×	1	0	异步置1
1	0	×	×	0	1	异步置0
0	0	×	×	1	1	不定状态
1	1	↑	1	1	0	置1
1	1	↑	0	0	1	置0

(3) 时序图

在图示输入波形加载到D触发器74LS74上时，Q_6 输出端的波形如图6-21所示。

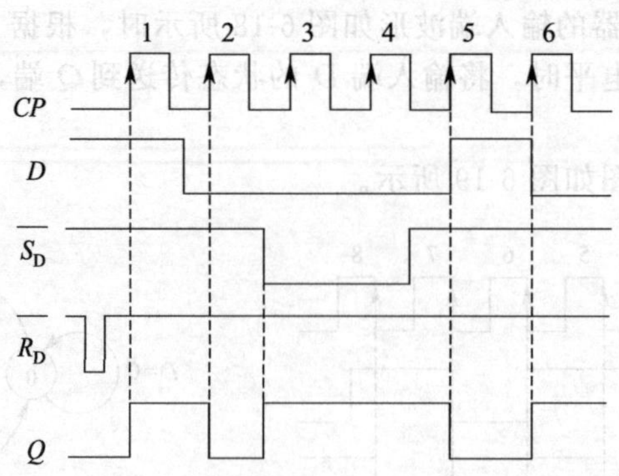

图6-21　双D触发器74LS74的时序

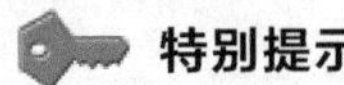

特别提示

前面介绍的边沿控制触发器的特性方程及逻辑功能表同样适用于主从触发器。这种触发器由两个触发器组成：用来接收输入信息，称为主触发器和用来接收来自于主触发器的输出信息，称为从触发器。也就是说，主触发器在时钟上升沿（或下降沿）接收输入信息，而从触发器则在时钟的下降沿（或上升沿）接收信息，因此，这类触发器也称为“主从触发器”。主从触发器要求在 $CP=1$期间输入信号不许改变，否则存在一次变化问题，如：主从RS触发器，在 $CP=1$ 期间，若 S、R 发生过多次化，则主触发器也跟着多次变化，CP 负跳瞬间触发器状态要由主触发器在 $CP=1$ 期间最后一次变化的状态来确定。主从JK触发器存在一次变化现象：在 $CP=1$ 期间，若 J、K 发生过多次化，则主触发器只有可能变化一次。CP 负跳瞬间触发器状态要由主触发器那一次变化的状态来确定 。

6.1.4 T触发器和T′触发器

1. T触发器

在 CP 作用下，根据输入信号 T 的不同，凡具有保持（$T=0$）和翻转（$T=1$）功能的触发器，都定义为T触发器。

如果将JK触发器的 J 端和 K 端相连作为 T 输入端，就构成了T触发器，如图6-22所示。T触发器的特性方程为 $Q^{n+1}=T\overline{Q^n}+\overline{T}Q^n$，其逻辑功能表见表6-9。

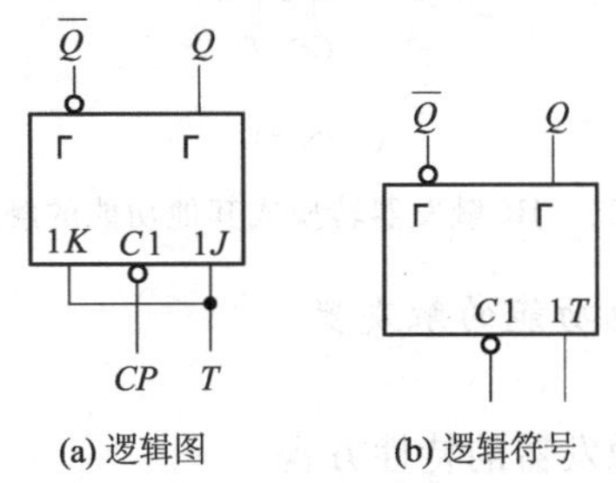

(a) 逻辑图 (b) 逻辑符号

图6-22 用JK触发器构成的T触发器

表6-9 T触发器的逻辑功能表

T	Q^n	Q^{n+1}	功能说明
0	0	0	保持
0	1	1	
1	0	1	翻转
1	1	0	

2. T′触发器

凡在 CP 脉冲作用下仅具有翻转功能的触发器称T′触发器，在T触发器的基础上，令 T 恒为高电平，就构成了T′触发器，其特征方程为 $Q^{n+1}=\overline{Q^n}$。

值得注意的是，在集成触发器产品中没有T触发器和T′触发器，但是其逻辑符号依然存在，用到这两种触发器时，可由其他触发器转换而来。

6.1.5 触发器功能的转换

触发器按功能分有RS、JK、D、T、T′五种类型，但最常见的集成触发器是JK触发器和D触发器。T、T′触发器没有集成电路产品，如需要时，可用其他触发器转换成T或T′

触发器。JK 触发器与 D 触发器之间的功能也是可以互相转换的。

1. 用 JK 触发器转换成其他功能的触发器

(1) JK→D

写出 JK 触发器的特性方程：$Q^{n+1}=J\overline{Q^n}+\overline{K}Q^n$

再写出 D 触发器的特性方程并变换为：$Q^{n+1}=D=D(\overline{Q^n}+Q^n)=D\overline{Q^n}+DQ^n$

比较以上两式得：$J=D$，$K=\overline{D}$。

画出用 JK 触发器转换成 D 触发器的逻辑图如图 6-23（a）所示。

(2) JK→T(T′)

写出 T 触发器的特性方程：$Q^{n+1}=T\overline{Q^n}+\overline{T}Q^n$

与 JK 触发器的特性方程比较得：$J=T$，$K=T$。

画出用 JK 触发器转换成 T 触发器的逻辑图如图 6-23(b) 所示。

令 $T=1$，即可得 T′触发器，如图 6-23(c) 所示。

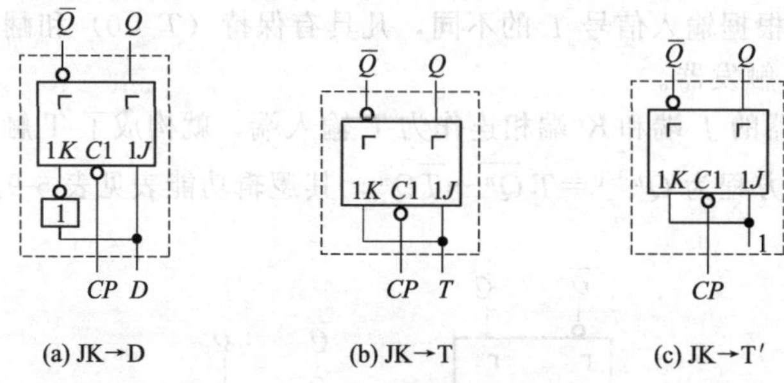

图 6-23　JK 触发器转换成其他功能的触发器

2. 用 D 触发器转换成其他功能的触发器

(1) D→JK

分别写出 D 触发器和 JK 触发器的特性方程

D：$Q^{n+1}=D$；JK：$Q^{n+1}=J\overline{Q^n}+\overline{K}Q^n$

联立两式，得：$D=J\overline{Q^n}+\overline{K}Q^n$。

画出用 D 触发器转换成 JK 触发器的逻辑图如图 6-24(a) 所示。

(2) D→T

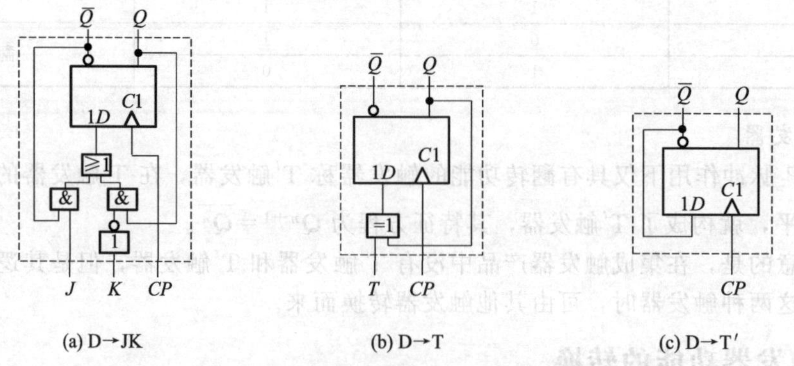

图 6-24　D 触发器转换成功能的触发器

分别写出 D 触发器和 T 触发器的特性方程：

D：$Q^{n+1}=D$；T：$Q^{n+1}=T\overline{Q^n}+\overline{T}Q^n$

联立两式，得：$D=T\overline{Q^n}+\overline{T}Q^n=T\oplus Q^n$。

画出用 D 触发器转换成 T 触发器的逻辑图如图 6-24(b) 所示。

(3) D→T′

分别写出 D 触发器和 T′触发器的特性方程：

D：$Q^{n+1}=D$；T′：$Q^{n+1}=\overline{Q^n}$

联立两式，得：$D=\overline{Q^n}$。

画出用 D 触发器转换成 T′触发器的逻辑图如图 6-24(c) 所示。

6.1.6　触发器的应用

1. 分频电路

图 6-25(a) 所示为由 D 触发器组成的分频电路，图 6-25(b) 为输入和输出波形，由波形图可看出，输出 Q 波形的周期为输入时钟脉冲 *CP* 的两倍，其频率则为 *CP* 的二分之一。因此，图 6-25(a) 所示电路为一个二分频电路，仿真电路和波形图如图 6-26(a)、(b) 所示，频率计显示如图 6-26(c) 所示，为 50Hz，实现了时钟频率 100Hz 的二分频。

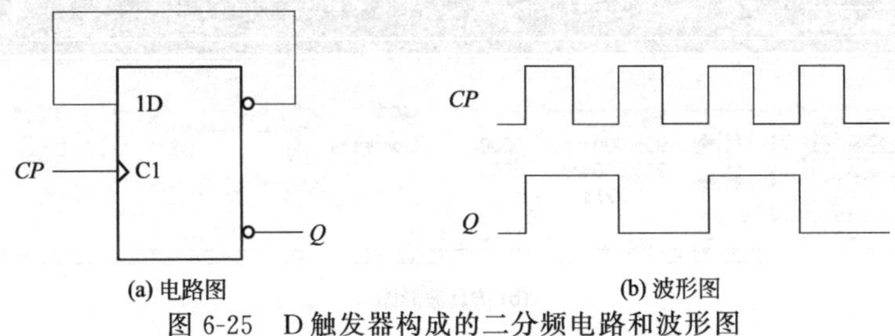

(a) 电路图　　(b) 波形图

图 6-25　D 触发器构成的二分频电路和波形图

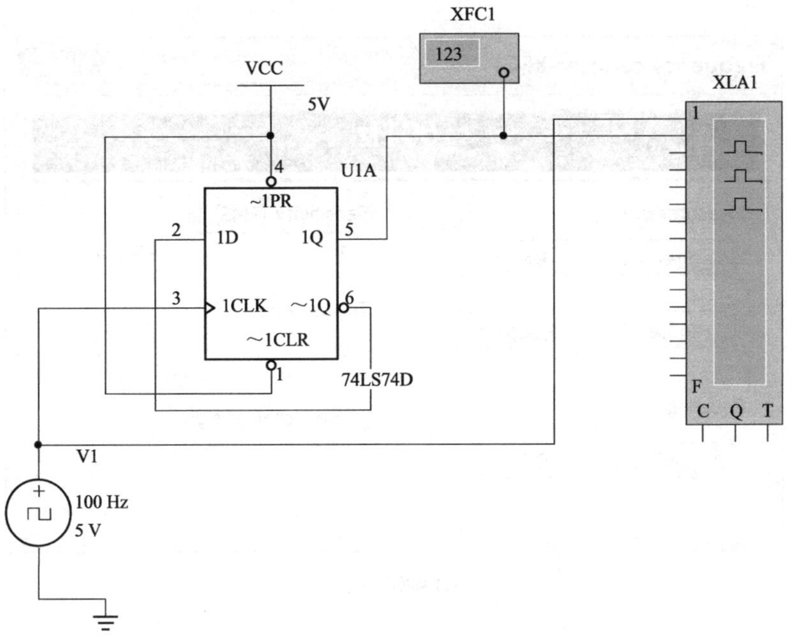

(a) 仿真电路图

图 6-26

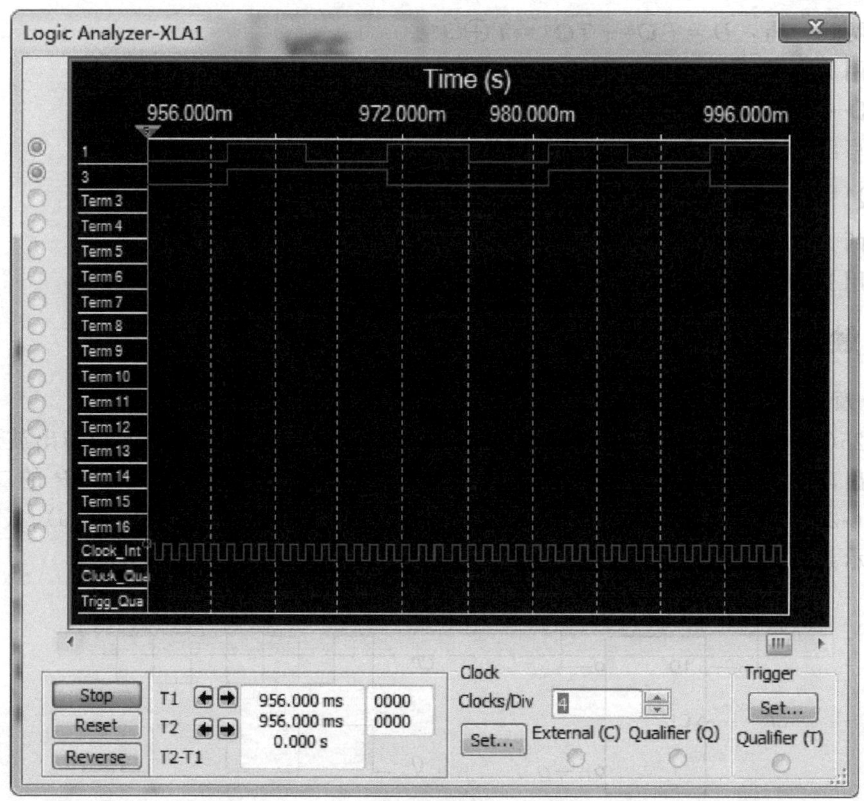

(b) 仿真波形图

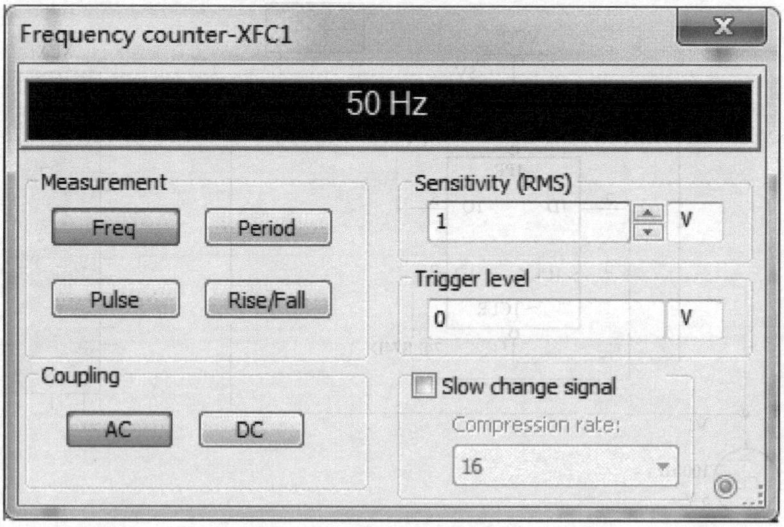

Frequency counter-XFC1

50 Hz

Measurement

Freq Period

Pulse Rise/Fall

Coupling

AC DC

Sensitivity (RMS)

1 V

Trigger level

0 V

Slow change signal

Compression rate:

16

(c) 频率计显示

图 6-26 D 触发器构成的二分频仿真电路和波形图

知识链接

逻辑分析仪用于对数字逻辑信号的高速采集和时序分析，可以同步记录和显示 16 路数字信号。逻辑分析仪的面板图如图 6-26(b) 所示。

面板左边的 16 个小圆圈对应 16 个输入端，各路输入逻辑信号的当前值在小圆圈内显示，按从上到下排列依次为最低位至最高位。16 路输入的逻辑信号的波形以方波形式显示在逻辑信号波形显示区。通过设置输入导线的颜色可修改相应波形的显示颜色。波形显示的时间轴刻度可通过面板下边的 Clocks per division 设置。读取波形的数据可以通过拖放读数指针完成。在面板下部的两个方框内显示指针所处位置的时间读数和逻辑读数（4 位 16 进制数）。

用鼠标单击对话框面板下部 Clock 区的 Set 按钮弹出时钟控制对话框。在对话框中，波形采集的控制时钟可以选择内时钟或者外时钟；上升沿有效或者下降沿有效。如果选择内时钟，内时钟频率可以设置。此外对 Clock qualifier（时钟限定）的设置决定时钟控制输入对时钟的控制方式。若该位设置为“1”，表示时钟控制输入为“1”时开放时钟，逻辑分析仪可以进行波形采集；若该位设置为“0”，表示时钟控制输入为“0”时开放时钟；若该位设置为“x”，表示时钟总是开放，不受时钟控制输入的限制。

2. 单脉冲去抖电路

实际应用中，有时需要产生一个单脉冲作为开关输入信号，如抢答器中的抢答信号、键盘输入信号、中断请求信号等。若采用机械式的开关，电路会产生抖动现象，并由此引起错误信息。图 6-27(a) 是用基本 RS 触发器构成的单脉冲去抖电路。设开关 S 的初始位置打在 B 点，此时，触发器被置 0，输出端 $Q=0$，$\overline{Q}=1$；当开关 S 由 B 点打到 A 点后，触发器被置 1，输出端 $Q=1$，$\overline{Q}=0$；当开关 S 由 A 点再打回到 B 点后，触发器的输出又变回原来的状态 $Q=0$，$\overline{Q}=1$。在触发器的 Q 端产生一个正脉冲。虽然在开关 S 由 B 到 A 或由 A 到 B 的运动过程中会出现与 A、B 两点都不接触的中间状态，但此时触发器输入端均为高电平状态，根据 RS 触发器的特征可知，触发器的输出状态将继续保持原来状态不变，直到开关 S 到达 A 或 B 点为止。同理，当开关 S 在 A 点附近或 B 点附近发生抖动时，也不会影响触发器的输出状态，即触发器同样会保持原状态不变。由此可见，该电路能在输入开关的作用下产生一个理想的单脉冲信号，消除了抖动现象。其脉冲波形如图 6-27(b) 所示。

图 6-27 中，tA_1 为 S 第一次打到 A 的时刻，tB_1 为 S 第一次打到 B 的时刻，tA_2 为 S 第二次打到 A 的时刻，tB_2 为 S 第二次打到 B 的时刻。

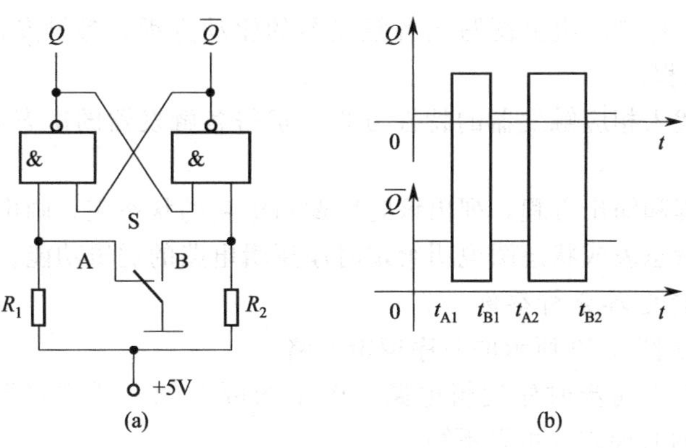

图 6-27 单脉冲去抖电路

6.2 计数器

6.2.1 计数器的基本知识

计数器是数字系统中应用最广泛的时序逻辑部件之一，其基本功能是计数，即累计输入脉冲的个数，此外还具有定时、分频、信号产生和数字运算等作用。如图 6-28 所示的电子表就是对 32768Hz 的时钟源进行 215 分频得到 1Hz 信号，然后进行计数实现计时的。

图 6-28 电子表

计数器累计输入脉冲的最大数目称为计数器的“模”，用 M 表示。如 $M=10$ 计数器，又称为十进制计数器，它实际上为计数器的有效循环状态数。计数器的“模”又称为计数容量或计数长度。

计数器的种类很多，按计数的增减方式，可分为加法计数器、减法计数器和可逆计数器；按计数进制可分为二进制计数器、二-十进制计数器、N 进制计数器等；按计数脉冲的输入方式分类，可分为同步计数器和异步计数器。

目前 TTL 和 CMOS 电路构成的中规模计数器品种很多，应用广泛。常用集成计数器分为二进制计数器（含同步、异步、加减和可逆）和非二进制计数器（含同步、异步、加减和可逆），另外，按预置功能和清零功能还可分为同步预置、异步预置清零。这些计数器功能比较完善，可以自扩展，通用性强。

通过 6.1.4 T′触发器的学习已知，T′触发器是翻转型触发器，也就是说，输入一个 CP 脉冲，该触发器的状态就翻转一次。如果 T′触发器的初始状态为 0，在逐个输入 CP 脉冲时，其输出状态就会由 0→1→0→1 不断变化，此时称触发器工作在计数状态，即由触发器输出状态的变化，可以确定输入 CP 脉冲的个数。

6.2.2 时序逻辑电路的分析

1. 分析时序逻辑电路的一般步骤

① 根据给定的时序逻辑电路图写出各触发器的驱动方程、各触发器的时钟方程以及时序逻辑电路的输出方程。

② 将驱动方程代入相应触发器的特性方程，求得各触发器的次态方程，也就是时序逻辑电路的状态方程。

③ 根据状态方程和输出方程，列出该时序逻辑电路的状态表，画出状态图或时序图。

④ 根据电路的状态表或状态图说明给定时序逻辑电路的逻辑功能。

2. 同步时序逻辑电路分析举例

【例 6-1】 试分析图 6-29 所示的时序逻辑电路。

解： 由于图 6-29 为同步时序逻辑电路，图中的两个触发器都接至同一个时钟脉冲源 CP，所以各触发器的时钟方程可以不写。

（1）写出输出方程：
$$Z=(X\oplus Q_1^n)\cdot\overline{Q_0^n} \tag{6-1}$$

（2）写出驱动方程：

$$J_0 = X \oplus \overline{Q_1^n} \qquad K_0 = 1 \tag{6-2a}$$

$$J_1 = X \oplus Q_0^n \qquad K_1 = 1 \tag{6-2b}$$

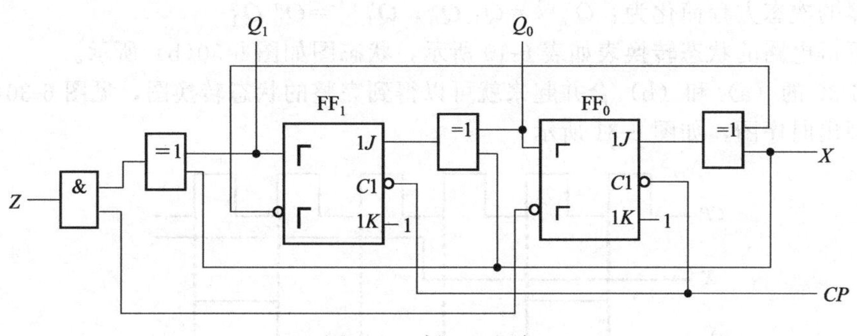

图 6-29　例 6-1 电路

(3) 写出 JK 触发器的特性方程 $Q^{n+1} = J\overline{Q^n} + \overline{K}Q^n$，然后将各驱动方程代入 JK 触发器的特性方程，得各触发器的次态方程：

$$Q_0^{n+1} = J_0\overline{Q_0^n} + \overline{K_0}Q_0^n = (X \oplus \overline{Q_1^n}) \cdot \overline{Q_0^n} \tag{6-3a}$$

$$Q_1^{n+1} = J_1\overline{Q_1^n} + \overline{K_1}Q_1^n = (X \oplus Q_0^n) \cdot \overline{Q_1^n} \tag{6-3b}$$

(4) 作状态转换表及状态图

由于输入控制信号 X 可取 1，也可取 0，所以分两种情况列状态转换表和画状态图。

① 当 $X=0$ 时。

将 $X=0$ 代入输出方程(6-1) 和触发器的次态方程(6-3)，则输出方程简化为：$Z = Q_1^n\overline{Q_0^n}$；触发器的次态方程简化为：$Q_0^{n+1} = \overline{Q_1^n}\,\overline{Q_0^n}$，$Q_1^{n+1} = Q_0^n\overline{Q_1^n}$。

设电路的初态为 $Q_1^nQ_0^n = 00$，依次代入上述触发器的次态方程和输出方程中进行计算，得到电路的状态转换表如表 6-10 所示。

表 6-10　电路的状态转换表

X=0					X=1				
初态		次态		输出	初态		次态		输出
Q_1^n	Q_0^n	Q_1^{n+1}	Q_0^{n+1}	Z	Q_1^n	Q_0^n	Q_1^{n+1}	Q_0^{n+1}	Z
0	0	0	1	0	0	0	1	0	1
0	1	1	0	0	1	0	0	1	0
1	0	0	0	1	0	1	0	0	0

由此可得当 $X=0$ 时，电路的状态转换图如图 6-30(a) 所示。

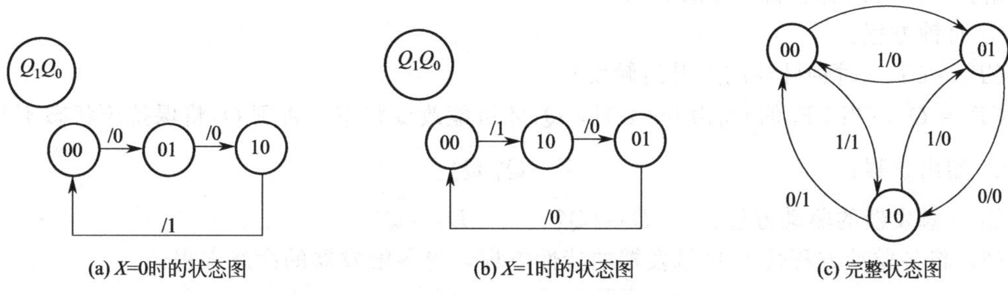

图 6-30　电路状态转换与时序图

② 当 $X=1$ 时。

输出方程简化为：$Z=\overline{Q_1^n}\,\overline{Q_0^n}$

触发器的次态方程简化为：$Q_0^{n+1}=Q_1^n\,\overline{Q_0^n}$，$Q_1^{n+1}=\overline{Q_0^n}\,\overline{Q_1^n}$

计算可得电路的状态转换表如表 6-10 所示，状态图如图 6-30(b) 所示。

将图 6-30 的（a）和（b）合并起来就可以得到完整的状态转换图，见图 6-30(c)。

（5）画出时序图，如图 6-31 所示。

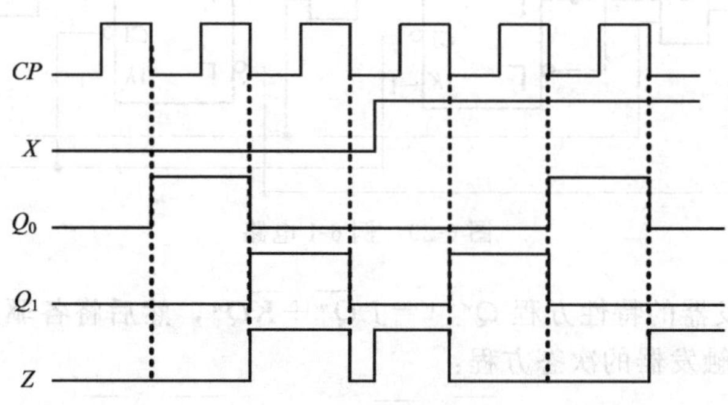

图 6-31　电路时序图

（6）逻辑功能分析。该电路一共有 3 个状态 00、01、10。当 $X=0$ 时，按照加 1 规律从 00→01→10→00 循环变化，并每当转换为 10 状态（最大数）时，输出 $Z=1$。当 $X=1$ 时，按照减 1 规律从 10→01→00→10 循环变化，并每当转换为 00 状态（最小数）时，输出 $Z=1$。所以该电路是一个可控的 3 进制计数器，当 $X=0$ 时，作加法计数，Z 是进位信号；当 $X=1$ 时，作减法计数，Z 是借位信号。

3. 异步时序逻辑电路分析举例

由于在异步时序逻辑电路中，没有统一的时钟脉冲，因此，分析时必须写出时钟方程。

【例 6-2】 试分析图 6-32 所示的时序逻辑电路。

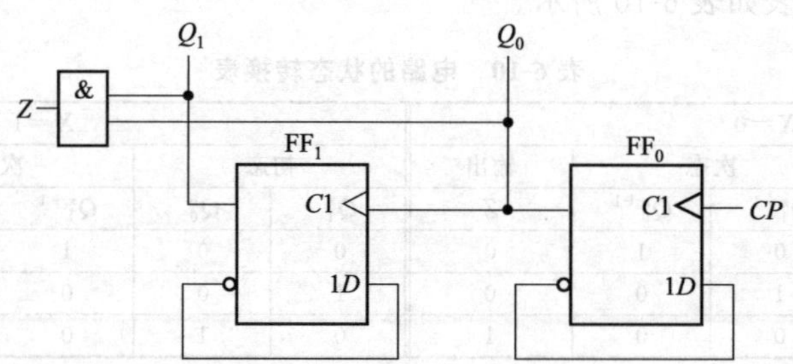

图 6-32　例 6-2 电路

解：（1）写出各逻辑方程式。

① 时钟方程：

$CP_0=CP$（时钟脉冲的上升沿触发）

$CP_1=Q_0$（当 FF_0 的 Q_0 由 0→1 时，Q_1 才可能改变状态，否则 Q_1 将保持原状态不变）

② 输出方程：　$Z=Q_1^n\,Q_0^n$

③ 各触发器的驱动方程：　$D_0=\overline{Q_0^n}$　　$D_1=\overline{Q_1^n}$

（2）将各驱动方程代入 D 触发器的特性方程，得各触发器的次态方程：

$$Q_0^{n+1}=D_0=\overline{Q_0^n}\quad(CP\text{ 由 }0\to1\text{ 时此式有效})$$

$$Q_1^{n+1}=D_1=\overline{Q_1^n} \qquad (Q_0\text{由 }0\rightarrow 1\text{ 时此式有效})$$

（3）作状态转换表、状态图、时序图，状态转换表见表 6-11。

表 6-11　电路状态转换表

初态		次态		输出	时钟脉冲	
Q_1^n	Q_0^n	Q_1^{n+1}	Q_0^{n+1}	Z	CP_1	CP_0
0	0	1	1	1	↑	↑
1	1	1	0	0	0	↑
1	0	0	1	0	↑	↑
0	1	0	0	0	0	↑

根据状态转换表可得状态转换图如图 6-33 所示，时序图如图 6-34 所示。

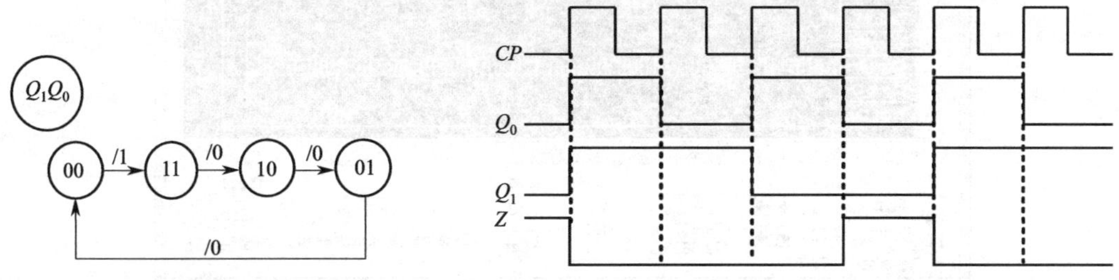

图 6-33　电路的状态图　　图 6-34　电路的时序图

（4）逻辑功能分析。由状态图可知：该电路一共有 4 个状态 00、01、10、11，在时钟脉冲作用下，按照减 1 规律循环变化，所以是一个 4 进制减法计数器，Z 是借位信号。

例 6-2 也可以通过图 6-35(a) 所示的仿真电路验证分析结论，通过译码显示器可以观察到每来一个计数脉冲，电路一直从 3 减到 0 一直按照减 1 规律循环变化，图 6-35(b) 的时序图也与图 6-34 所示一致。

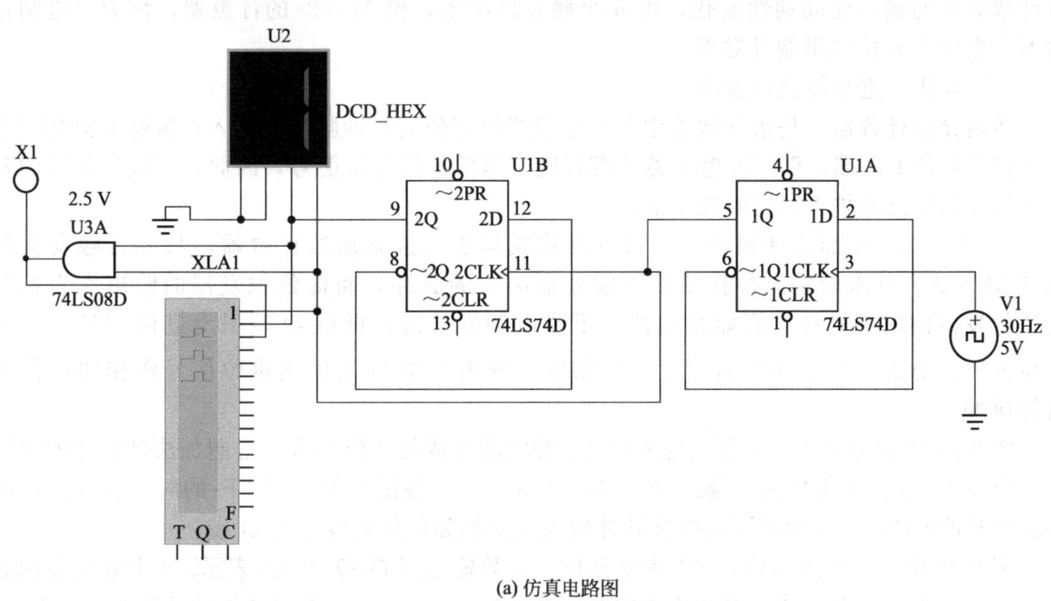

(a) 仿真电路图

图 6-35

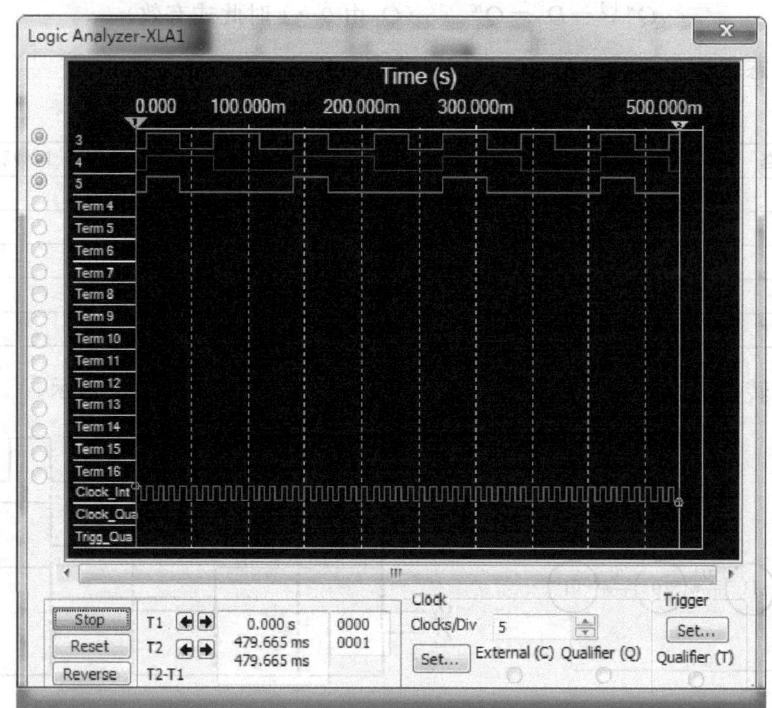

(b) 仿真时序图

图 6-35　例 6-2 仿真电路

6.2.3　二进制计数器

二进制只有 0 和 1 两个数码，其加法运算规则是“逢二进一”，由于一个触发器可以表示一位二进制数。如果要表示 N 位二进制数，就要用 N 个触发器。计数器的编码状态是随着计数脉冲的输入而周期性变化，由 n 个触发器组成，模 $M=2^n$ 的计数器，称为二进制计数器，也称为 n 位二进制计数器。

(1) 异步二进制加法计数器

所谓异步计数器，是指计数器中各个触发器没有公共时钟脉冲，输入计数脉冲只作用于某些触发器的 CP 端，而其他触发器的翻转则是靠低位的进位信号，因此，组成计数器的各个触发器的状态变化不是同时发生的。

① 异步二进制加法计数器。用触发器构成异步二进制加法计数器，只要将触发器接成 T′触发器，外来时钟脉冲作最低位触发器的时钟脉冲，而低位触发器的输出作为相邻高位触发器的时钟脉冲。假如触发器为下降沿触发，则由低位 Q 端引出进位信号作相邻高位的时钟脉冲；假如触发器为上升沿触发，则由低位 $\overline{Q}$ 端引出进位信号作相邻高位的时钟脉冲。

图 6-36 所示为由 4 个下降沿触发的 JK 触发器组成的 4 位异步二进制加法计数器的逻辑图。图中 JK 触发器都接成 T′触发器（即 $J=K=1$）。最低位触发器 FF_0 的时钟脉冲输入端接计数脉冲 CP，其他触发器的时钟脉冲输入端接相邻低位触发器的 Q 端。

图 6-36 中 FF_3 为最高位，FF_0 为最低位，计数输出用 $Q_3Q_2Q_1Q_0$ 表示。4 个触发器的数据输入端的输入恒为“1”，因此均工作在计数状态。而 $CP_0=CP$（外加计数脉冲），$CP_1=Q_0$，$CP_2=Q_1$，$CP_3=Q_2$。设计数器初始状态为 $Q_3Q_2Q_1Q_0=0000$，第 1 个 CP 作用后，

FF_0翻转，Q_0由“0”→“1”，计数状态$Q_3Q_2Q_1Q_0$由 0000→0001。第 2 个 CP 脉冲作用后，FF_0翻转，Q_0由“1”→“0”，由于Q_0下降沿的作用，Q_1由“0”→“1”，计数状态$Q_3Q_2Q_1Q_0$由 0001→0010。依此类推，逐个输入 CP 脉冲时，计数器的状态按$Q_3Q_2Q_1Q_0$=0000→0001→0010→0011→0100→0101→0110→……→1111 的规律变化。当输入第 16 个 CP 脉冲时，Q_0由“1”→“0”，其下降沿使Q_1由“1”→“0”，Q_1的下降沿使Q_2由“1”→“0”，Q_2的下降沿使Q_3由“1”→“0”，计数状态由 1111→0000，完成一个计数周期。

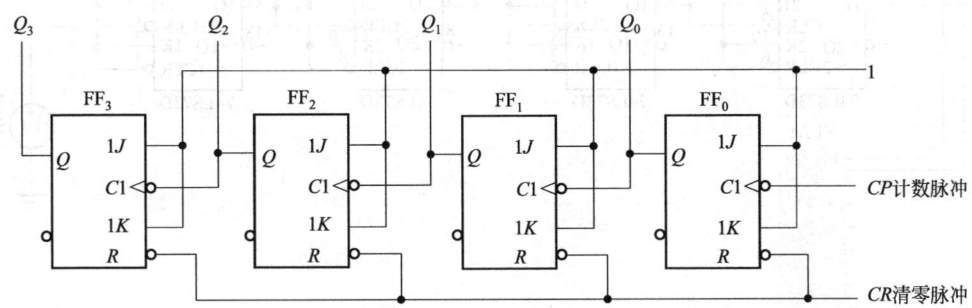

图 6-36　由 JK 触发器组成的 4 位异步二进制加法计数器的逻辑图

通过分析此电路的时序，可得到时序图如图 6-37 所示，并得到电路的状态转换图如图 6-38 所示，从图 6-39(a) 的仿真电路图中很清楚地观察到译码显示器累计输入脉冲的个数显示为 0～F，即状态转换从 0000～1111 循环进行对输入脉冲的加法计数。

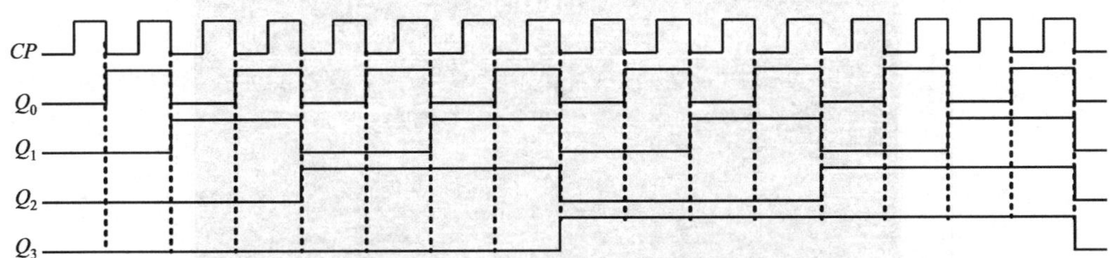

图 6-37　JK 触发器组成的 4 位异步二进制加法计数器的时序图

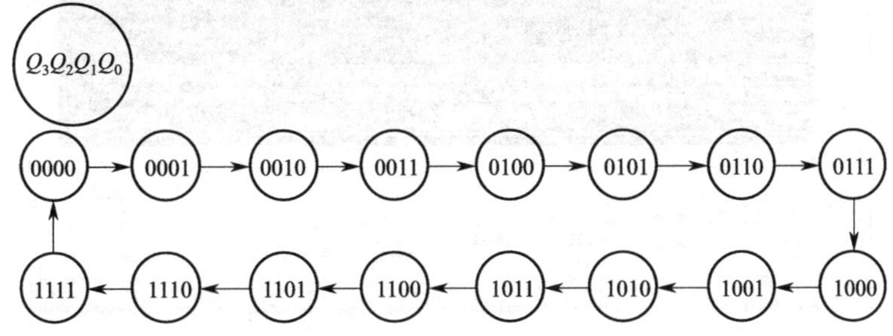

图 6-38　由 JK 触发器组成的 4 位异步二进制加法计数器的状态转换图

另外，从图 6-39(b) 的仿真时序图可以看出，Q_0、Q_1、Q_2、Q_3的周期分别是计数脉冲（CP）周期的 2 倍、4 倍、8 倍、16 倍，也就是说，Q_0、Q_1、Q_2、Q_3分别对 CP 波形进行了二分频、四分频、八分频、十六分频，因而计数器也可作为分频器。

异步二进制计数器结构简单，改变级联触发器的个数，可以很方便地改变二进制计数器的位数，n 个触发器可以构成 n 位二进制计数器或模 2^n 计数器，又称 2^n 分频器。

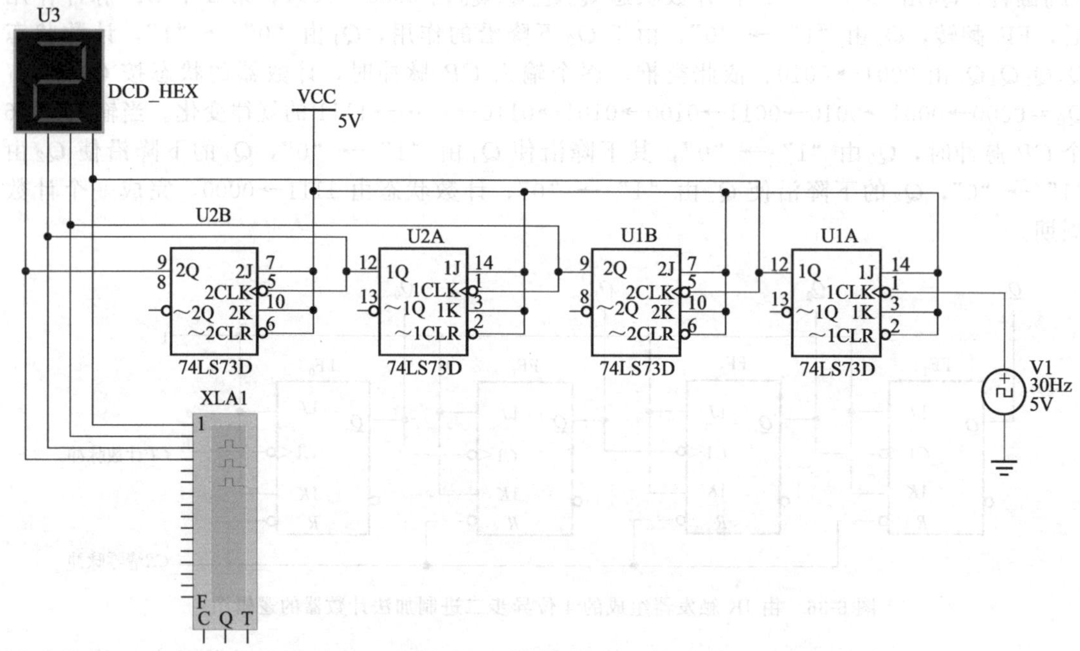

(a) 仿真电路图

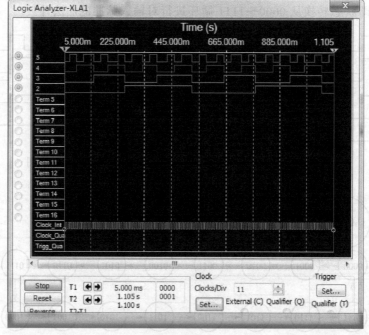

(b) 仿真时序图

图 6-39　由 JK 触发器组成的 4 位异步二进制加法计数器的仿真电路图

② 异步二进制减法计数器。用 T′触发器构成二进制减法计数器时，如果触发器为下降沿触发，则由低位 $\overline{Q}$ 端引出进位信号作相邻高位的时钟脉冲；如果触发器为上升沿触发，则由低位 Q 端引出进位信号作相邻高位的时钟脉冲。

由 4 个上升沿触发的 D 触发器可以组成的 4 位异步二进制减法计数器，如图 6-40 所示。

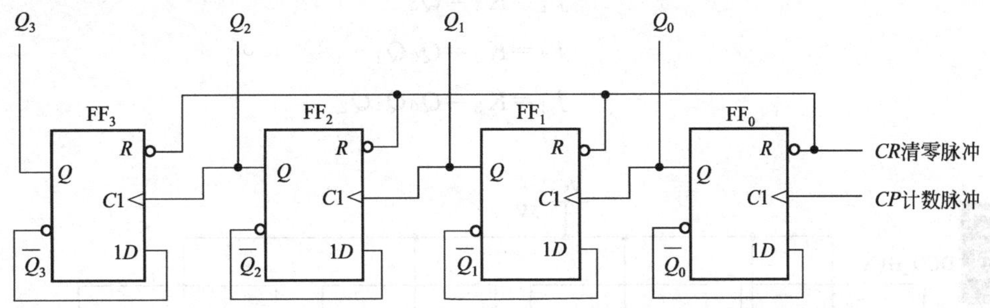

图 6-40　由 D 触发器组成的 4 位异步二进制减法计数器的逻辑图

通过观察来分析此电路的时序，可得到时序图如图 6-41 所示，并得到电路的状态转换图如图 6-42 所示，从图 6-43(a)、(b) 的仿真电路图和时序图也可以观察到对输入脉冲进行递减计数的过程。

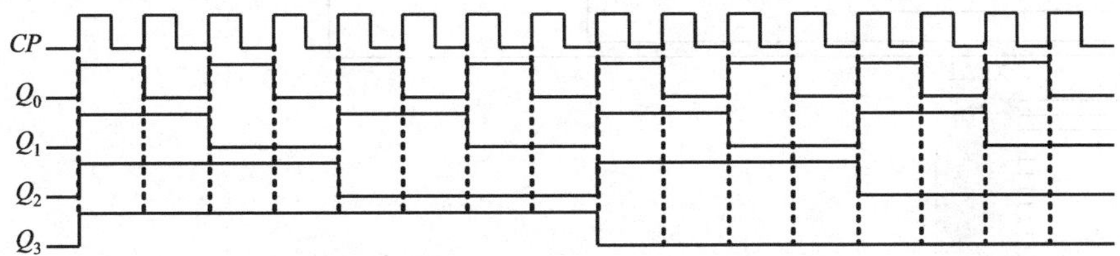

图 6-41　D 触发器组成的 4 位异步二进制减法计数器的时序图

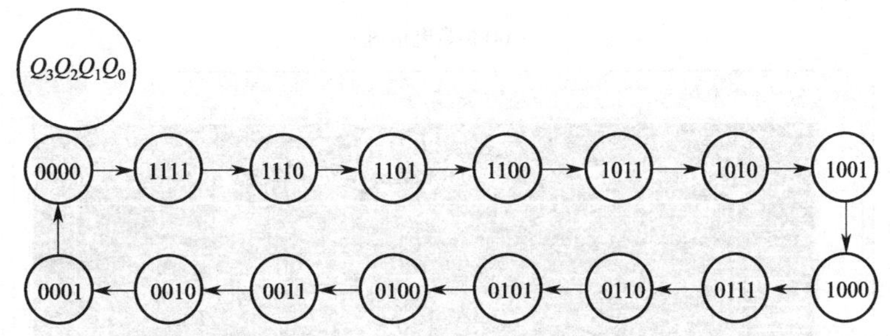

图 6-42　由 D 触发器组成的 4 位异步二进制减法计数器的状态转换图

异步二进制计数器的构成方法：所有触发器接成 T′触发器。最低位触发器 F0 的时钟输入端接计数脉冲 *CP*，其余高位触发器 FFi 的时钟输入端接相邻低位触发器 FFi-1 的一个输出端。

异步计数器的电路简单，对计数脉冲 *CP* 的负载能力要求低，但因逐级延时，所以它的工作速度较低，而且反馈和译码较为困难，为了提高计数速度，可采用同步计数器。

(2) 同步二进制计数器

同步计数器的各触发器在同一个 *CP* 脉冲作用下同时翻转，工作速度较高，但控制电路复杂。由于 *CP* 作用于计数器的全部触发器，所以 *CP* 的负载较重。

① 同步二进制加法计数器。由 4 个 JK 触发器可以组成 4 位同步二进制加法计数器，其逻辑图如图 6-44 所示。图中各触发器的时钟脉冲输入端接同一计数脉冲 *CP*，显然，这是一个同步时序电路。

电路中各触发器的驱动方程分别为：

$$J_0=K_0=1$$

$$J_1 = K_1 = Q_0$$

$$J_2 = K_2 = Q_0 Q_1$$

$$J_3 = K_3 = Q_0 Q_1 Q_2$$

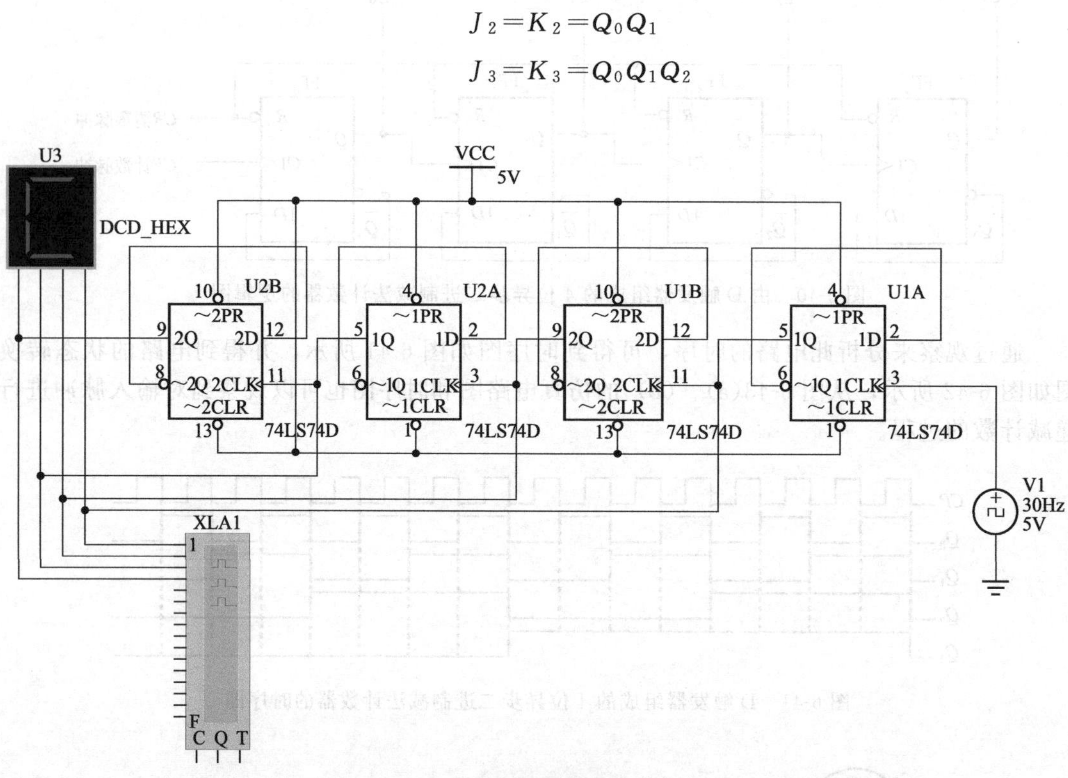

(a) 仿真电路图

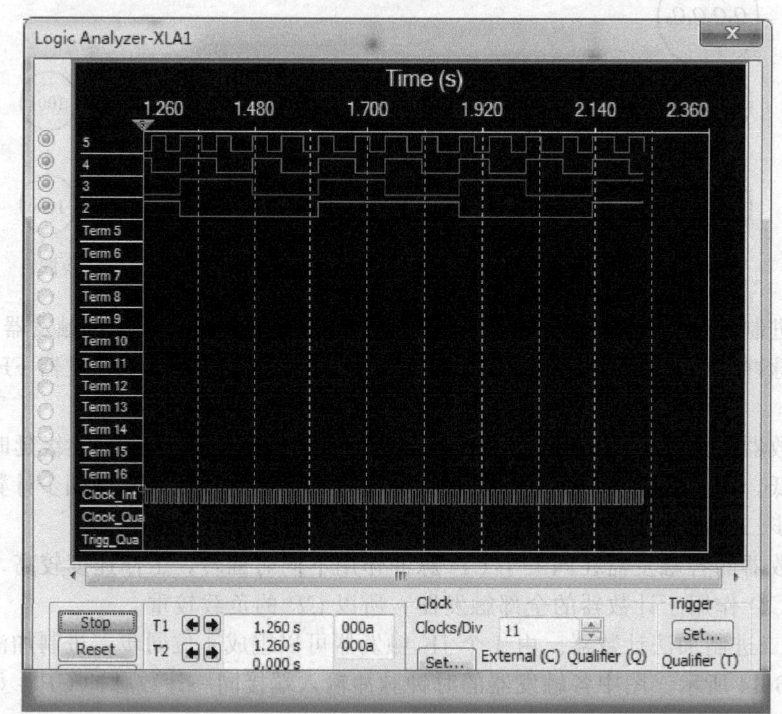

(b) 仿真时序图

图 6-43　由 D 触发器组成的 4 位异步二进制减法计数器的仿真电路图

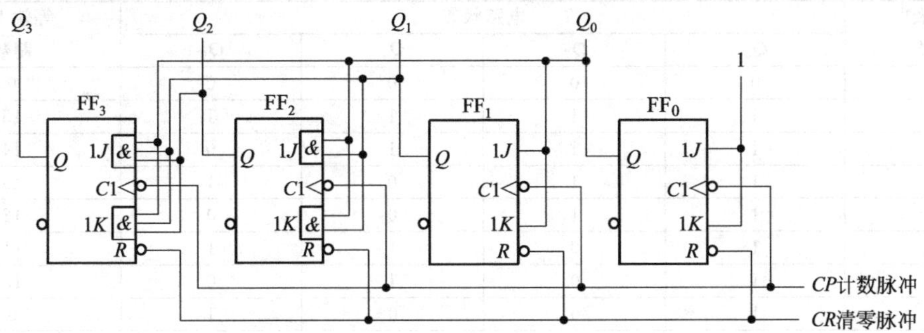

图 6-44 4 位同步二进制加法计数器的逻辑图

根据分析可得 4 位同步二进制加法计数器的状态转换表，见表 6-12。

表 6-12 4 位同步二进制加法计数器的状态转换表

计数脉冲序号	电路状态				等效十进制数
	Q_3	Q_2	Q_1	Q_0	
0	0	0	0	0	0
1	0	0	0	1	1
2	0	0	1	0	2
3	0	0	1	1	3
4	0	1	0	0	4
5	0	1	0	1	5
6	0	1	1	0	6
7	0	1	1	1	7
8	1	0	0	0	8
9	1	0	0	1	9
10	1	0	1	0	10
11	1	0	1	1	11
12	1	1	0	0	12
13	1	1	0	1	13
14	1	1	1	0	14
15	1	1	1	1	15
16	0	0	0	0	0

由于同步计数器的计数脉冲 CP 同时接到各位触发器的时钟脉冲输入端，当计数脉冲到来时，应该翻转的触发器同时翻转，所以速度比异步计数器高，但电路结构比异步计数器复杂。

② 同步二进制减法计数器。4 位同步二进制减法计数器的状态转换表如表 6-13 所示，分析其翻转规律并与 4 位二进制同步加法计数器相比较，很容易看出，只要将图 6-44 所示电路的各触发器的驱动方程改为：

$$J_0=K_0=1;\ J_1=K_1=\overline{Q_0};\ J_2=K_2=\overline{Q_0}\,\overline{Q_1};\ J_3=K_3=-\overline{Q_0}\,\overline{Q_1}\,\overline{Q_2}$$

就可以构成 4 位二进制同步减法计数器。

表 6-13　4 位同步二进制减法计数器的状态转换表

计数脉冲序号	电路状态				等效十进制数
	Q_3	Q_2	Q_1	Q_0	
0	0	0	0	0	0
1	1	1	1	1	15
2	1	1	1	0	14
3	1	1	0	1	13
4	1	1	0	0	12
5	1	0	1	1	11
6	1	0	1	0	10
7	1	0	0	1	9
8	1	0	0	0	8
9	0	1	1	1	7
10	0	1	1	0	6
11	0	1	0	1	5
12	0	1	0	0	4
13	0	0	1	1	3
14	0	0	1	0	2
15	0	0	0	1	1
16	0	0	0	0	0

(3) 集成二进制同步加法计数器

以上所述是由小规模集成触发器组成的计数器，它在数字技术发展的初期应用比较广泛。但随着电子技术的不断发展，规格多样、功能完善的单片中规模集成计数器已被大量地生产和使用，如 4 位二进制同步加法计数器 74HC161。如图 6-45 所示为 74HC161 的逻辑功能示意图和引脚图，各引脚的功能和符号说明如下：$D_0 \sim D_3$ 为并行数据输入端，$Q_0 \sim Q_3$ 为数据输出端，ET、EP 为计数控制端，CP 为时钟输入端，即 CP 端（上升沿有效），C 为进位输出端（高电平有效），R_D 为异步清除输入端（低电平有效），L_D 为同步并行置数控制端（低电平有效）。

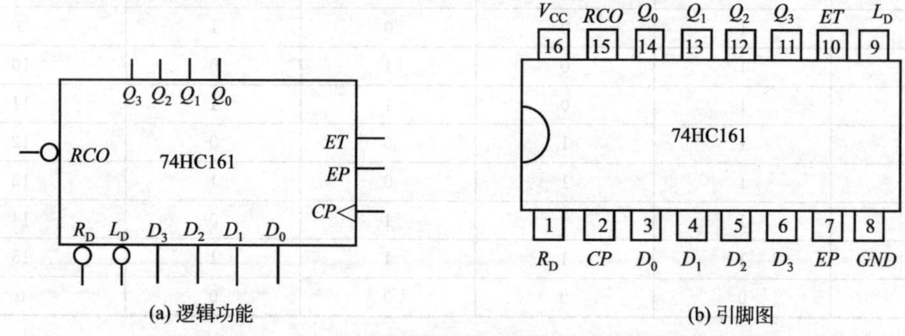

图 6-45　74HC161 的逻辑功能示意图和引脚图

表 6-14 为 74HC161 的功能表。由表可知，74HC161 具有以下功能：

表 6-14　74HC161 的功能表

清零	预置	使能		时钟	预置数据输入				输出				工作模式
R_D	L_D	EP	ET	CP	D_3	D_2	D_1	D_0	Q_3	Q_2	Q_1	Q_0	
0	×	×	×	×	×	×	×	×	0	0	0	0	异步清零
1	0	×	×	↑	d_3	d_2	d_1	d_0	d_3	d_2	d_1	d_0	同步置数
1	1	0	×	×	×	×	×	×		保持			数据保持
1	1	×	0	×	×	×	×	×		保持			数据保持
1	1	1	1	↑	×	×	×	×		计数			加法计数

① 异步清零。当 $R_D=0$ 时，不管其他输入端的状态如何，不论有无时钟脉冲 CP，计数器输出将被直接置零（$Q_3Q_2Q_1Q_0=0000$），称为异步清零（假如这个操作要与 CP 上升沿同步，称为同步清零）。仿真电路功能验证如图 6-46(a) 所示（仿真引脚标示可能与说明有差异，但只要引脚号一致，功能相同，如 R_D 和 CLR 虽然写法不一样，但都是 1 号引脚，则功能相同）。

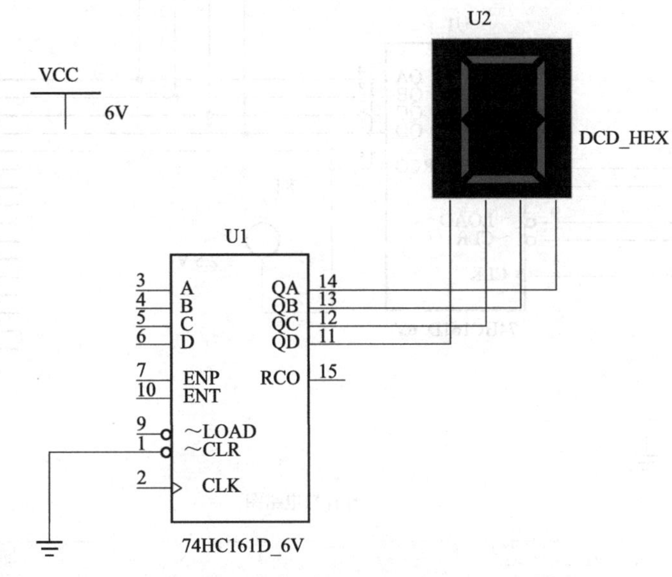

(a) 异步清零

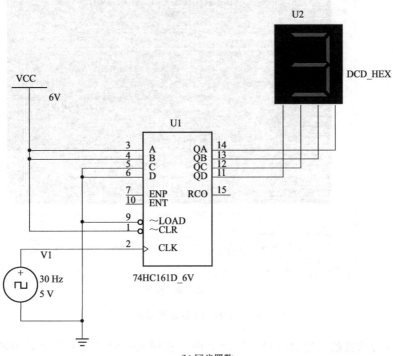

(b) 同步置数

图 6-46

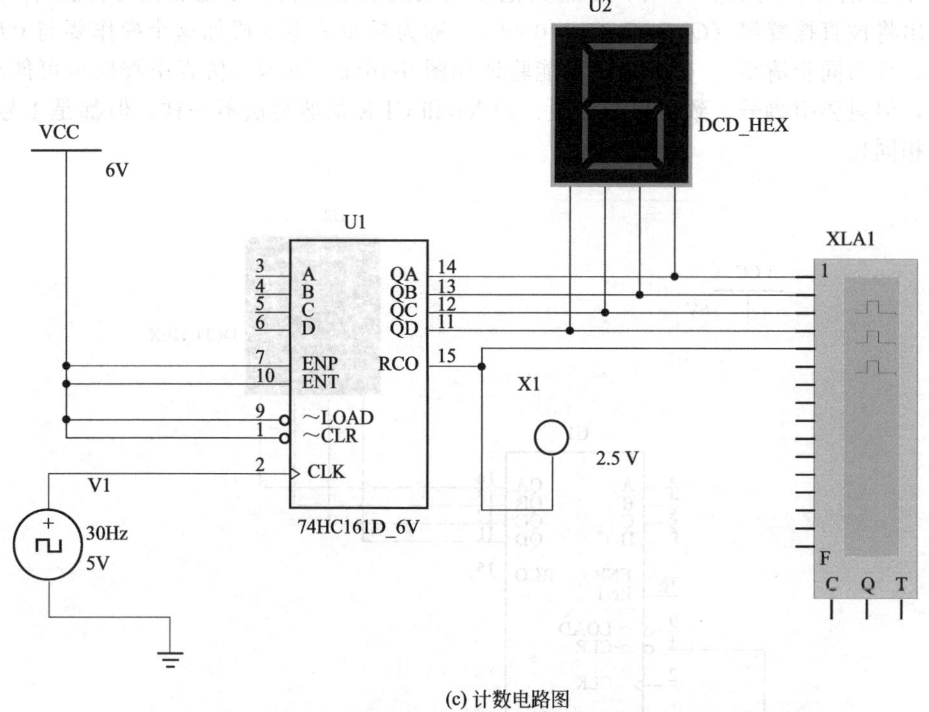

(c) 计数电路图

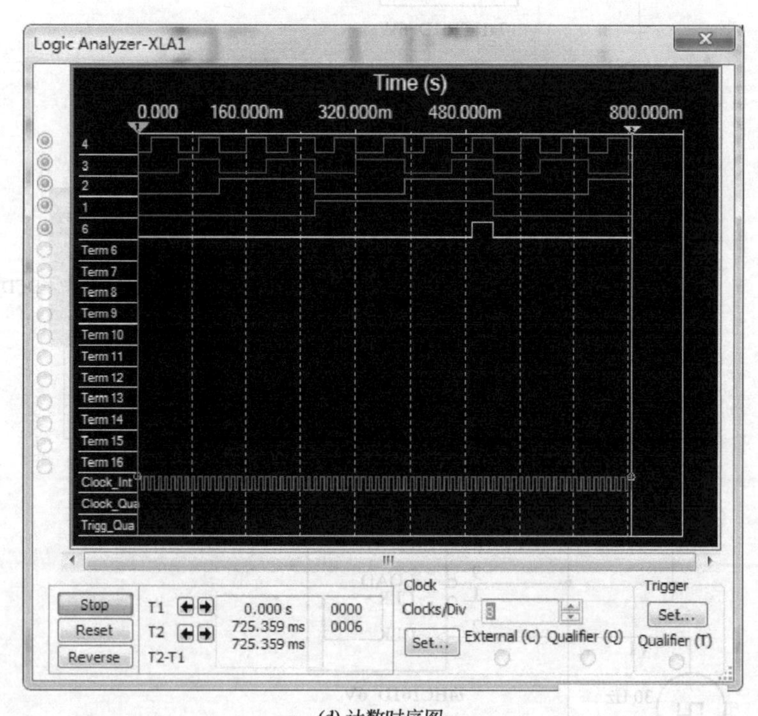

(d) 计数时序图

图 6-46　74HC161 的逻辑功能仿真

② 同步并行预置数。当 $R_D=1$、$L_D=0$ 时，在输入时钟脉冲 CP 上升沿的作用下，并行输入端的数据 $d_3d_2d_1d_0$ 被置入计数器的输出端，即 $Q_3Q_2Q_1Q_0=d_3d_2d_1d_0$。由于这个操作要与 CP 上升沿同步，所以称为同步预置数（假如这个操作不需要脉冲，称为异步置

数）。仿真电路功能验证如图 6-46(b) 所示，因为输入端的数据 $d_3d_2d_1d_0=0011$，故输出显示为 3。

③ 计数。当 $R_D=L_D=EP=ET=1$ 时，在 CP 端输入计数脉冲，计数器进行二进制加法计数，每来一个计数脉冲，则输出从 0000～1111 按加法规律进行计数，74LS161 有超前进位功能，即当计数溢出时，进位端 RCO 输出一个高电平脉冲，其宽度为一个时钟周期，仿真电路功能验证如图 6-46(c) 所示。

④ 保持。当 $R_D=L_D=1$，且 $EP\cdot ET=0$，即两个使能端中有 0 时，则计数器保持原来的状态不变。这时，如 $EP=0$、$ET=1$，则进位输出信号 RCO 保持不变；如 $ET=0$ 则不管 EP 状态如何，进位输出信号 RCO 为低电平 0。

还有几种计数器芯片与 74HC161 功能类似，下面对 74HC160～74HC163 这四种同步计数器的功能作一下比较，具体见表 6-15。

表 6-15　74HC160～74HC163 的功能比较

功能 型号	进制	清零	预置数
74HC160	十进制	低电平异步	低电平同步
74HC161	二进制	低电平异步	低电平同步
74HC162	十进制	低电平同步	低电平同步
74HC163	二进制	低电平同步	低电平同步

(4) 集成计数器的扩展

两个模 N 计数器级联，可实现 $N\times N$ 的计数器。

① 同步级联。如图 6-47 所示是用两片 4 位二进制加法计数器 74HC161 采用同步级联方式构成的 8 位二进制同步加法计数器，模为 $16\times16=256$。

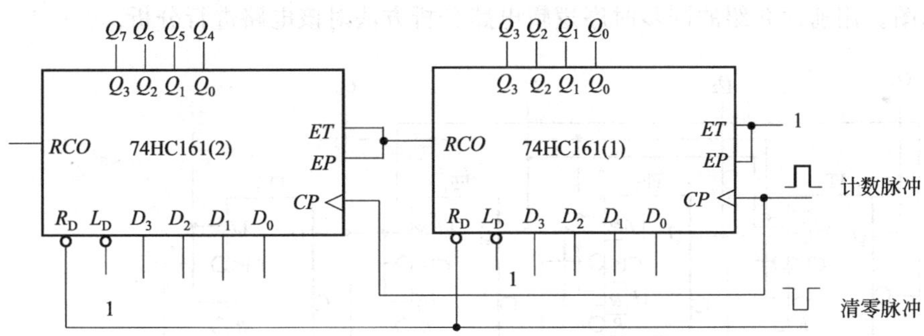

图 6-47　74HC161 同步级联组成 8 位二进制加法计数器

② 异步级联。也可采用异步级联的方式，仿真电路如图 6-48 所示。可以观察到每来一个计数脉冲，两个译码显示器输出从 00～FF，相当于二进制数 00000000～11111111，实现了 8 位二进制数的同步加法。

6.2.4　十进制计数器

N 进制计数器又称模 N 计数器，当 $N=2^n$ 时，就是前面讨论的 n 位二进制计数器；当 $N\neq2^n$ 时，称为非二进制计数器。非二进制计数器中最常用的是十进制计数器，十进制计数器的原理是用 4 位二进制代码表示 1 位十进制数，即由 4 位触发器构成，满足“逢十进一”的进位规律。由前面讨论可知，n 位触发器构成的二进制计数器的计数状态最多有 2^n 个，所以一个 4 位二进制计数器的计数状态共有 16 个状态，要表示十进制的十个状态，需要去掉其中的 6 个状态。这里讨论去掉 1010～1111 这 6 个状态的，即 8421BCD 码十进制加法计数器。

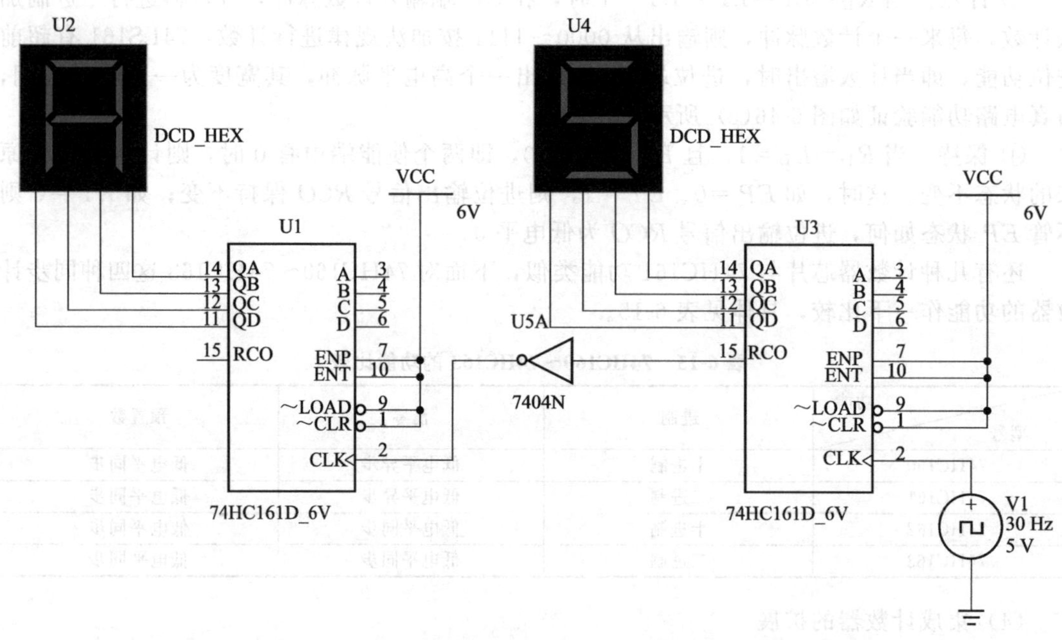

图 6-48　74HC161 异步级联组成 8 位二进制加法计数器

1. 8421BCD 码同步十进制加法计数器

图 6-49 所示为由 4 个下降沿触发的 JK 触发器组成的 8421BCD 码同步十进制加法计数器的逻辑图。用前面介绍的同步时序逻辑电路分析方法对该电路进行分析。

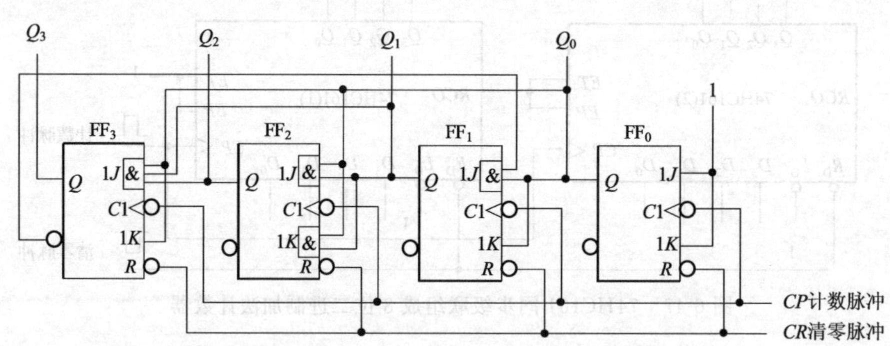

图 6-49　8421BCD 码同步十进制加法计数器的逻辑图

(1) 写出驱动方程

$$FF_0：J_0=1，K_0=1$$

$$FF_1：J_1=\overline{Q_3^n}Q_0^n，K_1=Q_0^n$$

$$FF_2：J_2=Q_1^nQ_0^n，K_2=Q_1^nQ_0^n$$

$$FF_3：J_3=Q_2^nQ_1^nQ_0^n，K_3=Q_0^n$$

(2) 写出 JK 触发器的特性方程

写出 JK 触发器的特性方程 $Q^{n=1}=J\overline{Q^n}+\overline{K}Q^n$，然后将各驱动方程代入 JK 触发器的特

性方程，得各触发器的次态方程：

$$Q_0^{n+1}=J_0\,\overline{Q_0^n}+\overline{K_0}Q_0^n=\overline{Q_0^n}$$

$$Q_1^{n+1}=J_1\,\overline{Q_1^n}+\overline{K_1}Q_1^n=\overline{Q_3^n}Q_0^n\,\overline{Q_1^n}+\overline{Q_0^n}Q_1^n$$

$$Q_2^{n+1}=J_2\,\overline{Q_2^n}+\overline{K_2}Q_2^n=Q_1^nQ_0^n\,\overline{Q_2^n}+\overline{Q_1^nQ_0^n}Q_2^n$$

$$Q_3^{n+1}=J_3\,\overline{Q_3^n}+\overline{K_3}Q_3^n=Q_2^nQ_1^nQ_0^n\,\overline{Q_3^n}+\overline{Q_0^n}Q_3^n$$

(3) 作状态转换表

设初态为 $Q_3Q_2Q_1Q_0=0000$，代入次态方程进行计算，得状态转换表如表 6-16 所示。

表 6-16　电路的状态转换表

计数脉冲序号	初态				次态			
	Q_3^n	Q_2^n	Q_1^n	Q_0^n	Q_3^{n+1}	Q_2^{n+1}	Q_1^{n+1}	Q_0^{n+1}
0	0	0	0	0	0	0	0	1
1	0	0	0	1	0	0	1	0
2	0	0	1	0	0	0	1	1
3	0	0	1	1	0	1	0	0
4	0	1	0	0	0	1	0	1
5	0	1	0	1	0	1	1	0
6	0	1	1	0	0	1	1	1
7	0	1	1	1	1	0	0	0
8	1	0	0	0	1	0	0	1
9	1	0	0	1	0	0	0	0

(4) 作状态图及时序图

根据状态转换表作出电路的状态图如图 6-50 所示，时序图如图 6-51 所示。由状态表、状态图或时序图可见，该电路为一 8421BCD 码十进制加法计数器。

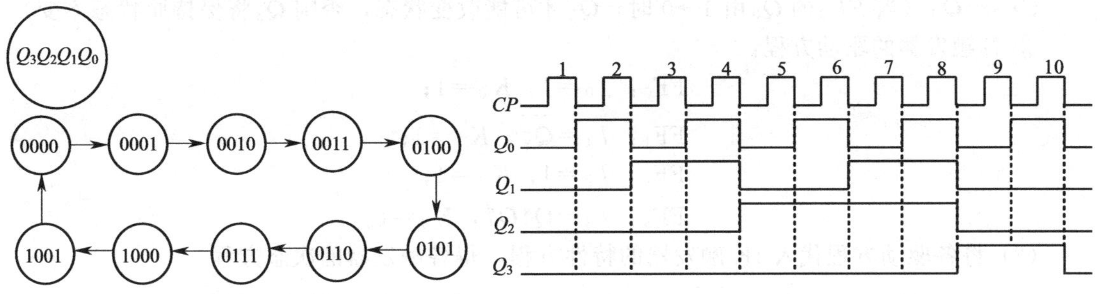

图 6-50　电路的状态转换图　　　　图 6-51　电路的时序图

(5) 检查电路能否自启动

由于图 6-49 所示的电路中有 4 个触发器，它们的状态组合共有 16 种，而在 8421BCD 码计数器中只用了 10 种，称为有效状态，其余 6 种状态称为无效状态。在实际工作中，当由于某种原因，使计数器进入无效状态时，如果能在时钟信号作用下，最终进入有效状态，就称该电路具有自启动能力。

用同样的分析方法分别求出 6 种无效状态下的次态，补充到状态图中，得到完整的状态转换图，如图 6-52 所示，可见，电路能够自启动。

2. 8421BCD 码异步十进制加法计数器

图 6-53 所示为由 4 个下降沿触发的 JK 触发器组成的 8421BCD 码异步十进制加法计数器的逻辑图。用前面介绍的异步时序逻辑电路分析方法对该电路进行分析。

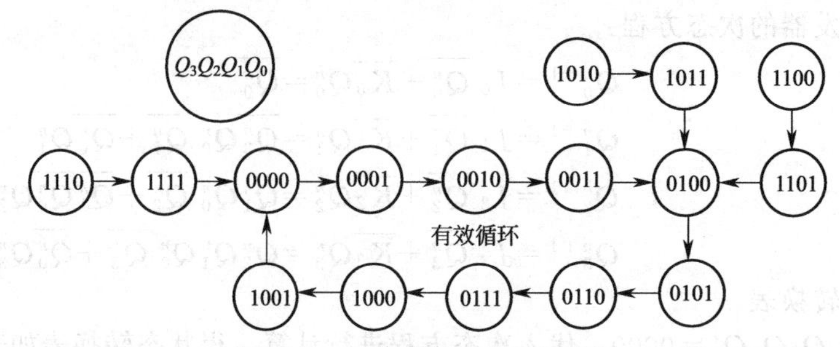

图 6-52　电路完整的状态转换图

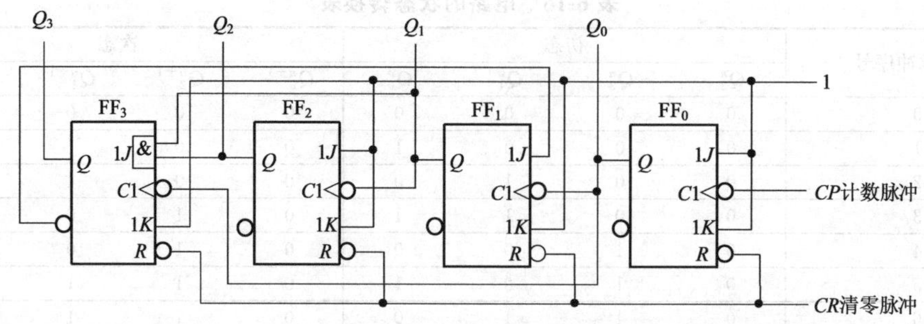

图 6-53　8421BCD码异步十进制加法计数器的逻辑图

（1）写出各逻辑方程式

① 时钟方程：

$CP_0=CP$（时钟脉冲源的上升沿触发）

$CP_1=Q_0$（当 FF_0 的 Q_0 由 1→0 时，Q_1 才可能改变状态，否则 Q_1 将保持原状态不变）

$CP_2=Q_1$（当 FF_1 的 Q_1 由 1→0 时，Q_2 才可能改变状态，否则 Q_2 将保持原状态不变）

$CP_3=Q_0$（当 FF_0 的 Q_0 由 1→0 时，Q_3 才可能改变状态，否则 Q_3 将保持原状态不变）

② 各触发器的驱动方程：

$$\mathrm{FF}_0：J_0=1，K_0=1；$$
$$\mathrm{FF}_1：J_1=\overline{Q_3^n}，K_1=1；$$
$$\mathrm{FF}_2：J_2=1，K_2=1；$$
$$\mathrm{FF}_3：J_3=Q_2^nQ_1^n，K_3=1。$$

（2）将各驱动方程代入 JK 触发器的特性方程，得各触发器的次态方程

$$Q_0^{n+1}=J_0\overline{Q_0^n}+\overline{K_0}Q_0^n=\overline{Q_0^n}\qquad（CP\ 由\ 1\to0\ 时此式有效）$$
$$Q_1^{n+1}=J_1\overline{Q_1^n}+\overline{K_1}Q_1^n=\overline{Q_3^n}\ \overline{Q_1^n}\qquad（Q_0\ 由\ 1\to0\ 时此式有效）$$
$$Q_2^{n+1}=J_2\overline{Q_2^n}+\overline{K_2}Q_2^n=\overline{Q_2^n}\qquad（Q_1\ 由\ 1\to0\ 时此式有效）$$
$$Q_3^{n+1}=J_3\overline{Q_3^n}+\overline{K_3}Q_3^n=Q_2^nQ_1^n\overline{Q_3^n}\qquad（Q_0\ 由\ 1\to0\ 时此式有效）$$

（3）作状态转换表

设初态为 $Q_3Q_2Q_1Q_0=0000$，代入次态方程进行计算，得状态转换表如表 6-17 所示。

表 6-17　电路的状态转换表

计数脉冲序号	初态				次态				时钟脉冲			
	Q_3^n	Q_2^n	Q_1^n	Q_0^n	Q_3^{n+1}	Q_2^{n+1}	Q_1^{n+1}	Q_0^{n+1}	CP_3	CP_2	CP_1	CP_0
0	0	0	0	0	0	0	0	1	0	0	0	↓
1	0	0	0	1	0	0	1	0	↓	0	↓	↓
2	0	0	1	0	0	0	1	1	0	0	0	↓

续表

计数脉冲序号	初态				次态				时钟脉冲			
	Q_3^n	Q_2^n	Q_1^n	Q_0^n	Q_3^{n+1}	Q_2^{n+1}	Q_1^{n+1}	Q_0^{n+1}	CP_3	CP_2	CP_1	CP_0
3	0	0	1	1	0	1	0	0	↓	↓	↓	↓
4	0	1	0	0	0	1	0	1	0	0	0	↓
5	0	1	0	1	0	1	1	0	↓	0	↓	↓
6	0	1	1	0	0	1	1	1	0	0	0	↓
7	0	1	1	1	1	0	0	0	↓	↓	↓	↓
8	1	0	0	0	1	0	0	1	0	0	0	↓
9	1	0	0	1	0	0	0	0	↓	0	↓	↓

（4）仿真验证

采用 8421BCD 编码的十进制异步加法计数器的仿真电路图如图 6-54 所示。可见，若由 0000 状态开始计数，每 10 个脉冲一个循环，即当第 10 个脉冲到来时，由 1001 变为 0000，实现了“逢十进一”。其时序图如图 6-55 所示。

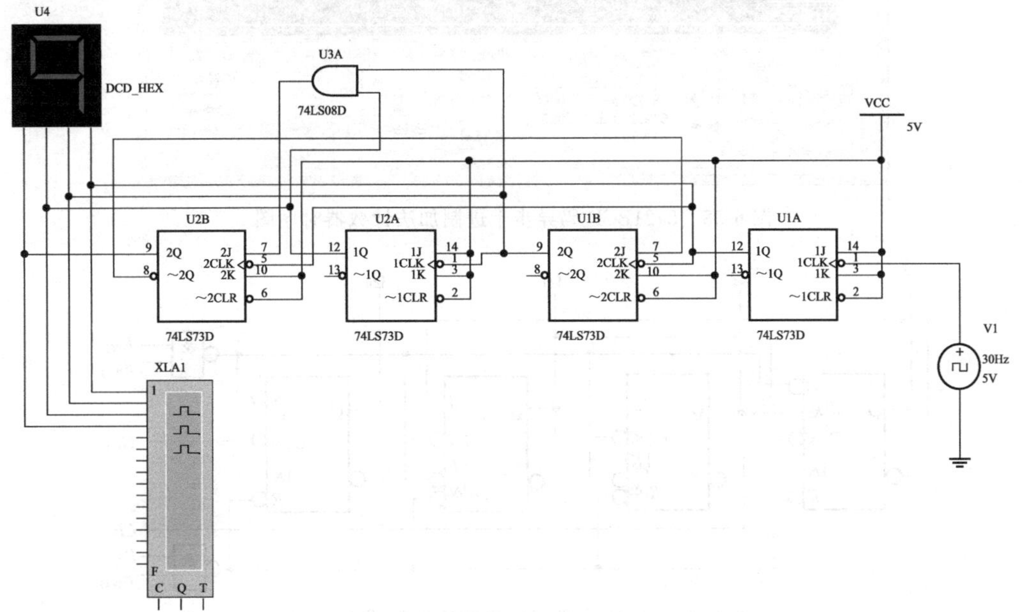

图 6-54　8421BCD 码异步十进制加法计数器仿真电路图

3. 集成十进制计数器

（1）二-五-十进制异步加法计数器 74LS290

74LS290 的逻辑图如图 6-56 所示，功能表如表 6-18 所示。

表 6-18　74LS290 的功能表

复位输入		置位输入		时钟	输出				工作模式
$R_{0(1)}$	$R_{0(2)}$	$R_{9(1)}$	$R_{9(2)}$	CP	Q_3	Q_2	Q_1	Q_0	
1	1	0	×	×	0	0	0	0	异步清零
1	1	×	0	×	0	0	0	0	
×	×	1	1	×	1	0	0	1	异步置数
0	×	0	×	↓	计数				加法计数
0	×	×	0	↓	计数				
×	0	0	×	↓	计数				
×	0	×	0	↓	计数				

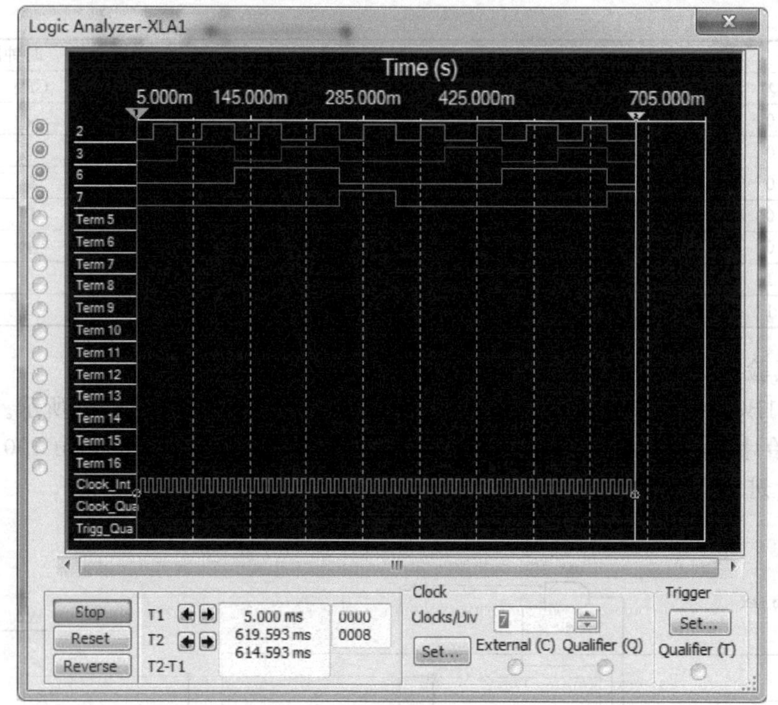

图 6-55　8421BCD 码异步十进制加法计数器时序图

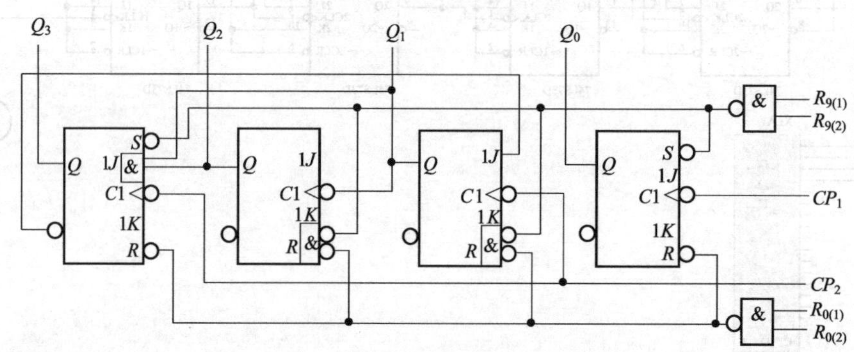

图 6-56　二-五-十进制异步加法计数器 74LS290

由表 6-18 可知，74LS290 具有以下功能。

① 异步清零。当复位输入端 $R_{0(1)}=R_{0(2)}=1$，且置位输入 $R_{9(1)}\cdot R_{9(2)}=0$ 时，不论有无时钟脉冲 CP，计数器输出将被直接置零，仿真如图 6-57(a) 所示。

② 异步置数。当置位输入 $R_{9(1)}=R_{9(2)}=1$ 时，无论其他输入端状态如何，计数器输出将被直接置 9（即 $Q_3Q_2Q_1Q_0=1001$），仿真如图 6-57(b) 所示。

③ 计数。当 $R_{0(1)}\cdot R_{0(2)}=0$，且 $R_{9(1)}\cdot R_{9(2)}=0$ 时，在计数脉冲（下降沿）作用下，进行二-五-十进制加法计数。74LS290 的逻辑图如图 6-56 所示。它包含一个独立的 1 位二进制计数器和一个独立的异步五进制计数器。二进制计数器的时钟输入端为 CP_1，输出端为 Q_0，仿真如图 6-57(c) 所示；五进制计数器的时钟输入端为 CP_2，输出端为 Q_1、Q_2、Q_3，仿真如图 6-58(a)、(b) 所示。如果将 Q_0 与 CP_2 相连，CP_1 作时钟脉冲输入端，$Q_3Q_2Q_1Q_0$ 作输出端，则为 8421BCD 码十进制计数器，仿真如图 6-59(a)、(b) 所示，如果将 Q_3 与 CP_1 相连，CP_2 作时钟脉冲输入端，$Q_0Q_3Q_2Q_1$ 作输出端，则为 5421BCD 码十进制计数器，仿真如图 6-60(a)、(b) 所示。

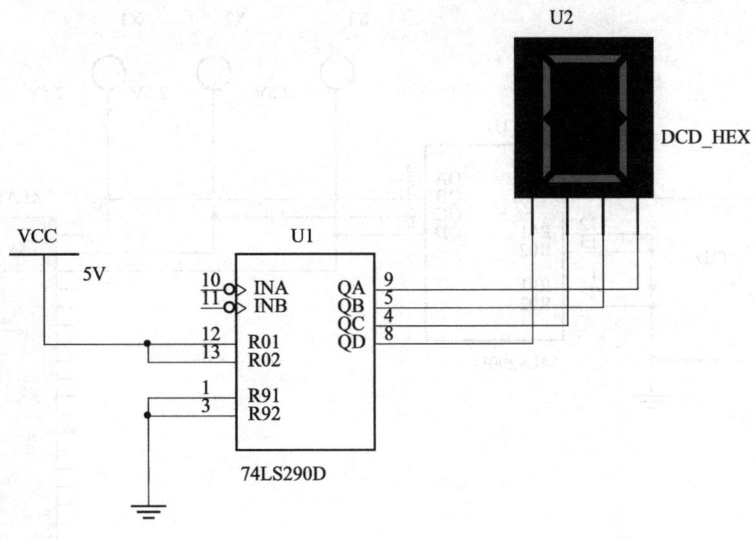

(a) 异步清零

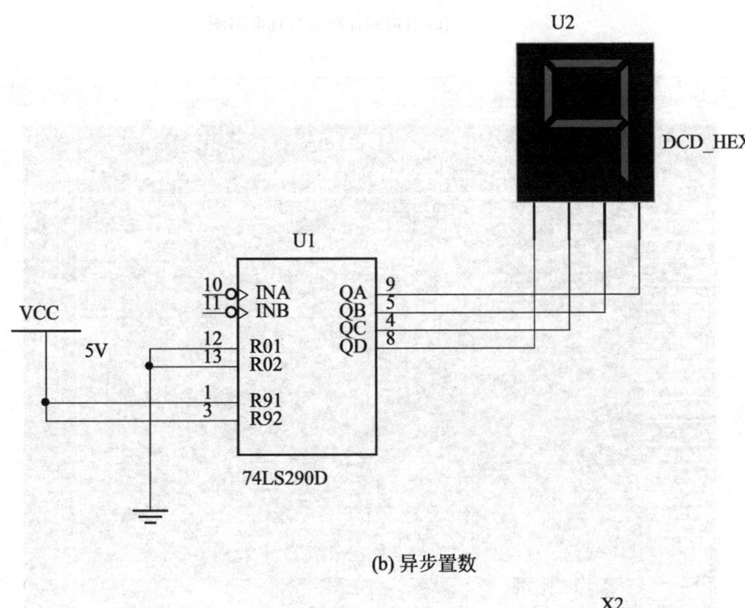

(b) 异步置数

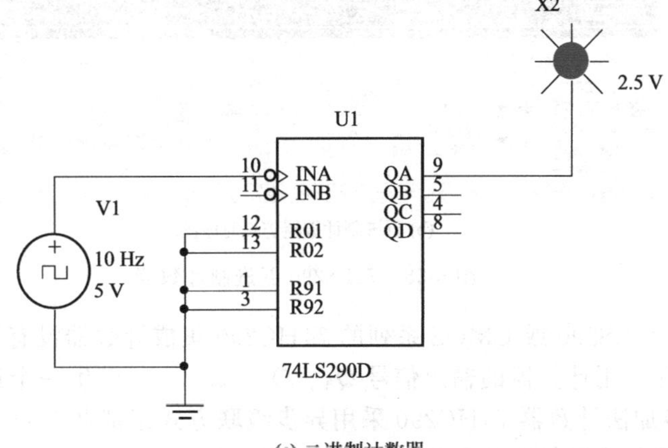

(c) 二进制计数器

图 6-57　74LS290 逻辑功能

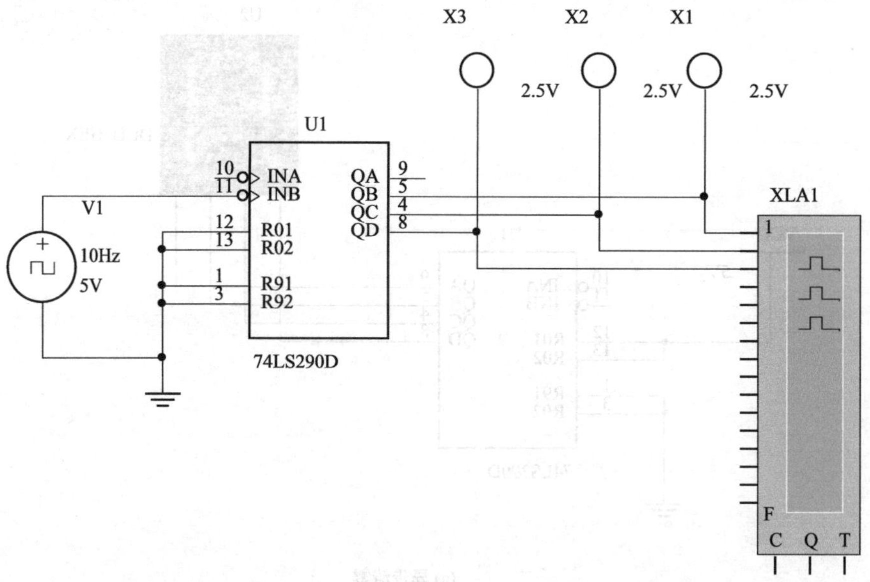

(a) 五进制计数器仿真电路图

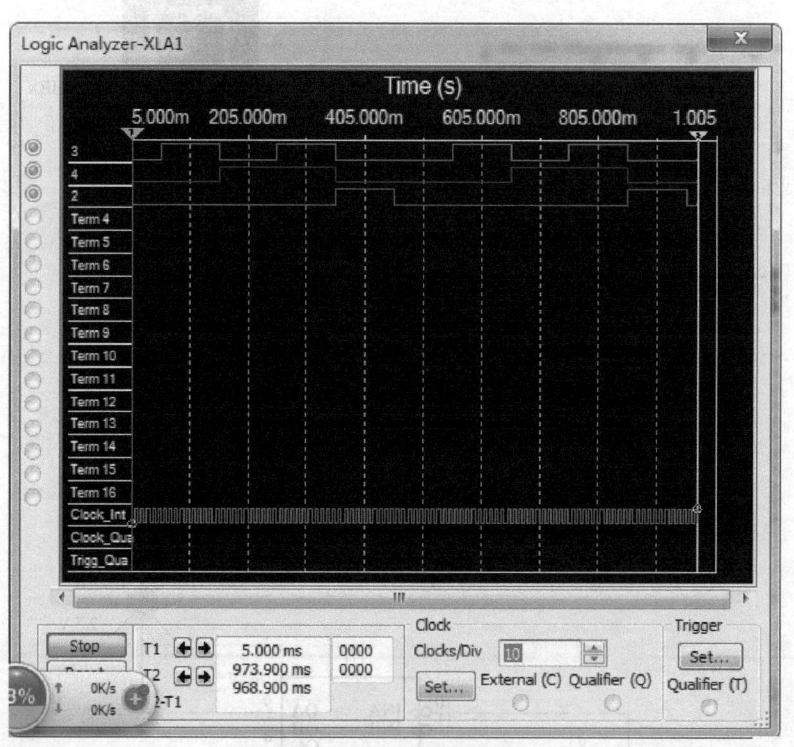

(b) 五进制计数器仿真时序图

图 6-58　74LS290 五进制计数器

TTL 系列的 74LS290 或 CMOS 系列的 74HC290 集成计数器没有进位/借位输出端，这时可根据具体情况，用计数器的输出信号 Q_3、Q_2、Q_1、Q_0 产生一个进位/借位。如用两片二-五-十进制异步加法计数器 74HC290 采用异步级联方式组成的二位 8421BCD 码十进制加法计数器级联原理及仿真如图 6-61(a)、(b)、(c) 所示，模为 10×10=100。计数开始时，

可先在 R_D 端输入一个正脉冲，此时两个计数器均被置为 0 状态，如图 6-61(b) 所示。此后在 L_D 端输入“1”，R_D 端输入“0”，则计数器处于计数状态，如图 6-61(c) 所示。

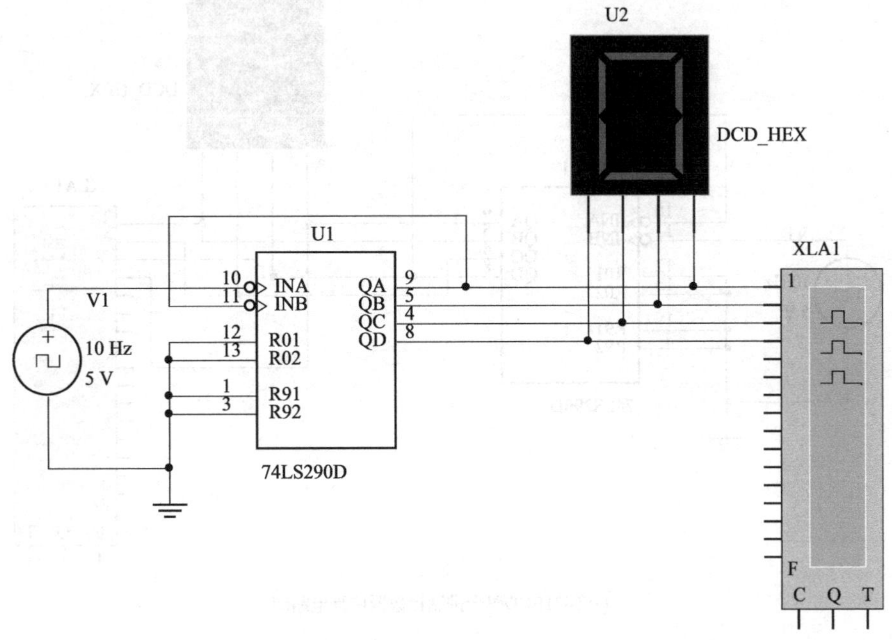

(a) 8421BCD码十进制计数器仿真电路图

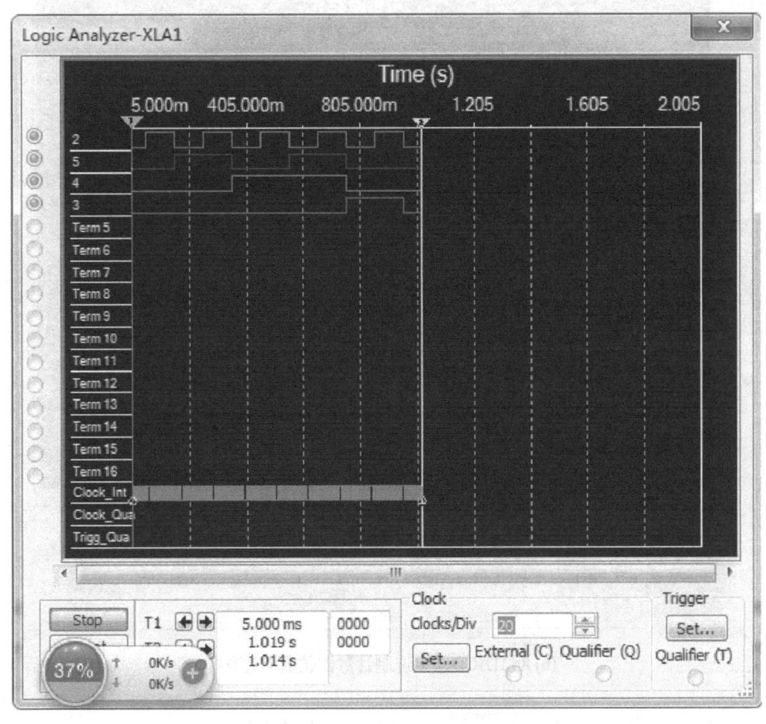

(b) 8421BCD码十进制计数器仿真时序图

图 6-59　8421BCD 码十进制计数器

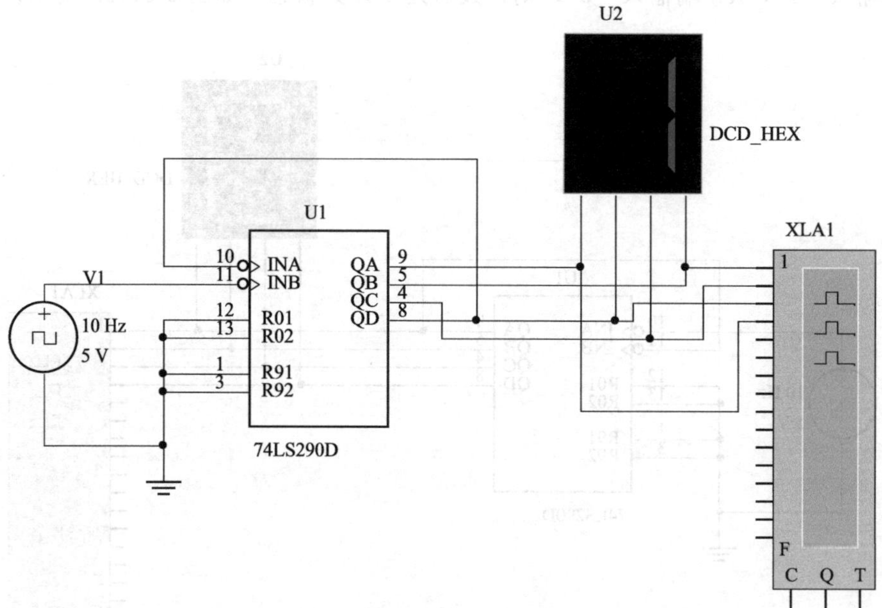

(a) 5421BCD码十进制计数器仿真电路图

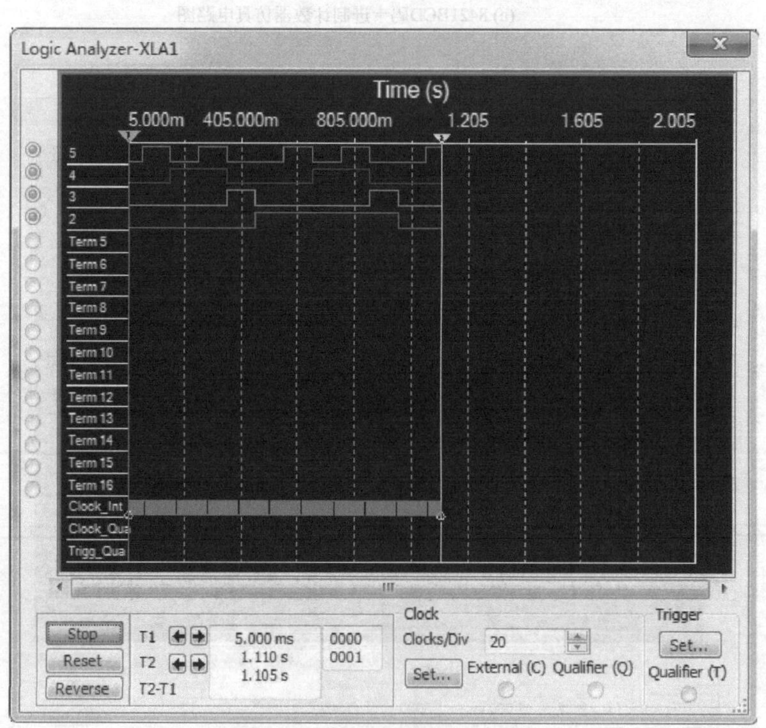

(b) 8421BCD码十进制计数器仿真时序图

图 6-60 5421BCD 码十进制计数器

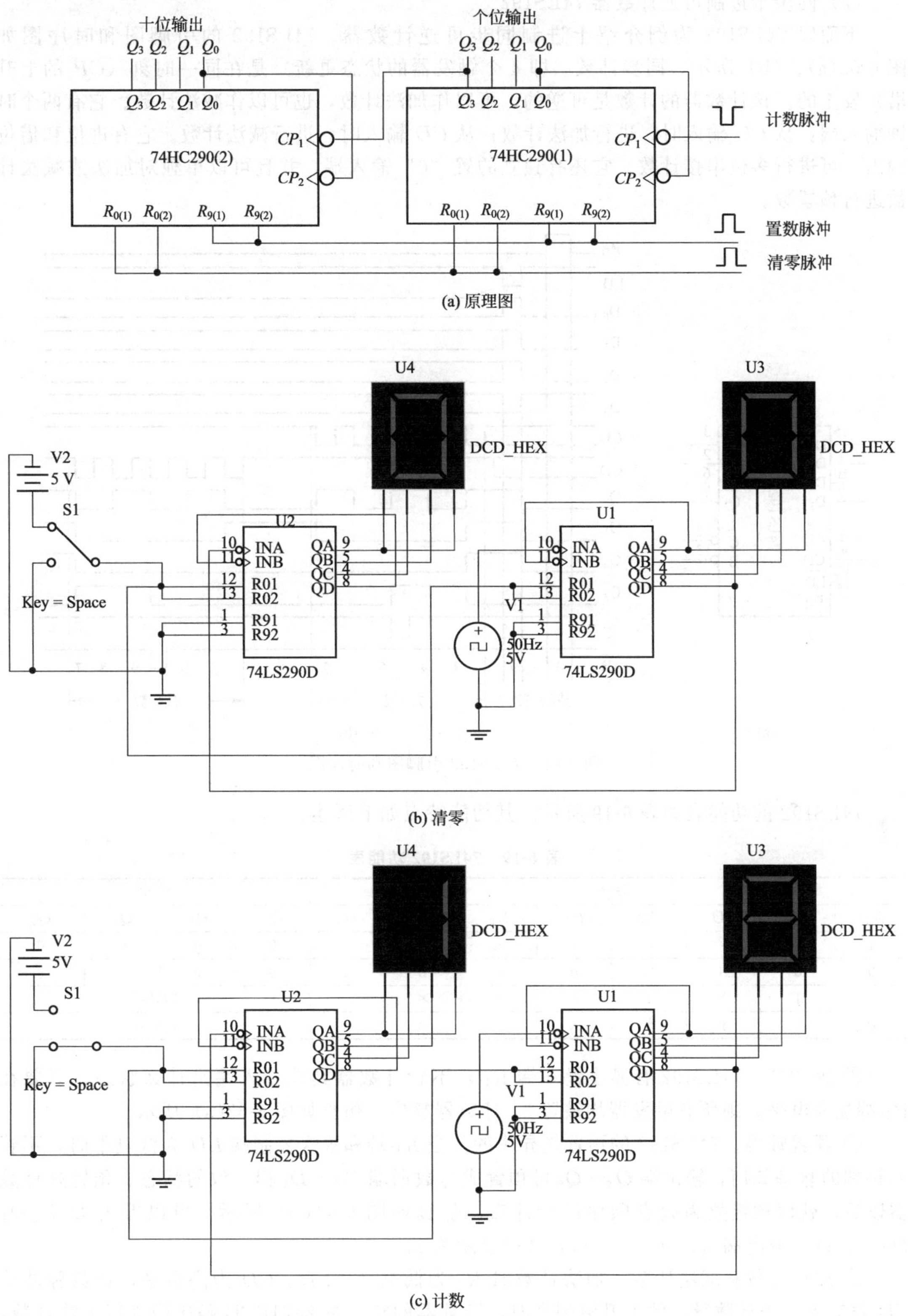

(a) 原理图

(b) 清零

(c) 计数

图 6-61　74HC290 级联组成 100 进制计数器

(2) 同步十进制可逆计数器 74LS192

下面以 74LS192 为例介绍十进制同步可逆计数器。74LS192 的引脚图和时序图如图 6-62(a)、(b) 所示，同步计数（即 4 个触发器的状态更新）是在同一时刻（CP 的上升沿）发生的。该计数器的计数是可逆的，可以作加法计数，也可以作减法计数。它有两个时钟输入端：从 CU 输入时，进行加法计数；从 CD 输入时，进行减法计数。它有进位和借位输出，可进行多位串接计数。它还有独立的置“0”输入端，并且可以单独对加法或减法计数进行预置数。

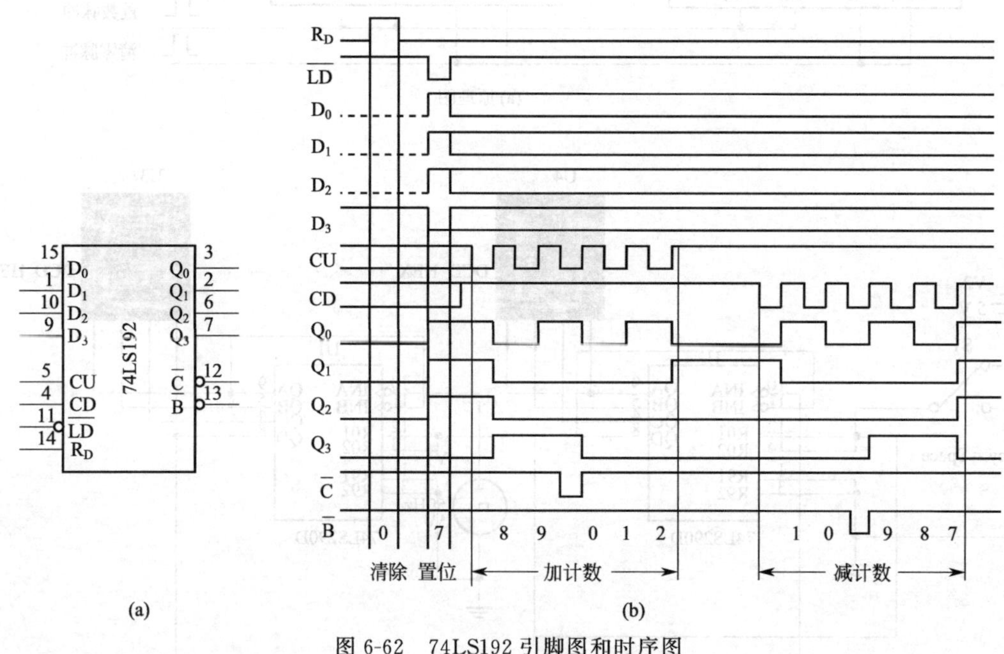

图 6-62　74LS192 引脚图和时序图

74LS192 的功能表如表 6-19 所示。其功能特点如下所述。

表 6-19　74LS192 功能表

输入								输出			
R_D	LD	CU	CD	D_3	D_2	D_1	D_0	Q_3	Q_2	Q_1	Q_0
1	×	×	×	×	×	×	×	0	0	0	0
0	0	×	×	d	c	b	a	d	c	b	a
0	1	↑	1	×	×	×	×	加计数			
0	1	1	↑	×	×	×	×	减计数			

① 置“0”。74LS192 有异步置 0 端 R_D，不管计数器其他输入端是什么状态，只要在 R_D端加高电平，则所有触发器均被置 0，计数器复位，仿真如图 6-63(a) 所示。

② 预置数码。74LS192 的预置是异步的。当 R_D端和置入控制端 LD 为低电平时，不管时钟端的状态如何，输出端 $Q_3 \sim Q_0$可预置成与数据端 $D_3 \sim D_0$相一致的状态。预置好计数器以后，就以预置数为起点顺序进行计数，仿真如图 6-63(b) 所示，可以看出 $D_3D_2D_1D_0=0011$，输出端 $Q_3 \sim Q_0=0011$，译码显示为 3。

③ 加法计数和减法计数。加法计数时 R_D为低电平，LD、CD 为高电平，计数脉冲从 CU 端输入。当计数脉冲的上升沿到来时，计数器的状态按 8421BCD 码递增进行加法计数，仿真如图 6-63(c) 所示。减法计数时，R_D为低电平，LD、CU 为高电平，计数脉冲从 CD 端输入。当计数脉冲的上升沿到来时，计数器的状态按 8421BCD 码递减进行减法计数，仿

真如图 6-63(d) 所示。

④ 进位输出。计数器作十进制加法计数时，在 CU 端第 9 个输入脉冲上升沿作用后，计数状态为 1001，当其下降沿到来时，进位输出端 C 产生一个负的进位脉冲。第 10 个脉冲上升沿作用后，计数器复位。若将进位输出 C 与后一级的 CU 相连，可实现多位计数器级联。当 C 反馈至 LD 输入端，并在并行数据输入端 $D_3 \sim D_0$ 输入一定的预置数，则可实现 10 以内任意进制的加法计数，仿真如图 6-64(a) 所示。

⑤ 借位输出。计数器作十进制减法计数时，设初始状态为 1001。在 CD 端第 9 个输入脉冲上升沿作用后，计数状态为 0000，当其下降沿到来后，借位输出端 B 产生一个负的借位脉冲。第 10 个脉冲上升沿作用后，计数状态恢复为 1001。同样，将借位输出 B 与后一级的 CD 相连，可实现多位计数器级联。通过 B 对 LD 的反馈连接可实现 10 以内任意进制的减法计数，仿真如图 6-64(b) 所示。

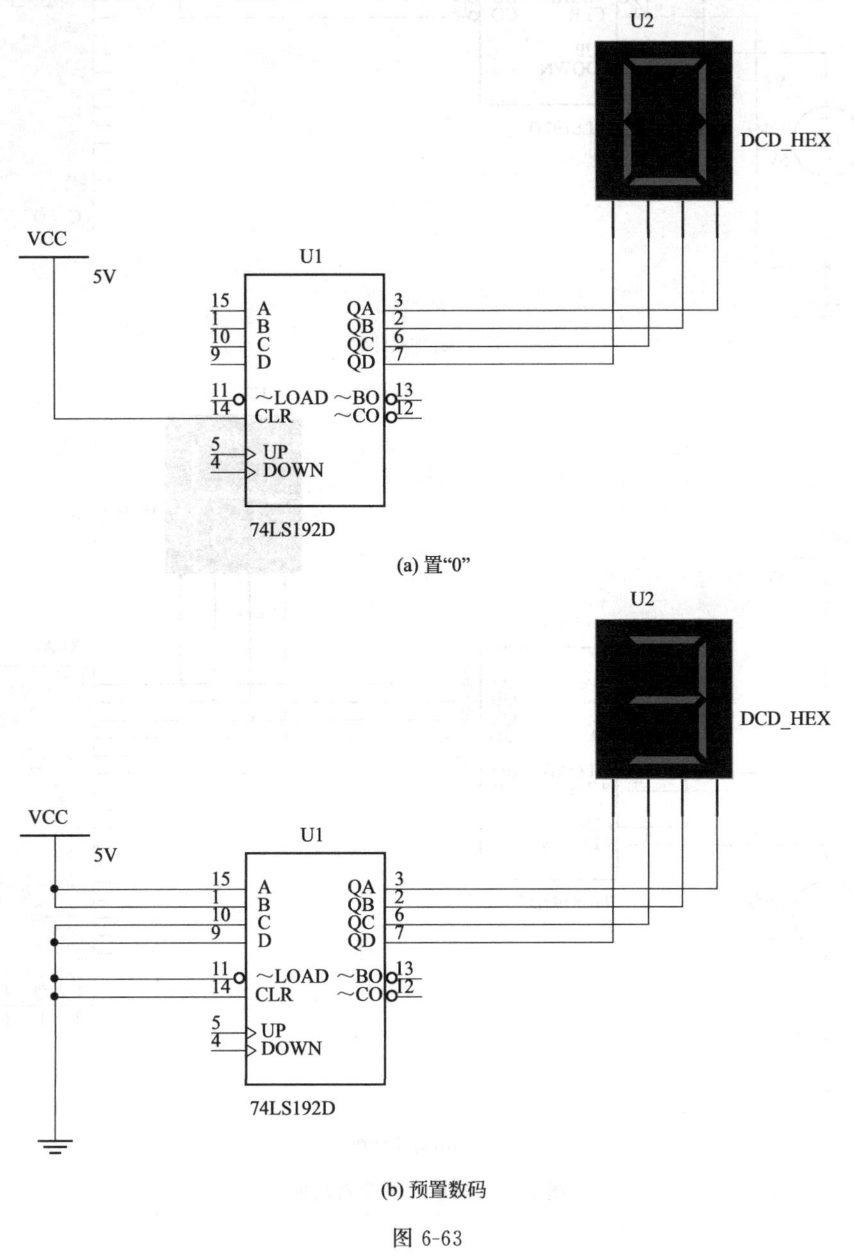

(a) 置“0”

(b) 预置数码

图 6-63

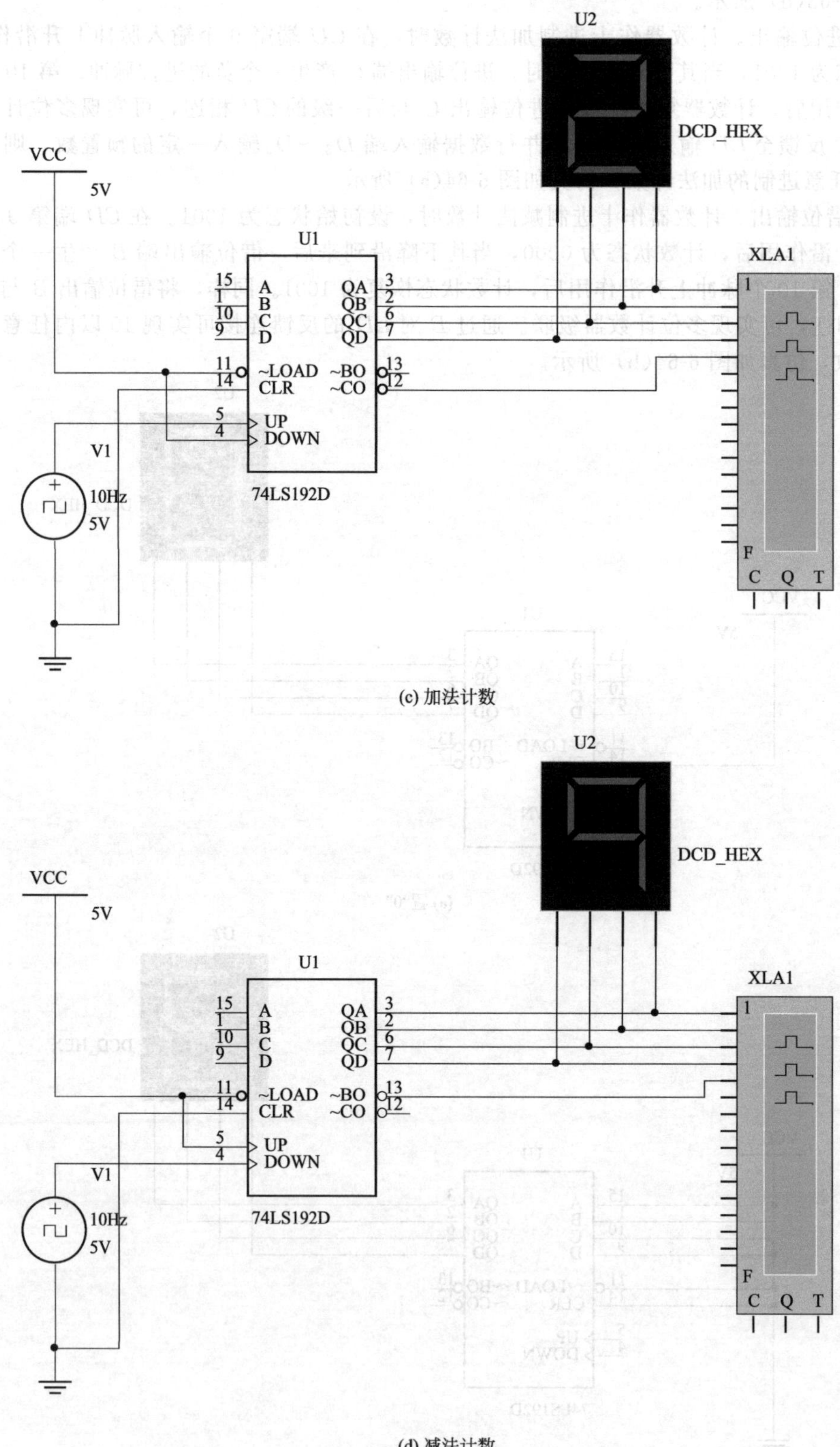

(c) 加法计数

(d) 减法计数

图 6-63　74LS192 逻辑功能

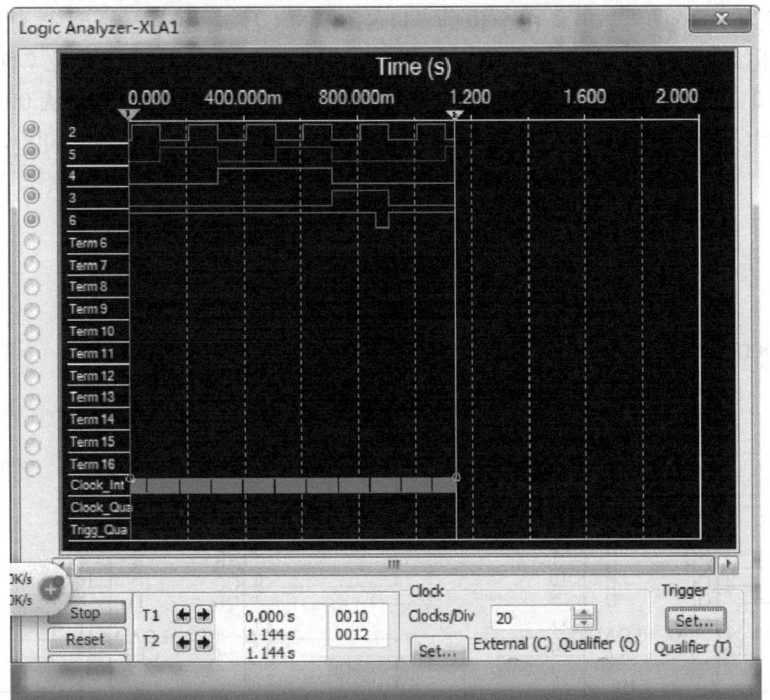

(a) 加法计数

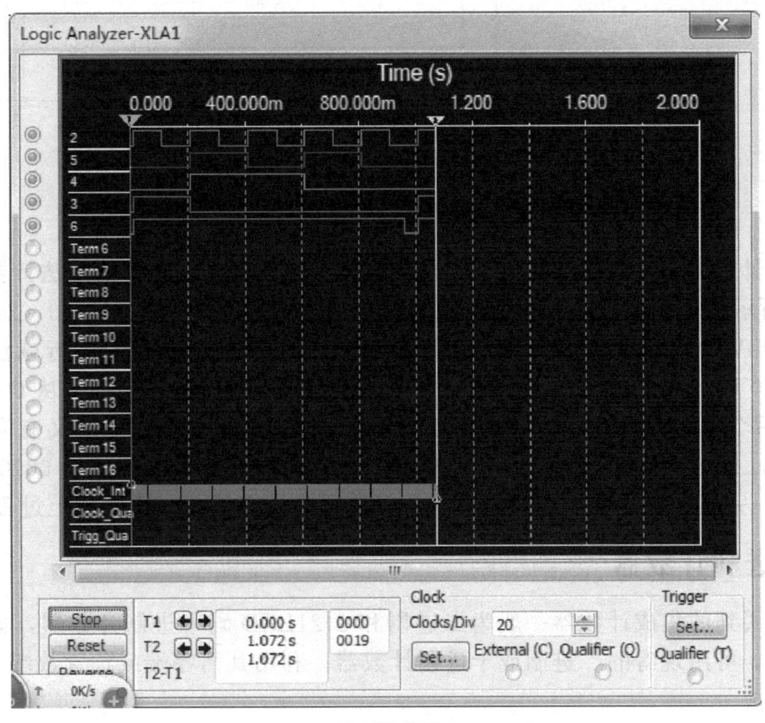

(b) 减法计数

图 6-64　74LS192 仿真时序图

⑥ 计数器的级联。如用两片 74LS192 采用异步级联方式组成加法计数器仿真如图 6-65所示，模为 10×10=100。在个位的 74LS192 的 *CU* 端逐个输入计数脉冲 *CP*，个位的 74LS192 开始进行加法计数。在第 10 个 *CP* 脉冲上升沿到来后，个位 74LS192 的状态为 1001→0000，同时其进位输出 *C* 为 0→1，此上升沿使十位 74LS192 从 0000 开始计数，直到第 100 个 *CP* 脉冲作用后，计数器状态由 1001 1001 恢复为 0000 0000，完成一次计数循环。

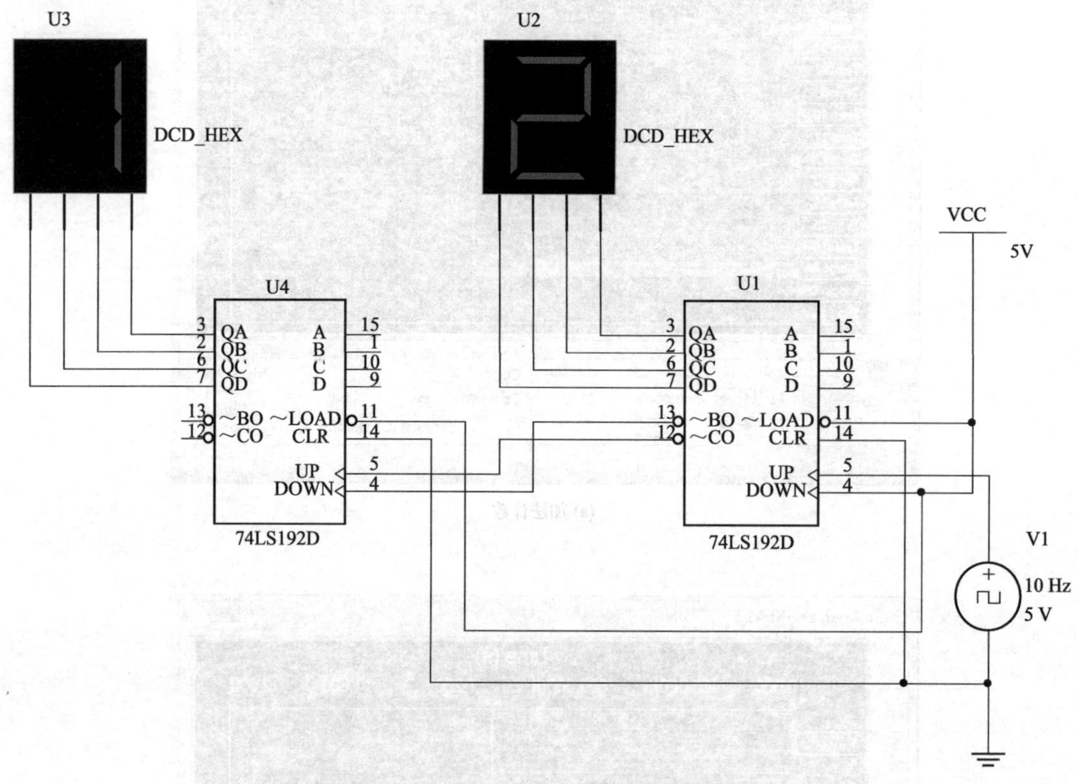

图 6-65 74LS192 加法计数器的级联仿真图

引例中设计的 24s 篮球倒计时器则是采用两片 74LS192 构成 24 的减法计数器，仿真电路如图 6-66 所示，首先将个位和十位计数器的数据输入端设置为 01000010（24），在个位的 74LS192 的 DOWN 端逐个输入计数脉冲 *CP*，个位的 74LS192 开始进行减法计数。在从 0100 减到 0000 后，其借位输出 *BO* 为 0→1，此上升沿使十位 74LS192 从 0010 开始减 1，变为 0001 然后个位的 74LS192 开始从 1001 减到 0000，其借位输出 *BO* 又变为 0→1，此上升沿使十位 74LS192 从 0001 开始减 1 变为 0000，依此类推计数器状态由 0010 0100 依此减为 0000 0000，完成一次计数循环，通过与非门使置数端有效，又重复以上过程。

6.2.5 *N* 进制计数器

市场上能买到的集成计数器一般为二进制和 8421BCD 码十进制计数器，如果需要其他进制的计数器，可用现有的二进制或十进制计数器，利用其清零端或预置数端，外加适当的门电路连接而成。

N 进制计数器是指计数器的模 $N \neq 2^n$（n 为正整数）的计数器，例如，模 5、模 9、模 12 计数器以及十进制计数器等都属于它的范畴。

利用已有的集成计数器构成任意进制计数器的方法通常有三种。

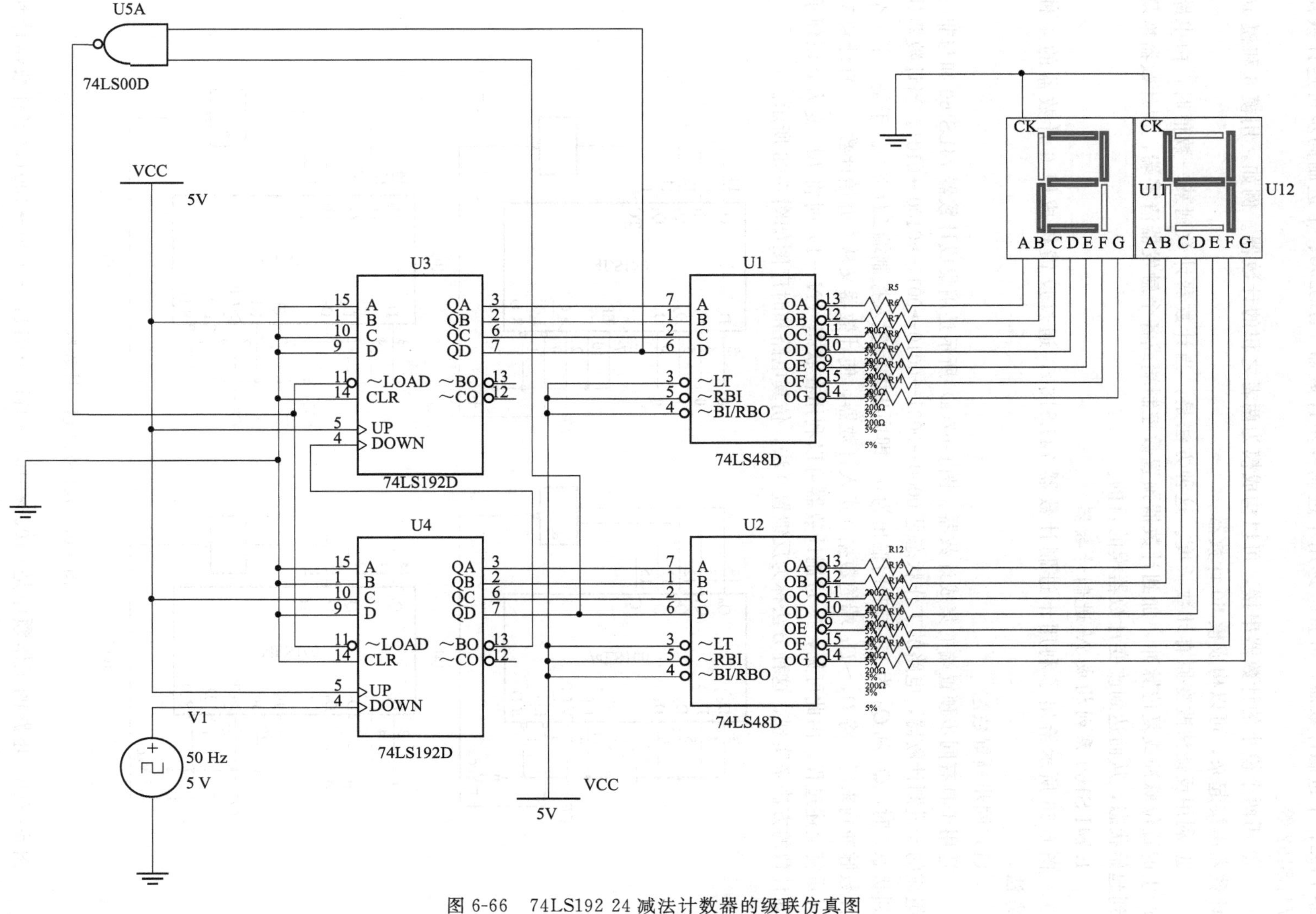

图 6-66　74LS192 24 减法计数器的级联仿真图

① 直接选用已有的计数器。例如，欲构成十二分频器，可直接选用十二进制异步计数器 7492；十进制计数器，可直接选用十进制异步计数器 74LS290、十进制同步可逆计数器 74LS192 等。

② 用两个模小的计数器串接，可以构成模为两者之积的计数器。例如，用模 6 和模 10 计数器串接起来，可以构成模 60 计数器。

③ 利用反馈法改变原有计数长度。这种方法是，当计数器计数到某一数值时，由电路产生的置位脉冲或复位脉冲，加到计数器预置数控制端或各个触发器清零端，使计数器恢复到起始状态，从而达到改变计数器模的目的。

1. 74LS160 系列构成 N 进制计数器

图 6-66 所示给出了利用十进制计数器 74LS160，通过反馈构成模 6 计数器的 4 种方法。

(1) 同步预置数法

适用于具有同步预置端的集成计数器。图 6-67(a) 所示是用集成计数器 74LS160 和与非门组成的 6 进制计数器，电路的工作状态是 0000→0001→0010→0011→0100→0101，当计数器计到状态 5 时，Q_2 和 Q_0 为 1，与非门输出为 0，即同步并行置入控制端 LD 是 0。于是，下一个计数脉冲到来时，将 $D_3 \sim D_0$ 端的数据 0 送入计数器，使计数器又从 0 开始计数，一直计到 5，又重复上述过程。由此可见，N 进制计数器可以利用在状态 $(N-1)$ 时将 LD 变为 0 以便重新计数的方法来实现，这种方法称为反馈置 0 法，仿真电路和时序图如图 6-68 所示。

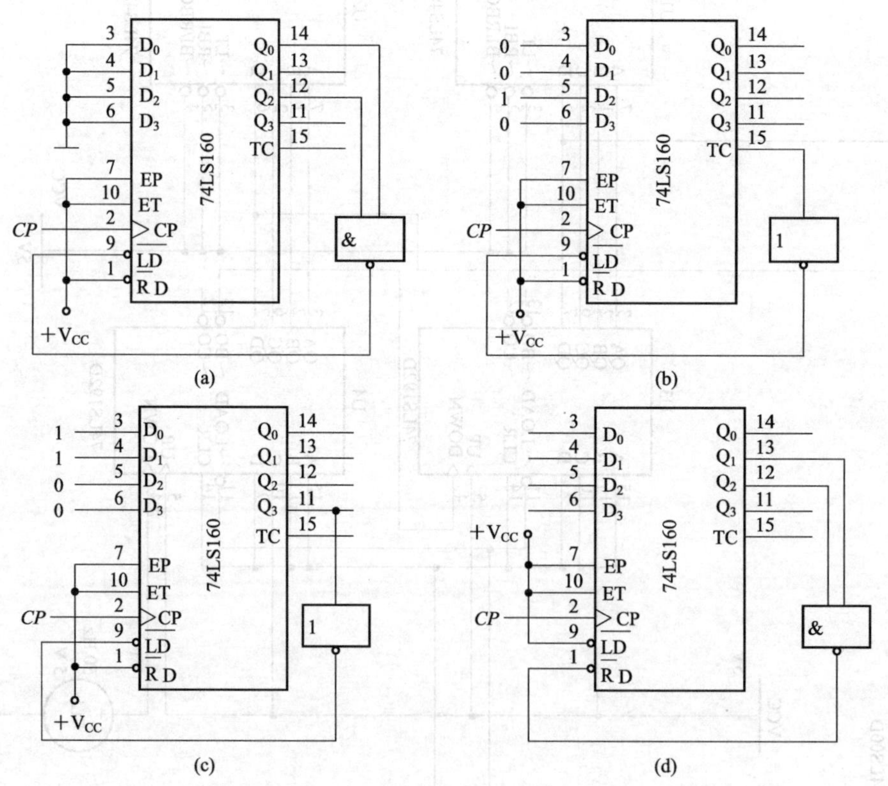

图 6-67　74LS160 模 6 计数器

图 6-67(b) 电路的工作顺序是 0100→0101→0110→0111→1000→1001，当计数器计到状态 1001 时，进位端 C 为 1，经非门后使 LD 为 0，于是，下一个时钟到来时，将 $D_3 \sim D_0$ 端的数据 0100 送入计数器，此后又从 0100 开始计数，一直计数到 1001，又重复上述过程。

这种方法称为反馈预置法，*N* 进制计数器可以利用在状态 1001 时将 *LD* 变为 0 以便重新计数 0100（10-*N*）的方法来实现，这种方法称为反馈置数法，仿真电路和时序图如图 6-69 所示。图 6-67(c) 的工作顺序是 0011→0100→0101→0110→0111→1000，工作原理同上，仿真电路和时序图如图 6-70 所示。

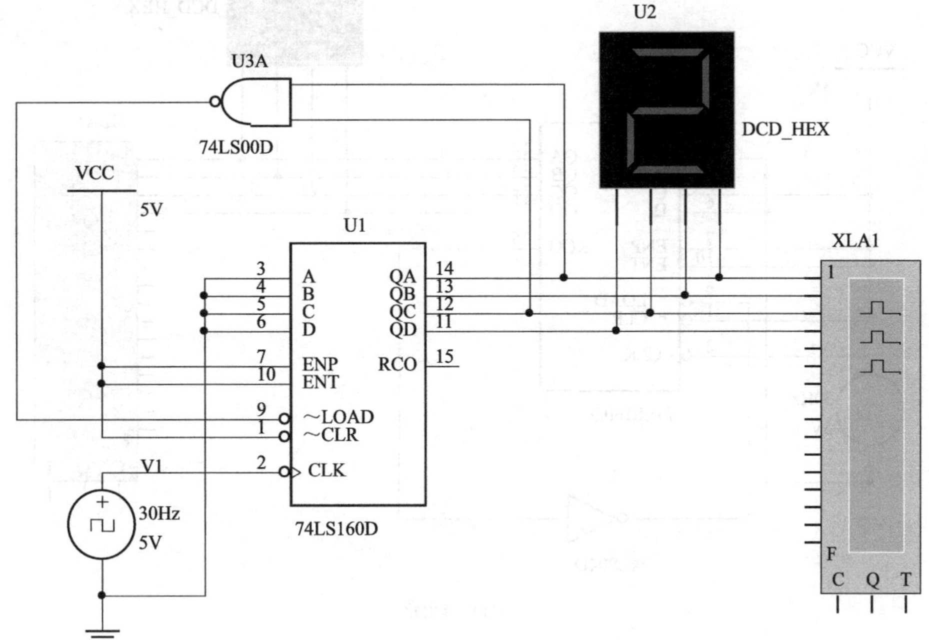

(a) 仿真电路

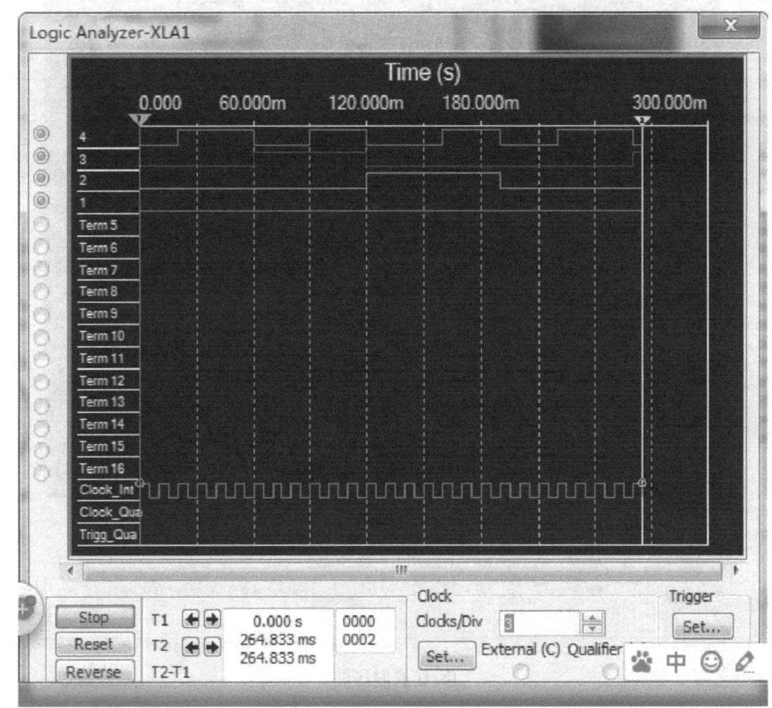

(b) 仿真时序图

图 6-68　74LS160 模 6 计数器（反馈置 0 法）

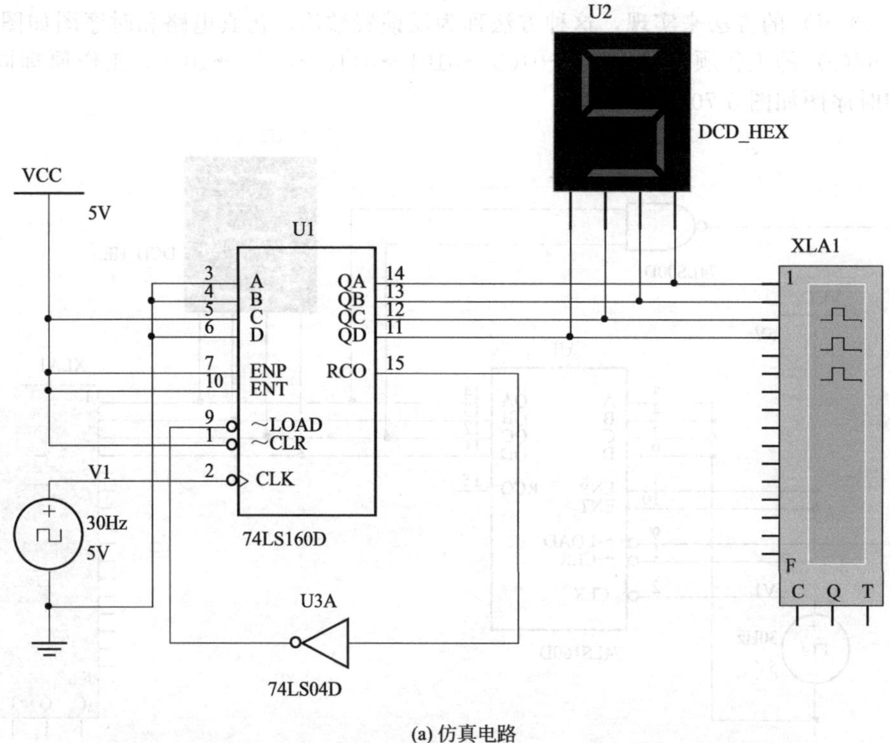

(a) 仿真电路

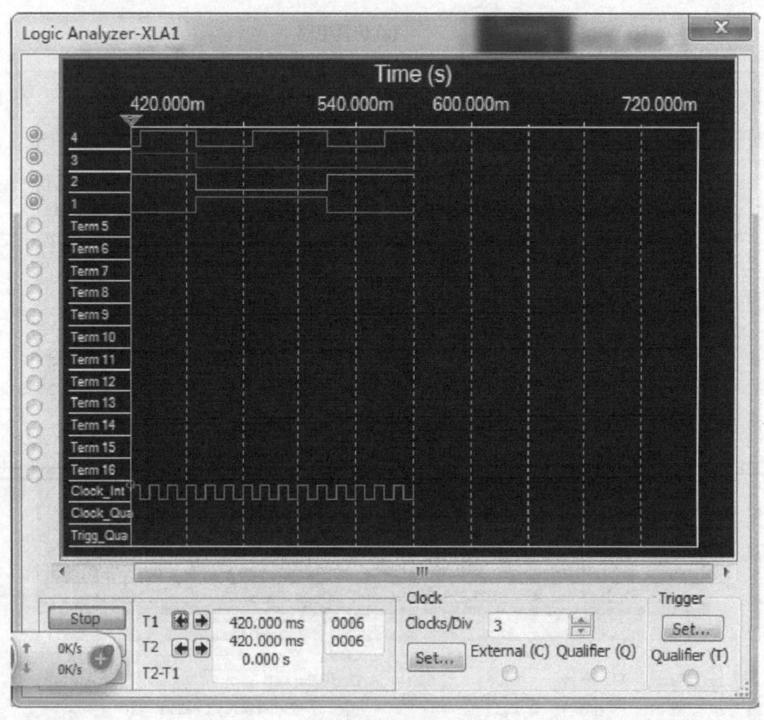

(b) 仿真时序图

图 6-69　74LS160 模 6 计数器（进位反馈置数法）（一）

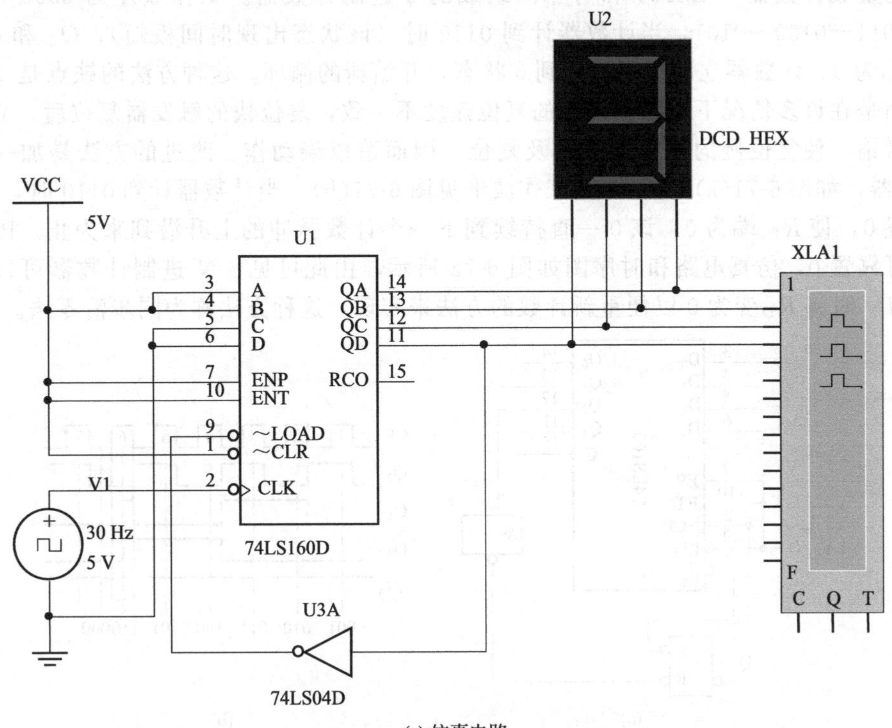

(a) 仿真电路

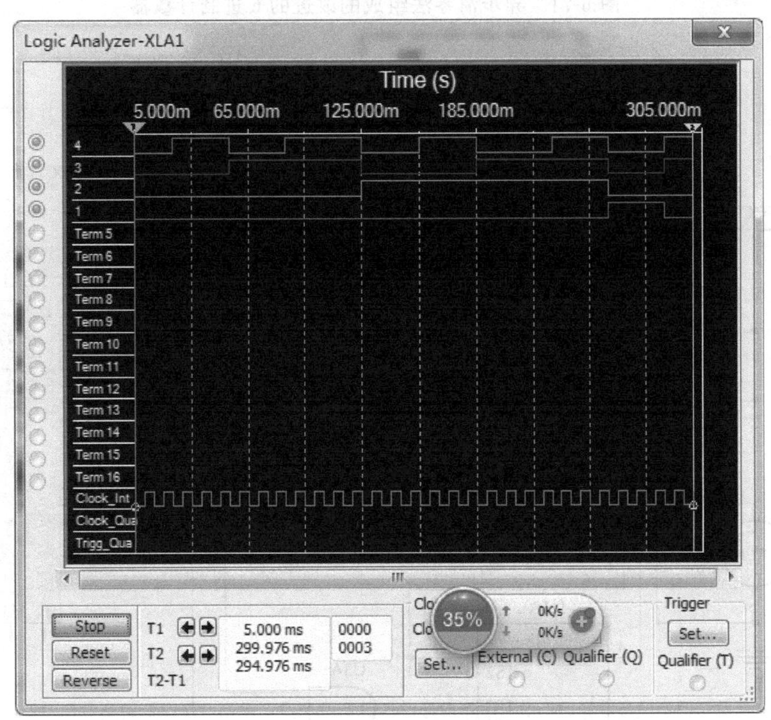

(b) 仿真时序图

图 6-70　74LS160 模 6 计数器（进位反馈置数法）（二）

（2）同步清零法

图 6-67(d) 电路利用了直接置 0 端 R_D，适用于具有同步清零端的集成计数器。图 6-71

所示是用集成计数器 74LS160 和与非门组成的 6 进制计数器。工作顺序为 0000→0001→0010→0011→0100→0101，当计数器计到 0110 时（该状态出现时间极短），Q_2 和 Q_1 均为 1，使 R_D为 0，计数器立即被强迫回到 0 状态，开始新的循环。这种方法的缺点是工作不可靠。原因是在许多情况下，各触发器的复位速度不一致，复位快的触发器复位后，立即将复位信号撤销，使复位慢的触发器来不及复位，因而造成误动作。改进的方法是加一个基本 RS 触发器，如图 6-71(a) 所示，其工作波形见图 6-71(b)。当计数器计到 0110 时，基本 RS 触发器置 0，使 R_D 端为 0，该 0 一直持续到下一个计数脉冲的上升沿到来为止。因此该计数器能可靠置 0，仿真电路和时序图如图 6-72 所示，由此可见，N 进制计数器可以利用在状态（N）时将 R_D变为 0 以便重新计数的方法来实现，这种方法称为同步清零法。

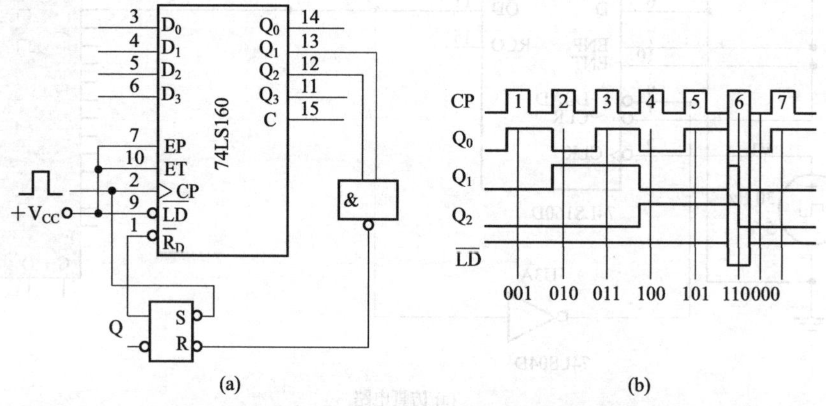

(a) (b)

图 6-71　异步清零法组成的改进的 6 进制计数器

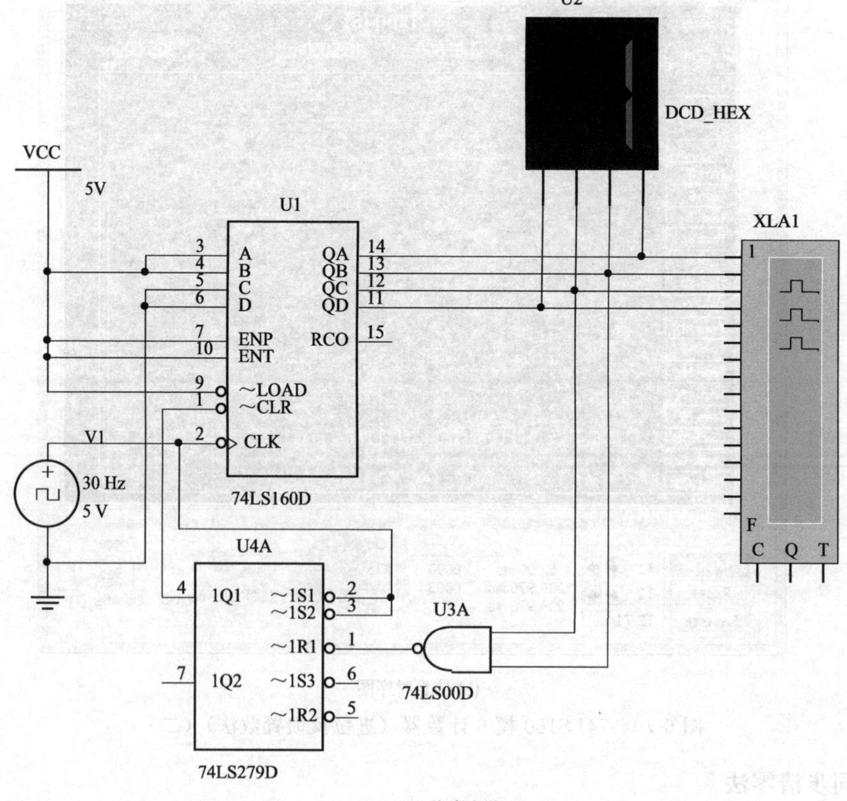

(a) 仿真电路

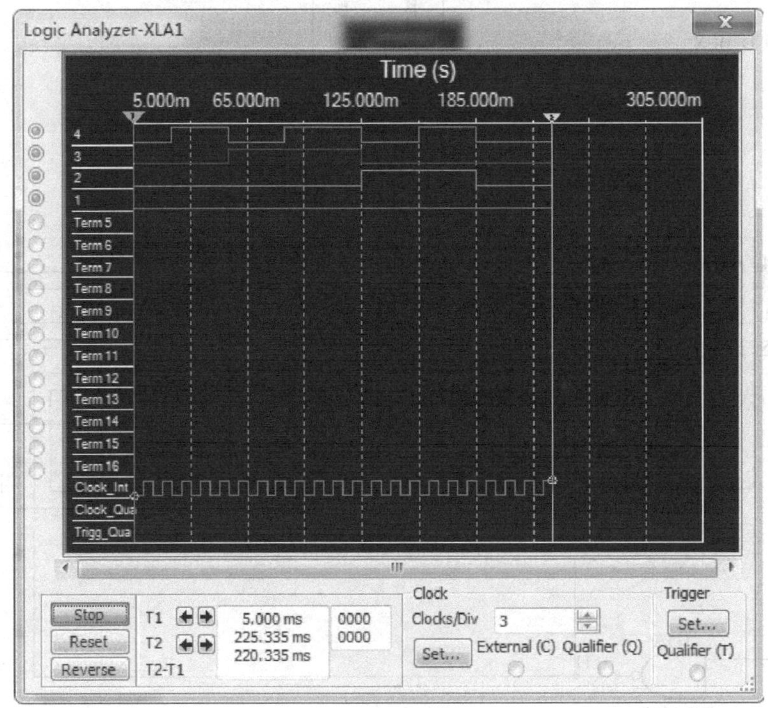

(b) 仿真时序图

图 6-72　异步清零法组成改进的 6 进制计数器

综上所述，改变集成计数器的模可用清零法，也可用预置数法。清零法比较简单，预置数法比较灵活。但不管用哪种方法，都应首先搞清所用集成组件的清零端或预置端是异步还是同步工作方式，根据不同的工作方式选择合适的清零信号或预置信号。

模 N 计数器进位输出端输出脉冲的频率是输入脉冲频率的 $1/N$，因此可用模 N 计数器组成 N 分频器。

特别提示

注意 74LS160、161 是异步清零方式，故同步清零，模 N，用状态 N 产生清零信号；74LS162、163 是同步清零方式，而模 N，用状态 $N-1$ 产生清零信号。74LS160、162 是十进制计数器，故反馈预置法，N 进制计数器可以利用在状态 1001 时将 LD 变为 0 以便重新计数（10-N）的方法来实现；74LS161、163 是四位二进制计数器，故反馈预置法，N 进制计数器可以利用在状态 1111 时将 LD 变为 0 以便重新计数（2^4-N）的方法来实现。

（3）74LS160 系列级联扩展构成 N 进制计数器

利用前面所学的 160 芯片的扩展方法，可以用两片 74LS160 构成 10～100 以内的任意进制计数器，图 6-73 就是采用同步级联方式反馈置数法构成的 13 进制计数器，可以利用在状态 00010010 时将 LD 变为 0 以便重新计数 00000000 的方法来实现，当然也可以采用异步级联方式反馈清零法实现，在此不再赘述。

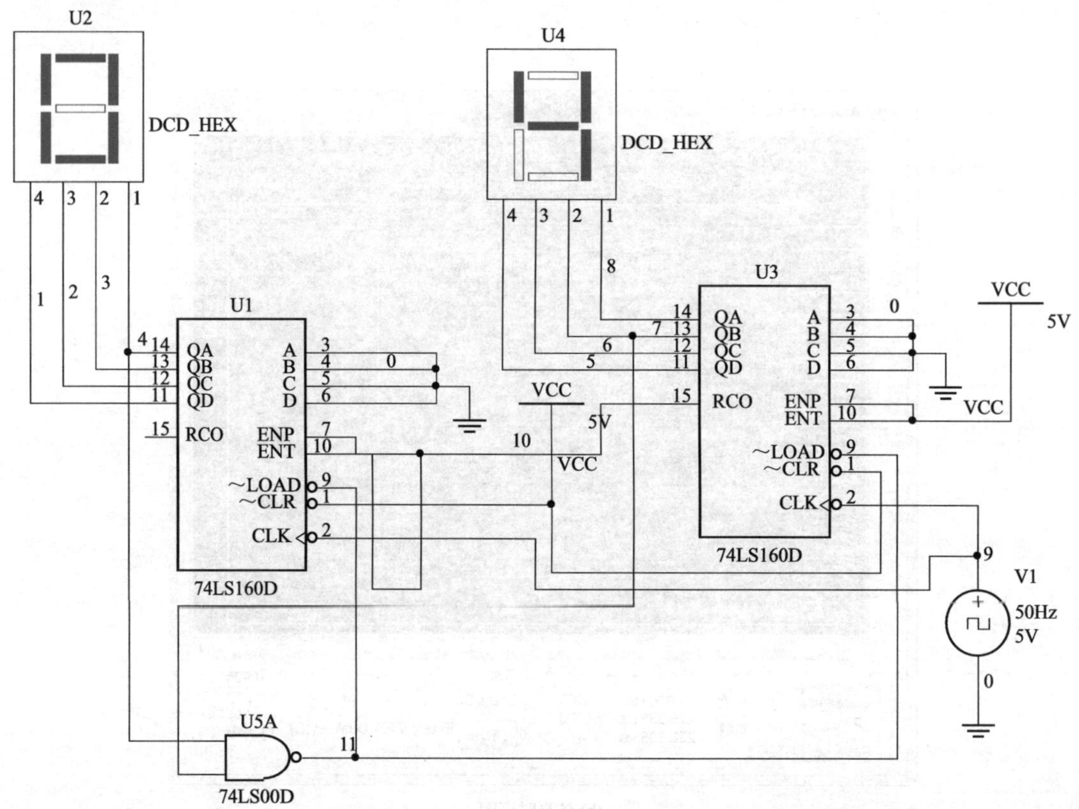

图 6-73　74LS160 同步级联方式反馈置数法构成的 13 进制计数器

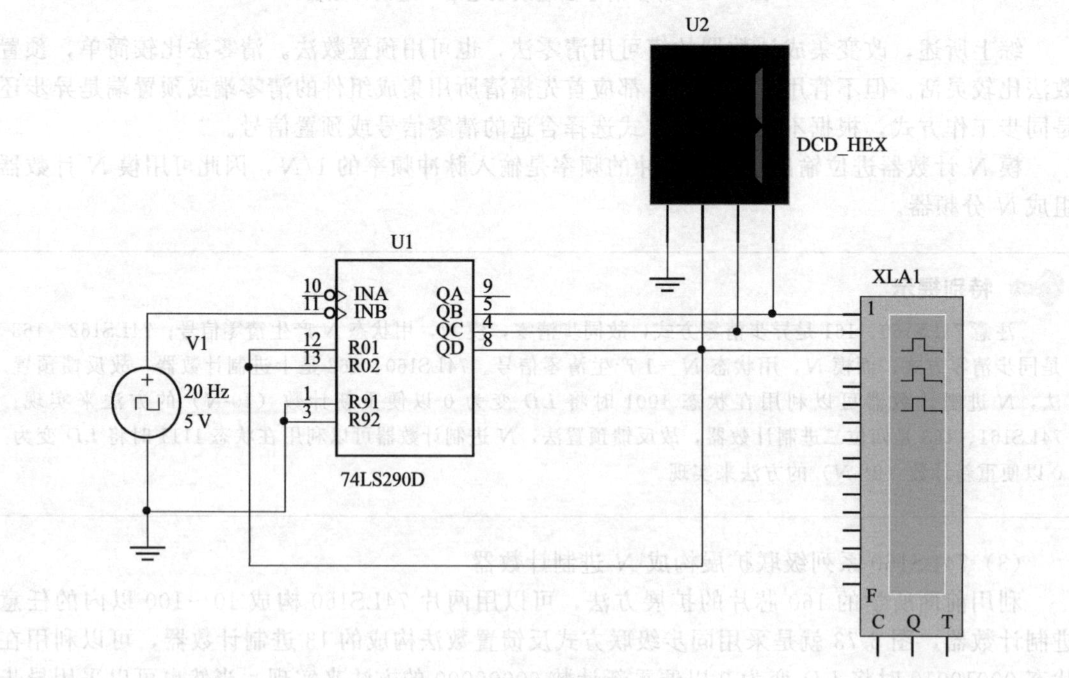

(a) 仿真电路

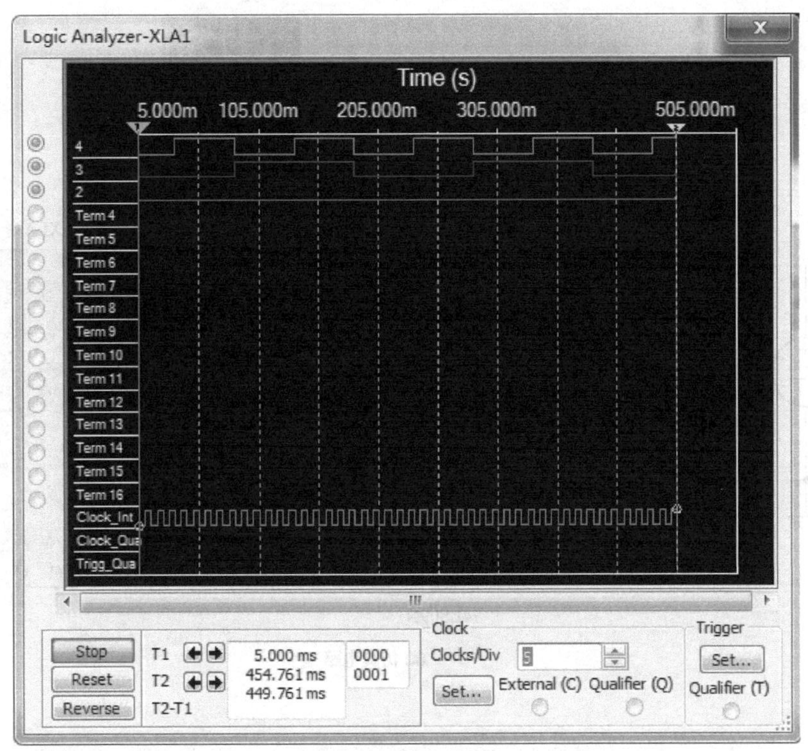

(b) 仿真时序图

图 6-74　74LS290 异步清零法组成 4 进制计数器

2. 74LS290 构成 N 进制计数器

下面给出了利用二-五-十进制计数器 74LS290，通过反馈构成 N 进制计数器的几种方法。

(1) 反馈异步清零法

74LS290 是具有异步清零端（低电平有效）的集成计数器。所以可以用集成计数器 74LS290 或 74LS290 和与门利用反馈清零法组成 N 进制计数器，如果要构成 4 进制计数器，因为 74LS290 可以构成五进制计数器，利用在状态 0100 时清零端有效，以便重新计数 0000 的方法来实现。仿真电路如图 6-74 所示，该电路的有效状态是 0000～0011，共 4 个状态，构成模 4 计数器。

如果要构成 6 进制计数器，则需要先利用 74LS290 构成十进制计数器，再利用在状态 0110 时清零端有效，以便重新计数 0000 的方法来实现，仿真电路如图 6-75 所示，该电路的有效状态是 0000～0101，共 6 个状态，构成模 6 计数器。

(2) 74LS290 级联扩展构成 N 进制计数器

利用前面所学的 74LS290 芯片的扩展方法，可以用两片 74LS290 构成 100 进制计数器，图 6-76 就是采用异步级联方式反馈清零法构成的 13 进制计数器，利用与门（此处用两个与非门实现此功能）在状态 00010011 时将清零端变为 1 以便重新计数 00000000 的方法来实现 13 进制计数器。

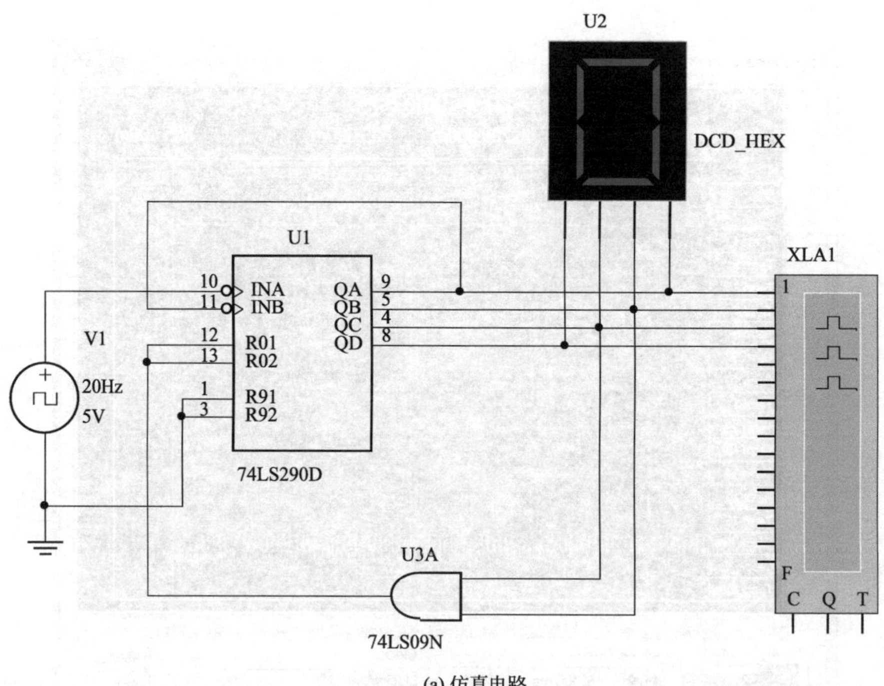

(a) 仿真电路

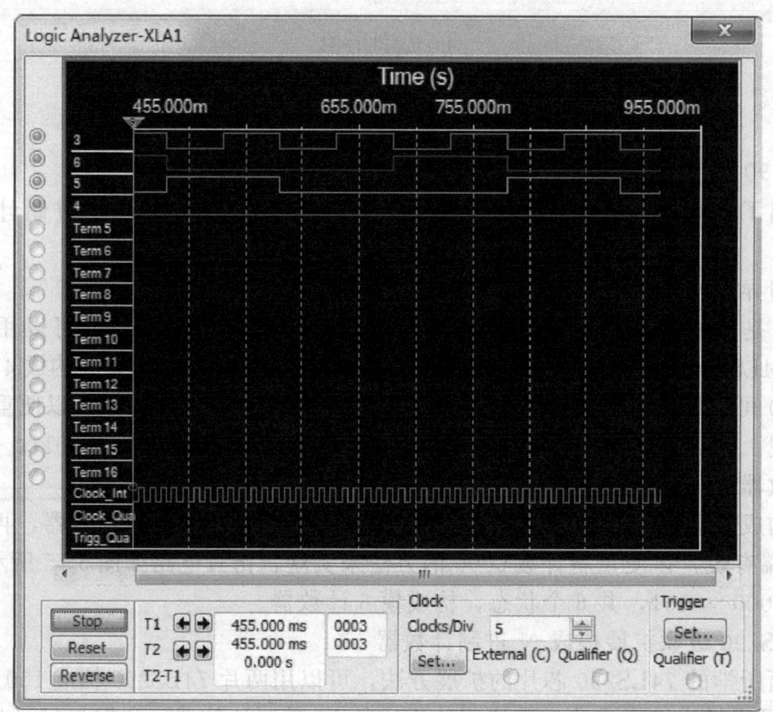

(b) 仿真时序图

图 6-75　74LS290 异步清零法组成 6 进制计数器

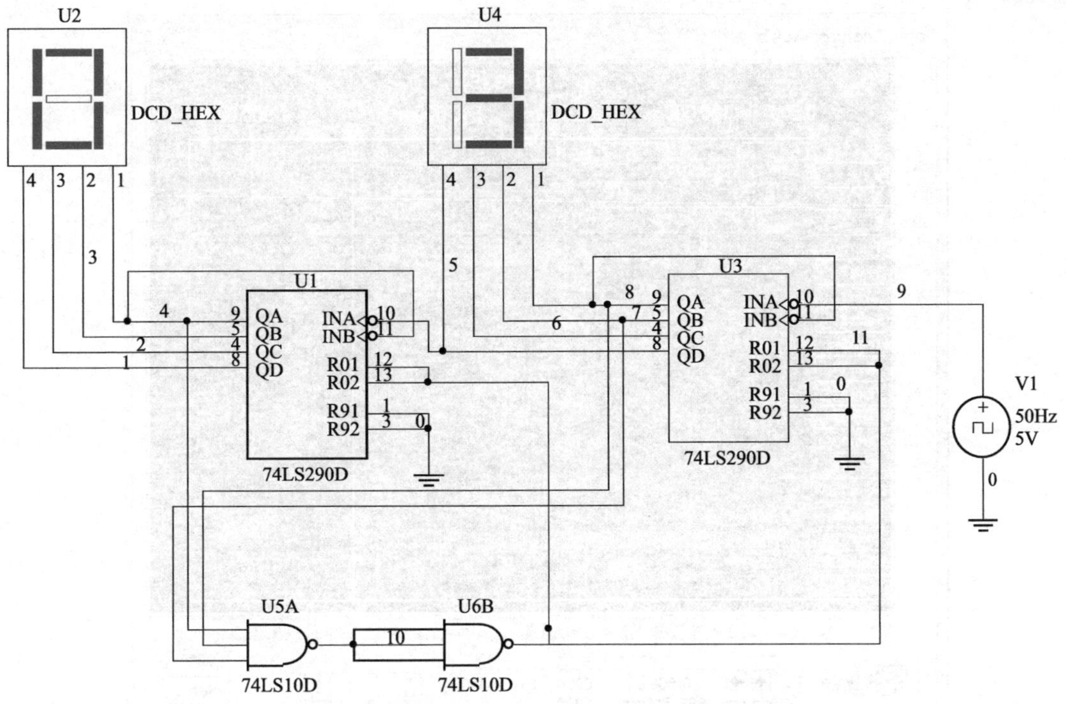

图 6-76　74LS290 异步清零法组成 13 进制计数器

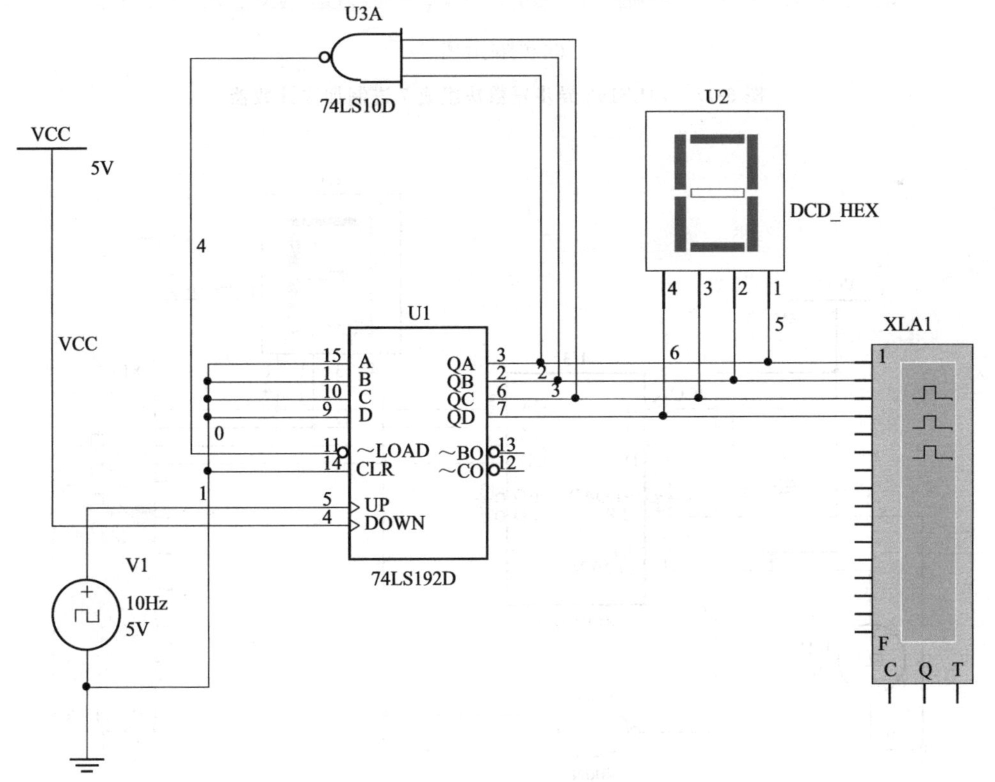

(a) 仿真电路

图 6-77

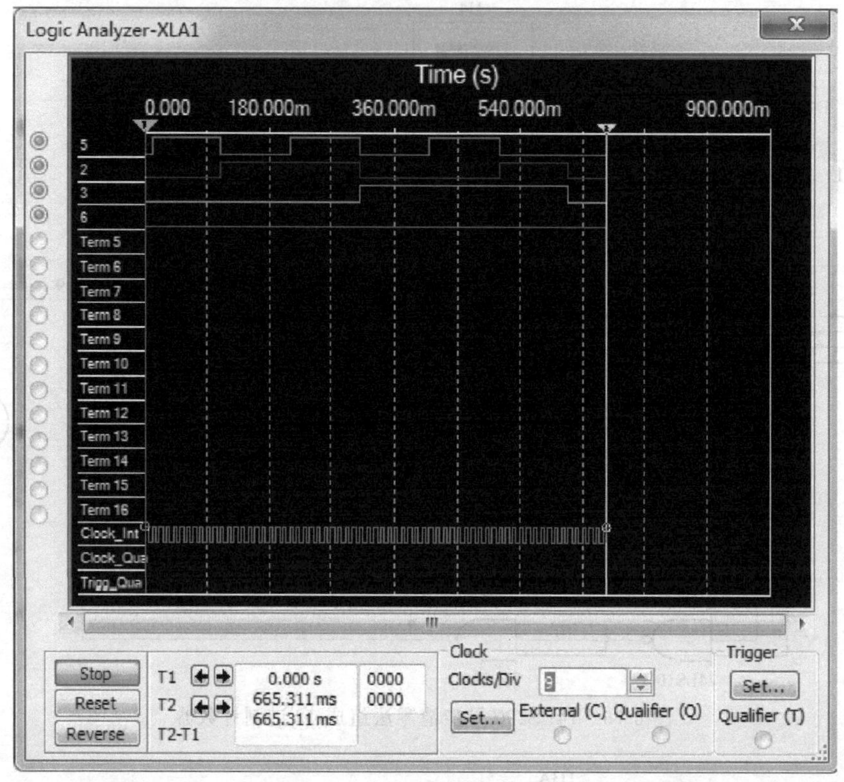

(b) 仿真时序图

图 6-77　74LS192 异步置数法组成 7 进制加法计数器

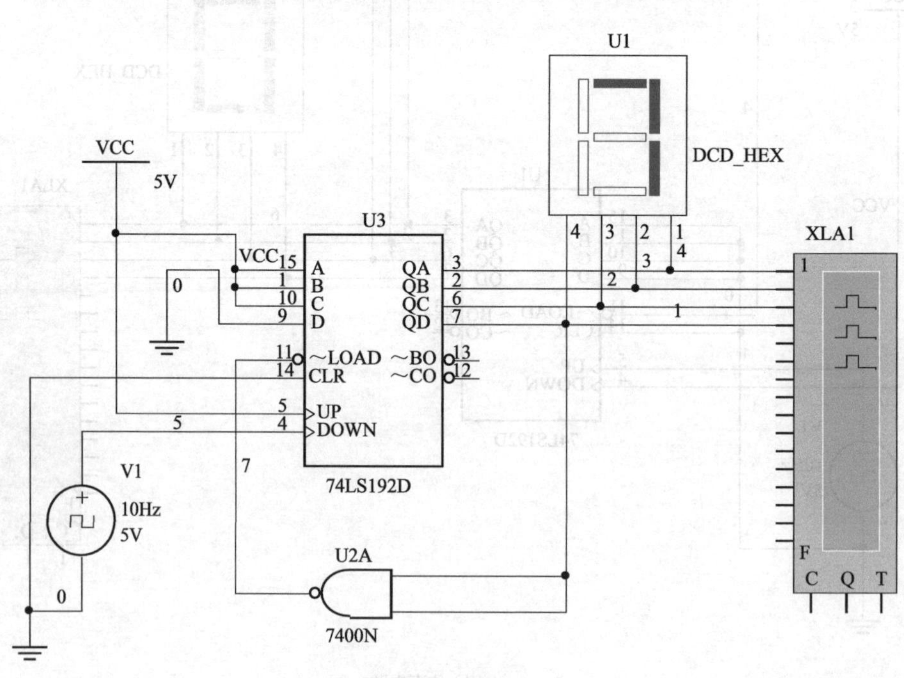

(a) 仿真电路

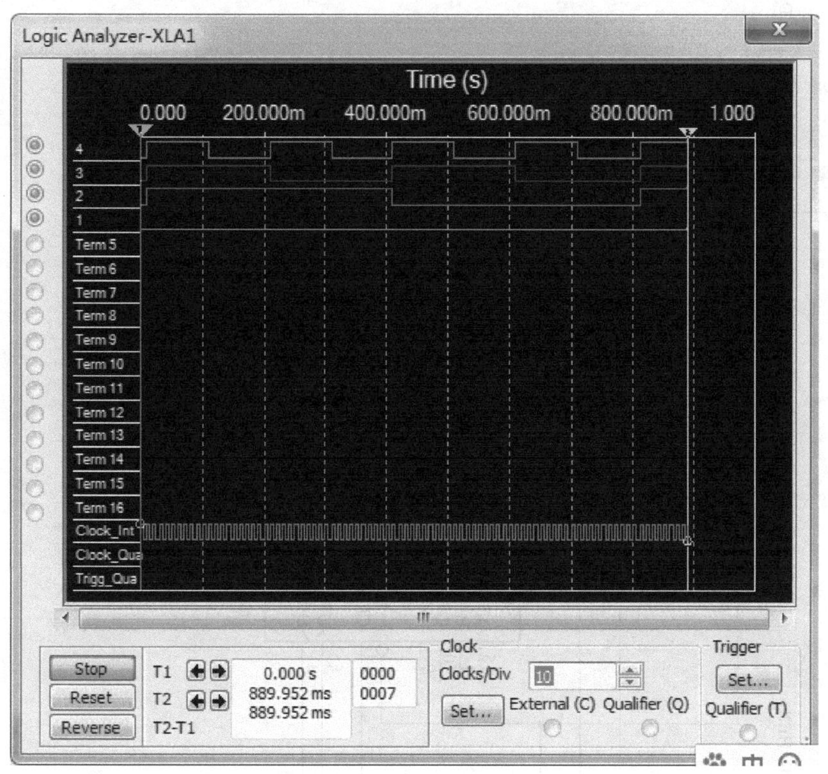

(b) 仿真时序图

图 6-78　74LS192 异步置数法组成 8 进制减法计数器

3. 74LS192 构成 *N* 进制计数器

下面给出了利用加减可逆计数器 74LS192，通过反馈构成 *N* 进制计数器的几种方法。

(1) 异步预置数法

74LS192 具有异步预置端（低电平有效），所以可以利用集成计数器 74LS192 和与非门组成 *N* 进制计数器。图 6-77 所示是 74LS192 构成的 7 进制加法计数器，利用在状态 0111 时置数端有效，以便重新计数 0000 的方法来实现，该电路的有效状态是 0000～0110，共 7 个状态。

也可以利用集成计数器 74LS192 和与非门组成 *N* 进制减法计数器，仿真如图 6-78 所示，该电路的有效状态是 0111～0000，共 8 个状态，按减法规则计数。原理同加法计数器类似，在此不再赘述。

(2) 74LS192 级联扩展构成 *N* 进制计数器

利用前面所学的 74LS192 芯片的扩展方法，可以用两片 74LS192 构成 100 进制加法或减法计数器，再采用异步级联方式反馈置数法（也可以采用异步清零法）构成 *N* 进制计数器，仿真如图 6-79、图 6-80 所示。

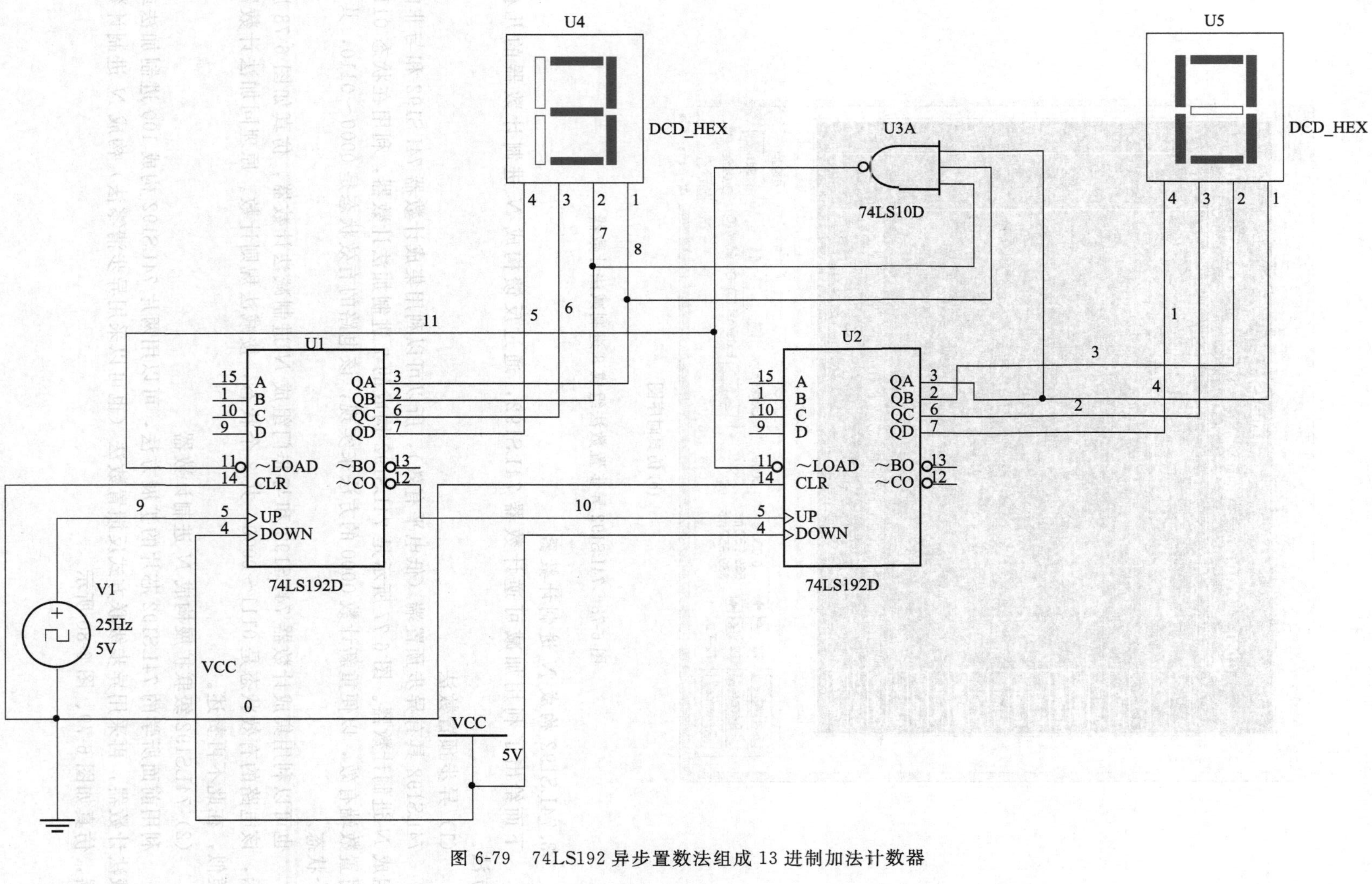

图 6-79　74LS192 异步置数法组成 13 进制加法计数器

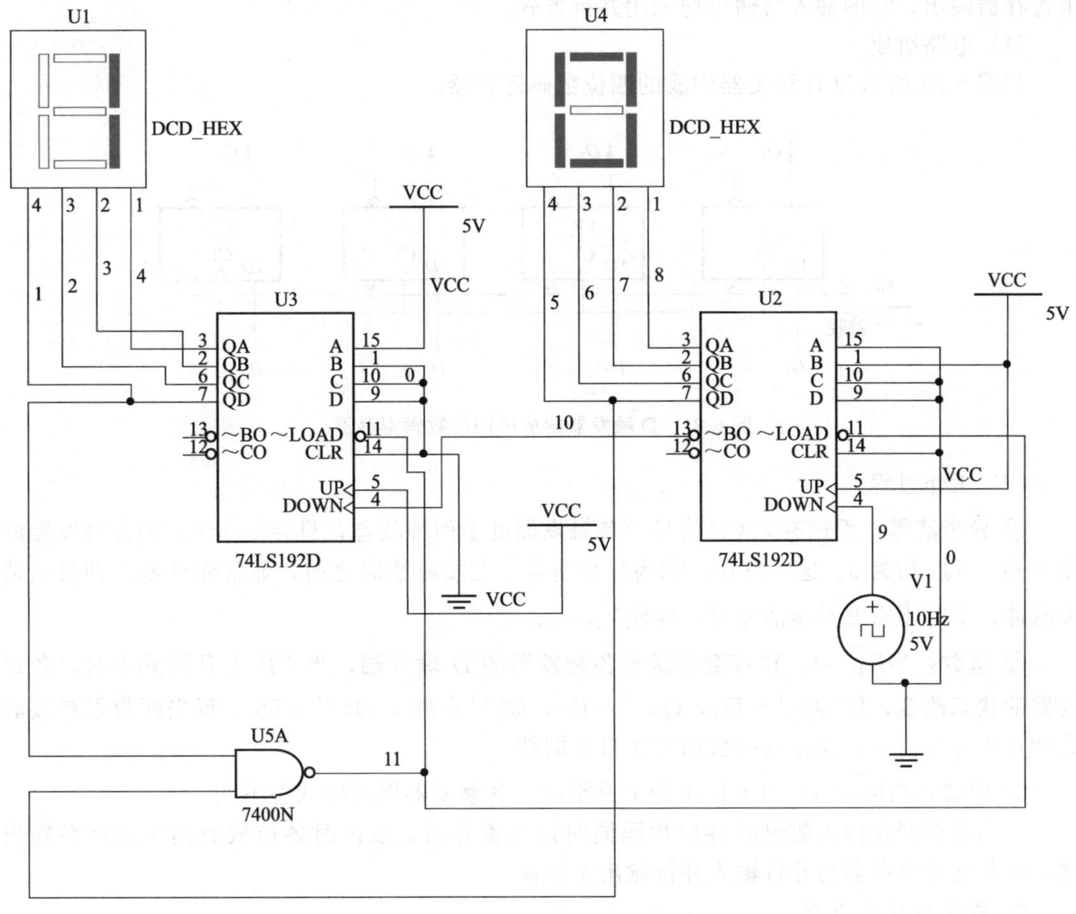

图 6-80　74LS192 异步置数法组成 13 进制减法计数器

6.3 寄存器

6.3.1 数码寄存器

寄存器是数字电路中的一个重要部件，具有存储二进制数码或信息的功能。寄存器是由具有存储功能的触发器组合起来构成的，一个触发器可以存储 1 位二进制代码，存放 n 位二进制代码的寄存器，需用 n 个触发器来构成。

寄存器存放数码的方式有并行和串行两种。并行方式就是数码各位从各对应位同时输入到寄存器中；串行方式就是数码从一个输入端逐位输入到寄存器中。

从寄存器取出数码的方式也有并行和串行两种。在并行方式中，被取出的数码各位在对应于各位的输出端上同时出现；而在串行方式中，被取出的数码在一个输出端逐位出现。

寄存器通常分为两大类：数码寄存器和移位寄存器。

1. D 触发器构成的四位数码寄存器

数码寄存器具有接收、存放、输出和清除数码的功能。在接收指令（在计算机中称为写指令）控制下，将数据送入寄存器存放。需要时可在输出指令（读出指令）控制下，将数据由寄存器输出。它的输入与输出均采用并行方式。

（1）电路组成

如图 6-81 所示为 D 触发器构成的四位数码寄存器。

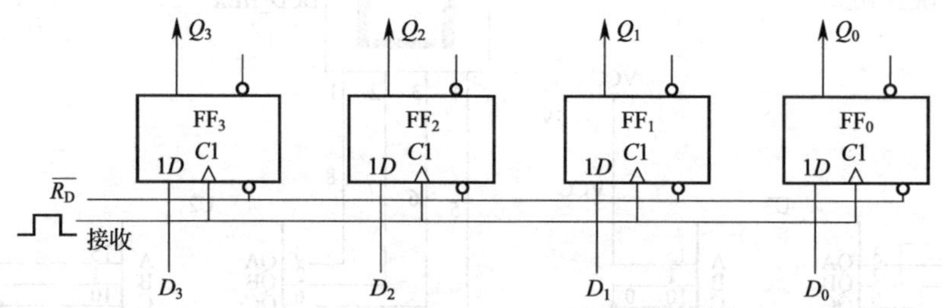

图 6-81　D 触发器构成的四位数码寄存器

（2）工作过程

① 异步清零：无论有无 CP 信号及各触发器处于何种状态，只要$\overline{R_D}=0$，则各触发器的输出 $Q_3 \sim Q_0$ 均为 0。这一过程，称为异步清零。在接收数码之前，通常先清零，即发出清零脉冲，平时不需要异步清零时，应使$\overline{R_D}=1$。

② 送数：当$\overline{R_D}=1$，待存数码送至各触发器的 D 输入端，当 CP 上升沿到来时，各触发器的状态改变，使 $Q_3^{n+1}=D_3$，$Q_2^{n+1}=D_2$，$Q_1^{n+1}=D_1$，$Q_0^{n+1}=D_0$。每当新数据被接收脉冲存入寄存器后，原存的旧数据便被自动刷新。

③ 保持：当$\overline{R_D}=1$，且 CP 不为上升沿时，各触发器保持原状态不变。

上述寄存器在输入数码时各位数码同时进入寄存器，取出时各位数码同时出现在输出端，因此这种寄存器为并行输入并行输出寄存器。

2. 集成数码寄存器

图 6-82(a) 所示是由 D 触发器组成的 4 位集成寄存器 74LS175 的逻辑电路图，其引脚图如图 6-82(b) 所示。其中，R_D 是异步清零控制端。$D_0 \sim D_3$ 是并行数据输入端，CP 为时钟脉冲端，$Q_0 \sim Q_3$ 是并行数据输出端，$\overline{Q_0} \sim \overline{Q_3}$是反码数据输出端。74LS175 的功能见表 6-20。

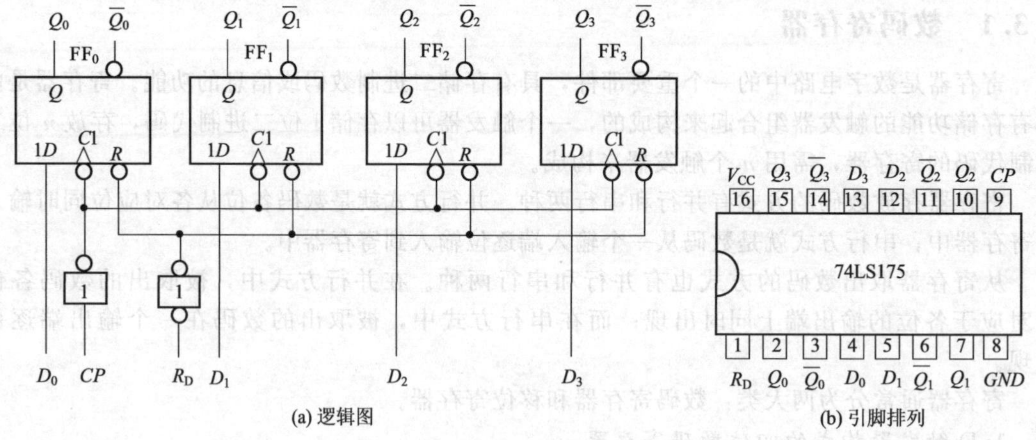

图 6-82　4 位集成数码寄存器 74LS175

表 6-20　74LS175 的功能表

清零	时钟	输入				输出				工作模式
R_D	CP	D_0	D_1	D_2	D_3	Q_0	Q_1	Q_2	Q_3	
0	×	×	×	×	×	0	0	0	0	异步清零
1	↑	D_0	D_1	D_2	D_3	D_0	D_1	D_2	D_3	数码寄存
1	1	×	×	×	×	保持				数据保持
1	0	×	×	×	×	保持				数据保持

该电路的数码接收过程为：将需要存储的四位二进制数码送到数据输入端 $D_0 \sim D_3$，在 CP 端送一个时钟脉冲，脉冲上升沿作用后，四位数码并行地出现在四个触发器 Q 端。

74LS175 在实际中应用也比较多，图 6-83 所示是由集成触发器构成的抢答器，其中 S_1、S_2、S_3、S_3 为 4 路抢答操作按钮。任何一个人先将某一按钮按下，则与其对应的发光二极管（指示灯）被点亮，表示此人抢答成功；而紧随其后的其他开关再被按下均无效，指示灯仍保持第一个开关按下时所对应的状态不变。S_5 为主持人控制的复位操作按钮，当 S_5 被按下时抢答器电路清零，松开后则允许抢答。555 定时器构成的多谐振荡器直接用时钟电压源代替，蜂鸣器用指示灯替代，仿真电路如图 6-84 所示，当 D 选手按下时，可以观察到对应指示灯被点亮，其余功能也可以一一验证。

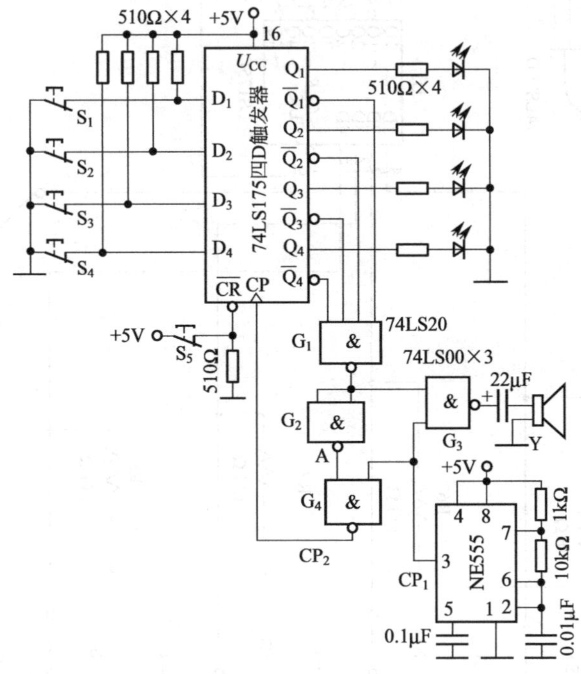

图 6-83　由触发器构成的抢答器电路原理图

6.3.2　移位寄存器

移位寄存器不仅能存储数据，还具有移位的功能。所谓移位功能，就是寄存器中所存的数据能在移位脉冲作用下依次左移或右移。因此，移位寄存器采用串行输入数据，可用于存储数据、数据的串行-并出转换、数据的运用及处理等。

根据数据在寄存器中移动情况的不同，可把移位寄存器分为单向移位（左移、右移）寄存器和双向移位寄存器。下面以单向移位寄存器为例进行讨论。

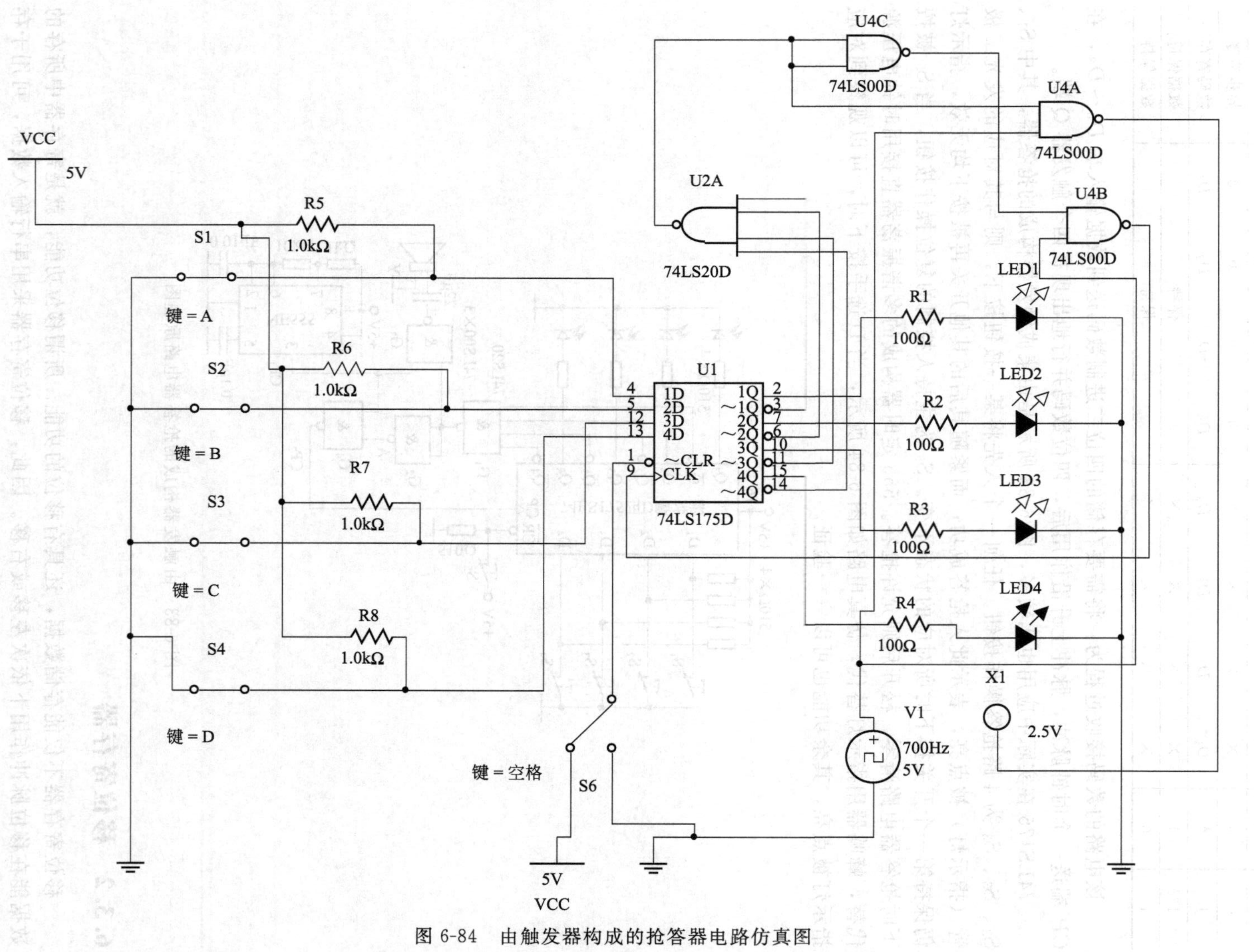

图 6-84 由触发器构成的抢答器电路仿真图

1. 由D触发器组成的4位右移寄存器

（1）电路组成

用D触发器构成的右移移位寄存器电路如图6-85所示。图中，CP是移位脉冲控制端，CR是异步清零端，D_I是右移串行数据输入端，$Q_3Q_2Q_1Q_0$是并行数据输出端，同时Q_3又可作为串行数据输出端。

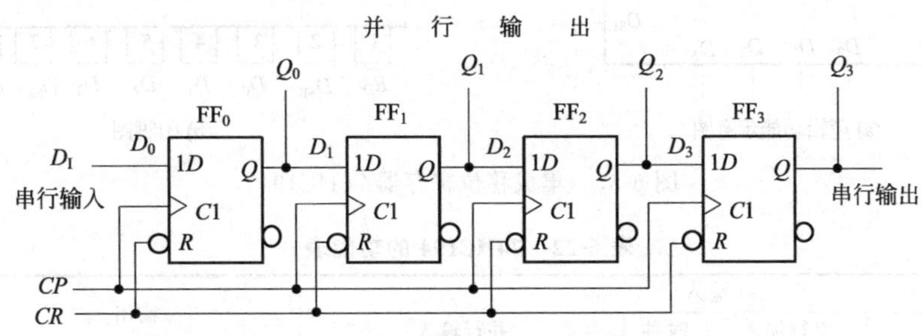

图6-85 由D触发器组成的4位右移寄存器

（2）工作过程

设移位寄存器的初始状态为0000，串行输入数码$D_I=1101$，从高位到低位依次输入。在4个移位脉冲作用后，输入的4位串行数码1101全部存入了寄存器中。电路的状态表如表6-21所示，时序图如图6-86所示。

表6-21 4位右移寄存器的状态表

移位脉冲	输入数码	输出			
CP	D_I	Q_0	Q_1	Q_2	Q_3
0		0	0	0	0
1	1	1	0	0	0
2	1	1	1	0	0
3	0	0	1	1	0
4	1	1	0	1	1

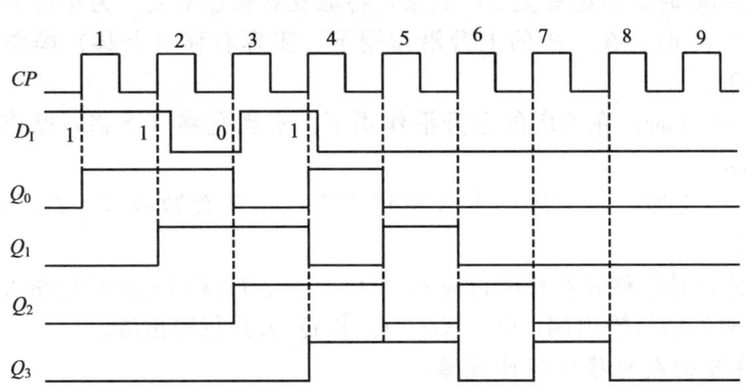

图6-86 4位右移寄存器的时序图

假如把左移和右移寄存器结合起来，用一个控制端来进行控制，就可以形成既可以左移又可以右移的双向移位寄存器。

2. 集成移位寄存器74HC194

74HC194是由四个触发器组成的功能很强的四位移位寄存器，其逻辑功能示意图及引脚图如图6-87所示，其功能表如表6-22所示。

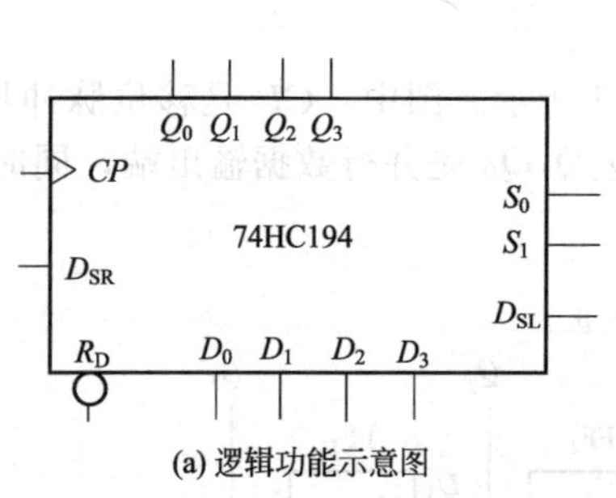

(a) 逻辑功能示意图

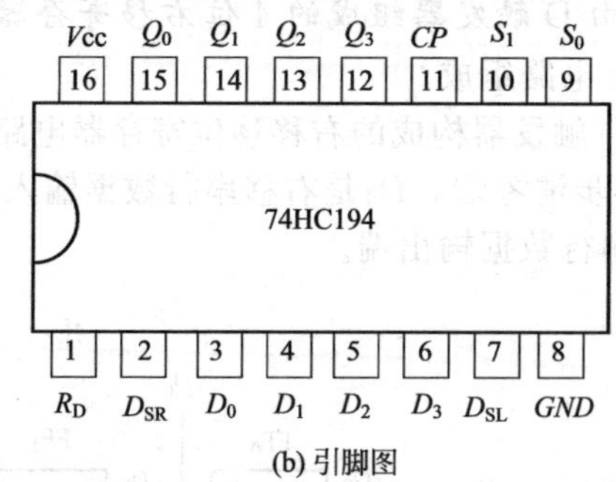

(b) 引脚图

图 6-87　集成移位寄存器 74HC194

表 6-22　74HC194 的功能表

输入										输出				工作模式
清零	控制		串行输入		时钟	并行输入								
R_D	S_1	S_0	D_{SL}	D_{SR}	CP	D_0	D_1	D_2	D_3	Q_0	Q_1	Q_2	Q_3	
0	×	×	×	×	×	×	×	×	×	0	0	0	0	异步清零
1	0	0	×	×	×	×	×	×	×	Q_0^n	Q_1^n	Q_2^n	Q_3^n	保持
1	0	1	×	1	↑	×	×	×	×	1	Q_0^n	Q_1^n	Q_2^n	右移，D_{SR}为串行输入，Q_3为串行输出
1	0	1	×	0	↑	×	×	×	×	0	Q_0^n	Q_1^n	Q_2^n	
1	1	0	1	×	↑	×	×	×	×	Q_1^n	Q_2^n	Q_3^n	1	左移，D_{SL}为串行输入，Q_0为串行输出
1	1	0	0	×	↑	×	×	×	×	Q_1^n	Q_2^n	Q_3^n	0	
1	1	1	×	×	↑	D_0	D_1	D_2	D_3	D_0	D_1	D_2	D_3	并行置数

(1) 异步清零

当 $R_D=0$ 时即刻清零，与其他输入状态及 CP 无关。

(2) S_1、S_0是控制输入

当 $R_D=1$ 时 74HC194 有如下 4 种工作方式。

① 当 $S_1S_0=00$ 时，不论有无 CP 到来，各触发器状态不变，为保持工作状态。

② 当 $S_1S_0=01$ 时，在 CP 的上升沿作用下，实现右移（上移）操作，流向是 $S_R \to Q_0 \to Q_1 \to Q_2 \to Q_3$。

③ 当 $S_1S_0=10$ 时，在 CP 的上升沿作用下，实现左移（下移）操作，流向是 $S_L \to Q_3 \to Q_2 \to Q_1 \to Q_0$。

④ 当 $S_1S_0=11$ 时，在 CP 的上升沿作用下，实现置数操作：$D_0 \to Q_0$，$D_1 \to Q_1$，$D_2 \to Q_2$，$D_3 \to Q_3$。

D_{SL}和 D_{SR}分别是左移和右移串行输入。D_0、D_1、D_2和 D_3是并行输入端。Q_0和 Q_3分别是左移和右移时的串行输出端，Q_0、Q_1、Q_2和 Q_3为并行输出端。

3. 移位寄存器构成的移位型计数器

(1) 环形计数器

图 6-88 是用 74HC194 构成的环形计数器的逻辑图和状态图。当正脉冲启动信号 $START$ 到来时，使 $S_1S_0=11$，从而不论移位寄存器 74HC194 的原状态如何，在 CP 作用下总是执行置数操作使 $Q_0Q_1Q_2Q_3=1000$。当 $START$ 由 1 变 0 之后，$S_1S_0=01$，在 CP 作用下移位寄存器进行右移操作。在第四个 CP 到来之前 $Q_0Q_1Q_2Q_3=0001$。这样在第四个 CP 到来时，由于 $D_{SR}=Q_3=1$，故在此 CP 作用下 $Q_0Q_1Q_2Q_3=1000$。可见该计数器共 4 个状态，为模 4 计数器，仿真电路如图 6-89 所示。

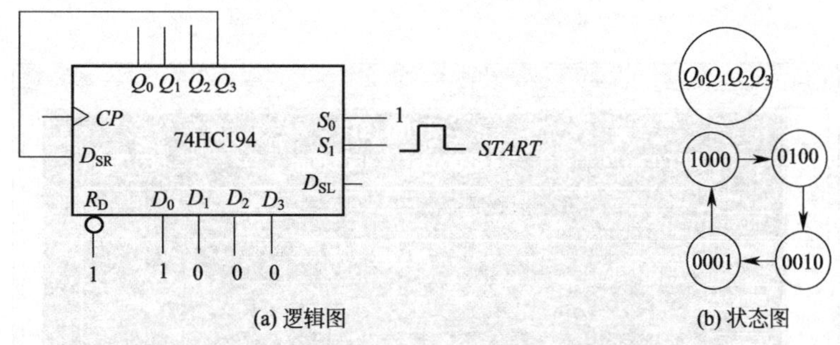

(a) 逻辑图　　(b) 状态图

图 6-88　用 74HC194 构成的环形计数器

环形计数器的电路十分简单，N 位移位寄存器可以计 N 个数，实现模 N 计数器，且状态为 1 的输出端的序号即代表收到的计数脉冲的个数，通常不需要任何译码电路。

(2) 扭环形计数器

为了增加有效计数状态，扩大计数器的模，将上述接成右移寄存器的 74HC194 的末级输出 Q_3 反相后，接到串行输入端 D_{SR}，就构成了扭环形计数器，如图 6-90(a) 所示，图 6-90(b)为其状态图。可见该电路有 8 个计数状态，为模 8 计数器。一般来说，N 位移位寄存器可以组成模 $2N$ 的扭环形计数器，只需将末级输出反相后，接到串行输入端。用 74HC194 构成的扭环形计数器仿真见图 6-91。

(3) 其他应用电路

图 6-92 所示为 74LS194 构成的彩灯控制电路。接通电源，将时钟电压源输出接入 74LS194 时钟输入端。触按按键，观测发光二极管的显示情况。如果电路没有故障，可以看到电路中的发光二极管从左至右一个一个全部点亮，然后又从左至右一个一个全部熄灭，以此规律不断循环。

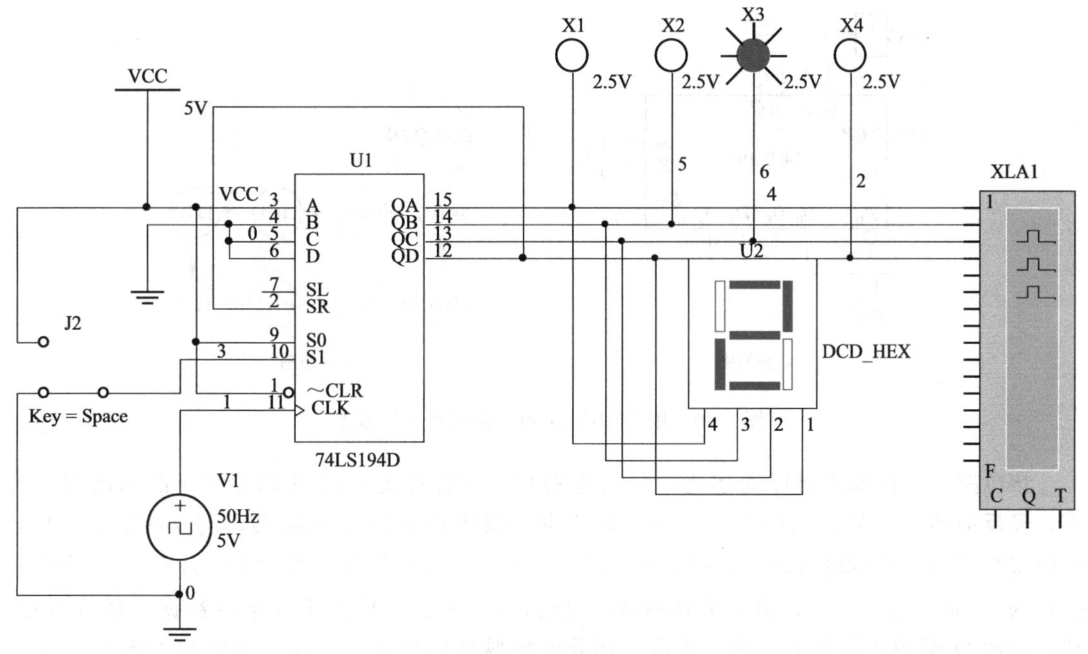

(a) 仿真电路

图 6-89

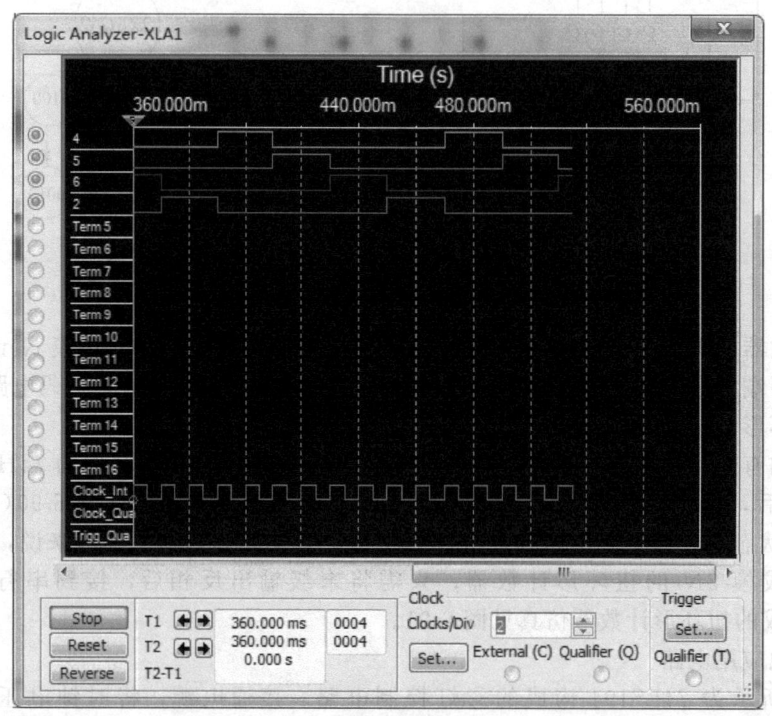

(b) 仿真时序图

图 6-89　用 74HC194 构成的环形计数器仿真

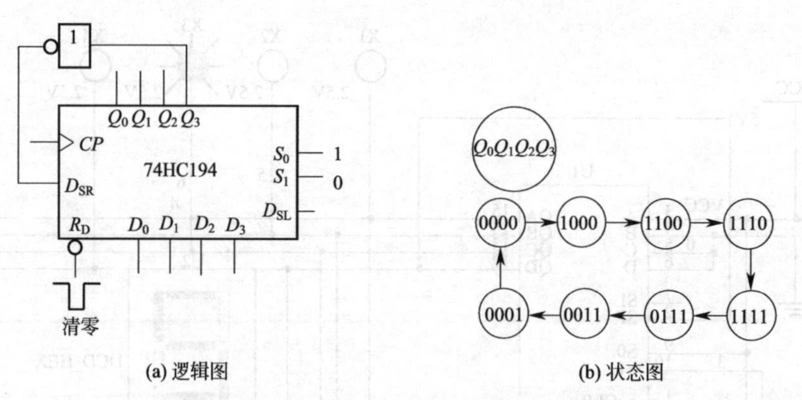

(a) 逻辑图　　(b) 状态图

图 6-90　用 74HC194 构成的扭环形计数器

该电路的工作原理可以简述为：接通电源后，触按按键，两块 74LS194 的输出端均为零，经反向器反向后，74LS194（U1）移位寄存器串行数据输入端 D_{SR} 与 74LS194（U2）移位寄存器串行数据输入端 D_{SL} 的数据均为 1；当 A、B 的数据（即 74LS194S_0、S_1 端的数据）为 01 时，数据右移；第一个时钟脉冲过后，74LS194（U1）D_{SR} 端的数据 1 移位至 Q_0 端，其他 Q 端的 0 均依次右移，此后，随着时钟脉冲的到来，发光二极管自左至右一个个点亮，第 8 个脉冲以后，全部二极管均点亮，此时，D_{SR} 端的数据变为 0，随着后续脉冲的到来，发光二极管自左至右一个个熄灭。

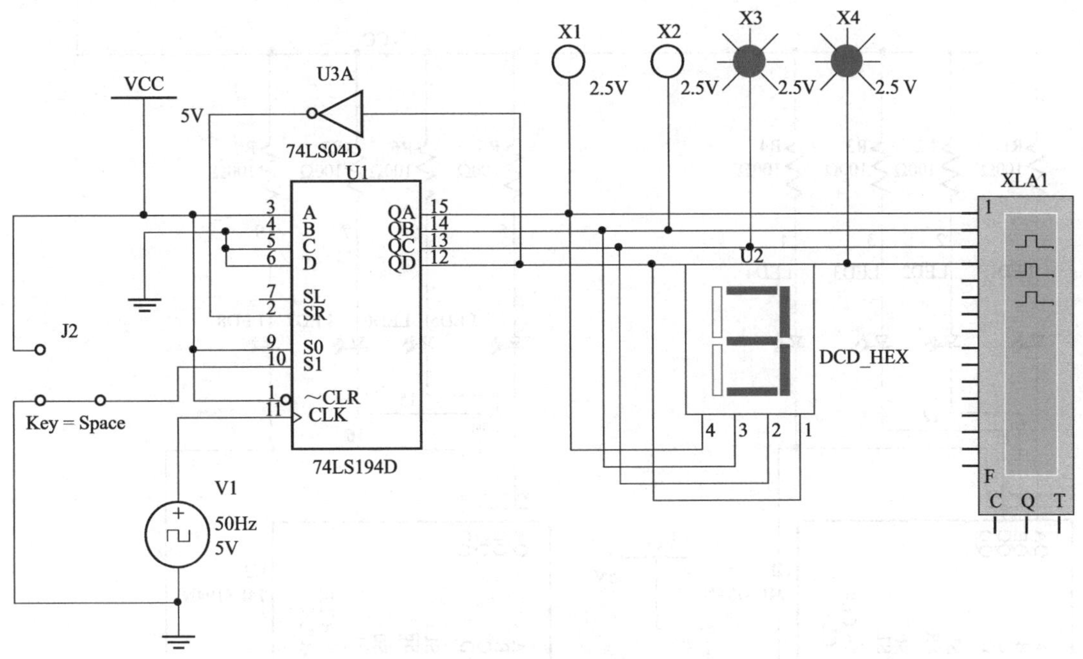

(a) 仿真电路

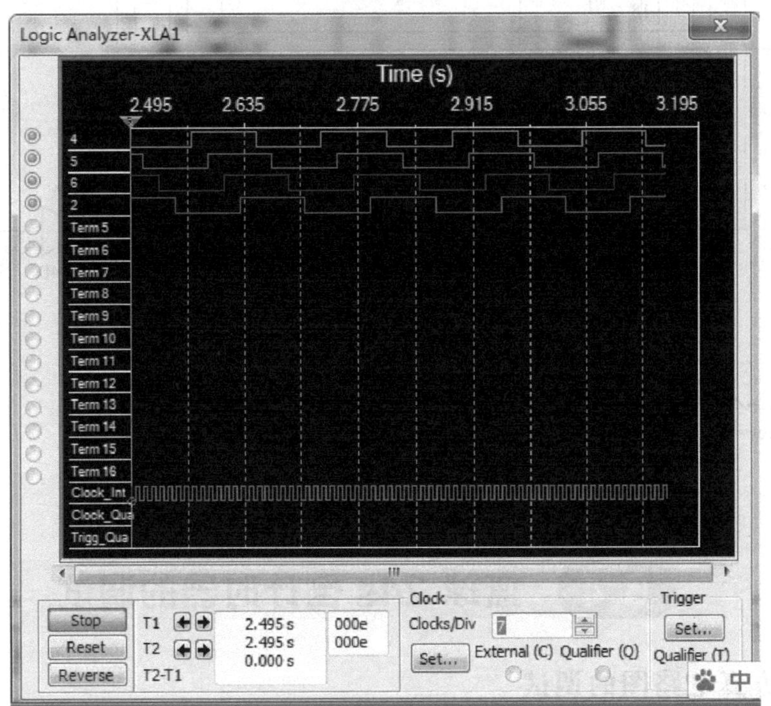

(b) 仿真时序图

图 6-91　用 74HC194 构成的扭环形计数器仿真

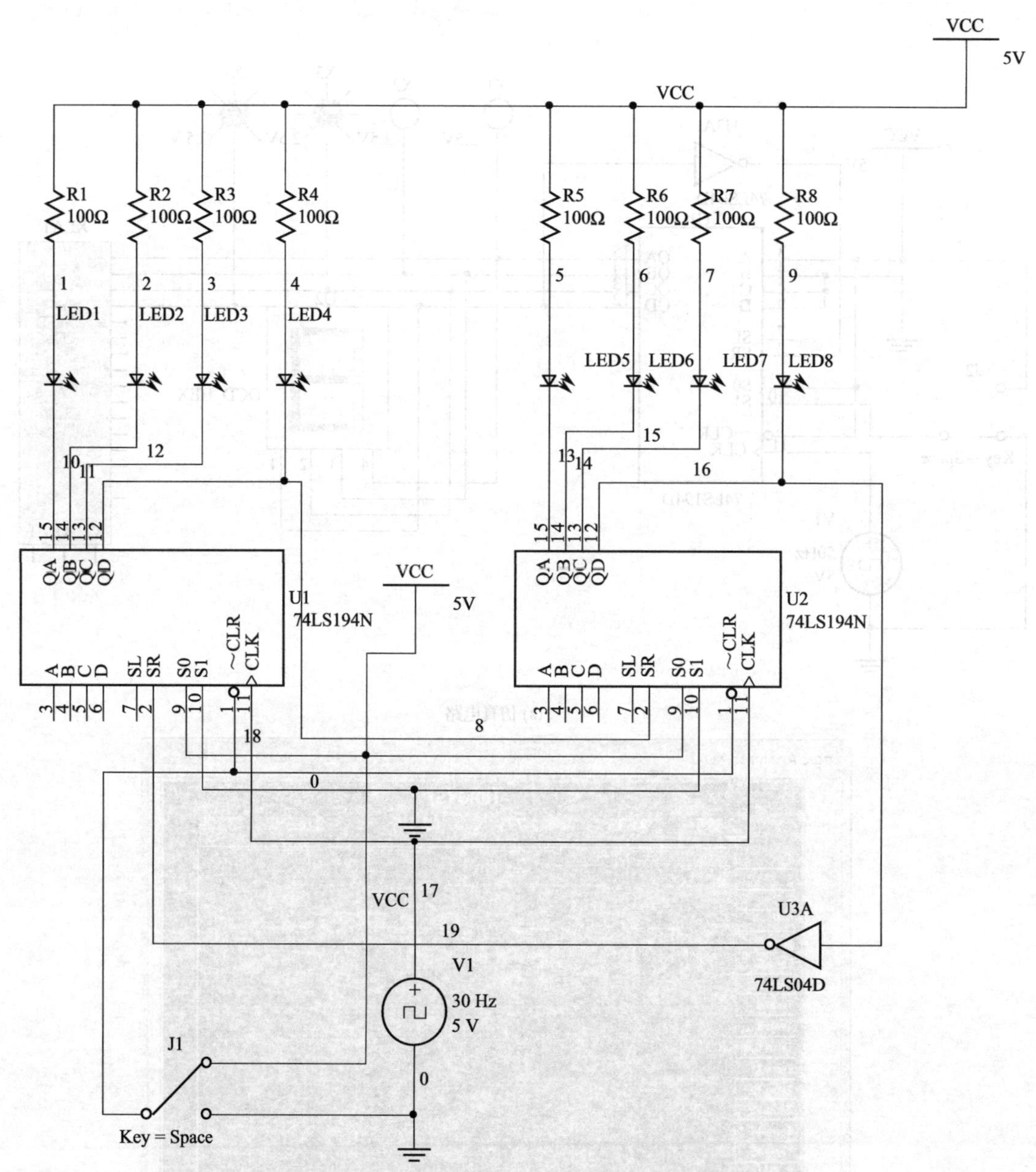

图 6-92 用 74LS194 构成的彩灯控制电路

6.4 篮球 24s 倒计时器的调试

6.4.1 仿真电路图的调试

通过前面几节内容的学习，熟悉了各种触发器以及不同逻辑功能触发器之间的转换，了解了时序逻辑电路的特点、分类和分析方法，掌握了各种数码寄存器、移位寄存器、同步及异步计数器的工作原理及其相应的中规模集成电路的功能和典型应用，通过第 5、6 章的学习，已初步掌握 24s 篮球倒计时器的工作原理，绘制出如图 6-93(a) 所示的仿真电路。

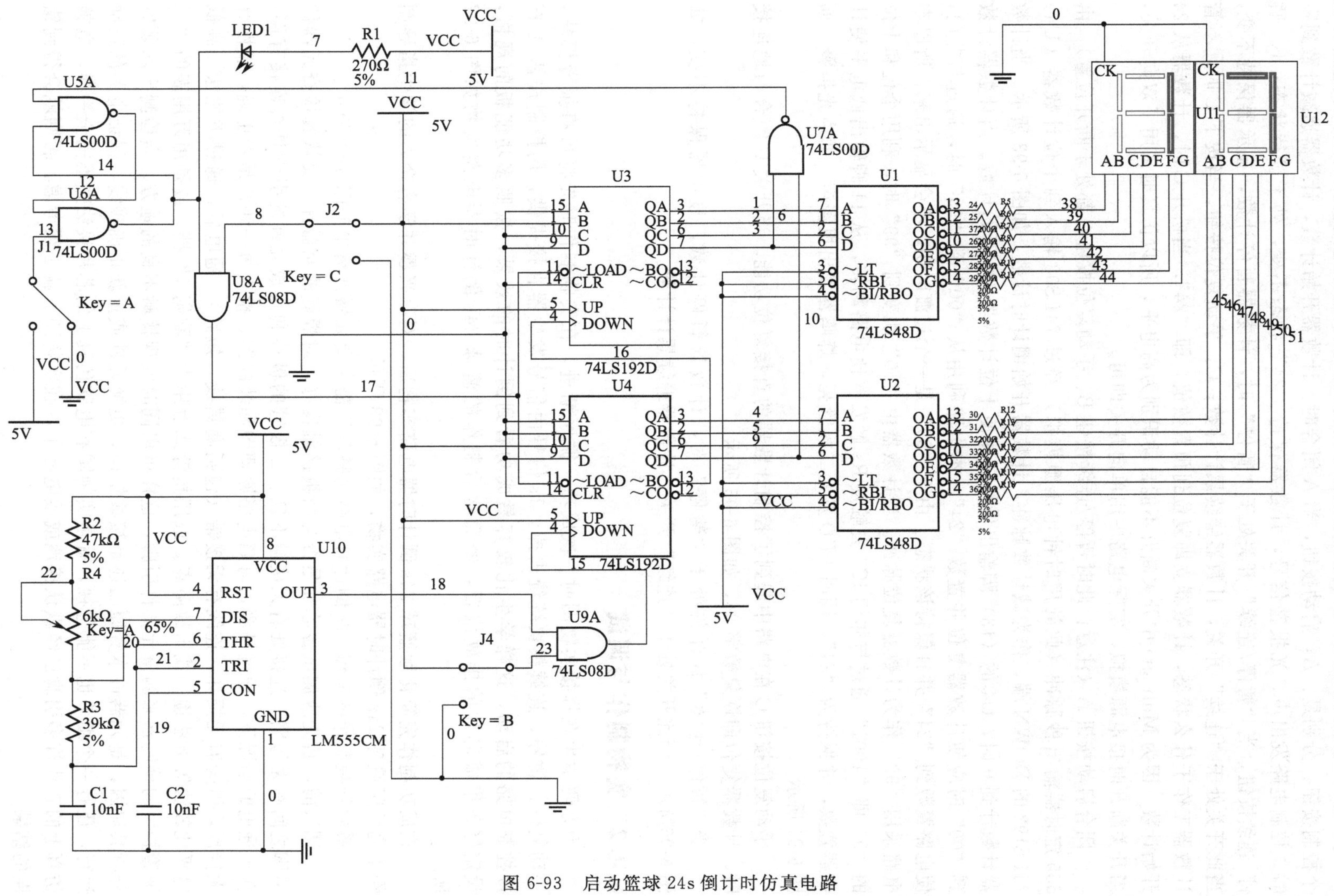

图 6-93　启动篮球 24s 倒计时仿真电路

用鼠标左键点击电子仿真软件基本界面绿色仿真开关，开始电路仿真调试。本电路有三个控制按钮，分别是：A，启动按钮，当A闭合时，计数器开始计数，计数器递减计数到零时，控制电路发出声、光报警信号，计数器保持“24”状态不变，处于等待状态；B，暂停/连续按钮，当“暂停/连续”开关处于“暂停”时，计数器暂停计数，显示器保持不变，当此开关处于“连续”开关，计数器继续累计计数；C，手动复位按钮，当按下C时，不管计数器工作于什么状态，计数器立即复位到预置数值，即“24”。当松开C时，计数器从24开始计数。因为Multisim中开关断开不能自动识别为高电平，所以仿真时采用了双向开关，当开关断开时接电源模拟，实际电路中用单向开关即可。

闭合启动按钮A（注意：此时暂停/连续按钮B、手动复位按钮C都处于断开位置），由555定时器输出秒脉冲（此处用时钟电压源模拟）经过74LS08输入到个位计数器（U4）74LS192的DOWN端，作为减计数脉冲，计数器开始倒计时计数，如图6-93所示。当计数器计数计到0时，U4的（13）脚输出借位脉冲使十位计数器U3开始计数。当计数器计数到“00”时应使计数器复位并置数“24”。本电路利用从“00”到“99”时，通过与非门，使电路置数到“24”并且保持该状态。由于“99”是一个过渡时期，不会显示出来，所以本电路采用“99”作为计数器复位脉冲。当计数器由“00”跳变到“99”时，利用个位和十位的“9”即“1001”通过与非门IC5去触发Rs触发器使电路翻转，从11脚输出低电平使计数器置数，并保持为“24”，同时LED发光二极管亮，蜂鸣器发出报警声，即声光报警，如图6-94所示。

手动复位按钮C在电路中起到了控制计数器的直接复位功能。当开关C闭合与地连接时，计数器复位即恢复数字24，如图6-95所示。

当“暂停/连续”B开关处于“暂停”时，计数器暂停计数，显示器保持不变，如图6-96所示，当此开关处于“连续”开关，计数器继续累计计数。

6.4.2 实物制作与调试

为方便学生在焊接实物图时一次成功，循序渐进，在实物制作时先将可将报警模块，手动复位、暂停、连续模块统统去掉，1s信号由信号发生器直接提供，用控制按钮A直接控制电路的启动，这样学生比较容易成功看到倒计时的效果，按照多功能板的规格，设定好各集成芯片的排放位置，经简化后制作的篮球24s倒计时器电路实物如图6-97所示。

在成功制作完简化版篮球24s倒计时器电路实物后，对有兴趣并学有余力的学生指导制作了完整版篮球24s倒计时器电路实物，如图6-98所示。

最后安装制作的篮球24s倒计时电路完整版所需主要元器件清单如图6-99所示。

调试前，首先应测试各芯片是否与面板接触良好，对焊好的元器件，要认真检查元器件引脚之间有无短路、连接处有无接触不良、二极管的极性和集成元件的引脚是否连接有误，在不通电的情况下，通过目测，对照电路原理图和装配图，检查每一块片是否正确，极性有无接反，引脚有无损坏，连线有无接错（包括漏错线、短路）。通电后，通过类比法、高低电平比较法等方法逐一找出故障点。或用指针式万用表“欧姆1”挡，或是用万用表的“二极管挡”的蜂鸣器来测量元器件引脚，这样可以同时发现接触不良的地方。当检测出问题后分析其原因，是元器件本身原因还是接线错误，更换元件或重新正确接线，保证电路的正确运行，还有一个细节也不能忽视，就是实物图和电脑仿真上的芯片接法并不完全一样，电脑仿真上的芯片许多引脚已经默认接地或接电源了，在实物图上就必须考虑，否则就会得到错误的结果。

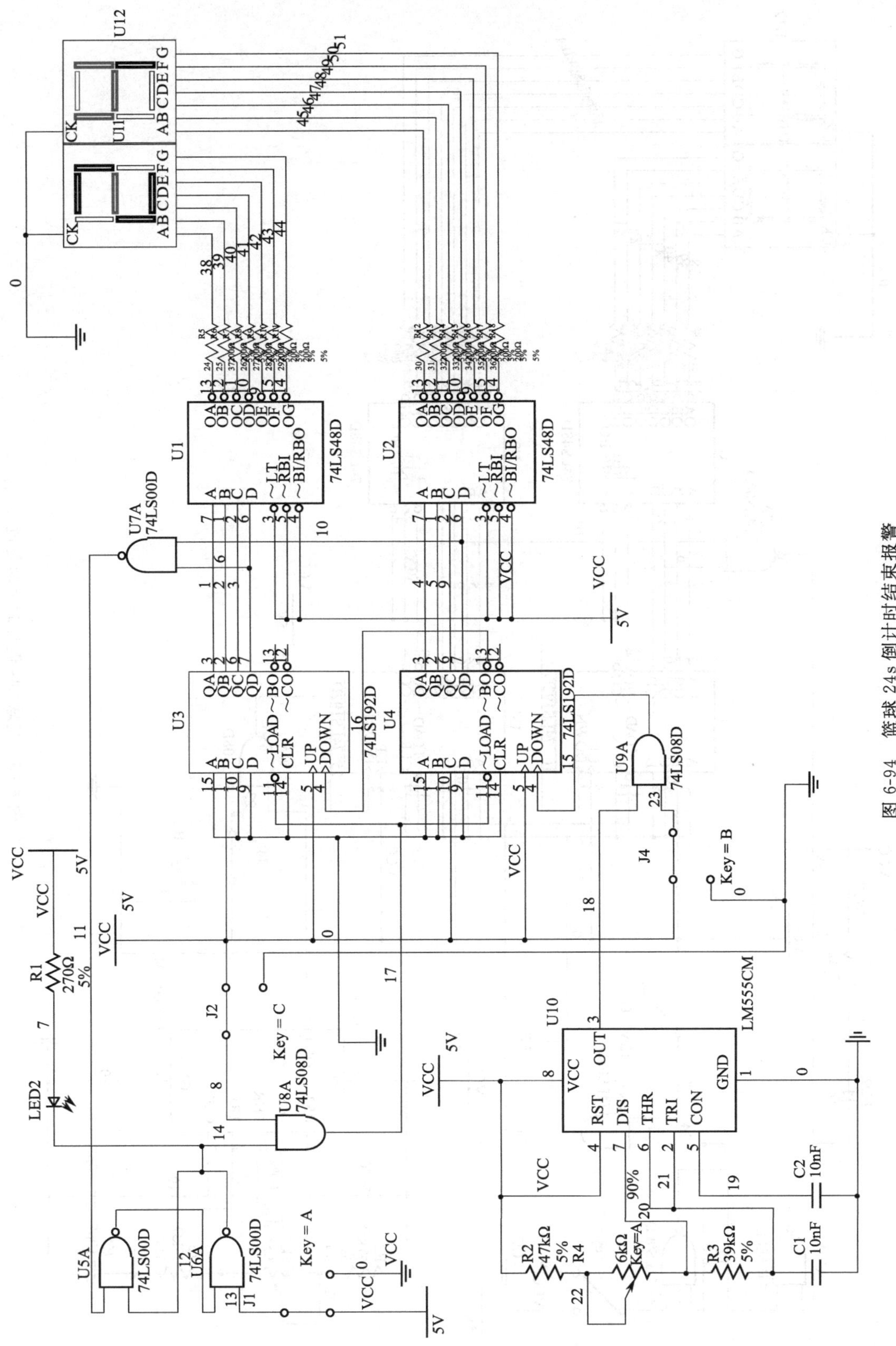

图 6-94 篮球 24s 倒计时结束报警

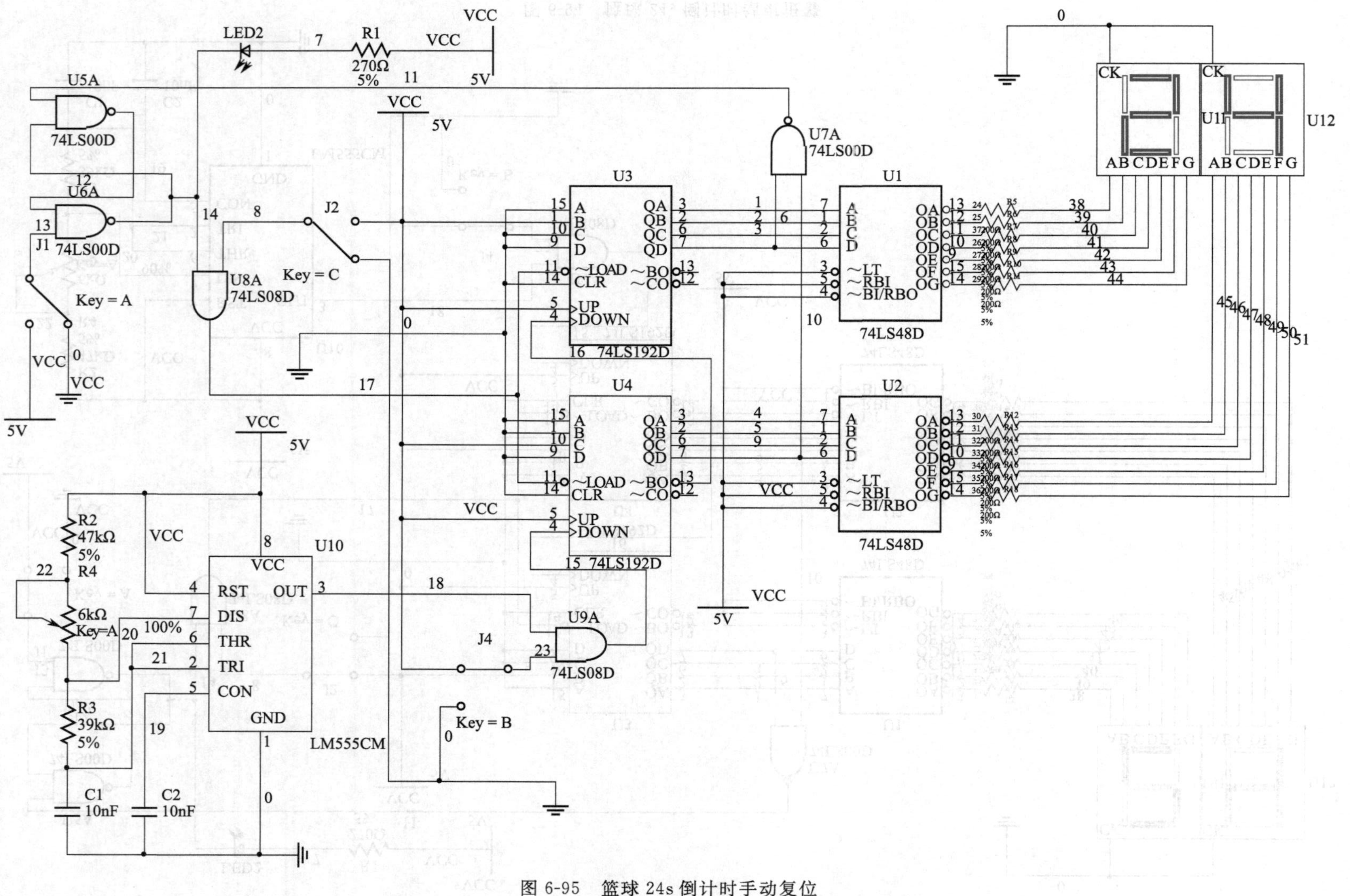

图 6-95　篮球 24s 倒计时手动复位

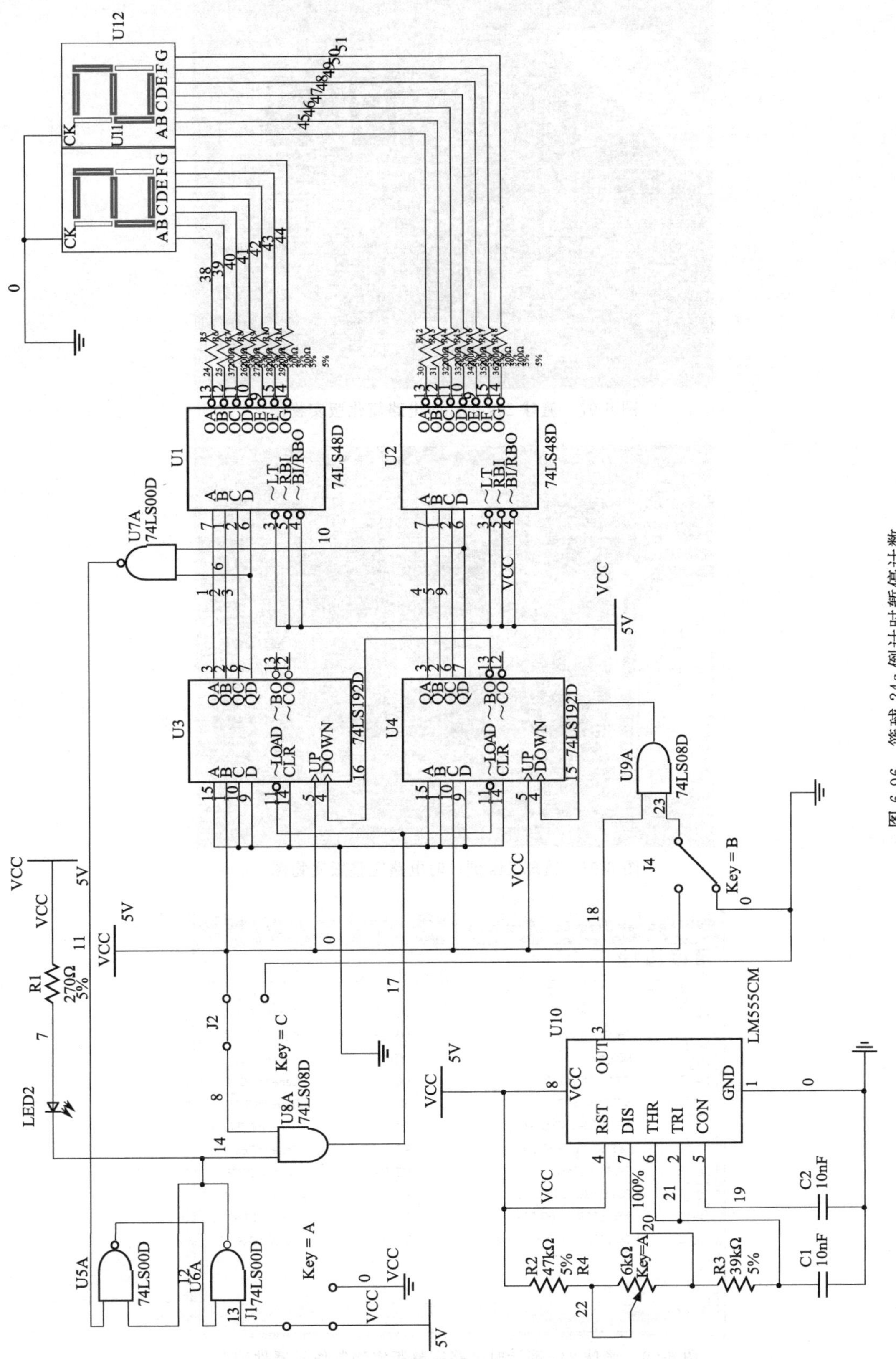

图 6-96　篮球 24s 倒计时暂停计数

图 6-97　篮球 24s 倒计时电路简化版实物图

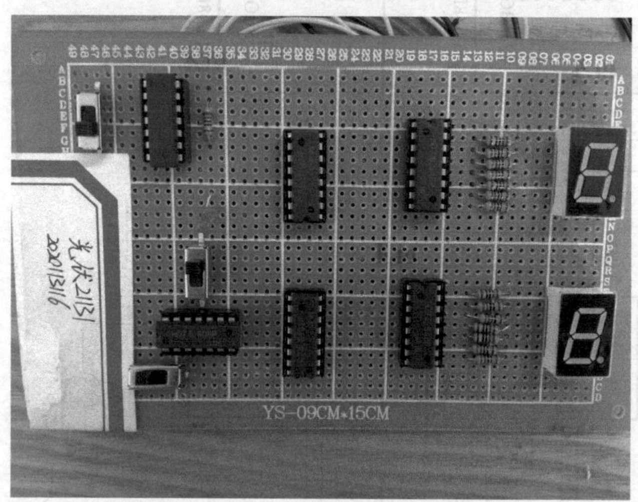

图 6-98　篮球 24s 倒计时电路完整版实物图

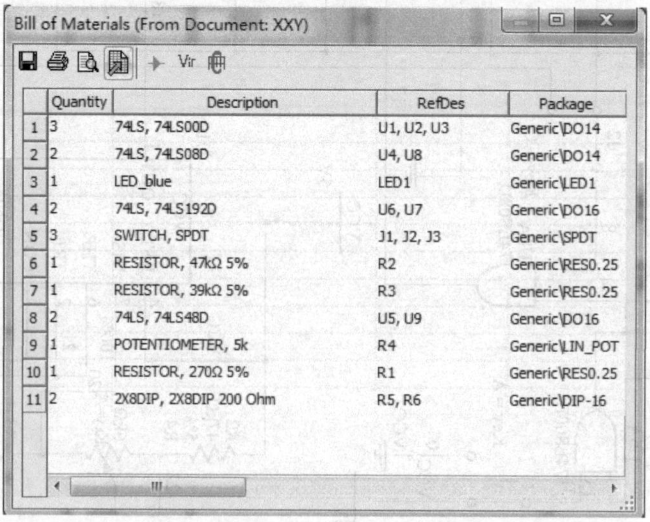

Bill of Materials (From Document: XXY)

	Quantity	Description	RefDes	Package
1	3	74LS, 74LS00D	U1, U2, U3	Generic\DO14
2	2	74LS, 74LS08D	U4, U8	Generic\DO14
3	1	LED_blue	LED1	Generic\LED1
4	2	74LS, 74LS192D	U6, U7	Generic\DO16
5	3	SWITCH, SPDT	J1, J2, J3	Generic\SPDT
6	1	RESISTOR, 47kΩ 5%	R2	Generic\RES0.25
7	1	RESISTOR, 39kΩ 5%	R3	Generic\RES0.25
8	2	74LS, 74LS48D	U5, U9	Generic\DO16
9	1	POTENTIOMETER, 5k	R4	Generic\LIN_POT
10	1	RESISTOR, 270Ω 5%	R1	Generic\RES0.25
11	2	2X8DIP, 2X8DIP 200 Ohm	R5, R6	Generic\DIP-16

图 6-99　篮球 24s 倒计时电路完整版实物制作元器件清单

学生制作的完整版24s倒计时器和简化版24s倒计时实物如图6-97、图6-98所示，经实际调试，如图6-100所示，成功实现了24s倒计时功能。

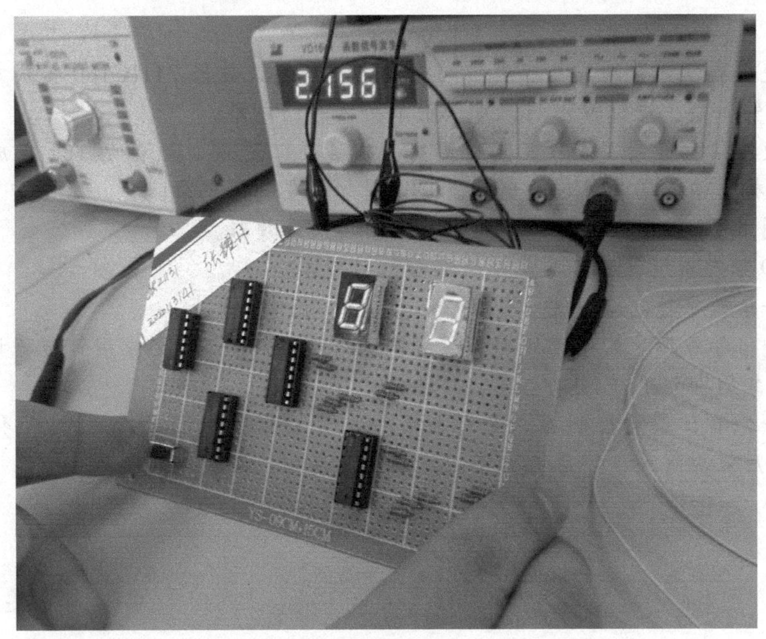

图6-100 篮球24s倒计时电路（简化）调试图

小结

通过篮球24s倒计时电路的案例引入，分解成控制电路、计数电路等典型的单元电路，了解本章的学习要求。

1. 时序逻辑电路由触发器和组合逻辑电路组成，其中触发器是必不可少的。时序逻辑电路的输出状态不仅与输入状态有关，而且还与电路原来状态有关。

2. 计数器和寄存器是时序逻辑电路中最常用的部件。计数器是快速记录输入脉冲个数的部件。按计数进制分有：二进制计数器、十进制计数器和任意进制计数器。按计数增减分有：加法计数器、减法计数器和加/减计数器。按触发翻转是否同步分有：同步计数器和异步计数器。

3. 寄存器是用来暂时存放数码的部件。从功能上分有数码寄存器和移位寄存器。移位寄存器又有单向（左移或右移）移位寄存器和双向移位寄存器。

4. 集成计数器可很方便地构成N进制（任意进制）计数器。方法主要有置数法和清零法，但要注意的是：(1) 同步清零或置数法用第$N-1$个状态产生置零信号；(2) 异步清零或置数法用第N个状态产生置零信号。

学习本部分内容后应明确课程学习目标，知道课程学习内容，熟悉课程学习要求，会制订课程学习计划及确立个人学习目标。

1. 如何使用同步置数端或异步复位端将集成十进制计数器74HC160接成八进制加法计数器，并标出输入端、进位输出端。可以附加必要的门电路。

2. 如何使用同步置数端或异步复位端将集成4位二进制计数器74161接成十三进制加法计数器，并标出输入端、进位输出端。可以附加必要的门电路。

3. 如何利用JK触发器设计一个同步六进制加法计数器。

4. 利用D触发器设计一个同步七进制加法计数器。

5. 设计一个数字钟电路，要求能用24h制显示时、分、秒。

6. 某时钟信号源产生的基准脉冲信号频率为$f=32768\text{Hz}$，要求用计数器设计一个分频电路，分频得到周期为1s的脉冲信号。

7. 设计一个节日彩灯控制器。彩灯为8个发光二极管（LED），状态变化规律为（上电）全部点亮后依次熄灭，然后依次点亮，如此反复，状态变化间隔为1s。

第7章

模-数混合器件与电子系统

教学目标

从介绍555定时器开始，认识集成555定时器的结构、工作原理，掌握555定时器构成多谐振荡器、单稳态触发器、施密特触发器等矩形脉冲波形的产生、变换和整形电路的结构、工作原理及其应用，熟悉数/模和模/数转换的基本原理，认识典型数/模转换器和模/数转换器的电路结构与工作原理，熟悉转换精度与转换速度问题。明确课程学习目标，知道课程学习内容，熟悉课程学习要求，会制订课程学习计划及确立个人学习目标。

教学要求

能力目标	知识要点
掌握集成555定时器	认识集成555定时器的结构和工作原理
	熟悉集成555定时器的应用
熟悉数/模和模/数转换	熟悉D/A转换的基本原理、主要技术参数、集成D/A转换器及其应用
	熟悉A/D转换的基本工作原理及其分类、主要技术参数、集成A/D转换器及其应用
知道课程学习目标、内容及要求	明确本课程的学习目标
	知道本课程的学习内容
	知道本课程的学习要求

导读

在数据传输系统、自动测试设备、医疗信息处理、电视信号的数字化、图像信号的处理和识别、数字通信和语音信息处理等方面，都离不开数模转换电路和模数转换电路。而在时序逻辑电路中，为了控制各触发器同步调一致的工作，通常需要一个稳定、精确、规则的矩形时钟脉冲信号。为了获得这样的脉冲信号，既可以通过多谐振荡器直接产生，也可以通过脉冲整形电路如单稳态触发器、施密特触发器等，对已有的波形进行整形而产生。目前，乃至今后一段时期内，在许多场合，仍需要利用现有的数字电路器件来设计具有某种功能的数字系统。通过本章的学习，进一步领会采用中、大规模数字集成电路器件进行数字电路系统设计、制作与调试的思路、技巧与方法。

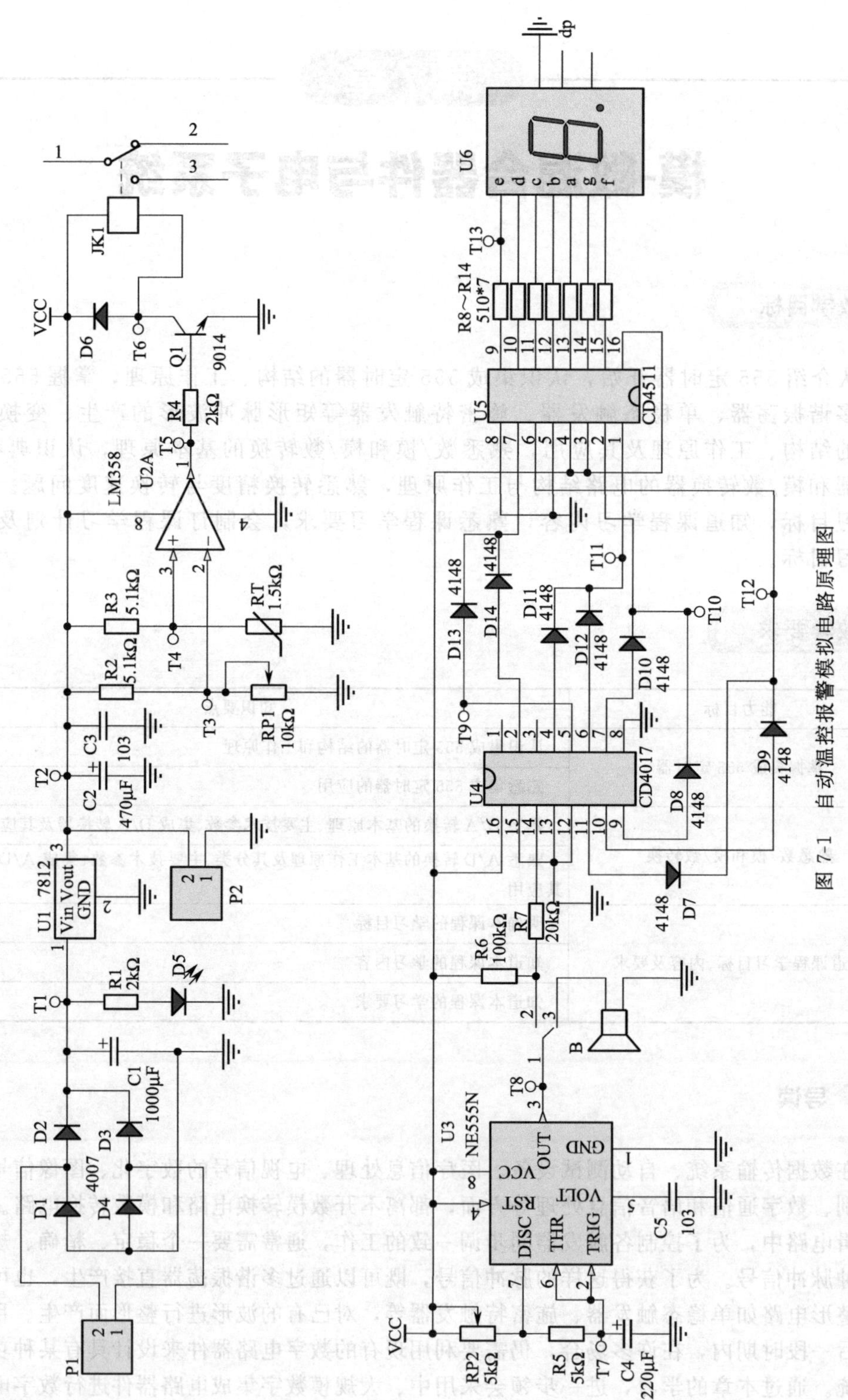

图 7-1　自动温控报警模拟电路原理图

引例

现实生活中，常常需要进行温度控制。当温度超出某一规定的上限值时，需要立即切断电源并报警。待恢复正常后设备继续运行。基于上述功能所设计的自动温控报警模拟电路原理图如图 7-1 所示，采用常用的 LM358 作比较器，NE555 作振荡器，十进制计数/译码器 CD4017 以及锁存/译码/驱动电路 CD4511 作译码显示达到上述要求，其中比较器和译码器等电路在前面的章节中都已学习，而其中的 555 定时器就是本章的学习内容，第 5 章引例病房呼叫系统设计中的报警电路以及第 6 章引例篮球 24s 倒计时器的秒脉冲发生信号也是用 555 定时器芯片外加电阻、电容等元件构成的。

本章所做的自动温控报警模拟电路调节电位器 RP_1 设定动作温度，模拟设备正常运行时的状态，使数码管顺序循环显示 0-1-2-4-8-0-8-4-2-1，调节电位器 RP_2，可改变数码管循环显示速度。用光敏电阻模拟代替发热件，当光照不同时，发热元件随温度变化改变阻值。当热敏元件感受的温度超过设定的上限温度时，数码管顺序显示停止，报警电路发音声音同时报警。将遮挡物离开光敏元件，使光敏元件所感受的温度在上限温度以下，温度电路恢复常态，报警停止，数码管恢复循环显示数字。自动温控报警模拟电路实物图如图 7-2 所示。

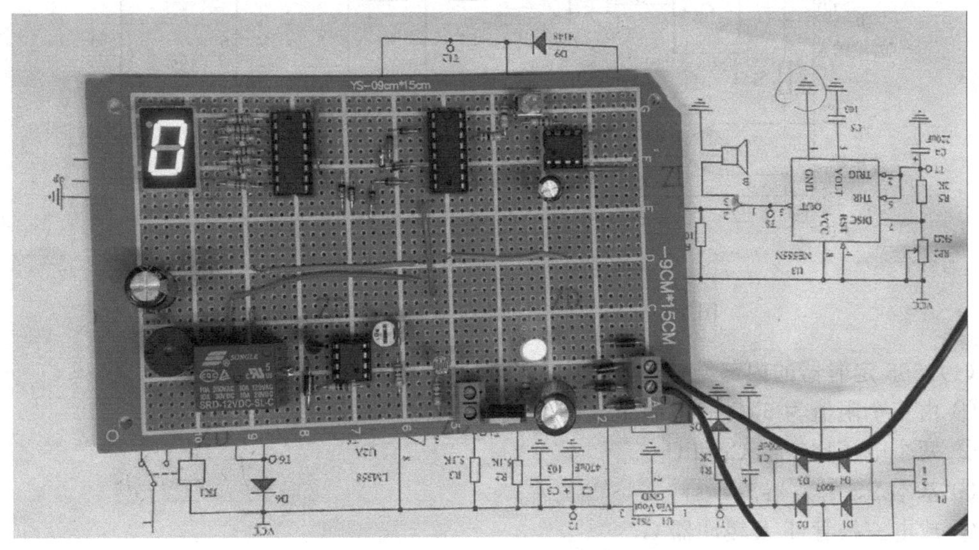

图 7-2　自动温控报警模拟电路实物图

7.1　集成 555 定时器

7.1.1　集成 555 定时器概述

集成 555 定时器又称时基电路，它是把模拟电路和数字电路结合在一起的一种中规模集成电路，可产生精确的时间延迟和振荡，内部有三个 5kΩ 的电阻分压器，故称 555 定时器。555 定时器又是一种通用的多功能电路，在波形的产生与变换、测量与控制、家用电器、电子玩具等许多领域中都得到了广泛的应用，图 7-1 中的自动温控报警模拟电路中的报警部分就是利用 555 定时器构成的。

目前生产的555定时器有双极型和CMOS两种类型，其型号分别有NE555（或5G555）和C7555等多种。通常，双极型产品型号最后的三位数码都是555，CMOS产品型号的最后四位数码都是7555，它们的结构、工作原理以及外部引脚排列基本相同。

一般双极型定时器具有较大的驱动能力，而CMOS定时电路具有低功耗、输入阻抗高等优点。555定时器工作的电源电压很宽，并可承受较大的负载电流。双极型定时器电源电压范围为5～16V，最大负载电流可达200mA；CMOS定时器电源电压变化范围为3～17V，最大负载电流在4mA以下。

555定时器内部电路及引脚如图7-3所示，555定时器输出端的电流较大，可直接驱动继电器、小电动机、指示灯、扬声器等负载。

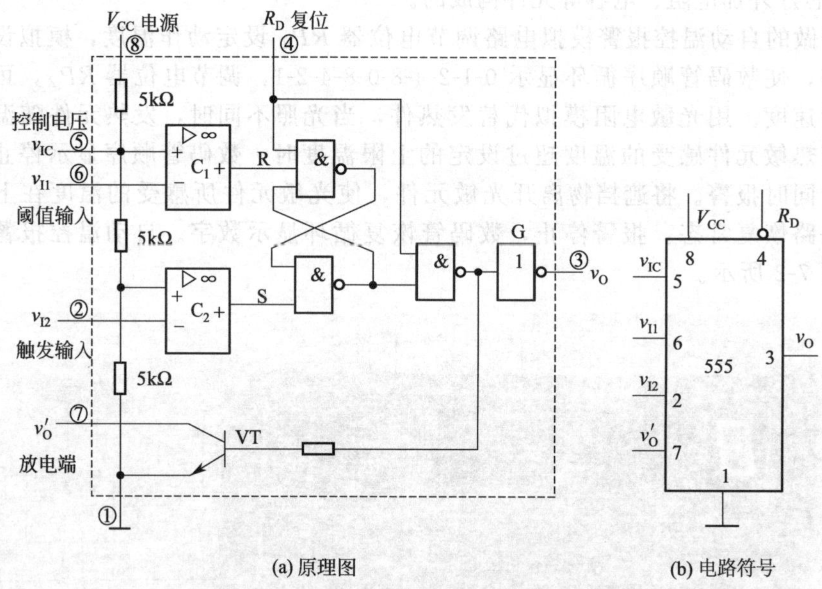

图7-3　555定时器的电气原理图和电路符号

（1）555定时器的内部结构

① 由三个阻值为5kΩ的电阻组成的电阻分压器。

② 两个电压比较器 C_1 和 C_2。

③ 基本RS触发器。

④ 放电三极管T及缓冲器G。

（2）555定时器各引脚的功能

① 接地端，用GND表示。

② 低触发端 v_{I2}（触发输入端），当该端电压低于内部基准电压时，输出端 v_O 为高电平，当高于内部基准电压时，v_O 状态则由⑥的电压确定。

③ 输出端 v_O，有高电平和低电平两种状态。

④ 置零端 R_D，只要该端为低电平时，无论两触发端电压如何，输出端③即为低电平。

⑤ 控制电压端 v_{IC}，当该端悬空时，⑥电压为 $2V_{CC}/3$、②脚电压为 $V_{CC}/3$；当该端接某一固定电压 U_{CO} 时，则⑥为 U_{CO}、②为 $U_{CO}/2$。

⑥ 高触发端 v_{I1}（阈值输入端），当该端电压大于 $2V_{CC}/3$ 时，v_O 端为0；当小于 $2V_{CC}/3$ 时，v_O 端保持原状态。

⑦ 放电端 $v_{O'}$，当 v_O 端为高电平时，该端接地；当 v_O 端为低电平时，该端与地

断开。

⑧ 电源端 V_{CC}。

(3) 555 定时器的工作原理

当 5 脚悬空时，比较器 C_1 和 C_2 的比较电压分别为 $\frac{2}{3}V_{CC}$ 和 $\frac{1}{3}V_{CC}$。

① 当 $v_{I1}>\frac{2}{3}V_{CC}$，$v_{I2}>\frac{1}{3}V_{CC}$ 时，比较器 C_1 输出低电平，C_2 输出高电平，基本 RS 触发器被置 0，放电三极管 T 导通，输出端 v_O 为低电平。

② 当 $v_{I1}<\frac{2}{3}V_{CC}$，$v_{I2}<\frac{1}{3}V_{CC}$ 时，比较器 C_1 输出高电平，C_2 输出低电平，基本 RS 触发器被置 1，放电三极管 VT 截止，输出端 v_O 为高电平。

③ 当 $v_{I1}<\frac{2}{3}V_{CC}$，$v_{I2}>\frac{1}{3}V_{CC}$ 时，比较器 C_1 输出高电平，C_2 也输出高电平，即基本 RS 触发器 $R=1$，$S=1$，触发器状态不变，电路亦保持原状态不变。

由于阈值输入端（v_{I1}）为高电平（$>\frac{2}{3}V_{CC}$）时，定时器输出低电平，因此也将该端称为高触发端（TH）。

因为触发输入端（v_{I2}）为低电平（$<\frac{1}{3}V_{CC}$）时，定时器输出高电平，因此也将该端称为低触发端（$\overline{\mathrm{TR}}$）。

如果在电压控制端（5 脚）施加一个外加电压（其值在 0～V_{CC} 之间），比较器的参考电压将发生变化，电路相应的阈值、触发电平也将随之变化，并进而影响电路的工作状态。

此外，R_D 为复位输入端，当 R_D 为低电平时，不管其他输入端的状态如何，输出 v_O 为低电平，即 R_D 的控制级别最高。正常工作时，一般应将其接高电平。

综上所述，555 定时器当电压控制端不接固定电压时的功能表如表 7-1 所示。

表 7-1　555 定时器的功能表

阈值输入(v_{I1})	触发输入(v_{I2})	复位(R_D)	输出(v_O)	放电管 VT
×	×	0	0	导通
$<\frac{2}{3}V_{CC}$	$<\frac{1}{3}V_{CC}$	1	1	截止
$>\frac{2}{3}V_{CC}$	$>\frac{1}{3}V_{CC}$	1	0	导通
$<\frac{2}{3}V_{CC}$	$>\frac{1}{3}V_{CC}$	1	不变	不变
$>\frac{2}{3}V_{CC}$	$<\frac{1}{3}V_{CC}$	1	1	截止

7.1.2　集成 555 定时器的应用

在数字系统中，常常需要各种边沿陡峭且对脉冲宽度、幅值有一定要求的脉冲信号，获取这些脉冲信号的方法通常有两种：一种是利用脉冲振荡器直接产生；另一种是对已有的信号进行整形处理，使之符合系统的要求。555 定时器是一种多用途的单片中规模集成电路。该电路使用灵活、方便，只需外接少量的阻容元件就可以构成单稳态触发器、多谐振荡器和施密特触发器。

1. 用 555 定时器构成多谐振荡器

多谐振荡器又称为无稳电路，不需外加触发信号，通电后，能自动输出矩形脉冲波，在数字系统中常常用以产生矩形脉冲，作为时钟脉冲信号源。

(1) 电路组成及工作原理

用 555 定时器构成的多谐振荡器电路及工作波形如图 7-4 所示。

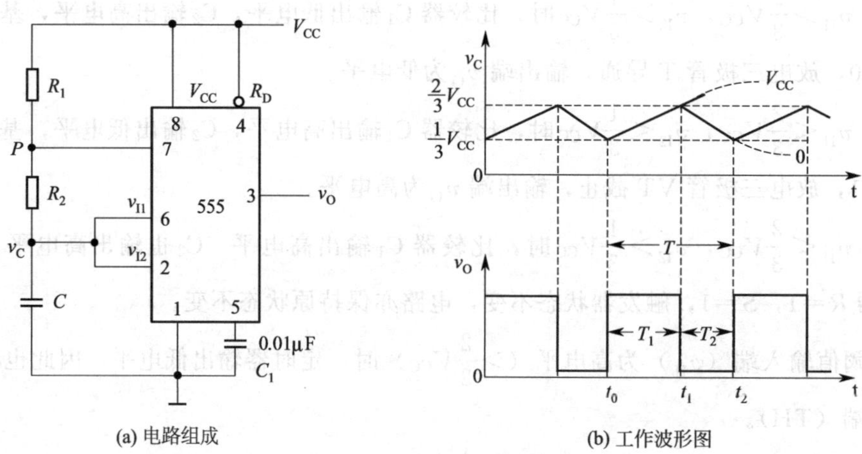

(a) 电路组成　　(b) 工作波形图

图 7-4　用 555 定时器构成的多谐振荡器

(2) 振荡频率的估算

① 电容充电时间 T_1。电容充电时，时间常数 $\tau_1=(R_1+R_2)C$，起始值 $v_C(0^+)=\frac{1}{3}V_{CC}$，终了值 $v_C(\infty)=V_{CC}$，转换值 $v_C(T_1)=\frac{2}{3}V_{CC}$，代入 RC 过渡过程计算公式进行计算：

$$T_1=\tau_1\ln\frac{v_C(\infty)-v_C(0^+)}{v_C(\infty)-v_C(T_1)}$$

$$=\tau_1\ln\frac{V_{CC}-\frac{1}{3}V_{CC}}{V_{CC}-\frac{2}{3}V_{CC}}$$

$$=\tau_1\ln 2$$

$$=0.7(R_1+R_2)C$$

② 电容放电时间 T_2。电容放电时，时间常数 $\tau_2=R_2C$，起始值 $v_C(0^+)=\frac{2}{3}V_{CC}$，终了值 $v_C(\infty)=0$，转换值 $v_C(T_2)=\frac{1}{3}V_{CC}$，代入 RC 过渡过程计算公式进行计算：

$$T_2=0.7R_2C$$

③ 电路振荡周期 T。$T=T_1+T_2=0.7(R_1+2R_2)C$。

④ 电路振荡频率 f。$f=\frac{1}{T}\approx\frac{1.43}{(R_1+2R_2)C}$

⑤ 输出波形占空比 q。定义：$q=T_1/T$，即脉冲宽度与脉冲周期之比，称为占

空比。

$$q=\frac{T_1}{T}=\frac{0.7(R_1+R_2)C}{0.7(R_1+2R_2)C}=\frac{R_1+R_2}{R_1+2R_2}$$

图 7-1 中的自动温控报警模拟电路中就是利用 555 定时器构成多谐振荡器来报警的，工作原理即用物体遮挡光敏电阻，光敏电阻阻值增大，其分压值也增大，LM358 是作为比较器使用，当 LM358 正向输入端电压高于负向输入端时 LM324 输出高电平，使继电器工作。此时 NE555 输出的振荡信号可接入 CD4017 时钟输出端 CP，CD4017 处于计数状态，数码管不断显示 0，1，2，4，8。改变电位器 R_7 阻值可改变 NE555 振荡频率，从而可改变数码管 0，1，2，4，8 流动速度。当物体离开光敏电阻时，LM324 反向端电压高于正向端电压，继电器不工作，NE555 输出振荡信号接向喇叭，喇叭报警，数码管显示数不变。报警电路仿真如图 7-5 所示。

在图 7-4 所示电路中，由于电容 C 的充电时间常数 $\tau_1=(R_1+R_2)C$，放电时间常数 $\tau_2=R_2C$，所以 T_1 总是大于 T_2，v_O 的波形不仅不可能对称，而且占空比 q 不易调节。利用半导体二极管的单向导电特性，把电容 C 充电和放电回路隔离开来，再加上一个电位器，便可构成占空比可调的多谐振荡器，电路如图 7-6 所示，仿真电路如图 7-7 所示。

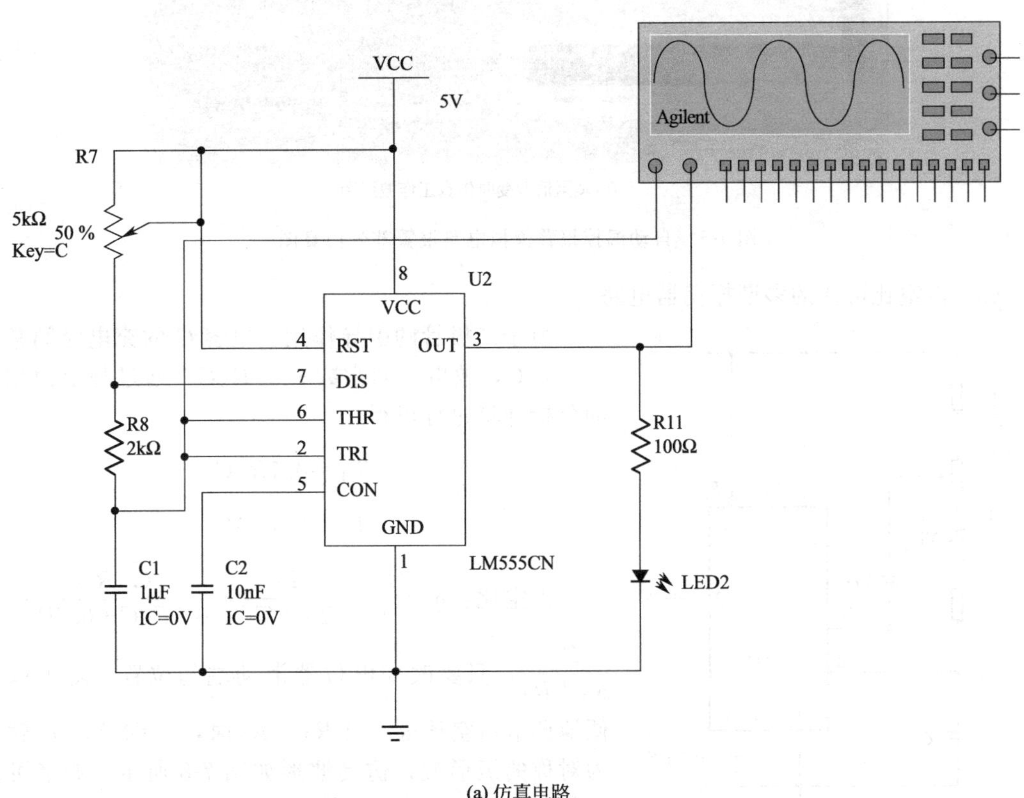

(a) 仿真电路

图 7-5

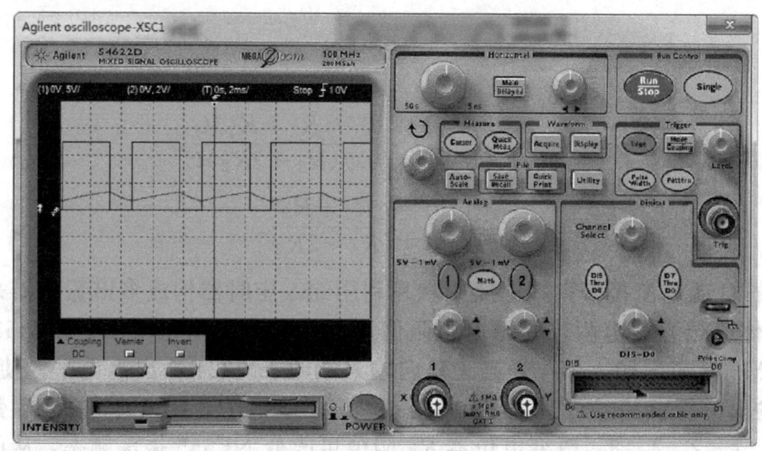

(b) 仿真工作波形图

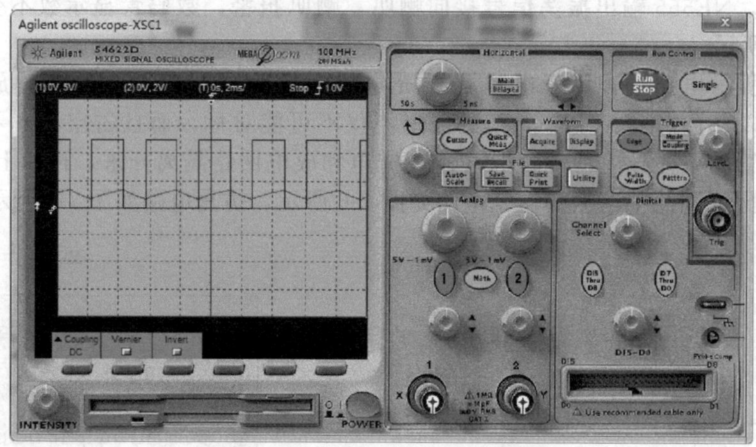

(c) R_7阻值改变时仿真工作波形图

图 7-5　自动温控报警模拟电路报警部分仿真图

(3) 占空比可调的多谐振荡器电路

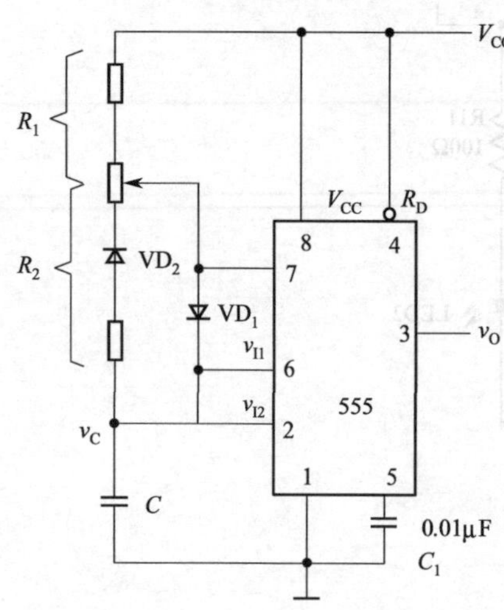

图 7-6　占空比可调的多谐振荡器

由于二极管的引导作用，电容 C 的充电时间常数 $\tau_1 = R_1C$，放电时间常数 $\tau_2 = R_2C$。通过与上面相同的分析计算过程可得

$$T_1 = 0.7R_1C$$

$$T_2 = 0.7R_2C$$

占空比：$q = \frac{T_1}{T} = \frac{T_1}{T_1 + T_2} = \frac{0.7R_1C}{0.7R_1C + 0.7R_2C} = \frac{R_1}{R_1 + R_2}$，只要改变电位器滑动端的位置，就可以方便地调节占空比 q，当 $R_1 = R_2$时，$q = 0.5$，v_O就成为对称的矩形波，仿真波形如图 7-8 所示，调节可调电位器，则可以改变占空比 q，仿真波形如图 7-9 所示。

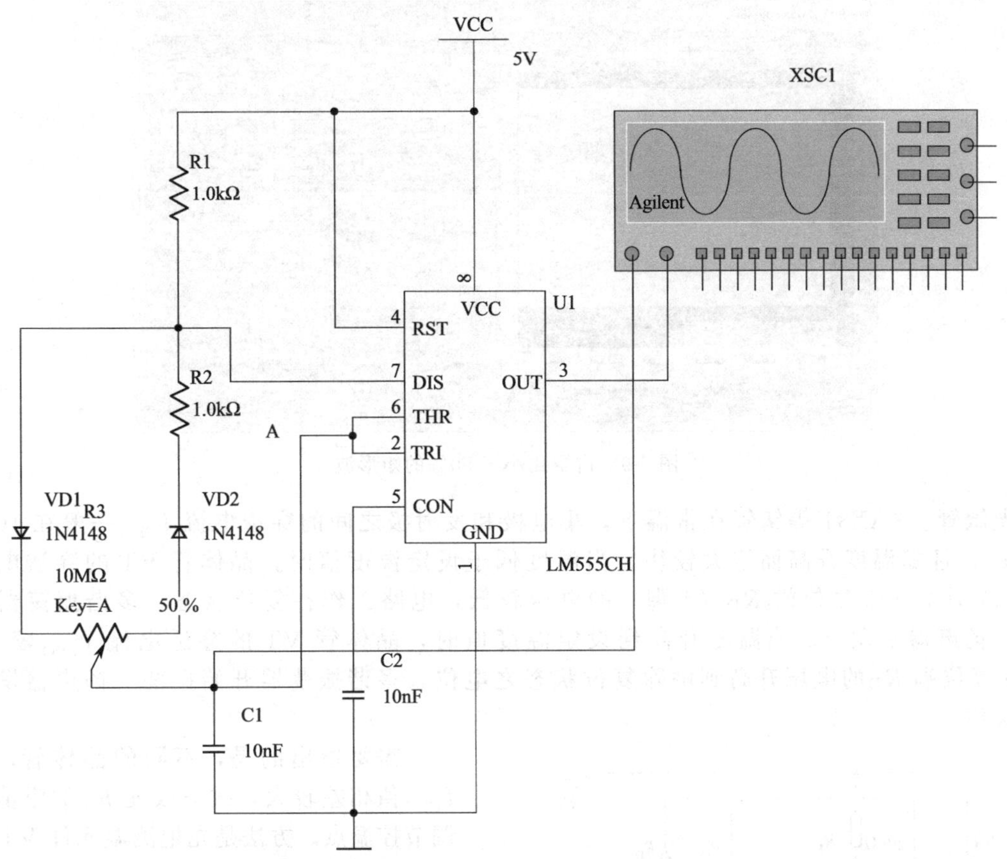

图 7-7　占空比可调的多谐振荡器仿真电路图

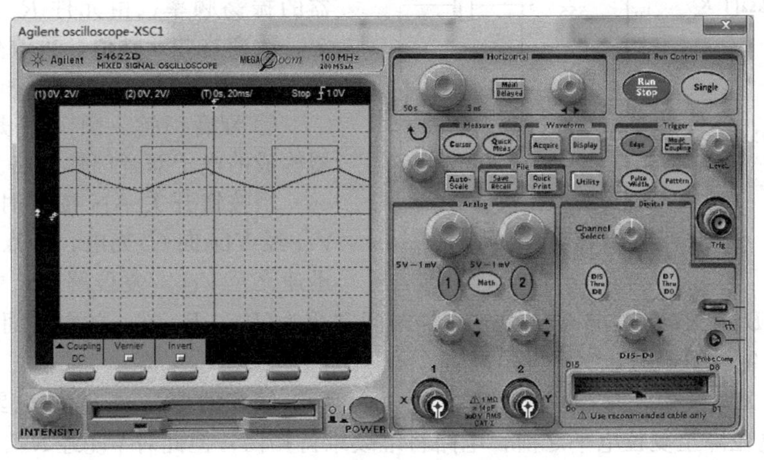

图 7-8　占空比为 50%的方波

（4）应用实例

① 简易温控报警器。图 7-10 是利用多谐振荡器构成的简易温控报警电路，利用 555 构成可控音频振荡电路，用扬声器发声报警，可用于火警或热水温度报警，电路简单、调试方便。图中晶体管 VT 可选用锗管 3AX31、3AX71 或 3AG 类，也可选用 3DU

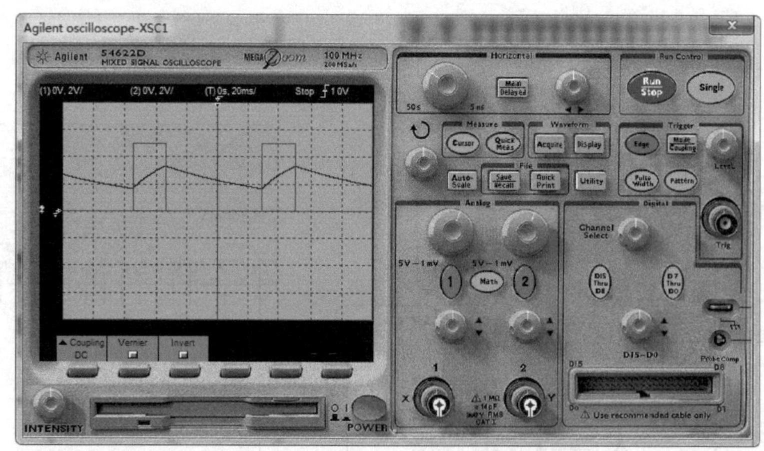

图 7-9　占空比小于 50%的矩形波

型光敏管。3AX31 等锗管在常温下，集电极和发射极之间的穿透电流 I_{CEO} 一般在 10～50μA，且随温度升高而增大较快。当温度低于设定温度值时，晶体管 VT 的穿透电流 I_{CEO} 较小，555 复位端 R_D（4 脚）的电压较低，电路工作在复位状态，多谐振荡器停振，扬声器不发声。当温度升高到设定温度值时，晶体管 VT 的穿透电流 I_{CEO} 较大，555 复位端 R_D 的电压升高到解除复位状态之电位，多谐振荡器开始振荡，扬声器发出报警声。

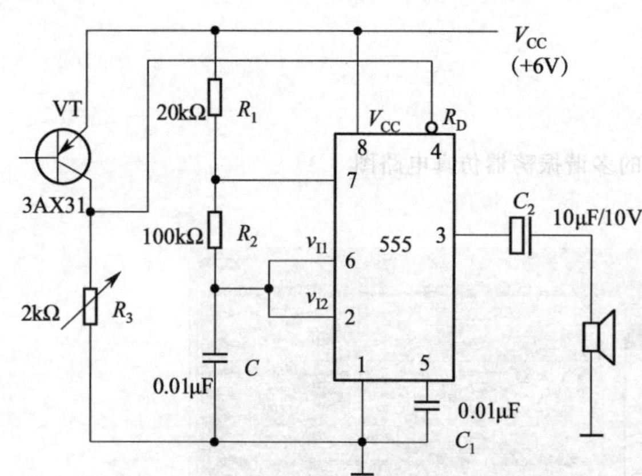

图 7-10　多谐振荡器用作简易温控报警电路

需要指出的是，不同的晶体管，其 I_{CEO} 值相差较大，故需改变 R_1 的阻值来调节控温点。方法是先把测温元件 VT 置于要求报警的温度下，调节 R_1 使电路刚发出报警声。报警的音调取决于多谐振荡器的振荡频率，由元件 R_2、R_3 和 C_1 决定，改变这些元件值，可改变音调，但要求 R_2 大于 1kΩ。

② 双音门铃。图 7-11 是用多谐振荡器构成的电子双音门铃电路。

当按钮开关 AN 按下时，开关闭合，V_{CC} 经 VD_2 向 C_3 充电，P 点（4 脚）电位迅速充至 V_{CC}，复位解除；由于 D_1 将 R_3 旁路，V_{CC} 经 D_1、R_1、R_2 向 C 充电，充电时间常数为 $(R_1+R_2)C$，放电时间常数为 R_2C，多谐振荡器产生高频振荡，喇叭发出高音。

当按钮开关 AN 松开时，开关断开，由于电容 C_3 储存的电荷经 R_4 放电要维持一段时间，在 P 点电位降至复位电平之前，电路将继续维持振荡；但此时 V_{CC} 经 R_3、R_1、R_2 向 C 充电，充电时间常数增加为 $(R_3+R_1+R_2)C$，放电时间常数仍为 R_2C，多谐振荡器产生低频振荡，喇叭发出低音。

当电容 C_3 持续放电，使 P 点电位降至 555 的复位电平以下时，多谐振荡器停止振荡，喇叭停止发声。

调节相关参数，可以改变高、低音发声频率以及低音维持时间。

【例 7-1】 分析图 7-12 所示电路，设定时器 5G555 输出高电平为 3.6V，输出低电平约为 0V，图中 VD 为理想二极管。试解答如下问题：

(1) 当开关置于位置 A 时，两个 5G555 各构成什么电路？估算输出信号 u_{O1} 和 u_{O2} 的振荡频率 $f_{Ⅰ}$ 和 $f_{Ⅱ}$ 各是多少？

(2) 当开关置于位置 B 时，两个 5G555 构成的电路有什么关系？画出输出信号 u_{O1} 和 u_{O2} 的波形图。

解：(1) 当开关断开时时，两个 5G555 各自构成一个多谐振荡器。

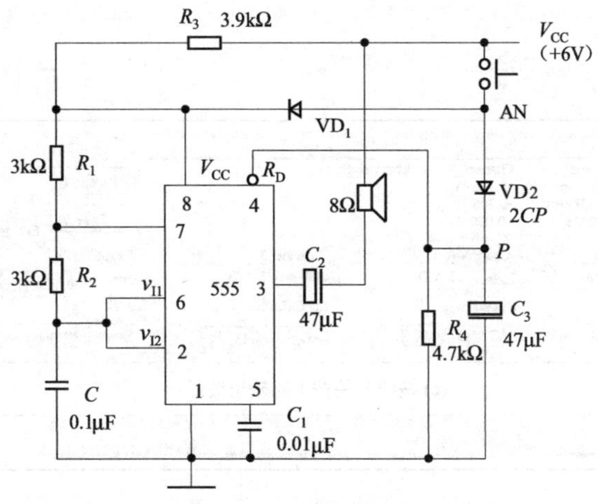

(a) 电路原理图

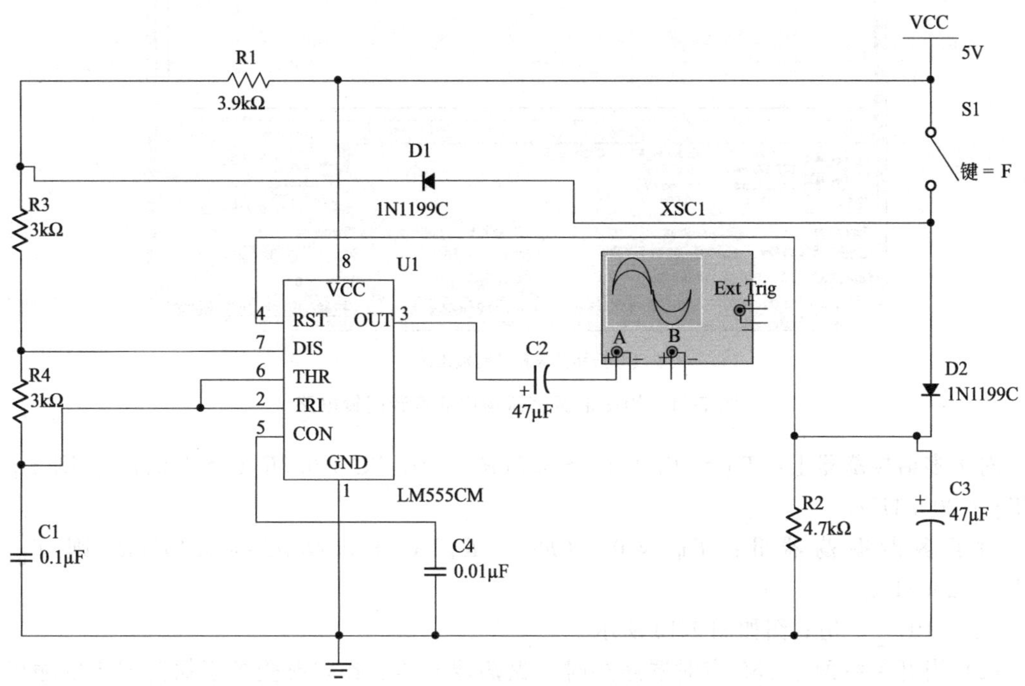

(b) 仿真电路图

图 7-11

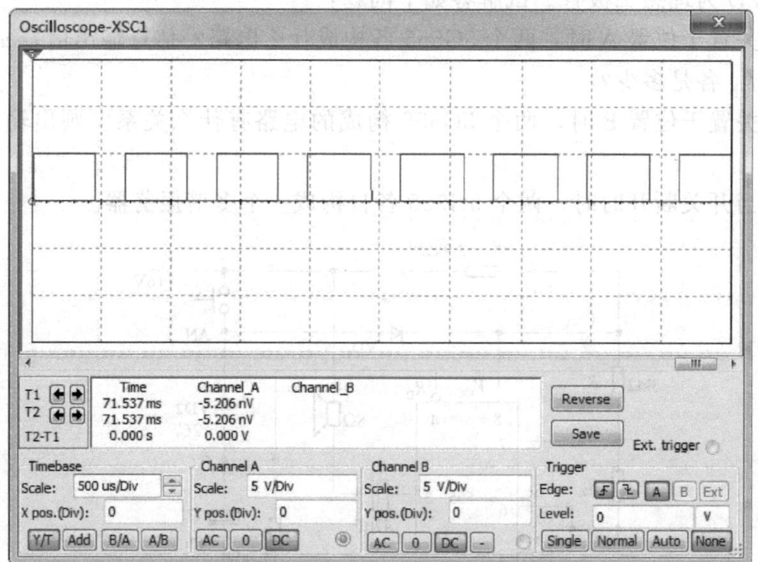

(c) 按钮开关按下时输出波形

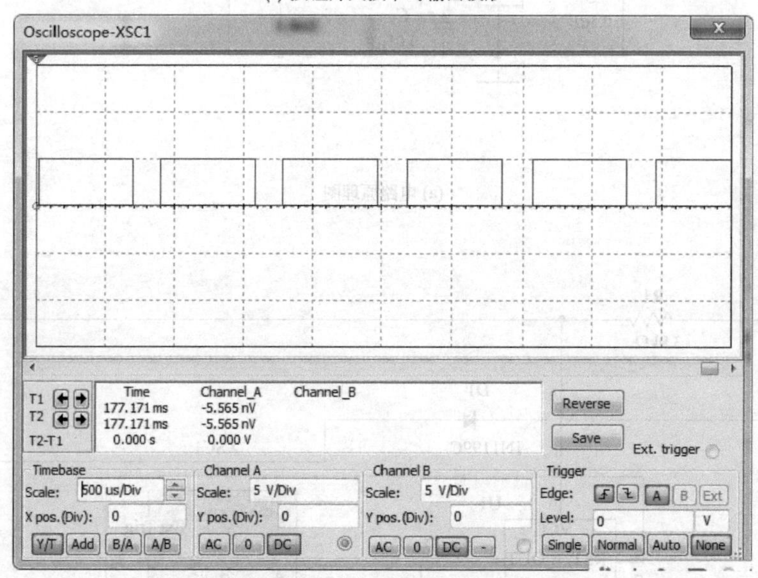

(d) 按钮开关松开时输出波形

图 7-11 用多谐振荡器构成的双音门铃电路

对于多谐振荡器Ⅰ：$T_Ⅰ=T_1+T_2 \approx 0.7(R_1+2R_2)C+0.7R_2C \approx 4.99\text{ms}$，则 $f_Ⅰ=1/T_Ⅰ=200.4\text{Hz}$。

对于多谐振荡器Ⅱ：$T_Ⅱ \approx 0.7(R_3+R_4)C+0.7R_4C \approx 0.499\text{ms}$，则 $f_Ⅱ=1/T_Ⅱ=2004\text{Hz}$。

$f_Ⅱ=10f_Ⅰ$，仿真图如图 7-13 所示。

(2) 当开关将两个 555 定时器连接时，振荡器Ⅱ的工作状态受控于振荡器Ⅰ的输出信号 u_{O1}，仿真图如图 7-14 所示。当 $u_{O1}=3.6\text{V}$ 时，二极管 VD 截止，振荡器Ⅱ起振工作，振荡频率 $f_Ⅱ=2004\text{Hz}$；而当 $u_{O1}\approx 0\text{V}$ 时，二极管 VD 导通，振荡器Ⅱ停振，$u_{O2}=3.6\text{V}$。

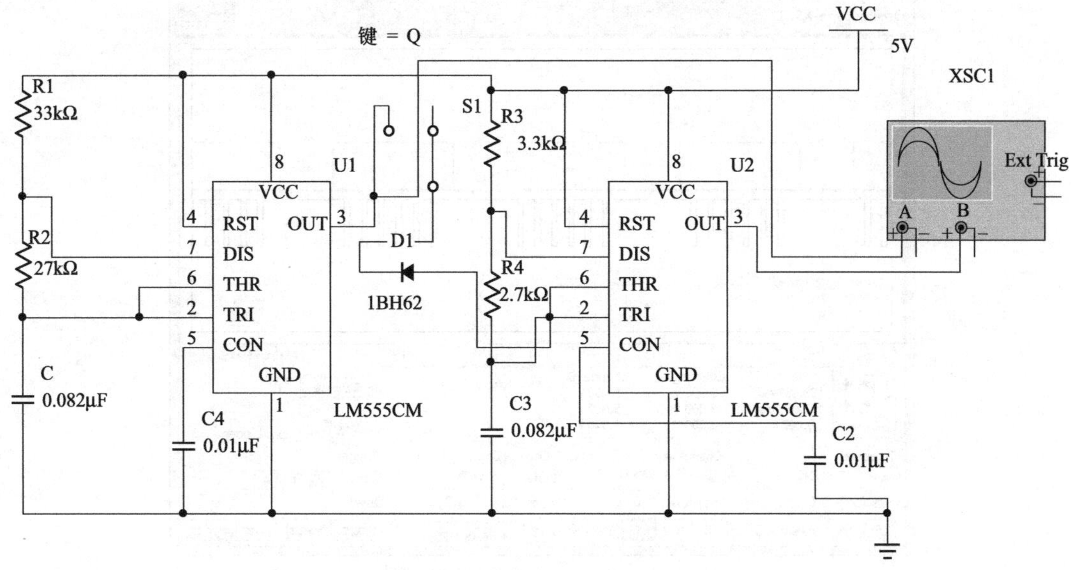

图 7-12　例 7-1 电路图

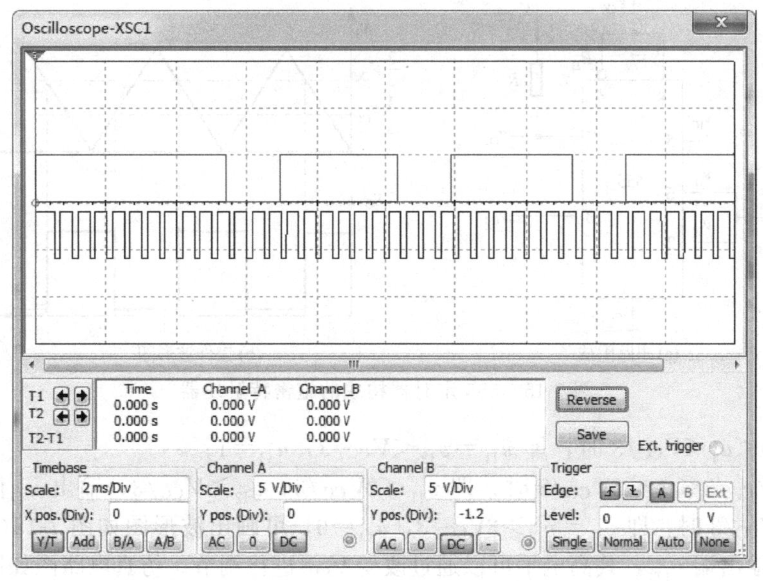

图 7-13　例 7-1 开关断开时仿真图

2. 用 555 定时器构成施密特触发器

施密特触发器是数字系统中常用的电路之一，它可以把变化缓慢的脉冲波形变换成为数字电路所需要的矩形脉冲。

施密特电路的特点在于它也有两个稳定状态，但与一般触发器的区别在于这两个稳定状态的转换需要外加触发信号，而且稳定状态的维持也要依赖于外加触发信号，因此它的触发方式是电平触发。

(1) 电路组成及工作原理

将 555 定时器的阈值输入端 v_{I1} 和触发输入端 v_{I2} 连在一起作为输入信号 u_i 的输入端即可构成施密特触发器，电路如图 7-15(a) 所示。

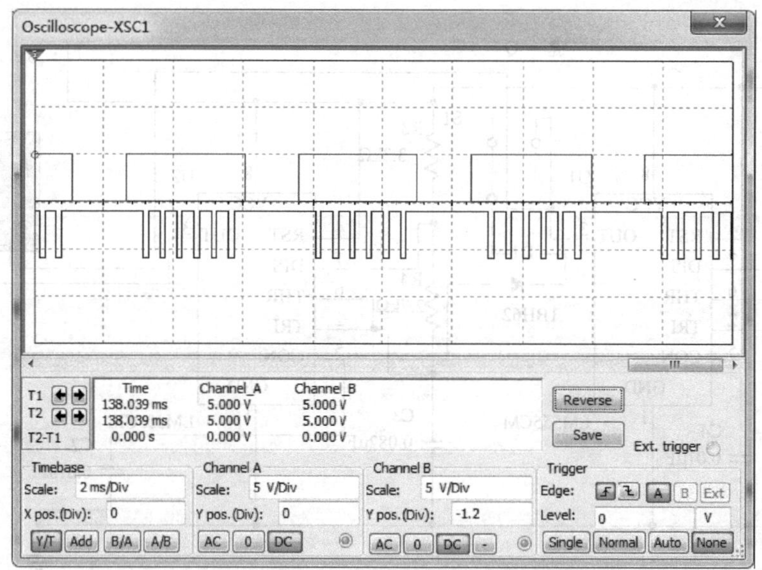

图 7-14　例 7-1 开关连接时仿真图

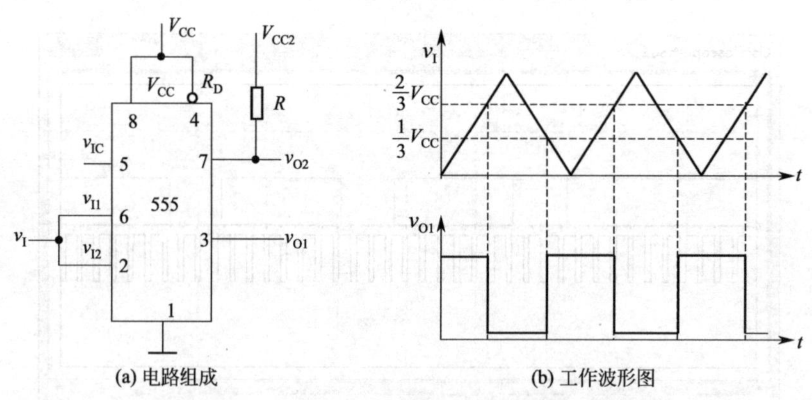

图 7-15　555 定时器构成的施密特触发器

当 u_i 在 $0<u_i<V_{CC}/3$ 时，即 $v_{I1}=v_{I2}<V_{CC}/3$，$u_O=1$；

当 u_i 在 $V_{CC}/3<u_i<2V_{CC}/3$ 时，即 $v_{I1}<2V_{CC}/3$，$v_{I2}>V_{CC}/3$，输出 u_O 保持不变；

当 $u_i>2V_{CC}/3$ 时，即 $v_{I1}=v_{I2}>2V_{CC}/3$，$u_O=0$，可画出波形图如图 7-15(b) 所示，R、V_{CC2} 构成另一输出端 v_{O2}，其高电平可以通过改变 V_{CC2} 进行调节。仿真电路图如图 7-16 所示。

(2) 电压滞回特性和主要参数

从图 7-15(b) 可以看出，其逻辑功能如同一个反相器，但与反相器的不同之处是其输入、输出电压之间的关系（传输特性）有回差。

用 555 定时器构成的施密特触发器电路的电压滞回特性如图 7-17 所示。

主要静态参数如下。

① 上限阈值电压 V_{T+}：指 v_I 上升过程中，输出电压 v_O 由高电平 V_{OH} 跳变到低电平 V_{OL} 时，所对应的输入电压值。$V_{T+}=\frac{2}{3}V_{CC}$。

② 下限阈值电压 V_{T-}：指 v_I 下降过程中，v_O 由低电平 V_{OL} 跳变到高电平 V_{OH} 时，所对应的输入电压值。$V_{T-}=\frac{1}{3}V_{CC}$。

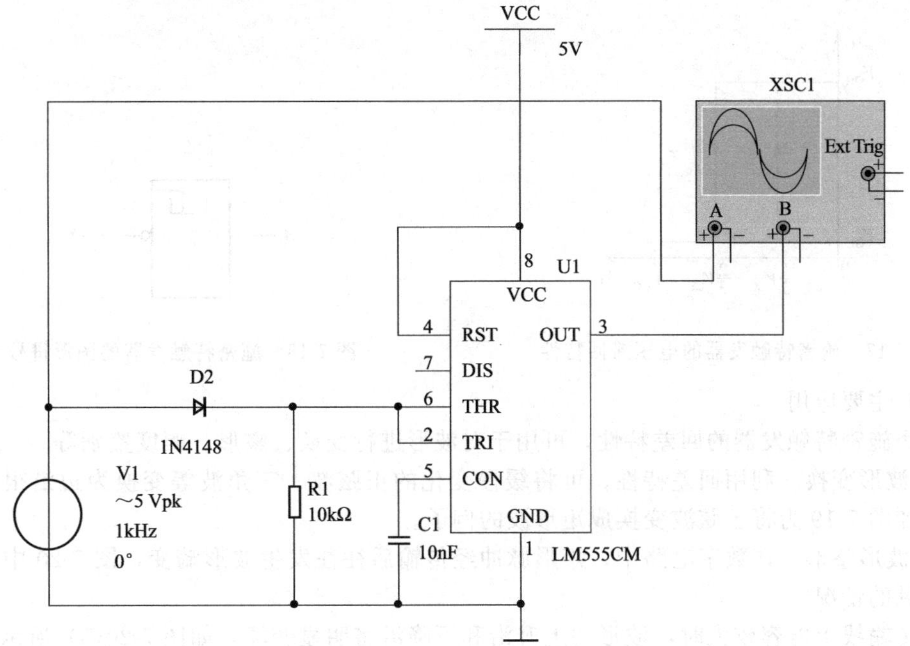

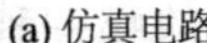
(a) 仿真电路

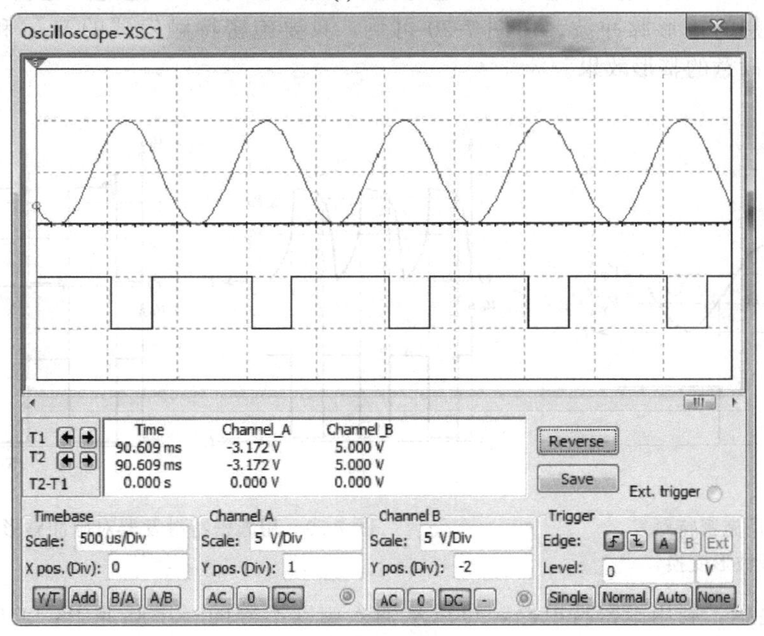

(b) 仿真波形图

图 7-16　555 定时器构成的施密特触发器仿真电路图

③ 回差电压 ΔV_T：回差电压又叫滞回电压，定义为 $\Delta V_T = V_{T+} - V_{T-} = \frac{1}{3}V_{CC}$。

若在电压控制端 V_{IC}（5 脚）外加电压 V_S，则将有 $V_{T+} = V_S$、$V_{T-} = V_S/2$、$\Delta V_T = V_S/2$，而且当改变 V_S时，它们的值也随之改变。

除了 555 定时器可构成施密特触发器外，集成运放、TTL 和 CMOS 门电路，都可以组成施密特触发器。它们的图形符号如图 7-18 所示。

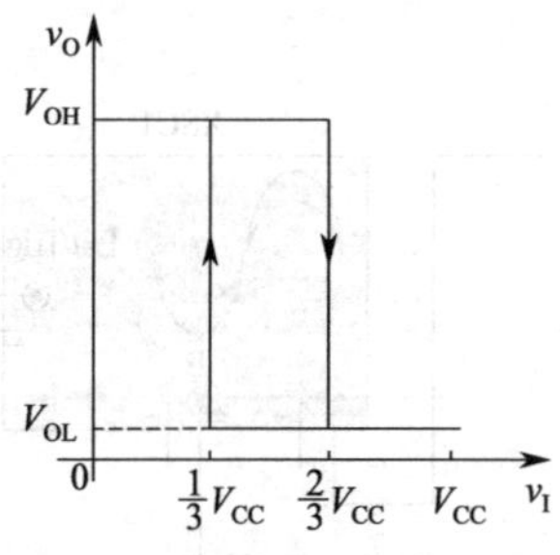

图 7-17　施密特触发器的电压滞回特性

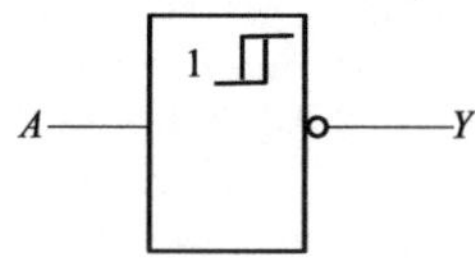

图 7-18　施密特触发器的图形符号

(3) 主要应用

利用施密特触发器的回差特性，可用于对波形进行变换、整形、幅度鉴别等。

① 波形变换。利用回差特性，可将缓慢变化的正弦波、三角波等变换为边沿很陡的矩形波。如图 7-19 为将正弦波变换成矩形波的例子。

② 波形整形。在数字电路中，矩形脉冲经传输后往往发生波形畸变，图 7-20 中给出了两种常见的情况。

当传输线上电容较大时，波形的上升沿和下降沿将明显变坏，如图 7-20(a) 所示。当传输线较长，且接收端的阻抗与传输线的阻抗不匹配时，在波形的上升沿和下降沿将产生振荡现象，如图 7-20(b) 所示。无论出现上述的哪一种情况，都可以通过用施密特触发器整形而获得比较理想的矩形脉冲波。由图 7-20 可见，只要施密特触发器的 V_{T+} 和 V_{T-} 设置合适，均能收到满意的整形效果。

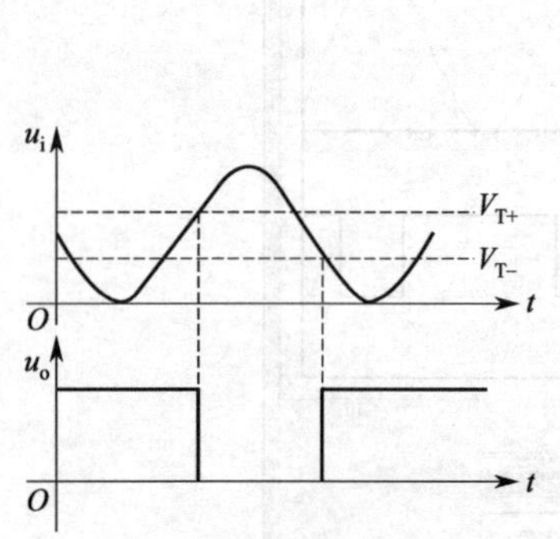

图 7-19　用施密特触发器实现波形变换

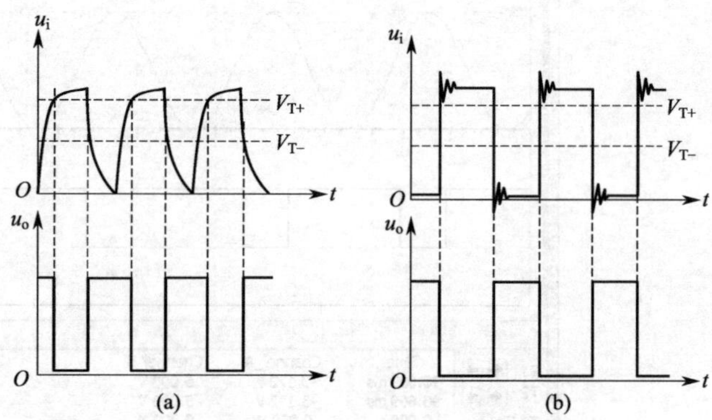

图 7-20　用施密特触发器对脉冲整形

③ 脉冲鉴幅。利用施密特电路，可以从输入幅度不等的一串脉冲中，去掉幅度较小的脉冲，保留幅度超过 V_{T+} 的脉冲，这就是幅度鉴别，如图 7-21 所示。

3. 用 555 定时器单稳态触发器

单稳态触发器是一种只有一个稳定状态的电路，它的另一个状态是暂稳态。在外加触发脉冲作用下，电路能够从稳定状态翻转到暂稳状态，经过一段时间后，靠电路自身的作用，将自动返回到稳定状态，并在输出端获得一个脉冲宽度为 t_w 的矩形波。在单稳态触发器中，输出的脉冲宽度 t_w 就是暂稳态的维持时间，其长短取决于电路自身的参数，而与触发脉冲无关。

(1) 电路组成及工作原理

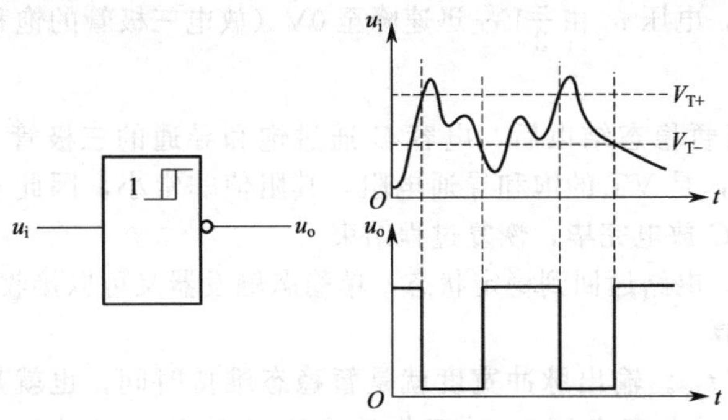

图 7-21　用施密特触发器对脉冲鉴幅

将 555 定时器中放电管的集电极与阈值输入端 TH 接到一起，通过电阻 R 接电源，通过电容 C 接地，触发输入端$\overline{TR}$作为触发信号 u_i 的输入端，用 555 定时器构成的单稳态触发器电路及工作波形如图 7-22 所示。

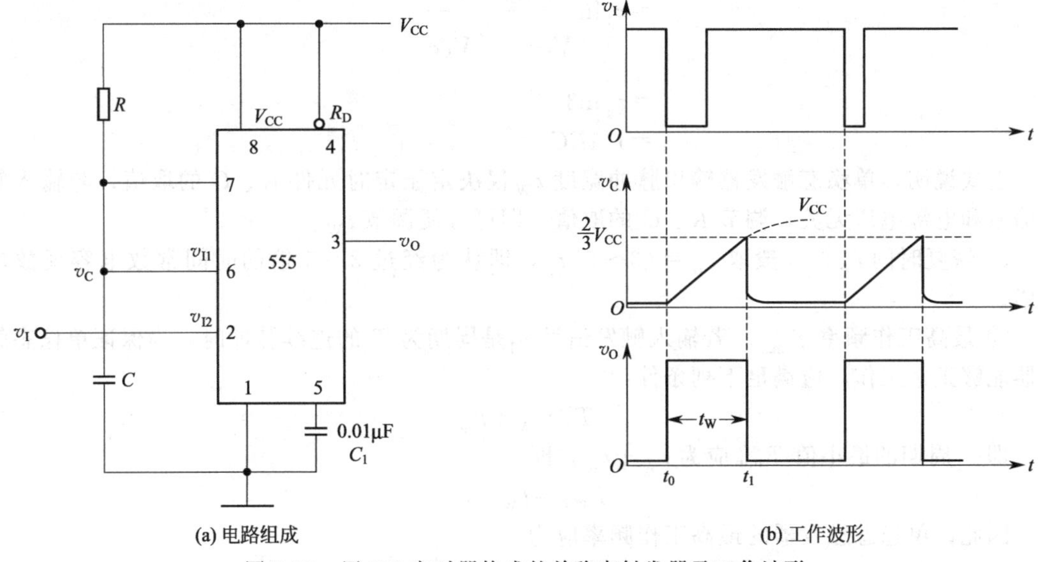

图 7-22　用 555 定时器构成的单稳态触发器及工作波形

① 无触发信号输入时电路工作在稳定状态。当电路无触发信号时，v_I保持高电平，电路工作在稳定状态，即输出端 v_O保持低电平，555 内放电三极管 VT 饱和导通，引脚 7 接地，电容电压 v_C为 0V。

② v_I下降沿触发。当 v_I下降沿到达时，555 触发输入端（2 脚）由高电平跳变为低电平，电路被触发，v_O由低电平跳变为高电平，电路由稳态转入暂稳态。

③ 暂稳态的维持时间。在暂稳态期间，555 内放电三极管 VT 截止，V_{CC}经 R 向 C 充电。其充电回路为 $V_{CC}\rightarrow R\rightarrow C\rightarrow$地，时间常数 $\tau_1=RC$，电容电压 v_C由 0V 开始增大，在电容电压 v_C上升到阈值电压$\frac{2}{3}V_{CC}$之前，电路将保持暂稳态不变。

④ 自动返回（暂稳态结束）时间。当 v_C上升至阈值电压$\frac{2}{3}V_{CC}$时，输出电压 v_O由高电平跳变为低电平，555 内放电三极管 VT 由截止转为饱和导通，引脚 7 接地，电容 C 经放电

三极管对地迅速放电，电压 v_C 由 $\frac{2}{3}V_{CC}$ 迅速降至0V（放电三极管的饱和压降），电路由暂稳态重新转入稳态。

⑤ 恢复过程。当暂稳态结束后，电容 C 通过饱和导通的三极管 VT 放电，时间常数 $\tau_2=R_{CES}C$，式中 R_{CES} 是 VT 的饱和导通电阻，其阻值非常小，因此 τ_2 的值亦非常小。经过$(3\sim5)\tau_2$后，电容 C 放电完毕，恢复过程结束。

恢复过程结束后，电路返回到稳定状态，单稳态触发器又可以接收新的触发信号。

（2）主要参数估算

① 输出脉冲宽度 t_W。输出脉冲宽度就是暂稳态维持时间，也就是定时电容的充电时间。由图 7-22(b) 所示电容电压 v_C 的工作波形不难看出 $v_C(0^+)\approx 0V$，$v_C(\infty)=V_{CC}$，$v_C(t_W)=\frac{2}{3}V_{CC}$，代入 RC 过渡过程计算公式，可得

$$t_W=\tau_1\ln\frac{v_C(\infty)-v_C(0^+)}{v_C(\infty)-v_C(t_W)}$$

$$=\tau_1\ln\frac{V_{CC}-0}{V_{CC}-\frac{2}{3}V_{CC}}$$

$$=\tau_1\ln 3$$

$$=1.1RC$$

上式说明，单稳态触发器输出脉冲宽度 t_W 仅决定于定时元件 R、C 的取值，与输入触发信号和电源电压无关，调节 R、C 的取值，即可方便调节 t_W。

② 恢复时间 t_{re}。一般取 $t_{re}=(3\sim5)\tau_2$，即认为经过 3～5 倍的时间常数电容就放电完毕。

③ 最高工作频率 f_{max}。若输入触发信号 v_I 是周期为 T 的连续脉冲时，为保证单稳态触发器能够正常工作，应满足下列条件：

$$T>t_W+t_{re}$$

即 v_I 周期的最小值 T_{min} 应为 t_W+t_{re}，即

$$T_{min}=t_W+t_{re}$$

因此，单稳态触发器的最高工作频率应为

$$f_{max}=\frac{1}{T_{min}}=\frac{1}{t_W+t_{re}}$$

需要指出的是，在图 7-22 所示电路中，输入触发信号 v_I 的脉冲宽度（低电平的保持时间），必须小于电路输出 v_O 的脉冲宽度（暂稳态维持时间 t_W），否则电路将不能正常工作。因为当单稳态触发器被触发翻转到暂稳态后，如果 v_I 端的低电平一直保持不变，那么 555 定时器的输出端将一直保持高电平不变。

解决这一问题的一个简单方法，就是在电路的输入端加一个 RC 微分电路，即当 v_I 为宽脉冲时，让 v_I 经 RC 微分电路之后再接到 v_{I2} 端。不过微分电路的电阻应接到 V_{CC}，以保证在 v_I 下降沿未到来时，v_{I2} 端为高电平，仿真电路和波形如图 7-23 所示。

（3）主要应用

单稳态触发器是常见的脉冲基本单元电路之一，它被广泛地用作脉冲的定时和延时。

① 整形。由于单稳态触发器的输出脉宽仅与电路本身的参数有关，因此，可将一些宽度不规则的脉冲波形通过单稳态触发器变换为脉宽和幅度规则的脉冲波。如图 7-24 所示。

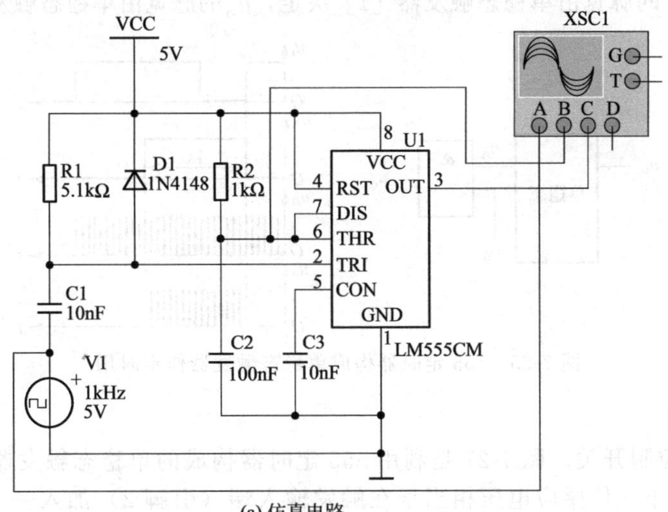

(a) 仿真电路

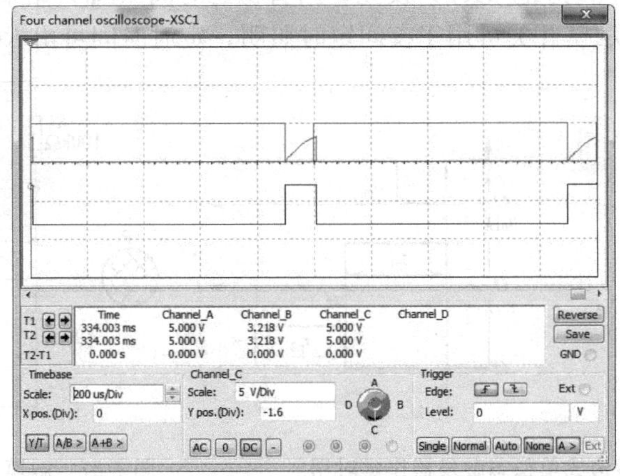

(b) 仿真波形图

图 7-23　用 555 定时器构成的单稳态触发器仿真

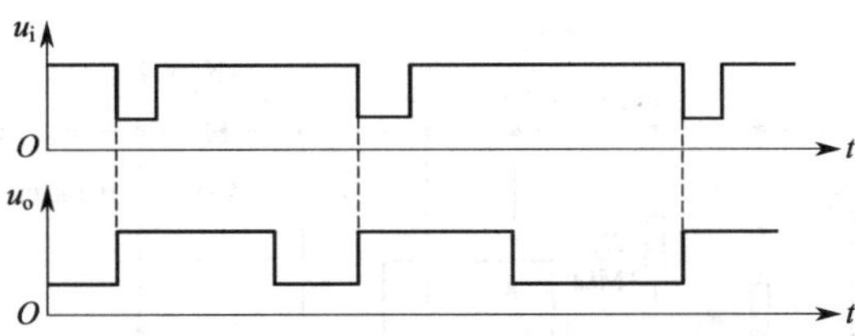

图 7-24　555 定时器构成单稳态触发器作整形用

② 定时。由于单稳态触发器能产生一定宽度 t_W 的矩形输出脉冲，利用这个矩形脉冲去控制某电路，使它在 t_W 时间内动作（或不动作），这就是脉冲的定时。例如，图 7-25 所示电路中，单稳态触发器产生宽度为 1s 的定时脉冲 u_A，用该定时脉冲来控制与门的开放时间，u_B 为矩形脉冲信号，u_o 即为 1s 内通过的脉冲个数，经计数、译码和显示电路，就可直接读出 u_B 的频率。

③ 延时。延时电路一般用两个单稳态触发器构成，如图 7-26 所示。t_1 时刻在单稳态触发器［1］的输入端加入一个负脉冲 u_i，经 t_{p1} 暂态后，u_{o1} 在 t_2 时刻得到一个下降沿，触发单稳

态触发器［2］。u_{o1}的脉宽由单稳态触发器［1］决定，u_o的脉宽由单稳态触发器［2］决定。

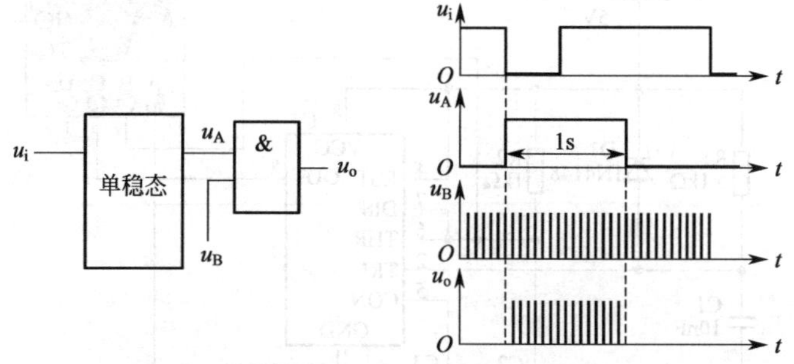

图 7-25　555 定时器构成单稳态触发器作定时用

（4）应用实例

① 触摸定时控制开关。图 7-27 是利用 555 定时器构成的单稳态触发器，只要用手触摸一下金属片 P，由于人体感应电压相当于在触发输入端（引脚 2）加入一个负脉冲，555 输出端（引脚 3）输出高电平，灯泡（R_L）发光，当暂稳态时间（t_W）结束时，555 输出端恢复低电平，灯泡熄灭。该触摸开关可用于夜间定时照明，定时时间可由 RC 参数调节。

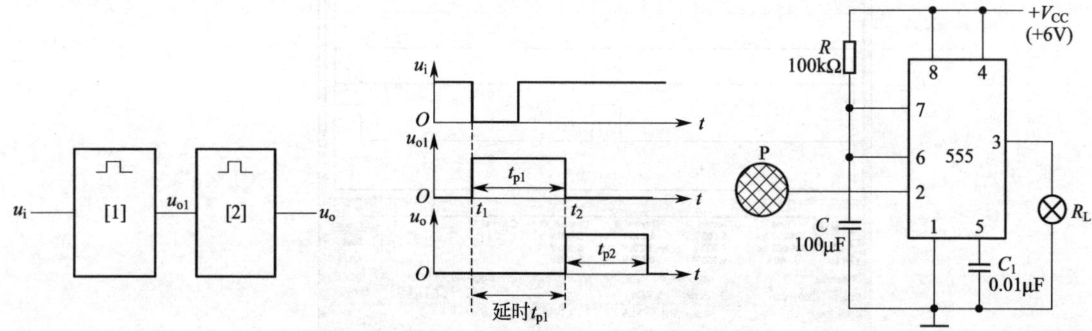

图 7-26　555 定时器构成单稳态触发器作延时用　　　图 7-27　触摸式定时控制开关电路

② 触摸、声控双功能延时灯。图 7-28 所示为一触摸、声控双功能延时灯电路，电路由电容降压整流电路、声控放大器、555 触发定时器和控制器组成。具有声控和触摸控制灯亮的双功能。

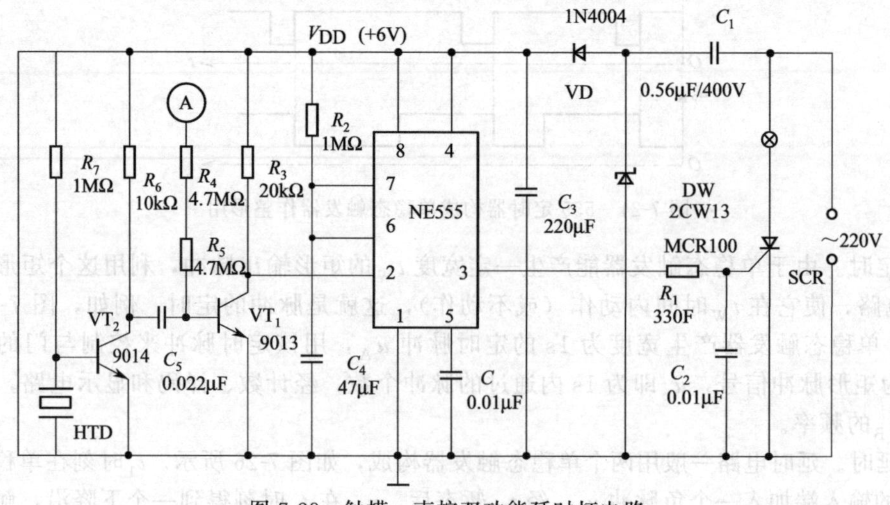

图 7-28　触摸、声控双功能延时灯电路

555 和 VT_1、R_3、R_2、C_4 组成单稳定时电路，定时时间 $t_W=1.1R_2C_4$，图示参数的定时（即灯亮）时间约为 1min。当击掌声传至压电陶瓷片时，HTD 将声音信号转换成电信号，经 VT_2、VT_1 放大，触发 555，使 555 输出端（3 脚）输出高电平，触发导通晶闸管 SCR，电灯亮；同样，若触摸金属片 A 时，人体感应电信号经 R_4、R_5 加至 VT_1 基极，使 VT_1 导通，触发 555，达到上述效果。

7.2 数/模和模/数转换

7.2.1 D/A 转换器

在过程控制和信息处理中遇到的大多是连续变化的物理量，如话音、温度、压力、流量等，它们的值都是随时间连续变化的。工程上要求处理这些信号，首先要经过传感器，将这些物理量变成电压、电流等电信号模拟量，再经模拟-数字转换器变成数字量后才能送给计算机或数字控制电路进行处理。处理的结果，又需要经过数字-模拟转换器变成电压、电流等模拟量实现自动控制。图 7-29 所示为一个典型的数字控制系统框图。可以看出，A/D 转换（模拟/数字转换）和 D/A 转换（数字/模拟转换）是现代数字化设备中不可缺少的部分，它是数字电路和模拟电路的中间接口电路。为了能够使用数字电路处理模拟信号，必须把模拟信号转换成相应的数字信号，方能进入数字系统。同时，还经常需要把处理得到的数字信号再转换成相应的模拟信号，作为最后的输出。实现这种转换功能的电路称为模数转换器（简称 A/D）和数模转换器（简称 D/A），它是模拟系统和数字系统的接口电路。

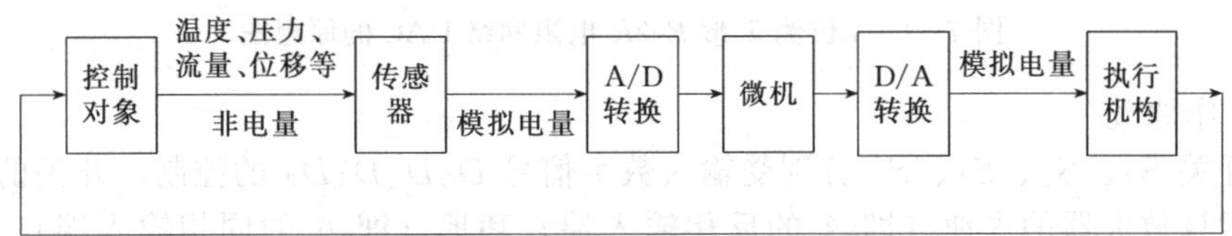

图 7-29　典型的数字控制系统

1. 概念

模数转换是将离散的数字量转换为模拟电量（电流或电压），使输出的模拟电量与输入的数字量成正比。实现这种转换功能的电路叫数模转换器，简称 D/A 转换器或 DAC。

2. D/A 转换基本原理

数字量是用代码按数位组合起来表示的，每位代码都有一定的权。为了将数字量转换为模拟量，必须将每一位的代码按其权的大小转换成相应的模拟量，然后将代表每位的模拟量相加，所得的总模拟量就与数字量成正比。这就是 D/A 转换器的基本指导思想。

数字量：　$(D_3D_2D_1D_0)_2=(D_3\times2^3+D_2\times2^2+D_1\times2^1+D_0\times2^0)_{10}$

例如：　$(1101)_2=(1\times2^3+1\times2^2+0\times2^1+1\times2^0)_{10}$

模拟量：　$u_o=K(D_3\times2^3+D_2\times2^2+D_1\times2^1+D_0\times2^0)_{10}$

则　$u_o=K\ (1\times2^3+1\times2^2+0\times2^1+1\times2^0)_{10}$（$K$ 为比例系数）

D/A 转换器通常由译码网络、模拟开关、求和运算放大电路和基准电压源等部分组成，如图 7-30 所示。根据译码网络的不同，可以构成多种 D/A 转换电路，如权电阻网络型 DAC，T 型电阻网络型 DAC，倒 T 型电阻网络型 DAC，权电流型 DAC 等。

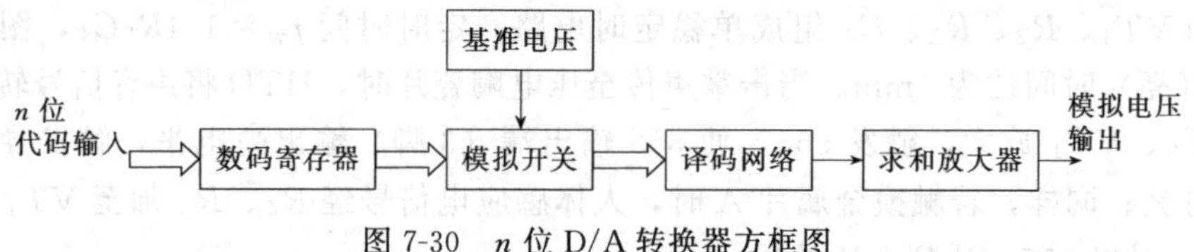

图 7-30　n 位 D/A 转换器方框图

3. 倒 T 形电阻网络 D/A 转换器

(1) 电路组成

图 7-31 是 4 位倒 T 形电阻网络 D/A 转换器的原理图，它由基准电压、电子开关，R-$2R$ 构成的倒 T 形电阻网络及运算放大器组成。其输入为 4 位二进制数 $D_3D_2D_1D_0$，输出为模拟电压量 u_O。

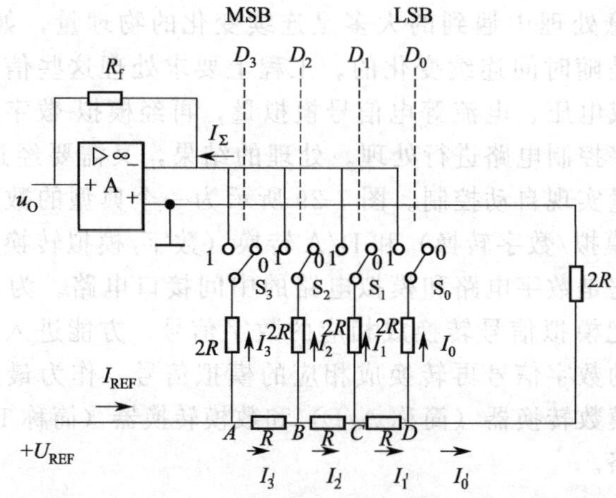

图 7-31　4 位倒 T 形 R-$2R$ 电阻网络 DAC 的原理图

(2) 工作原理

电子开关 S_3、S_2、S_1、S_0 分别受输入数字信号 $D_3D_2D_1D_0$ 的控制，开关的两种状态分别接至运算放大器的虚地（即 A 的反相输入端）和地（即 A 的同相输入端）。例如，当 $D_3=1$ 时，S_3 将接至运算放大器的反相输入端"虚地"；当 $D_3=0$ 时，S_3 将接至运算放大器的同相输入端"地"。

所以每个 $2R$ 电阻的上端都相当于接地，从网络的 A、B、C 点分别向右看的对地电阻都是 $2R$。因此流过四个 $2R$ 电阻的电流分别为 $I/2$、$I/4$、$I/8$、$I/16$。电流是流入地，还是流入运算放大器，由输入的数字量 D_i 通过控制电子开关 S_i 来决定。故流入运算放大器的总电流为：

$$I_\Sigma=\frac{I}{2}D_3+\frac{I}{4}D_2+\frac{I}{8}D_1+\frac{I}{16}D_0 \tag{7-1}$$

由于从 U_{REF} 向网络看进去的等效电阻是 R，因此从 U_{REF} 流出的电流 I 为：

$$I=\frac{U_{REF}}{R} \tag{7-2}$$

将式 (7-2) 代入式 (7-1) 得：

$$I_\Sigma=\frac{U_{REF}}{R}(D323+D222+D121+D020) \tag{7-3}$$

因此反相求和运算电路的输出电压为：

$$u_o=\_i_{FRF}=\_=i_{\Sigma RF}=\_\frac{U_{REF}R_F}{2^4R}(D323+D222+D121+D020) \tag{7-4}$$

对于 n 位的倒 T 形电阻网络 DAC，则：

$$u_o = -\frac{U_{REF}R_F}{2^nR}(D_{n\_12n}\_1 + D_{n\_22n}\_2 + \cdots + D_{121} + D_{020}) \tag{7-5}$$

由此可见，输出模拟电压 u_o 与输入数字量 D 成正比，实现了数模转换。

(3) 电路特点

① 译码网络仅有 R 和 $2R$ 两种规格的电阻，这对于集成工艺是相当有利的。

② 这种倒 T 形电阻网络各支路的电流是直接加到运算放大器的输入端，它们之间不存在传输上的时间差，故该电路具有较高的工作速度。因此，这种形式的 DAC 目前被广泛采用。

4. D/A 转换器的主要技术指标

由电阻网络所构造的 D/A 转换器是提供电流的器件。如果要把电流转换为电压还要增加运放电路。因此，D/A 转换器分为电流输出型与电压输出型。

D/A 转换器的输出不仅与输入的二进制代码有关，而且运放电路的形式、反馈电阻和参考电压有关，可以分为单极性输出和双极性输出两种。运放电路的参数还决定了 D/A 转换器的输出满量程范围。

为了便于与计算机的连接，D/A 转换器通常都带有数据锁存器，但也有一些不带数据锁存器，使用时要加以区别。

D/A 转换器从输入二进制数据到转换成模拟电压量输出的过程需要经历一定的时间，这就是 D/A 转换时间。根据转换时间的大小，可以将 D/A 转换器分为低速型、中速型和高速型。高速型 D/A 转换器的转换时间小于 1μs，低速型的转换时间大于 100μs，居中的则属于中速型。

D/A 转换器的性能指标主要有以下几个。

① 分辨率。这是 D/A 转换器最重要的性能指标。它用来表示 D/A 转换器输出模拟量的分辨能力，通常用最小非零输出电压与最大的输出电压的比值来表示。例如，对于 10 位 D/A 转换器，其最小非零输出电压为 $V_{REF}/(2^{10}-1)$，最大输出电压为 $1\times V_{REF}$，则分辨为

$$\frac{\frac{V_{REF}}{2^{10}-1}}{V_{REF}} = \frac{1}{2^{10}-1} \approx 0.001$$

分辨率越高，进行转换时对应数字输入信号最低位的模拟信号模拟量变化就越小，也就越灵敏。分辨率与 D/A 转换器的位数有着直接的关系，因此，有时也用有效输入数字信号的位数来表示分辨率。例如，单片集成 D/A 转换器 AD7541 的分辨率为 12 位，单片集成 D/A 转换器 DAC0832 的分辨率为 8 位等。

② 线性度。通常用非线性误差的大小表示 D/A 转换器的线性度。并且把理想的输入/输出特性的偏差与满刻度输出之比的百分数，定义为非线性误差。

例如，单片集成 D/A 转换器 AD7541 的线性度（非线性误差）为≤±0.02%FSR（Full Scale Range）。

③ 转换精度。转换精度以最大静态转换误差的形式给出。该转换误差应该包含非线性误差、比例系数误差以及漂移误差等综合误差。但是有的产品手册中只分别给出各项误差，而不给出综合误差。

应该注意，精度和分辨率是两个不同的概念。精度是指转换后所得到的实际值对于理想值的误差或接近程度，而分辨率则是指能够对转换结果发生影响的最小输入量。分辨率很高

的 D/A 转换器不一定具有很高的精度，分辨率不高的 D/A 转换器则肯定不会有很高的精度。

④ 建立时间。建立时间定义为：当输入数据从零变化到满量程时，其输出模拟信号达到满量程刻度值的± (1/2) LSB 时（或指定与满量程相对误差）所需要的时间。不同的 D/A转换器，其建立时间也不同。实际 D/A 转换电路中的电容、电感和开关电路都会造成电路的时间延迟。通常电流输出的 D/A 转换器建立时间是很短的。电压输出的 D/A 转换器的建立时间主要取决于相应的运算放大器。

例如，单片集成 D/A 转换器 AD7541 的建立时间定义为：其输出达到与满刻度值相差 0.01%时所需要的时间，该转换器的建立时间≤1μs。而单片集成 D/A 转换器 AD561J 的建立时间定义为：其输出达到满量程刻度值± (1/2) LSB 时所需要的时间，该转换器的建立时间为 250ns。

⑤ 温度系数。温度系数反映了 D/A 转换器的输出随温度变化的情况。其定义为在满量程刻度输出的条件下，温度每升高 1℃，输出变化相对于满量程的百分数。

例如，单片集成 D/A 转换器 AD561J 的温度系数为≤10ppmFSR/℃ (1ppm=10^{-6})。

⑥ 电源抑制比。对于高质量的 D/A 转换器，要求开关电路以及运算放大器所用的电源电压发生变化时，对输出电压的影响要小。通常把满量程电压变化的百分数与电压变化的百分数之比称电源抑制比。

⑦ 输入形式。D/A 转换器的数字量输入形式通常为二进制码，也有的是 BCD 码或特殊形式的编码。多数 D/A 转换器的输入采用并行输入，也有部分厂家的产品采用串行输入。因为串行输入可以节省引脚，因此很多新型的 D/A 转换器都采用这种输入方式。

⑧ 输出形式。按照 D/A 转换器输出信号形式可以分为电流输出型和电压输出型。按照输出通道的数量可以分为单路输出型和多路输出型。多路输出的 D/A 转换器有双路、四路和八路输出几种。

5. 集成 D/A 转换器及其应用

常用的集成 D/A 转换器有 DAC0832 (8 位)、AD1408 (8 位)、AD561 (10 位)、AD7523 (8 位)、5G7520 (10 位)、AD7522 (10 位)。

(1) DAC0830 系列

DAC0830 系列包括 DAC0830、DAC0831 和 DAC0832，它是由 CMOS Cr-Si 工艺实现的 8 位乘法 DAC，可直接与 8080、8048、Z80 及其他微处理器接口。该电路采用双缓冲寄存器，使它能方便地应用于多个 DAC 同时工作的场合。数据输入能以双缓冲、单缓冲或直接通过 3 种方式工作。0830 系列各电路的原理、结构及功能都相同，参数指标略有不同，为叙述方便，下面以 0832 为例进行说明。

① 引脚功能。0832 的逻辑功能框图和引脚排列图如图 7-32 所示。它由 8 位输入寄存器、8 位 DAC 寄存器和 8 位 DAC 组成。8 位 DAC 是由倒梯形电阻网络和电子开关组成，其工作原理已在前面的内容中讲述。0832 采用 20 只引脚双列直插封装。各引脚的功能说明如下：

$DI_7 \sim DI_0$ 为数据输入端 (DI_7 为 MSB，DI_0 为 LSB)。

ILE 为输入寄存器锁存信号 (高电平有效)。

$\overline{CS}$ 为片选信号 (低电平有效)。只有 $\overline{CS}=0$，本芯片才工作。

$\overline{WR_1}$为写入信号 1 (低电平有效)。

$\overline{WR_2}$ 为写入信号 2 (低电平有效)。

$\overline{X_{FER}}$为传送控制信号 (低电平有效)。

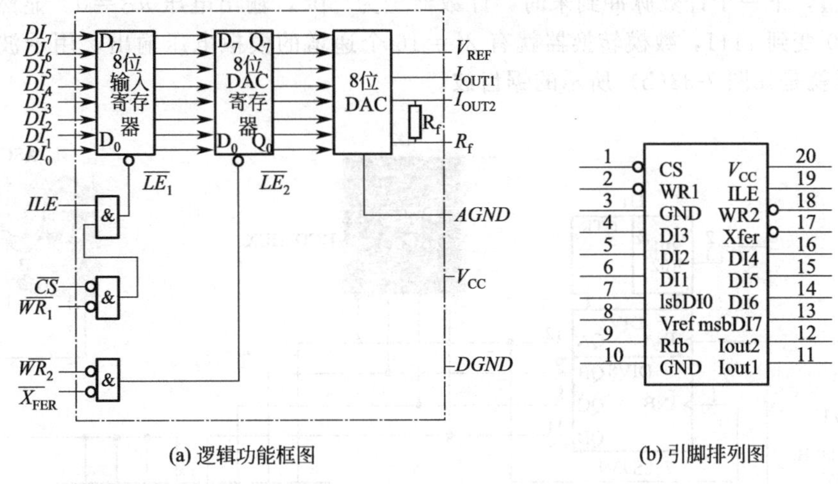

图 7-32　DAC0832 芯片

V_{REF}为参考电压输入，要求外部接高精度电源，其电压范围为$-10\sim10$V。

I_{OUT1}为模拟电流输出 1，当 DAC 寄存器中数码为全 1 时，I_{OUT1}最大，全 0 时，$I_{OUT1}=0$。

I_{OUT2}为模拟电流输出 2，$I_{OUT1}+I_{OUT2}=$常数。一般使用时，I_{OUT2}接地。

R_f 为外接运算放大器提供的反馈电阻引出端。

AGND 为模拟电路接地端。

DGND 为数字电路接地端，使用时与 *AGND* 相连接地。

V_{CC}为电路电源电压，可采用$+5\sim+15$V。

② 工作方式。

双缓冲方式。DAC0832 包含两个数字寄存器——输入寄存器和 DAC 寄存器，因此称为双缓冲。这是不同于其他 DAC 的显著特点，即数据在进入倒梯形电阻网络之前，必须经过两个独立控制的寄存器。这对使用者是有利的。首先，在一个系统中，任何一个 DAC 都可以同时保留两组数据；其次，双缓冲允许在系统中使用任何数目的 DAC。

单缓冲与直通方式。在不需要双缓冲的场合，为了提高数据通过率，可采用这两种方式。例如，$\overline{CS}=\overline{WR}_2=\overline{XFER}=0$，$ILE=1$，这样 DAC 寄存器处于“透明”状态，即直通。$\overline{WR}_1=1$ 时，数据锁存，模拟输出不变；$\overline{WR}_1=0$ 时，模拟输出更新。这称为单缓冲工作方式。又如，当 $\overline{\mathrm{CS}}=\overline{WR}_2=\overline{XFER}=\overline{WR}_1=0$，$ILE=1$ 时，两个寄存器都处于直通状态，模拟输出能够快速反映输入数码的变化，使输入它的二进制信息直接转换为模拟输出。

由于 DAC0832 是属于电流型 DAC，当要求数模转换的结果是电压而不是电流时，可以在 DAC0832 输出端接一运算放大器，将电流信号转换为电压信号。

应用时 DAC0832 输出方式有单极性输出和双极性输出两种。

图 7-33 是加法计数器 D/A 转换显示电路仿真，用示波器测量 DAC 的输出信号，记录输出波形的形状、频率和幅度。如果电路工作正常，其输出应为一个锯齿波。

改变输入脉冲 *CP* 的频率，观察输出波形的频率变化；改变数模转换器 DAC0832 第 8 脚 U_{REF}的大小，观察输出波形的幅值变化情况。

74LS93 构成了一个 4 位二进制计数器，随着计数脉冲的增加，计数器的输出状态也从 0000～1111 变化，计数满 1111 时，又从 0000 开始。通过前面章节的学习，可以知道，计数输出的每一位应为计数脉冲 *CP* 的 2^{n+1}分频（n 为 0～3）。

DAC 将计数器输出的 4 位二进制信息转换为模拟电压。当计数器全为“1”时，输出电

压 $u_O=U_{max}$，下一个计数脉冲到来时，计数器全为“0”，输出电压 $u_O=0$。显然，计数器输出从 0000 变到 1111，数模转换器就有 $2^4=16$ 个递增的模拟电压输出，用示波器观察到的输出波形就是如图 7-33(b) 所示的锯齿波。

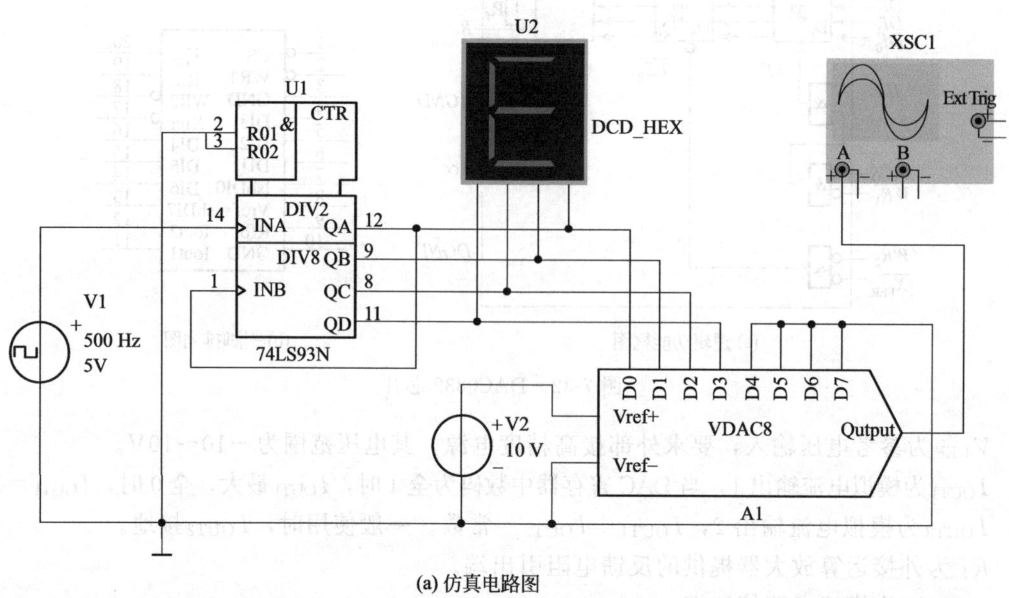

(a) 仿真电路图

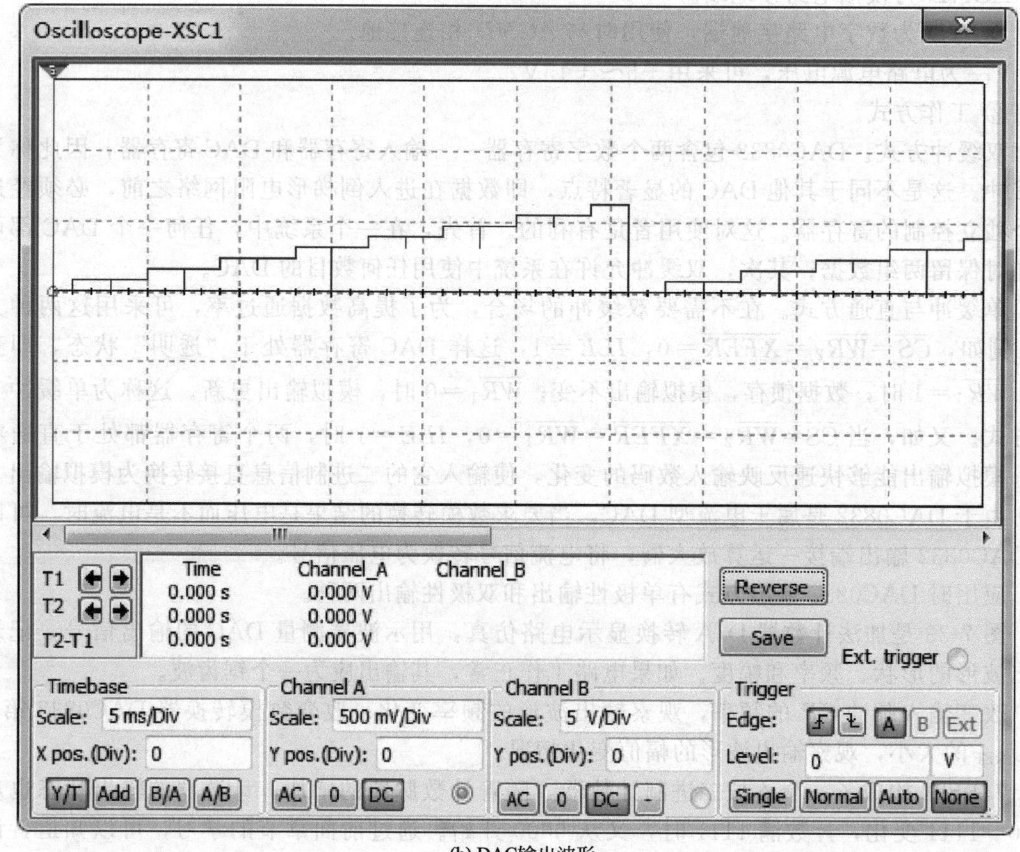

(b) DAC输出波形

图 7-33　加法计数器 D/A 转换显示电路

输出锯齿波的频率 f_0 和计数脉冲频率 f_{CP} 的关系为 $f_0=f_{CP}/16$。因为每 16 个 CP 脉冲，计数器从 0000～1111 变化一次，输出模拟电压就从 0 到 U_{max} 变化一次，所以二者具有上述关系。

输出锯齿波的幅值与 D/A 转换器的输入参考电压 U_{REF} 有关。输出电压与参考电压 U_{REF} 成正比，因此，通过仿真中我们看到，当升高 U_{REF}（从图 7-33 的 10V 调整为 15V）时，锯齿波的幅值也随之增大，如图 7-34 所示，反之亦然。

通过图 7-34 的仿真可以看出，芯片 DAC 能够将输入的二进制数字转换为对应的电压量并显示出来，也就是说，通过上述电路完成了数字量和模拟量之间的转换。

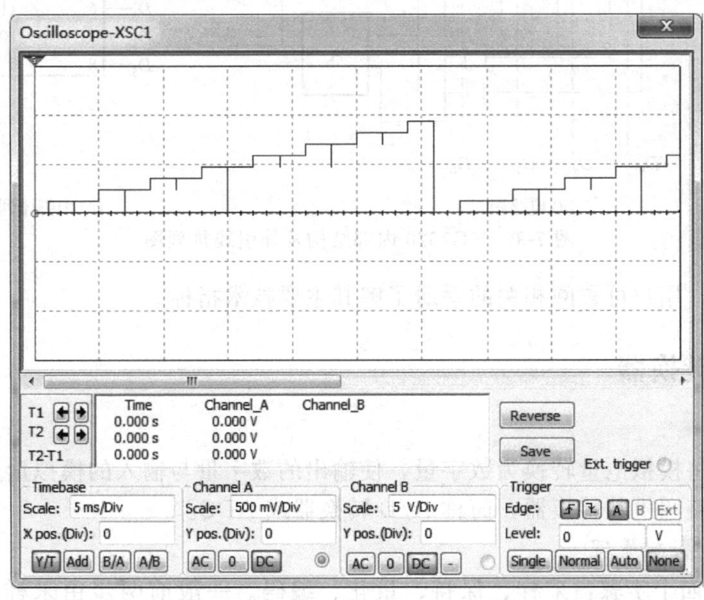

输出波形图 7-34　加法计数器 D/A 转换显示电路

知识链接

74LS93 是异步 4 位二进制加法计数器，R01、R02 为清零端，高电平有效，74LS93 又称为二-八-十六进制计数器。二进制计数器：CP0 作同步脉冲，FF0 构成一个二进制计数器。八进制计数器：CP1 作同步脉冲，FF1、FF2、FF3 构成模 8 计数器。十六进制计数器：INB 端与 QA 端在外部相连，构成模 16 计数器。

③ DAC0832 的主要技术指标

电流稳定时间：1μs。

分辨率：8 位。

线性误差：0.2%。

功耗：20mW。

（2）10 位 CMOS DAC——5G7520

5G7520 是 10 位 CMOS 电流开关 D/A 转换器，采用 R-$2R$ 倒 T 形译码网络。由于反馈电阻 R_f 已经集成在芯片内，因此只要外接运放电路，就构成了模拟电压输出的 DAC。同样可以构成单极性电压输出和双极性电压输出电路。

图 7-35 是 5G7520 的内部电路结构及外引线排列图。在一般使用时电源 V_{DD} 为＋15V，基准电压 V_{REF} 选用 5～10V，外接运放可选用 5G28 或 CF741，D/A 转换速度一般可达 200KHz 以上。数字量 D_9～D_0 输入电平可以是 TTL 逻辑电平，也可以是 CMOS 或 HTL

逻辑电平，变通范围强，无需电平转换接口，仅在与微机接口时须加置锁存器。

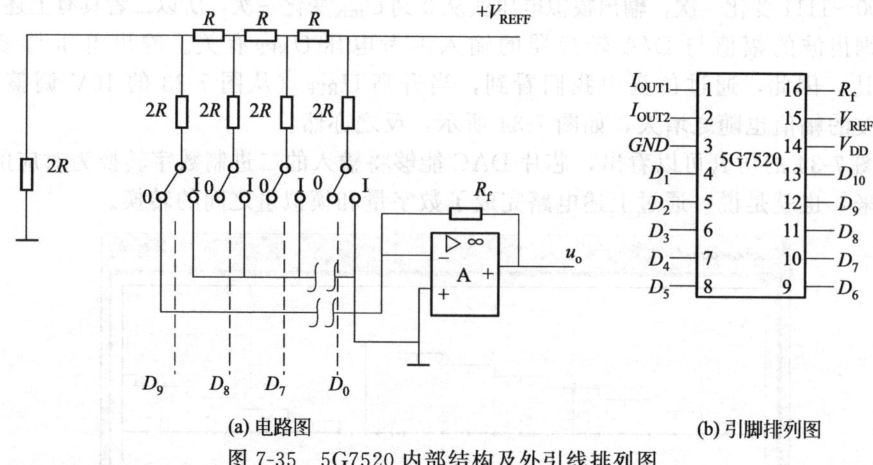

图 7-35　5G7520 内部结构及外引线排列图

实际应用中，用户可查阅相关的手册了解其主要技术指标。

7.2.2　A/D 转换器

1. 概念

模数转换是将模拟电量转换为数字量，使输出的数字量与输入的模拟量成正比。实现这种转换功能的电路叫模数转换器，简称 A/D 转换器或 ADC。

2. A/D 转换基本原理

A/D 转换分四个步骤：采样、保持、量化、编码。一般前两步由采样保持电路完成，量化和编码由 ADC 来完成。

(1) 采样与保持

① 将一个时间上连续变化的模拟量转换成时间上离散的模拟量称为采样。采样过程如图 7-36 所示。

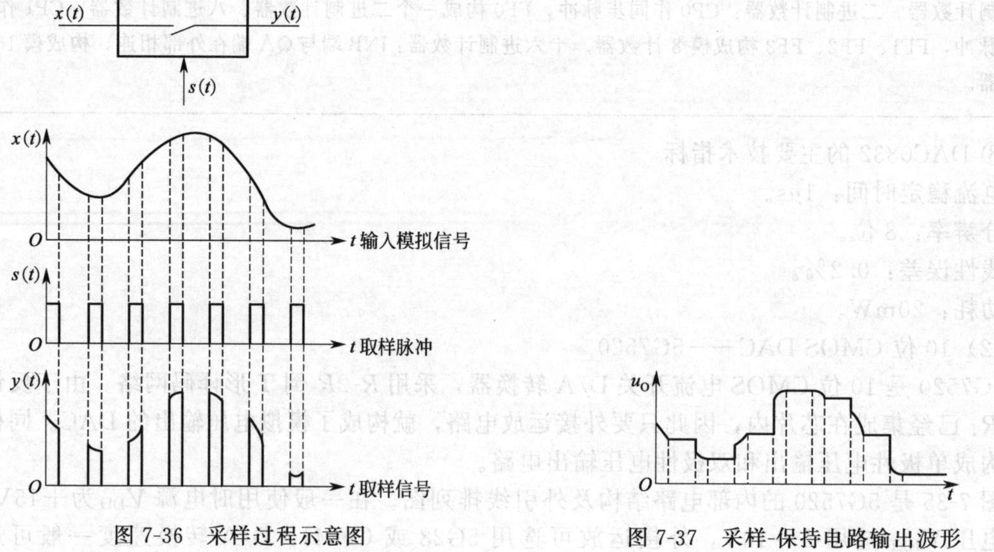

图 7-36　采样过程示意图　　图 7-37　采样-保持电路输出波形

取样定理：设取样脉冲 $s(t)$ 的频率为 f_S，输入模拟信号 $x(t)$ 的最高频率分量的频率为 f_{max}，则必须满足 $f_S \geqslant 2f_{max}$，$y(t)$ 才可以正确地反映输入信号（从而能不失真地恢复原模拟信号）。通常取 $fs=(2.5\sim3)f_{max}$

② 由于 A/D 转换需要一定的时间，在每次采样以后，需要把采样电压保持一段时间。采样-保持电路输出波形如图 7-37 所示。

（2）量化和编码

数字量最小单位所对应的最小量值叫做量化单位 Δ。将采样-保持电路的输出电压归化为量化单位 Δ 的整数倍的过程叫做量化。

用二进制代码来表示各个量化电平的过程，叫做编码。

一个 n 位二进制数只能表示 2^n 个量化电平，量化过程中不可避免会产生误差，这种误差称为量化误差。量化级分得越多（n 越大），量化误差越小。量化及编码的方法如图 7-38 所示。

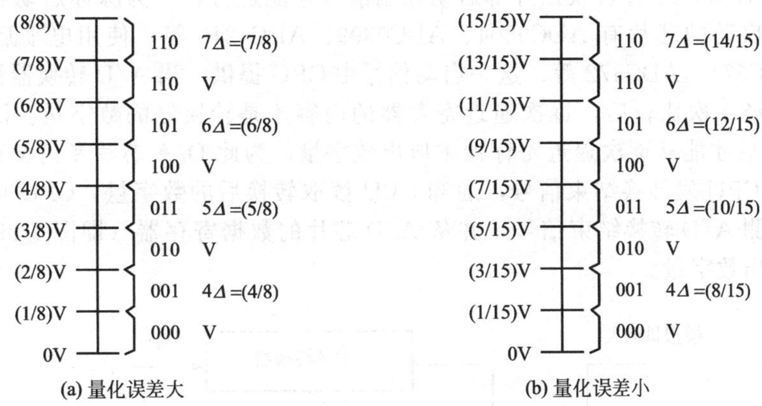

图 7-38　量化、编码的方法

3. A/D 转换器的类型

模数转换电路很多，按比较原理分，归根结底只有两种：直接比较型和间接比较型。直接比较型就是将输入模拟信号直接与标准的参考电压比较，从而得到数字量。这种类型常见的有并行 ADC 和逐次渐进型 ADC。间接比较型电路中，输入模拟量不是直接与参考电压比较的，而是将二者变为中间的某种物理量再进行比较，然后将比较所得的结果进行数字编码。这种类型常见的有双积分式 V-T 转换和电荷平衡式 V-F 转换。如表 7-2 所示。

如果从 A/D 转换器转换时间的快慢来分可分高速型、中速型、低速型三种。

表 7-2　A/D 转换器分类

积分式 （间接式）	V-T 型	双积分式、三积分式、多积分式
	V-F 型	电荷平衡式、复零式、交替积分式
比较式 （直接式）	反馈比较型	逐次渐近式、计数比较式、跟踪比较式
	无反馈比较性	并联比较式、串联比较式、串并联比较式
复合式	U-T 比较型	两次取样式、三次取样式、电流扩展式
	U-F 比较型	两次取样式

4. 逐次渐进型 A/D 转换器

（1）逐次渐进型 A/D 转换器的基本组成和工作原理

图 7-39 为逐次逼近型 A/D 转换器的结构。这种 A/D 转换器是以 D/A 转换器为基础，

加上比较器、逐次逼近寄存器、置数选择逻辑电路及时钟等组成。其转换原理如下。

在启动信号控制下，首先置数选择逻辑电路，给逐次逼近寄存器最高位置“1”，经D/A转换成模拟量后与输入模拟量进行比较，电压比较器给出比较结果。如果输入量大于或等于经 D/A 变换后输出的量，则比较器为 1，否则为 0，置数选择逻辑电路根据比较器输出的结果，修改逐次逼近寄存器中的内容，使其经 D/A 变换后的模拟量逐次逼近输入模拟量。这样经过若干次修改后的数字量，便是 A/D 转换结果的量。

逼近型 A/D 大多采用二分搜索法，即首先取允许电压最大范围的 1/2 值与输入电压值进行比较，也就是首先最高为“1”，其余位为“0”。如果搜索值在此范围内，则再取范围的 1/2 值，即次高位置“1”。如果搜索值不在此范围内，则应以搜索值的最大允许输入电压值的另外 1/2 范围，即最高位为“0”，依次进行下去，每次比较将搜索范围缩小 1/2，具有 n 位的 A/D 变换，经 *n* 次比较，即可得到结果。逐次逼近法变换速度较快，所以集成化的A/D芯片多采用上述方法。

由图 7-39 可知，A/D 转换需外部启动控制信号才能进行，分为脉冲启动和电平启动两种，使用脉冲启动的芯片有 ADC0804、ADC0809、ADC1210 等。使用电平启动的芯片有 ADC570、ADC571、ADC572 等。这一启动信号由 CPU 提供，当 A/D 转换器被启动后，通过二分搜索法经 *n* 次比较后，逐次逼近寄存器的内容才是转换好的数字量。因此，必须在 A/D 转换结束后才能从逐次逼近寄存器中取出数字量。为此 D/A 芯片专门设置了转换结束信号引脚，向 CPU 发转换结束信号，通知 CPU 读取转换后的数字量，CPU 可以通过中断或查询方式检测 A/D 转换结束信号，并从 A/D 芯片的数据寄存器（即图 7-39 中逐次逼近寄存器）中取出数字量。

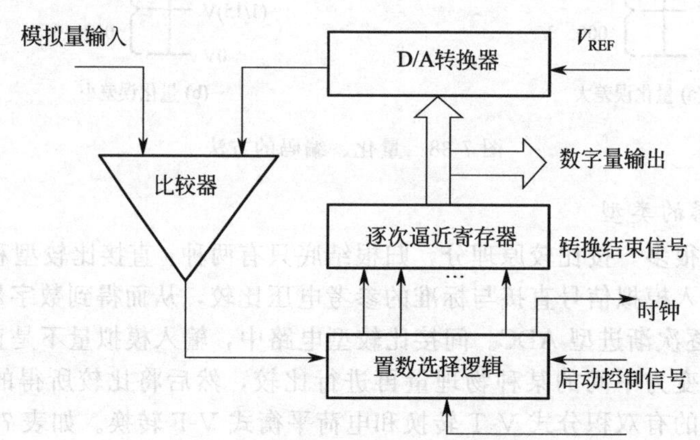

图 7-39　逐次逼近型 A/D 转换器结构框图

(2) 逐次渐进型集成 A/D 转换器介绍

目前，广泛使用的 ADC0804（8 位）、ADC0808（8 位）、ADC0809（8 位）、ADC7574（8 位）、AD7570（10 位）、AD574（12 位）等均属于逐次渐进型 A/D 转换器，下面简单介绍 ADC0808/0809。

① ADC0808/0809 结构与引脚功能。图 7-40 是 ADC0808/0809 的芯片实物和原理框图。ADC0808/0809 是一种带有 8 位转换器。8 位多路开关以及微处理机兼容的控制逻辑的 CMOS 组件。它的输出亦可与 TTL 兼容。在 A/D 转换器内部含有一个高阻抗斩波稳定比较器，一个带有模拟开关数组的 256R 译码网络，以及一个逐次渐进的寄存器。八路的模拟开关由地址锁存器和译码控制，可以在八个模拟输入通道中任意访问一个单边的模拟信号。

(a) 实物图

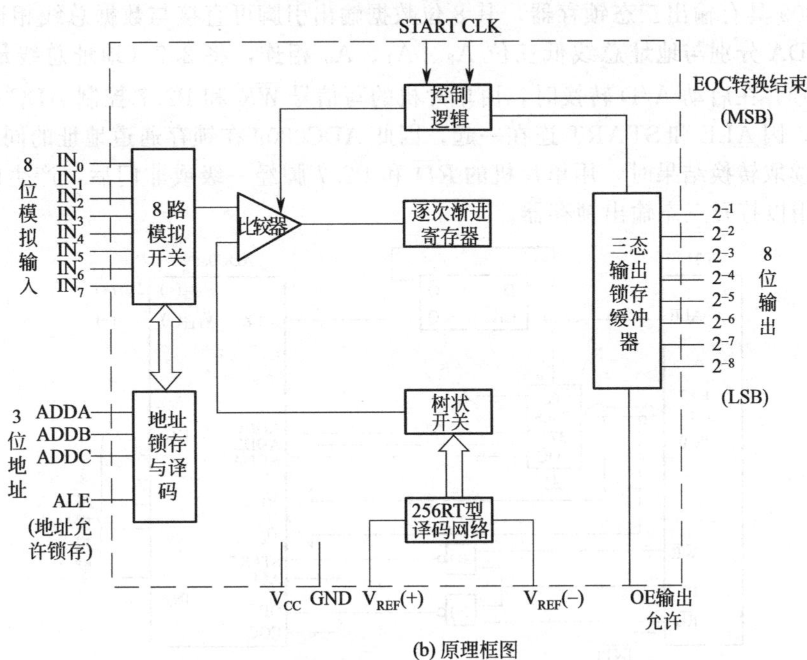

(b) 原理框图

图 7-40 ADC0808/0809 芯片实物和原理框图

这种器件无需进行调零和满量程调整，又由于多路开关的地址输入能够进行锁存和译码，而且它的三态 TTL 输出也可锁存，所以易于与微处理机进行接口。

ADC0808/0809 共有 28 只引脚，引脚功能介绍如下。

IN_0～IN_7：8 个模拟量输入端（0～5V）。

START：启动 A/D 转换器，当 START 为高电平时，开始 A/D 转换。

EOC：转换结束信号。当 A/D 转换完毕之后，发出一个正脉冲。此信号可用作为 A/D 转换是否结束的检测信号或中断请求信号。

OE：输出允许信号。此信号有效时，允许从 A/D 转换器锁存器中读取数字量，此信号即为 ADC0808/0809 的片选信号。

CLK：实时时钟输入端，此时钟脉冲作为 ADC0809 芯片内部控制逻辑及各种操作所需的基本时钟信号，其时钟频率范围为 10～1280kHz。典型值为 500kHz（若与微机相连时可从主机时钟频率分频而得到）。

V_{CC}：电源电压（+5V）。

GND：芯片接地端。

ALE：地址锁存允许。当该信号有效时，允许 ADDC、ADDB、ADDA 地址所决定的其一输入通道被选中，该路模拟量接入 A/D 转换器。

ADDC、ADDB、ADDA：三条 8 路模拟开关选择地址线。ADDC 为地址最高位，ADDA 为地址最低位。三条地址线取不同的逻辑状态，内部译码后可用来选择 IN_0～IN_7 中的某一路。

$V_{REF(+)}$、$V_{REF(-)}$：基准电压端。在单极性输入时，$V_{REF(+)}=5V$、$V_{REF(-)}=0V$；当模拟量为双极性时，$V_{REF(+)}$、$V_{REF(-)}$分别接正、负极性的参考电压。

② ADC0808/0809 应用举例。图 7-41 是 ADC0808/0809 单片机的查询方式接口电路，由于 ADC0809 片内无时钟，利用 8031 的地址锁存允许信号 ALE 经 DFF 二分频获得，单片机时钟频率为 6MHz，ALE 脚输出频率为 1MHz，因此 ADC0809 的实时钟频率为 500kHz。由于 ADC0809 具有输出三态锁存器，其 8 位数据输出引脚可直接与数据总线相连。ADDC、ADDB、ADDA 分别与地址总线低三位 A_2、A_1、A_0 相连，将 2.7（地址总线最高位 A_{15}）作为片选信号，在启动 A/D 转换时，由单片机的写信号 $\overline{WR}$ 和 P2.7 控制 ADC 的地址锁存和转换启动，因 ALE 和 START 连在一起，因此 ADC0809 在锁存通道地址的同时启动并进行转换。在读取转换结果时，用单片机的 $\overline{RD}$ 和 P2.7 脚经一级或非门后，产生的正脉冲作为 OE 信号用以打开三态输出锁存器。

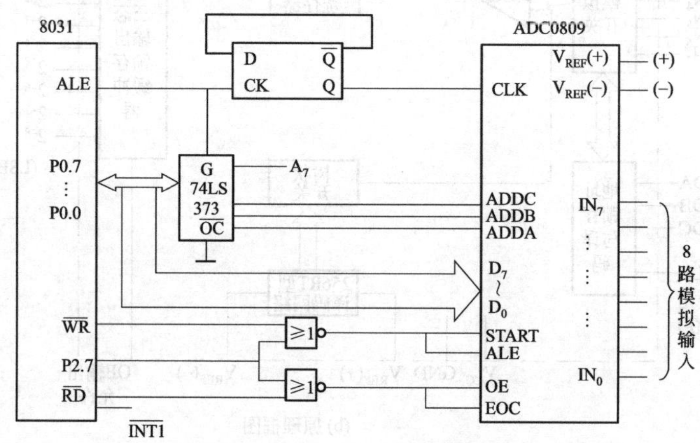

图 7-41　ADC0808/0809 单片机的查询方式接口电路

由图 7-41 可知：

$$ALE=START=\overline{\overline{WR}+P2.7}$$

$$OE=\overline{\overline{RD}+P2.7}$$

可见，P2.7 应设置为低电平。在软件编写时，应令 $P2.7=A_{15}=0$；A_2、A_1、A_0 给出被选择的模拟通道的地址；执行一条输出指令，启动 A/D 转换；执行一条输入指令（对应 $\overline{RD}=0$），读取转换结果。

若将图中 ADC0809 的 EOC 脚经过一非门连接到 8031 的 $\overline{INT_1}$ 脚即可实现 ADC0809 与 8031 的中断接口，这样可以节省 CPU 的时间，当转换结束时，EOC 发出一个正脉冲向单片机提出中断申请，由外部中断 1 的中断服务程序读取 A/D 转换结果，并启动下一次转换，外部中断 1 采用边沿触发方式。

该系统可用有多路信息需要巡回检测和控制的系统，如热处理炉巡回检测，恒温炉的群控巡测、注塑机等控制系统。

5. 双积分 A/D 转换器

积分型 ADC 又称双斜率 ADC。它的基本原理是：对输入模拟电压和参考电压分别进行两次积分，变换成和输入电压平均值成正比的时间间隔，利用计数器测出时间间隔，计数器的输出就是转换后的数字量。

(1) 双积分 A/D 转换器的组成和工作原理

图 7-42 为双积分型 ADC 的电路图，该电路由运算放大器 A 构成的积分器、检零比较器 C、时钟输入控制门 G、定时器和计数器等组成。双积分工作波形如图 7-42(b) 所示。

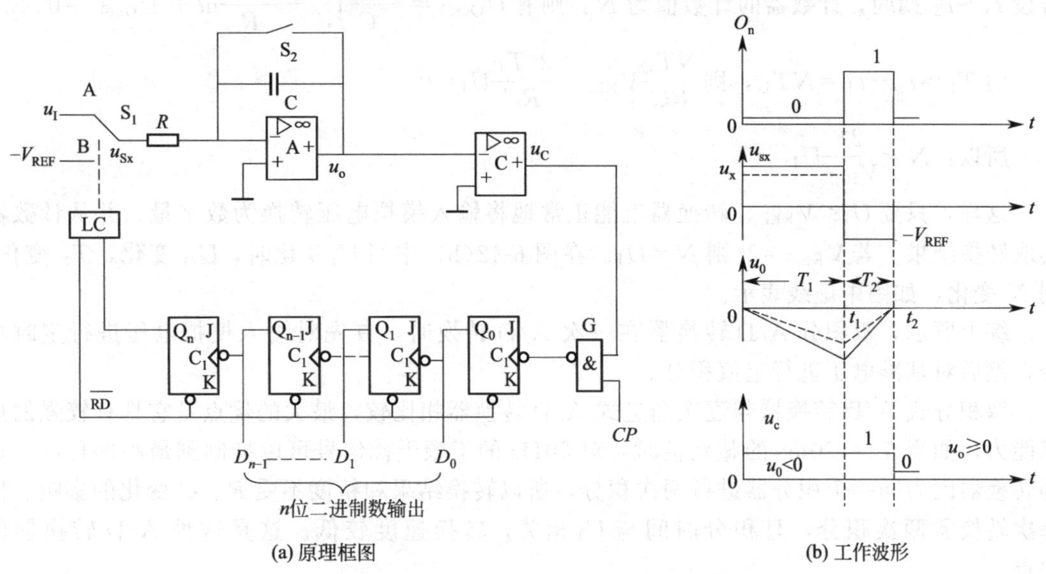

(a) 原理框图　　(b) 工作波形

图 7-42　双积分 A/D 转换器的原理框图和工作波形

积分器：由集成运放和 RC 积分环节组成。其输入端接控制开关 S_1。S_1 由定时信号控制，可以将极性相反的输入模拟电压和参考电压分别加在积分器，进行两次方向相反的积分。其输出接比较器的输入端。

检零比较器：其作用是检查积分器输出电压过零的时刻。当 $u_O>0$ 时，比较器输出 $u_C=0$；当 $u_O<0$ 时，比较器输出 $u_C=1$。比较器的输出信号接时钟控制门的一个输入端。

时钟输入控制门 G：标准周期为 T_{CP} 的时钟脉冲 CP 接在控制门 G 的一个输入端；另一个输入端由比较器的输出 u_C 进行控制。当 $u_C=1$ 时，允许计数器对输入时钟脉冲的个数进行计数；当 $u_C=0$ 时，禁止时钟脉冲输入到计数器。

定时器、计数器：计数器对时钟脉冲进行计数，当计数器计满（溢出）时，定时器被置 1，发出控制信号使开关 S_1 由 A 接到 B，从而可以开始对 U_{REF} 进行积分。

A/D 转换前，逻辑控制电路对计数器清零，并将开关 S_2 合上，使电容 C 放电完后，S_2 再断开。

第一次积分为采样阶段。S_1 接通 A 点，积分器对采样电路取得的模拟电压 u_I 进行积分，因 $u_I>0$，故在积分期间，$u_I<0$，$u_C>0$，G 打开，使计数脉冲 CP 进入计数器（从 0 开始）进行计数。第一次积分时间 T_1 是固定不变的，它以 $n+1$ 位二进制计数器仅最高位 $Q_n=1$ 时（即计数状态 100…0）作为该积分阶段结束标志。

设 CP 的周期 T_C，则第一次积分时间：$T_1=2^nT_C$

第一次积分结束时积分器输出

$$U_{O(t1)}=-\frac{1}{C}\int_0^{T_1}\frac{u_I}{R}\mathrm{d}t=-\frac{T_1}{RC}u_1=-\frac{2^nT_C}{RC}u_I$$

由此可见，第一次积分后，$U_{O(t1)}$ 值与 u_I 成正比。

第二次积分为比较阶段。当 $Q_n=1$，L_C 逻辑控制电路使 S_1 接通 B 点，与模拟电压 u_I 极性相反的基准电压 $-V_{REF}$ 加到积分器的输入端，这样，积分器在第二次积分时，是在 $U_{O(t1)}$ 初值的基础上，进行反向积分。计数器是在最高位 $Q_n=1$ 其余各位为 0 的基础上进行计数。U_O 逐渐从负向正变化过程中，当 $U_O \geqslant 0$ 时，$U_C=0$，门 G 封锁，计数器停止计数。若设 $t_1 \sim t_2$ 期间，计数器的计数值为 N，则有 $U_{O(t2)}=-\dfrac{1}{C}\int_{t_1}^{t_2}-\dfrac{V_{REF}}{R}dt+U_{O(t0)}=0$。

而 $T_2=t_2-t_1=NT_C$，则 $\dfrac{NT_C}{RC}V_{REF}-\dfrac{2^n T_C}{RC}U_I=0$

所以：$N=\dfrac{2^n}{V_{REF}}U_I$

这样，只要 $U_I<V_{REF}$，转换器就能正常地将输入模拟电压转换为数字量，并从计数器读取转换结果。若 $V_{REF}=2^n$ 则 $N=U_I$。在图 6-42(b) 中当 U_I 变化时，U_O 变化，T_2 变化，则 N 变化，如图中虚线表示。

综上所示，双积分 A/D 转换器在一次 A/D 转换时，首先对输入模拟电压进行定时积分，然后对基准电压进行定值积分。

双积分式 A/D 转换器与逐次渐进式 A/D 转换器相比较，最大的优点是它具有较强的抗扰能力，如当 $T_1=20$ms 的整数倍时，对 50Hz 的工频干扰信号可以抑制到最小的程度。这种转换器因为同一个积分器进行两次积分，所以转换结果和精度不受 R、C 变化的影响。但每次转换需两次积分，且积分时间与 U_I 相关，转换速度较低。这是这种 A/D 转换器的缺点。

(2) 双积分集成 A/D 转换器介绍

目前，广泛使用的双积分式 A/D 转换器有 5G（MC）14433、CH（ICL）7106/7107、DG（ICL）7126/7127、ICL7136/7137 等。

常用的 A/D 转换器有一部分是将模拟量变换成二进制数字量送到计算机去进行处理。另一部分是用在模拟量的测量中，常常不需要处理只需把它们显示出来即可，它实际是用来组成数字面板仪 DPM。许多 DPM 被用来代替动圈式模拟仪表。大多数 DPM 是采用双积分转换技术，并且是 $3\frac{1}{2}$、$4\frac{1}{2}$ 或 $5\frac{1}{2}$ 位的器件，例 5G14433 是 $3\frac{1}{2}$ A/D 转换器件；AD7555、ICL7135 是 $4\frac{1}{2}$ A/D 转换器件。其中 $\frac{1}{2}$ 是表示最高位是 0 或 1，因此对一个 $3\frac{1}{2}$ 位 DPM，其量程可以从 0000～1999，它相当于二进制的 11 位，即 $(1999)_{10}=(11111001111)_2$。

下面简单介绍一下 5G14433A/D 转换器。

5G14433 是 $3\frac{1}{2}$ 位双积分式 A/D 转换器，它是采用 CMOS 工艺的 LSI，将模拟和数字电路集成在同一片芯片上。外加少量元件和其他一次仪表配合，可测量直流电压、直流电流、电阻、交流电压等电量和温度、压力、流量等非电量，亦可与微处理机相连，构成各种控制系统，因此在大多数过程控制系统中得到了广泛的应用。

5G14433A/D 转换器的转换电压量程为 199.9mV 或 1.999V，转换为数字量后以 BCD 代码动态扫描输出可供打印记录。另外它具有自动极性转换和自动调零功能；具有过量程、欠量程标志信号输出；外接单一正基准电压，基准电压与量程有关；片内提供时钟线路。

ADC 的仿真电路如图 7-43 所示，当用电位器调整模拟电压时，可以看到 ADC 转换的数字量与表 7-3 的对应关系。

表 7-3　ADC 输出数字量与模拟量之间的关系

数字量 MSB　　　　　　LSB	模拟量
1 1 1 1 1 1 1 1	V_{REF}
1 0 0 0 0 0 0 1	$\pm V_{REF}\left(\frac{129}{256}\right)$
1 0 0 0 0 0 0 0	$\pm V_{REF}\left(\frac{128}{256}\right)$
0 0 0 0 0 0 0 1	$\pm V_{REF}\left(\frac{1}{256}\right)$
0 0 0 0 0 0 0 0	0

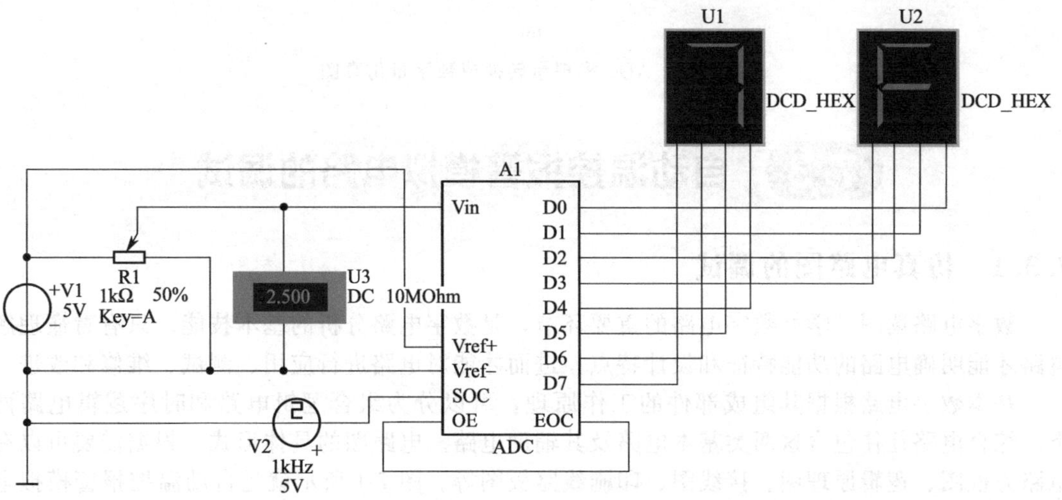

(a)

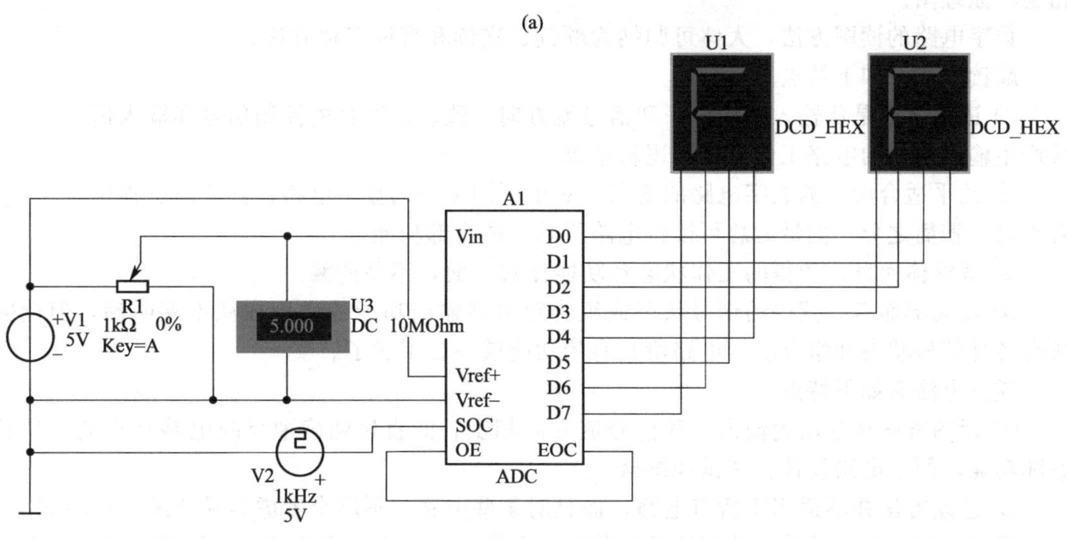

(b)

图 7-43

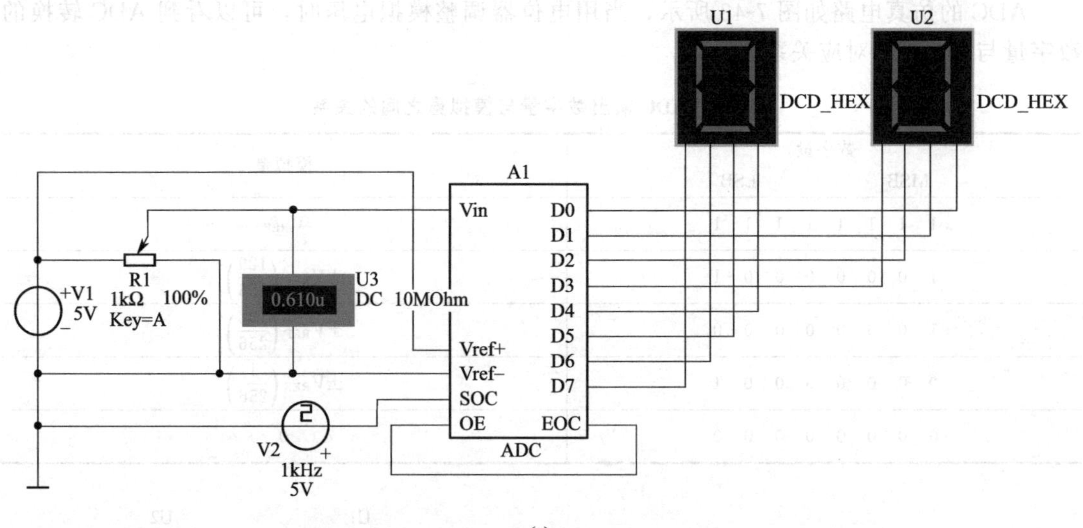

(c)

图 7-43 ADC 模拟量转换成数字量仿真图

7.3 自动温控报警模拟电路的调试

7.3.1 仿真电路图的调试

数字电路读图是学好数字电路的重要环节，是数字电路分析的基本技能。只有看懂理解电路才能明确电路的功能特征和设计特点，进而才能对电路进行应用、测试、维修和改进。

基本数字电路根据其组成部件的工作原理，可以分为组合逻辑电路和时序逻辑电路两类。综合电路往往包含这两类基本电路及其辅助电路。电路图的具体形式，根据需要可以有电路方框图、逻辑原理图、接线图、印刷线路板图等。图 7-1 所示就是自动温控报警模拟电路逻辑原理图。

数字电路的读图方法，大体可归纳为顺读、逆读和直读三种方法。

顺读方法有如下特点。

① 读图方向是从输入到输出，和信号流方向一致。这符合由控制信号和输入信号产生输出信号的电路工作方式和逻辑结果。

② 几乎适合所有的数字电路的读图。对于不同类型的数字电路，其读图过程虽有难易、繁简之分，但最后总可读得电路所具有的全部功能。

③ 就整体而言，读得的工作状态和功能比较全面，不易遗漏。

④ 就局部而言，读得的信号状态或组合对电路输出功能的作用往往不够明确，但读完所有各种信号状态和组合后，电路所具有的功能就一目了然了。

逆读方法有如下特点。

① 读图方向从输出到输入，和信号流方向相反，能直接明确地反映电路具有的工作状态和功能，便于电路设计、调试和维修。

② 逆读方法并不适用于所有电路，而且对某些电路，不周全考虑容易读漏一些功能。

根据电路（主要是单一功能器件）的功能和类型的定义，直接读出电路输出和输入及控制端信号的关系或逻辑功能的读图方法，称为直读方法。不是所有的电路都可采用直读方法，它较适用于各种门电路、触发器。

采用顺读法分析图 7-1 所示自动温控报警模拟电路逻辑原理图，绘制仿真电路图如图 7-44 所示。

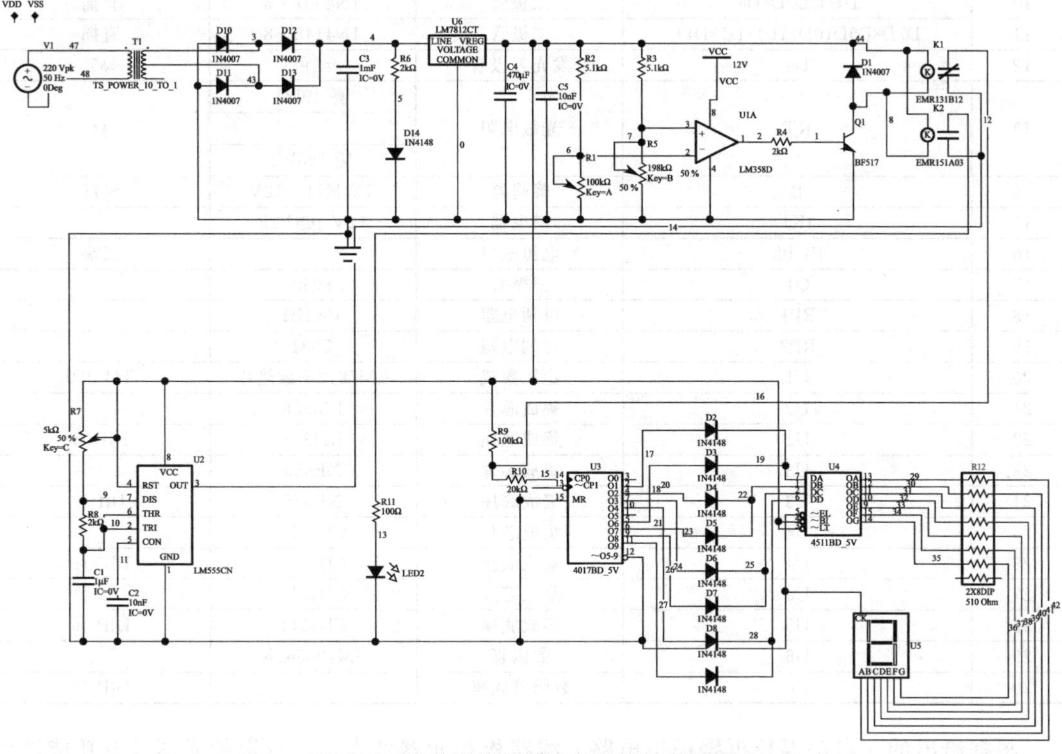

图 7-44　自动温控报警模拟电路仿真电路图

用鼠标左键点击电子仿真软件基本界面绿色仿真开关，开始电路仿真调试。调节电位器 R_1 设定光照强度，模拟设备正常运行时的状态，使数码管顺序循环显示 0-1-2-4-8-0-8-4-2-1，调节电位器 RP_2，可改变数码管循环显示速度。用物体遮挡光敏电阻 R_5。光敏电阻阻值随光照强度变化其自身阻值发生改变。当光敏元件感受的光照强度变暗，光敏电阻阻值高于设定的上限时，数码管顺序显示停止，报警电路发音声音同时报警。将物体离开光敏元件，使光敏元件所感受的光照强度变亮，光敏电阻阻值低于设定的上限时，报警停止，数码管恢复循环显示数字。

7.3.2　实物制作与调试

根据电路原理图，准确清点和检查好自动温控报警模拟电路全套装配材料数量，如表 7-4 所示，然后进行元器件的识别与检测，筛选确定元器件。

表 7-4　自动光控报警器元件清单

序号	标称	名称	规格	封装
1	R1 R4 R5	电阻	2kΩ	直插
2	R2 R3	电阻	5.1kΩ	直插
3	R6	电阻	100kΩ	直插
4	R7	电阻	20kΩ	直插
5	R8～R14	电阻	510Ω	直插
6	C1	电容	1000μF/25V	直插
7	C2	电容	470μF/25V	直插
8	C3 C5	电容	103F	直插
9	C4	电容	220μF	直插

续表

序号	标称	名称	规格	封装
10	D1D2D3D4D6	二极管	1N4007 * 5	直插
11	D7D8D9D10D11D12D13D14	二极管	1N4148 * 8	直插
12	D5	发光二极管	红色	ϕ5
13	RT	光敏电阻	亮 19kΩ 暗 198kΩ	ϕ4
14	B	蜂鸣器	TWH11 12V	SOT
15	JK1	继电器	12V JQC-3F	
16	P1 P2	电源端口		二端
17	Q1	三极管	8050	
18	RP1	可调电阻	100KΩ	
19	RP2	可调电阻	5KΩ	
20	U1	稳压集成	LM7812＋散热片	TO-220
21	U2	集成芯片	LM358	
22	U2	集成底座	LM358	DIP -8
23	U3	集成芯片	NE555	
24	U3	集成底座	NE555	DIP-8
25	U4	集成芯片	CD4017	
26	U4	集成底座	CD4017	DIP-16
27	U5	集成芯片	CD4511	
28	U5	集成底座	CD4511	DIP-16
29	U6	数码管	SM120561K	
30	U6	数码管底座		DIP-10

根据给出的《自动温控报警模拟电路》线路板和元器件表，把选取的元器件及功能部件正确地装配在线路板上。要求：元器件焊接安装无错漏，元器件、导线安装及元器件上字符标示方向均应符合工艺要求；电路板上插件位置正确，接插件、紧固件安装可靠牢固；线路板和元器件无烫伤和划伤处，整机清洁无污物。

根据给出的《自动温控报警模拟电路》线路板和元器件表，从提供的元器件中选择元器件，正确装配后再准确地焊接在线路板上。要求：在多功能板上所焊接的元器件的焊点大小适中、光滑、圆润、干净，无毛刺；无漏、假、虚、连焊，引脚加工尺寸及成形符合工艺要求；导线长度、剥线头长度符合工艺要求，芯线完好，捻线头镀锡。

把装配好的主板，如图 7-45 所示，经过细心检查无误后，在主板的 P1 接入 12V 交流电压后，经过以下步骤进行调试。

图 7-45　自动温控报警模拟电路实物调试图

① 电源部分，T2 处＋12V 工作正常，D5 正常发光。

② 温度检测与控制电路（LM358）等工作正常。

③ 脉冲信号发生（NE555）电路工作正常。

④ 脉冲计数电路（CD4017）电路工作正常。

⑤ 脉冲信号锁存（CD4511）电路工作正常。

⑥ 数码管显示电路工作正常。

这样如果数字电路出现故障时，检查故障的过程就如同一次对数字电路图的全面分析。查询故障的过程类似数字电路读图的过程。这需要对电路的功能比较熟悉和了解。因为数字电路是可以按照功能模块来划分的，通过对故障现象判断，直接查询对应功能模块可能出现的故障点，如果对原理图及其逻辑功能的理解非常透彻，可以很快地查找出故障。

故障查询的具体方法有多种，可根据电路具体的故障状态来选择一种高效快捷的办法。

1. 通过自动温控报警模拟电路的案例引入，分解成电源模块、比较电路、编码器、显示译码电路、定时报警电路等典型的单元电路，了解本章的学习要求。

2. 555 定时器是一种用途很广的集成电路，除了能组成多谐振荡器、单稳态触发器和施密特触发器以外，还可以接成各种灵活多变的应用电路。多谐振荡器是一种自激振荡电路，不需要外加输入信号，就可以自动地产生出矩形脉冲，多谐振荡器没有稳态，只有两个暂态。两个暂态之间的转换，是由电路内部电容的充、放电作用自动进行的。单稳态触发器只有一个稳态，在外加触发脉冲作用下，能够从稳态翻转为暂态。但暂态的持续时间取决于电路内部的元件参数，与输入信号无关。因此，单稳态触发器可以用于产生脉宽固定的矩形脉冲波形，施密特触发器有两种稳态，但状态的维持与翻转受输入信号电平的控制，所以输出脉冲的宽度是由输入信号决定的。

3. D/A 转换器和 A/D 转换器作为模拟量和数字量之间的转换电路，在信号检测、控制、信息处理等方面发挥着越来越重要的作用。D/A 转换的基本思想是权电流相加。电路通过输入的数字量控制各位电子开关，决定是否在电流求和点加入该位的权电流。倒 T 形电阻网络是应用较广的电路结构。A/D 转换须经过采样、保持、量化、编码四个步骤才能完成。采样、保持由采样-保持电路完成，量化和编码须在转换过程中实现。

学习本部分内容后应明确课程学习目标，知道课程学习内容，熟悉课程学习要求，会制订课程学习计划及确立个人学习目标。

1. 试用 555 定时器设计一个单稳态触发器，要求输出脉冲宽度在 1～5s 范围内连续可调，取定时电容为 1μF。

2. 用 555 定时器连接电路，要求输入如图 7-46 所示，输出为矩形脉冲。连接电路并画出输出波形。

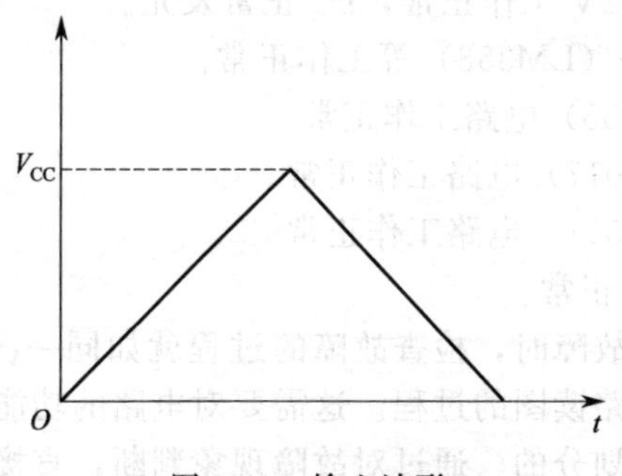

图 7-46　输入波形

3. 用 555 定时器构成的多谐振荡器，欲改变其输出频率可改变哪些参数。

4. 若用 555 定时器构成一个电路，要求当 V_{CO} 端分别接高、低电平时，V_O 端接的发声设备能连续发出高、低音频率，连接电路并写出输出信号周期表达式。

5. 如图 7-47 所示的电路中 L_1，L_2，L_3 分别是什么电路？若 $R_1=R_2=48\text{k}\Omega$，$C=10\mu\text{F}$，输出信号 V_O 的频率是多少？

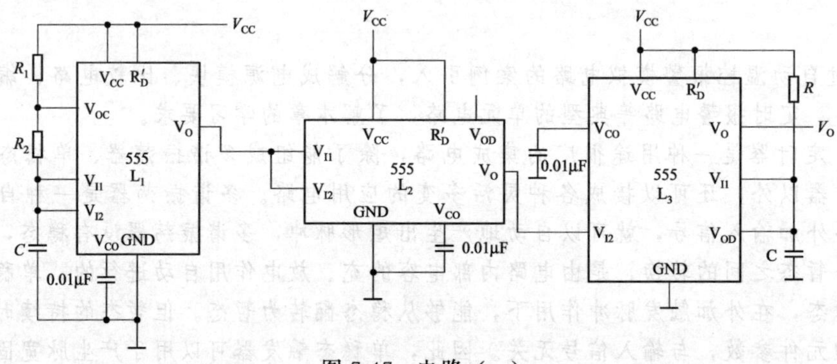

图 7-47　电路（一）

6. 如图 7-48 所示的电路是由 555 定时器构成的开机延时电路。给定 $C=25\mu\text{F}$，$R=91\text{k}\Omega$，$V_{CC}=12\text{V}$，请问常闭开关 S 断开后，V_O 经过多长时间跳变为高电平？

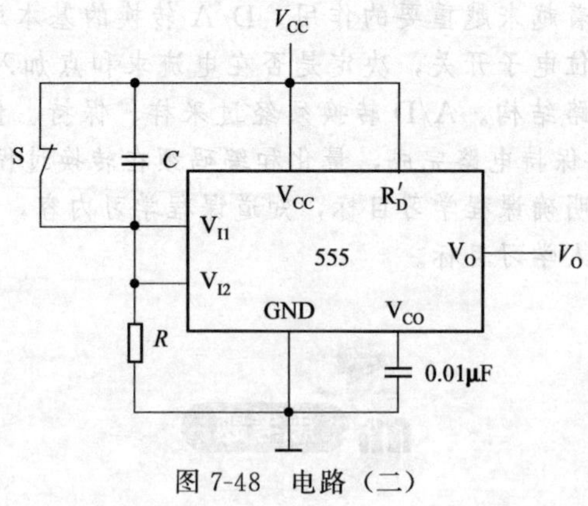

图 7-48　电路（二）

7. 在如图 7-49 所示的 DAC 电路中，试计算当输入为全 1、全 0 和 1000000000 时对应的输出电压值。

8. 对于一个 8 位 DAC：

(1) 若最小输出电压增量为 0.02V，试问当输入代码为 01001111 时，输出电压为多少？

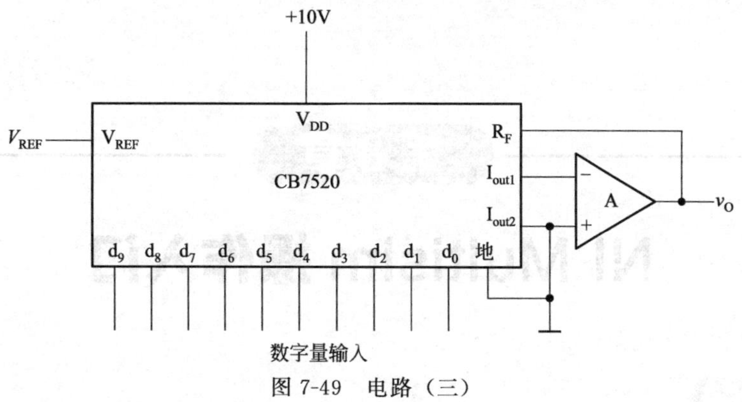

图 7-49　电路（三）

(2) 若其分辨率用百分数表示，则应是多少？

9. 用一个 4 位二进制计数器 74LS161、一个 4 位数模转换电路和一个 2 输入与非门设计一个能够产生如图 7-50 所示波形的波形发生器电路。

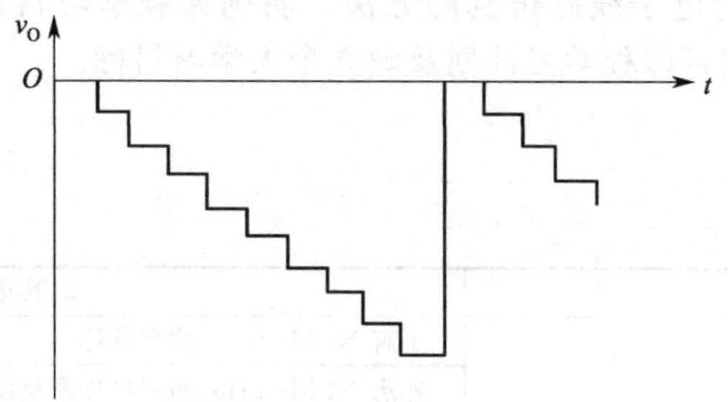

图 7-50　输出波形

10. 在 10 位逐次渐近型 ADC 中，其 DAC 输出电压波形与输入电压如图 7-51 所示。

(1) 求转换结束时，该 ADC 的数字输出状态为多少？

(2) 若该 DAC 的最大输出电压为 14.322V，试估计此时的范围。

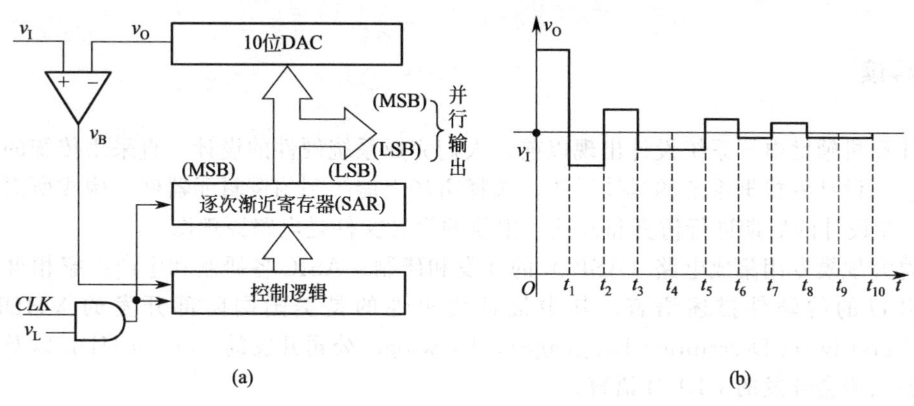

图 7-51　DAC 电路

11. 如果一个 10 位逐次渐近型 ADC 的时钟频率为 500kHz，试计算完成一次转换操作所需要的时间。

第8章

NI Multisim 操作入门

教学目标

熟悉电子仿真软件 NI Multisim 的特点、启动、用户界面等基本功能和使用方法，掌握 NI Multisim 中元件放置、连线等基本操作和常用仪器仪表的使用方法。掌握在仿真软件 NI Multisim 电子平台上进行电子线路仿真的方法，明确课程学习目标，知道课程学习内容，熟悉课程学习要求，会制订课程学习计划及确立个人学习目标。

教学要求

能力目标	知识要点
熟悉 NI Multisim 仿真软件	了解 NI Multisim 仿真软件
	熟悉 NI Multisim 的用户界面及设置
掌握 NI Multisim 的基本操作	熟悉 NI Multisim 对元器件的管理
	掌握 NI Multisim 输入并编辑电路的方法
	掌握 NI Multisim 仪器仪表的基本操作
掌握 NI Multisim 的仿真	掌握仿真电路图的绘制
	掌握仿真电路图的调试

导读

在计算机辅助电子系统设计出现以前，人们完成系统硬件的设计一直采用传统的自下而上的方法，设计者根据系统的具体需要，选择市场上能买到的逻辑元器件，构成所需要的硬件电路，在设计的后期进行仿真和调试，主要的设计文件是电路原理图。

随着大规模专用集成电路（ASIC）的开发和研制，ASIC 各研制和生产厂家相继开发了用于各自目的的硬件描述语言，其中最具代表性的是美国国防部开发的 VHDL 语言（VHSIC Hardware Description Language），Viewlogic 公司开发的 Verilog HDL 以及日本电子工业振兴协会开发的 UDL/I 语言。

EDA 是 Electronic Design Automation 的缩写，即电子设计自动化。所谓电子电路设计的 EDA 方法，就是使用 EDA 工具软件进行电子电路设计的一种电子产品设计方法。

计算机仿真软件繁多，本章主要介绍一款在当前业界流行的电路仿真软件 NI Multisim。该软件是交互式 Spice 仿真和电路分析软件的最新版本，专用于原理图捕获、交互式仿真、电路板设计和集成测试，以其界面形象直观、操作方便、虚拟元件仪器丰富、仿真功能强大而倍受欢迎。用户可以使用 Multisim 交互式地搭建电路原理图，并对电路行为进行仿真。

本章在讲述 NI Multisim 软件的主要功能及应用时，重点介绍了其元器件库、仪表库和基本仿真分析方法。并通过实例引导学习电路的创建、元件库和元件的调用、虚拟仪器的使用和软件基本分析方法，深刻领会 NI Multisim 电子平台上进行电子线路仿真的整套流程。

引例

在测量、自动控制、通信、无线电广播和遥测（remote measure）、遥感（remote sensing）等许多技术领域，波形发生和波形变换电路都有着广泛的应用。收音机、电视机和电子钟表等日常生活用品也离不开它。波形发生电路包括正弦波振荡电路和非正弦波振荡电路，所谓非正弦波信号，指的是正弦波以外的波形，例如在数字电路中经常用到上升沿和下降沿都很陡峭的方波和矩形波、在电视扫描电路中要用到锯齿波等等，波形发生电路不需要外加输入信号就能产生各种同期性的连续波形，例如正弦波、方波、三角波和锯齿波等。

方波-三角波发生器的基本电路如图 8-1(a) 所示，运放 A_1，构成过零电压比较器，其反相输入端接地，同相输入端由前、后级输出电压共同决定。运放 A_2 构成一个积分器。

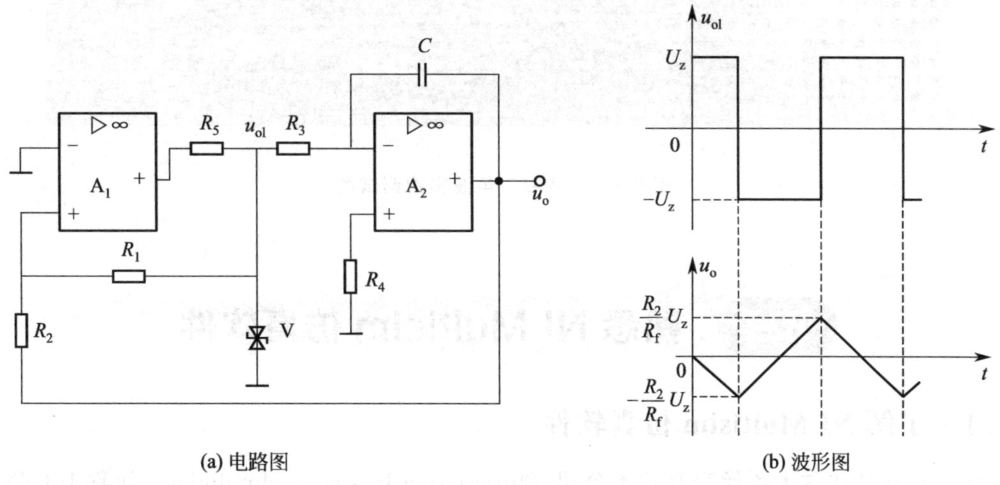

图 8-1　三角波发生器

方波和三角波的周期为

$$T=4\frac{R_2}{R_1}RC$$

由周期公式可知，该电路产生的方波和三角波的周期与 R_1、R_2、R 及 C 有关，一般先调节 R_1 或 R_2，使三角波的幅值满足要求后，再调节 R 或 C，以调节方波和三角波的周期。

此外，如在示波器等仪器中，为了使电子按照一定规律运动，以利用荧光屏显示图像，常用到锯齿波产生器作为时基电路。例如，要在示波器荧光屏上不失真地观察到被测信号波形间作线性变化的电压——锯齿波电压，使电子束沿水平方向匀速扫过荧光屏。而电视机中显像管荧光屏上的光点，是靠磁场变化进行偏转的，所以需要用锯齿波电流来控制。

如果三角波是不对称的，即上升时间不等于下降时间，则成为锯齿波。因此在三角波发生电路中，改变积分电路 RC 充、放电时间常数，即可改变输出电压上升和下降的斜率，当其中一个时间常数远大于另一个时，便可在滞回比较器输出矩形波，在积分电路得到锯齿波，此处不再赘述。图 8-2 所示为方波和三角波调试图。

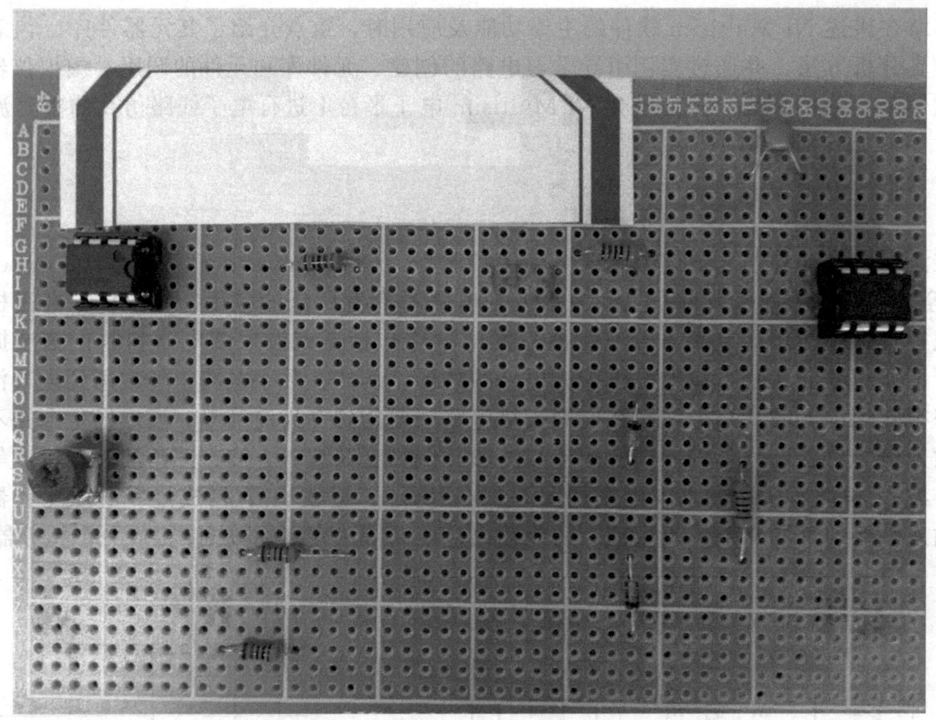

图 8-2　方波和三角波实物调试图

8.1 熟悉 NI Multisim 仿真软件

8.1.1　了解 NI Multisim 仿真软件

Multisim 是加拿大图像交互技术公司（Interactive Image Technoligics，简称 IIT 公司）推出的以 Windows 为基础的仿真工具，它包含了电路原理图的图形输入、电路硬件描述语言输入方式，具有丰富的仿真分析能力，被称为电子设计工作平台或虚拟电子实验室。

Multisim 仿真软件经历了几次大的改版和升级：2003 年底加拿大 IIT 公司推出了 Multisim 7，随后升级到 Multisim 8，2005 年 IIT 公司被美国国家仪器（NI）公司兼并，目前美国 NI 公司的 EWB 包含有电路仿真设计的模块 Multisim、PCB 设计软件 Ultiboard、布线引擎 Ultiroute 及通信电路分析与设计模块 Commsim 4 个部分，各个部分相互独立，可以分别使用，有增强专业版（Power Professional）、专业版（Professional）、个人版（Personal）、教育版（Education）、学生版（Student）和演示版（Demo）等多个版本，能完成从电路的仿真设计到电路版图生成的全过程，Multisim 目前升级到 Multisim12 版本，在保留老版本软件原有功能和操作习惯的基础上，功能更加强大，元器件库、仪器仪表库和仿真手段更加丰富，也更贴近实际。

Multisim 电子电路仿真软件提供了从分立元件到集成元件，从无源器件到有源器件，从模拟元器件到数字元器件甚至高频类元器件及机电类元器件等庞大的元器件库，并且提供了功能强大、设备齐全的虚拟仪器和能满足各种分析需求的分析方法。利用这些仪器和分析方法，不仅可以清楚地了解电路的工作状态，还可以测量电路的稳定性和灵敏度。Multisim 提炼了 SPICE 仿真的复杂内容，这样无需懂得深入的 SPICE 技术就可以很快地进行捕获、仿真和分析新的设计，通过 Multisim 和虚拟仪器技术，可以完成从理论到原理图捕获与仿真再到原型设计和测试这样一个完整的综合设计流程。

8.1.2　熟悉 NI Multisim 的用户界面及设置

NI Multisim 软件以图形界面为主，采用菜单、工具栏和热键相结合的方式，具有一般 Windows 应用软件的界面风格，用户可以根据自己的习惯和熟悉程度自如使用。

双击桌面上的 Multisim 快捷方式图标，或点击“开始”→“程序”→“ National Instruments”→“Circuit Design Suite”→“multisim”，启动 Multisim，屏幕上即出现如图 8-3所示的 Multisim 的启动标识示图。

图 8-3　Multisim 的启动标识示图

自检并计时完成后，可以看到如图 8-4 所示的 Multisim 的基本工作界面，即主窗口。主窗口如同一个实际的电子实验台，由多个区域构成：菜单栏，各种工具栏，电路输入窗口，状态条，列表框等。屏幕中央区域最大的窗口就是电路工作区，在电路工作区上可将各种电子元器件和测试仪器仪表连接成实验电路。电路工作窗口上方是菜单栏、工具栏。从菜单栏可以选择电路连接、实验所需的各种命令。工具栏包含了常用的操作命令按钮。通过鼠标器操作即可方便地使用各种命令和实验设备。电路工作窗口两边是元器件栏和仪器仪表栏。元器件栏存放着各种电子元器件，仪器仪表栏存放着各种测试仪器仪表，用鼠标操作可以很方便地从元器件和仪器库中，提取实验所需的各种元器件及仪器、仪表到电路工作窗口并连接成实验电路。按下电路工作窗口上方的“启动/停止”开关或“暂停/恢复”按钮可以方便地控制实验的进程。

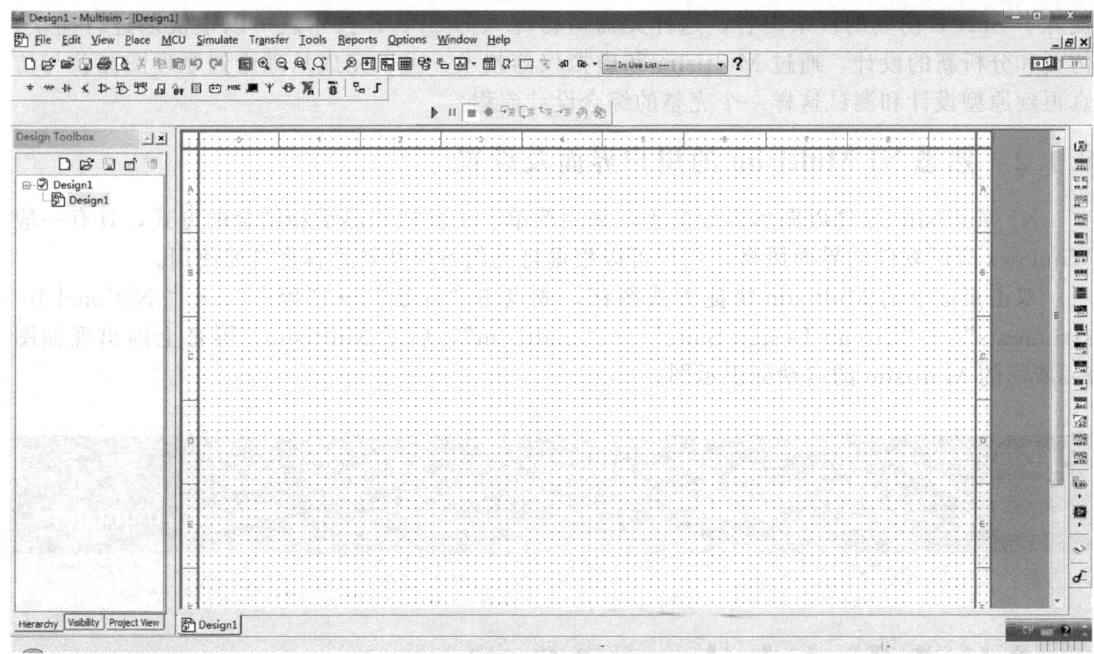

图 8-4 Multisim 基本工作界面

8.2 掌握 NI Multisim 的基本操作

8.2.1 熟悉 Multisim 对元器件的管理

EDA 软件所能提供的元器件的多少以及元器件模型的准确性都直接决定了该 EDA 软件的质量和易用性。Multisim 为用户提供了丰富的元器件，并以开放的形式管理元器件，使得用户能够自己添加所需要的元器件。Multisim 以库的形式管理元器件，通过菜单 Tools/ Database Management 打开 Database Management（数据库管理）窗口，对元器件库进行管理。在 Database Management 窗口中的 Daltabase 列表中有两个数据库：Multisim Master 和 User。其中 Multisim Master 库中存放的是软件为用户提供的元器件，User 是为用户自建元器件准备的数据库。用户对 Multisim Master 数据库中的元器件和表示方式没有编辑权。

Multisim 的元件工具栏包括 18 种元件分类库，如图 8-5 所示。每个元件库放置同一类型的元件，元件工具栏还包括放置层次电路和总线的命令。元件工具栏从左到右的模块分别为：电源库、基本元件库、二极管库、晶体管库、模拟器件库、TTL 器件库、CMOS 元件库、杂合类数字元件库、混合元件库、功率元件库、杂合类元件库、高级外围元件库、RF 射频元件库、机电类元件库、微处理模块元件库、层次化模块和总线模块。其中，层次化模块是将已有的电路作为一个子模块加到当前电路中。用鼠标左键单击元器件库栏的某一个图标即可打开该元件库。

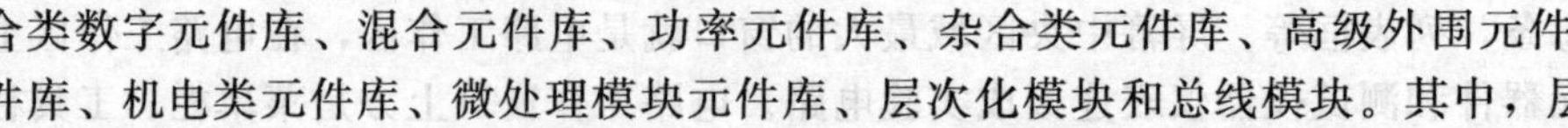

图 8-5 元件工具栏

8.2.2　掌握 Multisim 输入并编辑电路的方法

输入电路图是分析和设计工作的第一步，用户从元器件库中选择需要的元器件放置在电路图中并连接起来，为分析和仿真做准备。

1. 设置 Multisim 的通用环境变量

为了适应不同的需求和用户习惯，用户可以用菜单 Option/Preferences 打开 Sheet Preferences对话窗口，如图 8-6 所示。

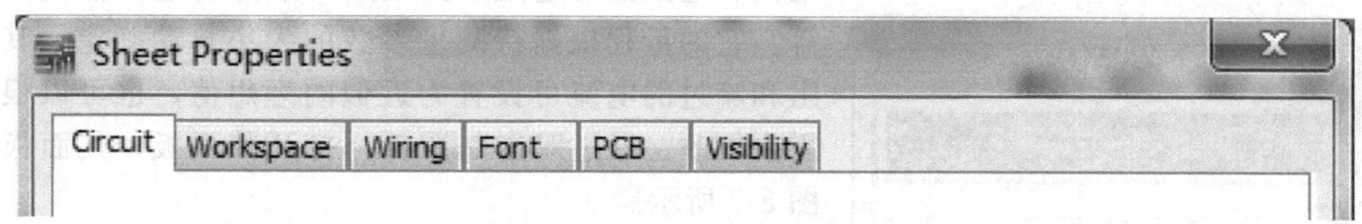

图 8-6　Sheet Preferences 对话窗

通过该窗口的 8 个标签选项，用户可以就编辑界面颜色、电路尺寸、缩放比例、自动存储时间等内容作相应的设置。

2. 在电路工作区内输入文字

为加强对电路图的理解，有时需要在电路图中的某些部分添加适当的文字注释，在 Multisim 的电路工作区内可以输入中英文文字，启动 Place 菜单中的 Text 命令（Place→Text），然后用鼠标点击需要放置文字的位置，可以在该处放置一个文字块，在文字输入框中输入所需要的文字，文字输入框会随文字的多少自动缩放。需要删除文字，则先选取该文字块，点击右键打开快捷菜单，选取 Delete 命令即可删除文字。

另外还可以利用注释描述框输入文本对电路的功能、使用说明等进行详尽的描述，并且在需要查看时打开，不需要时关闭，具有不占用电路窗口空间的优点。启动 Place 菜单中的 Comment 命令（Place→Comment），在其中输入需要说明的文字。

3. 元器件的选用

取用元器件的方法有两种：从工具栏取用或从菜单取用。点击工具栏 TTL 按钮，选择系列在该系列 Component 窗口中，用鼠标点击该元器件，然后点击“OK”即可，用鼠标拖曳该元器件到电路工作区的适当地方即可，如从菜单取用：通过 Place/ Place Component 命令打开 Component Browser 窗口，其余操作与工具栏方式一样，在此不再赘述。

选中某个元器件后可使用鼠标的左键单击该元器件。被选中的元器件的四周出现 4 个黑色小方块，就可以对选中的元器件可以进行移动、旋转、删除、设置参数等操作。

4. 导线的连接

在将电路需要的元器件放置在电路编辑窗口后，用鼠标就可以方便地将器件连接起来。方法是：用鼠标单击连线的起点并拖动鼠标至连线的终点。Multisim 提供了 2 种连线方式：自动连线和手动连线。

如需删除与改动连线，将鼠标指向元器件与导线的连接点使出现一个圆点，按下左键拖曳该圆点使导线离开元器件端点，释放左键，导线自动消失，完成连线的删除。也可以将拖曳移开的导线连至另一个接点，实现连线的改动。

8.2.3　掌握 Multisim 仪器仪表的基本操作

对电路进行仿真运行，通过对运行结果的分析，判断设计是否正确合理，是 EDA 软件的一项主要功能。为此，Multisim 为用户提供了类型丰富的虚拟仪器：数字万用表、函数发生器、瓦特表、示波器、波特图仪、字信号发声器、逻辑分析仪、逻辑转换仪、失真分析仪、频谱分析仪、网络分析仪等，可以用它们来测量、仿真电路的性能参数，这些仪器的设置、使用和数据读取方法都和在现实中的仪器一样，它们的外观也和我们在实验室所见到的仪器相同，下面介绍几种常用的仪器仪表的使用方法。

1. NI Multisim 中数字万用表的使用

虚拟数字万用表是一种多功能的常用仪器，可以用来测量直流或交流电压、直流或交流电流、电阻器的电阻以及电路两节点的电压损耗分贝等。它的量程根据待测量参数的大小自动确定，其内阻和流过的电流可设置为近似的理想值，也可以根据需要更改。通过双击其图标，打开其面板，其面板如图 8-7 所示。

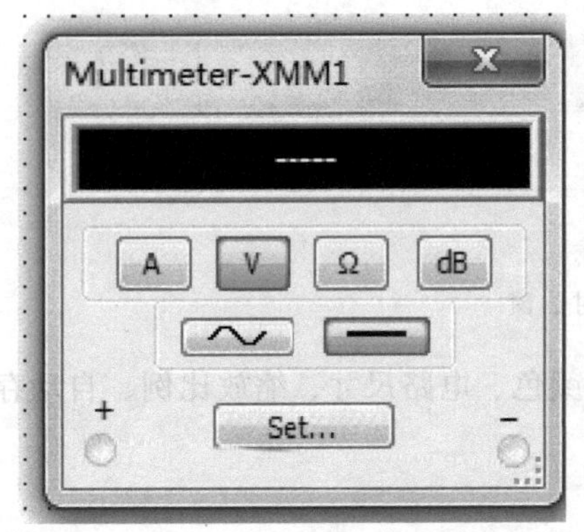

图 8-7　数字万用表面板

其连接方式同现实中的万用表一样，都是通过“+”、“−”两个端子来连接。在数字万用表的参数显示框下面，有 4 个功能选择键。

图标 A：电流挡。此时用作电流表，内阻非常小（1nΩ）。

图标 V：电压挡。此时用作电压表，内阻非常大（1GΩ）。

图标 Ω：欧姆挡。要求电路中无电源，并且元件与元件网络有接地端。

图标 dB：电压损耗分贝挡。测量电路中两个节点间压降的分贝值。测量时万用表与两节点并联。

被测信号类型有两种。

交流挡：测量交流电压或电流信号的有效值。此时交流信号中的直流成分都被虚拟数字万用表滤除，所以测量结果仅是信号的交流成分。

直流挡：测直流电压或电流的大小。

2. NI Multisim 中函数信号发生器的使用

函数信号发生器是可提供正弦波、三角波、方波三种不同波形的信号的电压信号源。用鼠标双击函数信号发生器图标，打开其面板，其面板如图 8-8 所示。

函数信号发生器有 3 个接线端。“+”输出端产生一个正向的输出信号，公共点通常接地，“−”输出端产生一个反向的输出信号。

面板的设置：单击面板图所示的正弦波、三角波或方波的条形按钮可以选择相应的输出波形。

频率：设置输出信号的频率，范围 1Hz～999 MHz。

占空比：设置输出信号的持续期和间歇期的比值，范围 1%～99%。只对三角波和方波有效，对正弦波无效。

振幅：设置输出信号的幅度。1μV～999kV。

偏移：输出信号中直流成分的大小，偏移设

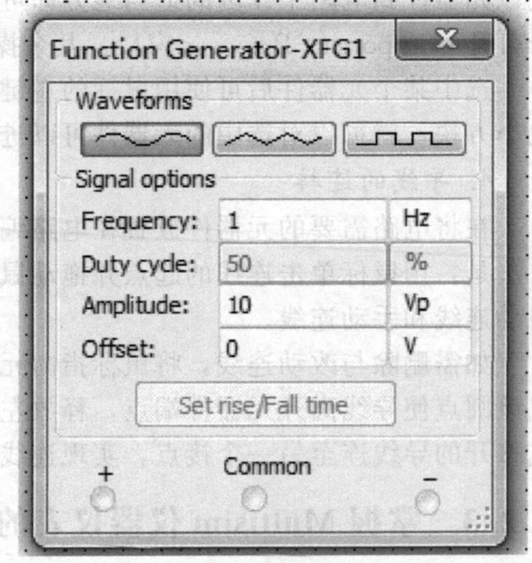

图 8-8　函数信号发生器面板

置范围为－999kV～999kV。

3. NI Multisim 中示波器的使用

NI Multisim 提供的双通道示波器与实际的示波器外观和基本操作基本相同，该示波器可以观察一路或两路信号波形的形状，分析被测周期信号的幅值和频率，时间基准可在秒直至纳秒范围内调节。示波器图标如图 8-9 所示，A，B 是两个输入端，A＋和 B＋接测量点，A－和 B－接地，Ext Trig 接外触发信号的正负极，一般用不到。

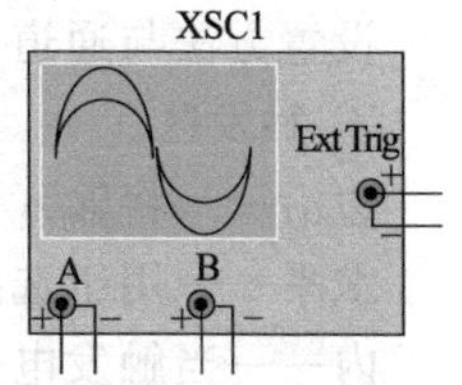

图 8-9 双踪示波器图标

用鼠标双击示波器图标，放大的示波器的面板如图 8-10 所示。示波器面板各按键的作用、调整及参数的设置与实际的示波器类似。

面板设置如下。

① 时基区。

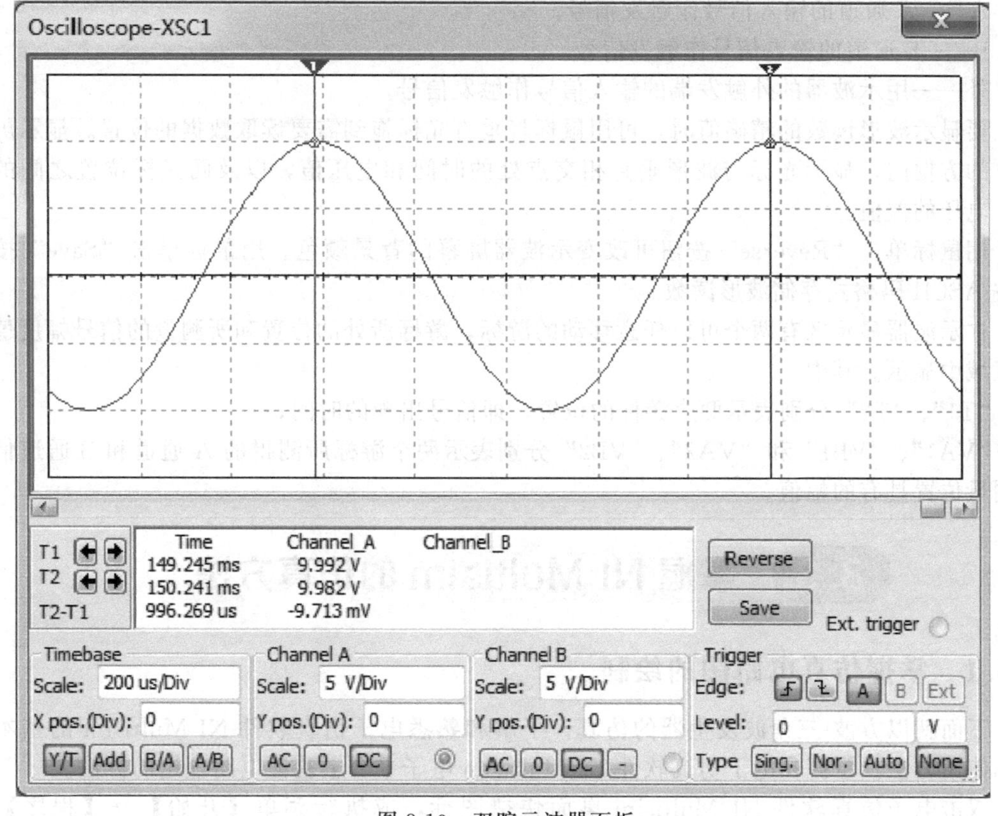

图 8-10 双踪示波器面板

刻度——设置 *X* 轴一大格所表示的时间。单击该栏出现一对上翻下翻箭头进行调节。

X 位置——*X* 轴方向时间基准的起点位置。

Y/T——显示随时间变化的信号波形。

B/A——降通道 A 的输入信号作为 *X* 轴扫描信号，B 通道的输入信号施加到 *Y* 轴上。

A/B——与 B/A 相反。

Add——显示的波形是 A 通道与 B 通道的输入信号之和。

② 通道 A 区。

刻度——设置 *Y* 轴的刻度。

Y 位置——设置 *Y* 轴的起点。

AC——显示信号的波形只含有 A 通道输入信号的交流成分。

0——A 通道的输入信号被短路。

DC——显示信号的波形含有 A 通道输入信号的交、直流成分。

③ 通道 B 区。

设置方法与通道 A 相同。

④ 触发区。

边沿——将输入信号的上升沿或下降沿作为触发信号。

水平——用于选择触发电平的大小。

内——当触发电平高于所设置的触发电平时，示波器就触发一次。

无——只要触发电平高于所设置的触发电平时，示波器就触发一次。

自动——若输入信号变化比较平坦或只要有输入信号就尽可能显示波形时，就选择它。

A——A 通道的输入信号作触发信号。

B——B 通道的输入信号作触发信号。

外——用示波器的外触发端的输入信号作触发信号。

要显示波形读数的精确值时，可用鼠标将垂直光标拖到需要读取数据的位置。显示屏幕下方的方框内，显示光标与波形垂直相交点处的时间和电压值，以及两光标位置之间的时间、电压的差值。

用鼠标单击“Reverse”按钮可改变示波器屏幕的背景颜色。用鼠标单击“Save”按钮可按 ASCII 码格式存储波形读数。

在示波器显示区有两个可以任意移动的游标，游标所处的位置和所测量的信号幅度值在该区域中显示。其中：

“T1”、“T2”分别表示两个游标的位置，即信号出现的时间；

“VA1”、“VB1”和“VA2”、“VB2”分别表示两个游标所测得的 A 通道和 B 通道信号在测量位置具有的幅值。

8.3 掌握 NI Multisim 的仿真方法

8.3.1 掌握仿真电路图的绘制

下面就以方波-三角波发生器的仿真，了解和熟悉电子仿真软件 NI Multisim 的基本功能和使用方法。掌握在电子仿真软件 NI Multisim 电子平台上验证电路理论的方法。

双击电子仿真软件 NI Multisim 桌面快捷图标，或执行菜单【开始】→【程序】→【National Instruments】→【Circuit Design Suite】→【Multisim】，即可启动 NI Multisim。

执行菜单命令【文件】→【新建】→【原理图】，如图 8-11 所示。系统就新建了一个名为“电路 1”的原理图文件。

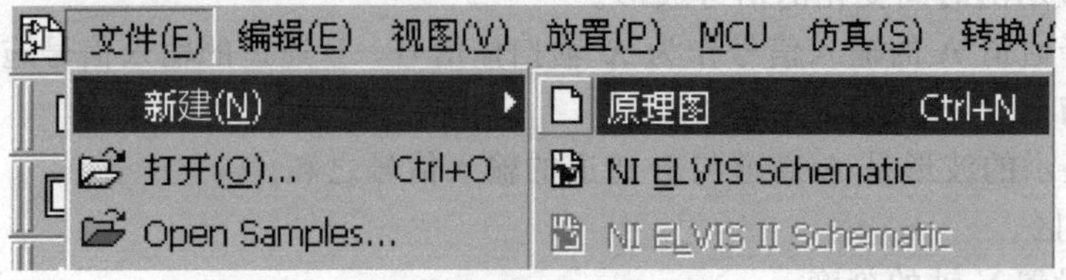

图 8-11 新建原理图文件

① 单击电子仿真软件 NI Multisim 基本界面上侧左列真实元件工具条的按钮，从弹出的对话框“Component”栏输入“741”，然后点击右上角“OK”按钮，741 调出放置在电子平台上，需两个。

② 单击电子仿真软件 NI Multisim 基本界面上侧虚拟元件工具条的按钮，从下拉菜单中调出如图 8-12 所示的电阻和电解电容，将它们调出放置在电子平台上，并双击后修改成如图 8-12 所示的电阻和电容值。

③ 单击电子仿真软件 NI Multisim 基本界面左侧右列虚拟元件工具条调出电位器，并双击后修改成如图 8-12 所示的电阻值。

④ 单击电子仿真软件 NI Multisim 基本界面上侧左列真实元件工具条的“Diode”按钮，从弹出的对话框“Component”栏输入“02DZ4.7”，然后点击右上角“OK”按钮，调出稳压管 02DZ4.7 放置在电子平台上。

⑤ 单击电子仿真软件 NI Multisim 基本界面上侧左列真实元件工具条的“Source”按钮，从弹出的对话框中调出 *Vcc* 电源和地线，将它们放置到电子平台上。

⑥ 从电子仿真软件 NI Multisim 基本界面右侧虚拟仪器工具条中调出虚拟双踪示波器和安捷伦示波器放置在电子平台上，将所有元件和仪器连成仿真电路，如图 8-12 所示。

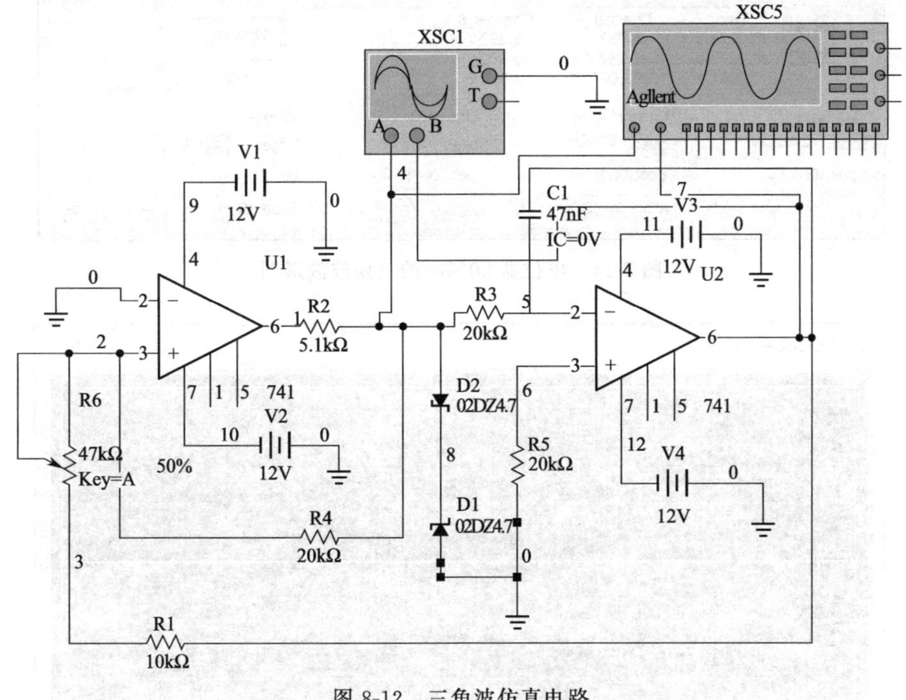

图 8-12　三角波仿真电路

8.3.2　掌握仿真电路图的调试

用鼠标左键点击电子仿真软件基本界面绿色仿真开关，如图 8-13 所示。

图 8-13　仿真开关

按照矩形波调试的方法，打开仿真开关，双击虚拟示波器图标，从放大面板屏幕上可以看到产生的三角波波形如图 8-14 所示，用虚拟示波器屏幕上的读数指针读出三角波的幅度、周期、频率和占空比，改变电位器百分比，分别将它调成 10%和 65%，并观察、测量三角波，读出它们的幅度、周期、频率和占空比，如图 8-15、图 8-16 所示。

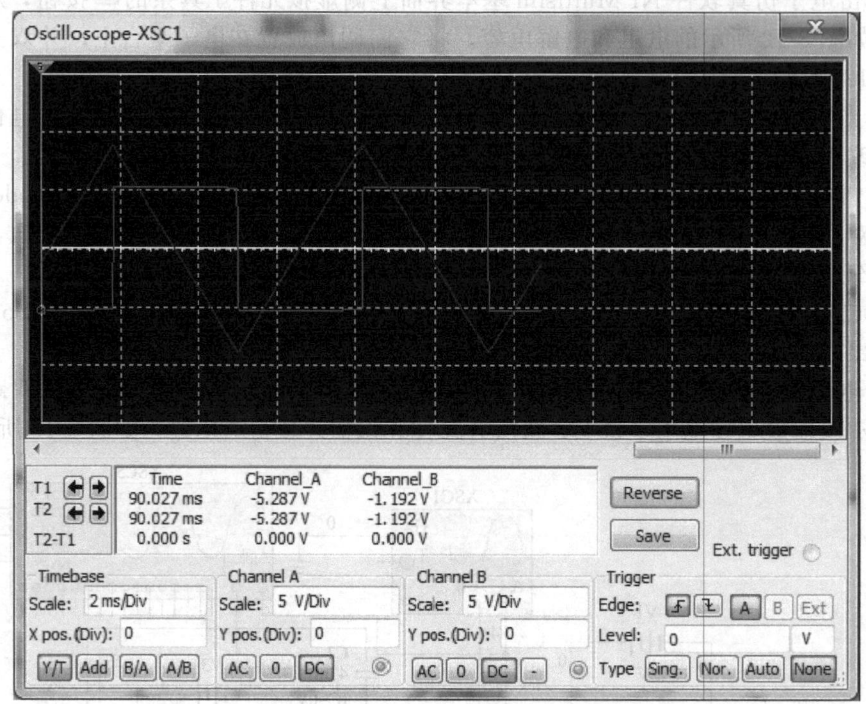

图 8-14　电位器 50%时的三角波波形图

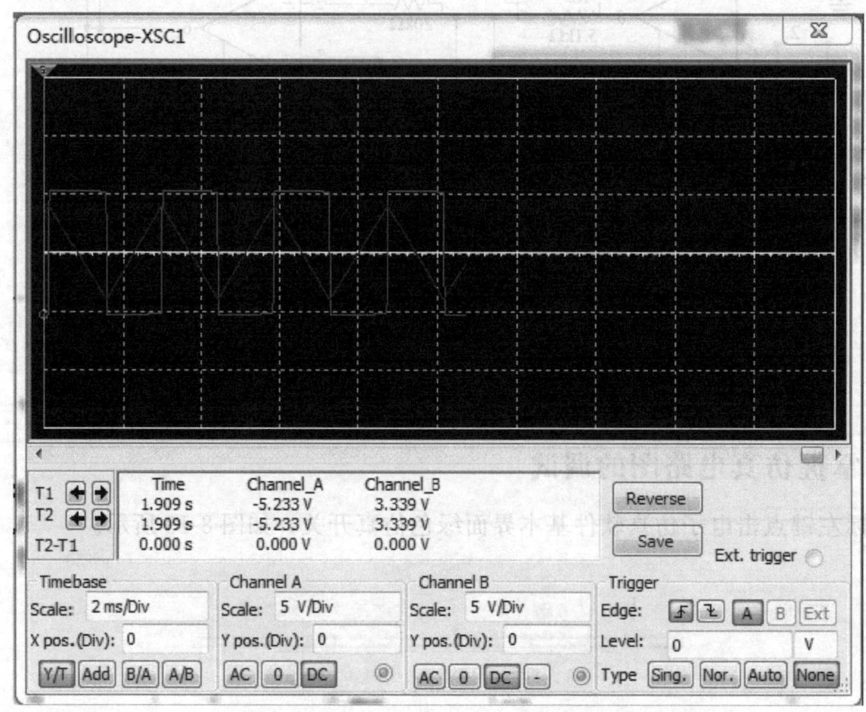

图 8-15　电位器 10%时的三角波波形图

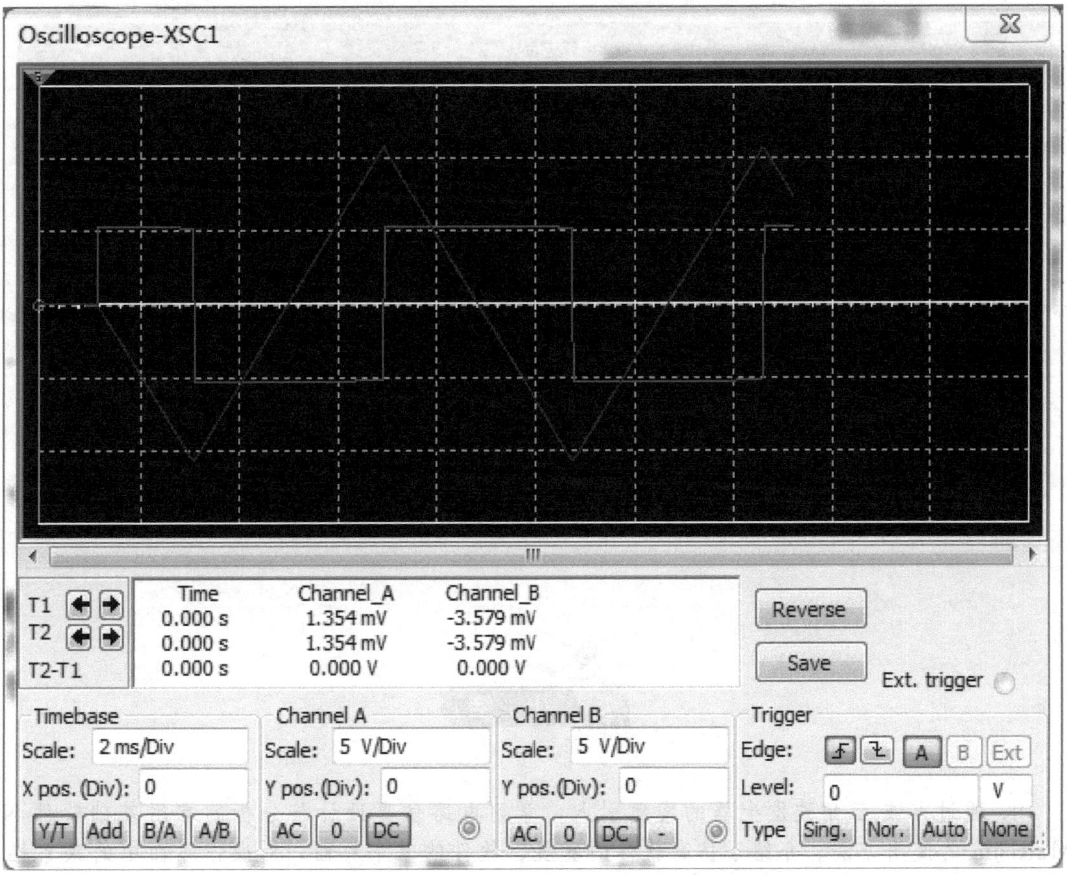

图 8-16　电位器 65%时的三角波波形图

根据电路图，焊接的电路板如图 8-2 所示，实物调试结果如图 8-17 所示，当调节电位器时，可以观察到三角波的幅度和周期发生了明显的变化，如图 8-18 所示。

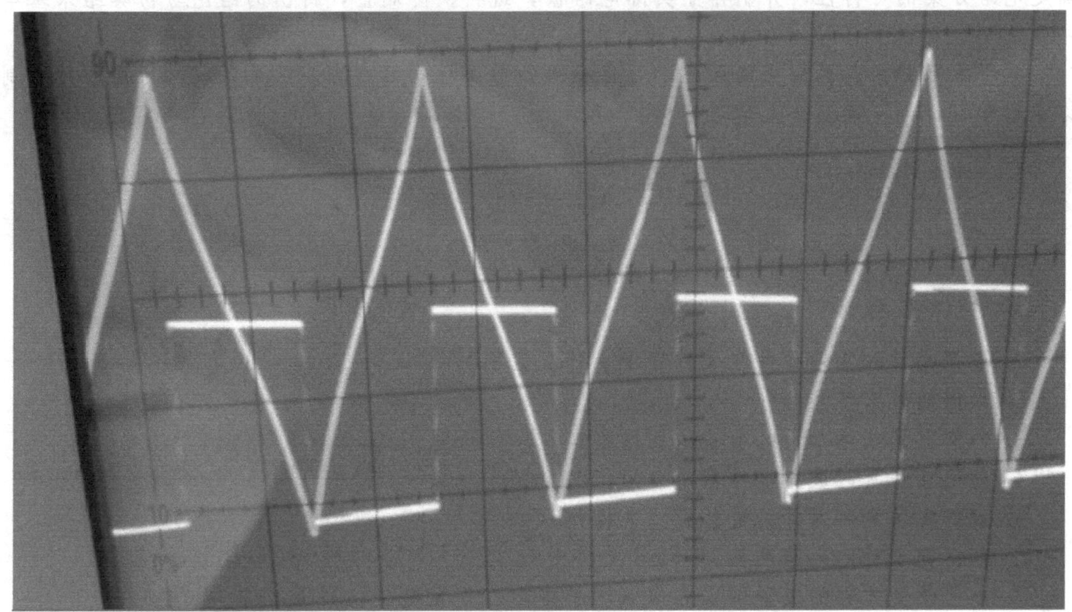

图 8-17　三角波波形图

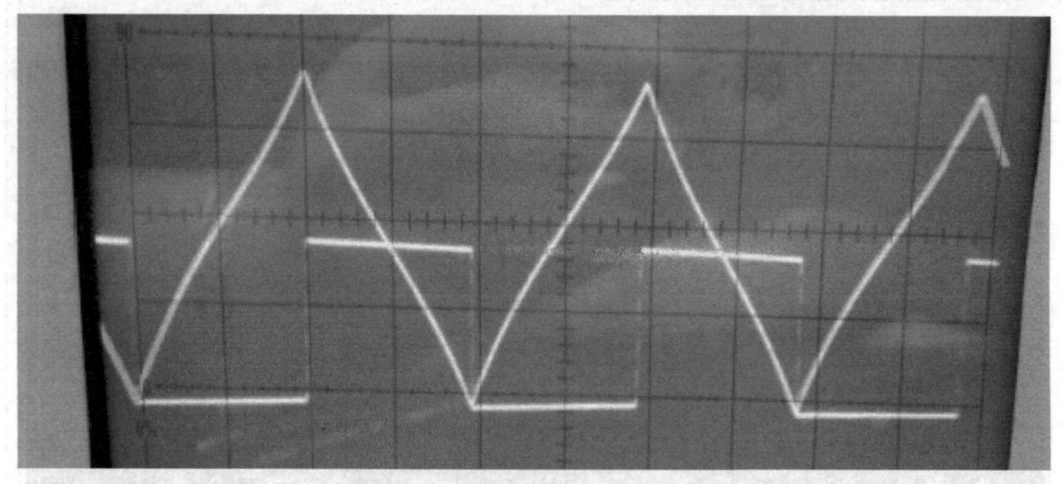

图 8-18　调节电位器三角波波形变化图

1. 通过方波-三角波发生器的案例引入，学习电路仿真设计与分析的常用基础软件 NI Multisim 的使用方法。介绍了仿真软件的发展、软件的基本界面，对操作界面中的菜单栏、工具栏、元件栏、虚拟仪器中的仪器使用等进行了简单介绍，便于初步掌握仿真软件中电路创建及调试的方法。

2. 用 NI Multisim 软件画出方波-三角波发生器的案例电路原理图，进行了电路仿真，确定电路方案的可行性，并制作了实际电路板，进行实际测量，得出的结论与仿真结果基本一致。

学习本部分内容后应明确课程学习目标，知道课程学习内容，熟悉课程学习要求，会制订课程学习计划及确立个人学习目标。

1. 虚拟元件和实用元件在元件库中有什么区别？
2. 如何放置文字注释？
3. 如何取消或增加设计窗口中的网格？
4. 如何在仿真时调整电位器滑动阻值？
5. 如何在仿真时对开关进行开、关操作？
6. 如何把设计的电路图粘到 word 文档中？
7. 如何改变元件的放置位置方向（水平翻转、垂直翻转、90 度翻转）？
8. 如何放置元件？

9. 如何放置设计图纸标题?

10. 如何在元件中连线?

11. 怎样更改元件?

12. 如何在元件库中找到电阻、电感、开关、电位器、二极管、三极管、电源、地、灯、指示灯、变压器、电压表、电流表?

13. 万用表、示波器、频率计、信号发生器、逻辑转换仪、瓦特表的英文单词?

14. 如何改变元件的欧、美标准?

15. 如何调整图纸的大小?

16. 数字万用表测交流电压、直流电流、电阻时应怎样操作? 数字万用表测直流电时是测得什么值? 数字万用表测交流电压时测得什么值?

17. 如何调整信号发生器发出的信号?

18. 如何调整示波器显示的波形?

参考文献

[1] 赵翱东．数字电子技术［M］．北京：化学工业出版社，2013.
[2] 沈任元，吴勇．模拟电子技术基础［M］．北京：机械工业出版社，2009.
[3] 阎石．数字电子技术基础［M］．第 4 版．北京：高等教育出版社，1998.
[4] 黄智伟．基于 NI Multisim 的电子电路计算机仿真设计与分析（修订版）［M］．北京：电子工业出版社，2011.
[5] 秦曾煌．电工学［M］．第 4 版．下册电子技术．北京：高等教育出版社，1999.
[6] 曹建林．电工学［M］．北京：高等教育出版社，2004.
[7] 康华光．电子技术基础数字部分［M］．第 4 版．北京：高等教育出版社，1999.
[8] 周元兴．电工与电子技术基础［M］．第 2 版．北京：机械工业出版社，2008.
[9] 刘守义，钟苏．数字电子技术［M］．第 3 版．西安：西安电子科技大学出版社，2012.
[10] 童诗白，华成英．模拟电子技术基础［M］．第 4 版．北京：高等教育出版社，2006.
[11] 赵辉．电子技术基础—电路和模拟电子［M］．北京：清华大学出版社，2009.
[12] 胡宴如．模拟电子技术［M］．第 5 版．北京：高等教育出版社，2015.